NUCLEAR REACTIONS IN HEAVY ELEMENTS

A Data Handbook

Some Other Related Pergamon Titles of Interest

BÖCKHOFF: Neutron data of structural Materials for Fast Reactors
CHOPPIN & RYDBERG: Nuclear Chemistry
COMMISSION OF THE EUROPEAN COMMUNITIES: Fusion Technology 1978
DURRANI & BULL: Fission Track Analysis
EL-HINNAWI: Nuclear Energy and the Environment
FRANCOIS et al.: Solid State Nuclear Track Dectectors
GIBSON: The Physics of Nuclear Reactions
GRANZER et al.: Solid State Nuclear Track Detectors
GUSEV & DMITRIEV: Quantum Radiation of Radioactive Nuclides
HODGSON: Growth Points in Nuclear Physics
HOWE & MELESE-D'HOSPITAL: Thorium and Gas Cooled Reactors
HUTCHINSON & MANN: Metrology Needs in the Measurement of Environmental Radioactivity
MANN et al.: Radioactivity and its Measurement, 2nd Revised and Expanded Edition
URQUHART: Atomic Waste and the Environment
WILLIAMS: Nuclear Safety

Write to your nearest Pergamon office for further details about any of the above publications.

NUCLEAR REACTIONS IN HEAVY ELEMENTS

A Data Handbook

by

V. M. Gorbachev
Y. S. Zamyatnin
A. A. Lbov

PERGAMON PRESS

OXFORD · NEW YORK · TORONTO · SYDNEY · PARIS · FRANKFURT

U.K.	Pergamon Press Ltd., Headington Hill Hall, Oxford OX3 0BW, England
U.S.A.	Pergamon Press Inc., Maxwell House, Fairview Park, Elmsford, New York 10523, U.S.A.
CANADA	Pergamon of Canada, Suite 104, 150 Consumers Road, Willowdale, Ontario M2J 1P9, Canada
AUSTRALIA	Pergamon Press (Aust.) Pty. Ltd., P.O. Box 544, Potts Point, N.S.W. 2011, Australia
FRANCE	Pergamon Press SARL, 24 rue des Ecoles, 75240 Paris, Cedex 05, France
FEDERAL REPUBLIC OF GERMANY	Pergamon Press GmbH, 6242 Kronberg-Taunus, Hammerweg 6, Federal Republic of Germany

Copyright © 1980 Atomizdat and Pergamon Press Ltd.

All Rights Reserved. No part of this publication may be reproduced, stored in a retrieval system or transmitted in any form or by any means: electronic, electrostatic, magnetic tape, mechanical, photocopying, recording or otherwise, without permission in writing from the copyright holders.

First edition 1980

British Library Cataloguing in Publication Data

Gorbachev, Valentin Matveevich
Nuclear reactions in heavy elements.
1. Nuclear reactions - Handbooks, manuals, etc.
2. Heavy particles (Nuclear physics) -
Handbooks, manuals, etc.
I. Title II. Lbov, Aleksandr Aleksandrovich
III. Zamiatnin, Iurii Sergeevich
539.7'54   QC794   79-40928
ISBN 0-08-023595-6

*Printed and bound in Great Britain by
William Clowes (Beccles) Limited,
Beccles and London*

CONTENTS

Preface	5
Part I. Interactions of radiation with heavy nuclei	7
Chapter 1. Neutron cross-sections	7
1.1 Introduction	7
1.2 Thermal neutron cross-sections and resonance integrals	8
1.3 Dependence of cross-sections on neutron energy	48
1.3.1. Total neutron cross-sections $\sigma_{tot}(E)$	48
1.3.2. Fission cross-sections $\sigma_f(E)$	54
1.3.3. Radiative neutron capture cross-sections $\sigma_\gamma(E)$ and the ratios $\alpha = \sigma_\gamma/\sigma_f$	71
1.3.4. Cross-sections for the reactions (n, 2n), (n, 3n) and (n, 4n)	77
1.3.5. Cross-sections for reactions with production of charged particles (n, p) and (n, α)	80
1.4 Characteristics of elastic and inelastic scattering of neutrons	80
Chapter 2. Cross-sections for photonuclear reactions	97
Chapter 3. Cross-sections for interactions of charged particles with heavy nuclei	108
Part II. Nuclear fission	122
Chapter 4. General characteristics of the fission process	122
Chapter 5. Spontaneous fission	126
Chapter 6. Yields and characteristics of fission fragments from binary fission of heavy nuclei	131
6.1 Energies liberated in binary fission	131
6.2 Fission fragment yields in binary fission of heavy nuclei	145
6.3 Radioactive decay chains of fragments from binary fission of heavy nuclei	320
6.4 Ranges of fission fragments	332
Chapter 7. Ternary fission production yields and characteristics	353
Chapter 8. Fission neutrons	382
8.1 Introduction	382
8.2 Prompt fission neutrons	382
8.3 The mean number of prompt fission neutrons	395
8.4 Delayed neutrons	428
Chapter 9. Electromagnetic radiation in nuclear fission	457

PREFACE

The rapid development of nuclear power and technology has led to a greatly increased interest in the heaviest elements in Mendeleyev's periodic system: thorium, uranium, plutonium and the trans-plutonium elements. This interest is due mainly to the spreading applications of these elements during recent years.

The characteristics of interactions of radiation with nuclei of the heavy elements (i.e. those with $Z \geqslant 90$), including fission of heavy nuclei, is of considerable importance for the solution of practical problems. It is, therefore, believed that it will be useful to present in one handbook a systematic compilation of the large number of data on cross sections of the interactions of radiation (neutrons, γ-rays, charged particles) with nuclei of heavy metals ($Z \geqslant 90$), and on the characteristics of the fission process (energies liberated in fission, yeilds of fission products and their distribution with regard to mass, γ-rays and neutrons given off in fission, etc) which have been accumulated up to the present date.

It must be said that much of the material relating to the topic of the present book may be found in Russian and foreign monographs and reviews. But because it is scattered over many publications it cannot easily be used. Moreover, most of the monographs were published ten or more years ago, and since that time many new experimental data have appeared in scientific periodicals.

Some of the data contained in the present book have never been presented in a systematic way (for instance: the characteristics of the ternary fission process, the energies liberated in fission, the range of fission fragments, etc). It therefore seemed desirable to combine in one handbook all published data concerning the basic characteristics of the interactions of radiation with heavy nuclei with data on nuclear fission.

This volume may thus be considered as the second part of the book *Basic characteristics of isotopes of heavy elements* by the same authors, which was published by "Atomizdat" in 1970 (new edition, 1975) and provides the physical constants of the elements, the properties of isotopes and data on radio-active decay, and also describes methods for obtaining heavy elements.

The present handbook consists of nine chapters. Chapter 1 contains data on neutron cross-sections. Chapters 2 and 3 provide information on cross-sections of photo-reactions and of interactions of charged particles with nuclei.

In Chapter 4 are given some general characteristics of the fission process. Chapter 5 contains the basic characteristics of spontaneous fission of heavy nuclei. Chapter 6 provides generalised characteristics of binary fission of heavy nuclei: energies and yields of fission fragments, their distribution with regard to mass, the range of the fragments. Chapter 7 is devoted to ternary fission. Chapters 8 and 9 contain data on different kinds of radiation accompanying the fission process: secondary fission neutrons, delayed neutrons, γ-rays and x-rays.

Among the isotopes for which data are given are such important ones as ^{235}U, ^{238}U and ^{239}Pu, which are of special interest for nuclear and technology and physics. Experimental data describing the fission process not only form the basis for the utilisation of nuclear power but are also of great significance in developing the theory of nuclear fission.

The data provided here will be of use to physicists working in research and also to designers and operators of nuclear reactors.

The ever-growing number of new data makes it more and more difficult to produce such a new monograph on physical constants. In view of the enormous volume and variety of the material, and also because this is the first attempt to bring together most published data on the interactions of radiation with heavy nuclei and on nuclear fission, there may well be some short-comings in the individual sections. The authors will be grateful for critical comments and recommendations.

Chapters 1 and 8 have been prepared by V. M. Gorbachev, Chapters 3, 5 and 9 by T. S. Zamyatnin, Chapters 2, 6 and 7 by A. A. Lbov, and Chapter 4 jointly by all three authors. We are grateful to E. F. Fomushkin and T. A. Khokhlov for useful recommendations and advice.

PART 1

INTERACTIONS OF RADIATION WITH HEAVY NUCLEI

CHAPTER 1

NEUTRON CROSS-SECTIONS

§ 1.1. INTRODUCTION

Interaction of neutrons with nuclei of the heavy elements causes various nuclear transmutations. The character of these is determined by the internal structure of the nucleus and by the energy of the incident neutron. In general one may distinguish between scattering processes in which the neutron undergoes an elastic or non-elastic collision with the nucleus, and absorption processes in which absorption of the neutron is accompanied by secondary radiation. We shall be using a nomenclature similar to that given in the bibliographical handbook CINDA*.

The total result of an interaction can be represented as the sum of the effects of elastic scattering and non-elastic reactions, or else as the sum of neutron sacttering effects (elastic + inelastic) and of the neutron absorption effect. Non-elastic reactions include inelastic scattering and absorption of the neutron.

Thus the cross-sections of neutron reactions are defined as follows:

$$\sigma_{tot} = \sigma_{n,n} + \sigma_x = \sigma_s + \sigma_{abs} \text{ — total cross-section;}$$

$$\sigma_s = \sigma_{n,n} + \sigma_{n,n'} \text{ — scattering cross-section;}$$

$$\sigma_x = \sigma_{n,n'} + \sigma_{abs} \text{ — cross-section of inelastic reactions;}$$

$$\sigma_{abs} = \sigma_{n,f} + \sigma_{n,2n} + \sigma_{n,3n} + \sigma_{n,np} + \sigma_{n,\gamma} + \sigma_{n,p} + \sigma_{n,d} + \sigma_{n,\alpha} + \ldots \text{ — absorption cross-section.}$$

Cross-section of processes leading to neutron emission:

$$\sigma_{Em} = \sigma_{n,n'} + 2\sigma_{n,2n} + 3\sigma_{n,3n} + \bar{\nu}\sigma_{n,f} + \sigma_{n,np} + \ldots.$$

Cross-section of processes with neutron production:

$$\sigma_p = \sigma_{n,n} + \sigma_{Em}.$$

Here $\sigma_{n,n}$, $\sigma_{n,n'}$ – elastic and inelastic neutron scattering cross-sections respectively; $\sigma_{n,2n}$, $\sigma_{n,3n}$ – cross-sections of $(n,2n)$, $(n,2n)$ reactions respectively; $\sigma_{n,f}$ – fission cross-section; $\sigma_{n,\gamma}$ – radiative absorption cross-sections; $\sigma_{n,p}$, $\sigma_{n,d}$, $\sigma_{n,\alpha}$, $\sigma_{n,np}$ ... – cross-sections of the reactions (n,p), (n,d), (n,α), (n,np) ... respectively; $\bar{\nu}$ – mean number of neutrons by fission.

---

*Goldstein H.: "Nomenclature Scheme for Experimental Monoenergetic Nuclear Cross Sections", *Fast Neutron Physics*, Vol. II, p. 2227, N.Y. Interscience, 1963.

The diagram below illustrates the connection between the neutron cross sections.

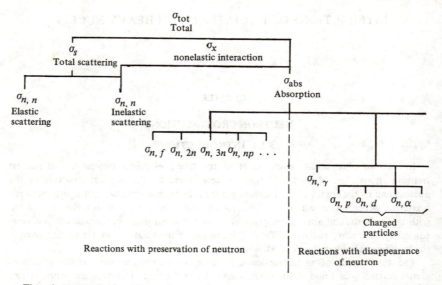

This chapter provides data on neutron interactions with nuclei of the heavy elements ($Z \geq 90$): cross-sections for thermal neutrons, cross-sections of reactions caused by fast neutrons and the characteristics of elastic and inelastic neutron scattering.

The experimental data on the energy dependence of neutron reactions and of other parameters are shown in diagrams (most of them following *Neutron Cross Sections*, V.III, BNL-325, Second Edition, Suppl. 2, 1965. Authors J. R. Stehn *et al*) mainly for energies above the resonance region.* In the captions to these figures references are given to papers from which no data have been included in the diagrams.

If not mentioned otherwise, all data are quoted from primary sources without any alteration. For each type of interaction the material is arranged in order of increasing atom numbers Z, and for a given Z in order of increasing mass numbers A.

References are given separately for each type of interaction. Less reliable values are shown in brackets.

§ 1.2. THERMAL NEUTRON CROSS-SECTIONS AND RESONANCE INTEGRALS

The tables in this section contain experimental values of neutron cross-sections for reactions in the thermal energy region, and also resonance integrals for fission and capture. Table 1.1 shows the total cross sections σ_{tot}, scattering cross sections σ_s, and (n,α) - reaction cross-sections for nuclei with $Z \geq 90$. The half-life of each isotope is also given. The material in the table is arranged as follows: surname of first author and reference number - column 1, year when the work has been carried out (published) - column 2, total cross-sections - column 3, scattering cross-sections - column 4, (n,α) - reactions

---
*Data relating to the resonance region of energies may be found for instance in the table by V. M. Gorbachev, Y. S. Zamyatnin, A. A. Lbov "Characteristics of isolated resonance levels" in *Yadernye konstanty*, No. 16, Atomizdat, 1974, p. 121 (see also [300]).

cross-sections – column 5. Often given in column 4 are the potential cross-section $\sigma_{s\,pot}$ and the coherent cross-section $\sigma_{s\,coh}$ as well as the amplitude of scattering a (in units of Fermi; 1 Fermi = 10^{-13} cm).

Column 6 contains short comments on the neutron energy distribution employed in the experiments together with information on the standards that have been used. The following relative classification has been adopted: the index 0 applies to mono-energetic neutrons with a velocity of 2200 m/s; MS – thermal neutron spectrum with Maxwellian velocity distribution; SK (subcadmium) – applies to differential measurements performed with and without a cadmium shield; RS (reactor spectrum) – to a spectrum where the proportion of thermal neutrons depends on the position of the sample in the reactor. Table 1.2 has a similar lay-out as table 1.1, and contains values of fission cross-sections (column 3) and capture cross-sections (column 4). In many works (e.g. [2]) values are given of activation cross-sections obtained by measuring the radioactivity of an irradiated sample arising from capture of a thermal neutron which is followed by β-decay of the produced isotope. In table 1.2 these cross-sections are incorporated in the column for radiative capture cross-sections (if the half-life of the measured activity corresponds to the half-life of the isotope that has been produced). In some cases we show in column 3 and 4 also the values σ_{tot} and $\sigma_{abs} = \sigma_f + \sigma_s$.

The resonance integrals for fission I_f and capture I_c are given in columns 5 and 6 respectively.

The resonance integral for an infinite dilution is determined as

$$I_i = \int_{E_{пор}}^{E_{макс}} \sigma_i(E) \frac{dE}{E},$$

where i – index of the given process (f – fission, c – capture).

The resonance integral accounts for the cross-section component proportional to $1/V$ (the deviation from $1/V$ is discussed separately). The values of E_{lim} and E_{max} depend on the experimental conditions; E_{lim} – the limiting energy (the energy corresponding to a given thickness, for instance of a cadmium filter). The contribution of the high energy region of $\sigma_i(E)$ in the resonance integral is insignificant; it may therefore be assumed that $E_{max} \to \infty$.

Apart from original data, recommended values are also given in the tables and the respective source is indicated. The original data on cross-sections are arranged in chronological order.

It is worth mentioning that for a Maxwellian spectrum in a reactor the cross-section can be expressed by the equation

$$\sigma = g \sqrt{\frac{\pi}{4} \cdot \frac{T_0}{T}} \, \sigma_0.$$

where T – the temperature of the moderator (K), $T_0 = 293.6$ K, g – the so called Westcott factor (or g – factor) which determines the deviation of the $\sigma(E)$ curve from the $1/\sqrt{E}$ law.

If the normalisation f the g-factor is changed so that $g = f(T_0, t)$ we may write $\sigma = g \sigma_0$.

Numerical values of the g-factor for indifferent temperatures may be found, for instance, in references [303, 345–347].

Table 1.1

Cross-section for thermal neutrons (total cross-sections σ_{tot}, scattering cross-sections σ_s and cross-sections for (n, q) reactions $\sigma_{n, a}$)

Reference	Year	σ_{tot}, barn	σ_s, barn	$\sigma_{n, a}$, in barn	Standard used, experimental conditions (σ, barn)
^{230}Th ($T=76\,000$ yr)					
Kalebin, S. M. [149]	1967	70 ± 3	13 ± 4	—	0
	1968	55 ± 1	—	—	SK
Kalebin, S.M. [330]	1968	$70,0\pm3,8$	—	—	0
Kalebin, S.M. [331]	1969	$71,8\pm2$	$\sigma_{s_{pot}}=15\pm2$	—	0
^{232}Th ($T=1,41 \cdot 10^{10}$ yr)					
Rayburn [18]	1951	—	$12,36\pm0,15$	—	
Hibdon [19]	1951	—	$16,9$	—	$E_n=1,46$ eV
Shull [20]	1951	—	$12,8$	—	MS
Shull [22]	1951	—	$\sigma_{skoh}=12,8\pm1,0$	—	0
			$(a_{koh}=+10,1\pm1$ Fermi)		0
			$\sigma_{skoh}=12,1\pm0,2$		
			$(a=+9,8\pm0,1$ Fermi)		
Roof [21]	1962	—	$12,4$	—	$E_n=0,042$ eV
Rayburn [332]	1965	$13,28\pm0,06$	$12,78\pm0,30$	—	
Green [308]	1974	—	$\sigma_{skoh}=12,1\pm0,2$	—	$E_n=1,44$ eV
			$(a_{koh}=+9,8\pm0,1$ Fermi)		$\sigma_s(Va)=5,02\pm0,10$
Recommended [1]	1965	—	$\sigma_{skoh}=12,67\pm0,08$	—	
Recommended [300]	1973	$20,07\pm0,11$	$(a_{koh}=10,08\pm0,04$ Fermi)	—	
^{231}Pa ($T=32\,480$ yr)					
Simpson [25]	1962	211 ± 2	—	—	0
Recommended [300]	1973	211 ± 4	—	—	
^{233}Pa ($T=27,4$ days)					
Simpson [29]	1964	57^{+4}_{-3}	—	—	0
Simpson [242]	1967	55 ± 3	—	—	
Recommended [300]	1973	55 ± 3	—	—	

		$U_{nat.}$	
Shull [20]	1951	—	0
Atoji [37]	1961	—	$E_n = 0.0735$ eV;
		$\sigma_{skoh} = 9.0$	$\sigma_{skoh}(Ni) = 13.2 \pm 0.2$
		$\sigma_{skoh} = 9.7 \pm 1.2$	$(a(Ni) = +10.3$ Fermi); ;
		$(a = +8.78 \pm 0.56$ Fermi)	$\sigma_{skoh}(C) = 5.50 \pm 0.04$
Roof [21]	1962	—	$(a(C) = +6.62$ Fermi);
		$\sigma_{skoh} = 8.9 \pm 0.4$	$E_n = 0.042$ eV
		$(a = +8.4 \pm 0.2$ Fermi)	$(a(Ni) = +10.3$ Fermi);
Recommended [1]	1965	—	
		$\sigma_{skoh} = 9.0 \pm 0.4$	
		$(a = +8.4 \pm 0.2$ Fermi)	

^{232}U ($T = 72$ yr)

Berreth [38]	1963	168 ± 17	—
Simpson [154]	1967	163 ± 10	—
Recommended [1]	1965	168 ± 17	0; review [1]
Recommended [300]	1973	163 ± 10	0
		14,7	

^{233}U ($T = 1.59 \cdot 10^5$ yr)

Muzer (from values in [151]	1954	597.0 ± 14.0	—
Nikitin, S. Ya. [45]	1955	580 ± 20	—
Lynn [333]	1955	610 ± 9	—
Pattenden [44]	1956	600.0 ± 17.0	—
Simpson [43]	1960	587.0 ± 4.7	—
Safford [42]	1960	585.5 ± 5.8	—
Block [41]	1960	585.4 ± 2.4	—
Sjostrand [135]	1960	587 ± 3	0; review [151] (auth. 590 ± 15)
Green [308]	1974	—	0; review [151] (auth. 587 ± 6)
Recommended [1]	1965	586 ± 2	0 (solution ^{233}U in D_2O); review [151]
			(auth. 587 ± 5)
Recommended [151]	1969	10.7 ± 1.8	0 (metallic sample); review [151] (auth. $586 + 2$)
Recommended [300]	1973	587.0 ± 1.3	0
		8.2 ± 2.0	$\sigma_s (Va) = 5.02 \pm 0.10$
			0
			0

Table 1.1 contd.

Reference	Year	σ_{tot}, barn	σ_s, barn	σ_n, α, in barn	Standard used, experimental conditions (σ, barn)
²³⁴U ($T = 2{,}48 \cdot 10^5$ yr)					
McCallum [58]	1958	121±8	(17,8±1,4)	—	0; σ_s evaluated from first two resonance levels
Block [41]	1960	110±4	17,8±1,4	—	0
Recommended [1]	1965	112±7	—	—	
Recommended [300]	1973	112±4	12±4	—	
²³⁵U ($T = 7{,}10 \cdot 10^8$ yr)					
Hibdon [19]	1951	—	9,7±1,9	—	MS
Melkonian [67]	1953	694±14	—	—	0; review [150] (auth. 691±5) 0
Palevsky [66]	1954	700±5	—	—	0
Melkonian [78]	1955	—	11,3±1,0	—	$E_n \approx 1$ eV
Nikitin, S. Y. [45]	1955	710±20	—	—	0
Egelstaff [65]	1957	724±15	—	—	0
Leonard [64]	1957	701±4	—	—	0
Vogt [76]	1958	—	15,8	—	0
Foot [77]	1958	—	15±1	—	0
Safford [63]	1959	696,0±2,5	—	—	0 (solution of ²³⁵U in D₂O) review [150] (auth. 695,0±1,8)
		698,68±5,1	—	—	0 (metallic sample) review [150] (auth. 698,7±4,8)
Safford [67]	1959	—	15±2	—	
Simpson [43]	1960	690±10	—	—	
Block [41]	1960	693±5	13±2	—	
Vogt [75]	1960	—	16,6	—	
Saplakoglu [62]	1961	696,0±2,5	—	—	
Sjostrand [135]	1961	—	15,2±2,3	—	
Gerasimov, V. F. [68]	1962	670	—	—	0; review [151] (auth. 694,2±1,5)
Sowinski [145]	1963	—	—	~50	0; σ_{abs}
Andreyev, V. N. [143]	1965	—	—	≤2,5	7,5 ≤ E_α ≤ 11 MeV
Andreyev, V. N. [144]	1965	—	—	≤0,5	8,5 ≤ E_α ≤ 15 MeV
Recommended [1]	1965	693±4	15±2	—	6,5 ≤ E_α ≤ 11 MeV
Recommended [151]	1969	—	17,6±1,5	—	
Recommended [300]	1973	694,6±1,1	13,8±0,5	—	
			($a_{koh} = 9{,}8 \pm 0{,}6$ Fermi)		

McCallum [58]	1958	18,7±1,7	**²³⁶U** ($T = 2,39 \cdot 10^7$ yr) 10,6±0,4	—
			²³⁸U ($T = 4,51 \cdot 10^9$ yr)	
Egelstaff [65], Lynn [333]	1955	—	$\sigma_{s\,koh} = 9\pm1$	—
Carth [136]	1956	—	$\sigma_{s\,pot} = 11,2\pm0,8$	—
Hibdon [19]	1961	—	13,8	<10
Almodovar [146]	1964	—	—	—
Recommended [300]	1973	11,60±0,16	8,90±0,16 ($a_{koh}= 8,50\pm0,06$ Fermi)	0; $\sigma_{stot} = 8,6\pm0,2$ MS MS MS
			²³⁹U ($T = 23,5$ min)	
Sjostrand [135]	1961	—	8,4±1,2	— RS
			²³⁷Np ($T = 2,14 \cdot 10^6$ yr)	
Smith [284]	1957	180±22	—	—
Recommended [300]	1973	—	$a_{koh} = 10,56\pm0,10$ Fermi	—
			²³⁸Pu ($T = 87,8$ yr)	
Young [91]	1962	615±10	—	—
Young [92]	1967	588$^{+15}_{-25}$	—	—
Recommended [1]	1965	615±10	—	0
Recommended [300]	1973	588±20	—	0

Table 1.1 contd.

Reference	Year	σ_{tot}, barn	σ_s, barn	$\sigma_{n,\alpha}$, in barn	Standard used, experimental conditions (σ, barn)
			^{239}Pu ($T = 2{,}44 \cdot 10^4$ yr)		
Anderson [102]	1945	1045±25	—	—	0
Havens [101]	1951	1067±20	—	—	0
Palevsky [100]	1955	1025±10	—	—	0
Abov, Y. G. [195]	1955	1050±13	—	—	0
Nikitin, S. Y. [45]	1955	1040±30	—	—	0
Zimmermann (data from [151])	1955	1022±13	—	—	
Leonard [99]	1956	1055±14	—	—	0
Pattenden [98]	1956	1050±30	—	—	0
Bollinger [97]	1958	1022±14	—	—	
Cocking [336]	1958	—	—	—	
Safford [96]	1961	1018±7,4	—	—	
Sjostrand [135]	1961	—	12,1±1,7	~20	0; review [151] (auth. 1015±10)
Andreyev, V. N. [147]	1962	—	$\sigma_{s\,koh} = 7{,}1 \pm 0{,}6$ ($a = +7{,}5 \pm 0{,}3$ Fermi)		0 PC
Roof [21]	1965	—	7,1±0,6 ($a = +7{,}5 \pm 0{,}3$ Fermi)	<2	$E_n = 0{,}042$ eV; relative a (Ni) $= +10{,}3$ Fermi
Andreyev, V. N. [143]	1965	1024±10	8,5±2,0		
Recommended [1]	1969	—	7,7±0,5	—	
Recommended [151]	1973	1019±6	$(a_{koh} = 7{,}5 \pm 0{,}3$ Fermi)	—	
Recommended [300]					
			^{240}Pu ($T = 6540$ yr)		
Pattenden [337]	1959	273±8	—	—	0
Block [41]	1960	290±8	2±1	—	
Recommended [300]	1973	291,1±1,4	1,54±0,09 ($a_{koh} = 3{,}5 \pm 0{,}1$ Fermi)	—	

^{241}Pu ($T = 14{,}54$ yr)

Reference	Year	Value		Notes
Schwartz [109]	1958	1410 ± 80	—	0
Simpson [108]	1961	1386 ± 30	—	0
Craig [107]	1964	1383 ± 30	—	0
Smith (data from [151])	1968	$1389{,}0\pm15{,}0$	—	0
Recommended [1]	1965	1385 ± 20	—	
Recommended [151]	1969	—	$12{,}0\pm2{,}6$	
Recommended [300]	1973	1388 ± 10	11 ± 1	

^{242}Pu ($T = 3{,}87\cdot10^5$ yr)

Reference	Year	Value		Notes
Auchampaugh [338]	1966	$26{,}7$	—	
Young [306, 307]	1970	$26{,}9\pm1{,}0$	—	Review in [307] (auth. $38{,}9\pm1{,}6$)
Recommended [300]	1971 1973	$26{,}5\pm0{,}5$	$8{,}0\pm0{,}2$ ($a = 8{,}1\pm0{,}1$ Fermi)	

^{241}Am ($T = 433$ yr)

Reference	Year	Value	Notes
Adamchuk, Y. V. [334]	1955	~220	0

^{244}Cm ($T = 18$ yr)

Reference	Year	Value	
Berreth [183]	1970; 1972	23 ± 3	—
Recommended [300]	1973	23 ± 3	8 ± 3

^{245}Cm ($T = 8{,}53\cdot10^3$ yr)

Reference	Year	Value	Notes
Berreth [183]	1970; 1972	2900 ± 450	MS
Recommended [300]	1973	2375 ± 100	

Table 1.2

Fission and capture cross-sections for neutrons in the thermal energy region and resonance integrals for fission and capture

Reference	Year	σ_f, barn	σ_c, barn	I_f, barn	I_c, barn		Standard used (σ, barn I, barn); experimental conditions.
^{227}Th ($T = 18{,}6$ days)							
Hughes [2]	1958	1500±1000	—	—	—		
Von Gunten [224]	1970	200±20	—	—	—	MS	
^{228}Th ($T = 1{,}91$ yr)							
Hughes [2]	1958	≤0,3	—	—	—		
Hughes [2]	1958	—	123±15	—	—	RS	
^{229}Th ($T = 7300$ yr)							
Studier [142]	1947	45±11	—	—	—	MS	
Konakhovich, Y. Y. [231]	1960	—	—	240	—		
Gindler [131]	1961	30,5±3,0	—	—	—		
Recommended [1]	1965	32±3	—	—	—	MS	
Recommended [300]	1973	30,5±3,0	54±6	446±70	1000±175	MS	
^{230}Th ($T = 76 000$ yr)							
Hyde [7]	1948	—	39	—	—	RS	
Jaffey [6]	1949	—	50	—	—	RS	
Pomerance [4]	1953	—	27±2	—	—	MS;	σ_c (Au) = 98,8 (auth. 26±2 from σ_c (Au) = 95)
Cabell, Attree [5, 5a]	1958, 1962	—	22,7±0,6	—	996±40	SK;	σ_c (Co) = 36,6; I (Co) = 74 (auth. $\sigma_c = 21{,}4±0{,}3$ at $T_{1/2} = 80 000$ yrs)
Hughes [2]	1958	—	22,7±0,6	—	—	MS	
Chose [132]	1961	—	—	—	1020±30		
Cote [232]	1968	—	21,8	—	1035±85		0; auth. σ_c=56,8±3 includes ~35 barn due to the contribution of the negative resonance level.
Kalebin, S. M. [149, 341]	1967—1969	—	—	—	—		
Recommended [1]	1965	—	23±2	—	1000±100		
Recommended [300]	1973	<0,0012	23,2±0,6	—	1010±30		

^{232}Th ($T = 1{,}41 \cdot 10^{10}$ yr)

Seren [12]	1944	7,58±0,76	—	84	MS
Grummitt [17]	1944	7,75±0,30	—	—	SK
Pomerance [11]	1952	7,3±0,4	—	—	MS; σ_c(Au) = 98,8 (auth. 7,0±0,4 for σ_c(Au) = 95)
Egelstaff [14]	1953	7,2±0,2	—	—	0 (from measured σ_{tot})
Crocker [10]	1955	7,31±0,12	—	—	MS
Small [9]	1955	7,57±0,17	—	—	MS
Macklin [152]	1956	—	—	70±5	I_c(Au) = 1535; inc. contribution 1/V 3 barn, (auth. 67 + 5 for I_c(Au) = 1558)
Myasishcheva, G. G. [8]	1957	7,31±0,10	—	77±8	MS; review [1], auth. I_c = 67±5
Klimentov, V. B. [153]	1957	—	—	62±12	σ(Li) = 71,0±1,0; inc. contribution. 1/V
Wade [16]	1957	7,55±0,25	—	—	ПК
Hubert [13]	1957	7,60±0,16	—	—	0
Hughes [2]	1958	—	—	—	0
Korneev, E. I. [133]	1959	—	<2·10^{-4}	—	MS
Johnson [23]	1960	—	(60±20) 10^{-3}	83±8	I_c(Au) = 1535 (auth. 85±8,5 for I_c(Au) = 1565)
Tattershall [15]	1960	7,5±0,3	—	109±10	Inc. contr. 1/V 3 barn (auth. 106 ± 10)±10)
Tiren [155]	1962	—	—	86±6	Inc. contr. 1/V 3 barn (auth. 83 ± 6) 83±6)
Sampson [156]	1962	—	—	83±5	I_c(Au) = 1535 (auth. 84±5 for I_c(Au) = 1561)
Brose [157]	1964	—	—	87±2	I_c(Au) = 1535 (auth. 82,7±1,8 for I_c(Au) = 1461,8)
Vidal [158]	1964	(7,5)	—	90±4	0
Hardy [217]	1965	—	—	82,5±3,0	
Foel [159]	1965	—	—	79±3	I_c(Au) = 1535 (auth. 81,2±3,4 for I_c(Au) = 1579)
Bhat [234]	1967	—	—	86±6	MS
Neve [238]	1968	—	(39±4) 10^{-6}	—	RS
Kobayashi [302]	1970	—	(67±7) 10^{-3}	89,8±4	Activation; $E > 0,4$ eV
Breitenhuber [235]	1970	—	—	93±6	Absorption; $E > 0,4$ eV
Steinnes [236]	1972	7,4±1	(39±4) 10^{-6}	88±3	
Recommended [1]	1965	7,40±0,08	—	83±3	
Recommended [300]	1973	—	—	85±3	

^{233}Th ($T = 22{,}1$ min)

Hyde [24]	1948	1900±150	—	—	PC; σ_c(^{232}Th) = 9,5 (auth. 1350±100 for σ_c(^{232}Th) = 6,8 барн)
Fields [237]	1957	—	≤20	—	MC

Table 1.2 contd.

Reference	Year	σ_f, barn	σ_c, barn	I_f, barn	I_c, barn	Standard used (σ, barn I, barn); experimental conditions
Hughes [2]	1958	15±2	—	—	—	MS
Johnston [23]	1960	—	1470±100	—	400±100	SK
Recommended [1]	1965	—	1500±100	—	—	MS
Recommended [300]	1973	15±2	1500±100	—	400±100	MS
^{234}Th ($T = 24,1$ days)						
Hughes [2]	1958	<0,01	1,8±1,5	—	—	RS
Hughes [2]	1958	—	—	—	—	
^{230}Pa ($T = 17,3$ days)						
Hughes [2]	1958	1500±250	—	—	—	MS
^{231}Pa ($T = 32\,460$ yr)						
Seaborg [28]	1946	—	175±30	—	—	RS
Elson [27]	1953	—	300±45	—	—	Review [1]
Smith [26]	1956	—	200±15	—	—	MS; $\sigma_c(^{59}\text{Co}) = 37,0$
Hughes [2]	1958	(10±5) 10^{-3}	—	—	—	MS
Simpson [241]	1959	—	200±5	—	—	Absorption ($E_n > 0,1$ eV)
Simpson [25]	1962	—	0,293	—	1200	0 (from measured σ_{tot})
Bjornholm [239]	1963	<10^{-4}	260±13	—	—	MS
Aleksandrov, B. M. [230]	1972	—	201±22	—	1180±120	MS; I_c (Np) = 945
Grintakis [273]	1974	—	200±10	—	−1432±187	0
Recommended [1]	1965	—	200	0	480	0
Recommended [240]	1970	0	—	—	—	
Recommended [300]	1973	0,010±0,005	210±20	—	1500±100	
^{232}Pa ($T = 1,31$ days)						
Elson [27]	1953	—	40$^{+40}_{-20}$	—	—	MS; σ_{akt}
Smith [26]	1956	—	760±100	—	—	MS
Hughes [2]	1958	700±100	760±100	—	—	MS
Recommended [300]	1973	700±100		—	—	
^{233}Pa ($T = 27,4$ days)						
Katzin [36]	1946	—	37±14	—	—	RS; production of ^{234}U

Reference	Year				Notes
Katzin [35]	1953	—	55±6	—	RS; production of ^{234}U
Smith [33]	1955	—	(68±6) {43±5 ^{234m}Pa / 25±4 ^{234}Pa}	(1220) {730 ^{234m}Pa / 490 ^{234}Pa}	SK; review [1]
Halperin [34]	1956	—	(107±10) {75±9 ^{234m}Pa / 32±5 ^{234}Pa}	—	RS; review [1]
Hughes [2]	1958	<0,1	140±20	—	RS
Eastwood [32]	1960	—	(63±7) {32±5 ^{234m}Pa / 31±5 ^{234}Pa}	(930±130) {470±90 ^{234m}Pa / 460±100 ^{234}Pa}	RS
			(39±5) {20±4 ^{234m}Pa / 19±5 ^{234}Pa}		SK
Halperin [31]	1962	—	132±13	—	RS
Stoughton [30]	1964	—	48±3	920±90	SK
Simpson [29]	1964	—	42±5	—	0
			47±6	—	SK (auth. $\sigma_{tot} = 57^{-3}_{+4}$; $\sigma_s = 10\pm 5$) $E_n > 0,4$ eV
Simpson [242]	1967	—	—	901±45	0
Conner [243, 244]	1967–1970	—	31,4±1,0	842±35	
Recommended [1]	1965	—	43±5 {22±4 ^{234m}Pa / 21±3 ^{234}Pa}	—	SK
Recommended [300]	1973	<0,1	21±3 ^{234m}Pa / 20±3 ^{234}Pa	} 895±3	

^{234m}Pa ($T = 1,18$ min)

Reference	Year				
Hughes [2]	1958	≤500	—	—	MS

^{234g}Pa ($T = 6,66$ hr)

| Hughes [2] | 1958 | ≤5000 | — | — | 0 |

^{230}U ($T = 20,8$ days)

| Hughes [2] | 1958 | 25±10 | — | — | 0 |

^{231}U ($T = 4,3$ days)

| Hughes [2] | 1958 | 400±300 | — | — | 0 |

Table 1.2 contd.

Reference	Year	σ_f, barn	σ_c, barn	I_f, barn	I_c, barn	Standard used (σ, barn; I, barn; experimental conditions)
			^{232}U ($T = 72$ yr)			
Seaborg [28]	1946	70±10	—	—	—	MS
Elson [40]	1953	81±15	200^{+300}_{-200}	—	—	σ_c — RS; σ_f — MS; review [1]
Halperin [39]	1965	—	78±4	—	280±15	MS; for σ_c (^{60}Co) = 37; I_c (^{60}Co) = 75
Recommended [1]	1965	77±10	106±4	—	—	RS
Recommended [240]	1970	—	78±4	—	220	MS
Recommended [300]	1973	75,2±4,7	73,1±1,5	320	280±15	
				320±40		
			^{233}U ($T = 1{,}59 \cdot 10^5$ yr)			
Zinn [57]	1946	518±20	—	—	—	MC; $\sigma_f(^{235}$U$)/\sigma_f(^{233}$U$) = 0{,}928$, $\sigma_f(^{235}$U$) = 560$ (auth. $\sigma_f(^{233}$U$)=508\pm20$ for $\sigma_f(^{235}$U$) = 548$)
Inghram [50]	1950	523±9	51±1	—	—	PC; $\sigma_c/\sigma_f = 0{,}0976\pm0{,}0018$, $\sigma_{abs} = 574$ (auth. $\sigma_f = 455$, $\sigma_c = 44{,}4\pm1{,}0$ when $\sigma_{abs} = 499$)
Tunnicliffe [56]	1951	545±16	—	—	—	0; σ (B) = 759 (auth. $\sigma_{tot} = 361$ for 0,050 eV, recalculated for 1/V when σ (B) = 720); revision of ^{233}U sample weight [52]
Kukavadze, G. M. [48]	1955	$\sigma_{abs} = 624\pm30$	—	—	—	RS; σ (^{6}Li) = 943 (auth. $\sigma_{n\gamma}/\sigma_{abs} = 0{,}087\pm0{,}003$) σ (^{6}Li) = 930)
Spivak, P. E. [47]	1955	$\sigma_{abs} = 590\pm12$	50±2	—	—	RS; $\sigma_{abs} = 574$ (auth. $\sigma_{abs}(^{233}$U$)/\sigma$ (B) = = 0,78 (±2%))
Popovic [55]	1955	536,3±18,8	—	—	—	MS; σ (B) = 759 (auth. $\sigma_{abs}(^{233}$U$)/\sigma$ (B) =
Auclair [54]	1955	512±16	—	—	—	MS; review [151 (auth. 492 ± 25 when σ(Na) = 0.50)
Green [46]	1957	$\sigma_{abs} = 780\pm17$	—	—	—	0; review [1]; $\sigma_f(^{239}$Pu$) = 742$ (auth. $\sigma_f(^{233}$U$)/\sigma_f(^{239}$Pu$) = 0{,}626\pm0{,}006$) MS; σ (Au)=98,8(auth. $\sigma_{abs}(^{233}$U$)/\sigma$ (B) = = 0,738±0,22); $\sigma_{abs}(^{233}$U$)/\sigma$ (Au = = 7,95±0,08)

Reference	Year					Notes
Bigham [53]	1958	523,51±6,85	—	—	—	0; review [151]
Raffle [52]	1959	507,5±21,8	—	—	—	MS; review [151] (auth. 515±15)
Block [41]	1960	$\sigma_{abs} = 576\pm4$	—	—	—	0; $\sigma_{abs} = \sigma_{tot} - \sigma_s$ (auth. $\sigma_{tot} = 587\pm3$), $\sigma_s = 11\pm2$
Halperin [49]	1961	—	61,3	—	—	RS
Bigham [51]	1964	—	51,7±2,6	—	144±7	$I_c(\mathrm{Au}) = 1535$ ($E \geq 0,45$ eV) $I_c(\mathrm{In}) = 2790$ ($E \geq 0,64$ eV) $E_n \geq 0,5$ eV
Hardy [217]	1965	—	—	837±40	—	
Cabell [270]	1967	—	—	743±24	—	
Weston [272]	1967	—	—	753±36	—	
Conway [205]	1967	—	—	798±26	—	
Keith [162]	1968	—	—	761±17	—	
Bak, M. A. [269]	1970	538,67±6,33	—	735±15	140±13	0; review [151]
Cao [274]	1970	—	—	771±49	135±8	
Cabell [229]	1971	—	—	850±90	—	
Eiland [263]	1971	—	48,35±1,62	751,76	—	$E_n \geq 0,5$ eV
Recommended [1]	1965	524,5±1,9	49±6	830±60	146±8	
Recommended [151]	1969	530,6±1,9	47,0±0,9	746±15	—	
Recommended [300]	1973	531,1±1,3	47,7±2,0	764±13	140±6	

^{234}U ($T = 2,48 \cdot 10^5$ yr)

Reference	Year					Notes
Inghram [61]	1950	—	$\sigma_{abs} = 64\pm18$	—	—	RS
Pomerance [60]	1951	—	$\sigma_{abs} = 92\pm6$	—	—	MS
Kaufmann [278]	1956	—	—	—	—	RS
Pilcher [247]	1956	—	—	—	—	—
Hurst [59]	1957	—	$\sigma_{abs} = 147\pm9$	—	710	RS; $\sigma_{abs}(^{235}\mathrm{U}) = 685$
Hughes [2]	1958	—	—	—	—	—
McCallum [58]	1958	≤0,65	$\sigma_{abs} = 103\pm8$	—	—	$\sigma_{abs} = \sigma_{tot} - \sigma_s$; $\sigma_{tot} = 121\pm8$; $\sigma_s = 17,8\pm1,8$
Craig [276]	1958	—	143±9	—	770±70	MS
Halperin [81]	1958	—	—	—	—	$\sigma_{abs} = \sigma_{tot} - \sigma_s$; $\sigma_{tot} = 110\pm4$; $\sigma_s = 17,8\pm1,8$
Block [41]	1960	—	$\sigma_{abs} = 92\pm5$	—	—	MS
Lounsbury [169]	1970	—	$\sigma_{abs} = 95,6\pm2,1$	—	—	MS
Cabell [170]	1971	—	$g\sigma_{abs} = 100,5\pm1,3$	—	—	MS
Recommended [240]	1965	0	$\sigma_{abs} = 95\pm7$	—	—	
Recommended [300]	1973	<0,65	100,2±1,5	—	630±70	

Table 1.2 contd.

^{235}U ($T = 7.1 \cdot 10^8$ yr)

Reference	Year	σ_f, barn	σ_c, barn	I_f, barn	I_c, barn	Standard used (σ, barn; I, barn); experimental conditions
Deutsch [196]	1944	540±30	—	—	—	
May [197]	1944, 1945	575±30	—	—	—	RS
Williams [69]	1946	587±13	101±5	—	—	Review [88] (auth. 526 ± 10)
Biswas [198]	1949	561±15	—	—	—	Review [88]
Faccini [199]	1950	598±15	—	—	—	Review [88]
Barloutand [200]	1952	626±20	—	—	—	MS; review [160] [160]
Popovic [161]	1953	590±13	—	—	—	$\sigma_{abs} = \sigma_{tot} - \sigma_s$ (auth. $\sigma_{tot} = 700\pm5$)
Palevsky [66]	1954	$\sigma_{abs} = 691\pm5$	—	—	—	$\sigma_{abs} = \sigma_{tot} - \sigma_s$ (auth. $\sigma_{tot} = 724\pm15$; $\sigma_s = 8.6\pm0.3$)
Egelstaff [65]	1954	$\sigma_{abs} = 715\pm15$	—	—	—	
Clayton [164]	1955	—	—	271±25	—	
Macklin [343]	1955	—	—	271	—	
Spivak, P. E. [47]	1955	$\sigma_{abs} = 658\pm13$	—	—	—	MS; σ (B) = 759 (auth. 652 when σ (B) = 755)
Auclair [201]	1955	580±38	—	—	—	0; review [151]
Friesen [74]	1956	557.0±14	—	—	—	0; review [160]
Bigham [53]	1958	589±6	—	—	—	0; review [160]
Saplakoglu [73]	1958	603±10	—	—	—	0; review [160] (auth. 582 ± 12)
Raffle [52]	1959	586±22	—	—	—	0; review [160]
Safford [72]	1959	586±8	—	—	—	
Hogg [202]	1960	—	96.6±6.8	—	—	0 (auth. $\sigma_{abs} = \sigma_{tot} - \sigma_s$; $\sigma_{tot} = 693\pm5$; $\sigma_s = 13\pm2$)
Block [41]	1960	$\sigma_{abs} = 680\pm6$	—	—	—	I_γ (Au) = 1535
Hardy [165]	1961	—	—	274±11	—	Review [160] [60]
Deruytter [71]	1961	590±8	—	—	—	0
Gerasimov, V. F. [68]	1962	$\sigma_{abs} = 670\pm8$	—	—	—	I_c (Au) = 1535
Bigham [167]	1963	—	—	263±9	144±5	
Baumann [166]	1963	—	—	292±18	—	
Esch [204]	1964	—	—	275±16	140±10	NRX reactor
Conway [205]	1964, 1967	—	—	272±8	136±8	
Bigham [51]	1964	—	—	298±14	—	ZEER reactor

Reference	Year				Notes
Hellstrand [206]	1965	—	278±9	—	I_1(Au) = 1535
Fraysse [203]	1965	588±10	—	—	
Maslin [70]	1965	572,0±7	—	—	0; review [151] (auth. 572 ± 6)
Knobeloch [163]	1966	589±12	—	—	0; review [160]
Durcham [279]	1966	—	277±5	143±7	
Cabell [270]	1967	—	—	—	
Keith [162]	1968	583±6	258±5	—	0; review [160]
Brumblett [280]	1969	—	—	—	
Lemley [335]	1971	—	292±14	150±6	$E_n > 0,5$ eV
Eiland [263]	1971	—	274±10	144±5	0
Deruytter [160]	1973	587,6±2,6	—	—	
Recommended [1]	1965	577,1±0,9	—	—	
Recommended [151]	1969	580,2±1,8	—	—	
Recommended [160]	1973	587,4±2,7	275±5	144±6	
Recommended [300]	1973	589,2±1,3	—	—	

^{236}U ($T = 2,39 \cdot 10^7$ yr)

Reference	Year				Notes
Pomerance [60]	1951	—	6±2	—	
Huizenga [85]	1952	—	9,1	—	MS; σ(Au) = 98,8 (auth. 5,8±30% for σ(Au) = 95)
Cahron [83]	1956	—	26±7	—	RS
Efimov, B. F. [84]	1956	—	24,6±6,0	—	RS; σ(Co) = 37 (auth. 24±7 for σ(Co) = 34,8)
Pilcher [247]	1956	—	—	310	RS
Butler [93]	1957	—	—	350±40	
Cabell [80]	1958	—	5,5±0,3	397±34	
Halperin [81, 82]	1958	—	6±1; 34±6	450±30	MS; I_c(Co) = 75 (auth. 257±22 for I_c(Co) = 48,6 and σ_c(Co) = 36,5)
McCallum [58]	1958	—	8,1±1,8	—	SK
					RS
Berreth [79]	1962	—	5±2	381	0; $\sigma_c = \sigma_{tot} - \sigma_s$ (auth. σ_{tot} = 18,7±1,7; σ_s = 10,6±0,4)
Hennelly [339]	1968	—	σ_{abs} = 12	400±40	SK
Baumann [186]	1968	—	6,0±0,5	417±25	RS
Schuman [286]	1969	—	5,4±1,5	381±30	MS
Carlson [171]	1970	—	5,1±0,25	350±25	MS
Cabell [170]	1971	—	$g\sigma_{abs}$ = 8,47±4,00	—	MS (at $T = 119 \pm 9$°C)
Recommended [1]	1965	—	6±1	400±40	
Recommended [240]	1970	0	5,6	417	
Recommended [300]	1973	—	5,2±0,3	365±20	

Table 1.2 contd.

Reference	Year	σ_f, barn	σ_c, barn	I_f, barn	I_c, barn	Standard used (σ, barn; I, barn); experimental conditions
			^{237}U ($T = 6{,}75$ days)			
Maek [187]	1965	—	$\sigma_{abs} = 650$	—	—	RS
Epel [188]	1965	—	$\sigma_{abs} = 300$	—	—	RS
Halperin [341]	1966	—	100	—	—	RS
Leipunsky [340]	1967	2	—	—	—	RS
Hennelly [339]	1968	—	$\sigma_{abs} = 372$	—	—	RS; relative ^{237}Np
Cornman [189]	1968	—	$\sigma_{abs} = 370 \pm 124$	—	—	0
Recommended [240]	1970	2	—	—	—	
Recommended [300]	1973	<0,35	411 ± 138	—	290	
			^{238}U ($T = 4{,}51 \cdot 10^9$ yr)			
Anderson [90]	1944	—	$2{,}78 \pm 0{,}08$	—	—	SK; σ (^{10}B) = 759
Grummitt [17]	1944	—	$2{,}94 \pm 0{,}23$	—	—	SK; σ (Mn) = 13, 4
Seren [12]	1944	—	$2{,}53 \pm 0{,}25$	—	—	MS
Leddicotte [60]	1951	—	$2{,}93 \pm 0{,}20$	—	—	SK ; σ (Co) = 37; σ (Mn) = 13, 3
Pomerance [60]	1951	—	$2{,}92 \pm 0{,}09$	—	—	TS; σ (Au) = 98,8
Harris [89]	1953	—	$2{,}72 \pm 0{,}05$	—	—	TS; σ (B) = 759
Egelstaff [65]	1955	—	$2{,}69 \pm 0{,}04$	—	—	0 (from measured $\sigma_{tot} = A + B/\sqrt{E}$
Cocking [87]	1955	—	$2{,}69 \pm 0{,}04$	—	—	0 (from measured $\sigma_{tot} = A + B/\sqrt{E}$)
Crocker [10]	1955	—	$2{,}75 \pm 0{,}10$	—	—	0; σ (Au) = 98,6; review [1]
Small [9]	1955	—	$2{,}76 \pm 0{,}06$	—	—	TS; σ (Mn) = 13, 4; σ (S) = 0, 49
Harvey [277]	1955	—	$2{,}73 \pm 0{,}07$	—	—	0 (from measured $\sigma_{tot} = A + B/\sqrt{E}$
Palevsky (using data from [86])	1955	—	—	—	276 ± 12	
Pilcher [247]	1956	—	—	—	310	
Macklin [152]	1956	—	—	—	278 ± 20	I (Au) = 1535 and 1 barn added due to $1/V$ (auth. 281 ± 20 when I(Au) = 1558)
Kaufmann [278]	1956	—	—	—	279 ± 20	PC
Bollinger [249]	1957	—	—	—	224 ± 40	
Klimentov, V. B. [191]	1957	—	—	—	—	
Harris [207]	1957	—	$2{,}89 \pm 0{,}15$	—	—	
Hughes [2]	1958	<0,0005	—	—	286 ± 25	σ (^{10}B) = 759
Tattershall [15]	1960	—	—	—	—	

Hardy [193]	1962	—	—	—	282±8	1 barn added due to 1/V
Baumann [194]	1964	—	—	—	278±10	1 barn added due to 1/V
Golubev, V. I. [342]	1968	—	—	—	—	RS
Bigham [248]	1969	—	$\sigma_{abs} = 2{,}721 \pm 0{,}016$	—	—	0
Scoville [344]	1973	—	0,454	—	—	RS
Steinnes [236]	1972	—	—	—	267±5	
Recommended [1]	1965	—	2,73±0,04	—	280±12	
Recommended [300]	1973	—	2,70±0,02	—	275±5	

^{239}U ($T = 23{,}5$ min)

LRL [295]	1956	15±3	—	—	—	RS
Fields [237]	1957	≤20	—	—	—	MS
Hughes [2]	1958	—	22±5	—	—	RS
Recommended [300]	1973	14±3	22±5	—	—	

^{234}Np ($T = 4{,}4$ days)

Hughes [2]	1958	900±300	—	—	—	MS

^{235}Np ($T = 396$ days)

Landrum [281]	1972	—	148	—	—	MS
Recommended [300]	1973	—	1600±200	—	—	Production of ^{236m}Np (22,5 h)
			184±4			Production of ^{236g}Np (1,29·10^6 yr)

^{236}Np ($T = 1{,}29 \cdot 10^6$ yr)

Studier [282]	1955	2800	—	—	—	MS
Hughes [2]	1958	2800±800	—	—	—	0
Jaffey [283]	1961	2500±150	—	—	—	MS
Recommended [300]	1973	2500±150	—	—	—	

^{237}Np ($T = 2{,}14 \cdot 10^6$ yr)

Brawn [285]	1956	—	$\sigma_{act} = 172 \pm 7$	—	—	MS
Smith [284]	1957	—	$\sigma_{abs} = 170 \pm 22$	—	—	0
Hughes [2]	1958	0,019±0,003	—	—	—	
Tattershall [15]	1960	—	$\sigma_{abs} = 169 \pm 3$	—	945±130	MS (auth. $I_{abs} = 870 \pm 130$ disregarding 1/V)
Rogers [275]	1967	—	—	—	905±28	

Table 1.2 contd.

Reference	Year	σ_f, barn	σ_c, barn	I_f, barn	I_c, barn	Standard used (σ, barn; I, barn); experimental conditions
Hennelly [339]	1968	—	$\sigma_{abs} = 152$	—	850	RS; I_{abs}
Schuman [286]	1968	0	—	0	807±40	disregarding 1/V
Recommended [240]	1970	—	170	—	945	
Recommended [300]	1973	0,019±0,003	169±3	—	660±50	

^{238}Np ($T = 2,1$ days)

Hughes [2]	1958	1600±100	—	—	—	MS
Hennelly [339]	1969	2070±30	—	880±70	—	MS
Spencer [251]	1968	1520±100	—	—	$I_{abs} = 1500±500$	RS
Recommended [240]	1970	2200±200	43	1500	29	0
Recommended [287]	1972	2200	—	880	600	0
Recommended [300]	1973	2070±30	—	880±70	—	

^{239}Np ($T = 2,35$ days)

Halperin [288]	1956	—	80±15	—	—	MS
Hughes [2]	1958	<1	$31±6$	—	—	
Kindermann [137]	1959	—	18^{+18}_{-6}	—	—	RS; production of ^{240m}Np (7,5 min.)
						RS; production of ^{240g}Np (65 min)
Recommended [300]	1973	<1	31±6	—	—	Production of ^{240m}Np (7,5 min)
			14±4	—	—	Production of ^{240g}Np (65 min)

^{236}Pu ($T = 2,85$ yr)

Gindler [138]	1959	170±35	—	—	—	MS
Hulet [289]	1961	162	—	—	—	0
Recommended [240]	1970	162	33	960	197	
Recommended [300]	1973	165±20	—	—	—	

^{237}Pu ($T = 45,6$ day)

Gindler [138]	1959	2500±500	—	—	—	MS
Hulet [289]	1961	2200	—	—	—	0
Recommended [300]	1973	2400±300	—	—	—	

		^{238}Pu ($T = 87,8$ yr)			
Bruehlman [95]	1948	—	—	—	RS
Redd [245]	1948	18 ± 2	—	—	
Hanna [121]	1951	$\underline{20}$	—	—	MS
Hulet [94]	1957	$18,4\pm 0,9$	—	—	MS
Butler [93]	1957	$\underline{17}$	—	3260 ± 280	RS
Eastwood [219]	1958	$17,1\pm 0,4$	25 ± 5	—	SK
Young [91, 91a, 92]	1962, 1967	$\sigma_{abs} = 532^{+15}_{-25}$	—	164 ± 15	MS
Hennelly [339]	1968	12	—	169	0
Recommended [1]	1965	$\underline{16}$	2,4	148	RS
Recommended [240]	1970	16,5	25	150	
Recommended [177]	1972	$16,5\pm 0,5$	24 ± 4	141 ± 15	
Recommended [300]	1973				

		^{239}Pu ($T = 2,44\cdot 10^4$ yr)			
De Wire [208]	1944	739 ± 30	—	—	0 (auth. $\sigma_f(^{239}\text{Pu})/\sigma_f(^{235}\text{U}) = 1,27\pm 0,05$)
Anderson [102]	1945	705	—	—	Review [1]; $\sigma(^{10}\text{B}) = 759$ (auth. 641 ± 60)
Tunnicliffe [56]	1951	688 ± 60	—	—	Review [88] (auth. $\sigma_f(^{239}\text{Pu})/\sigma_f(\text{U}_{natural}) = 207\pm 3,0$)
Cohen [209]	1952	776 ± 13	—	—	Review [88] (auth. $\sigma_f(^{239}\text{Pu})/\sigma_f(^{235}\text{U}) = 1,26\pm 0,05$
Cockcroft [210]	1952	753 ± 30	—	—	$\sigma_f(^{235}\text{U}) = 582$ (auth. $\sigma_f(^{239}\text{Pu})/\sigma_f(^{235}\text{U}) = 1,384$
Leonard [211]	1953	806 ± 13	—	—	$\sigma_f(^{239}\text{Pu})/\sigma_f(\text{U}_{natural}) = 205,7\pm 4,0$
Leveque [212]	1954	772 ± 17	—	—	Review [88]
Jaffey [213]	1955	732 ± 10	—	—	$\sigma_f(^{233}\text{U})/\sigma_f(^{239}\text{Pu}) = 0,626\pm 0,010$
Auclair [201]	1955	768 ± 41	—	—	0; $\sigma_f(^{239}\text{Pu})/\sigma_f(^{235}\text{U}) = 1,233$
Pratt [106]	1956	718 ± 5	—	—	0; $\sigma_f(^{239}\text{Pu})/\sigma_f(^{235}\text{U}) = 1,23\pm 0,04$
Leonard [104, 105]	1957	$\{^{716\pm 23}_{680}$	—	—	0
Genin [214]	1958	729	—	—	0; $\sigma_f(^{239}\text{Pu})/\sigma_f(^{235}\text{U}) = 1,2970\pm 0,0075$ $\sigma_f(^{239}\text{Pu})/\sigma_f(^{233}\text{U}) = 1,4183\pm 0,0081$; review [151]
Bigham [53]	1958	741 ± 5	—	—	

Table 1.2 contd.

Reference	Year	σ_f, barn	σ_c, barn	I_f, barn	I_c, barn	Standard used (σ_{tot}, barn; I, barn); experimental conditions
Raffle [52, 103]	1959	704±20 739±20	—	—	—	0
Hardy [165]	1961	—	—	327±22	—	MS
Hanna [215]	1963	—	266±8	—	—	I (Au) = 1535
Bigham [51]	1964	754	—	314±9 385±18	—	NRX reactor ZEER reactor
Fraysse [203]	1965	740±10 743±9	—	—	—	0; σ(^{10}B) = 761 0; σ_f(^{235}U) = 582
Hellstrand [216]	1965	—	—	303±10	—	0; σ_f(^{239}Pu)/σ_f(^{235}U) = 1,253±0,030;
White [168]	1966	—	—	—	—	review [151]. Auth. σ_f(^{239}Pu)/σ_f(^{235}U) = 1,254±0,022).
Cabell [270]	1967	—	—	324±9	—	
Yasuno [261]	1967	—	—	366±26	—	
Keith [162]	1968	—	—	—	—	MS; relative to σ(^{59}Co);
						σ_f(^{239}Pu)/σ_f(^{233}U) = 1,3773±0,0137; σ_f(^{239}Pu)/σ_f(^{235}U) = 1,2709± 0,0138;
Lounsbury [169]	1970	—	—	—	—	review [151]
Bak, M. A. [269]	1970	—	—	330±30	—	0; σ_f(^{239}Pu)/σ_f(^{233}U) = 1,4046± 0,0079; σ_f(^{239}Pu)/σ_f(^{235}U) = 1,2926±0,0081
Simons [262]	1970	—	—	345,6	—	Relative to I_f(^{235}U)
Gwin [260]	1971	—	—	289,8±12	203±16	
Eiland [263]	1971	—	—	231±14	167±7	($E_n > 3$ eV)
Deruytter [271]	1974	741,9±3,4	—	—	—	0
Recommended [1]	1965	740,6±3,5	271,3±2,6	333±15	—	
Recommended [151]	1969	741,6±3,1	268,8±3,0	—	—	
Recommended [300]	1973	742,5±3,1	—	301±10	200±20	

^{240}Pu ($\bar{t}$ = 6540 yr)

Reference	Year	σ_f, barn	σ_c, barn	I_f, barn	I_c, barn	Standard used
Bentley [141]	1955	<0,5	—	—	—	
Hulet [294]	1956	4,4±0,5	530±50	—	—	MS
Fields [110]	1956	—	530	—	—	RS
Jaffey [178]	1956	—	—	—	—	MS

Author	Year		σ_{abs}		Notes
Yerozolimsky, B. G. [293]	1956	—	—	9000±3000	Relative to I_c (^{239}Pu)
Butler [296]	1957	<0,1	—	—	MS
Krupchitsky, P. A. [220]	1957	—	—	10 000±2800	RS, I_{abs}
Bigham [222]	1958	−0,8±0,7	—	—	MS
Schuman [291]	1958	0,030±0,045	σ_{abs} = 460±45	—	MS
Halperin [140]	1959	—	—	—	0
Leonard [297]	1959	—	—	—	MS
Pattenden [337]	1959	—	σ_{abs} = 285±15	8700±800	
Tattershall [15]	1959	—	275±20	8200	Incl. region 1/Y
Pattenden [337]	1960	—	370±40	11 300	
Block [41]	1959	—	—	8200	
Walker [292]	1960	—	288±8	—	0 ($\sigma_{abs} = \sigma_{tot} - \sigma_s$)
Cabell [298]	1960	—	270±17	8780±550	MS
Lounsbury [169]	1967	—	273±14	—	0; relative to I_c (Au)
Recommended [177]	1970	—	289,5±1,4	—	
Recommended [300]	1972	0,05	290, ·	8453	
	1973	0,030±0,045	289,5±1,4	8013±960	

^{241}Pu ($T = 14,5$ yr)

Author	Year				Notes
Raffle [103]	1955	987±42	—	—	MS: $\sigma_f(^{241}$Pu$)/\sigma_f(^{239}$Pu$) = 1{,}3319±0{,}0610$ review [151] (auth. $\sigma_f(^{241}$Pu$)$ = 935±40 when $\sigma_f(^{239}$Pu$)$ = 702)
Jaffey [113, 178]	1955, 1956	1100±30	350	—	MC; $\sigma_f(^{241}$Pu$)/\sigma_f(^{239}$Pu$) = 1{,}3574±0{,}0193$; review [151] (1969) (auth. 1,362±0,023)
McMillan [139]	1955	858	—	—	RS
Fields [110]	1956	1060±210	390±80	—	RS
Leonard [105]	1957	920±45	—	—	MS
Anikinna, M. P. [301]	1958	—	340±30	—	MS
Bigham [53]	1958	(1006±8)	—	—	MS. $\sigma_f(^{241}$Pu$)/\sigma_f(^{239}$Pu$) = 1{,}3539±0{,}0070$; $\sigma_f(^{239}$Pu$)$ = 742 barn, review [151] (auth. 1,353±0,007)
Craig [276]	1958	(965±8)	430±20	—	0; review [151]
Leonard [112]	1959	935±42	—	—	RS
Raffle [52]	1959	930±40	—	—	MS; $\sigma_f(^{241}$Pu$)/\sigma_f(^{235}$U$)$ = 1,618±0,087; review [150]
		956±40	—	—	MS
Hardy [165]	1961	—	—	557±33	RS I (Au) = 1535

Table 1.2 contd.

Reference	Year	σ_f, barn	σ_c, barn	I_f, barn	I_c, barn	Standard used (σ, barn; I, barn); experimental conditions
Watanabe [111]	1964	985,0±45	—	532±16	—	MS; MS; review [151] (auth. 962±38)
Bigham [51]	1964	1146	—	—	—	RS
White [168]	1966	(1025)	—	—	—	0; $\sigma(^{241}\text{Pu})/\sigma(^{235}\text{U}) = 1,763\pm0,065$
Cabell [270,298]	1966, 1967	—	359±16	541±14	—	MS; $\sigma(^{241}\text{Pu})/\sigma(^{235}\text{U}) = 1,740\pm0,065$
Bak, M.A. [269]	1970	—	—	550±40	—	Review [151] (1969)
Eiland [263]	1971	—	—	569±37	162±8	$E_n > 3$ eV
Iskenderian [299]	1971	—	$\sigma_c/\sigma_f = 0,365\pm0,029$	—	—	
Recommended [1]	1965	950±30	425±40	537±27	—	
Recommended [151]	1969	1007,3±7,2	368,1±7,8	—	—	
Recommended [177]	1972	—	—	541	166	
Recommended [300]	1973	1009±8	368±10	570±15	162±8	

^{242}Pu ($T = 3,87 \cdot 10^5$ yr)

Reference	Year	σ_f, barn	σ_c, barn	I_f, barn	I_c, barn	Standard used
Bentley [141]	1955	≤0,3	—	—	—	RS
Fields [110]	1956	—	30±10	—	1450^{+30}_{-10}	MS
Jaffey [178]	1956	<0,3	30	—	—	MS
Bigham (data from [296])	1957	—	—	—	—	MS; relative to ^{59}Co, ^{238}U
Butler [93]	1957	0,0±0,2	18,6±0,8	—	1275±30	MS
Eastwood [219]	1958	—	19,2±3,3	—	1050±150	0
Coté [123]	1959	—	$\sigma_\text{abs} = 18,5\pm1,0$	—	1090±60	0
Young [305, 307]	1967, 1971	—	$\sigma_\text{abs} = 20$	—	1180	0
Folger [180]	1968	—	18,7±0,7	—	—	MS
Durham [309]	1970	—	18,5	0	1280	
Recommended [177]	1972	0	18,5	5	—	
Recommended [300]	1973	<0,2	18,5±0,4	—	1130±60	

^{244}Pu ($T = 4,96$ hr)

Reference	Year	σ_f, barn	σ_c, barn	I_f, barn	I_c, barn	Standard used
Fields [110]	1956	—	170±90	—	—	RS
Diamond [173]	1968	196±16	—	—	—	MS
Recommended [300]	1973	196±16	60±30	—	—	

^{244}Pu ($T = 8{,}28 \cdot 10^7$ yr)

Fields [110]	1956	—	—	—	RS
Butler [246]	1956	—	—	—	RS
Recommended [177]	1972	0	0	0	
Recommended [300]	1973	—	—	43±4	

^{245}Pu ($T = 10{,}5$ hr)

Fields [110]	1956	—	—	—	RS
Recommended [177]	1972	0	0	0	
Recommended [300]	1973	—	—	220±40	

^{241}Am ($T = 433$ yr)

Seaborg [28]	1946	—	—	—	RS; review [1]
Gunningham [267]	1951	3,0±0,2	—	—	MS
Hanna [114]	1951	3,0±0,2	—	—	$\sigma_c(^{241}\text{Am},^{242g}\text{Am})=680$
Hanna [121]	1951	—	—	—	MS
Street [118]	1952	—	—	—	(RS; production of ^{242m}Am
					(RS; production of ^{242g}Am
Adamchuk [116]	1955	—	—	—	O ($\sigma_c = \sigma_{tot} - \sigma_s$; $\sigma_s = 15$)
Pomerance [117]	1955	—	—	—	MS
Hulet [94]	1957	3,13±0,15	—	—	MS
Thompson [268]	1958	—	—	—	Production of ^{242m}Am
					Production of ^{242g}Am
Hoff [115]	1959	—	—	—	RS; production of ^{242g}Am
					RS; production of ^{242m}Am
Deal [119]	1964	—	—	900	SK; production of ^{242g}Am
Bowman [312]	1965	3,13±0,15	—	—	
Markov, B.N. [311]	1966	—	—	—	MS; production of ^{242f}Am
Bak, M.A. [221,269]	1967; 1970	3,15±0,10	21±2	2100±200	MS; production of ^{242g}Am
				300±30	MS; production of ^{242m}Am
Schuman [286]	1969	—	—	850±60	Production of ^{242g}Am
				250±40	Production of ^{242m}Am
Dovbenko, A.G. [314]	1969	—	—	—	Production of ^{242m}Am
					$\sigma_m/\sigma_m + \sigma_g = 0{,}118 \pm 0{,}029$
Harbour [228]	1973	—	—	1330±117	Production of ^{242g}Am, $E_n > 0{,}369$ eV
				208±18	Production of ^{242m}Am
Recommended [300]	1973	3,15±0,10	21±2	202±20	Production of ^{242m}Am
				1275±120	Production of ^{242g}Am

Table 1.2 contd

Reference	Year	σ_f barn	σ_c barn	I_f barn	I_c barn	Standard used (σ, barn; I, barn); experimental conditions
			^{242m}Am ($T = 152$ yr)			
Hanna [121]	1951	3000	—	—	—	MS; review [1] (auth. 2500)
Street [118]	1952	$\sigma_{abs} = 8000$	—	—	—	RS
		~ 6000	~ 2000	—	—	MS
		$\sigma_{abs} \sim 8000$		—	—	RS
Hulet [94]	1957	6110±500	—	—	8000±800	MS; review [1] (auth. 6390±500)
Thompson [268]	1958	3500	4500	—	—	RS
Wolfsberg [257]	1966	7600±300	—	—	—	MS; review 1971
Bowman [313]	1968	—	—	1570	—	
Perkins [315]	1968	—	—	1570±110	—	
Schuman [286]	1969	—	—	—	—	
Recommended [1]	1965	6000±500	2000±600	—	7000±2000	
Recommended [300]	1973	6600±300	1400±860	1570±110	7000±2000	RS
			^{242g}Am ($T = 16.02$ hr)			
Street [118]	1952	~ 1700	—	—	—	MS; review [1] (auth. ~ 2000)
Higgins [120]	1954	2950	—	—	—	MS
Bak M.A. [221]	1967	2100±200	—	<300	—	MS
Recommended [1]	1965	2900±1000	—	—	—	
Recommended [300]	1973	2900±1000	—	—	—	
			^{243}Am ($T = 7370$ yr)			
Street [126]	1950	—	~ 65	—	—	MS; production of ^{244m}Am (26 min). Review [1] (auth. ~ 50)
Harvey [126]	1954	—	140±50	—	—	RS
Stevens [125]	1954	—	115±20	—	—	RS
Jaffey [178]	1956	—	115	—	—	MS
Hulet [94]	1957	<0.072	—	—	—	MS
Butler [93]	1957	—	73.6±1.8	—	—	SK
			133.8±0.8			RS
Thompson [268]	1958	—	137	—	2290±50	
Coté [123]	1959	—	183±8	—	1470±135	0 ($\sigma_c = \sigma_{tot} - \sigma_s$; $\sigma_{tot} = 190$)
Vandenbosch [122]	1964	—	^{244m}Am/^{244g}Am = = 18.6±1.9	—	—	RS

Reference	Year				Notes
Bak, M.A. [221]	1967	—	73±6	2300±200	
Smith [174]	1968	—	86,6	—	
Folger [180]	1968	—	78	2250	
Schuman [286]	1969	—	—	2160±120	Production of ^{244m}Am and ^{244g}Am
Eberle [317]	1971	—	77±2	111±10	Production of ^{244g}Am (10,1 hr)
Simpson [318]	1974	—	—	1930±50	RS
Recommended [1]	1965	—	180±20	1810±70	I_c ($E_n > 0{,}625$ eV)
			79,3±2,0	1500±300	
			75,2±1,8	1820±70	Production of ^{244m}Am (26 min)
Recommended [300]	1973	0,07	4,1±0,2	—	Production of ^{244g}Am (10,1 hr)
			111±10		

^{244g}Am ($T = 10{,}1$ hr)

Reference	Year				Notes
Vanderbosch [127]	1961	2300±300	—	—	
Hulet [289]	1961	1440	—	—	
Recommended [1]	1965	2300±300	—	—	MS
Recommended [300]	1973	2300±300	—	—	0

^{244m}Am* ($T = 26$ min)

Reference	Year				Notes
Recommended [177]	1972	0	130	0	
Recommended [300]	1973	1600±300	—	—	

^{242}Cm ($T = 163$ days)

Reference	Year				Notes
Hanna [121]	1951	<5	—	—	
Schuman [286]	1969	—	—	150±40	MS
Ihle [191]	1972	5	20	150	0
Recommended [240]	1970	0,8	20	—	
Recommended [300]	1973	<5	16±5	150±40	

^{243}Cm ($T = 28$ yr)

Reference	Year				Notes
Hulet [94]	1957	690±50	—	—	MS
Thompson [250]	1971	—	250±150	—	RS
Berreth [183]	1972	—	—	—	$E_n > 0{,}625$ eV
Recommended [240]	1970	—	—	$I_{abs}=$ =2345±470	
Recommended [300]	1973	600±50	225±100	1860±400	
				$I_{abs}=$ =2345±470	

---
* Fictitious isotope

Table 1.2 contd.

Reference	Year	σ_f, barn	σ_c, barn	I_f, barn	I_c, barn	Standard used (σ, barn; I, barn); experimental conditions
			^{244}Cm ($T = 18$ yr)			
Stevens [125]	1954	—	25±10	—	—	RS
Jaffey [178]	1956	—	20	—	—	MS
Butler [93]	1957	—	30	—	—	RS
Smith [174]	1968	—	14,5	—	—	0
Folger [180]	1968	—	8,4	—	—	
Schuman [286]	1968	—	—	—	700	
Benjamin [176]	1971	1,1±0,5	—	18,0±1,0	650±50	0; $E_n > 0{,}625$ eV
Thompson [250]	1971	1,5±1,0	14±4	12,5±2,5	650±50	0
Rusche [310]	1971	1,0±0,3	—	19±1	—	0; I ($E_n = 7{,}7 - 85$ eV)
Berreth [183]	1972	—	—	—	$I_{abs} = =605±40$	
Zhuravlev K.D. [321]	1975	1,0±0,2	13,9±1,0	13,4±1,0	—	
Recommended [300]	1973	1,2±0,1	—	12,5±2,5	650±50	0
			^{245}Cm ($T = 8{,}53 \cdot 10^3$ yr)			
Stevens [125]	1954	2600±150	200±100	—	—	
Jaffey [178]	1956	1800	200	—	—	
Fields [172]	1956	2100±190	—	—	—	Review [173, 177] (auth. 1800±300)
Hulet [94]	1957	1910±200	—	—	—	Review [177] (auth. 1880±150)
Diamond [173]	1968	2100±150	—	—	—	Review [177] (auth. 2040±80)
Folger [180]	1968	—	$\sigma_c/\sigma_{abs} = 0{,}15$	—	$I_{abs} > 260$	
Smith [174]	1968	2420±500	428±130	—	—	Review [177] (auth. $\sigma_f = 1880$)
Halperin [181]	1969	—	340±20	—	101±8	$E_n > 0{,}54$ eV
Schuman [286]	1969	—	—	—	680±300	
Hennelly [182]	1970	2250	390	—	—	$I_c/I_{abs} = 0{,}15$, $E_n = 20-80$ eV
Halperin [175]	1970	1920±180	—	1140±100	110±20	
Thompson [250]	1971	2030±200	360±50	750±150	—	0
Rusche [310]	1971	2050±50	—	825±40	—	Review [177] (auth. $\sigma_f = 2018±37$)
Benjamin [176]	1971	2050±100	—	772±40	—	I_{abs} ($E_n = 2{,}0-29$ eV)
Berreth [183]	1972	—	—	$I_{abs} = =897±180$	—	

Zhuravlev K.D. [321]	1975	2055±150	340±20	101±8	0
Recommended [177]	1972	2050±100	810±50	101±8	$I_{abs} = 900±50$
Recommended [300]	1973	2020±40	345±20	101±8	

^{246}Cm ($T = 4820$ yr)

Stevens [125]	1954	—	15±10	—	RS
Bentley [128]	1955	—	8,4	—	RS
Folger [180]	1968	—	—	260	0
Schuman [286]	1969	—	—	110±40	
Halperin [181]	1969	—	1,2±0,4	121±7	
Thompson [250]	1971	—	1,5±0,5	84±15	
Rusche [310]	1971	0,2±0,05	—	—	0
Benjamin [176]	1971	0,17±0,10	10,6±0,4	—	0
Benjamin [320]	1974	—	10,0±0,4	—	
Zhuravlev K.D. [321]	1975	0,14±0,05	13,3±1,5	101±11	0
Recommended [300]	1973	0,17±0,10	10,0±0,4	121±7	0

^{247}Cm ($T = 1,54 \cdot 10^7$ yr)

Bentley [128]	1955	112±9	180	—	RS
Diamond [173]	1968	510±250	—	—	Review [177] (auth. 108±5)
Smith [174]	1968	120±12	48±24	—	Review [177], (auth. $\sigma_f = 409$, $\sigma_{abs} = 457$)
Halperin [175]	1970	86±9	$\sigma_c/\sigma_{abs} = 0,36$	—	0
Moor [190]	1970	80±10	—	—	Review [177] (auth. $\sigma_f = 82±5$)
Benjamin [176]	1971	100±50	—	—	0
Rusche [310]	1971	79±7	60±30	800±400	0
Thompson [250]	1971	108±10	61±12	512±70	0
Zhuravlev K.D. [321]	1975	90±10	60±30	800±400	$I_{abs} = 1312±90$ barn
Recommended [177]	1972		800±50		
Recommended [300]	1973		880±100		

^{248}Cm ($T = 3,5 \cdot 10^5$ yr)

Seaborg [253]	1955	—	4	—	
Eastwood [218]	1958	—	6±4	—	
Chetham Strode [252]	1965	—	$\sigma_{abs} = 5,4$	350±40	
Smith [174]	1968	—	—	—	RS
Thompson [250]	1971	—	3±1	275±75	

Table 1.2 contd.

Reference	Year	σ_f, barn	σ_c, barn	I_f, barn	I_c, barn	Standard used (σ, barn; I, barn); experimental conditions
Rusche [310]	1971	0,37±0,1	—	14,2±0,1	—	0
Benjamin [176]	1971	0,34±0,07	—	13,2±0,8	—	MS
Benjamin [320]	1974	—	2,51±0,26	—	259±12	0
Zhuravlev, K.D. [321]	1975	0,39±0,07	—	13,1±1,5	—	0
Recommended [177]	1972	—	5,2	—	250	
Recommended [300]	1973	0,34±0,07	4±1	13,2±0,08	275±75	
			^{249}Cm ($T = 64$ min)			
Diamond [322]	1967	—	1,6	0	—	RS
Recommended [177]	1972	0	2,8		50	
Recommended [300]	1973	—	1,6±0,8	—	—	
			^{249}Bk ($T = 314$ days)			
Magnusson [192]	1954	—	350	—	—	RS
Harvey [124]	1954	—	$\sigma_{abs} = 1100\pm300$	—	—	RS
Folger [180]	1968	—	1400	—	$I_{abs} = 1240$	
Recommended [177]	1972	553,5	1706	—	1850	
Recommended [300]	1973	—	$\sigma_{abs} = 1300\pm300$	0	$I_{abs} = 1240$	
			^{250}Bk ($T = 3,22$ hr)			
Diamond [173]	1968	960±150	350	—	—	MS
Recommended [177]	1972	—	—	0	0	
Recommended [300]	1973	960±150	—	—	—	
			^{249}Cf ($T_{1/2} = 350,0$ yr)			
Harvey [124]	1954	630	270	—	—	RS
Metta [129]	1965	1700±100	—	—	—	MS; review [177] (auth. 1737±70)
Smith [174]	1968	1700±350	260±100	—	—	0; review [177] (auth. $\sigma_f = 1350$); $\sigma_c = \sigma_{abs} - \sigma_f = 1550 - 1350$ (when $T = 393°$K)
McMurdo [185]	1969	1690±160	—	1800	—	
Halperin [175]	1970	—	—	2940±280	—	
Rusche [310]	1971	1650±50	—	2100±50	—	0

Author	Year				Notes
Fomushkin, E.F. [265]	1971	1630±100	—	2114±70	—	0; review [177] (auth. $\sigma_f = 1660\pm50$)
Benjamin [176]	1971	1670±80	—	—	—	0;
Fursov, B.I. [225]	1972	1619±43	—	—	—	MS
Recommended [1]	1965	1735±70	—	—	—	
Recommended [177]	1972	1680±80	270±50	2100±70	80±20	$I_{abs} = 2180$
Recommended [300]	1973	1660±50	465±25	2114±70	765±35	

^{250}Cf ($T = 13,1$ yr)

Author	Year				Notes
Magnusson [192]	1954	—	1500	—	—	RS
Diamond [130]	1964	<350	—	—	—	MS
Smith [174]	1968	—	$\sigma_{abs} = 1090$	—	—	RS
Folger [180]	1968	—	$\sigma_{act} = 1500$	0	$I_{act.} = 5300$	0
Recommended [177]	1972	—	2000	—	0	
Recommended [300]	1973	<350	2030±200	—	$I_{abs} = 11\,600\pm500$	

^{251}Cf ($T = 900$ yr)

Author	Year				Notes
Magnusson [192]	1954	2990±320	3000	—	—	RS
Metta [129]	1965	4600±1000	—	—	—	Review; [177] (auth. 3000±260)
Smith [174]	1968		1830±550	—	—	MS; review [177] (auth. $\sigma_f = 3550$; $\sigma_{abs} = 4970$)
Folger [180]	1968	4800±250	—	—	—	(auth. $\sigma_c/\sigma_{abs} = 0,1$)
Ragaini [227]	1974	5300±530	$\sigma_{abs} = 6600$	—	$I_{abs} = 980$	MS
Flynn [256]	1975	2990±320	—	—	—	0
Recommended [177]	1972	2990±320	1500±500	(450±130)	(200±70)	
Recommended [300]	1973	2850±150	4300±300	5900±1000	1600±30	

^{252}Cf ($T = 2,63$ yr)

Author	Year				Notes
Harvey [124]	1954	—	30	—	—	RS
Magnusson [192]	1954	—	25	—	—	MS
Folger [180]	1968	—	8,6	—	—	0
Halperin [223]	1969	—	$\sigma_{abs} = 20,4\pm2$	—	42	0
Anufriev, V.A. [266]	1972	—	$\sigma_{abs}^{ef} = 72\pm18$	—	$I_{abs} = 43,5\pm3,0$	RS
Anufriev, V. A. [319]	1973	0,001	63±9	—	—	RS
Recommended [177]	1972	0,0001	19,9±3,0	0,0001	42,7±4,0	
Recommended [300]	1973	32±4	20,4±1,5	110±30	43,5±3,0	

Table 1.2 contd.

Reference	Year	σ_f, barn	σ_c, barn	I_f, barn	I_c, barn	Standard used (σ, barn; I, barn); experimental conditions
			^{252}Cf ($T = 17{,}8$ days)			
Smith [174]	1968	$\sigma_{abs} = 165$	—	—	—	RS
Halperin [181]	1969	2600 ± 500	$17{,}6 \pm 1{,}8$	—	—	MS
Bigelow [259]	1969	$\sigma_{abs} = 1000$—3000	—	—	—	MS
Bemis [258]	1970	$\sigma_{abs} = 2550 \pm 400$	$17{,}6 \pm 1{,}8 \pm 10\%$	—	—	RS
Anufriev, V.A. [266]	1972	$\sigma_{abs} = 6260 \pm 1800$	10	—	—	RS
Anufriev, V.A. [316]	1973	5300 ± 950	—	—	—	RS
Wild [323]	1973	1300 ± 240	—	—	—	MS
Recommended [177]	1972	2600 ± 500	$17{,}6 \pm 1{,}8$	—	0	
Recommended [300]	1973	1300 ± 240	$17{,}6 \pm 1{,}8$	—	—	
			^{254}Cf ($T = 60{,}5$ days)			
Harvey [124]	1954	—	$\leqslant 2$	—	—	RS
Anufriev, V.A. [319]	1973	—	$\sigma_{abs} = 1400$	—	—	RS
Recommended [177]	1972	0	75	0	1650	
Recommended [300]	1973	—	$\sigma_{abs} = 90 \pm 30$	—	—	
			^{253}Es ($T = 20{,}47$ days)			
Harvey [124]	1954	—	160	—	—	RS
Fields [324]	1954	—	240	—	—	RS
Jones [325]	1956	—	450	—	—	Production of ^{254}Es (276 days)
Fields [326]	1967	—	$\begin{cases} 13 \\ 338 \end{cases}$	—	—	Production of ^{254m}Es (39,3 hr)
Folger [180]	1968	—	130	—	$I_{act} = 3600$	0
Harbour [327]	1973	—	$\begin{cases} 155 \pm 20 \\ \leqslant 3 \end{cases}$	—	3009 ± 168	0; production of ^{254m}Es (39,3 hr)
					4299 ± 218	0; production of ^{254g}Es (276 days)
Anufriev, V.A. [319]	1973	—	940	—	—	RS; production of ^{254m}Es
		—	40	—	—	RS; production of ^{254g}Es

Source	Year					Notes
Recommended [177]	1972	0	345	0	4300±220	Production of ²⁵⁴gEs (276 days)
Recommended [300]	1973	—	{<3 / 155±20}	—	3000±170	Production of ²⁵⁴mEs (39,3 hr)

²⁵⁴mEs (T = 39,3 hr)

Source	Year					Notes
Diamond [173]	1968	1840±80	—	—	—	MS
Anufriev, V.A. [319]	1973	σ_{abs} = 14300	—	—	—	RS
Recommended [177]	1972	1840	1,26	—	—	
Recommended [300]	1973	1840±80	≈1,3	0	0	

²⁵⁴gEs (T = 276 days)

Source	Year					Notes
Harvey [124]	1954	—	≤15	—	—	
Schuman [254]	1958	2700±600	≤40	—	—	
Milsted [304]	1963	2000	—	—	—	
Diamond [173]	1968	3060±180	—	—	—	
McMurdo [185]	1972	2830±130	—	—	—	
Anufriev, V.A. [319]	1973	σ_{abs} = 9000	—	2200±90	—	RS
Recommended [177]	1972	3060±180	20	—	—	
Recommended [300]	1973	2900±110	<40	2190±90	—	

²⁵⁵Es (T = 39 days)

Source	Year					Notes
Choppin [255]	1955	—	40	—	—	0
Recommended [177]	1972	—	60	—	—	
Recommended [300]	1973	—	43±10	—	—	

²⁵⁴Fm (T = 3,24 hr)

Source	Year					Notes
Anufriev, V.A. [319]	1973	—	σ_{abs} = 1430	—	—	RS
Recommended [177]	1972	—	76	—	—	
Recommended [300]	1973	—	76	—	—	

Table 1.2 contd.

Reference	Year	σ_f, barn	σ_c, barn	I_f, barn	I_c, barn	Standard used (σ, barn; I, barn); experimental conditions
			^{255}Fm ($T = 20{,}1$ hr)			
Choppin [255]	1955	—	≤100	—	—	RS
Hulet [328]	1966	—	26±3	—	—	RS
Ragaini [277]	1974	3400±170	—	—	—	
Recommended [177]	1972	100	26	—	—	
Recommended [300]	1973	3400±170	26±3	—	—	
			^{256}Fm ($T = 2{,}63$ hr)			
Hoffman [329]	1973	—	≃45	—	—	
Recommended [177]	1972	—	20	—	—	
Recommended [300]	1973	—	≃45	—	—	
			^{257}Fm ($T = 100{,}5$ days)			
Halperin [175]	1970	4800	850	—	—	
Wild [323]	1973	2950±160	—	—	—	MS
Recommended [177]	1972	4800	850	—	—	
Recommended [300]	1973	2950±160	$\sigma_{abs} = 6100±600$	—	—	

REFERENCES FOR §1.2

1. Neutron Cross Sections. V. III. BNL-325, Second ed., Suppl. N 2, 1965. Auth: J. R. Stehn, M. D. Goldberg, R. Wiener-Chasman, S. F. Mughabghab, B. A. Magurno, V. M. May.
2. Hughes D. J., Schwartz R. B. Neutron Cross Sections. BNL-325, 1958. Hughes D. J., Magurno B. A., Brussel M. K. Neutron Cross Sections. BNL-325, Suppl. I, 1960.
3. Gordeev, I. V., Kardashev, D. A., Malyshev, A. V. *Yaderno-fizicheskie konstanty*. Gosatomizdat, 1963.
4. Pomerance H. ORNL-1620, 1953, p. 42. Data given in [1].
5. Cabell M. J. *—Canad. J. Phys.* 1958, v. 36, p. 989.
5a. *Can. J. Phys.* 1962, v. 40, p. 194. Auth: R. W. Attree e. a.
6. Jaffey A. H., Hyde E. K. ANL-4249, 1949. Data given in [1].
7. Hyde E. K. ANL-4183, 1948. Data given in [1].
8. *Atomnaya energiya*, 1957, v. 2, p. 22. Authors: G. G. Myasishcheva, M. P. Anikina, L. L. Gol'din, B. V. Ershler.
9. Small V. G.*—J.Nucl. Energy*, 1955, v. 1, p. 319.
10. Crocker V. S.*—J. Nucl. Energy*, 1955, v. 1, p. 234.
11. Pomerance H.*—Phys. Rev.*, 1952, v. 88, p. 412.
12. Seren L., Friedlander H. N., Turkel S. H. CP-2376, 1944. Data given in [1].
13. Hubert P., Joly R., Signarbieux C. TID-7547 (Proc. Intern. Conf. Neutron Interactions with Nucleus, Columbia Univ.), 1957, p. 39.
14. Egelstaff P. A., Taylor B. T. 1955; NRDC-84, p. 10. Data given in [1].
15. R. B. Tattersall, H. Rose, S. K. Pattenden, D. Jowitt. *J. Nucl. Energy*, 1960, v. 12, p. 32, Auth.; (see also [233]).
16. Wade J. W. DP-207, 1957. Data given in [1].
17. Grummitt W. E., Gueron J., Wilkinson G. MS-70, 1944. Data given in [1].
18. Rayburn L. A., Wollan E. O. ORNL-1164, 1951, p. 34. Data given in [1].
19. Hibdon C. T., Muelhhause C. O. ANL-4680, 1961, p. 5. Data given in [1].
20. Shull G. G., Wollan E. O. OECD-3136; *Nucl. Sci. Abstracts*, 1951, v. 5 p. 638. Abstract 4027.
21. Roof R. B., Jr., Arnold G. P., Gschneidner K. A., Jr.*—Acta crystallogr.* 1962, v. 15, p. 351.
22. Shull C. G., Wollan E. O.*—Phys. Rev.*, 1951, v. 81, p. 527.
23. Johnston F. J., Halperin J., Stoughton R. W.*—J. Nucl. Energy*, 1960, v. 11, p. 95.
24. Hyde E. K., Bruehlman R. J., Manning W. M. ANL-4165, 1948. Data given in [1].
25. *Nucl. Sci. Engng.*, 1962, v. 12, p. 243. Auth.: F. B. Simpson, W. H. Burgus, J. E. Evans, H. W. Kirby. (Preliminary data [241]).
26. *Phys. Rev.*, 1956, v. 101, p. 1053. Auth.: R. R. Smith, N. P. Alley, R. H. Lewis, A. Vander Does.
27. Elson R., Sellers P. A., John E. R.*—Phys. Rev.* 1953, v. 90, p. 102.
28. Seaborg G. T., Manning W. M. CS-3471, 1946, p. 2. Data given in [1].
29. Simpson F. B., Codding J. W., Jr., Berreth J. R.*—Nucl. Sci. Engng.*, 1964, v. 20, p. 235.
30. Stoughton R. W. 1964. Data given in [1].
31. ORNL-3320, 1962, p. 1. Data given in [1]. Auth.: J. Halperin, R. W. Stoughton, R. E. Druschel, A. E. Cameron, R. L. Walker.
32. Eastwood T. A., Werner R. D.*—Canad. J. Phys.*, 1960, v. 38, p. 751.
33. IDO-16226, 1955. Data given in [1]. Auth.: R. R. Smith, T. O. Passell, S. D. Reeder, N. P. Alley, R. L. Heath.
34. *Nucl. Sci. Engng.*, 1956, v. 1, p. 1. Auth.: J. Halperin, R. W. Stoughton, C. V. Ellison, D. E. Ferguson.
35. Katzin L. I., Stevens C. M. Memo ANL-WMM-1080, 1953. Data given in [1].
36. Katzin L. I., Hagemann F. CF-3630, 1946. Data given in [1].
37. Atoji M.*—J. Chem. Phys.*, 1961, v. 35, p. 1950.
38. Berreth J. R., Moore M. S., Simpson O. D. 1965. Data given in [1]; *Trans. Amer. Nucl. Soc.*, 1963, v. 6, p. 44.
39. Halperin J., Baldock C. R., Oliver J. H.*—Nucl. Sci. Engng*, 1965, v. 21, p. 257.
40. *Phys. Rev.*, 1953, v. 89, p. 320. Auth.: R. Elson, W. Bentley, A. Ghiorso, Q. van Winkle.
41. *Nucl. Sci. Engng*, 1960, v. 8, p. 112; *Pile Neutron Research in Physics*, Vienna, IAEA, 1962, p. 535. Auth.: Block R. C. e. a.
42. Safford S. J., Havens W. W., Jr., Rustad B. M.*—Phys. Rev.*, 1960, v. 118, p. 799; *Pile Neutron Research in Physics*, Vienna, IAEA, 1962, p. 203.
43. Simpson O. D., Moore M. S., Simpson F. B.*—Nucl. Sci. Engng*, 1960, v. 7, p. 187.

44. Pattenden N. J.–*J. Nucl. Energy*, 1956, v. 3, p. 28.
45. Nikitin S. Y. et al, *Proc. First Geneva Conference*, vol. 4, paper P/646, 1955.
46. Green T. S., Small V. G., Glanville D. E.–*J. Nucl. Energy*, 1957, v. 4, p. 409.
47. Spivak P. Y., Yerosolimsky, V. G., *Proc. First Geneva Conference*, v. 4, paper P/657, 1955.
48. Kukavadze G. M., et al, *Proc. First Geneva Conference*, v. 4, paper P/644, 1955.
49. ORNL-3176, 1961, p. 1, Data given in [1]. Auth.: J. Halperin, R. W. Stoughton, F. J. Johnston, J. H. Oliver, E. L. Blevins, R. E. Druschel, A. L. Harkness, B. A. Swarz, *Nucl. Sci. Engng.*, 1963, v. 16, p. 245. Auth.: J. Halperin et al.
50. ANL-4515, 1950, p. 15. Data given in [1]. Auth.: M. G. Inghram, D. C. Hess, R. J. Haiden, F. T. Hagemann.
51. Bigham C. B. CRRP-1183 (AECL-1910), 1964. Data given in [1]; *Nucl. Sci. Engng*, 1959, v. 6, p. 379.
52. Raffle J. F. AERE-R 2998, 1959. (See also [103], [333]).
53. Second Geneva Conference. v. 16, p. 125, paper P/204, 1958. Auth.: C. B. Bigham, G. C. Hanna, P. R. Tunnicliffe, P. J. Campion, M. Lounsbury, D. R. MacKenzie.
54. *Compt. rend.*, 1955, v. 240, p. 2306. Auth.: J. -M. Auclair, C. Breton, P. Hubert, R. Joly, J. Tachon.
55. Popovic D., Saeland E.–*J. Nucl. Energy*, 1955, v. 1, p. 286.
56. Tunnicliffe P. R., CRGP-458, 1951. Data given in [1].
57. Zinn W. H., Kanner H. CF-3651, 1946. Data given in [1].
58. McCallum G. J.–*J. Nucl. Energy*, 1958, v. 6, p. 181.
59. CRR-622 (Rev.) AECL-447, p. 33-34; 1957. Data given in [1]. Auth.: D. G. Hurst, A. H. Booth, M. Lounsbury, G. C. Hanna.
60. Pomerance H.. Leddicotte G. ORNL CF-51-12-15, 1951; ORNL CF-52-4-15, 1952. Data given in [1].
61. Ingrahm M. G. et al, *Proc. First Geneva Conference*, v. 4, paper P/596, 1955.
62. Saplakoglu A.–*Nucl. Sci. Engng*, 1961, v. 11, p. 312.
63. Safford G. J., Havens W. W., Jr., Rustad B. M. *Nucl. Sci. Engng*, 1959, v. 6, p. 433, *Pile Neutron Research in Physics*, Vienna, IAEA 1962, p. 203.
64. Leonard B. R., Seppi E. J., Friesen W. J. HW-33384, 1957, p. 33. Data given in [1, 41].
65. Egelstaff P. A. AERE NP/R 2104 (1957); *J. Nucl. Energy*, 1954, v. 1, p. 57, p. 92; Egelstaff P. A., Hall J. W., Data given in [1] and also see *Proc. First Geneva Conference*, v. 4, paper P/423, 1955.
66. *Phys. Rev.*, 1954, v. 94, p. 1088, Auth.: H. Palevsky, R. S. Carter, R. M. Eisberg, D. J. Hughes.
67. Melkonian E., Havens W. W., Jr., Levin M. CU-115, 1953. Data given in [1], also Safford, G. J., Havens W. W., Jr.–*Nucleonics*, 1959, v. 17, N 11, p. 134.
68. Gerasimov V. F., Zenkevich V. S.–*Atomnaya energiya*, 1962.
69. Williams D., Yuster P. LA-512, 1946. Data given in [1].
70. Maslin E. E. Data given in Proc. Third Geneva Conf., Paper A/CONF. 28/P/167. 1964; *Phys. Rev.*, 1965, v. 139(4B), p. 852. Auth.: E. E. Rae, R. Batchelor, P. A. Egelstaff, A. T. G. Ferguson.
71. Deruytter A. J.–*J. Nucl. Energy*, 1961, v. 15, p. 165.
72. Safford G. J., Melkonian E.–*Phys. Rev.*, 1959, v. 113, p. 1285.
73. Saplakoglu A. Proc. Second Geneva Conf. Vol. 16, p. 103. Paper P/1599, 1958.
74. *Bull. Amer. Phys. Soc.*, 1956, v. 1, p. 249. Auth.: W. J. Friesen, B. R. Leonard, Jr., E. J. Seppi, F. A. White; HW-44525, 1956, p. 34; HW-47012, 1956, p. 50.
75. Vogt E.–*Phys. Rev.*, 1960, v. 118, p. 724.
76. Vogt E.–*Phys. Rev.*, 1958, v. 112, p. 203.
77. Foot H. L., Jr.–*Phys. Rev.*, 1958, v. 109, p. 1641.
78. Melkonian E., *Proc. First Geneva Conference*, vol. 4, paper P/583, 1955, and Sailor, V. L., ibid, paper P/586.
79. Berreth J. R., Schuman R. P. 1964, WASH-1041, 1962, p. 37. Data given in [1].
80. Cabell M. J., Eastwood T. A., Campion P. J.–*J. Nucl. Energy*, 1958, v. 7, p. 81.
81. Halperin J., Stoughton R. W. Proc. Second Geneva Conf. Vol. 16, p. 64, paper P/1072, 1958.
82. Halperin J., Blomeke J. O., Mrkvicka D. A.–*Nucl. Sci. Engng*, 1958, v. 3, p. 395.
83. Charon J., Hubert P., Joly R.–*J. phys. et radium*, 1956. v. 17, p. 564.

84. Yefimov B. V., Mityaev, Y. I.–*Atomnaya energiya*, 1956.
85. Huizenga J. ANL-4873, 1952, p. 9. Data given in [1].
86. Harvey J. A., *Proc. First Geneva Conference*, Vol. 4, paper P/832, 1955.
87. Cocking S. J., Egelstaff P. A. 1955. Data given in [1].
88. Schmidt J. J. Neutron Cross Sections for Fast Reactor Materials. Part I: Evaluation. February 1966. Kernforschung. M. B. H. Karlsruhe, KFK 120 (EANDC-E-35U).
89. Harris S., Rose D., Schroeder H. ANL-5032, (1953), p. 7. Data given in [1].
90. CP-2079, 1944. Data given in [1]. Auth.: H. L. Anderson, J. Bistline, J. Dabbs, H. Heskett, W. Strum, J. Tabin.
91. Young T. E., Simpson F. B., Coops M. S.–*Bull. Amer. Phys. Soc.*, 1962, v. 7, p. 305.
91a. Young T. E., Simpson F. B.–*Bull. Amer. Phys. Soc.*, 1962, v. 7, p. 305.
92. *Nucl. Sci. Engng*, 1967, v. 30, p. 355. Auth.: T. E. Young, F. B. Simpson, J. R. Berreth, M. S. Coops.
93. Butler J. P., Loungsbury M., Merritt J. S.–*Canad. J. Phys.*, 1957, v. 35, p. 147.
94. *Phys. Rev.*, 1957, v. 107, p. 1294. Auth.: E. K. Hulet, R. W. Hoff, H. R. Bowman, M. C. Michel.
95. Bruehlman R. J., Bentley W. C., Hyde E. K. ANL-4215, 1948, p.17.
96. Safford G. J., Havens W. W., Jr.–*Nucl. Sci. Engng*, 1961, v. 11, p. 65.
97. Bollinger L. M., Coté R. E., Thomas G. E. Second Geneva Conf. Vol. 15, p. 127, paper P/687, 1958.
98. Pattenden N. J.–*J. Nucl. Energy*, 1956, v. 2, p. 187; 1956, v. 3, p. 28.
99. Leonard B. R., Jr., Seppi E. J., Friesen W. J. HW-44525, 1956, p. 47. Data given in [1].
100. Palevsky H. 1955. Data given in [1].
101. CUD-92, 1951. Data given in [1]. Auth.: W. W. Havens, Jr., E. Melkonian, L. J. Rainwater, M. Leven.
102. LA-91, 1944; LA-266, 1945. Auth.: E. E. Anderson, L. S. Lavatelly, B. D. McDaniel, R. B. Sutton. Data given in [1,88].
103. Raffle, J. F., Price B. T., *Proc. First Geneva Conference*, Vol. 4, paper P/422, 1955.
104. Leonard B. R., Jr. TID-7547, 1957, p. 115. Proc. Intern. Conf. on the Neutron Interactions with the Nucleus (Amsterdam).
105. Leonard B. R., Jr., Friesen W. J., Seppi E. J. HW-48893, 1957, p. 98. Data given in [1].
106. Pratt W. W., Muckenthaler F. J., Silver E. G. ORNL-2081, 1956, p. 10.
107. Craig D. S., Westcott C. H.–*Canad. J. Phys.* 1964, v. 42, p. 2384.
108. Simpson O. D., Schuman R. P.–*Nucl. Sci. Engng*, 1961, v. 11, p. 111.
109. Schwartz R. B.–*Bull. Amer. Phys. Soc.*, 1958, v. 3, p. 176.
110. *Nucl. Sci. Engng*, 1956, v. 1, p. 62. Auth.: P. R. Fields, G. L. Pile, M. G. Inghram, H. Diamond, M. H. Studier, W. M. Manning.
111. Watanabe T., Simpson O. D. IDO-16995, 1964. Data given in [1], see also *Phys. Rev.*, 1964, v. 133B, p. 390.
112. Leonard B. R., Jr., Friesenhahn S. J. HW-62727, 1959, p. 19. Data given in [1].
113. ANL-5397, 1955. Data given in [1]. Auth.: A. H. Jaffey, M. H. Studier, P. R. Fields, W. C. Bentley.
114. Hanna G. C., Harvey B. G., Moss N.–*Phys. Rev.*, 1951, v. 81, p. 486.
115. Hoff R. W., Hulet E. K., Michel M. C.–*J. Nucl. Energy*, 1959, v. 8, p. 224.
116. Adamchuk Y. V., Gerasimov V. F. et al, *Proc. First Geneva Conference*, Vol. 4, paper P/645, 1955.
117. Pomerance H. ORNL-1879, 1955, p. 50. Data given in [1].
118. Street K., Jr., Ghiorso A., Thompson S. G.–*Phys. Rev.*, 1952, v. 85, p. 135.
119. Deal R. A., Schuman R. P. WASH-1053, 1964, p. 76. Data given in [1].
120. Higgins G. H., Crane W. W. T.–*Phys. Rev.*, 1954, v. 94, p. 735.
121. *Phys. Rev.*, 1951, v. 81, p. 893. Auth.: G. C. Hanna, B. G. Harvey, N. Moss, P. R. Tunnicliffe.
122. *J. Inorg. and Nucl. Chem.*, 1964, v. 26, p. 219. Auth.: R. Vandenbosch, P. R. Fields, S. E. Vandenbosh, D. Metta.
123. *Phys. Rev.*, 1959, v. 114, p. 505. Auth.: R. E. Coté, L. M. Bollinger, R. F. Barnes, H. Diamond.
124. *Phys. Rev.*, 1954, v. 95, p. 581. Auth.: B. G. Harvey, H. P. Robinson, S. G. Thompson, A. Ghiorso, G. R. Choppin.
125. *Phys. Rev.*, 1954, v. 94, p. 974. Auth.: C. M. Stevens, M. H. Studier, P. R. Fields, J. F. Mech, P. A. Sellers, A. M. Friedman, H. Diamond, J. R. Huizenga.

126. Street K., Jr., Ghiorso A., Seaborg G. T–*Phys. Rev.*, 1950, v. 79, p. 580.
127. Vandenbosch S. E., Gray J., Jr.–*J. Inorg. and Nucl. Chem.*, 1961, v. 23, p. 187.
128. First Geneva Conf. Vol. 7, p. 261, paper P/809, 1955. Auth.: W. C. Barclay, H. Diamond, P. R. Fields, A. M. Friedman, J. E. Grindler, D. C. Hass, J. R. Hulzanga, M. C. Inghram, A. J. Jaffey, L. B. Magnusson, W. M. Manning, J. F. Mech, G. L. Pile, R. Sjoblom, C. M. Stevens, M. H. Studier.
129. *J. Inorg. and Nucl. Chem.*, 1965, v. 27, p. 33. Auth.: D. Metta, H. Diamond, R. F. Burnes, J. Milsted, J. Gray, Jr., D. J. Henderson, C. M. Stevens, 1964.
130. Diamond H. 1964. Data given in [1, 129].
131. Grindler J. E., Flynn K. F., Gray J., Jr.–*J. Inorg. and Chem.*, 1960, v. 15, p. 1.
132. Chose A. M.–*Trans. Bose Res. Inst.*, 1961, v. 24, p. 7.
133. Korneyev Y. I., Skobkin V. S., Flerov G. N. –*Zhurn. eksperim. i. teor fiz.* 1959.
134. Evans J., Fluharty R.–*Nucl. Sci. Engng*, 1960, v. 8, p. 6.
135. Sjöstrand N., Story J. AE-11, 1960; AEEW-M-125; 1961 (CM. [3, 88]).
136. Carth R. C., Pilcher V. E., Hughes D. J.–*Bull. Amer. Phys. Soc.*, 1956, v. 1, p. 61.
137. Kindermann E., Lefevre H., Van Tuyl H.–*Nucl. Sci. Engng*, 1959, v. 5, p. 264.
138. Gindler J. E., Gray J., Jr., Huizenga J. R.–*Phys. Rev.*, 1959, v. 115, p. 1271.
139. McMillan, KAPL-1464, 1955.
140. Halperin J., Oliver J. H., Pomerance H.–*J. Inorg. and Nucl. Chem.*, 1959. v. 9 p. 1.
141. See ref. [128].
142. Studier M. H., Ghiorso A., Hagemann F.–C. F. -3809, 1947. Data given in [1].
143. Andreyev V. N., Sirotkin S. M.–*Yadernaya fizika*, 1965 v. 1, p. 252.
144. Andreev V. N., Sirotkin S. M. Intern. Conf. on the Study of Nucl. Structure with Neutrons, Antwerpen, July 1965. Abstract N 176.
145. Sowinski M., Dakowski M., Piekarz H.–*Phys. Letters*, 1963, v. 6, p. 321.
146. Almodovar I., Cantarell I., Bielen H.–*Z. Phys.*, 1964, Bd 177, N 5, S. 451.
147. Andreyev V. N.–*Izv. AN SSSR. Ser. fiz.*, 1961, v.25, p.121.
148. *Proc. Phys. Soc.*, 1959, v. A173, p. 215. Auth.: R. F. Coleman, B. E. Hawker, L. R. O'Connor, J. L. Perkin.
149. *Nuclear Data for Reactors.* Vol. 1. p. 71. Vienna, IAEA 1967. Auth.: S. M. Kalebin, R. N. Ivanov, P. N. Palei, Z. K. Karalova, G. M. Kukavadze, V. I. Pyzhova, N. P. Shibaeva, G. V. Rukolaine.
150. *Nucl. Data*, 1966, v. 1A, N 5, p. 487; *Atomic Energy Rev.*, 1965, v. 3, N2, p. 1. Auth.: C. H. Westcott, K. Ekberg, G. C. Hanna, N. J. Pattenden, S. Sanatini, P. M. Attree.
151. *Atomic Energy Rev.*, 1969, v. 7, N 4, p. 3. Auth.: G. C. Hanna, C. H. Westcott et al.
152. Macklin R. I., Pomerance H. S.–*J. Nucl. Engng*, 1956, v. 2, p. 243.
153. Klimentov V. B., Gryazev V. M.–*Atomnaya energiya*, 1957 v. 3, p. 507.
154. Simpson O. D., Moore M. S. Berreth J. R.–*Nucl. Sci. Engng*, 1967, v. 29, p. 415.
155. Tiren L. I., Jenkins J. M. AEEW-R-163, 1962, p. 17. Data given in 1, 23].
156. Sampson J. B. GA-3069, 1962. Data given in [1, 217].
157. Brose M.–*Nucl. Sci. Engng*, 1964, v. 19, p. 244.
158. Vidal R. CEA-2486, 1964. Data given in [1, 217].
159. Foell W. K., Connolly T. J.–*Nucl. Sci. Engng*, 1965, v. 21, p. 406.
160. Deruytter A. J., Spaepen J., Pelfer P.–*J. Nucl. Energy*, 1973, v. 27, p. 645.
161. Popovic D., Grimeland B. Report JENER N 19, 1953. Data given in [151, 161].
162. Keith R. L. G., McNair A., Rodgers A. L.–*J. Nucl. Energy*, 1968, v. 22, p. 477.
163. Knobeloch G. W. EANDC-53S, p. 363, European Atomic Energy Community, 1966.
164. Clayton E. D. AECD-4167, 1955. Data given in [1].
165. Hardy J., Jr., Kelin D., Smith G. G.–*Nucl. Sci. Engng*, 1961, v. 9, p. 341.
166. Baumann N. P. DP817, 1963. Data given in [1].
167. Bigham C. B. 1963. Data given in [1]. See also EANDC (Can.)-17. 1963, p. 4 (CM. [88]). Auth.: Durcham R. W. et al.
168. White P. H., Reichelt J. M. A., Warner G. P.–Nuclear Data for Reactors. Vienna, IAEA. V. II, 1967, p. 29.
169. Lounsbury M., Durham R. W., Hanna G. C.–Nuclear Data for Reactors. Vienna, IAEA. V. I, 1970, p. 287.

170. Cabell M. J., Wilkins M., Report AERE–R 6761. 1971.
171. *Nucl. Phys.*, 1970, v. A141, p. 577. Auth.: A. D. Carlson, S. J. Friesenhahn, W. M. Lopez, M. P. Fricke.
172. *Phys. Rev.*, 1956, v. 102, p. 180. Auth.: P. R. Fields, M. H. Studier, H. Diamond, J. F. Mech *et al.*
173. *J. Inorg. and Nucl. Chem.*, 1968, v. 30, p. 2553. Auth.: H. Diamond, J. J. Hines *et al.*
174. Second Conference on Neutron Cross Section and Technology. Washington, V. 2, 1968, p. 1285. Auth.: J. A. Smith, C. J. Banick *et al.*
175. Halperin J., Oliver J. H., Stoughton R. W. ORNL–4581, Sept. 1970.
176. Benjamin R. W., McMurdo K. W., Spencer J. D. Proc of the Third Conference on Neutron Cross Sections and Technology, Knoxville, March 15–17, 1971, v. 2, p. 843, CM. [316].
177. Kon'shin V. A.: *Yaderno-fizicheskie konstanty dlya transuranovykh elementov.* IAAE June 1971; see also: *Vestsi Akademii Nauk Belyaruskai SSR.* Seriya fizika-energetychnykh nauvk. 1972, No. 2, p. 17; No. 3, p. 29; No. 4, p. 26.
178. Jaffey A. H.-*Nucl. Sci. Engng*, 1956, v. 1, p. 204.
179. *Phys. Rev.* 1954, v. 94, p. 974. Auth.: C. M. Stevens *et al.*
180. Second Conference on Neutron Cross Sections and Technology. Washington, v. 2, 1968, p. 1279. Auth.: R. L. Folger, J. A. Smith *et al.*
181. Halperin J., Druschel R. E., Eby R. E. Report ORNL–4437, Sept. 1969.
182. Hennelly E. J. Private communication. Reported by M. S. Moor [190], 1970. Data given in [177].
183. Berreth J. R., Simpson F. B. Report IN–1317, Jan. 1970, p. 17; *Nucl. Sci. Engng*, 1972, v. 49, p. 145.
184. Schuman R. P. Report IN–1317, Jan. 1970. p. 59.
185. McMurdo K. W. Measurement of Fission Cross-Section and Spontaneous Fission Half Life by Solid State Track Recorder. Presented at 21st Southeastern Regional Meeting of the American Chemical Society, Richmond, V., Nov. 5–8, 1969.
186. Baumann N. P., Halford J. D., Pellarin D. J.–*Nucl. Sci. Engng*, 1968, v. 32, p. 265.
187. Maeck W. J., Reins J. E. Eds., BURNUP Determination of Nuclear Fuels. Project Report for Quarter January 1–March 31, 1965, IDO–14660, Phillips Petroleum Co., 1965.
188. Transuranium Element Production in Epithermal Reactors. BNL–9271, 1965. Auth.: L. G. Epel, J. Chernick, B. Manowitz, W. E. Winche.
189. Cornman W. R., Hennelly E. J., Banick T. J.–*Nucl. Sci. Engng*, 1968, v. 31, p. 149.
190. Nuclear Data for Reactors. Vienna, IAEA. V. I, 1970, p. 527. Auth.: M. S. Moor, W. K. Brown *et al.*
191. *J. Inorg. and Nucl. Chem.*, 1972, v. 34, p. 2427. Auth.: H. Ihle *et al.*
192. *Phys. Rev.*, 1954, v. 96, p. 1576. Auth.: L. B. Magnusson *et al.*
193. Hardy J., Jr., Smith G. G., Klein D.–*Nucl. Sci. Engng*, 1962, v. 14, p. 358.
194. Baumann N. P., Pellarin D. J.–*Trans. Amer. Nucl. Soc.*, 1964, v. 7, p. 27.
195. Abov Y. G. In book: *Sessiya Akademii Nauk SSR po mirnomu ispolzovaniyu atomnoi energii*, 1–5 July 1955, p. 294, Izd. AN SSR, 1955.
196. Deutsch M., Linenberger G. A. 1944. Data given in [88, 197].
197. May A. N. Rep. PD–114, 1944; MP–126, 1945. Data given in [88].
198. Biswas S., Patro A. P.–*Indian J. Phys.*, 1949, v. 23, p. 97.
199. Faccini U., Gatti E.–*Nuovo cimento*, 1950, v. 7, p. 589.
200. Barloutand R., Leveque A.–*J. Phys. et radium*, 1952, v. 13, p. 412.
201. Proceed. Geneva Conf., 1955. V. 4, p. 235, paper P/354; *Compt. rend.*, 1955, v. 240, p. 2306. Auth.: J.-M. Auclair *et. al.*
202. Hogg C. H., Berreth J. R., Schuman R. P. IDO–16633, 1960. Data given in [88].
203. Fraysse G., Procdocimi A.–Phys. and Chem of Fission, 1965, paper SM–60/17, Vienna, IAEA; *J. Phys.* (Paris), 1963, v. 24, p. 899.
204. *Trans. Amer. Nucl. Soc.*, 1964, v. 7, p. 78. Auth.: L. J. Esch *et al.*
205. *Trans. Amer. Nucl. Soc.*, 1964, v. 7, p. 78; *Nucl. Sci. Engng*, 1967, v. 29, p. 1. Auth.: D. E. Conway, S. B. Gunst.
206. Hellstrand E. Rep. AE–181, 1965. Data given in [88].
207. ANL–4680, 1957. Data given in [88]. Auth.: S. P. Harris *et al.*
208. 1944. Data given in [88, 135]. Auth.: J. W. De Wire *et al.*
209. Cohen R., Cotton E., Lêvêque A.–*Compt. rend.*, 1952, v. 234, p. 2355; 1952, v. 235, p. 139.
210. Cockroft H. S. AERE–N/R–890, 1952. Data given in [88].
211. Leonard B. R., Jr., Hauser S. M., Seppi E. J. HW–30128, 1953. Data given in [88].
212. Leveque A., Cohen R., Cotton E.–*J. phys. et radium*, 1954, v. 15, p. 101.
213. Jaffey A. H., Hibdon C. T., Sjoblom R. ANL–5396, 1955. Data given in [88].

214. Genin R., Joly R., Signarbieux C. Proc. Geneva Conf. 1958, P/1186, V. 16, p. 113.
215. Hanna G. C. AECL-1778 (PR-P-57), 1963, p. 5. Data given in [88].
216. Hellstrand E., Johansson E., Jonsson E. EANDC(OR)-33 L, 1964, p. 6; Hellstrand E. AE-181, 1965. Data given in [88].
217. *Nucl. Sci. Engng*, 1965, v. 22, p. 121. Auth.: J. Hardy, Jr.
218. Eastwood T. A., Schuman R. P.—*J. Inorg. and Nucl. Chem.*, 1958, v. 6, p. 261.
219. Eastwood T. A., Baerg A. P., Bigham C. B. et al. Proc. Geneva Conf. 1958, P/203. V. 16, p. 54.
220. Krupchitsky P. A.—*Atomnaya energiya*, 1957, V. 2, p. 240.
221. *Atomnaya energiya*, 1967, V. 23, p. 316. Auth.: M. A. Bak et al.
222. Bigham C. B.—*Canad. J. Phys.*, 1958. v. 36, p. 503.
223. Halperin J., Bemis C. E., Jr., Stochely J. ORNL-4306. Sept., 1968; *Nucl. Sci Engng*, 1969, v. 37, p. 228. Auth.: J. Halperin et al.
224. *J. Inorg. and Nucl. Chem.*, 1970, v. 32, p. 3441. Auth.: H. R. Von Gunten et al.
225. Fursov B. I., Androsenko K. D., Ivanhov V. I.—*Atomnaya energiya*, 1972, V. 32, p. 178.
226. McMurdo K. W., Harbour R. M.—*J. Inorg. and Nucl. Chem.*, 1972, v. 34, p. 449.
227. *Phys. Rev.*, 1974, v. C9 p. 399. Auth.: R. C. Ragaini et al.
228. Harbour R. M., McMurdo K. W., Mac Crosson F. J.—*Nucl. Sci. Engng*, 1973, v. 50, p. 364.
229. Cabell M. J., Wilkins M.—*J. Inorg. and Nucl. Chem.*, 1971, v. 33, p. 3972.
230. *Atomnaya energiya*, 1972, V. 32, p. 178. Auth.: Aleksandrov B. M., Bak M. A., Krivokhatsky A. S., Shlyamin, E. A.
231. Konakhovich Y. Y., Pevzner M. I.—*Atomnaya energiya*, 1960, V. 8, p. 47.
232. *Phys. Rev.*, 1968, v. 176, p. 1421. Auth.: R. E. Cote et al.
233. *J. Nucl. Engng*, 1962, v. A/B 16, p. 335. Auth.: P. G. F. Moore et al.
234. *Phys. Rev.*, 1967, v. 155, p. 1330. Auth.: Bhat et al.
235. Breitenhuber L., Heimel H., Pinter M.—*Atomnaya energiya*, 1970, Bd 15, S. 83.
236. Steinnes E.—*J. Inorg. and Nucl. Chem.*, 1972, v. 34, p. 2699.
237. Fields P. R., Pile G. L., Bentley W. C.—*Nucl. Sci. Engng*, 1957, v. 2, p. 33.
238. Neve M., del Marmol P. Second Conference on Neutron Section and Technology. Washington, § D17, 1968.
239. Bjornholm S.—*Nucl. Phys.*, 1963, v. 42, p. 469.
240. Hinkelmann In: Nucl. Data for Reactors. V. 2. Vienna, IAEA, 1970, p. 721; KFK-1186, 180.
241. *Bull. Amer. Phys. Soc.*, 1959, v. 4, p. 414. Auth.: F. B. Simpson, W. H. Burgus, O. D. Simpson J. E. Evans.
242. Simpson F. B., Codding J. W., Jr.—*Nucl. Sci. Engng*, 1967, v. 28. p. 133.
243. Conner J. C., Bayard R. T., Macdonald D., Gunst S. B.—*Nucl. Sci. Engng*, 1967, v. 29, p. 408.
244. Conner J. C. Rep. WAPD-TM-837, 1970.
245. Redd G., Jr., Manning W. M., Bentley W. C.—Rep. ANL-4112, 1942. Data given in [141].
246. *Phys. Rev.*, 1956, v. 103, p. 634. Auth.: J. P. Butler, T. A. Eastwood, T. L. Collins et al.
247. Pilcher V. E. Hughes D. J., Harvey J. A.—*Bull. Amer. Phys. Soc.*, Ser. II, 1956, v. 1, N. 4, p. 187.
248. Bigham C. B., Durcham R. W., Ungrin J.—*Canad. J. Phys.*, 1969, v. 47, p. 1317.
249. *Phys. Rev.*, 1957, v. 105, p. 661. Auth.: L. M. Bollinger et al.
250. Thompson M. C., Hyder M. L., Reuland R. J.—*J. Inorg. and Nucl. Chem.*, 1971, v. 33, p. 1553.
251. Spencer J. D., Bauman N. P.—*Trans. Amer. Nucl. Soc.*, 1969, v. 12, p. 284.
252. ORNL-3832, 1965. Auth.: A. Chetham Strode et al.
253. Seaborg G. T. Private communication to Huizenga J. R., Internat. Conf. on the Peaceful Uses of the Atomic Energy. Geneva, 1955. V. 7, p. 261, paper P/809. United Nations, 1956.
254. *J. Inorg. and Nucl. Chem.*, 1958, v. 6, p. 1. Auth.: P. R. Shuman et al.
255. *Phys. Rev.*, 1955, v. 98, p. 1519. Auth.: G. R. Choppin, B. G. Harvey et al.
256. *Phys. Rev.*, 1975, v. C 11, p. 1676. Auth.: K. F. Flynn et al.
257. Wolfsberg K., Ford G. P., Smith H. L.—*J. Nucl. Energy*, A/B, 1966, v. 20, p. 583. Wolfsberg K., Ford G. P.—*Phys. Rev.*, 1971, v. C3, p. 1333.
258. Bemis C. E., Jr., Druschel R. E., Halperin J.—*Nucl. Sci. Engng*, 1970, v. 41, p. 146.
259. Bigelow J. E. Private communication, 1969. Data given in [258].
260. *Nucl. Sci. Engng*, 1971, v. 45, p. 25. Auth.: R. Gwin, L. W. Weston, G. De Saussure et al.
261. Yasuno T. J.—*Nucl. Sci. Technol.*, 1967, v. 4L, p. 43.

262. Simons R. L., McEirou W. N. BNWL-1312, 1970.
263. Eiland H. M. et al.–Nucl. Sci. Engng, 1971, v. 44, p. 180.
264. Deruytter A. J. Wagemans C.–J. Nucl. Energy, 1972, v. 26, p. 293.
265. Yadernaya fizika, 1971, v. 14, p. 73. Auth.: Fomushkin E. F., Gutnikova Y. K., Maslov A. N. et al.
266. Atomnaya energiya, 1972, v. 32, p. 493. Auth.: Anufriev V. A., Gavrilov, V. D., Zamyatnin Y. S. et al.
267. Gunningham B., Ghiorso J.–Phys. Rev., 1951, v. 82, p. 558.
268. Thompson S., Muga M. L., Proc. Second Geneva Conference, Vol. 28, p. 331, paper P/825, 1958.
269. Atomnaya energiya, 1970, v. 28, p. 359. Auth.: Bak M. A., Petrzhak, K. A., Petrov Y. G. et al.
270. Cabell M. J. Nuclear Data for Reactors. Vienna. V. II, 1967. p. 3.
271. Deruytter A. J., Becker W.–J. Nucl. Sci. Engng, 1974, v. 1, p. 311.
272. Trans. Amer. Nucl. Soc., 1967, v. 10, p. 220; Nucl. Sci. Engng, 1968, v. 34, p. 1. Auth.: Weston W. et al.
273. Grintakis E. M., Kim J. I.–J. Inorg. and Nucl. Chem., 1974, v. 36, p. 1447.
274. In: Nucl. Data for Reactors. Vienna, IAEA. V. I, 1970, p. 419. Auth.: M. G. Cao, E. Migneco, J. P. Theobald, M. Merla.
275. Rogers J. M., Scowville J. J.–Trans. Amer. Nucl. Soc., 1967, v. 10, p. 259.
276. Second Geneva Conf., 1958, v. 16, p. 83. Auth.: D. S. Craig et al.
277. Harvey J. A. et al.–Phys. Rev., 1955, v. 99, p. 10.
278. Nucl. Sci. Engng, 1956, v. 1, p. 193. Auth.: Kaufmann et al.
279. Durcham R. W. et al. Nucl. Data for Reactors. V. 2 Vienna, IAEA, 1966, p. 17.
280. Brumblett R. L., Czirr J. B.–Nucl. Sci. Engng, 1969, v. 35, p. 350.
281. UCRL-51263, 1972. Auth.: Landrum et al.
282. Phys. Rev., 1955, v. 97, p. 88. Auth.: M. H. Studier et al.
283. Jaffey A. H. ANL-6600, 1961, p. 125.
284. Phys. Rev., 1957, v. 107, p. 525. Auth. Smith M. S. et al.
285. Brown F., Hall G. R.–J. Inorg. and Nucl. Chem., 1956, v. 2, p. 205.
286. Schuman R. P., Berreth J. R.–Bull. Amer. Phys. Soc., Ser. II, 1969, v. 14, p. 497.
287. KFK-1544, 1972. Auth.: S. H. Eberle et al.
288. Nucl. Sci. Engng. 1956, v. 1, p. 108. Auth.: J. Halperin et al.
289. Hulet E. K., West H. J., Coops M. S. WASH-1033, 1961, p. 28.
290. White P. H., Reichelt J. M. A., Warner G. P. Nuclear Data for Reactors. Vienna, IAEVA. V. 2, 1967, p. 29.
291. Schuman P. R. KAPL-1781. Data given in [222, p. 507].
292. Walker W. H., Westcott C. H.–Canad. J. Phys., 1960, v. 38, p. 57.
293. Atomnaya energiya, 1956, V. 1, No. 3, p. 27. Auth.:   Yerozolimsky B. G. et al.
294. Phys. Rev., 1956, v. 102, p. 1621. Auth.: E. K. Hulet et al.
295. LRL NCSAG 2, 1956; WASH-190, 1956.
296. Butler J. P. KAPL-1781, 1957.
297. Leonard B. R.–Nucl. Sci. Engng, 1959, v. 5, p. 32.
298. Cabell M. J. Wilkins M.–J. Inorg. and Nucl. Chem., 1967, v. 28, p. 2467.
299. Iskenderian H. P.–Trans. Amer. Nucl. Soc., 1971, v 14, p. 371.
300. Mughabghab S. F., Garber D. I. Neutron Cross Section. V. I. Resonance parameters. June 1973. BNL-325. Third ed.
301. Anikina M. P., Aron P. N., Gorshkov V. K. Proc. Geneva Conf., 1958, v. 15, p. 446. (Proc. of Second United Nations Internat. Conf. on the Peaceful Uses of Atomic Energy).
302. Rep. EANDC (J) 19L37, 1970. Auth.: K. Kobayashi et al.
303. Lemmel H. D., Westcott C. H.–J. Nucl. Engng, 1967, v. 21, p. 417.
304. Milsted J. ANL-6756, 1963.
305. Young T. E. Rep. IN-1132, 1968; WASH-1079, 1967, p. 66.
306. Young T. E., Reader S. D.–Nucl. Sci. Engng, 1970, v. 40, p. 389.
307. Young T. E., Simpson F. B., Tate R. E.–Nucl. Sci. Engng, 1971, v. 43, p. 341.

308. Green L., Mitchell J. A.—*Nucl. Sci. Engng*, 1974, v. 54, N 1, p. 18.
309. Durham R. W., Moison F.—*Canad. J. Phys.*, 1970, v. 48, p. 716.
301. Rusche B. C.—*Trans. Amer. Nucl. Soc.*, 1971, v. 14, p. 344.
311. Markov B. N. et al.—*Yadernaya fizika*, 1966, V. 3, p. 455.
312. *Phys. Rev.*, 1965, v. B137, p. 326. Auth.: C. D. Bowman, M. S. Coops, G. F. Auchampaugh, S. C. Fultz.
313. *Phys. Rev.*, 1968, v. 166, p. 1219. Auth.: C. D. Bowman, G. F. Auchampaugh, S. C. Fultz, R. W. Hoff.
314. *Byull. informatsionnogo tsentra po yadernym dannym*, 1969, p. 42. Auth.: Dobvenko A. G., Ivanhov V. I., Kolesov V. Y., Tolstikov V. A.
315. Perkins S. T. et al.—*Nucl. Sci. Engng*, 1968, v. 32, p. 131.
316. Benjamin R. W., Mac Murdo K. W., Spencer J. D.—*Nucl. Sci. Engng.*, 1972, v. 47, N 2, p. 203.
317. Eberle S. H. et al. KFK-1456, 1971, p. 51.
318. *Nucl. Sci. Engng*, 1974, v. 55, p. 273. Auth.: O. D. Simpson, F. B. Simpson, J. A. Harvey et al., see also ANCR-1060, 1972.
319. *Neitronnaya fizika, No. 2*, 1974, Obninsk, Atomizdat. Auth.: V. A. Anufriev, V. D. Gavrilov, Y. S. Zamyatnin, V. V. Ivanenko.
320. *Nucl. Sci. Engng*, 1974, v. 55, p. 440. Auth.: R. W. Benjamin, C. E. Ahlfeld, J. A. Harvey, N. W. Hill.
321. Zhuravlev K. D., Kroshkin N. I.—*Yadernye Konstanty*, 1975. p. 3.
322. Diamond H. ANL-7330, 1967.
323. Wild J. F., Hulet E. K., Lougheed R. W.—*J. Inorg. and Nucl. Chem.*, 1973, v. 35, p. 1063.
324. Fields P. R. et al.—*Phys. Rev.*, 1954, v. 94, p. 209.
325. *Phys. Rev.* 1956, v. 102, p. 203. Auth.: M. Jones, R. P. Schuman, J. P. Butler et al.
326. Fields P. R. et al.—*Nucl. Phys.*, 1967, v. A96, p. 440.
327. Harbour R. M., McMurdo K. W.—*J. Inorg. and Nucl. Chem.*, 1973, v. 35, p. 1821.
328. Hulet E. K. WASH-1071, 1966, p. 83.
329. Hoffman P. ORNL-4884, 1973.
330. *Atomnaya energiya*, 1968, V. 24, p. 243. Auth.: S. M. Kalebin, et al.
331. *Atomnaya energiya*, 1969, V. 26, p. 507. Auth.: S. M. Kalebin, et al.
332. Rayburn L. A., Wollan E. O.—*Nucl. Phys.*, 1965, v. 61, p. 381.
333. Lynn J. E., Pattenden N. J. 1955. See [45, p. 252].
334. Adamchuk Y. V. et al. 1955. See [45, p. 259].
335. Lemley L. P. J. R., Kevworth G. A., Diven B. C. *Nucl. Sci. Engng*, 1971, v. 43, p. 281.
336. Cocking S. J.—*J. Nucl. Energy*, 1958, v. 6, p. 285.
337. Pattenden N. J. Rainey U. S. *J. Nucl. Energy*, 1959, v. 11, p. 14.
338. *Phys. Rev.*, 1966, v. 146, p. 840. Auth.: G. F. Auchampaugh et al.
339. Hennelly E. J., Cornman W. R., Baumann N. P. Second Conference on Neutron Cross Section and Technology Washington, 1968, § 10, p. 1271.
340. Leipunsky A. I., *Atomnaya energiya*, 1967, V. 23, p. 396.
341. Halperin J. ORNL-3994, 1966, p. 1.
342. *Atomnaya energiya*, 1968, V. 25, p. 292. Auth.: V. I. Golubev, N. D. Golyaev, A. V. Zvonarev, et al.
343. Macklin R. L., Pomerance H. S., *Proc. First Geneva Conference*, Vol. 5, paper P/833, 1955.
344. Scoville J. J. Third Conf. on Neutron Cross Sections and Technology, Knoxville. V. I, 1973, p. 79.
345. Westcott C. H. Proc. Third Geneva Conf. V. 2, P/717, 1964, United Nations, N. Y., p. 412.
346. Westcott C. H.—*Atomic Energy Rev.*, 1961, v. 3, N 2, p. 3. Vienna, IAEA.
347. Wagemans C., Deruytter A.—*Annals of Nucl. Energy*, 1975, v. 2, p. 25.

§ 1.3. DEPENDENCE OF CROSS-SECTIONS ON NEUTRON ENERGY

1.3.1. Total neutron cross-sections $\sigma_{tot}(E)$

Figures 1.1–1.6 show the energy dependence of the total cross-sections $\sigma_{tot}(E)$ for isotopes ^{232}Th, ^{233}U, ^{235}U, ^{238}U, ^{239}Pu and ^{240}Pu.

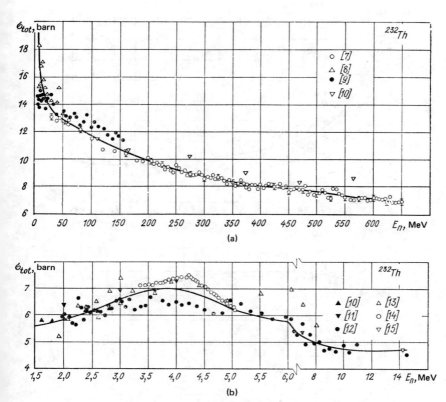

Fig. 1.1 Total neutron cross-section of ^{232}Th in the regions $E_n < 0.65$ MeV (a), and $1.5 < E_n < 15$ MeV (b); (see also data in [16, 93, 112])

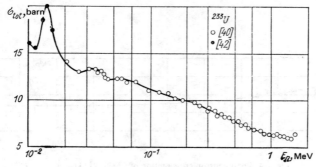

Fig. 1.2 Total neutron cross-section of ^{233}U (see also data in [93])

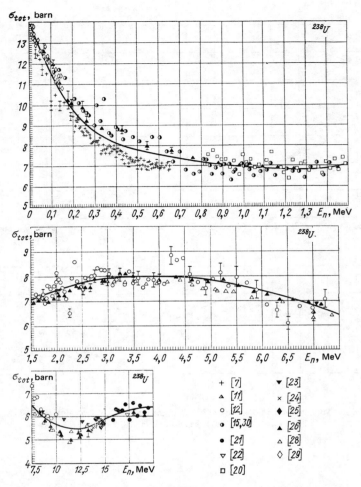

Fig. 1.3 Total neutron cross-section of ^{238}U; (see also data in [89, 90, 92-94, 108, 109, 110]; cross-section evaluation [1, 88, 91, 96]).

Fig. 1.4 Total neutron cross-section of ^{240}Pu [111]

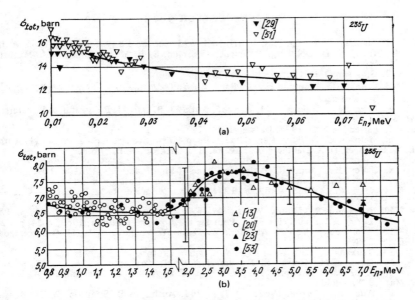

Fig. 1.5 Total neutron cross-section of ^{235}U in the regions $0.01 \leq E_n < 0.08$ MeV (a), and $0.8 < E_n < 8.0$ MeV (b). (see also data in [89, 93, 97, 109]; cross-section evaluation [1, 88, 96]).

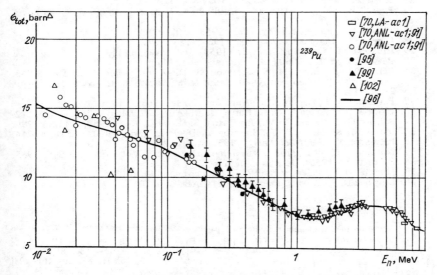

Fig. 1.6 Total neutron cross-section of ^{239}Pu (according to [96]); (see also data in [89, 93, 103, 104, 107, 109]); cross-section evaluation [1, 88, 96]).

REFERENCES FOR §1.3.1.*

1. Neutron Cross Sections. V. III. BNL-325, Second Ed., Suppl. N 2, 1965. Auth.: J. R. Stehn, M. D. Goldberg, R. Wiener-Chasman, S. F. Mughabghab, B. A. Magurno, V. M. May.
2. Simpson O. D. 1965. Data given in [1].
3. Cote R. E., Diamond H., Gindler J. E.–*Bull. Amer. Phys. Soc.*, 1961, v. 6, p. 417. See also data in [1].
4. *Phys. Rev.*, 1964, v. 134, p. B985. Auth.: J. B. Garg, J. Rainwater, J. S. Petersen, W. W. Havens, Jr.
5. Pattenden N. J. 1964. Data given in [1].
6. Simpson O. D. *Phys. Rev.*, 1955, v. 98, p. 233A. See also data given in [1]. Auth.: L. M. Bollinger, D. A. Dahlberg, R. E. Cote, H. J. Jackson, G. E. Thomas.
7. Tabony R. H., Seth K. K., Bilpuch E. G. (1964). Data given in [1]
8. Uttley C. A., Jones R. H. Neutron Time-of-Flight Methods, 1961, p. 109.
9. Hibdon C. T. Landsdorf A., Jr. ANL-5175, 1953. Data given in [1].
10. *Phys Rev.*, 1953, v. 89, p. 1271. Auth.: M. Walt, R. L. Becker, A. Okazaki, R. E. Fields.
11. Batchelor R., Gilboy W. B., Towle J. H.–*Nucl. Phys.*, 1965, v. 65, p. 326.
12. Leroy J. L., Berthelot F. G., Pomelas E.–*J. phys. et radium*, 1963, v. 24, p. 826.
13. Averchenkov V. Y., Veretennikov A. I. In: *Neitronnaya fizika*. M. Gosatomizdat, 1961, p. 258.
14. Tsukada K., Fuse T.–*J. Phys. Soc. Japan*, 1960, v. 15, p. 1994.
15. Coon J. H., Graves E. R., Barschall H. H.–*Phys. Rev.*, 1952, v. 88, p. 562.
16. *J. phys. et radium*, 1961, v. 22, p. 652. Auth.: G. Deconninck, A. Gonze, P. Macq, J. P. Meulders.
17. *Nucl. Sci. Engng*, 1962, v. 12, p. 243, Auth.: F. B. Simpson, W. H. Burgus, J. E. Evans, H. W. Kirby.
18. Simpson F. B. Codding J. W., Berreth J. R.–*Nucl. Sci. Engng*, 1964, v. 20, p. 235.
19. Simpson F. B. Codding J. W. Berreth J. R. IDO–16994, 1964, p. 23. See also data given in [1].
20. Smith A. B. (1964). Data given in [1].
21. *Nucl. Phys.*, 1961, v. 22, p. 640. Auth.: P. H. Bowen, J. P. Scanlon, G. H. Stafford J. J. Thresher, P. E. Hodgson.
22. Peterson J. M., Bratenahl A., Stoering J. P.–*Phys Rev.*, 1960, v. 120, p. 521.
23. Bratenahl A., Peterson J. M., Stoering J. P.–*Phys. Rev.*, 1958, v. 110, p. 927.
24. Vervier J. F., Martegani A.–*Nucl. Phys.*, 1958, v. 6, p. 260.
25. Khaletsky M. M.–*Dokl. AN SSSR. Ser. fiz*, 1957, V. 113, p. 305.
26. *Phys. Rev.* 1954, v. 94, p. 141. Auth.: R. L. Henkel, L. Cranberg, G. A. Jarvis, R. Nobles, J. E. Perry, Jr.
27. Linlor M. I., Ragent B.–*Phys. Rev.*, 1953, v. 92, p. 835.
28. Nereson N., Darden S.–*Phys. Rev.*, 1953, v. 89, p. 775.
29. Hibdon C. T., Langsdorf A. S., Jr. (1953). Data given in [1].
30. Barschal H. H. LA-1060 (1950). Data given in [1].
31. Berreth J. R., Moor M. S., Simpson O. D.–*Trans. Amer. Nucl. Soc.*, 1963, v. 6, p. 44; see also [1]. Simpson O. D., Moor M. S. Berreth J. R. –*Nucl. Sci. Engng*, 1967, v. 29, p. 415.
32. Pattenden N. J., Harvey J. A.–*Nucl. Sci. Engng*, 1963, v. 17, p. 404.
33. Block R. C., Slaughter G. G. Harvey J. A.–*Nucl. Sci. Engng*, 1960, v. 8, p. 112.
34. Safford G. J. Havens W. W., Jr., Rustad B. M.–*Phys. Rev.*, 1960, v. 118. p. 799.
35. Moore M. S., Miller L. G., Simpson O. D.–*Phys. Rev.*, 1960, v. 118, p. 714.
36. Pattenden N. J.–*J. Nucl. Energy*, 1956; v. 3, p. 28.
37. Nikiton S. Y. et al, *Proc. First Geneva Conference*, Vol 4, paper P/646, 1955.
38. Sailor V. L. (1955). Data given in [1].
39. Muether H. R., Palevsky H. (1955). Data given in [1].
40. Stupegia D. S.–*J. Nucl. Energy*, 1962, v. AB 16, p. 201.

---

*Included in the list of references are early papers on the measurement of σ_{tot} in the resonance region for the following isotopes: ^{228}Th — [2], ^{229}Th — [3], ^{230}Th — [69], ^{232}Th — [4–6], ^{231}Pa — [17], ^{233}Pa — [18, 19], ^{232}U — [2], ^{233}U — [32–39, 41], ^{234}U — [80, 81], ^{235}U — [33, 37, 42–52, 82, 85], ^{238}U — [4, 20, 27, 31, 54–56, 73, 75, 76, 85, 98–101, 104], ^{237}Np — [57, 58, 83, 86], ^{239}Pu — [51, 53, 59, 60, 103–106], ^{240}Pu — [33, 62, 84, 87], ^{241}Pu — [63–66], ^{241}Am — [79, 86], ^{243}Am — [67], ^{244}Cm — [68]. Cross-section evaluations are references [1, 70, 71, 96].

41. Yeater M. L., Hockenbury R. W., Fullwood R. R.—*Nucl. Sci. Engng*, 1961, v. 9, p. 105. See also data given in [1].
42. Yeater M. L. (1958). Data given in [1].
43. Brooks F. D., Jolly J. E. (1964). Data given in [1].
44. Saplakoglu A.—*Nucl. Sci. Engng*, 1961, v. 11, p. 312. See also data given in [1].
45. Simpson O. D., Moore M. S., Simpson F. B.—*Nucl. Sci. Engng*, 1960, v. 7, p. 187.
46. Safford G. J., Havens W. W., Jr. Rustad B. M.—*Nucl. Sci. Engng*, 1959, v. 6, p. 433.
47. Shore F. J., Sailor V. L.—*Phys. Rev.*, 1958, v. 112, p. 191.
48. Leonard B. R. Jr. (1955). Data given in [1].
49. Lynn J. E., Pattenden N. J., *Proc. First Geneva Conference*, Vol. 4, paper P/423, 1955.
50. Garg J. B., Havens W. W., Jr., Rainwater J. (1964). Data given in [1].
51. Uttley C. A. (1964). Data given in [1].
52. Simpson O. D., Fluharty R. G., Simpson F. B.—*Phys. Rev.*, 1956, v. 103, p. 971.
53. Henkel R. L. 1952, LA-1493. Data given in [1].
54. Firk F. W. K., Lyn J. E., Moxon M. C.—*Nucl. Phys*, 1963, v. 41, p. 614.
55. *Phys. Rev.*, 1957, v. 105, p. 661. Auth.: L. M. Bollinger, R. E. Cote, D. A. Dahlberg, G. E. Thomas.
56. Yeater M. L. (1956). Data given in [1].
57. Slaughter G. G., Harvey J. A., Block R. C.—*Bull. Amer. Phys. Soc.*, 1961, v. 6, p. 70; see also Block R. C., Slaughter G. C., Harvey J. A.—*Bull. Amer. Phys. Soc.*, 1959, v. 4, p. 34.
58. Adamchuk Y. V., Moskalev S. S., Pevzner M. I. *Atomnaya energiya*, 1959, V. 6, p. 569.
59. Ignat'ev K. G., Kirpichnikov Y. V., Suchoruchkin S. I. *Atomnaya energiya*, 1964, V. 16, p. 110.
60. *Bull. Amer. Phys. Soc.*, 1956, v. 1, p. 187; see also Proc. Second Intern. Conf., Geneva. v. 15, p. 127, paper P/687, 1958. Auth.: R. E. Cote, L. M. Bollinger, J. M. Le Blanc, G. E. Thomas.
61. Peterson J. M., Bratenahl A., Stoering J. P.—*Phys. Rev.*, 1960, v. 120, p. 521.
62. Pattenden N. J., Rainey V. S.—*J. Nucl. Energy*, 1959, v. 11, p. 14.
63. Craig D. S., Westcott C. H.—*Canad. J. Phys.*, 1964, v. 42, p. 2383.
64. Simpson O. D., Schuman R. P.—*Nucl. Sci. Engng*, 1961, v. 11, p. 111.
65. Schwartz R. B.—*Bull. Amer. Phys. Soc.*, 1958, v. 3, p. 176; see also data given in [1].
66. Pattenden N. J., Bardsley S. AERE-PR/NP6, 1964; ANL-6797, 1963, p. 369; data given in [1].
67. *Phys. Rev.*, 1959, v. 114, p. 505. Auth.: R. Cote, L. M. Bollinger, R. F. Barnes, H. Diamond.
68. Cote R. E., Barnes R. F., Diamond H.—*Phys. Rev.*, 1964, v. 134, p. B1281.
69. Nuclear Data for Reactors. Vienna IAEVA. V. 1, 1967, p. 71. Auth.: S. M. Kalebin, R. N. Ivanhov, P. N. Palei, Z. K.Karalova, G. M. Kukavadze, V. I. Pyzhova, N. P. Shibaeva, G. V. Rukolaine.
70. Hughes D. J., Schwartz R. B. BNL-325, 1958.
71. Hughes D. J., Magurno B. A., Brussel M. K. Neutron Cross Sections, BNL-325, Second Ed., Suppl. 1, 1960.
72. Palmer R. R., Bollinger L. M.—*Phys. Rev.*, 1956, v. 102, p. 228.
73. Melkonian E., Havens W. W., Jr., Rainwater L. J.—*Phys. Rev.*, 1953, v. 92, p. 702.
74. Rayburn L. A., Wollan E. O.—*Phys. Rev.*, 1952, v. 87, p. 174.
75. Gatti E., Germagnoli E., Perona G.—*Nuovo cimento*, 1954, v. 11, p. 262.
76. Harvey J. A., Hughes D. J., Carter R. S.—*Phys. Rev.*, 1955, v. 99, p. 10.
77. Foot H. L., Jr.—*Phys. Rev.*, 1958, v. 109, p. 1641.
78. Hodgson, Gallager, Bowey.—*Proc. Phys. Soc.* (Lond.), 1952, v. A65, p. 992.
79. Harvey J. A., Block R. C., Slaughter G. G.—*Bull. Amer. Phys. Soc.*, 1959. Ser. II, v. 4, p. 34.
80. Harvey J. A., Hughes D. J.—*Phys. Rev.*, 1958, v. 109, p. 471.
81. McCallum G. J.—*J. Nucl. Energy*, 1958, v. 6, p. 181.
82. *Nucl. Sci. Engng*, 1958, v. 3, p. 435. Auth.: E. Melkonian, Perez-Mendes V. et al.
83. *Phys. Rev.*, 1955, v. 99, p. 611A. Auth.: M. S. Smith, R. R. Smith, E. G. Joki, J. E. Evans.
84. Block R. C., Slaughter G. G., Harvey J. A.—*Bull. Amer. Phys. Soc.*, Ser. II, 1959, v. 4, p. 34; *Nucl. Sci. Engng*, 1960, v. 8, p. 112.
85. Raffle J. E., Price B. T., *Proc. First Geneva Conference*, Vol. 4, paper P/422, 1955.

86. Adamchuk Y. V., Gerasimov V. F., ibid., paper P/645.
87. Simpson O. D., Fluharty R. G.—*Bull. Amer. Phys. Soc.*, Ser. II, 1957, v. 2, p. 219.
88. Poenitz W. P. Nuclear Data for Reactors. Vienna, IAEA, V. 2, p. 3, 1970.
89. Ibid., p. 31. Auth.: J. Cabe *et al.*
90. Korsch D., Cierjacks C., Kirouac G. J. Ibid., p. 39.
91. Pitterle T. A. Ibid., p. 687.
92. Whalen J. Private communication Smith A. B. (1965). Data given in [91].
93. Foster D. G., Glasgow D. W.—*Phys. Rev.* 1971, v. C3, p. 576.
94. Divadeeham M. Dissertation. Duke University, 1969. Data given in [88].
95. Knitter H. -H., Cappola M.—*Z. Phys.*, 1969, Bd 228, S. 286.
96. Schmidt J. J. Neutron Cross Section for Fast Reactor Materials. Part I: Evaluation KFK 120 (EANDC-E-35U), Karlsruhe, 1966.
97. Nuclear Data for Reactors, Vienna. IAEA. V. 1, p. 165. CN-23/36, Paris (1966). Auth.: Uttley C. A. *et al.*
98. Vonach W. G., Whalen J. F., Smith A. B. ANL-7010, 1965, p. 8. Data given in [96].
100. LA-1060, 1950. Data given in [96]. Auth.: R. K. Adair *et al.*
101. Galloway L. A. TID-11005, 1960. Data given in [96].
102. Egelstaff P. A., Gayther D. B., Nicholson K. P. *J. Nucl. Energy*, 1958, v.6, p. 303.
103. *Bull. Amer. Phys. Soc.*, 1957, v. 1, p. 187. Auth.: R. E. Cote, L. M. Bollinger, J. M. LeBlanc, G. E. Thomas.
104. Uttley C. A. EANDC(UK)-35 "L" (1964), p. 2. Data given in [96].
105. Uttley C. A. EANDC(UK)-40 "L" (1964). Data given in [96].
106. CUD-92, 1951. Data given in [96]. Auth.: W. W. Havens Jr., *et al.*
107. Smith A., Guenther P., Whalen J.—*J. Nucl. Energy*, 1973, v. 27, p. 317.
108. *Nucl. Sci. Eng.*, 1973, v. 50, p. 243. Auth.: S. H. Hayes, P. Stoler, J. M. Clement, C. A. Goulding.
109. Schwartz R. B., Schrack R. A., Heaton H. T.—*Nucl. Sci. Engng*, 1974, v. 54, p. 322.
110. Lambropoulos P.—*Nucl. Sci. Engng*, 1971, v. 46, p. 356.
111. Smith A. B., Lambropoulos P., Whalen J. F.—*Nucl. Sci. Engng*, 1972, v. 47, p. 19.
112. Fasoly U., Toniolo D., Zaga G.—*Nucl. Phys.*, 1970, v. 151, p. 369.

1.3.2. Fission cross-sections $\sigma_f(E)$

Figures 1.7–1.35 show the fission cross-sections for the following isotopes: ^{228}Th, ^{229}Th, ^{230}Th, ^{232}Th, ^{231}Pa, ^{233}U, ^{234}U, ^{235}U, ^{236}U, ^{237}U, ^{238}U, ^{237}Np, ^{238}Pu, ^{239}Pu, ^{240}Pu, ^{241}Pu, ^{242}Pu, ^{244}Pu, ^{241}Am, ^{242m}Am, ^{243}Am, ^{244}Cm, ^{245}Cm, ^{246}Cm, ^{247}Cm, ^{248}Cm, ^{249}Cf, ^{252}Cf.

In tables 1.3–1.5 are given the fission cross-sections of ^{235}U, ^{238}U and ^{239}Pu for a wide range of energies as evaluated by Sowerby *et al.* [182]. Other recent works containing evaluations of fission cross-sections are: V. A. Konshin and M. N. Nikolayev [130] – ^{235}U; M. N. Nikolayev [138] – ^{238}U; Byer [141] – ^{239}Pu; Schett *et al.* [163] – ^{232}Th, ^{238}U and ^{237}Np.

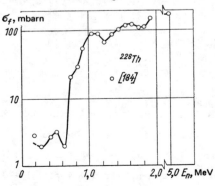

Fig. 1.7 Fission cross-section of ^{228}Th.

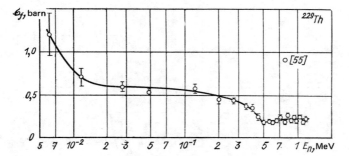

Fig. 1.8 Fission cross-section of ^{229}Th.

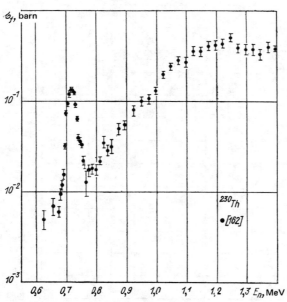

Fig. 1.9 Fission cross-section of ^{230}Th; (see also data in [2, 55, 82, 161, 170]).

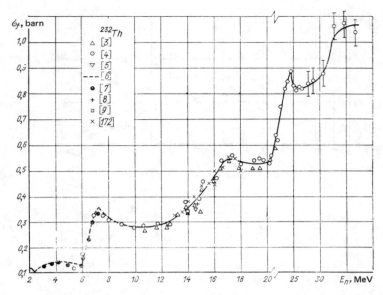

Fig. 1.10 Fission cross-section of ^{232}Th (see also data in [166–73, 178]; cross-section evaluation [163]).

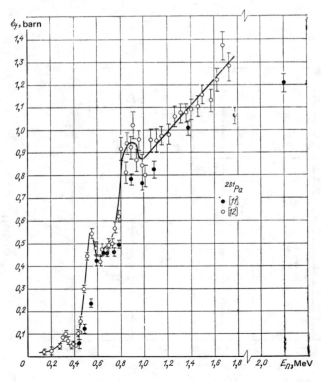

Fig. 1.11 Fission cross - section of ^{231}Pa in the intervals E_n from 0 to 1.8 MeV and from 2 to 3 MeV (see also [170].

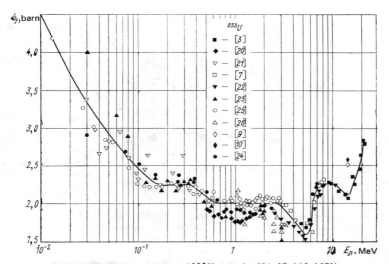

Fig. 1.12 Fission cross-section of ^{233}U; (see also [81, 97, 105, 197]).

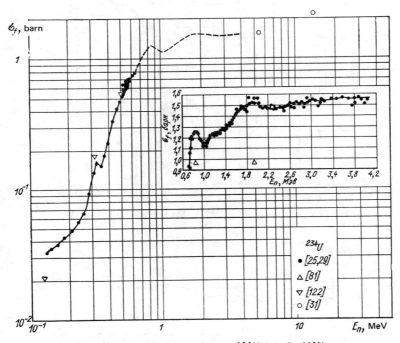

Fig. 1.13 Fission cross-section of ^{234}U; (see also [92]).

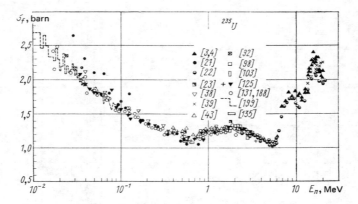

Fig. 1.14 Fission cross-section of ^{235}U. (See also [7–9, 20, 40–2, 44–7, 65, 102, 104, 106, 109–112, 114, 132–4, 136, 190, 192]; cross-section evaluation [130, 182]).

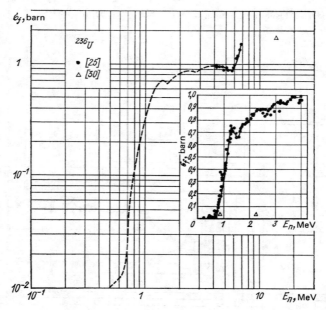

Fig. 1.15 Fission cross-section of ^{236}U. (See also [81, 115, 116, 185, 186]).

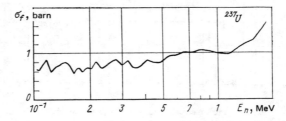

Fig. 1.16 Fission cross-section of ^{237}U [193].

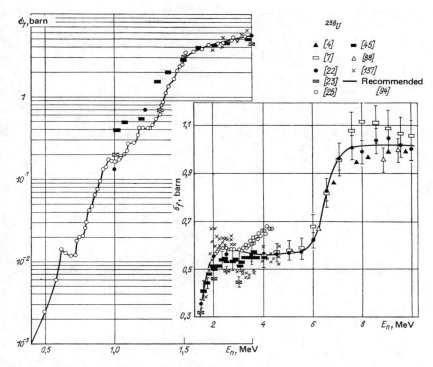

Fig. 1.17 Fission cross-section of ^{238}U (from [94]). (See also [3, 9, 39, 44, 50–53, 102, 117, 118, 122, 137, 166, 168, 179–181]; cross-section evaluation [138, 163, 182]).

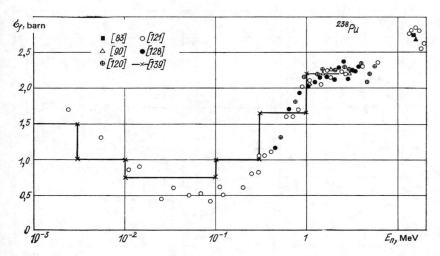

Fig. 1.18 Fission cross-section of ^{238}Pu, (see also [140, 156a, 157]; early works [58, 89]; cross-section evaluation [187]).

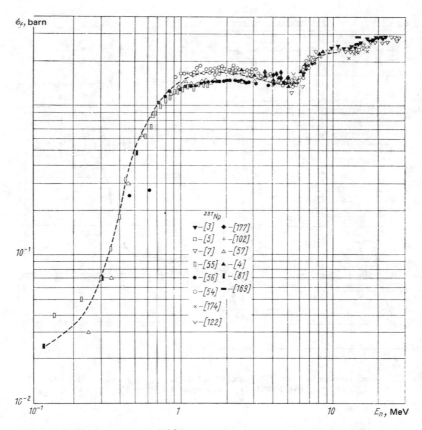

Fig. 1.19 Fission cross-section of ^{237}Np. (See also [175, 176]; cross-section evaluation [163]).

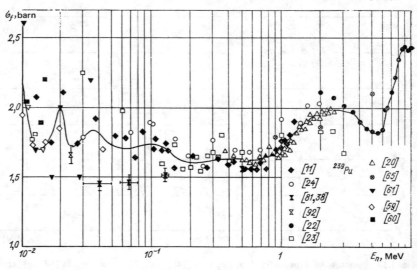

Fig. 1.20 Fission cross-section of ^{239}Pu. (See also [124, 142–50, 188]; cross-section evaluation [141, 182]).

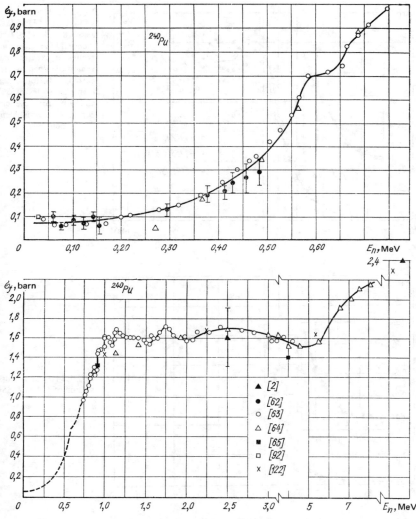

Fig. 1.21 Fission cross-section of ^{240}Pu in the intervals E_n from 0 to 8 MeV and from 14 to 15 MeV.

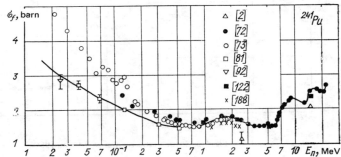

Fig. 1.22 Fission cross section of ^{241}Pu (see also [127]).

61

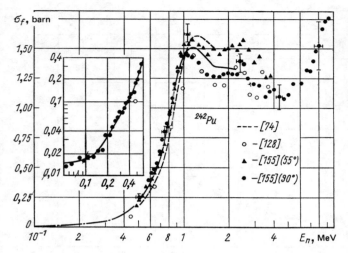

Fig. 1.23 Fission cross-section of ^{242}Pu. (See also [83, 154]). Reference [155] gives two groups of experimental values obtained by recording fission fragments at angles of 55° and 90° from the direction of the incident neutrons.

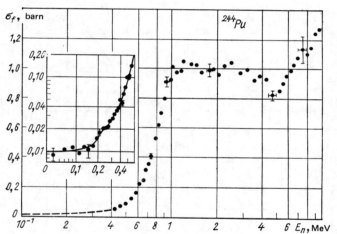

Fig. 1.24 Fission cross-section of ^{244}Pu [155].

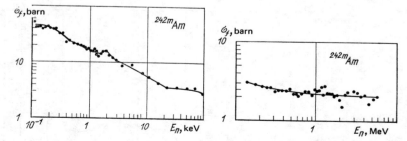

Fig. 1.25 Fission cross-section of ^{242}Am [96].

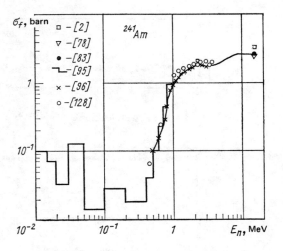

Fig. 1.26 Fission cross-section of ^{241}Am (See also [156, 165]; early works [30]).

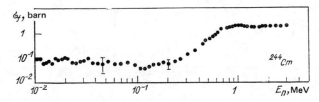

Fig. 1.27 Fission cross-section of ^{243}Am [73]. (See also [83]).

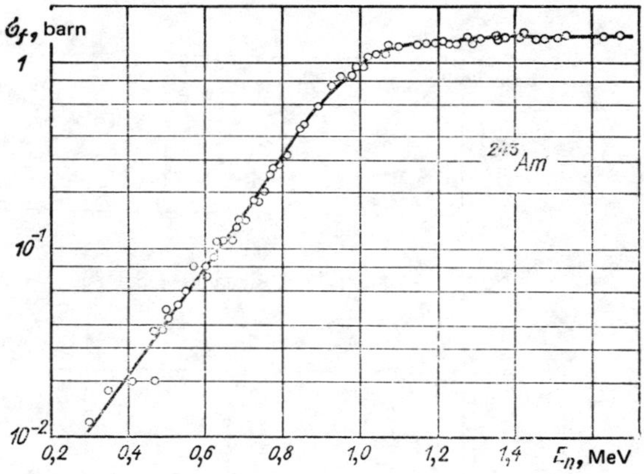

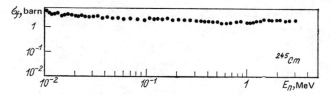

Fig. 1.28 Fission cross-section of ^{244}Cm [158].

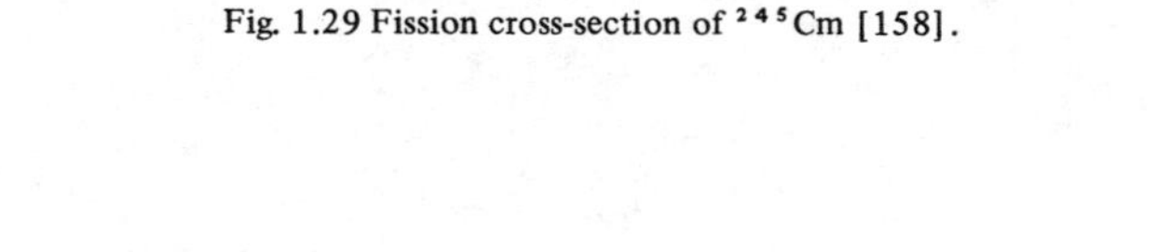

Fig. 1.29 Fission cross-section of ^{245}Cm [158].

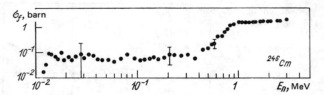

Fig. 1.30 Fission cross-section of ^{246}Cm [158].

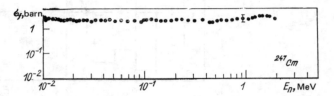

Fig. 1.31 Fission cross-section of ^{247}Cm [158].

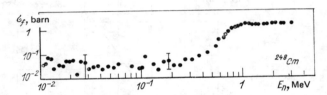

Fig. 1.32 Fission cross-section of ^{248}Cm [158].

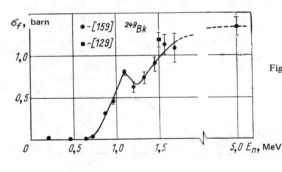

Fig. 1.33 Fission cross-section of ^{249}Bk.

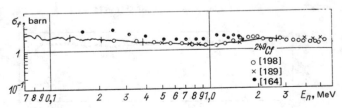

Fig. 1.34 Fission cross-section of ^{249}Cf (See also [185]).

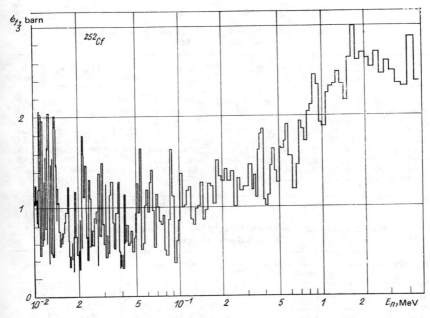

Fig. 1.35 Fission cross-section of ^{252}Cf [160]. (See also [129]).

Table 1.3

**Evaluated fission cross-sections of ^{235}U for $E_n < 0.1$ MeV
(data of Sowerby et al. [182])**

E_n, MeV	σ_f, barn	E_n, MeV	σ_f, barn	E_n, MeV	σ_f, barn	E_n, MeV	σ_f, barn
0,0001—0,0002	21,31	0,019—0,020	2,349	0,046—0,047	1,868	0,073—0,074	1,686
0,0002—0,0003	20,79	0,020—0,021	2,111	0,047—0,048	1,854	0,074—0,075	1,743
0,0003—0,0004	13,46	0,021—0,022	2,166	0,048—0,049	1,899	0,075—0,076	1,778
0,0004—0,0005	13,75	0,022—0,023	2,336	0,049—0,050	1,897	0,076—0,077	1,774
0,0005—0,0006	15,14	0,023—0,024	2,080	0,050—0,051	1,876	0,077—0,078	1,605
0,0006—0,0007	11,63	0,024—0,025	2,195	0,051—0,052	1,895	0,078—0,079	1,580
0,0007—0,0008	11,15	0,025—0,026	2,111	0,052—0,053	1,911	0,079—0,080	1,684
0,0008—0,0009	8,399	0,026—0,027	2,091	0,053—0,054	1,890	0,080—0,081	1,730
0,0009—0,0010	7,762	0,027—0,028	2,105	0,054—0,055	1,837	0,081—0,082	1,725
0,001—0,002	7,455	0,028—0,029	2,204	0,055—0,056	1,848	0,082—0,083	1,712
0,002—0,003	5,486	0,029—0,030	2,084	0,056—0,057	1,851	0,083—0,084	1,707
0,003—0,004	4,866	0,030—0,031	2,117	0,057—0,058	1,881	0,084—0,085	1,728
0,004—0,005	4,391	0,031—0,032	2,155	0,058—0,059	1,799	0,085—0,086	1,657
0,005—0,006	3,943	0,032—0,033	2,026	0,059—0,060	1,926	0,086—0,087	1,590
0,006—0,007	3,477	0,033—0,034	2,023	0,060—0,061	1,876	0,087—0,088	1,603
0,007—0,008	3,373	0,034—0,035	1,968	0,061—0,062	1,858	0,088—0,089	1,692
0,008—0,009	3,071	0,035—0,036	1,963	0,062—0,063	1,843	0,089—0,090	1,666
0,009—0,010	3,165	0,036—0,037	1,969	0,063—0,064	1,720	0,090—0,091	1,644
0,010—0,011	2,868	0,037—0,038	1,959	0,064—0,065	1,766	0,091—0,092	1,614
0,011—0,012	2,785	0,038—0,039	1,948	0,065—0,066	1,825	0,092—0,093	1,612
0,012—0,013	2,565	0,039—0,040	1,979	0,066—0,067	1,801	0,093—0,094	1,621
0,013—0,014	2,748	0,040—0,041	2,110	0,067—0,068	1,787	0,094—0,095	1,566
0,014—0,015	2,573	0,041—0,042	1,932	0,068—0,069	1,795	0,095—0,096	1,704
0,015—0,016	2,393	0,042—0,043	1,949	0,069—0,070	1,817	0,096—0,097	1,643
0,016—0,017	2,376	0,043—0,044	1,896	0,070—0,071	1,798	0,097—0,098	1,601
0,017—0,018	2,333	0,044—0,045	1,859	0,071—0,072	1,773	0,098—0,099	1,628
0,018—0,019	2,507	0,045—0,046	1,820	0,072—0,073	1,720	0,099—0,100	1,698

Table 1.4

Evaluated fission cross-sections of ^{239}Pu for $E_n < 0.1$ MeV
(data of Sowerby et al. [182])

E_n, MeV	σ_f, barn	E_n, MeV	σ_f, barn	E_n, MeV	σ_f, barn	E_n, MeV	σ_f, barn
0,0001—0,0002	18,95	0,001—0,002	4,267	0,010—0,015	1,807	0,055—0,060	1,63
0,0002—0,0003	18,02	0,002—0,003	3,193	0,015—0,020	1,679	0,060—0,065	1,63
0,0003—0,0004	8,823	0,003—0,004	2,923	0,020—0,025	1,628	0,065—0,070	1,62
0,0004—0,0005	9,478	0,004—0,005	2,299	0,025—0,030	1,596	0,070—0,075	1,63
0,0005—0,0006	15,36	0,005—0,006	2,132	0,030—0,035	1,63	0,075—0,080	1,59
0,0006—0,0007	4,494	0,006—0,007	1,955	0,035—0,040	1,57	0,080—0,085	1,63
0,0007—0,0008	5,628	0,007—0,008	2,071	0,040—0,045	1,61	0,085—0,090	1,55
0,0008—0,0009	4,955	0,008—0,009	2,227	0,045—0,050	1,56	0,090—0,095	1,56
0,0009—0,0010	8,170	0,009—0,010	1,863	0,050—0,055	1,63	0,095—0,100	1,60

Table 1.5

Evaluated fission cross-sections of ^{235}U, ^{239}Pu, ^{238}U for $E_n = 0.1 - 20$ MeV
(data of Sowerby et al. [182])

E_n, MeV	σ_f, barn			E_n, MeV	σ_f, barn		
	^{235}U	^{239}Pu	^{238}U		^{235}U	^{239}Pu	^{238}U
0,100	1,570	1,526		4,0	1,121	1,796	0,523
0,130	1,500	1,472		4,5	1,088	1,750	0,525
0,170	1,410	1,441		5,0	1,054	1,698	0,523
0,200	1,356	1,436		5,5	1,042	1,693	0,542
0,250	1,303	1,446		6,0	1,103	1,792	0,610
0,300	1,267	1,468		6,5	1,273	1,917	0,753
0,350	1,232	1,494		7,0	1,465	2,015	0,874
0,400	1,198	1,503		8,0	1,674	2,213	0,956
0,500	1,153	1,545		9,0	1,748	2,261	0,963
0,600	1,127	1,575	0,0010	10,0	1,753	2,267	0,952
0,700	1,121	1,605	0,0009	11,0	1,735	2,293	0,954
0,800	1,145	1,659	0,0026	12,0	1,735	2,333	0,966
0,900	1,188	1,680	0,0084	13,0	2,010	2,441	1,008
0,950	1,207	1,689	0,0124	14,0	2,152	2,555	1,126
1,000	1,224	1,710	0,0121	15,0	2,217	2,589	1,238
1,20	1,257	1,818	0,0390	16,0	2,277	2,566	1,303
1,40	1,258	1,896	0,164	17,0	2,255	2,524	1,343
1,60	1,282	1,972	0,382	18,0	2,105	2,385	1,319
1,80	1,293	1,979	0,483	19,0	2,094	2,326	1,335
2,00	1,289	1,981	0,517	20,0	2,110	2,427	1,439
2,20	1,270	1,949	0,524				
2,40	1,250	1,919	0,521				
2,60	1,232	1,900	0,517				
2,80	1,211	1,877	0,512				
3,00	1,193	1,862	0,511				
3,5	1,158	1,848	0,519				

REFERENCES FOR §1.3.2.*

1. Neutron Cross Sections. V. III. BNL–325, Second Ed., Suppl. N 2, 1965, Auth.: J. R. Stehn, M. D. Goldberg, R. Wiener-Chasman, S. F. Mughabghab, B. A. Magurno, V. M. May.
2. Kazarinova M. I., Zamyatnin, Y. S., Gorbachev V. M. *Atomnaya energiya*, 1960, V. 8, p. 139.
3. Pankratov V. M., Vlasov, N. A., Rybakov, B. V. *Atomnaya energiya*, 1960, V. 9, p. 309.

---

*The list of references also contain earlier work on the measurement of in the resonance region for the isotopes: ^{232}U–[13], ^{233}U–[14–19, 27, 85, 86, 100, 101], ^{234}U–[28], ^{235}U–[31–37, 48, 49, 85, 87], ^{238}Pu–[119], ^{239}Pu–[32, 59, 61, 100, 107, 123], ^{240}Pu–[91, 95], ^{241}Pu–[16, 66–71], ^{241}Am–[75–77, 165]. The evaluation of cross-sections are found in [1, 80, 84, 94, 130, 141, 163, 182].

4. Pankratov V. M. *Atomnaya energiya*, 1963, V. 14, p. 177.
5. Protopopov A. N., Selitsky Y. A., Solov'ev, S. M. *Atomnaya energiya*, 1958, V. 4, p. 190.
6. Allen W. D., Henkel R. L., Progess in Nuclear Energy, Series I, vol. II, p. 1, 1958: Henkel R. L. LA-2122, 1958. Data given in [1].
7. Kalinin S. P., Pankratov V. M. Proc. 2nd Intern. Conf. Peaceful Uses Atom. Energy, Geneva, 1958. V. 16, p. 136, paper P/2149, 1958.
8. *Atomnaya energiya*. 1958, No. 5, p. 659. Auth.: A. A. Berezin, G. A. Stolyarov, Y. V. Nikol'sky.
9. Uttley C. A., Phillips J. A. AERE NP/R 1996, 1956. Data given in [1].
10. Nyer W. LAMS-938, 1950. Data given in [1].
11. Dubrovina S. M., Shigin V. A. *Dokl. AN SSSR. Ser. fiz*, 1964, V. 157, p. 561.
12. Williams J. H. LA-150, 1944. Data given in [1].
13. James G. D.—*Nucl. Phys.*, 1964, v. 55. p. 517.
14. Moore M. S., Miller L. G., Simpson O. D. *Phys. Rev.*, 1960, v. 118, p. 714.
15. Sanders J. E., Price B. T., Richmond R. *J. Nucl. Energy*, 1957, v. 6, p. 114.
16. Adamchuk Y. V., Gerasimov V. F. et al, *Proc. First Geneva Conference*, Vol. 4, paper P/645, 1955.
17. Auclair, J. M. et al, ibid, Vol. 4, paper P/354, 1955.
18. Tunniclitte P. R. CRGP-458, [95]. Data given in [1].
19. Nifenecker H. *J. de Physique*, 1964, v. 25, p. 877; Nifenecker H., Paya D., Fagot J.—*J. de Physique*, 1963, v. 24, p. 254; see also [1].
20. Smirenkin G. N., Nesterov V. G., Bondarenko, I. I. *Atomnaya energiya*, 1962, V. 13, p. 366.
21. *Atomnaya energiya*, 1959, V. 6., p. 453. Auth.: G. V. Gorlov, B. M. Hochberg, V. M. Morozov, G. A. Otroshchenko, V. A. Shigin.
22. Smith R. K., Henkel R. L., Nobles R. A.—*Bull. Amer. Phys. Soc.*, 1957, v. 2, p. 196. (Reviewed: G. Hansen et al, 1970).
23. Allen W. D., Ferguson A. T. G.—*Proc. Phys. Soc.*, 1957, v. A70, p. 573.
24. Henkel R. L. LA-2114, 1957. Data given in [1].
25. Lamphere R. W.—*Phys. Rev.*, 1956, v. 104, p. 1654.
26. *J. Phys. et radium*, 1956, v. 17, p. 565. Auth.: F. Netter, J. Julien, C. Corge, R. Ballini, Netter F. Rep. CEA-1913, 1961. Data given in [141].
27. Macklin R. L., Schmitt H. W., Gibbons J. H. ORNL-2022, 1956. Data given in [1].
28. Odegaarden R. H. HW-64866, 1960. Data given in [1].
29. Lamphere R. W.—*Nucl. Phys.*, 1962, v. 38, p. 561. See also *Phys. Rev.*, 1956, v. 104, p. 1654.
30. Hughes D. J., Schwartz R. B. Neutron Cross Sections. BNL-325. Second Ed., 1953.
31. McCollum G. J.—*J. Nucl. Energy*, 1958, v. 6, p. 181.
32. Ignat'ev K. G., Kirpichnikov I. V., Sukhoruchkin S. I. *Atomnaya energiya*, 1964, v. 16, p. 110.
33. Michaudon A., Derrien H., Ribon P., Sanche M. 1963. Data given in [1].
34. Bowman C. D., Auchampaugh G. F., Fultz S. C.—*Phys. Rev.*, 1963, v. 130, p. 1482.
35. Deruytter A. J.—*J. Nucl. Energy*, 1961, v. AB15, p. 165.
36. Shore F. J., Sailor V. L.—*Phys. Rev.*, 1958, v. 112, p. 191.
37. *J. phys. et radium*, 1960, v. 21, p. 429. Auth.: A. Micaudon, R. Bergere, A. Coin, R. Joly.
38. White P. H.—*J. Nucl. Energy*, 1965, v. AB19, p. 325.
39. Adams B., Batchelor R., Green T. S.—*J. Nucl. Energy*, 1961, v. AB14, p. 85.
40. Smith R. K. 1961. Data given in [1].
41. CEA-1093, 1959; See also Second Geneva Conference, 1958. Vol. 16, p. 118. Auth.: A. Michaudon, R. Genin, R. Joly, G. Vendryes.
42. *Nucl. Sci. Engng*, 1958, v. 3, p. 435. Auth.: E. Melkonian, V. Perez-Mendez, M. L. Melkonian, W. W. Havens, Jr., R. J. Rainwater.
43. Diven B. C.—*Phys. Rev.*, 1957, v. 105, p. 1350.
44. Henkel R. L. LA-2122, 1957. Data given in [1].
45. Netter F. CEA-1913, 1956. Data given in [1].
46. Szteinsznaider D., Naggiar V., Netter F., *Proc. First Geneva Conference*, Vol. 4, paper P/355, 1955.
47. Yeater M. L., Kelley P. L., Gaerttner E. R. KAPL-1109, 1954. Data given in [1].
48. Diven B. C., Terrell J., Hemmendinger A.—*Phys. Rev.*, 1960, v. 120, p. 556.
49. Andreyev V. N. *Atomnaya energiya*, 1958, v. 4, p. 185.
50. Mangialaio M., Merzari F., Sona P. G.—*Nucl. Phys.*, 1963, v. 43, p. 124.

51. Flerov N. N., Berezin A. A., Chelnokov I. E. *Atomnaya energiya*, 1958, V. 5, p. 657.
52. Moat A. 1958. Data given in [1, 39].
53. Nyer W. LA-719, 1948. Data given in [1].
54. Schmitt H. W., Murray R. B.—*Phys. Rev.*, 1960, v. 116, p. 1575.
55. Hochberg B. M., Otroshchenko G. A., Shigin V. A.—*Dokl. AN SSSR*, Ser. fiz, 1959, v. 128, p. 1157.
56. Henkel R. L. LA-1495, 1952. Data given in [1].
57. Klema E. D.—*Phys. Rev.*, 1947, v. 72, p. 88.
58. Butler D. K., Sjoblom R. K.—*Bull. Amer. Phys. Soc*, 1963, v. 8, p. 369.
59. James G. D., Endacott D. A. J. AERE PR/NP 6, 3, 1964. Data given in [1]. EANDC-33 "U", p. 14, 1963.
60. James G. D., Endacott D. A. J. AERE PR/NP 6, 4, 1964. Data given in [1]. EANDC (UK)-35 "L", p. 4, 1964.
61. *Bull. Amer. Phys. Soc.*, 1956, v. 1, p. 187. Auth.: R. E. Cote, L. M. Bollinger, J. M. Le Blanc, G. E. Thomas; see also Second Geneva Conference, 1958. Vol. 15, p. 127, paper P/687, 1958.
62. Ruddick P., White P. H.—*J. Nucl. Energy*, 1964, v. AB18, p. 561.
63. Nesterov V. G., Smirenkin G. N.—*Atomnaya energiya*, 1960, v. 9, p. 16.
64. Henkel R. L., Nobles R. A., Smith R. K. AECD-4256, 1957. Data given in [1].
65. Dorofeyev, G. A., Dobrynin, Y. P.—*Atomnaya energiya*, 1957, v. 2, p. 10.
66. James G. D. AERE-R 4597, 1964. Data given in [1].
67. Watanabe T., Simpson O. D.—*Trans. Amer. Nucl. Soc.*, 1963, v. 6, p. 43; see also Ido-16995, 1964. Data given in [1].
68. Leonard B. R., Jr., Seppi E. J. 1957. Data given in [1].
69. Richmond R., Price B. T.—*J. Nucl. Energy*, 1956, v. 2, p. 177.
70. *Phys. Rev.*, 1964, v. 135, p. B945. Auth.: M. S. Moore, O. D. Simpson, T. Wantanabe, J. E. Russel, R. W. Hockenbury.
71. James G. D.—*Nucl. Phys.*, 1965, v. 65, p. 353.
72. Smith H. L., Smith R. K., Henkel R. L.—*Phys. Rev.*, 1962, v. 125, p. 1329.
73. Butler D. K., Sjoblom R. K.—*Phys. Rev.* 1961, v. 124, p. 1129.
74. Butler D. K.—*Phys. Rev.*, 1960, v. 117, p. 1305.
75. *Phys. Rev.*, 1965, v. 137, p. B326. Auth.: C. D. Bowman, M. S. Coops, G. G. Auchampaugh, S. C. Fults.
76. Gerasimov V. F. Data given in M. I. Pevzner (ed.) *Trudy Instituta fiziki Akademii nauk Gruzinskoi SSR*, 1962, v. 8, p. 75.
77. Leonard B. R., Jr., Seppi E. J.—*Bull. Amer. Phys. Soc.*, 1959, v. 4, p. 31; see also [1].
78. Protopopov A. N., Selitsky Y. A., Solov'ev S. M.—*Atomnaya energiya*, 1959, v. 6, p. 67.
79. Nuclear Data for Reactors V. 1, Vienna, IAEA, 1967, p. 71. Auth.: S. M. Kalebin, R. N. Ivanov, P. N. Palei, Z. K. Karalova, G. M. Kukuvadze, V. I. Pyzhova, P. N. Shibaeva, G. V. Rukolaine.
80. Davey W. G.—*Nucl. Sci. Engng*, 1966, v. 26, p. 149.
81. White P. H., Hodgkinson J. G., Wall G. J. Physics and Chemistry of Fission. Salzburg, 22-26 March 1965. V. I. Vienna, 1965, p. 219.
82. Otroshchenko, G. A., Shigin, V. A. In: *Neitronnaya fizika*, Editor Krupchitsky, P. A., Atomizdat, 1961, p. 211.
83. *Yadernaya fizika*, 1967, v. 5, p. 966. Auth.: E. F. Fomushkin, Y. K. Gutnikova, Y. S. Zamyatnin, B. K. Maslennikov, V. N. Belov, V. M. Surin, F. Nasyrov, N. F. Pashkin.
84. Hughes D. J., Magurno B. A., Burssel M. K. BNL-325. Second Edition, Suppl. N 1, 1960.
85. Lynn J. E., Pattenden N. J., *Proc First Geneva Conference*, Vol. 4, paper P/423, 1955.
86. Moor M. S., Miller L. G., Reich C. W.—*Bull. Amer. Phys. Soc.*, Ser. II, 1956, v. 1, p. 327.
87. Price B. T.—*J. Nucl. Energy*, 1955, v. 2, p. 128.
88. Goldberg M. D., Hall M. S., Le Blanc J. M. 1957 (as given in [94]).
89. *Yadernaya fizika*, 1966, V. 3, No. 3, p. 479. Auth.: P. E. Vorotnikov, S. M. Dubrovina, G. A. Otroshchenko, V. A. Shigin.
90. Barton D. M., Koontz P. G.—*Phys. Rev.*, 1967, v. 162, N 4, p. 1070.
91. *Bull. Amer. Phys. Soc.*, Ser. II, 1956, v. 1, p. 248. Auth.: E. J. Seppi, B. B. Leonard, Jr., W. J. Friesen, E. M. Kinderman.
92. *J. Nucl. Energy*, 1965, v. 19, p. 423. Auth.: J. L. Perkin, P. H. White, P. Fieldhouse, E. J. Axton, P. Gross, J. C. Robertson.
93. White P. H., Hodgkinson J. G., Wall G. J. Physics and Chemistry of Fission. IAEA, Salzburg, Austria. V. 1, 1965, p. 538.
94. Schmidt J. J.—Rep. KFK 120 (EANDC-E-35 U), 1966.

95. Seeger P. A., Himmendinger A., Diven B. C.—*Nucl. Phys.*, 1967, v. A96, p. 605.
96. Bowman C. D., Auchampaugh G. F. In: Nuclear Data for Reactors. V. 2. Vienna, IAEA, 1967, p. 149. *Phys. Rev.*, 1968, v. 166, p. 1219. Auth.: C. D. Bowman *et al*.
97. Nesterov V. G., Smirenkin G. N.—*Atomnaya energiya*, 1968, V. 24, p. 185.
98. Kramer J. D. LA-4420, 1970, p. 45.
99. White P. H., Warner G. P.—*J. Nucl. Energy*, 1970, v. 40, p. 375.
100. Letho W. K.—*Nucl. Sci. Engng*, 1970, v. 39, p. 361.
101. Meadows J. W., Private communication, 1970. Data given in [105].
102. Grundl J. A.—*Nucl. Sci. Engng*, 1967, v. 30, p. 39.
103. Knoll G. F., Poenitz W. P.—*J. Nucl. Energy*, 1967, v. A/B 21, p. 643.
104. Poenitz W. P. Proc. Conf. on Neutron Cross Sections and Technology. NBS Special Publication 229. Washington, D. C. 1968, v. 2, p. 503.
105. Poenitz W. P. Nuclear Data for Reactors. Vienna, IAEA, V. 2, 1970, p. 3.
106. Lopez W. *et al*. Data given in [105].
107. *Yadernaya fizika*, 1969, V. 2., p. 727. Auth.: L. M. Belov *et al*.
108. *Arkiv Fysik*, 1965, Bd 29, S. 45. Auth.: H. Conde *et al*.
109. Bame S. J., Cubitt R. L.—*Phys. Rev.*, 1959, v. 114, p. 1580.
110. Barry J. F. Proc. Conf. on Neutron Cross Sections and Technology. Washington, 1966, p. 763.
111. Patrick B. H., Sowerby M. G., Schomberg M. G. UKAEA Report AERE-R6350. 170: *J. Nucl. Energy*, 1970, v. 24, p. 269.
112. Nuclear Data for Reactors. Vienna, IAEA. V. 1. 1970, p. 229. Auth.: I. Szabo *et al*.
113. Leroy J. L. *et al*. Ibid., p. 243.
114. Van Hemert R. L. UCRL-50501, 1968.
115. Huizenga J. R., Behkami A. N., Roberts J. H. Phys. and Chem. of Fission. Vienna, IAEA, 1969, p. 403.
116. Björnholm S., Strutinsky V. M. Nuclear Structure. Proc. Sympos. Dubna, 1968. Vienna, IAEA, 1968, p. 431.
117. Stein W. E., Smith R. K., Grundl J. A. Proc. Conf. on Neutron Cross Sections and Technology. Washington D. C., NBS Special 229, 1968, v. 1, p. 527.
118. Hansen G., McGuire S., Smith R. K.—*Nucl. Sci. Engng*, 1970.
119. *Phys. Rev.* 1966, v. 154, p. 1111. Auth.: W. F. Stubbins, C. D. Bowman, G. F. Auchampaugh, M. S. Coops.
120. Yermagambetov, S. B., Smirenkin, G. N. *Atomnaya energiya*, 1968, V. 25, p. 527; 1970, V. 29, p. 422.
121. *Pis'ma v ZhETF*. 1969, V. 9, p. 510. Auth.: S. B.Yermagambetov *et al*.
122. White P. H., Warner G. P.—*J. Nucl. Energy*, 1967, v. 21, p. 671.
123. Poenitz W. P.—*Trans. Amer. Nucl. Soc.* 1969, v. 12, p. 742.
124. Pfletschinger E., Käppeler F.—*Nucl. Sci. Engng*, 1970, v. 40, p. 375.
125. Poenitz W. P.—*Nucl. Sci. Engng*, 1970, v. 40, p. 383; 1974, v. 53, p. 370.
126. James G. D. ANL-7320, 1966. (From data in [105]).
127. Käppeler F., Pfletschinger E. Nuclear Data for Reactors. Vienna, IAEA. V. 2, 1970, p. 77.
128. Fomushkin E. F., Gutnikova Y. K.—*Yadernaya fizika*, 1969, V. 10, p. 917.
129. Fomushkin E. F., Gutnikova Y. K., Maslov A. N. *et al*, *Yadernaya fizika*, 1971, V. 14, p. 73.
130. Kon'shin V. A., Nikolaev M. N., Evaluation of fission cross section of U^{235}, In *Yadernye konstanty*, No. 9, Atomizdat, 1972, p. 3.
131. Rapport DRP/SMPNF/70/21, October 1970; EANDC symposium on Neutron Standards and Flux Normalization, Argonne, USA, Oct. 1970. Auth.: I. Szabo *et al*. Data given in [130, 141].
132. Rapport DRP/SMPNF/71/06, March 1970; and Third Conf. on Neutron Cross Section Technology. Knoxville, March 1971. Auth.: I. Szabo *et al*. from [130].
133. *Nucl. Sci. Engng*, 1971, v. 43, p. 281. Auth.: J. R. Lemley *et al*.
134. Kappeler F. EANDC Symposium on Neutron Standards and Flux Normalization. Argonne, USA. Oct. 1970. Data given in [130].
135. Poenitz W. P. Ibid, p. 281. Data given in [130].
136. Nuclear Data for REactors. Vienna, IAEA. V. 1. Vienna, 1970, p. 469. Auth.: Blons *et al*.
137. *Nucl. Phys.*, 1965, v. 63, p. 641. Auth.: V. Emma, S. Lo Nigro, C. Milone, R. Ricamo.
138. Nikolaev M. N.: Nuclear data for fast reactor calculations. Evaluation of fission cross section of U^{238}. In *Yadernye konstanty*, No. 8 Part I TSNI Atominform, Moscow, 1972, p. 10.
139. Silbert M. G., Moat A., Young T. E.—*Nucl. Sci. Engng*, 1973, v. 52, p. 176.
140. LA-4420, 1970, p. 101. Auth.: D. M. Drake, C. D. Bowman, M. S. Coops, R. W. Hoff.
141. Byer T. A.—*Atomic Energy Rev.*, 1972, v. 10, N 4, p. 529.

142. *Nucl. Sci. Engng*, 1970, v. 40, p. 306. Auth.: R. Gwinn *et al*; Rep. ORNL-TM-2598, 1970.
143. Rep. ORNL-TM-3171, 1970. Auth.: R. Gwinn *et al*. Data given in [141].
144. Nuclear Data for Reactors. V. 1. Vienna, IAEA, 1970, p. 315. Auth.: M. G. Schomberg *et al*.
145. Ibid., p. 543. Auth.: J. A. Farell *et al*., also private communication 1971 (from data in [141]).
146. Kurov M. A. *et al*, ibid, p. 345.
147. Rep. JINR-P3-5113, 1970. Auth.: Ryabov *et al*.
148. Rep. INDC(CCP)-15/G, 1971, p. 4. Auth.: V. E. Samsonov *et al*.
149. James G. D., Patrick B. H. Rep. AERE-M-2065 (amended), 1968. Data given in[141].
150. Intern. Conf. Peaceful Uses Atomic Energy. Geneva, 1958. V. 15, 1958, p. 127. Auth.: L. M. Bollinger *et al*.
151. Gilboy W. B., Knoll G. KFK-450, Karlsruhe, 1966. Nucl. Date for Reactors. Vienna, IAEA. V. 1, 1967, p. 295.
152. *Yadernaya fizika*, 1968, V. 8, p. 704. Auth.: S. B. Ermagambetov *et al*.
153. De Vroey M., Ferguson A. T., Starfelt N.–*Phys. and Chem. Fiss. V. 1*, 1965, Vienna, IAEA, p. 281.
154. Bergen D. W., Fullwood R. R.–*Nucl. Phys.*, 1971, v. A163, p. 577.
155. Auchampaugh G. F., Farrell J. A., Bergen D. W.–*Nucl. Phys.*, 1971, v. A171, p. 31.
156. Shpak D. L., Ostapenko Y. B., Smirenkin G. N.–*Pis'ma v ZhETF*, 1969, V. 10, p. 276.
157. *Pis'ma v ZhETF*, 1972, V. 15, p. 323. Auth.: D. L. Shpak *et al*.
158. Moore M. S., Keyworth G. A.–*Phys. Rev.*, 1971, v. C3, p. 1656.
159. *Yadernaya fizika*, 1969, V. 10, p. 276. Auth.: P. E. Borotnikov, S. M. Dubrovina *et al*.
160. Moore M. S., McNally J. H., Baybarz R. D.–*Phys. Rev.*, 1971, v. C4, p. 273.
161. *Yadernaya fizika*, 1967, V. 5, p. 295. Auth.: P. E. Borotnikov, S. M. Dubrovina, G. A. Otroshchenko, V. A. Shigin.
162. James G. D., Linn J. E., Earwaker L. G.–*Nucl. Phys.*, 1972, v. A189, p. 225.
163. Compilation f threshold reaction neutron cross sections for neutron dosimetry and other applications. 1974, EANDC 95 "U". Auth.: A. Schett, K. Okamoto *et al*.
164. *Yadernaya fizika*, 1972, V. 15, p. 34. Auth.: P. E. Borotnikov, B. M. Hochberg, S. M. Dubrovina, V. N. Kosyakov, G. A. Otroshchenko, L. V., Chistyakov, V. A. Shigin, V. M. Shubko.
165. *Dokl. AN SSSR*, 1966, p. 314. Auth.: P. E. Borotnikov, S. M. Dubrovina, G. A. Otroshchenko, V. A. Shigin.
166. Katase A. The memoirs of the faculty of engineering Kyushu University, 1961, v. 23, N1, p. 81. Data given in [163].
167. Babcock R. V., BNL-732, 1961, N 6, p. 2. Data given in [163].
168. Batchelor R., Gilboy W. B., Towle J. H.–*Nucl. Phys.*, 1965, v. 65, p. 236.
169. Iyer R. H., Sampathkumar R. Nucl. Phys. and Solid State Phys.Symp., Roorkee, India, December 1969, V. 2, p. 289.
170. Muir D. W., Veeser L. R. Third Conference on Neutron Cross Section Technology, Knoxville, March 1971. V. 1, p. 292. See also data given in [163].
171. Yemagambetov S. B., Kuznetsov V. F. Smirenkin G. N.–*Yadernaya fizika*, 1967, V. 5, p. 257.
172. Rago P. F., Goldstein N.–*Health Physics*, 1967, v. 13, p. 654.
173. Behkami A. N., Huizenga J. R., Roberts J. H.–*Nucl. Phys.*, 1968, v. A118, p. 65.
174. Rago P. F., Goldstein N–*Health Physics*, 1968, v. 14, p. 595.
175. Brown W. K., Dixon D. R., Drake D. M.–*Nucl. Phys.*, 1970, v. A156, p. 609 and LA-4372 (1970).
176. Jiacoletti R. J., Brown W. K. LA-4763-MS, p. 1; LA-4372 (1970); *Nucl. Phys.* 1970, v. A156, p. 609.
177. *Ann. Rep. Res. Reactor Inst. Kyoto Univ.*, 1973, v. 6, p. 1. Data given in [163]. Auth.: K. Kobayashi, I. Mimura, H. Goton, Yagi.
178. Barrall R. C., Holms J. A., Silbergeld M. Rep. AFWL-TR-68, p. 134 (1969). Data given in [163].
179. *Yadernaya fizika*, 1968, V. 7., p. 274. *Yaderno-fizicheskie issledovaniya*, 1971, No. 12, p. 22. Auth.: P. E. Borotnikov, S. M. Dubrovina, G. A. Otroshchenko, V. A. Shigin.
180. *Atomnaya energiya*, 1971, V. 30, No. 1, p. 55. Auth.: I. M. Kuks, V. I. Matvienko, Y. A. nemilov *et al*.
181. Silbert M. G., Bergen D. W.–*Phys. Rev.*, 1971, v. C4, p. 220.
182. Sowerby M. G., Patrick B. H., Mather D. S.–*Ann. Nucl. Sci. Engng*, 1974, v. 1, p. 409.
183. Czirr J. B., Sidhu G. S.–*Nucl. Sci. Engng*, 1975, v. 57, N 1, p. 18.

184. *Yadernaya fizika*, 1972, V. 16, No. 5, p. 916. Auth.: P. E. Borotnikov, E. S. Gladkikh, A. V. Davydov *et al.*
185. *Nucl. Phys.*, 1970, v. A150, p. 56. Auth.: P. E. Vorotnicov *et al.*
186. Rösler H., Plasil F., Schmitt H. W.—*Phys. Letters*, 1972, v. 38B, No. 7, p. 501.
187. Caner M., Yiftah S. Rep. 1A-1301 (INDC-ISL-2/L), 1975.
188. Szabo I., Leroy J., Marquette J. P.—*Neitronnaya fizika*, No. 3, 1974, Obninsk, p. 27.
189. *Atomnaya energiya*, 1972, V. 32, p. 178. Auth.: B. I. Fursov, K. D. Androsenko, V. I. Ivanov, V. G. Nesterov, G. N. Smirenkin, L. V. Chistyakov. See also [196].
190. *Neutronnaya fizika*, No. 4, 1974, Obninsk, Auth.: B. I. Fursov, V. M. Kupriyanov, B. K. Maslennikov, G. N. Smirenkin, V. M. Surin.
191. Ibid., p. 13, Auth.: I. D. Alkhazov, V. P., Kasatkin, O. I. Kostochkin *et al.*
192. Ibid., p. 18. Auth.: I. M. Kuks, L. A. Razumovsky, Y. A. Selitsky *et al.*
193. *Phys. Rev.*, 1974, v. C9, p. 717, Auth.: J. H. McNally, J. W. Barnes, B. J. Dropesky, P. A. Seeger, K. Wolfsberg.
194. *Atomnaya energiya*, 1970, V. 29, p. 218. Auth.: M. V. Savin, Y. A. Khokhlov, Y. S. Zamyatnin, I. N. Paramonova.
195. Androsenko K. D., Smirenkin G. N. *Yadernaya fizika*, 1970, V. 12, p. 260.
196. Fursov B. I., Ivanov V. I., Smirenkin G. N. *Yadernaya fizika*, 1974, V. 19, p. 50.
197. Shpak D. L., Smirenkin G. N. *Yadernaya fizika*, 1955, V. 21, p. 704.
198. Fomushkin E. F., Gutnikova Y. K., Novoselov G. F.—*Yadernaya fizika*, 1975, V. 22, p. 459.
199. Paper at Conference on neutron physics, Kiev, 1975. Auth.: V. A. Konshin *et al.*

1.3.3. Radiative neutron capture cross-sections $\sigma_\gamma(E)$ and the ratios $\alpha = \sigma_\gamma/\sigma_f$

Figures 1.36–1.42 show data on the cross-sections $\sigma_\gamma(E)$ for the isotopes ^{232}Th, ^{236}U, ^{238}U, ^{237}Np, and the values of α for ^{233}U, ^{235}U and ^{239}Pu.

Recommended values of σ_γ for ^{238}U and of α for ^{235}U and ^{239}Pu are given in tables 1.6–1.8.

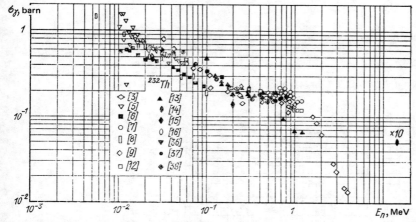

Fig. 1.36 Radiative neutron capture cross-section for nuclei of ^{232}Th (from [60]). (See also [10, 11, 34, 35, 50]).

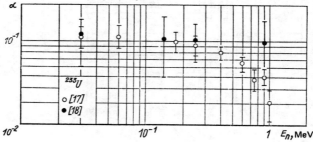

Fig. 1.37 Values of α for ^{238}U.

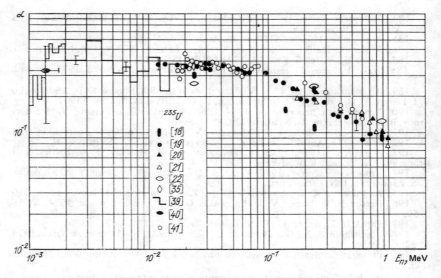

Fig. 1.38 Values of α for ^{235}U (from [60]). (See also [45, 45a, 51, 52, 57, 68]; cross-section evaluation [64]).

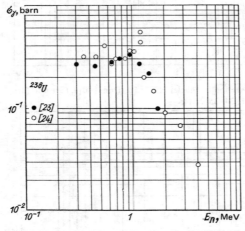

Fig. 1.39 Radiative neutron capture cross-section for nuclei of ^{236}U.

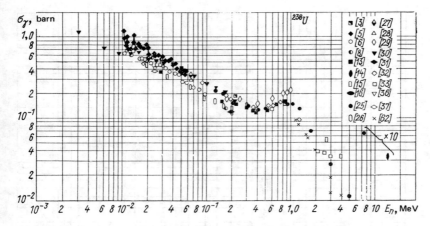

Fig. 1.40 Radiative neutron capture cross-section for nuclei of ^{238}U (from [60]). (See also [11, 34, 42–4, 46, 50, 55, 56, 67]; cross-section evaluation [61]).

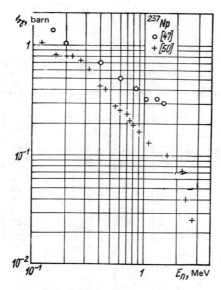

Fig. 1.41 Radiative neutron capture cross-section for nuclei of ^{237}Np.

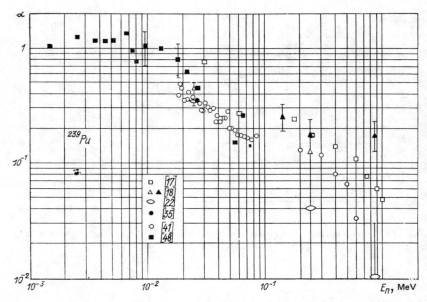

Fig. 1.42 Values of α for ^{239}Pu (from [60]). (See also data in [44, 49, 51–4, 57, 65–7]; evaluation of α in [63]).

Table 1.6

Evaluated cross-sections for the reaction ^{238}U(n, γ) (data of Sowerby et al. [61])

E_n, MeV	σ_γ, barn	E_n, MeV	σ_γ, barn	E_n, MeV	σ_γ, barn	E_n, MeV	σ_γ, barn
0,001—0,002	2,050	0,080—0,090	0,214	1,000	0,124	6,0	0,0055
0,002—0,003	1,530	0,090—0,100	0,200	1,20	0,108	6,5	0,0051
0,003—0,004	1,266	0,100	0,196	1,40	0,083	7,0	0,0047
0,004—0,005	0,985	0,130	0,173	1,60	0,0647	8,0	0,0040
0,005—0,006	0,989	0,170	0,152	1,80	0,0530	9,0	0,0034
0,006—0,007	0,903	0,200	0,141	2,00	0,0445	10,0	0,0028
0,007—0,008	0,840	0,250	0,129	2,20	0,0375	11,0	0,0023
0,008—0,009	0,757	0,300	0,121	2,40	0,0321	12,0	0,0018
0,009—0,010	0,752	0,350	0,116	2,60	0,0275	13,0	0,0014
0,010—0,020	0,654	0,400	0,112	2,80	0,0233	14,0	0,0010
0,020—0,030	0,507	0,500	0,111	3,00	0,0200	15,0	0,0010
0,030—0,040	0,452	0,600	0,114	3,5	0,0154	16,0	0,0010
0,040—0,050	0,391	0,700	0,122	4,0	0,0121	17,0	0,0010
0,050—0,060	0,324	0,800	0,131	4,5	0,0096	18,0	0,0010
0,060—0,070	0,280	0,900	0,130	5,0	0,0077	19,0	0,0010
0,070—0,080	0,237	0,950	0,127	5,5	0,0063	20,0	0,0010

Table 1.7

Values of α for ^{235}U (evaluation by V.A. Konyshin et al. [64])

E_n, keV	α	$E_{n'}$ keV	α	$E_{n'}$ keV	α	$E_{n'}$ keV	α
(A. $E_n = 0{,}1 \div 500$ keV)				440	$0{,}149 \pm 0{,}015$	480	$0{,}141 \pm 0{,}014$
0,1—0,2	$0{,}580 \pm 0{,}050$	50	$0{,}340 \pm 0{,}032$	460	$0{,}145 \pm 0{,}016$	500	$0{,}138 \pm 0{,}014$
0,2—0,3	$0{,}434 \pm 0{,}040$	55	$0{,}324 \pm 0{,}031$				
0,3—0,4	$0{,}481 \pm 0{,}045$	60	$0{,}319 \pm 0{,}030$	Б. $E_n = 0{,}550 \div 15{,}00$ MeV			
0,4—0,5	$0{,}349 \pm 0{,}033$	65	$0{,}324 \pm 0{,}030$	0,550	$0{,}134 \pm 0{,}016$	4,00	$0{,}020 \pm 0{,}006$
0,5—0,6	$0{,}294 \pm 0{,}030$	70	$0{,}329 \pm 0{,}030$	0,600	$0{,}130 \pm 0{,}016$	4,50	$0{,}018 \pm 0{,}005$
0,6—0,7	$0{,}392 \pm 0{,}035$	75	$0{,}334 \pm 0{,}030$	0,650	$0{,}126 \pm 0{,}016$	5,00	$0{,}0155 \pm 0{,}005$
0,7—0,8	$0{,}417 \pm 0{,}040$	80	$0{,}345 \pm 0{,}032$	0,700	$0{,}123 \pm 0{,}016$	5,50	$0{,}014 \pm 0{,}004$
0,8—0,9	$0{,}485 \pm 0{,}050$	85	$0{,}350 \pm 0{,}033$	0,750	$0{,}122 \pm 0{,}016$	6,00	$0{,}0125 \pm 0{,}004$
0,9—1,0	$0{,}625 \pm 0{,}060$	90	$0{,}344 \pm 0{,}033$	0,800	$0{,}120 \pm 0{,}016$	6,50	$0{,}009 \pm 0{,}003$
1,0—2,0	$0{,}386 \pm 0{,}040$	95	$0{,}331 \pm 0{,}032$	0,850	$0{,}115 \pm 0{,}015$	7,00	$0{,}007 \pm 0{,}002$
2,0—3,0	$0{,}340 \pm 0{,}035$	100	$0{,}314 \pm 0{,}031$	0,900	$0{,}109 \pm 0{,}015$	7,50	$0{,}0055 \pm 0{,}0020$
3,0—4,0	$0{,}308 \pm 0{,}035$	120	$0{,}278 \pm 0{,}027$	0,950	$0{,}099 \pm 0{,}014$	8,00	$0{,}0045 \pm 0{,}0020$
4,0—5,0	$0{,}327 \pm 0{,}035$	140	$0{,}263 \pm 0{,}026$	1,00	$0{,}090 \pm 0{,}014$	8,50	$0{,}0038 \pm 0{,}0015$
5,0—6,0	$0{,}297 \pm 0{,}040$	160	$0{,}250 \pm 0{,}024$	1,20	$0{,}070 \pm 0{,}010$	9,00	$0{,}0033 \pm 0{,}0010$
6,0—7,0	$0{,}361 \pm 0{,}045$	180	$0{,}238 \pm 0{,}023$	1,40	$0{,}058 \pm 0{,}010$	9,50	$0{,}0028 \pm 0{,}0010$
7,0—8,0	$0{,}368 \pm 0{,}050$	200	$0{,}228 \pm 0{,}022$	1,60	$0{,}049 \pm 0{,}009$	10,00	$0{,}0025 \pm 0{,}0010$
8,0—9,0	$0{,}408 \pm 0{,}050$	240	$0{,}210 \pm 0{,}020$	1,80	$0{,}043 \pm 0{,}009$	10,50	$0{,}0022 \pm 0{,}0010$
9,0—10,0	$0{,}372 \pm 0{,}050$	260	$0{,}204 \pm 0{,}019$	2,00	$0{,}038 \pm 0{,}010$	11,00	$0{,}0020 \pm 0{,}0010$
10,0—15,0	$0{,}385 \pm 0{,}056$	280	$0{,}194 \pm 0{,}019$	2,20	$0{,}034 \pm 0{,}010$	11,50	$0{,}0018 \pm 0{,}0010$
15,0—20,0	$0{,}397 \pm 0{,}056$	300	$0{,}187 \pm 0{,}018$	2,40	$0{,}0315 \pm 0{,}010$	12,00	$0{,}0016 \pm 0{,}0010$
20,0—25,0	$0{,}377 \pm 0{,}042$	320	$0{,}1805 \pm 0{,}018$	2,60	$0{,}029 \pm 0{,}010$	12,50	$0{,}0014 \pm 0{,}0010$
25,0—30,0	$0{,}355 \pm 0{,}043$	340	$0{,}175 \pm 0{,}018$	2,80	$0{,}027 \pm 0{,}009$	13,00	$0{,}0013 \pm 0{,}0010$
30	$0{,}365 \pm 0{,}038$	360	$0{,}168 \pm 0{,}017$	3,00	$0{,}026 \pm 0{,}008$	13,50	$0{,}0012 \pm 0{,}0010$
35	$0{,}380 \pm 0{,}038$	380	$0{,}163 \pm 0{,}016$	3,20	$0{,}024 \pm 0{,}007$	14,00	$0{,}0011 \pm 0{,}0010$
40	$0{,}373 \pm 0{,}035$	400	$0{,}158 \pm 0{,}016$	3,40	$0{,}023 \pm 0{,}007$	14,50	$0{,}0010 \pm 0{,}0010$
45	$0{,}362 \pm 0{,}034$	420	$0{,}153 \pm 0{,}015$	3,60	$0{,}022 \pm 0{,}007$	15,00	$0{,}001 \pm 0{,}0010$
				3,80	$0{,}021 \pm 0{,}006$		

Table 1.8

Values of α for ^{239}Pu (evaluation by Sowerby and Konshin [63])

E_n, keV	α	E_n, keV	α	E_n, keV	α	E_n, keV	α
0,1—0,2	$0{,}845 \pm 0{,}077$	3,0—4,0	$0{,}895 \pm 0{,}086$	25—30	$0{,}350 \pm 0{,}038$	90—100	$0{,}160 - 0{,}030$
0,2—0,3	$0{,}912 \pm 0{,}094$	4,0—5,0	$0{,}821 \pm 0{,}079$	30—35	$0{,}312 \pm 0{,}034$	150	$0{,}170 \pm 0{,}028$
0,3—0,4	$1{,}150 \pm 0{,}099$	5,0—6,0	$0{,}867 \pm 0{,}084$	35—40	$0{,}280 \pm 0{,}030$	250	$0{,}126 \pm 0{,}018$
0,4—0,5	$0{,}483 \pm 0{,}058$	6,0—7,0	$0{,}816 \pm 0{,}086$	40—45	$0{,}252 \pm 0{,}026$	350	$0{,}095 \pm 0{,}011$
0,5—0,6	$0{,}704 \pm 0{,}069$	7,0—8,0	$0{,}629 \pm 0{,}073$	45—50	$0{,}232 \pm 0{,}032$	450	$0{,}077 \pm 0{,}010$
0,6—0,7	$1{,}673 \pm 0{,}133$	8,0—9,0	$0{,}575 \pm 0{,}064$	50—55	$0{,}213 \pm 0{,}033$	550	$0{,}063 \pm 0{,}011$
0,7—0,8	$0{,}973 \pm 0{,}087$	9,0—10,0	$0{,}617 \pm 0{,}067$	55—60	$0{,}199 \pm 0{,}032$	650	$0{,}053 \pm 0{,}010$
0,8—0,9	$0{,}778 \pm 0{,}101$	10,0—15,0	$0{,}509 \pm 0{,}060$	60—70	$0{,}182 \pm 0{,}025$	750	$0{,}045 \pm 0{,}010$
0,9—1,0	$0{,}717 \pm 0{,}077$	15,0—20,0	$0{,}419 \pm 0{,}051$	70—80	$0{,}165 \pm 0{,}025$	850	$0{,}038 \pm 0{,}010$
1,0—2,0	$0{,}927 \pm 0{,}093$	20—25	$0{,}395 \pm 0{,}046$	80—90	$0{,}159 \pm 0{,}030$	950	$0{,}032 \pm 0{,}010$
2,0—3,0	$1{,}108 \pm 0{,}103$						

REFERENCES FOR §1.3.3

1. Neutron Cross Sections. V. III, BNL-325, Second Edition, Suppl. N 2, 1965. Auth.: J. R. Stehn, M. D. Goldberg, R. Wiener-Chasman, S. F. Mughabghab, B. A. Magurno, V. M. May.
2. Gordeyev I. V., Kardashev D. A., Mal'sheva V., *Yaderno-fizicheskie konstanty*. M., Gosatomizdat, 1963.
3. Belanova, T. S.—*Zhurn. experim. i teor. fiz.*, 1958, V. 34, p. 574.
4. Kutikov I. Y., 1955. Data given in [2].
5. Macklin R. L., Gibbons J. H. 1964. Data given in [1].
6. Moxon M. C., Chaffey C. M. 1963. Data given in [1].
7. Stupegia D. C., Smith A. B., Hamm K.—*J. Inorg and Nucl. Chem.*, 1963, v. 25, p. 627.

8. Tolstikov V. A., Sherman L. E., Stavissky Y. Y.–*Atomnaya energiya* 1963, V. 15, p. 414.
9. *Phys. Rev.*, 1962, v. 128, p. 2717. Auth.: J. A. Miskel, K. V. Marsh, M. Lindner, R. J. Nagle.
10. Stavissky Y. Y., Tolstikov V. A.–*Atomnaya energiya*, 1961, V. 10, p. 508; 1960, V. 9, p. 401.
11. Belanova T. S.–*Atomnaya energiya*, 1960, v. 8, p. 549.
12. Barry J. F., O'Connor L. P., Perkin J. L.–*Proc. Phys. Soc.*, 1959, v. 74, p. 685.
13. Hanna R. C., Rose B.–*J. Nucl. Energy*, 1959, v. 8, p. 197.
14. Perkin J. L., O'Connor L. P., Coleman R. F.–*Proc. Phys. Soc.*, 1958, v. A72, p. 505.
15. Leipunsky A. I. et al, *Proc. Second Geneva Conference*, V. 15, p. 50, paper P/2219, 1958.
16. Macklin R. L., Lasar N. H., Lyon W. S.–*Phys. Rev.*, 1957, v. 107, p. 504.
17. Hopkins J. C., Diven B. C.–*Nucl. Sci. Engng*, 1962, v. 12, p. 169.
18. *Atomnaya energiya*, 1956, No. 1, p. 21. Auth.: P. E. Spivak, B. G. Yerozolimsky, G. A. Dorofeyev, V. N. Lavrenchik, I. Y. Kutikov, Y. P. Dobrynin.
19. Weston L. W., de Saussure G., Gwin R.–*Nucl. Sci. Engng*, 1964, v. 20, p. 80.
20. Hopkins J. C., Diven B. C.–*Nucl. Sci. Engng*, 1962, v. 12, p. 169.
21. Diven B. C., Terrell J., Hemmendinger A.–*Phys. Rev.*, 1958, v. 109, p. 144; Ibid., 1960, v. 120, p. 556.
22. Andreyev V. N.–*Atomnaya energiya*, 1958, V. 4, p. 185.
23. Stupegia D. C., Henrich R. R., McCloud G. H.–*J. Nucl. Energy*, 1961, v. AB 15, p. 200.
24. Barry J. F., Bunce J. L., Perkin J. L.–*Proc. Phys. Soc.*, 1961, v. A78, p. 801
25. Barry J. F., Bunce J. L., White P. H.–*J. Nucl. Energy*, 1964, v. 18, p. 481.
26. Bercqvist I.–*Arkiv Fysik*, 1963, Bd 23, S. 425.
27. ORNL–3360, 1962, p. 51. Auth.: G. de Saussure, L. W. Weston, J. D. Kingston, R. D. Smiddie, W. S. Lyon. Data given in [1].
28. *Phys. Rev.*, 1961, v. 122, p. 182. Auth.: J. H. Gibbons, R. L. Macklin, P. D. Miller, J. H. Neiller.
29. Diven B. C., Terrell J., Hemmendinger A.–*Phys. Rev.*, 1960, v. 120, p. 556.
30. Bilpuch E. G. Weston L. W., Newson H. W.–*Ann. Phys. N. Y.*, 1960, v. 10, p. 455.
31. Lyon W. S., Macklin R. L.–*Phys. Rev.*, 1959, v. 114, p. 1619.
32. Linenberger G. A., Miskel J. A. LA–467, 1946. Data given in [1].
33. Broda E., Wilkinson D. H. Rep. BR–574; AERE–NP/R–1743, 145. Data given in [1].
34. Nuclear Date for Reactors. Vienna, IAEA. V. 1, p. 455, 1967. Auth.: T. S. Belanova, A. A. Van'kov, F. F. Mikhailus, Y. Y. Stavissky.
35. Van'kov A. A., Stavissky Y. Y.–*Atomnaya energiya*, 1965, v. 19, p. 41.
36. *Atomnaya energiya*, 1965, v. 19, p. 3. Auth.: T. S. Belanova, A. A. Van'kov, F. F. Mikhailus, Y. Y. Stavissky.
37. Koroleva V. P., Stavissky Y. Y. *Atomnaya energiya*, 1966, V. 20, p. 431.
38. Chanbey A. K., Sehgal M. L.–*Nucl. Phys.*, 1965, v. 66, p. 267.
39. Physics and Chemistry of Fission. Vienna, IAEA. V. 1, p. 287, 1965. Auth.: Van Shi-Di, Van Yun-Chan, Y. Dermendzhiev, Y. V. Ryabov.
40. *Nucl. Sci. Engng*, 1965, v. 23, p. 45. Auth.: G. de Saussure, L. W. Weston et al.
41. Nuclear Data for Reactors. Vienna. IAEA. V. 2, p. 233, 1967. Auth.: G. de Saussure et al.
42. Menlove H. O., Poenitz W. P.–*Nucl. Sci. Engng*, 1968, v. 33, p. 24.
43. Nuclear Data for reactors. Vienna, IAEA, V. 2, 1970, p. 265. Auth.: M. P. Frichke, W. M. Lopez et al.
44. Moxon M. C. AERE–R–6074, 1969.
45. Nuclear Data for Reactors. Vienna, IAEA. V. 1, 1967, p. 345. Auth.: M. A. Kurov, et al.
45a. Ibid, p. 357. Auth.: G. V. Muradyan et al.
46. Macklin R. L., Gibbons J. H., Pasma P. J. WASH–1046, 1963, p. 88. See: Nuclear Data for Reactors. Helsinki. V. 2, p. 134, 1970.
47. Stupegia D. C., Schmidt M. S., Keedy C. R.–*Nucl. Sci. Engng*, 1967, v. 29, p. 218.
48. Schomberg M. G., Sowerby M. G., Evans F. W. Proc. Conf Fast Reactor Physics. Karlsruhe, 1967. Vienna, IAEA. V. 1, p. 289, 1968.
49. *Nucl. Sci. Engng*, 1970, v. 40, p. 306; 1971, v. 45, p. 25. Auth.: R. Gwinn et al.
50. Nagle R. J., Landrum J. H., Lindner M. Proc. Third Conference Neutron Cross Section and Technology. Knoxville. V. 1, p. 259, 1971.
51. Brandl R. E., Miessner H., Fröhner F. H. Ibid., p. 273.
52. Czirr J. B., Lindsey J. S. Nuclear Date for Reactors. Vienna, IAEA, V. 1, 1970, p. 331.

53. Ibid. V. 1, p. 315. Auth.: M. G. Schomberg *et al.*
54. Ibid. V. 1, p. 543. Auth.: J. A. Farrell *et al.*
55. Panitkin Y. G., Tolstikov V. A., Stavissky Y. Y., Ibid. V. 2, p. 57.
56. Stavissky Y. Y., Tolstikov V. A., Chelnokov V. B., Ibid. V. 2, p. 51.
57. Ibid., V. 1, p. 339. Auth.: F. N. Belyaev, K. G. Ignat'ev *et al.*
58. ORNL-TM-2598, 1969. Data given in [50]. Auth.: R. Gwinn *et al.*
59. Yermagambetov S. B., Kuznetsov V. F., Smirenkin, G. N. *Yadernaya fizika*, 1967, v. 5, p. 257.
60. *Radiatsionnyi zakhvat bystrykh neutronov*, 1970. M., Atomizdat. Auth.: Y. Y. Stavissky, A. I. Abramov, V. N. Kononov, A. V. Malyshev, V. A. Tolstikov, A. V. Shapar.
61. Soverby M. G., Patrick B. H., Mather D. S.–*Ann. Nucl. Sci.* 1974, v. 1, p. 409.
62. Panitkin Y. G., Tolstikov E. A. *Atomnaya energiya*, 1972, v. 33, p. 782.
63. Sowerby M. G., Konshin V. A.–*Atomic Energy Rev.*, 1972, v. 10, N4, p. 453.
64. Paper at 3rd USSR Conference on neutron physics. Kiev, 1975. Auth.: V. A. Konshin *et al.*
65. *Neitronnaya fizika*, No. 4, 1974, Obninsk, p. 42. Auth.: P. V. Vorotnikov, V. A. Vukolov, E. A. Koltypin, Y. D. Molchanov, G. B. Yan'kov.
66. Ibid., p. 49. Auth.: V. P. Bolotsky, V. I. Petrushin, A. N. Soldatov, S. I. Sukhoruchin.
67. Panitkin Y. G., Sherman L. Y.–*Atomnaya energiya*, 1975, V. 39, p. 17.
68. *Atomnaya energiya*, 1975, V. 39, p. 86. Auth.: V. G. Dvukhsherstnov, Y. A. Kazansky, V. M. Furmanov, V. L. Petrov.

1.3.4. Cross-sections for the reactions (n,2n), (n,3n) and (n,4n)

Data on these reactions for the isotopes ^{232}Th, ^{235}U, ^{238}U, ^{237}Np and ^{239}Pu are shown in figures 1.43–1.47 and in table 1.9.

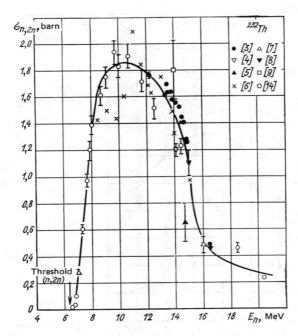

Fig. 1.43 (n,2n) cross-section for ^{232}Th.

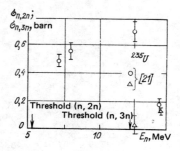

Fig. 1.44 (n,2n) and (n,3n) cross-section for ^{235}U [21]
○ - reaction (n,2n); △ - reaction (n,3n).

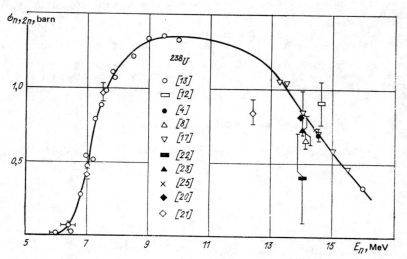

Fig. 1.45 (n,2n) cross-section for ^{238}U.

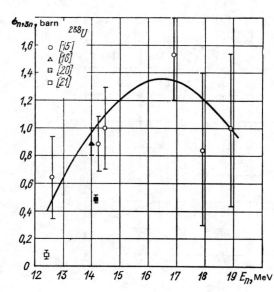

Fig. 1.46 (n,3n) cross-section for ^{238}U.

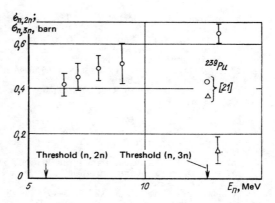

Fig. 1.47 (n,2n) and (n,3n) cross-sections for ^{239}Pu [21]: O-reaction (n,2n); △-reaction (n,3n).

Table 1.9

Cross-sections for the reactions (n,2n), (n, 3n) and (n, 4n).

Target neutrons	E_n, MeV	Cross-section, barn			References
		$\sigma_{n,2n}$	$\sigma_{n,3n}$	$\sigma_{n,4n}$	
^{232}Th	6—22 14	See fig. 1.43 —	— 0,85±0,15	— —	[3—9, 14] [11]
^{235}U	7,1 8,0 12,4 14,1	0,481±0,039 0,548±0,053 0,688±0,068 0,165±0,037	— — 0,023±0,062 0,114±0,021	— — — —	[21] [21] [21] [21]
^{238}U	6—18 12,5—19 17,8 18,8 Fission neutron spectrum	See fig. 1.45 — — — 0,017±0,003 0,0047	— See fig. 1.46 — — — —	— — 0,5±0,6 0,15±0,6 — —	[4, 8, 12, 13, 17, 20—23, 25] [15, 16, 20, 21] [15] [15] [10] [17]
^{237}Np	14,5 Fission neutron spectrum	0,39±0,06 0,063±0,006	— —	— —	[4] [24]
^{239}Pu	6,5 7,1 8,0 9,0 13,1	0,419±0,053 0,451±0,060 0,490±0,057 0,510±0,090 0,641±0,038	— — — — 0,123±0,059	— — — — —	[21] [21] [21] [21] [21]

REFERENCES FOR §1.3.4

1. Neutron Cross Sections. V. III, BNL–325, Second Ed. Suppl. N 2, 1965. Auth.: J. R. Stehn, M. D. Goldberg, R. Wiener-Chasman, S. F. Mughabghab, B. A. Magurno, V. M. May.
2. Gordeyev I. V., Kardashev D. A., Malyshev A. V. *Yaderno-fizicheskie konstanty*. M., Gosatomizdat, 1963.
3. Prestwood R. J., Bayhurst B. P.—*Phys. Rev.* 1961, v. 121, p. 1438.
4. Perkin J. L., Coleman R. F.—*J. Nucl. Energy*, 1961, v. AB 14, p. 69.
5. *Atomnaya energiya*, 1960, v. 8, p. 360. Auth.: Y. A. Zysin, A. A. Kovrizhnykh, A. A. Lvov, L. I. Sel'chenkov.
6. Tewes H. A., Caretto A. A., Miller A. E.—*Bull. Amer. Phys. Soc.*, 1959, v. 4, p. 445.

7. Cochran D. R. F., Henkel R. L. 1958. Data given in [1].
8. Phillips J. A. AERE NP/R 2033, 1956. Data given in [1].
9. Zamyatnin Y. S., Shlygina A. G., Gutnikova Y. K., 1955. Data given in [2].
10. Sherman L. Y.–*Atomnaya energiya*, 1958, v. 4, p. 87.
11. McTaggart M. Y., Goodfellow H.–*J. Nucl. Energy*, 1963, v. 17, p. 437.
12. *Atomnaya energiya*, 1958, v. 5, p. 456. Auth.: G. P. Antropov, Y. A. Zysin, A. A. Kovrizhnykh, A. A. Lbov.
13. Knight J. D., Smith R. K., Warren B.–*Phys. Rev.*, 1958, v. 112, p. 259. (Data reviewed in [18, 19]).
14. Butler J. P., Santry D. C.–*Canad. J. Chem.*, 1961, v. 39, p. 689.
15. White P. H.–*J. Nucl. Energy*, 1962, v. 16, p. 261.
16. Allen K. W., Bomyer P., Perkin J. L.–*J. Nucl. Energy*, 1961, v. 14, p. 100.
17. Data given in [13]. Auth.: E. R. Graves, J. P. Conner, G. P. Ford, B. Warren.
18. Pitterie T. A. Nuclear Data for Reactors. Vienna, IAEA. 1970, V. 2, p. 687.
19. Barr D. Private communication to Stewart L. 1969. Data given in [18]. Revaluation of the data in [13, 17].
20. Mather D. C. Pain L. F. AWRE–O–47/69, 1969. Data given in [18].
21. Rep. AWRE–O–72/72, 1972. Auth.: D. C. Mather, P. F. Brampton, R. E. Coles, G. James, P. J. Nind.
22. Graves E. R. The Reactor Handbook. V. 1. AECD–3645, 1951.
23. Poole M. J. 1954. Data given in [4].
24. Paulson C. K., Hennely E. J.–*Nucl. Sci. Engng*, 1974, v. 55, p. 24.
25. *Neitronnaya fizika*, No. 3, 1974, Obninsk, p. 323. Auth.: S. Daroczy et al.

1.3.5. Cross-sections for reactions with production of charged particles (n,p) and (n,α)

The sporadic data on cross-sections for (n,p) and (n,α) reactions caused by fast neutrons are given in table 1.10.

Table 1.10

Cross-sections for reactions with production of charged particles [1], E_n = 14,5 MeV

Isotope	$\sigma_{n, p}$, barn	$\sigma_{n,\alpha}$, barn	Isotope	$\sigma_{n, p}$, barn	$\sigma_{n, \alpha}$, barn
^{230}Th	—	4,6±1,2	^{237}Np	1,3±0,3	—
^{235}U	1,9±0,4	—	^{239}Pu	3,0±0,5	—
^{238}U	—	1,5±0,3			

Reference: 1. „Proc. Phys. Soc.", 1959, v. 73, p. 215. Auth.: R. F. Coleman, B. E. Hawker, L. P. O'Connor, J. L. Perkin.

§ 1.4. CHARACTERISTICS OF ELASTIC AND INELASTIC SCATTERING OF NEUTRONS

This section is concerned with experimental data describing the processes of non-elastic interactions and of elastic and inelastic neutron scattering by heavy nuclei.

The non-elastic interaction cross-section σ_x is most frequently determined by measuring the transmission through spherical layers made from the studied material. In such experiments the detection system must not register neutrons with energies below a given threshold. The cross-section σ_x can also be determined indirectly from independent measurements either as the difference between the total cross-section and the elastic scattering cross-section $\sigma_x = \sigma_{tot} - \sigma_n$, or as the sum of the partial cross-sections

$$\sigma_x = \sigma_{n'} + \sigma_f + \sigma_\gamma + \sigma_{n, 2n} + \ldots$$

The total elastic scattering cross-section, describing a process in which the neutron energy in the centre of inertia system remains invariant, can be found by measuring the angular distribution of the scattered neutrons. In this case

$$\sigma_n(E) = \int_0^\pi \sigma_n(E, \cos\theta) \sin\theta \, d\theta,$$

where $\sigma_n(E, \cos\theta)$ - differential scattering cross-section over the angle θ.
More frequently, however, $\sigma_n(E)$ is determined as the difference

$$\sigma_n(E) = \sigma_{tot}(E) - \sigma_x(E).$$

The experimental results on the angular distribution of elastically scattered neutrons are in good agreement with the optical model of the nucleus.

The data on the angular distributions of the elastically scattered neutrons can be represented in the form of coefficients in series developed from Legendre's polynomials. The differential scattering cross-sections are related to these coefficients by the equation

$$\frac{d\sigma_n}{d\Omega} = \frac{\sigma_n}{4\pi}\left(1 + \sum_i \omega_i P_i\right),$$

where P_i - Legendre's polynomial of i-th order. With the help of this relation $d\sigma_n/d\Omega$ can be determined for any scattering angle.*

Values of elastic scattering cross-sections are required for the calculation of the mean cosine of the angle of elastic neutron scattering which is defined as

$$\bar{\mu} = \frac{\int_{-1}^{+1} \sigma_n(\mu)\mu\, d\mu}{\int_{-1}^{+1} \sigma_n(\mu)\, d\mu} = \frac{\int \sigma(\cos\theta)\cos\theta\, d\Omega}{\int \sigma(\cos\theta)\, d\Omega}.$$

Here $\bar{\mu} = \overline{\cos\theta}$ — mean value of the cosine of angle θ under which the neutrons are elastically scattered (laboratory system of coordinates).

The values of $\bar{\mu}$ are then used for calculating the transport cross-sections

$$\sigma_{tr} = \sigma_T - \bar{\mu}\sigma_n.$$

The inelastic scattering cross-section $\sigma_{n'}$ can be measured either by the transmission method using spherical layers and threshold detectors or by the neutron-time-of-flight method distinguished by excellent energy resolution. $\sigma_{n'}$ can also be found indirectly if the cross-sections for the other reactions are known, for instance

$$\sigma_{n'} = \sigma_x - (\sigma_f + \sigma_\gamma + \sigma_{n,2n} + \ldots),$$
$$\sigma_{n'} = \sigma_{tot} - (\sigma_f + \sigma_\gamma + \sigma_{n,2n} + \ldots) - \sigma_n.$$

For cases with low excitation energy there exists a number of determinations of the contributions of inelastic scattering from the individual levels of the target nucleus $\sigma_{n'}^{Ej}$ to the total value of $\sigma_{n'}$.

The data on neutron scattering by heavy nuclei relate mainly to the isotopes ^{232}Th, ^{235}U, ^{238}U and ^{239}Pu. The material is presented in the following manner.

1. The cross-sections $\sigma_{n'}$, σ_x, σ_n and the mean cosine $\bar{\mu}$. ^{232}Th.

Figure 1.48 shows the cross-section $\sigma_{n'}(E) + \sigma_n(E)$; figure 1.49 - $\sigma_x(E)$; figure 1.50 - $\sigma_{n'}^{Ej}(E)$ and $\sigma_{n'}(E)$; figure 1.51 - $\sigma_n(E)$. Cross-sections for excitation of individual levels in inelastic scattering of neutrons with energies between 0.8–1.6 MeV [89] are given in table 1.11.

---

*Data on the angular dependence of differential scattering cross-sections and the coefficients ω may be found in a number of references (e.g. [33,42,44]) and will not be given here.

Reference [7] contains values of inelastic scattering cross-sections of 2 MeV neutrons from groups of ^{232}Th levels: for $E_j = 0.57 \div 0.94$ Mev - $\sigma_{n'} = 0.61 \pm 0.06$ barn; for $E_j = 0.94 \div 1.38$ MeV - $\sigma_{n'} = 0.625 \pm 0.06$ barn.

^{235}U. Figure 1.52 shows the cross-section $\sigma_{n'}(E)$*; figure 1.53 - $\sigma_x(E)$; figure 1.54 - $\sigma_n(E)$; figure 1.55 - $\bar{\mu}(E)$.

Table 1.12 gives the inelastic neutron scattering cross-sections from groups of levels.

^{238}U. Figure 1.56 shows inelastic neutron scattering cross-sections from different levels; figure 1.57 shows $\sigma_{n'}(E)$; figure 1.58 - $\sigma_x(E)$; figure 1.59 - $\sigma_{n'}(E)$; figure 1.60 - $\bar{\mu}(E)$.

Table 1.13 reproduces the values of excitation cross-sections for ^{238}U levels given in reference [89].

^{239}Pu. Figure 1.61 and table 1.14 show the inelastic scattering cross-sections from levels; figure 1.62 shows $\sigma_x(E)$ and figure 1.63 - $\sigma_n(E)$.

In reference [60] it has been shown that the dependences of $\bar{\mu}$ on energy for nuclei having similar atomic numbers are virtually identical. It has been proved by experiments that in the energy intervals 0–1 and 2–10 MeV $\bar{\mu}(^{235}U) = \bar{\mu}(^{238}U) = \bar{\mu}(^{239}Pu)$. In the interval 1–2 MeV differences have been observed between $\bar{\mu}(^{235}U)$ and $\bar{\mu}(^{238}U)$. The dependence $\bar{\mu}(E)$ for ^{239}Pu is shown in figure 1.55.

^{240}Pu. Figure 1.64 shows the inelastic scattering cross-section from different levels; figure 1.65 shows $\sigma_n(E)$.

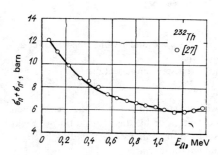

Fig. 1.48 Total neutron scattering cross-section for ^{232}Th.

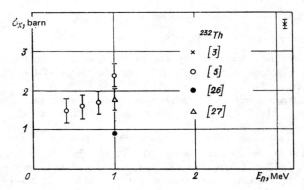

Fig. 1.49 σ_x for ^{232}Th.

---

*The figures showing $\sigma_{n'}$, σ_n, σ_x and μ for ^{235}U and ^{238}U are taken from Schmidt's report [60].

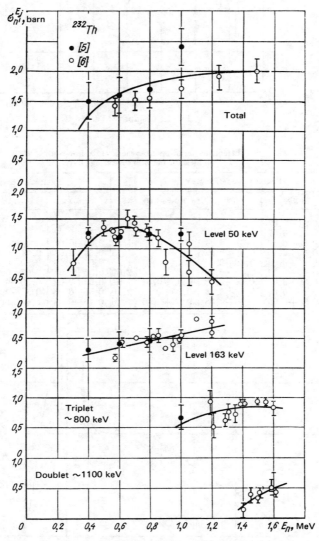

Fig. 1.50 Inelastic neutron scattering cross-section (total and from levels) for ^{232}Th.

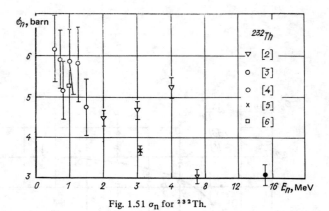

Fig. 1.51 σ_n for ^{232}Th.

Table 1.11

Effective excitation cross-sections for levels of ^{232}Th in inelastic neutron scattering [89].

E_n, MeV	Excitation energy, MeV			E_n, MeV	Excitation energy, MeV		
	0,800	1,100	1,045÷1,60		0,800	1,100	1,045÷1,60
1,05	0,51±0,07			1,75	0,70±0,07		
1,12	0,60±0,07			1,80	0,65±0,07		
1,18	0,86±0,09	0,08±0,04		1,85	0,64±0,07	0,74±0,08	
1,26	0,99±0,10	0,35±0,07		1,90	0,65±0,10	0,80±0,10	
1,35	0,81±0,08	0,60±0,07		2,00	0,56±0,08	0,67±0,08	
1,42	0,83±0,08	0,79±0,08		2,04	0,56±0,08	0,70±0,08	0,70±0,07
1,52	0,80±0,08	0,76±0,08	0,23±0,04	2,10	0,51±0,08	0,53±0,07	0,68±0,07
1,60	0,84±0,08	0,76±0,08	0,35±0,05	2,20	0,46±0,08	0,65±0,08	1,01±0,10
1,65	0,76±0,08	0,76±0,08	0,55±0,06				

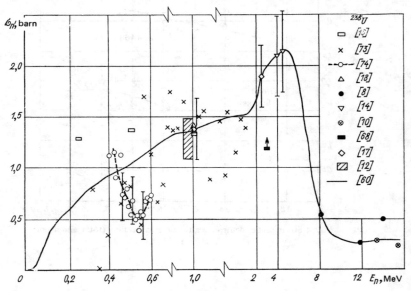

Fig. 1.52 σ_n, for ^{235}U (from [60]).

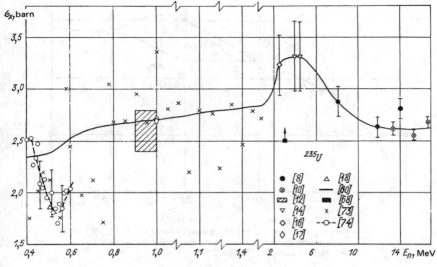

Fig. 1.53 σ_x for ^{235}U (from [60]).

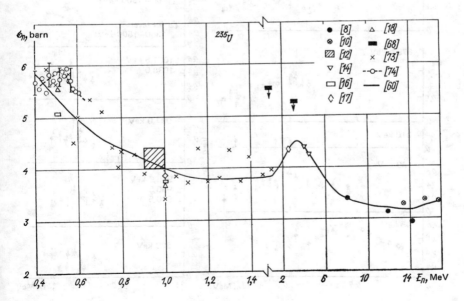

Fig. 1.54 $\sigma_{n'}$ for ^{235}U (from [60]).

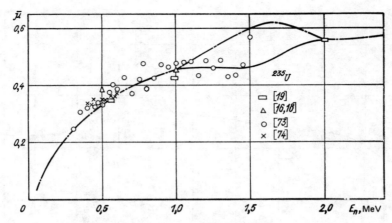

Fig. 1.55. The mean cosine $\bar{\mu}$ for ^{235}U (from [60]):
—————— recommended for ^{235}U in the energy interval 1 MeV < E_n < 2 MeV;
—·—·— recommended for ^{235}U in the energy intervals $E_n \leq 1$ MeV and $E_n \geq 2$ MeV, and also for ^{238}U and ^{239}Pu.

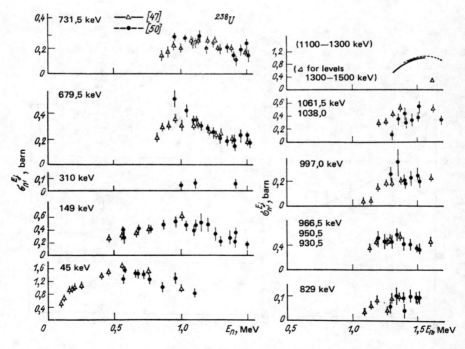

Fig. 1.56 Inelastic scattering cross-sections from levels of ^{238}U.

Table 1.12

Inelastic neutron scattering cross-sections for different levels of ^{235}U σ_n, E_j, barn.

a) [40]

E_n, keV	Excitation energy of level groups, keV															
	0—25	25—50	50—100	100—150	150—200	200—300	300—400	400—500	500—600	600—700	700—800	800—900	900—1000	1000—1100	1100—1200	1200—1300	1300—1400
130	0,344	0,238	—	—	—	—	—	—	—	—	—	—	—	—	—	—	—
400	0,037	0,306	0,616	0,327	0,184	0,350	—	—	—	—	—	—	—	—	—	—	—
550	—	0,092	0,314	0,224	0,236	0,203	0,229	—	—	—	—	—	—	—	—	—	—
710	—	0,045	0,211	0,221	0,191	0,245	0,285	0,359	0,206	—	—	—	—	—	—	—	—
1000	—	—	0,182	0,178	0,130	0,166	0,187	0,177	0,126	0,172	0,157	0,089	0,159	0,195	0,166	0,110	—
1500	—	—	0,090	0,159	0,102	0,094	0,068	0,047	0,048	0,069	0,069	0,121					0,054

b) [19]

E_n, keV	Energy of level group, MeV	σ_n, barn	E_n, keV	Energy of level group, MeV	σ_n, barn
550	0,09—0,20	0,25±0,05	2 000	0,50—1,00	0,27±0,05
550	0,2—0,30	0,20±0,05	2 000	1,00—1,50	0,67±0,15
980	0,15—0,50	0,35±0,06	2 000	1,50—1,75	0,42±0,10
980	0,50—0,75	0,31±0,06			

c) [80]

E_n, keV	Energy of level group, MeV	σ_n, barn
517	~50	~0,3
517	50—150	~0

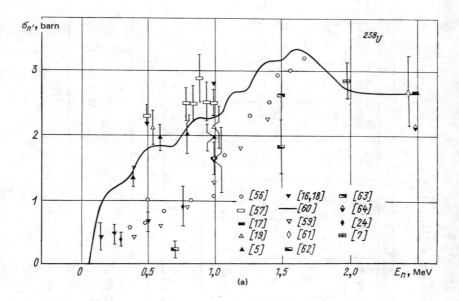

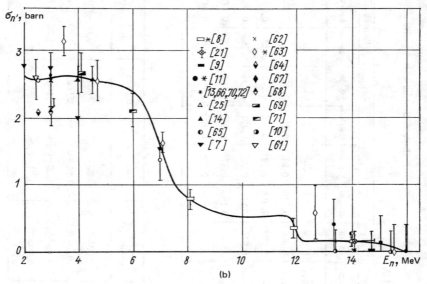

Fig. 1.57 $\sigma_{n'}$ for ^{238}U (from [60]) in the regions $E_n < 2.5$ MeV (a) and $E_n = 2 - 16$ MeV (b). (Cross-section evaluation in [53]).

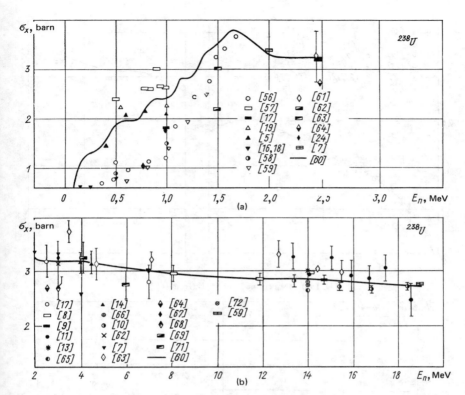

Fig. 1.58 σ_x for ^{238}U (from [60]) in the region $E_n \leqslant 2.5$ MeV (a) and $E_n = 2 - 20$ MeV (b). (Cross-section evaluation in [53]).

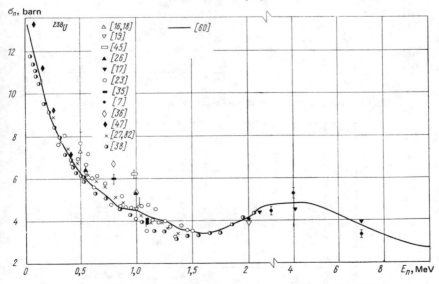

Fig. 1.59 σ_n for ^{238}U (from [60]). (See also [86]; cross-section evaluation in [53]).

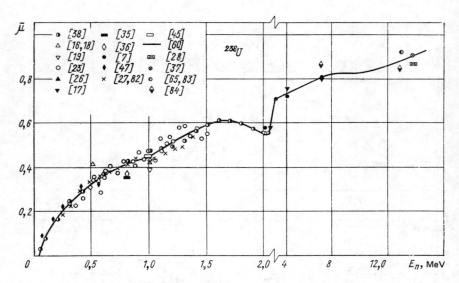

Fig. 1.60 Mean cosine $\bar{\mu}$ for ^{238}U (from [60]).

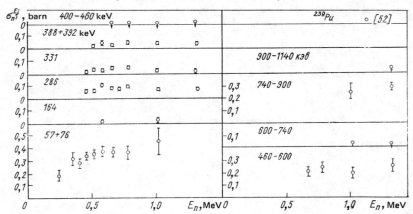

Fig. 1.61 Inelastic neutron scattering cross-sections from levels for ^{239}Pu [52].

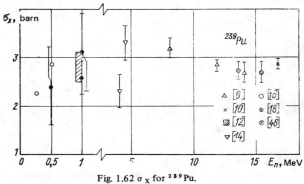

Fig. 1.62 σ_x for ^{239}Pu.

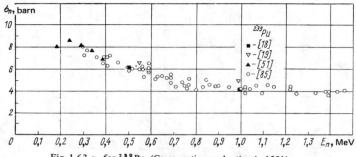

Fig. 1.63 σ_n for ^{239}Pu. (Cross-section evaluation in [53]).

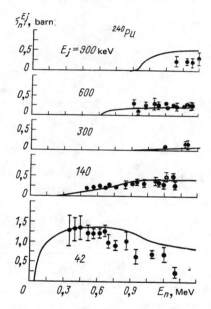

Fig. 1.64 Inelastic neutron scattering cross-sections from levels for ^{240}Pu [50].

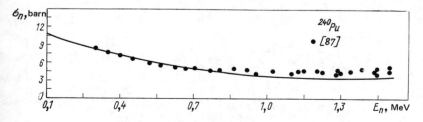

Fig. 1.65 σ_n for ^{240}Pu [87].

Table 1.13

Effective excitation cross-sections $\sigma_{n'}$, ^{E_j} for levels of ^{238}U in elastic neutron scattering. (The data were obtained by multiplying the values $d\sigma/d\Omega\ (90°)$ [49] with 4π)

E_n, keV	\multicolumn{14}{c	}{Energies of excited levels, keV}
	45	149	681±3	732±3	838±5	939±5	968±6	1006±6	1047±7	1076±7	1123±8	1150±8	1190±10
106	502,40	—	—	—	—	—	—	—	—	—	—	—	—
120	690,80	—	—	—	—	—	—	—	—	—	—	—	—
140	904,32	—	—	—	—	—	—	—	—	—	—	—	—
157	954,56	—	—	—	—	—	—	—	—	—	—	—	—
200	1029,92	—	—	—	—	—	—	—	—	—	—	—	—
250	1080,16	—	—	—	—	—	—	—	—	—	—	—	—
405	1369,04	—	—	—	—	—	—	—	—	—	—	—	—
455	1507,20	288,88	—	—	—	—	—	—	—	—	—	—	—
550	1720,72	351,68	—	—	—	—	—	—	—	—	—	—	—
750	1544,88	427,04	—	—	—	—	—	—	—	—	—	—	—
814	—	—	217,288	—	—	—	—	—	—	—	—	—	—
847	—	—	306,464	159,512	—	—	—	—	—	—	—	—	—
903	—	—	312,744	184,632	—	—	—	—	—	—	—	—	—
953	—	—	364,240	239,896	—	—	—	—	—	—	—	—	—
995	1004,80	640,56	—	—	—	—	—	—	—	—	—	—	—
1005	—	—	311,488	213,520	41,448	209,752	149,464	46,472	—	—	—	—	—
1081	—	—	312,744	268,784	61,544	281,344	233,616	173,328	157,0	164,536	—	—	—
1129	—	—	316,512	282,600	82,896	242,408	219,800	150,72	135,648	185,888	—	—	—
1198	—	—	272,552	268,784	48,984	216,032	231,104	182,12	188,40	239,896	46,472	—	—
1251	—	—	238,640	266,272	85,408	231,104	265,016	185,888	202,216	316,512	113,040	74,104	41,448
1292	—	—	244,920	231,104	94,200	283,856	281,344	205,984	216,032	—	133,136	153,232	91,688
1368	—	—	223,568	233,616	87,920	—	—	—	—	—	—	—	—
1495	—	—	202,216	197,192	—	200,96	259,992	222,312	236,128	308,976	202,216	180,864	138,16
1620*	—	—	—	—	—	—	—	—	—	—	—	—	—

* For energies of the excited levels exceeding 1190 keV, the values of $\sigma_{n'}$, ^{E_j} at E_n = 1620 keV are equal to [89]:

E, keV	1210±10	1246±12	1272±12	1313±15	1361±17	1401±20	1437±22	1470±25
$\sigma_{n'}^{E}$, mbarn	105,504	111,784	116,808	160,768	101,736	67,824	9,432	55,264

Table 1.14

Inelastic neutron scattering cross-sections on nuclei of ^{239}Pu.

E_n, MeV	$-Q$, MeV	$\sigma_{n,n'}$, barn				
		Cranberg [19] 1959	Allen [16] 1957	Cavanagh [52] 1969	Batchelor [54] 1969	Andreyev [12] 1961
0,25	⩾40	—	0,56±0,40	0,18±0,05	—	—
0,50	⩾40	—	1,16±0,40	0,50±0,04	—	—
	⩾75	—	0,09±0,30	0,15±0,03	—	—
0,55	90—200	0,13±0,05	—	0,020±0,015	—	—
	200—300	0,10±0,05	—	0,090±0,015	—	—
0,9—1,0	—	—	—	—	—	0,9±0,3
1	⩾150	—	0,77±0,30	0,59±0,08	—	—
	150—500	0,16±0,06*	—	0,17±0,03	—	—
	500—750	<0,06*	—	0,19±0,04	—	—
2	⩾75	—	—	—	1,47±0,49	—
	500—1000	0,19±0,05	—	—	—	—
	1000—1500	0,24±0,08	—	—	—	—
	1500—1750	0,24±0,08	—	—	—	—
3	⩾75	—	—	—	1,58±0,61	—
4	⩾75	—	—	—	1,81±0,69	—

*Fo $E_n = 0,980 \pm 0,044$ MeV.

2. The spectrum of inelastically scattered neutrons.

This spectrum is approximated by the Maxwellian distribution

$$N_{\text{inelastic}}(E, E') \sim \frac{E' \exp}{T(E)^2}[-E'/T(E)],$$

where E – energy of inelastically scattered neutrons; T – a parameter usually called the nuclear temperature. T is related to the mean energy of the inelastically scattered neutron: $\bar{E}' = 2T$. Values of the parameter T for ^{232}Th, ^{235}U, ^{238}U and ^{239}Pu are given in table 1.15.

Table 1.15

The nuclear temperature T in inelastic neutron scattering

Target nucleus	E_n, MeV	T, MeV	Year of Publication
^{232}Th	3	0,41±0,04	1965 [7]
	4	0,46±0,05	1965 [7]
	4	0,51	1964 [34]
	5	0,53	1964 [34]
	6	0,60	1964 [34]
	6,5	0,66	1964 [34]
	7	0,53±0,05	1965 [7]
	14	0,54±0,05	1958 [31]
	14,1	0,60±0,12	1962 [32]
	14,1	0,82±0,05*	1968 [88]
^{235}U	1,5	0,187±0,022	1972 [81]
	1,9	0,239±0,022	1972 [81]
	2,3	0,242±0,037	1972 [81]
	14,1	0,86±0,06*	1968 [88]
^{238}U	2,45	0,30±0,03	1963 [42]
	2,5	0,3	1957 [75]
	2,5	0,3	1958 [19]
	3	0,35±0,04	1965 [7]

Table 1.15 contd.

Target nucleus	E_n, Мэв	T, Мэв	Year of publication
^{238}U	3,5	0,4	1957 [75]
	4	0,44±0,05	1965 [7]
	4	0,58	
	5	0,63	1964 [34]
	6	0,67	
	6,04	0,50	1964 [41]
	6,5	0,82	1964 [34]
	7	0,54±0,06	1965 [7]
	14	0,48±0,05	1958 [31]
	14	0,36±0,02	1962 [43]
	14	—	1961 [76]
	14,1	0,71±0,03*	1968 [88]
^{239}Pu	1,9	0,26±0,06	1970 [55]
	2	0,38	1958 [19]
	2,3	0,22±0,02	1970 [55]
	4,0	0,48±0,05	1970 [55]
	4,5	0,45±0,04	1970 [55]
	5,0	0,39±0,05	1970 [55]
	5,5	0,48±0,05	1970 [55]
	14	0,53±0,06	1958 [31]

* The parameter T was determined by LeCouter's method (after evaporation of the first neutron)

Table 1.16

Mean number of neutrons from inelastic reactions, η.

Target nucleus	E_n, MeV	η	Year of publication
^{232}Th	14,0	2,34±0,08	1963 [4]
^{233}U	14,0	4,07±0,22	1960 [15]
^{235}U	0,024	1,94±0,05	1958 [77]
	0,030	1,86±0,04	1956 [78]
	0,140	2,12±0,10	1956 [78]
	0,240	1,98±0,08	1958 [77]
	0,250	2,21±0,15	1956 [78]
	0,250	2,00±0,10	1956 [78]
	0,880	2,22±0,12	1958 [77]
	0,900	2,28±0,08	1956 [78]
	14,0	3,79±0,15	1961 [79]
	14,2	3,71±0,20	1958 [22]
			1960 [15]
^{238}U	2,5	1,13±0,08	1962 [39]
	12,6	3,07±0,19	1962 [20]
	14,0	2,70±0,20	1962 [39]
	14,2	2,99±0,15	1958 [22]
	14,2	3,00±0,25*	1958 [13]
	14,2	3,30±0,15	1961 [21]
	14,2	3,22±0,12	1962 [20]
	14,4	3,34±0,15	1962 [20]
	15,6	4,36±0,40	1962 [20]
	16,8	3,98±0,23	1962 [20]
	17,8	4,12±0,25	1962 [20]
	18,8	4,11±0,22	1962 [20]
^{239}Pu	14,0	4,53±0,06	1960 [15]

* Recalculation [20] (authors give $\eta = 2,80\pm0,25$).

3. The mean number of neutrons.

The mean number of neutrons emitted in an elastic collision is determined as

$$\eta = 1 + \frac{(\bar{\nu}-1)\sigma_{n,f} + \sigma_{n,2n} + 2\sigma_{n,3n} - \sigma_{n,\gamma} - \sigma_{n,p}}{\sigma_x}.$$

Values of η for a number of nuclei are given in table 1.16.

REFERENCES FOR §1.4

1. Neutron Cross Sections. V. III. BNL-325. Second ed., Suppl. No. 2. 1965. Auth.: J. R. Stehn, M. D. Goldberg, R. Wiener-Chasman, S. F. Mughabghab, B. A. Magurno, V. M. May.
2. Gordeyev I. V., Kardashev D. A., Malyshev A. V. *Yaderno-fizicheskie konstanty*. M., Gosatomizdat, 1963.
3. Popov V. I. In: *Neitronnaya fizika*.M., Atomizdat, 1961, p. 306.
4. McTaggart M. H., Goodfellow H.–*J. Nucl. Energy*, 1963, v. 17, p. 437.
5. Glazkov N. P. *Atomnaya energiya*, 1963, v. 14, p. 400.
6. Smith A. B.–*Phys. Rev.*, 1962, v. 126, p. 718.
7. Batchelor R., Gilboy W. B., Towle J. H.–*Nucl. Phys.*, 1965, v. 65, No. 2, p. 236; see also data given in [1] 1964.
8. McGregor M. H., Booth R., Ball W. P.–*Phys. Rev.*, 1963, v. 130, p. 1471.
9. EANDC(E)-49 "L", 1963, p. 85. Data given in [1]. Auth.: D. Didier, H. Dillemann, P. Thouvenin, E. Fort.
10. Degtyarev Y. G., Nadtochy V. G. *Atomnaya energiya*, 1961, V. 11, p. 397.
11. Cohen A. V.–*J. Nucl. Energy*, 1961, v. 14, p. 180.
12. Andreyev V. N. in: *Neitronnaya fizika*. M, Atomizdat, 1961, V. 11, p. 397.
13. *Atomnaya energiya*, 1958, V. 5, p. 22. Auth.: P. P. Lebedev, Y. A. Zysin, Y. S. Klintsov, B. D. Stsiborsky.
14. Bethe H. A., Beyster J. R., Carter R. E. LA-1939, 1955. Data given in [1].
15. Flerov N. N., Talyzin V. M. *Atomnaya energiya*, 1960, v. 10, p. 68.
16. Allen R. C.–*Nucl. Sci. Engng*, 1957, v. 2, p. 787.
17. Beyster J. R., Walt M., Salmi E. W.–*Phys. Rev.*, 1956, v. 104, p. 1319.
18. *Phys. Rev.*, 1956, v. 104, p. 731. Auth.: R. C. Allen, R. B. Walton, R. B. Perkins, R. A. Olson, R. F. Taschek;
    Allen R. C.–*Phys. Rev.*, 1954, v. 95, p. 637.
19. Cranberg L., Levin J. S.–*Phys. Rev.*, 1958, v. 109, p. 2063; Cranberg L. LA-2177, 1959. Data given in [1].
20. White P. H.–*J. Nucl. Energy*, 1962, v. 16, p. 261.
21. Allen K. W., Bomyer P., Perkin J. L.–*J. Nucl. Energy*, 1961, v. 14, p. 100.
22. Flerov N. N., Talyzin V. M. *Atomnaya energiya*, 1958, v. 5, p. 653.
23. Smith A. B.–*Nucl. Phys.*, 1963, v. 47, p. 633.
24. Poze K. R., Glazkov N. P.–*Zhurn. eksperim. i teor. fiz.*, 1956 v. 30, p. 1017.
25. Clarke R. L.–*Canad. J. Phys.*, 1961, v. 39, p. 957.
26. Walt M., Barschall H. H.–*Phys. Rev.*, 1954, v. 93, p. 1062.
27. Langsdorf A., Jr., Lane R. O., Monahan J. E.–*Phys. Rev.*, 1957, v. 107, p. 1077.
28. Hudson C. I., Jr., Walker W. S., Berko S.–*Phys. Rev.*, 1962, v. 128, p. 1271.
29. Batchelor R., Towle J. H.–*Proc. Phys. Soc.*, 1959, v. A73, p. 193.
30. Glazkov N. P. *Atomnaya energiya*, 1963, V. 15, p. 416.
31. *Atomnaya energiya*, 1958, v. 4, p. 337. Auth.: Y. S. Zamyatin, I. N. Safina, Y. K. Gutnikova, N. I. Ivanov.
32. Otchet FEI, 1962. Data given in [33]. Auth.: V. B. Anufrienko, *et al.*
33. Sluchevskaya V. M. In: *Byull. informatsion-nogo tsentra po yadernym dannym*. Vyp. 1.M., Atomizdat, 1964, p. 210.
34. *Nucl. Phys.*, 1964, v. 60, No. 1, p. 17. Auth.: S. G. Buccino *et al*; *Z. Phys.*, 1966, Bd 196, S. 103. Auth.: S. G. Buccino *et al*.
35. *Atomnaya energiya*, 1964, v. 16, p. 207. Auth.: M. V. Pasechnik, V. A. Batalin, I. A. Korzh, I. A. Totsky.
36. Conf. on Study of Nucl. Structure with Neutrons. Antwerpten, 1965, P/193. Auth.: M. V. Pasechnik, I. A. Korzh, I. Y. Kashuba, I. A. Totsky.
37. Guzhovsky B. Y. *Atomnaya energiya*, 1961, v. 11, p. 395.
38. *Ann. Phys.*, N. Y., 1961, v. 12, p. 135. Auth.: R. O. Lane *et al.*
39. Nefedov V. N., *Tr. Fiz. in-ta AN SSSR*, 1962, v. 14, p. 263.

40. Armitage B. H., Ferguson A. T. G., Montague J. H. Nuclear Date for Reactors. Vienna, IAEA. V. I. 1967, p. 383.
41. *Phys. Rev. Lett.*, 1964, v. 11, No. 4, p. 308. Auth.: K. K. Seith et al.
42. Rep. BNL-400, v. 2, 1970. Auth.: D. J. Garber, L. G. Stromberg et al.
43. *Helv. Phys. Acta*, 1962, BD 35, No. 7-8, S. 733. Auth.: C. Poppelbaum et al.
44. Nikolaev M. N., Bazazyants, N. O. *Anizotropiya uglovogo rasseyaniya neutronov.* M., Atomizdat, 1972.
45. Gilboy W. B., Towle J. H.—*Nucl. Phys.*, 1963, v. 42, p. 86.
46. Degtyarev Y. G. *Atomnaya energiya*, 1965, v. 19, p. 456.
47. *Nucl. Phys.*, 1966, v. 80, p. 46. Auth.: E. Barnard, A. T. G. Ferguson, W. R. Mac Murry, I. J. Heeden.
48. Poenitz W. P. Nuclear Data for Reactors. Vienna, IAEA, V. 1, 1970, p. 3.
49. Barnard E., de Villiers J. A. M., Reitman D. Ibid., p. 103.
50. Smith A. B. Private communication, 1970. Data given in [48].
51. Knitter H. -H., Cappola M.—*Z. Phys.*, 1969, Bd 228, S. 286.
52. UKAEA Rep. AERE-R-5972, 1969. Auth.: Cavanagh P. E. et al.
53. Prince A. Nucl. Data for Reactors. Vienna, IAEA. V. 2, 1970, p. 825.
54. Batchelor R. A. UKAEA Rep. AWRE-0-55/69, 1969. Data given in [53].
55. Cappola M., Knitter H. -H.—*Z. Phys.*, 1970, Bd 232, S. 294.
56. BNL-325, 2nd ed., 1958. Auth.: D. J. Hughes et al.
57. Batchelor R.—*Proc. Phys. Soc.* (Lond.), 1956, v. A69, p. 214.
58. Allen R. C.—*Phys. Rev.*, 1957, v. 105, p. 1796.
59. Oleksa S. BNL-1573. Data given in [60].
60. Schmidt J. J. Neutron Cross Sections for Fast Reactor Materials. Part I: Evaluation KFK 120 (EANDC-E-35 U), Karlsruhe, 1966.
61. Levin J. S., Cranberg L. LADC-2360, 1956. Data given in [60].
62. Olum P. 1945. Unpublished, quoted in LA-1939. Data given in [60].
63. Rice Institute. Ibid.
64. Szilard L., Zinn W. H. A 345 (CP 285), 1941. Data given in [60].
65. Rosen L., Stewart L. LA-2111, 1957. Data given in [60].
66. Kirkbridge J., Page D. I. AERE-NP/R-2086, Suppl. 1, 2, 1956. Data given in [60].
67. Barschall H. H. et al. Data given in [60].
68. Walt M. Geneva Conf., 1955, P/588, V. 2, p. 18.
69. Allen W. D., Henkel R. L.—*Progr. Nucl. Engng.* Ser. 1, 1957, v. 2, p. 1.
70. Clarke R. L., Almquist E. Unpublished, 1955. Data given in [25].
71. LA-2099, 1957. Data given in [60]. Auth.: R. G. Schrandt, J. R. Beyster, M. Walt, E. W. Salmi.
72. Phillips D. D. LA-1142, 1950. Data given in [60].
73. Smith A. B.—*Nucl. Sci. Engng*, 1964, v. 18, p. 126.
74. Smith A. B., Whalen J. F. 1966. Data given in [60].
75. Fetisov N. I. *Atomnaya energiya*, 1957, v. 3, p. 211.
76. Hanna G. C., Clarke R. L.—*Canad. J. Phys.*, 1961, v. 39, p. 967.
77. Andreyev V. N. *Atomnaya energiya*, 1958, v. 4, p. 185.
78. *Atomnaya energiya*, 1956, v. 1, p. 21. Auth.: P. Y. Spivak, B. G. Yerozolimsky, G. A. Dorofeyev, V. N. Lavrenchik, I. Y. Kutikov, I. P. Dobrynin.
79. McTaggart M. H. 1961. Data given in [60]. Communicated in [44].
80. Smith A. B. 1961. Data given in [60]. Communicated in [44].
81. Knitter H. -H., Islam M. M., Cappola M. Conf. Nucl. Structure Study Neutrons. Budapest, 1972. Contribs. Budapest, 1972, p. 184.
82. Langsdorf A., Jr., Lane R. O., Monahan J. E. Report ANL-5567, 1961. Data given in [60].
83. *Phys. Rev.*, 1958, v. 111, p. 250. Auth.: J. H. Coon et al. Coon J. H. Proc. Second Geneva Conf., 1958, v. 15, p. 11, P/666.
84. Bjorklurd F., Fernbach S. Rep. UCRL-4927, 1957. Data given in [60].
85. Smith A., Guenther P., Whalen J.—*J. Nucl. Energy*, 1973, v. 27, p. 317.
86. Lambropoulos P.—*Nucl. Sci. Engng*, 1971, v. 46, p. 356.
87. Smith A. B., Lambropoulos P., Whalen J. F.—*Nucl. Sci. Engng*, 1972, v. 47. p. 19.
88. *Izv. AN SSSR. Ser. fizicheskaya*, 1968, v. 32, No. 4, p. 653. Auth.: O. A. Sal'nikov et al.
89. *Nucl. Phys.*, 1969, v. A127, p. 149. Auth.: M. Holmberg et al.

CHAPTER 2

CROSS-SECTIONS FOR PHOTONUCLEAR REACTIONS

In this chapter, tables 2.1–2.4 and figures 2.1–2.6 provide data on photofission reactions, on photoneutron reactions, on thresholds of photonuclear reactions and on the relative yields of photofission.

The number of data on such reactions in heavy nuclei is rather limited [1-52]. Existing studies are concerned mainly with photofission and photoneutron reactions. The experiments were done either with γ-Bremsstrahlung (betatron, synchroton) or with monoenergetic γ-rays (produced, for instance, by the reactions F (p,γ); Li (p,γ); S (n,γ); Dy (n,γ); Y(n,γ); Ca(n,γ); Ti (n,γ); Be (n,γ); Mn (n,γ); Pb (n,γ); Fe (n,γ); Al (n,γ); Cu (n,γ); Ni (n,γ).

Tables 2.1 and 2.2 which contain data on photofission and photoneutron reactions are arranged in the following manner. Column 1 shows the type of reaction, column 2 - the energy or energy intervals for which the cross sections were measured, column 3 - the values of the cross-sections (for monoenergetic γ-rays) or the number of the figure which shows the curve for $\sigma(E)$ as a function of the energy of the photons, columns 4–7 give the characteristics of the $\sigma(E)$ curves: the value of the cross-section at its maximum σ_{max} (column 4); the energy of the photons corresponding to this maximum $E(\sigma_{max})$ (column 5); the width of the peaks at the half-height ΔE (column 6); the values of $\int \sigma(E) dE$ over the energy intervals in which the measurements were taken (column 7).

Data on thresholds of photoreactions and on the relative yields of photofission are contained in tables 2.3 and 2.4.

In tables and figures one has to distinguish between the reactions (γ, f) and (γ, F) and also between (γ, n) and (γ, N): $\sigma(\gamma, F)$ takes into account all processes caused by photons in which fission takes place.

$$\sigma(\gamma, F) = \sigma(\gamma, f) + \sigma(\gamma, nf) + \sigma(\gamma, 2nf) + \ldots;$$

$\sigma(\gamma, N)$ takes into account the total number of neutrons produced when photons are absorbed by the nuclei:

$$\sigma(\gamma, N) = \sigma(\gamma, n) + 2\sigma(\gamma, 2n) + \ldots + \bar{\nu}\sigma(\gamma, F).$$

The quantity $\bar{\nu}$ represents the average number of neutrons produced by γ-excitation of the nuclei which ultimately results in fission. These neutrons can be emitted prior to the actual fission, as a result of the fission process, or possibly as a result of both processes.

The basic works containing data on reactions caused by γ-rays are the following: Katz et al. [5]; Lazareva et al. [3]; Kraut [25]; Hyde [26]; Lazareva and Nikitina [17]; Danos and Fuller [31] and others.

The dependence on A of (γ,n) cross-sections for $E_\gamma = 10.8$ MeV is given in reference [30].

References [11,42–45] give cross-sections for symmetrical photofission (i.e. fission leading to the production of fragments with yields lying in the low between the two peaks of the mass distribution curve); also given in those references are other characteristics of the mass-distribution in photofission (see also Chapter 6).

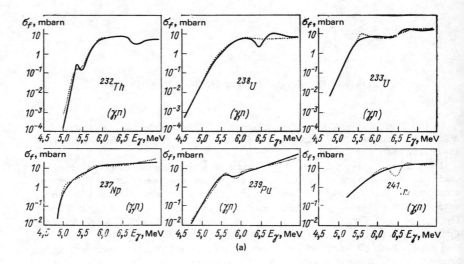

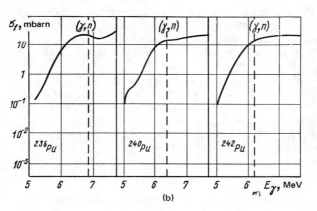

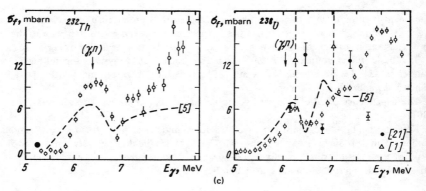

Fig. 2.1. Photofission cross-sections of ^{232}Th, ^{238}U, ^{233}U, ^{237}Np, ^{239}Pu, ^{241}Am for photons with energies 4.5–7.5 MeV [5] (a); photofission cross-sections of ^{238}Pu, ^{240}Pu, ^{242}Pu for photons with energies 5–8 MeV [33] (see also [34,36]) (b); photofission cross-sections of ^{232}Th and ^{238}U for photons with energies 5–8.5 MeV [35, 49] (see also [32]) (c). Shown in the graphs are the thresholds for the (γ,n) reactions.

The ratios between neutron emission and fission (Γ_n/Γ_f) from U^{238} for discrete photon energies near to the binding energy may be found in reference [29]

Data on the production of spontaneously fissile isomers of americium and plutonium resulting from (γ,n) reactions are given in reference [38,39].

Values of cross-sections for interactions of photons having energies between 1 keV and 100 MeV with all heavy elements from thorium to fermium are given in reference [41]; the tables in that work contain cross-sections values for Compton (incoherent) scattering, coherent scattering, pair production, photoeffect and total. The curve of the total effective cross-section for interactions of photons with uranium in the photon energy range 5-500 keV may be found in [40].

Figure 2.7 shows data on electron fission cross-sections for ^{238}U (at energies of the electrons higher than 50 Mev) [46-48].

Table 2.1

Photofission reactions

Reaction	Energy, MeV	σ, mbarn	σ_{max}, barn	$E(\sigma_{max})$, MeV	ΔE, MeV	$\int \sigma(E)dE$, MeV,barn	Reference
$^{232}Th(\gamma, f)$	5,43	0,16±0,16	—	—	—	—	[32]
	5,43	0,10±0,08	—	—	—	—	[52]
	5,58	0,73±0,07	—	—	—	—	[32]
	6,07	1,60±0,16	—	—	—	—	[32]
	6,07	0,82±0,57	—	—	—	—	[52]
	6,14	9±3	—	—	—	—	[1]
	6,30	1,7±0,5	—	—	—	—	[2]
	6,42	4,73±0,44	—	—	—	—	[32]
	6,42	2,6±0,3	—	—	—	—	[52]
	6,73	8,00±1,3	—	—	—	—	[52]
	6,75	7,94±0,89	—	—	—	—	[32]
	6,80	2,40±0,25	—	—	—	—	[32]
	6,83	2,0±0,2	—	—	—	—	[52]
	7,00	9±3	—	—	—	—	[1]
	7,16	3,67±0,74	—	—	—	—	[32]
	7,23	1,8±0,6	—	—	—	—	[52]
	7,38	3,25±0,56	—	—	—	—	[32]
	7,38	2,9±0,4	—	—	—	—	[52]
	7,64	5,7±1,1	—	—	—	—	[52]
	7,64	4,86±0,53	—	—	—	—	[32]
	7,72	4,47±0,34	—	—	—	—	[32]
	7,73	3,8±0,4	—	—	—	—	[52]
	7,88	4,6±1,8	—	—	—	—	[52]
	7,91	6,89±2,55	—	—	—	—	[32]
	7,91	5,1±1,4	—	—	—	—	[52]
	8,86	5,79±0,91	—	—	—	—	[32]
	9,00	8,4±3,5	—	—	—	—	[52]
	4,5—7,5	Fig. 2.1, a	—	—	—	—	[5, 33]
	5,5—8,5	Fig. 2.1, c	—	—	—	—	[32, 35, 49]
$^{232}Th(\gamma, F)$	0—28	—	0,051±0,007	14,1	7,0	0,64±0,06	[3]
	4—20	Fig. 2.5, a	0,045	13,5	7,7	0,35	[4]
	5—19	Fig. 2.2, a	0,048	14,5	6,0	0,32	[5]
	0—25	—	0,026±0,008	14,5—15	~6	—	[16]
	20—250	Fig. 2.3	—	—	—	—	[15]
$^{233}U(\gamma, f)$	6,14	13±4	—	—	—	—	[1]
	7,00	44±14	—	—	—	—	[1]
	4,5—7,5	Fig. 2.1, a	—	—	—	—	[5]
$^{233}U(\gamma, F)$	5—19	Fig. 2.2, a	0,27	13,0	5,6	1,62	[5]

Table 2.1 contd.

Reaction	Energy, MeV	σ, mbarn	σ_{max}, barn	$E(\sigma_{max})$, MeV	ΔE, MeV	$\int \sigma(E)dE$, MeV-barn	Reference
^{234}U (γ, f)	6,14	5^{+10}_{-2}	—	—	—	—	[1]
	7,00	52±16	—	—	—	—	[1]
^{235}U (γ, f)	6,14	16±5	—	—	—	—	[1]
	7,00	33±10	—	—	—	—	[1]
^{235}U (γ, F)	6—19	Fig. 2.2, b	0,17	13,7	~6,0	1,07	[14]
^{236}U (γ, f)	6,14	35±11	—	—	—	—	[1]
	7,00	28±9	—	—	—	—	[1]
^{238}U (γ, f)	5,43	0,08±0,20	—	—	—	—	[21, 32]
	5,43	0,53±0,42	—	—	—	—	[52]
	5,58	3,73±0,70	—	—	—	—	[21, 32]
	6,07	5,99±1,05	—	—	—	—	[21, 32]
	6,07	6,78±0,75	—	—	—	—	[52]
	6,14	13±4	—	—	—	—	[1, 24]
	6,30	2,2	—	—	—	—	[17, 18]
	6,30	3,5±1,0	—	—	—	—	[2, 17]
	6,42	2,1±1,0	—	—	—	—	[52]
	6,42	5,68±1,02	—	—	—	—	[21]
	6,42	5,88±1,06	—	—	—	—	[32]
	6,73	10,4±1,7	—	—	—	—	[52]
	6,75	12,5±1,1	—	—	—	—	[21, 32]
	6,80	1,92±0,35	—	—	—	—	[21]
	6,80	2,73±0,32	—	—	—	—	[32]
	6,83	1,9±0,2	—	—	—	—	[52]
	7,00	15±5	—	—	—	—	[1, 24]
	7,16	7,17±1,50	—	—	—	—	[21, 32]
	7,23	3,7±2,4	—	—	—	—	[52]
	7,38	12,6±1,6	—	—	—	—	[21, 32]
	7,38	10,2±1,1	—	—	—	—	[52]
	7,64	12,1±3,1	—	—	—	—	[21, 32]
	7,64	10,0±4,3	—	—	—	—	[52]
	7,72	7,15±0,56	—	—	—	—	[21, 32]
	7,73	9,2±2,6	—	—	—	—	[52]
	7,88	11,1±3,4	—	—	—	—	[52]
	7,91	18,9±6,7	—	—	—	—	[21, 32]
	7,91	14,3±1,5	—	—	—	—	[52]
	8,86	29,0±1,8	—	—	—	—	[21, 32]
	9,00	37±11	—	—	—	—	[52]
	17,5	16,7±2,5	—	—	—	—	[17, 18]
	17,5	46±15	—	—	—	—	[17, 19]
	4,5—7,5	Fig. 2.1, a	—	—	—	—	[5, 33]
	5,5—8,5	Fig. 2.1, c	—	—	—	—	[32, 35, 49]
^{238}U (γ, F)	0—25	—	0,087±0,026	14,5—15	~6	—	[16, 17]
	0—30	—	0,058	16	5	—	[7, 17]
	0—20	—	—	15	~8	—	[8]
	0—23	—	—	14,6	6,8	—	[9, 26]
	0—20	—	0,18	14	7,6	1,2	[10]
	0—24	—	0,125	14	8,8	1,1	[11]
	0—28	—	0,20±0,03	14,0±0,5	6,7	1,71±0,14	[3]
	4—20	Fig. 2.5, a	0,160	13,7	5,8	1,0	[4]
	5—19	Fig. 2.2, a	0,110	14,0	6,4	0,76	[5]
	20—250	Fig. 2.3	—	—	—	—	[15]
^{237}Np (γ, f)	6,14	31±10	—	—	—	—	[1]
	7,0	45±14	—	—	—	—	[1]
	4,5—7,5	Fig. 2.1, a	—	—	—	—	[5]

Table 2.1 contd.

Reaction	Energy, MeV	σ, mbarn	σ_{max}, barn	$E(\sigma_{max})$, MeV	ΔE, MeV	$\int \sigma(E)dE$, MeV-barn	Reference
^{237}Np (γ, F)	5—19	Fig. 2.2, a	0,205	13,0	5,7	1,26	[5]
^{238}Pu (γ, f)	7,5	28±5	—	—	—	—	[37]
	8,0	41±8	—	—	—	—	[37]
	8,5	59±13	—	—	—	—	[37]
	9,0	85±21	—	—	—	—	[37]
	9,5	120±32	—	—	—	—	[37]
	10,0	166±47	—	—	—	—	[37]
	10,5	229±68	—	—	—	—	[37]
	11,0	303±94	—	—	—	—	[37]
	5—8	Fig. 2.1, b	—	—	—	—	[33]
^{239}Pu (γ, f)	7,5	21±4	—	—	—	—	[37]
	8,0	31±6	—	—	—	—	[37]
	8,5	45±10	—	—	—	—	[37]
	9,0	64±16	—	—	—	—	[37]
	9,5	90±24	—	—	—	—	[37]
	10,0	123±35	—	—	—	—	[37]
	10,5	168±50	—	—	—	—	[37]
	11,0	221±69	—	—	—	—	[37]
	4,5—7,5	Fig. 2.1, a	—	—	—	—	[5]
^{239}Pu (γ, F)	5—19	Fig. 2.2, a	0,350	13,0	7,4	2,65	[5]
^{240}Pu (γ, f)	5—8	Fig. 2.1, b	—	—	—	—	[33]
^{242}Pu (γ, f)	5—8	Fig. 2.1, b	—	—	—	—	[33]
^{241}Am (γ, f)	4,5—7,5	Fig. 2.1, a	—	—	—	—	[5]
^{241}Am (γ, F)	5—19	Fig. 2.2, a	0,160	13,5	6,0	1,01	[5]

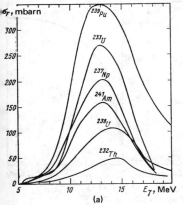

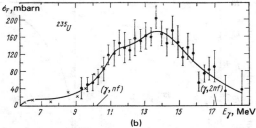

Fig. 2.2. Photofission cross-sections of ^{232}Th, ^{238}U, ^{233}U, ^{237}Np, ^{239}Pu, ^{241}Am for photons with energies 5–19 MeV [5,25,26] (a) and photofission cross-sections of ^{235}U for photon energies 6–19 MeV [14,26] (b). (Shown in fig. 2.2.b are the thresholds of some reactions).

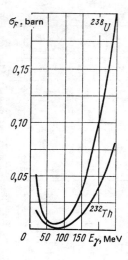

Fig. 2.3. Photofission cross-sections of ^{232}Th and ^{238}U for photons with energies 20–250 MeV [15,25].

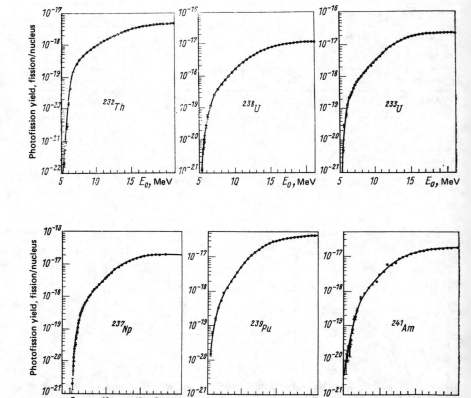

Fig. 2.4. The yield of photofission of ^{232}Th, ^{238}U, ^{233}U, ^{237}Np, ^{239}Pu, ^{241}Am as a function of the maximum energy of Bremsstrahlung [5,26].

Table 2.2

PHOTONEUTRON REACTIONS

Reaction	Energy, MeV	σ, mbarn	σ_{max}, barn	$E(\sigma_{max})$, MeV	ΔE, MeV	$\int \sigma(E)dE$, MeV-barn	Reference
^{232}Th$(\gamma, n)^{231}$Th	6,42	5,1±2,0	—	—	—	—	[52]
	6,73	25,7±4,1	—	—	—	—	[52]
	7,23	5,3±2,5	—	—	—	—	[52]
	7,38	16,1±2,6	—	—	—	—	[52]
	7,64	21,6±5,3	—	—	—	—	[52]
	7,72	50,4±6,0	—	—	—	—	[51]
	7,72	19,2±3,9	—	—	—	—	[52]
	7,88	23,4±4,2	—	—	—	—	[52]
	9,00	69,6±16,4	—	—	—	—	[52]
	4—20	Fig. 2.5, a	0,490	12,2	4,2	2,2	[4]
^{232}Th(γ, N)	5—28	—	0,80±0,10	14,5	5,6	6,61±0,60	[3]
	5—22	Fig. 2.5, c	0,99	14,2	6,0	7,15	[6]
^{233}U$(\gamma, n)^{232}$U	7,72	14,1±1,7	—	—	—	—	[51]
^{233}U(γ, N)	5—22	Fig. 2.5, d	1,67	14,0	6,0	11,2	[6]
^{235}U(γ, N)	7—21	Fig. 2.5, b	1,4	14	6	1,00* 1,49[2]*	[14]
^{238}U$(\gamma, n)^{237}$U	6,07	9,0±2,7	—	—	—	—	[52]
	6,42	2,2±1,1	—	—	—	—	[52]
	6,73	22,7±6,3	—	—	—	—	[52]
	6,83	3,7±1,2	—	—	—	—	[52]
	7,23	6,3±3,9	—	—	—	—	[52]
	7,38	22,2±5,5	—	—	—	—	[52]
	7,64	22,6±7,2	—	—	—	—	[52]
	7,72	19,6±4,3	—	—	—	—	[52]
	7,88	26,5±6,7	—	—	—	—	[52]
	9,00	93,6±25,5	—	—	—	—	[52]
	0—20	—	0,53	11	3,6	2,6	[10]
	4—20	Fig. 2.5, a	0,400	12,0	5,0	2,1	[4]
^{238}U(γ, N)	0—23	—	—	15,8	7,1	—	[9, 26]
	0—27,5	—	1,8	13	(5)	11,4	[12]
	0—25	—	0,98	13,8	6,6	7,15	[13]
	5—28	—	1,18±0,15	14,9	6,8	12,9±1,0	[3]
	5—22	Fig. 2.5, c	1,29	15,2	6,4	9,74	[6]
^{237}Np$(\gamma, n)^{236}$Np	7,72	10,9±1,2	—	—	—	—	[51]
^{239}Pu(γ, N)	5—22	Fig. 2.5, d	1,58	13,6	6,3	11,6	[6]

* For (γ, n) reaction [14]
* For $(\gamma, 2n)$ reaction [14]

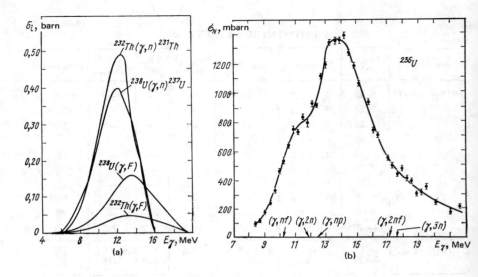
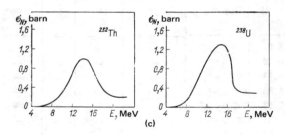
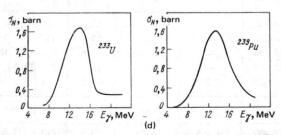

Fig. 2.5. (γ,n) and photofission cross-sections of ^{232}Th and ^{238}U for photons with energies 4–20 MeV [4] (a); (γ,N) cross-sections of ^{235}U for photon energies 7–21 MeV [14,26], (b). (Shown in fig. 2.5.b are also the thresholds of some reactions); (γ,N) cross-sections of ^{232}Th, ^{238}U, ^{233}U and ^{239}Pu for photon energies 5–22 MeV [6] (c,d).

Table 2.3

THRESHOLDS OF NUCLEAR PHOTOREACTIONS *

Nucleus	Photofission			Photoneutron reactions		
	Reaction	Threshold, MeV	Reference	Reaction	Threshold, MeV	Reference
^{232}Th	(γ, f)	5,4 5,8 6,0 5,9 5,40±0,22	[3, 4, 22] [5, 50] [34] [36] [17, 23]	(γ, n)	5,9 6,4 6,34±0,09 6,35±0,10	[3] [4, 51] [20] [17, 23]
	(γ, nf)	11,7 11,8	[3] [4]	$(\gamma, 2n)$ $(\gamma, 3n)$	11,4 17,9	[3, 4] [3]
	$(\gamma, 2nf)$	17,5 16,8	[3] [4]	$(\gamma, 4n)$	18,1 23,2	[4] [3]
	$(\gamma, 3nf)$	23,8	[3]	$(\gamma, 5n)$	30,2	[3]
	$(\gamma, 4nf)$	29,0	[3]			
^{233}U	(γ, f)	5,18±0,27 5,18 5,4	[17] [22] [5, 50]	(γ, n)	5,9	[51]
^{235}U	(γ, f)	5,31 5,31±0,25	[22] [17, 23]	(γ, n)	5,18±0,17	[23]
^{238}U	(γ, f)	5,08 5,08±0,15 5,8 5,6 5,1 5,2±0,1	[22] [17, 23] [5, 34, 50] [36] [3, 4] [9]	(γ, n)	5,6 5,9 5,97 5,88±0,11 6,0 5,97±0,10	[3] [9] [13] [20] [4] [23, 17]
	(γ, nf) $(\gamma, 2nf)$	11,2 16,3 16,6	[3, 4] [3] [4]	$(\gamma, 2n)$	11,0 12,18	[3] [13]
	$(\gamma, 3nf)$ $(\gamma, 4nf)$	22,3 27,7	[3] [3]	$(\gamma, 3n)$	11,4 17,0 17,8	[4] [3] [4]
				$(\gamma, 4n)$ $(\gamma, 5n)$ (γ, pn)	22,7 29,2 13,34	[3] [3] [13]
^{237}Np	(γ, f)	5,6	[5, 50]	(γ, n)	6,8	[51]
^{238}Pu	(γ, f)	6,1	[34, 36]			
^{239}Pu	(γ, f)	5,31 5,31±0,27 5,4	[22] [17] [5, 50]			
^{240}Pu	(γ, f)	6,0	[34, 36]			
^{242}Pu	(γ, f)	6,1	[34, 36]			
^{241}Am	(γ, f)	6,0	[5, 50]			

* Thresholds for some nuclear photoreactions are shown in fig. 2.1 a—c, 2.2a and 2.5b.

Table 2.4

RELATIVE PHOTOFISSION YIELDS

Nucleus	$E_{max} \approx 12$ MeV		$E_{max} \approx 17$ MeV		$E_{max} \approx 20$ MeV		$E_{max} \approx 22$ MeV
	[17, 27]	[17, 28]	[17, 27]	[17, 28]	[17, 27]	[17, 28]	[17, 27]
^{230}Th	1,64	—	0,47	—	0,89	—	0,82
^{232}Th	0,22	0,46±0,04	0,35	0,30±0,01	0,21	0,32±0,01	0,27
^{233}U	3,26	2,44±0,32	3,01	2,51±0,12	2,13	2,57±0,10	2,29
^{234}U	—	1,94±0,26	—	1,82±0,08	—	1,82±0,07	—
^{235}U	1,45	1,92±0,14	1,44	2,37±0,08	1,43	2,43±0,09	1,54
^{236}U	—	1,58±0,11	—	1,44±0,04	—	1,41±0,05	—
^{238}U	1	1	1	1	1	1	1
^{237}Np	—	2,53±0,16	—	2,39±0,10	—	2,40±0,11	—
^{239}Pu	2,70	3,51±0,62	2,24	3,10±0,10	2,39	3,29±0,10	2,65

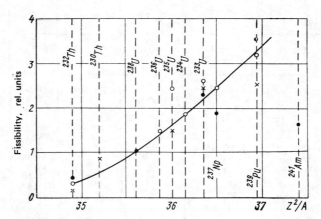

Fig. 2.6. The relative fissibility of heavy nuclei vs. the parameter Z^2/A [5,25,28]. x – averaged over E_e from 12.4 to 21.7 MeV [27]; o – averaged over E_e from 7 to 20 MeV [28]; – values of E_e not given [5].

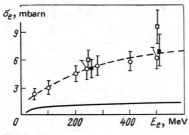

Fig. 2.7. Cross-section of electron fission of ^{238}U vs. energy of the electrons [46]. □,■ – values from ref. [47]; o – values from ref. [46]. The full line is taken from ref. [48].

REFERENCES FOR CHAPTER 2

1. *Nucl. Phys.*, 1963, v. 34, p. 439. Auth.: J. R. Huizenga et al.
2. *Phys. Rev.*, 1941, v. 59, No. 1, p. 57. Auth.: R. O. Haxby et al.
3. Meeting of AN SSSR for peaceful use of nuclear energy. 1-5 July 1955. Session of the section of phys. math. sciences, M., Publ. AN SSSR, 1955, p. 306. Auth.: L. E. Lazareva et al.
4. *Phys. Rev.*, 1956, v. 104, No. 2, p. 425. Auth.: J. E. Gindler et al.
5. Peaceful Uses of Atomic Energy United Nations. Proc. of the Second United Nations Intern. Conf. on the Peaceful Uses of Atomic Energy. Geneva, 1958. V. 15, P/200. Geneva, 1958, p. 188. Auth.: L. Katz et al.
6. *Canad. J. Phys.*, 1957, v. 35, p. 470. Auth.: L. Katz et al.
7. Baldwin G. C., Klaiber G. S.—*Phys. Rev.*, 1947, v. 71, p. 3.
8. Ogle W. E., McElhinney J.—*Phys. Rev.*, 1951, v. 81, No. 3, p. 344.
9. Anderson R. E., Duffield R. B.—*Phys. Rev.*, 1952, v. 85, p. 728.
10. Duffield R. B., Huizenga J. R.—*Phys. Rev.*, 1953, v. 89, p. 1042
11. *Phys. Rev.*, 1955, v. 99, p. 98. Auth.: L. Katz et al.
12. Jones L. W., Terwilliger K. M.—*Phys. Rev.*, 1953, v. 91, p. 699.
13. Nathans R., Halpern J.—*Phys. Rev.*, 1954, v. 93, p. 437.
14. *Phys. Rev.*, 1964, v. 133, p. B676. Auth.: C. D. Bowman et al.
15. Minarik E. V., Novikov V. A.—*Zhurn experim. i teor. fiz.*, 1957, v. 32, No. 2, p. 241.
16. *Dokl. AN SSSR* 1956, V. 106, No. 4, p. 633. Auth.: V. A. Korotkova et al.
17. Lazareva L. E., Nikitina N. V. In: *Fizika delenia atomnykh yader*, Moscow, Atomizdat, 1957, p. 189.
18. *Proc. Phys. Mat. Soc. Japan*, 1941, v. 23, p. 440. Auth.: B. Arakatsu et al.
19. *Helv. Phys. Acta*, 1949, v. 22, p. 385. Auth.: G. Charbonnier et al.
20. Van Patter D. M., Whalling W.—*Rev. Mod. Phys.*, 1954, v. 26, No. 4, p. 402.
21. *Nuovo cimento*, 1966, v. 44B, No. 1, p. 218. Auth.: A. Manfredini et al.
22. *Phys. Rev.*, 1950, v. 77, p. 329. Auth.: H. W. Koch et al.
23. Winhold E. J., Halpern I.—*Phys. Rev.*, 1956, v. 103, p. 990.
24. *Nucl. Phys.*, 1965, v. 74, No. 2, p. 377. Auth.: A. Manfredini et al.
25. Kraut A.—In: *Fizika deleniya yader*, Moscow, Gosatomizdat, 1963, p. 7.
26. Hyde E. K., Perlman I., Seaborg G. The Nuclear Properties of the Heavy Elements. V. 3. New Jersey, Prentic-Hall, Englewood Cliffs, 1964.
27. McElhinney J., Ogle W. E.—*Phys. Rev.*, 1951, v. 81, p. 342.
28. *Phys. Rev.*, 1954, v. 95, p. 1009. Auth.: J. R. Huizenga et al.
29. Lindner M.—*Nucl. Phys.*, 1965, v. 61, No. 1, p. 17.
30. Internat. Conf. Nucl. Phys. Reactor Neutrons. Argonne. V. 3. Argonne, 1963, S. 1; p. 288. Auth.: L. Green et al.
31. Danos M., Fuller E. G.—*Ann. Rev. Nucl. Sci.*, 1965, v. 15, p. 29. Palo Alto, California.
32. *Nucl. Phys.*, 1969, v. A127, No. 3, p. 687. Auth.: A. Manferdini et al.
33. *Yadernaya fizika*, 1970, V. 11, No. 3, p. 508. Auth.: Rabotnov, N. S. et al.
34. Phys. and Chem. Fiss. Proc. 2nd IAEA Sympos. Vienna, 1969. Vienna, 1969, p. 419. Auth.: K. D. Androsenko et al.
35. *Izv. AN SSSR. Ser. Fiz.*, 1970, V. 34, No. 8, p. 1627. Auth.: D. V. Noules et al.
36. *Pis'ma v ZhETF*, 1969, V. 9, No. 2, p. 128. Auth.: Kapitsa, S. P. et al.
37. Shapiro A., Stubbins W. F.—*Nucl. Sci. Engng*, 1971, v. 45, No. 1, p. 47.
38. *Yadernaya fizika*, 1970, V. 11, No. 1, p. 54. Auth.: Y. P. Gangrsky et al.
39. *Phys. Letters*, 1970, v. B32, No. 3, p. 182. Auth.: Y. P. Gangrsky et al.
40. Perkin J. L., Douglas A. C.—*Proc. Phys. Soc.*, 1967, v. 92, No. 3, p. 618.
41. Storm E., Israel H. I.—*Nucl. Data Tables*, 1970, v. A7, No. 6, p. 565.
42. Schmitt R. A., Suffield R. B.—*Phys. Rev.*, 1957, v. 105, p. 1277.
43. Kivikas T., Forkman B.—*Nucl. Phys.*, 1965, v. 64, No. 3, p. 420.
44. *Pis'ma v ZhETF*, 1967, V. 6, No. 2, p. 495. Auth.: S. P. Kapitsa et al.
45. *Yadernaya fizika*, 1970, V. 7, No. 3, p. 521. Auth.: B. V. Kurchatov et al.
46. *Yadernaya fizika*, 1970, V. 11, No. 6, p. 1324. Auth.: Kasilov et al.
47. *Phys. Rev.*, 1968, No. 4, p. 1396. Auth.: H. R. Bowman et al.
48. Onley D. S., Ressler G. M.—*Phys. Rev. Letters*, 1969, v. 22, No. 6, p. 236.
49. Khan A. M., Knowles J. W.—*Nucl. Phys.*, 1972, v. A179, p. 333.
50. Halpern I., *Nuclear Fission*. Annual Review of Nuclear Science, Vol. 9, 1959.
51. Ahlfeld C. E., Baumann N. P.—*Trans. Amer. Nucl. Soc.*, 1971, v. 14, No. 2, p. 807.
52. Mafra O. Y., Kuniyoshi S., Goldemberg J.—*Nucl. Phys.*, 1972, v. A186, p. 110.

CHAPTER 3

CROSS-SECTIONS FOR INTERACTIONS OF CHARGED PARTICLES WITH HEAVY NUCLEI

In interactions of charged particles with heavy nuclei two processes are predominant: fission of the nucleus and the spallation process leading to the evaporation of several nucleons (mainly neutrons) from the nucleus. The total cross-section for the interaction (reaction), which is determined by the sum of the probabilities of the two processes, is virtually the same for all isotopes for which it has been measured (thorium, uranium) and can be calculated with sufficient accuracy with the help of the optical model. The dependences of the total interaction cross-section on energy for protons, deuterons and helium ions and their comparison with calculated values are shown in figures 3.1–3.3.

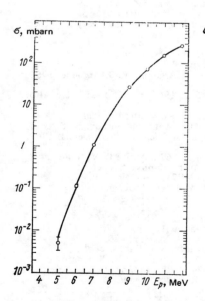

Fig. 3.1. Total cross-section for the interaction of protons with heavy nuclei [1]; o – values obtained from fission cross sections and level width ratios; ———— – calculated with the use of the optical model.

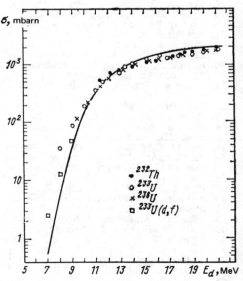

Fig. 3.2. Total cross-section for the interaction of deuterons with heavy nuclei [2].

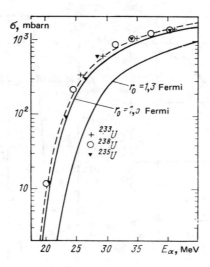

Fig. 3.3. Total cross-section for the interaction of helium ions with heavy nuclei [3]; ———— calculation from optical model with different values of r_0.

Data on cross-sections for spallation reactions are given in tabular form only (table 3.1) since they are rather numerous; this table is based on values collected by Hyde, Perlman and Seaborg*. The following data are shown for each type of reaction: cross-section in the maximum, position of the maximum, reference in which the measured cross-section was reported, and the range of measurement.

The curves of fission cross-sections as a function of the energy of the charged particles are shown in figures 3.4–3.14 and a summary of the results is given in table 3.2, showing the relevant references, the ranges of measurements and some cross-sections not shown in the figures. Also given in this table are values of cross-sections obtained from measurements with a single energy of the particles.

Figure 3.15 shows the probability of nuclear fission determined with the help of (d,pf), (t,pf), $(t,\alpha f)$, $(^3He,df)$ and $(p,p'f)$ reactions. The use of these reactions is of interest because they offer the possibility of extending the region of excitation energies of the fissioning nuclei (including also the region corresponding to negative neutron energies for nuclear fission by neutrons) as well as the number of nuclei accessible to investigation.

---

*Hyde, E., Pearlman, I., Seaborg, G.: *The nuclear properties of the heavy elements*. Englewood Cliffs, N. J., Prentice Hall (1964).

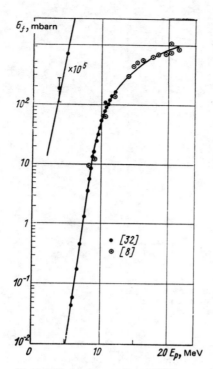

Fig. 3.4. Fission cross-section of ^{232}Th by protons.

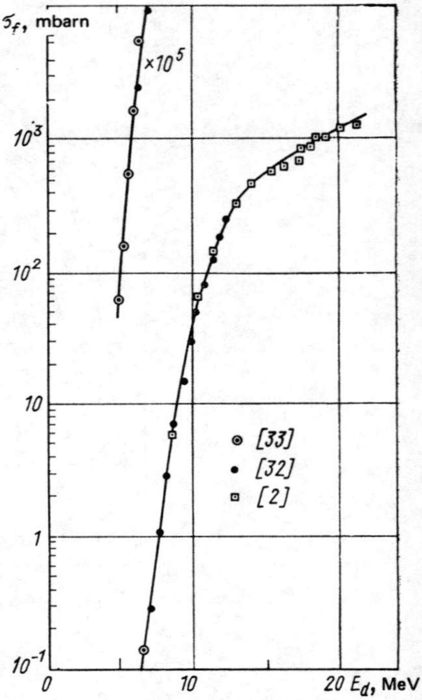

Fig. 3.5. Fission cross-section of ^{232}Th by deuterons.

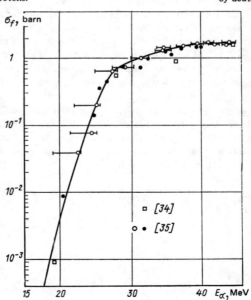

Fig. 3.6. Fission cross-section of ^{232}Th by helium ions.

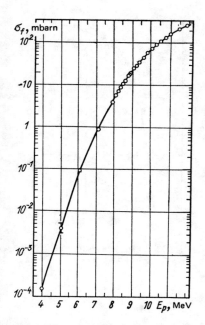

Fig. 3.7. Fission cross-section of ^{233}U by protons [1]. Cross-section at 4 MeV – upper limit.

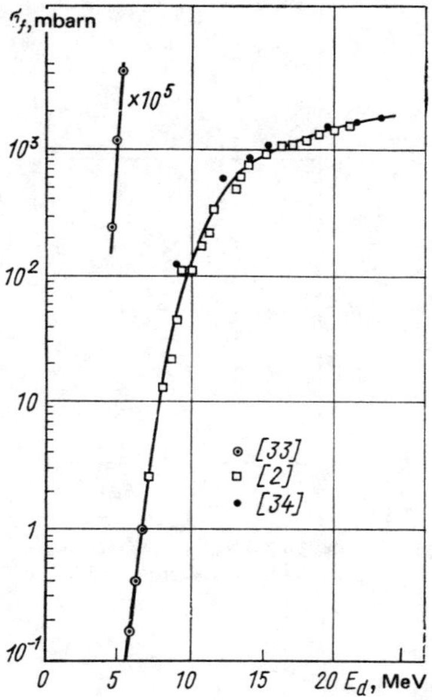

Fig. 3.8. Fission cross-section of ^{233}U by deuterons.

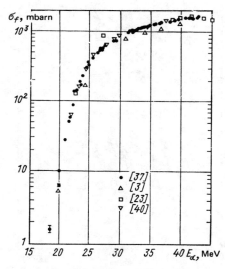

Fig. 3.9. Fission cross-section of ^{233}U by helium ions.

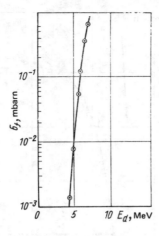

Fig. 3.10. Fission cross-section of ^{238}U by deuterons [33].

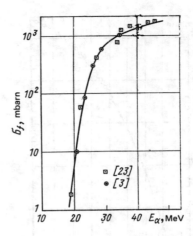

Fig. 3.11. Fission cross-section of ^{235}U by helium ions.

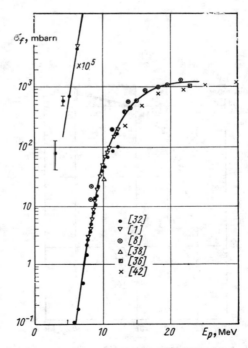

Fig. 3.12. Fission cross-section of ^{238}U by protons.

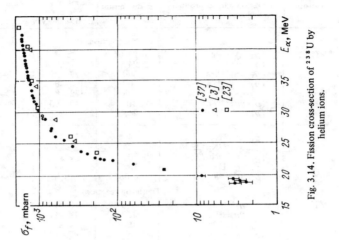

Fig. 3.14. Fission cross-section of ^{238}U by helium ions.

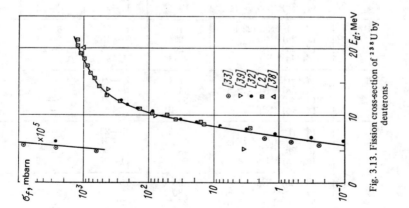

Fig. 3.13. Fission cross-section of ^{238}U by deuterons.

Table 3.1

Spallation cross-sections for isotopes with $Z \geqslant 90$

Isotope	Reaction and its products	Cross-section in maximum mbarn	Particle energy for maximum of cross-section, MeV	Range of measurement, MeV	Reference
	Proton reactions				
^{232}Th	$(p, n)^{232}$Pa	28,6*	>26	5—31	[4]
	$(p, n)^{232}$Pa	24	<28	28—150	[5]
	$(p, 3n)^{230}$Pa	500	22—29	5—31	[4]
	$(p, 3n)^{230}$Pa	300	(65—80)	20—348	[6]
	$(p, 6n)^{227}$Pa	48	72—85	40—348	[6]
	$(p, pn)^{231}$Th	210	40—60	36—150	[5]
	$(p, t)^{230}$Th	24,2³*	32	—	[7]
^{238}U	$(p, n)^{238}$Np	4⁴*	14	—	[8]
	$(p, 3n)^{236}$Np (22 hr)	32*	>22	16—22	[8]
	$(p, 3n)^{236}$Np (22 hr)	30	<32	32—150	[9]
	$(p, t)^{236}$U	13,7³*	32	—	[7]
	$(p, \alpha)^{235}$Pa	0,03⁴*	9,5	—	[10]
	Deuteron reactions				
^{232}Th	$(d, n)^{233}$Pa	40	10—16	—	[11]
	$(d, 2n)^{232}$Pa	150	14—17	—	[12]
	$(d, 4n)^{230}$Pa	90*	<40	—	[12]
	$(d, 7n)^{227}$Pa	18	47—54	30—200	[6]
	$(d, p)^{233}$Th	170	11—17	—	[11]
	$(d, t)^{231}$Th	37,4³*	24	—	[7]
^{233}U	$(d, n)^{234}$Np	13⁵*	17—24	12—24	[13]
	$(d, 2n)^{233}$Np	16	11—14	12—24	[13]
	$(d, 3n)^{232}$Np	15	19—23	12—24	[13]
	$(d, \alpha n)^{230}$Pa	1,9*	>23	—	[13]
^{234}U	$(d, \gamma)^{236}$Np (22 hr)	0,44	16—20	—	[15]
	$(d, n)^{235}$Np	13⁵*	14—24	—	[15]
	$(d, 2n)^{234}$Np	31	12—18	—	[15]
	$(d, 3n)^{233}$Np	19	17—20	—	[15]
^{235}U	$(d, n)^{236}$Np (22 hr)	10	17—22	6—22	[16]
	$(d, 2n)^{235}$Np	26	12—15	6—22	[16]
	$(d, 3n)^{234}$Np	26	18—22	6—22	[16]
	$(d, 4n)^{233}$Np	4,2*	>24	—	[15]
^{236}U	$(d, \gamma)^{238}$Np	1,4	17—21	—	[15]
	$(d, 2n)^{236}$Np (22 hr)	44	10—14	—	[15]
	$(d, 3n)^{235}$Np	56	16—21	—	[15]
	$(d, 4n)^{234}$Np	11,8*	>24	—	[15]
^{238}U	$(d, \gamma)^{240}$Np	1,6	13—23	—	[15]
	$(d, n) + (d, p)^{239}$Np	178	13—21	—	[15]
	$(d, 2n)^{238}$Np	48	10—23	—	[15]
	$(d, 2n)^{238}$Np	69	11—17	6—20	[16]
	$(d, 2n)^{238}$Np	58	15—18	—	[12]
	$(d, 4n)^{236}$Np	30	>21	6—22	[16]
	$(d, 4n)^{236}$Np + ^{236m}Np	35⁴*	21,6	—	[17]
	$(d, 4n)^{236}$Np (22 hr)	39	22—26	—	[12]
	$(d, p)^{239}$U	170	12—18	—	[11]
	$(d, p)^{239}$U	240	12—22	6—22	[16]
	$(d, t)^{237}$U	20³*	24	—	[7]
	$(d, \alpha n)^{235}$Pa	2*	19	—	[10]
^{237}Np	$(d, 2n)^{237}$Pu	16	12—22	—	[18]
	$(d, 3n)^{236}$Pu	14	16—20	—	[18]
	$(d, p)^{238}$Np	150	16—20	—	[18]
	$(d, t)^{236}$Np (22 hr)	40⁵*	16—24	—	[18]

Table 3.1 contd.

Isotope	Reaction and its products	Cross-section in maximum mbarn	Particle energy for maximum of cross-section, MeV	Range of measurement, MeV	Reference
^{238}Pu	$(d, n)^{239}$Am	14⁵*	16—24	—	[19]
	$(d, 2n)^{238}$Am	11	12—20	—	[19]
	$(d, 3n)^{237}$Am	11*	>24	—	[19]
	$(d, \alpha)^{236}$Np	5,5⁴*	20	—	[19]
^{339}Pu	$(d, n)^{240}$Am	13⁵*	15—24	—	[13]
	$(d, 2n)^{239}$Am	28	12—20	—	[13]
	$(d, 3n)^{238}$Am	23*	>24	—	[13]
	$(d, t)^{238}$Pu	0,81*	>21	—	[3]
	$(d, \alpha n)^{236}$Np (22 hr)	0,35*	>21	—	[13]
	$(d, \alpha 3n)^{234}$Np	<0,5	>21	—	[13]
^{240}Pu	$(d, 2n)^{240}$Am	47	13—15	—	[19]
	$(d, 3n)^{239}$Am	27	16—19	—	[19]
^{242}Pu	$(d, 2n)^{242}$Am	16,5	12—15	—	[20]
^{249}Cf	$(d, 2n)^{249}$Es	60	<16	16—23	[21]
	$(d, 3n)^{248}$Es	6	20—23	16—23	[21]
α-particle reactions					
^{30}Th	$(\alpha, 4n)^{230}$U	13	40—45	38—45	[22]
^{132}Th	$(\alpha, 4n)^{232}$U	55	38—43	—	[14]
	$(\alpha, 5n)^{231}$U	4*	>44	—	[14]
	$(\alpha, p)^{235}$Pa	4	30—41	—	[14]
	$(\alpha, pn)^{234}$Pa (6,6 hr)	22	37—46	—	[14]
	$(\alpha, p2n)^{233}$Pa	22*	>46	—	[14]
	$(\alpha, t)^{233}$Pa	5,15³*	48	—	[7]
	$(\alpha, 2pn)^{233}$Th	4,2*	>45	—	[14]
	$(\alpha, \alpha n)^{231}$Th	49*	>46	—	[14]
^{233}U	$(\alpha, n)^{236}$Pu	0,75*	30—48	20—48	[23]
	$(\alpha, 2n)^{235}$Pu	7	27—32	20—48	[23]
	$(\alpha, 3n)^{234}$Pu	1	33—37	26—48	[23]
	$(\alpha, 4n)^{233}$Pu	1*	>48	42—48	[23]
	$(\alpha, 5n)^{232}$Pu	0,002⁴*	43	—	[23]
	$(\alpha, p)^{236}$Np (22 hr)	0,65*	30—48	26—48	[23]
	$(\alpha, pn)^{235}$Np	20*	>48	26—48	[23]
	$(\alpha, p2n)^{234}$Np	20*	>48	26—48	[23]
	$(\alpha, 4n)+(\alpha, p3n)^{233}$Np	1,5*	>48	35—48	[23]
^{234}U	$(\alpha, 4n)^{234}$Pu	1,0	42—44	—	[24]
^{235}U	$(\alpha, n)^{238}$Pu	4	28—40	18—41	[16]
	$(\alpha, n)^{238}$Pu	2	32—45	18—45	[23]
	$(\alpha, 2n)^{237}$Pu	15	24—29	21—46	[23]
	$(\alpha, 3n)^{236}$Pu	7	31—37	27—46	[23]
	$(\alpha, 3n)^{236}$Pu	14	30—35	24—40	[16]
	$(\alpha, 4n)^{235}$Pu	2	41—46	37—46	[23]
	$(\alpha, p)^{238}$Np	2	32—42	21—46	[23]
	$(\alpha, p2n)^{236}$Np (22 hr)	11*	>46	23—46	[23]
^{236}U	$(\alpha, 4n)^{236}$Pu	4	41—46	34—46	[22]
^{238}U	$(\alpha, n)^{241}$Pu	5,4	34—43	18—43	[16]
	$(\alpha, 2n)^{240}$Pu	48	23—27	18—43	[16]
	$(\alpha, 3n)^{239}$Pu	71	30—36	18—43	[16]
	$(\alpha, 4n)^{238}$Pu	20	38—43	18—43	[16]
	$(\alpha, pn)^{240}$Np (12 hr)	6	35—45	22—46	[23]

Table 3.1 contd.

Isotope	Reaction and its products	Cross-section in maximum mbarn	Particle energy for maximum of cross-section, MeV	Range of measurement, MeV	Reference
^{238}U	$(\alpha, p2n)^{239}$Np	34*	>46	22—46	[23]
	$(\alpha, t)^{239}$Np	2,6³*	>48	—	[7]
	$(\alpha, p3n)^{238}$Np	5*	>48	—	[25]
	$(\alpha, \alpha n)^{237}$U	70*	>46	25—46	[23]
	$(\alpha, 2p)^{240}$U	<0,5	0—48	—	[25]
	$(\alpha, 2pn)^{239}$U	1,5*	>48	—	[25]
^{237}Np	$(\alpha, n)^{240}$Am	3,5	29—40	—	[13]
	$(\alpha, 2n)^{239}$Am	15	25—37	—	[13]
	$(\alpha, 3n)^{238}$Am	12	35—42	—	[13]
	$(\alpha, \alpha n)^{236}$Np (22 hr)	22*	46	—	[13]
^{238}Pu	$(\alpha, n)^{241}$Cm	7	<23	25—47	[26]
	$(\alpha, 2n)^{240}$Cm	15	<25	25—47	[26]
	$(\alpha, 4n)^{238}$Cm	0,26	>47	26—47	[26]
	$(\alpha, pn)^{240}$Am	15	35—45	28—47	[26]
	$(\alpha, p2n)+(\alpha, 3n)^{239}$Am	27	35—45	28—47	[26]
^{239}Pu	$(\alpha, n)^{242}$Cm	2	27—40	20—47	[26]
	$(\alpha, 2n)^{241}$Cm	12	25—32	24—47	[26]
	$(\alpha, 3n)^{240}$Cm	4	33—42	24—47	[26]
	$(\alpha, 4n)^{239}$Cm	0,9	41—47	41—47	[26]
	$(\alpha, 5n)^{238}$Cm	0,0044*	46	—	[26]
	$(\alpha, p)^{242}$Am (16 hr)	1	27—41	20—47	[26]
	$(\alpha, p2n)^{240}$Am	17*	>47	27—47	[26]
	$(\alpha, p3n)^{239}$Am	<0,4	38—47	28—47	[26]
^{240}Pu	$(\alpha, 2n)^{242}$Cm	41	25—31	—	[20]
	$(\alpha, 3n)^{241}$Cm	6,5	27—41	—	[20]
	$(\alpha, 4n)^{240}$Cm	0,77*	>40	—	[20]
^{242}Pu	$(\alpha, 2n)^{244}$Cm	100	24—26	24—47	[26]
	$(\alpha, 4n)^{242}$Cm	8	36—44	28—44	[26]
^{243}Am	$(\alpha, 2n)^{245}$Bk	50	25—29	21—45	[27]
	$(\alpha, 3n)^{244}$Bk	18*	>32	26—32	[27]
	$(\alpha, 4n)^{243}$Bk	12	38—45	32—45	[27]
^{244}Cm	$(\alpha, n)^{247}$Cf	8	26—42	—	[27]
	$(\alpha, 2n)^{246}$Cf	17	25—31	—	[27]
	$(\alpha, 3n)^{245}$Cf	5	32—37	28—41	[28]
	$(\alpha, 4n)^{244}$Cf	0,3*	>41	36—41	[28]
	$(\alpha, p2n)^{245}$Bk	30	35—40	—	[27]
	$(\alpha, p3n)^{244}$Bk	1*	>42	—	[27]
^{249}Bk	$(\alpha, n)^{252}$Es	1,0	27—32	24—40	[29]
	$(\alpha, 2n)^{251}$Es	24	27—32	24—40	[29]
^{249}Cf	$(\alpha, n)^{252}$Fm	3	28—33	27—40	[30]
	$(\alpha, 2n)^{251}$Fm	20	29—32	27—40	[30]
	$(\alpha, 3n)^{250}$Fm	0,9	>40	27—40	[30]
^{252}Cf	$(\alpha, n)^{255}$Fm	2⁵*	30—38	22—40	[31]
	$(\alpha, 2n)^{254}$Fm	9	25—30	22—40	[31]
	$(\alpha, 3n)^{253}$Fm	3	34—39	30—40	[31]

* Excitation function does not reach its maximum. The highest observed value is given.
2 * Energy interval in which the cross-section is larger than about 0.85 of the maximum value.
3 * Cross-section (in mbarn.mm) obtained by integration over the thickness of the target.
4 * Cross-section measured for one energy only.
5 * Cross-section does not change over the energy interval shown in column 4.

Table 3.2

Cross-sections for fission of isotopes with Z ≥90 by protons, deuterons and α-particles

Isotope	Reaction	Range of measurement, MeV	Cross-section, mbarn	Reference
^{232}Th	(p, f)	3—12	Fig. 3.4	[32]
	(p, f)	8—22		[8]
	(d, f)	4,8—6,6		[33]
	(d, f)	6—12	Fig. 3.5	[32]
	(d, f)	8—21		[2]
	(α, f)	20—45	Fig. 3.6	[34]
	(α, f)	20—45		[35]
^{233}U	(p, f)	4—12	Fig. 3.7	[1]
	(p, f)	22,8	1290±70	[36]
	(d, f)	4,5—6,6		[33]
	(d, f)	7—21	Fig. 3.8	[2]
	(d, f)	9—23,5		[34]
	(α, f)	18—43		[37]
	(α, f)	23—45	Fig. 3.9	[23]
	(α, f)	25—40		[3]
^{234}U	(d, f)	23,4	1590	[15]
^{235}U	(p, f)	21,5	1310±200	[8]
	(p, f)	22,8	1280±60	[36]
	(d, f)	4,4—6,6	Fig. 3.10	[33]
	(d, f)	14,7	930	[15]
	(d, f)	23,4	1320	[15]
	(α, f)	18—45	Fig. 3.11	[23]
	(α, f)	20—40		[3]
^{236}U	(d, f)	23,4	1690	[15]
^{238}U	(p, f)	3—12		[32]
	(p, f)	6—12		[1]
	(p, f)	8—21,5	Fig. 3.12	[8]
	(p, f)	13—30		[42]
	(p, f)	10	29	[38]
	(p, f)	22,8	1220±50	[36]
	(p, f)	32	1500	[38]
	(p, f)	35	1630	
	(p, f)	40	1760	[42]
	(p, f)	45	1900	
	(d, f)	4,6—6,6		[33]
	(d, f)	5—14		[39]
	(d, f)	6—12	Fig. 3.13	[32]
	(d, f)	8—21		[2]
	(d, f)	20	1000	[38]
	(α, f)	18—43		[37]
	(α, f)	23—40		[3]
	(α, f)	21—42	Fig. 3.14	[40]
	(α, f)	22—45		[23]
^{237}Np	(α, f)	19,8	13	
	(α, f)	22,7	130	[13, 41]
	(α, f)	31,5	720	
	(α, f)	45,7	1360	
^{238}Pu	(α, f)	25,2	430	
	(α, f)	30,2	980	[26]
	(α, f)	47,4	1400	
^{239}Pu	(d, f)	9,2	50	
	(d, f)	15,0	590	[13, 41]
	(d, f)	20,2	1400	
	(d, f)	23,4	1800	
^{239}Pu	(α, f)	20,2	5	
	(α, f)	24,5	125	
	(α, f)	34	310	[26]
	(α, f)	40,7	780	
	(α, f)	47,5	1900	
^{240}Pu	(d, f)	12,4	367	
	(d, f)	15,4	995	[19]
	(d, f)	21,2	1300	

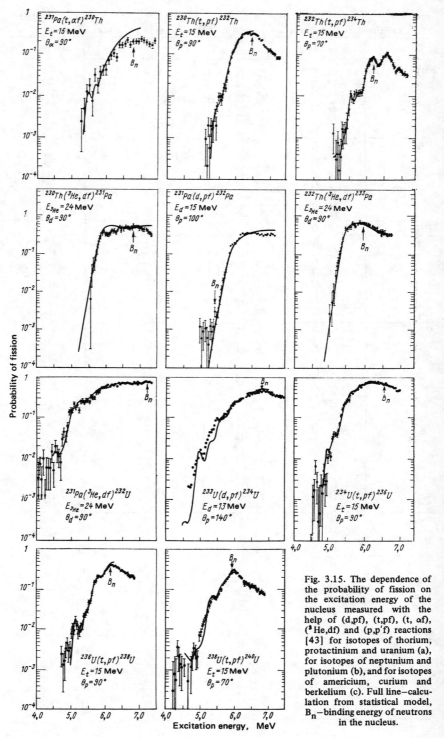

Fig. 3.15. The dependence of the probability of fission on the excitation energy of the nucleus measured with the help of (d,pf), (t,pf), (t, αf), (^{3}He,df) and (p,p'f) reactions [43] for isotopes of thorium, protactinium and uranium (a), for isotopes of neptunium and plutonium (b), and for isotopes of americium, curium and berkelium (c). Full line—calculation from statistical model, B_n—binding energy of neutrons in the nucleus.

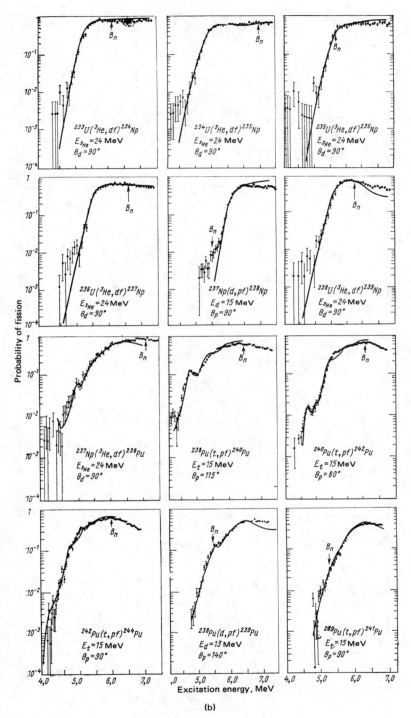

(b)

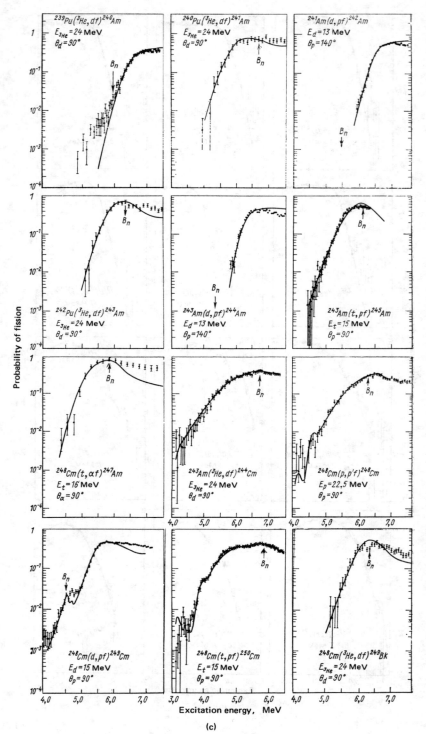

(c)

REFERENCES FOR CHAPTER 3

1. Bate G. L., Huizenga J. H.—*Phys. Rev.*, 1964, v. 133, p. B1471.
2. Bate G. L., Chaudhry R., Huizenga J. R.—*Phys. Rev.*, 1963, v. 131, p. 722.
3. Colby L. J., Shoof M., Cobble J. W.—*Phys. Rev.*, 1961, v. 121, p. 1415.
4. Tewes H. A.—*Phys. Rev.*, 1955, v. 98, p. 25.
5. Lefort M., Simonoff G. N., Tarrago X.—*J. phys. et radium*, 1962, v. 23, p. 123.
6. Meinke W. W., Wick G. C., Seaborg G. T.—*J. Inorg. and Nucl. Chem.*, 1956. v. 3, p. 69.
7. *Phys. Rev.*, 1957, v. 107, p. 1311. Auth.: W. H. Wade, J. Gonsalez-Vidal, R. A. Glass, G. T. Seaborg.
8. McCormick G. H., Cohen B. L.—*Phys. Rev.*, 1954, v. 96, p. 722.
9. Lefort M.—*Compt. rend.*, 1961, v. 253, p. 2221.
10. Meinke W.W., Seaborg G. T.—*Phys. Rev.*, 1950, v. 78, p. 475.
11. Slater L. M. UCRL-2441, 1954.
12. Crane W. W. T., Iddings G. M.—*Material Testing Accelerator, Calif. Research Div.*, Livermore, MTA-48.
13. Gibson W. M.—UCRL-3493, 1956.
14. Foreman B. M.—UCRL-8223, 1958.
15. Lessler R. M.—UCRL-8439, 1958.
16. *Phys. Rev.*, 1959, v. 114, p. 163. Auth.: J. Wing, W. J. Ramler, A. L. Harkness, J. R. Huizenga.
17. Studier M. H., Gindler J. E., Stevens C. M.—*Phys. Rev.*, 1955, v. 97, p. 88.
18. Vandenbosch R. Ph. D. Thesis. University of California, UCRL-3858, 1957.
19. Luoma E. V. UCRL-3495, 1956.
20. Eads D. L., Unpublished data. See [1].
21. Chetham-Strode A., Holm L. W.—*Phys. Rev.*, 1956, v. 104, p. 1314.
22. Vandenbosch R. Seaborg G. T.—*Phys. Rev.*, 1958, v. 110, p. 507.
23. *Phys. Rev.*, 1958, v. 111, p. 1358. Auth.: R. Vandenbosch, T. D. Thomas, S. E. Vandenbosch, R. A. Glass, G. T. Seaborg.
24. Gordon G. E. UCRL-8215, 1958.
25. Coleman J. A. UCRL-8186, 1958.
26. Glass R. A., Carr R. J., Cobble J. W., Seabory Y. T.—*Phys. Rev.*, 1956, v. 104, p. 434.
27. Chetham-Strode A. UCRL-3322, 1956.
28. Chetham-Strode A., Choppin G. R., Harvey B. G.—*Phys. Rev.*, 1956, v. 102, p. 747.
29. *Phys. Rev.*, 1956, v. 104, p. 1315. Auth.: B. G. Harvey, A. Chetham-Strode, A. Ghiorso, G. R. Choppin, S. G. Thompson.
30. *Phys. Rev.*, 1957, v. 106, p. 553. Auth.: S. Amiel, A. Chetham-Strode, G. R. Choppin, A. Ghiorso, B. G. Harvey, L. W. Holm, S. G. Thompson.
31. Sikkeland T., Amiel S., Thompson S. G.—*J. Inorg. and Nucl. Chem.*, 1959, v. 11, p. 261.
32. Choppin G. R., Meriwether J. R., Fox J. D.—*Phys. Rev.*, 1963, v. 131, p. 2149.
33. *Atomnaya energiya*, 1965, V. 18, p. 456. Auth.: Y. A. Nemilov, V. V. Pavlov, Y. A. Selitsky, S. M. Solovev, V. P. Eismont.
34. *Phys. Rev.*, 1959, v. 116, p. 382. Auth.: B. M. Forman, W. M. Gibson, R. A. Glass, G. T. Seaborg.
35. *Phys. Rev.*, 1962, v. 128, p. 700. Auth.: H. G. Hicks, H. B. Levy, W. E. Nervik, P. C. Stevenson, J. B. Niday, J. C. Armstrong.
36. Fulmer C. B.—*Phys. Rev.*, 1959, v. 116, p. 418.
37. Huizenga J. R., Vandenbosch R., Warhanek H.—*Phys. Rev.*, 1961, v. 124, p. 1964.
38. *Phys. Rev.*, 1958, v. 111, p. 886. Auth.: P. C. Stevenson *et al.*
39. *Phys. Rev.*, 1957, v. 108, p. 1264. Auth.: T. T. Sugihara, P. J. Drevinsky, E. J. Troianello, J. M. Alexander.
40. Viola V. E., Sikkeland T.—*Phys. Rev.*, 1962, v. 128, p. 767.
41. Griffioen R. D., Cobble J. W. Unpublished data (see Griffioen R. D., Thesis, Purdue University, 1960).
42. Baba S., Umezawa H., Baba H.—*Nucl. Phys.*, 1971, v. A175, p. 177.
43. Proc. of Symposium on Physics and Chemistry of Fission. Rochester—N. Y., 13–17 August 1973. Vienna, IAEA, 1974, p. 3, 25. Auth.: B. B. Back, O. Hansen *et al.*

PART II

NUCLEAR FISSION

CHAPTER 4

GENERAL CHARACTERISTICS OF THE FISSION PROCESS

Fission of a nucleus means its disintegration into two (less frequently three or four) fragments accompanied by the liberation of a considerable amount of energy and the emission of secondary fission neutrons and γ-rays. Nuclei of heavy elements can fission either spontaneously (*spontaneous fission*) or due to bombardment of neutrons, charged particles and γ-rays (*forced or induced fission*). Most important in practice is fission caused by neutrons. Some isotopes (e.g. ^{233}U, ^{235}U, ^{239}Pu) can be fissioned by neutrons with arbitrary energies, others (e.g. ^{232}Th, ^{236}U, ^{238}U) only by neutrons having energies which exceed the fission threshold.

The lifetime of a nucleus with regard to spontaneous fission is determined by the fission barrier penetration and will be dealt with in Chapter 5. In the case of forced fission, excitation of the nucleus is caused by a particle or photon, usually with the formation of a compound nucleus. Fission can then be considered as one of the possible competing processes of disintegration of the compound nucleus, the probability of which is described by the ratio of the fission width Γ_f to the total width Γ.

The lifetime of the compound nucleus can be evaluated if the value of the total width is known; then $\tau_c = h/\Gamma$ where h is Planck's constant. For instance, to a value of $\Gamma \sim 1$ eV corresponds $\tau_c \sim 10^{-15}$ sec. However, values of Γ are known only for low excitation energies (since in this case discrete resonance levels of the compound nucleus are excited). At higher excitation energies the total width Γ becomes comparable to the distance between levels and resonance effects disappear.

A very effective experimental method for determining τ_c is the shadow method developed by A. F. Tulinov et al. [1-4]. In this method use is made of the effect of motion of the compound nucleus caused by the momentum of the incident particle. Table 4.1 gives values of τ_c obtained by this method.

The time τ_f during which the actual fission process is accomplished is extremely short and according to present ideas amounts to about 10^{-21} seconds.

Experimental evaluations of the time of release of neutrons from the fission fragments τ_n are based on the effect of motion and slowing down of the fragments in the surrounding material. Data obtained in this way are also shown in table 4.1.

The mass of the fissioning compound nucleus is considerably larger than the sum of the masses of the fission fragments. Therefore, a large amount of energy is released during fission. This energy at first appears in the form of kinetic energy of the fission fragments $\bar{E}_k$ and their excitation energy. When the excited fragments return to lower levels, they release ν neutrons, each having a mean kinetic energy $\bar{E}_n$, and several γ-quanta with a total energy $\bar{E}\gamma^{(1)}$; then follows a chain of β-decays of the fragments accompanied by the release of β-particles, γ-rays and anti-neutrinos, until they are finally converted into stable fission products with masses $M(A_L, Z_L)$ and $M(A_H, Z_H)$.

If M(A,Z) is the mass of the original nucleus, M_p-mass of the bombarding particle, M_n-mass of a neutron, then the difference

$$\Delta M = M(A, Z) + M_p - M(A_L, Z_L) - M(A_H, Z_H) - \bar{\nu}M_n$$

is equal to the total energy released in fission*.

Table 4.2 [12] gives the contributions of the individual components to the total energy released in fission of ^{233}U, ^{235}U, ^{239}U, ^{241}Pu by thermal neutrons, and of ^{238}U by neutrons with energies of the fission spectrum.

Table 4.1

Fission times of heavy nuclei

Measured quantity	Measured values, sec	Authors, year, ref.	Method and experimental conditions
τ_n	$<8\cdot 10^{-9}$	Snyder & Williams 1951 [5]	Reduction in the effectiveness of neutron recording due to motion of fission fragments
τ_n	$\leqslant 4\cdot 10^{-14}$	Fraser, 1952 [6]	Change in the angular distribution of neutrons during slowing down of fragments
τ_n	$\leqslant 10^{-13}$	Zamyatnin, Y.C. 1952 [7]	Change of neutron energy distribution during slowing down of fragments
τ_c	$(7\pm 3)\,10^{-15}$	Popovich, D, 1955 [8]	Analysis of resonance structure of fission cross-section of ^{235}U for neutrons
τ_c	$\leqslant 2\cdot 10^{-17}$	Brown et al, 1968 [10]	Shadow method; fission of ^{238}U by 12 MeV protons
τ_c	$(1,4\pm 0,6)\,10^{-16}$	Gibson & Nielsen, 1969 [11]	Shadow method; bombardment of ^{238}U with 10 MeV protons, (in fact fission of ^{238}Np at an excitation energy of ~7.3 MeV)
τ_c	$\leqslant 7\cdot 10^{-17}$	Gibson & Nielsen, 1969 [11]	Shadow method; bombardment of ^{238}U with 12 MeV protons, (in fact fission of excited ^{239}Np and ^{238}Np nuclei).
τ_c	$\leqslant 10^{-17}$	Melikov, Y.V. et al, 1969 [4]	Shadow method; fission of ^{238}U by 12 MeV deuterons
τ_c	$\leqslant 10^{-17}$	Melikov, Y.V. et al, 1969 [2]	Shadow method; fission of ^{238}U by 25 MeV α-particles
τ_c	$(1,3-1,0)\,10^{-16}$	Melikov, Y.V. et al, 1970 [1]	Shadow method; fission of ^{238}U by ~3MeV neutrons
τ_c	$(3,5\pm 1,0)\,10^{-16}$	Melikov, Y.V. et al, 1972 [9]	Shadow method; fission of ^{238}U by 1.7 MeV and 3.3 MeV neutrons and by 25 MeV α-particles. Excitation energy of ^{239}U~6.5 MeV
τ_c	$(2,0\pm 0,8)\,10^{-16}$	Melikov, Y.V. et al, 1972 [9]	Ditto for excitation energy of ^{239}U ~8.1 MeV
τ_c	$(3,00\pm 0,70)\,10^{-16}$	Andersen et al, 1975 [15]	Shadow method, fission of ^{238}U by 1.7 MeV neutrons
	$(2,00\pm 0,55)\,10^{-16}$		Ditto, neutron energy 2.3 MeV
	$1,0\cdot 10^{-16}$		Ditto, neutron energy 3.6 MeV

---

*Provided that the energy of the bombarding particle is small, for instance in the case of fission by thermal neutrons.

Table 4.2

Energies liberated in the fission process (per 1 fission), MeV

Form of energy	Fission by thermal neutrons				Fission by neutrons with the energy spectrum of U^{238} fission
	^{233}U	^{235}U	^{239}Pu	^{241}Pu	
Kinetic energy of fission fragments $\overline{E}_k$	163 [14] 167,8 [13]	166,2±1,3 [12] 165 [14]	172,8±1,9 [12] 172 [14] 175 [13]	172,2±2,2 [12]	166,9±1,3 [12] 162,7 [14]
Energy carried off by fission neutrons $\overline{E}_n\overline{\nu}$	5,0 [14] 5 [13]	4,8±0,1 [12] 4,9 [14]	5,9±0,1 [12] 5,8 [14] 5,8 [13]	5,9±0,1 [12]	5,5±0,1 [12] 5,2 [14]
Energy carried off by instantaneous γ-rays, $\overline{E}_\gamma$	~7 [14[7 [13]	8,0±0,8 [12] 7,8 [14] 7±1 [14]	7,7±1,4 [12] ~7 [14] 7 [13]	7,6±1,4 [12]	7,5±1,3 [12]
Energy carried off by γ-rays accompanying β-decay, $\overline{E}_\gamma(^2)$	~7 [14] 4,24 [13]	7,2±1,1 [12] 7,2 [14] 8,5±1,4 [14]	6,1±1,3 [12] ~7 [14] 6,5 [13]	7,4±1,5 [12]	8,4±1,6 [12]
Energy carried off by β-particles, $\overline{E}_\beta$	~9 [14] 8 [13]	7,0±0,3 [12] 9 [14] 5,7±1 [14]	6,1±0,6 [12] 8 [13] ~9 [14]	7,4±0,6 [12]	8,9±0,6 [12]
Energy carried off by antineutrino $\overline{E}_{\overline{\nu}}$		9,6±0,5 [12] ~10 [14]	8,6±0,7 [12]	10,2±0,7 [12]	11,9±0,7 [12]
Energy of neutrons causing fissions, $\overline{B}_n$	0	0	0	0	3,1 [12]
$E_{tot}=\overline{E}_\kappa + \overline{E}_n\overline{\nu} + \overline{E}_\gamma^{(1)}+\overline{E}_\gamma^{(2)} + \overline{E}_\beta+\overline{E}_{\overline{\nu}} - \overline{B}_n$		202,7±0,1 [12]	207,2±0,3 [12]	210,6±0,3 [12]	205,9±0,3 [12]

Table 4.2 contd.

Form of energy	Fission by thermal neutrons				Fission by neutrons with the energy spectrum of U^{238} fission
	^{233}U	^{235}U	^{239}Pu	^{241}Pu	
$E'_{tot} = \overline{E}_K +$ $+ \overline{E}_n \overline{\nu} +$ $+ \overline{E}_\gamma^{(1)} +$ $+ \overline{E}_\gamma^{(2)} + \overline{E}_\beta$	191 [14] 192 [13]	204 [14]	201 [14] 202 [13]		
Recommended energy liberated in fission (E_{tot} less the energy carried by the anti-neutrinos and by fission products with half-lives exceeding 3 years).		192,9±0,5 [12]	198,5±0,8 [12]	200,3±0,8 [12]	193,9±0,8 [12]

REFERENCES FOR CHAPTER 4

1. Melikov Y. V., Otstavnov Y. D., Tulinov A. F.—*Yadernaya fizika*, 1970, V. 12, p. 50.
2. Melikov Y. V., Ostavnov Y. D., Tulinov A. F.—*Zhurn. experim. i teor. fiz.*, 1969, V. 56, p. 1803.
3. Tulinov A. F.—*Dokl. AN SSSR, Ser. fiz.*, 1965, V. 162, p. 546.
4. Melikov Y. V., Otstavnov Y. D., Tulinov A. F.—Paper at 19th annual meeting on nuclear spectroscopy and atomic energy. Yerevan, 1969.
5. Snyder T. M., Williams R. W.—*Phys. Rev.*, 1951, v. 81, p. 171.
6. Fraser J. S.—*Phys. Rev.*, 1952, v. 88, p. 536.
7. Zamyatnin Y. S., Data given by Yerozolimsky B. G. in: *Fizika deleniya atomnykh yader*, Moscow, Atomizdat, 1957, p. 74.
8. Popovic D., *Proc. First Geneva Conf.* V. 2, P/993, 1955.
9. *Nucl. Phys.*, 1972, v. A180, p. 241. Auth.: Y. V. Melikov et al.
10. Brown F., Marden D. A., Werner R. D.—*Phys. Rev. Lett.*, 1968, v. 20, p. 1449.
11. Gibson W. M., Nielsen K. O.—Phys. and Chem. Fission. Vienna, IAEA, 1969, p. 861.
12. James M. F.—*J. Nucl. Energy*, 1969, v. 23, p. 517.
13. Barbier M. Induced Radioactivity. Amsterdam, North-Holland Publ. Comp., 1969.
14. Gordeyev I. V., Kardashev D. A., Malyshev A. V.—*Yaderno-fizicheskie konstanty*, Moscow, Gosatomizdat, 1963.
15. *Nucl. Phys.*, 1975, v. A241, p. 317. Auth.: J. U. Andersen et al.

CHAPTER 5

SPONTANEOUS FISSION

This chapter provides information on the probability of the spontaneous nuclear fission process. All data concerning the properties of fission fragments, neutrons and γ-rays arising in spontaneous fission are given in Chapters 6 to 9.

Data on isotopes with $90 \leqslant Z \leqslant 105$ for which experimental values of the probability of spontaneous fission exist, are shown in table 5.1. Included in the table are the half-life, the number of spontaneous fissions per 1 gram and 1 second, the ratio of the half-lives

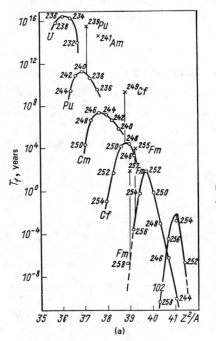

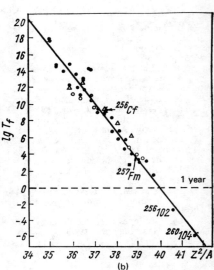

Fig. 5.1. Dependence of the probability of spontaneous fission of nuclei on the parameter Z^2/A without corrections [5] (a), and with correction δ_m taking into account the shell structure of the nucleus and the pairing energy of the nucleons [2] (b): ● even – even isotopes; ○ even-odd; △ odd-even; ■ odd-odd.

for spontaneous fission and the partial half-lives for α-decay and also values of the fissibility parameter Z^2/A. The spontaneous fission half-lives T_f given in the table, and the partial α-decay half-lives T_α used for the calculation of the T_f/T_α ratios, are either mean or most reliable values [1]. The rate of spontaneous nuclear fission N_f has been calculated with the formula

$$N_f = \frac{6{,}02 \cdot 10^{23}}{A} \cdot \frac{\ln 2}{T_f}.$$

As one would expect on the basis of the liquid drop model of the nucleus, the probability of spontaneous fission increases rapidly with an increase in the value of the parameter Z^2/A. However, the function $T_f(Z^2/A)$ represents only a general trend, and there are substantial deviations from it due to the influence of a number of complementary factors (see fig. 5.1.a).

Taking into account the shell structure of the nucleus and the pairing energy of the nucleons improves the curve considerably—when the corresponding corrections δ_m are introduced all experimental points can be quite well represented by a single straight line $\lg T_f$ vs Z^2/A (fig. 5.1.b) [2].

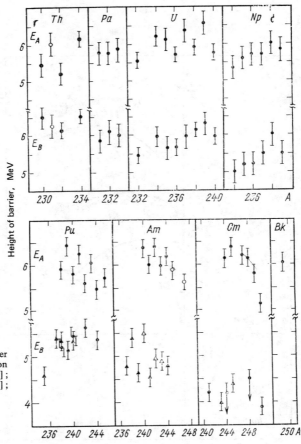

Fig. 5.2. Inner (E_A) and outer (E_B) barrier to nuclear fission [4]: ● – values from ref. [4]; ○ – values from ref. [6]; ▲ – values from ref. [7].

The potential barrier which determines the probability of spontaneous fission has, according to modern ideas, two peaks [3]. In figure 5.2 are shown the values of the internal and external fission barriers (E_A and E_B respectively) obtained by Back et al. [4] from the analysis of nuclear fission by charged particles and of data on spontaneously fissioning isomers. The probability of spontaneous fission of these isomers, i.e. nuclei which are in a strongly deformed state, is determined by the external fission barrier only, and is, therefore, by several orders of magnitude higher. Thus the half-lives of spontaneously fissioning isomers are very short ($10^{-3} - 10^{-9}$ sec). Data on such isomers are not included in table 5.1. since they may be found in reference [1].

Figure 5.3. shows the positions of a number of isotopes with their half-lives T_f and T_α as coordinates. Such a representation is useful for assessing the experimental possibilities of studying fission of a given isotope under different experimental conditions. It can be easily shown that the possibility of carrying out measurements usually depends on the following conditions:

1) $T_f < T_{f \max}$ when spontaneous fission events are recorded; the value $T_{f \max}$ is determined by the sensitivity of the instrument.

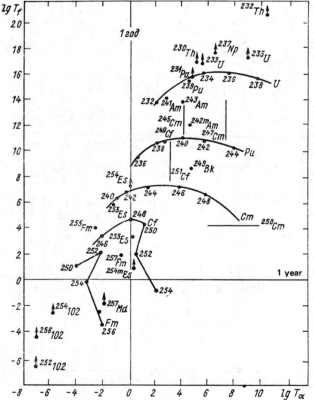

Fig. 5.3. Graphical representation of the spontaneous fission half-lives (T_f) and of α-decay half-lives (T_α) for isotopes of heavy elements. Vertical and horizontal lines indicate isotopes for which only T_α or T_f are known.

2) $T_f > T_{f \min}$ when induced fission events are recorded; in this case $T_{f \min}$ depends mainly on the intensity of the radiation source causing fission.

3) $T_\alpha > T_{\alpha \min}$, since the load on the detector of fissions by α-particles must not exceed a given limit which depends on the time resolution of the detector.

Table 5.1

Probability of spontaneous fission for isotopes with Z⩾90

Isotope	Z^2/A	Period of spontaneous fission, T_f	Number of fissions per 1 g and 1 sec	T_f/T_α
^{230}Th	35,217	$\geqslant 1,5 \cdot 10^{17}$ yr	$\leqslant 3,8 \cdot 10^{-4}$	$\geqslant 2 \cdot 10^{12}$
^{232}Th	34,914	$\geqslant 10^{21}$ yr	$\leqslant 5,7 \cdot 10^{-8}$	$\geqslant 7 \cdot 10^{10}$
^{231}Pa	35,848	$\geqslant 10^{16}$ yr	$\leqslant 5,7 \cdot 10^{-3}$	$\geqslant 3 \cdot 10^{11}$
^{232}U	36,483	$\sim 8 \cdot 10^{13}$ yr	$\sim 0,7$	$1,1 \cdot 10^{12}$
^{233}U	36,326	$\geqslant 1,2 \cdot 10^{17}$ yr	$4,7 \cdot 10^{-4}$	$\leqslant 7,5 \cdot 10^{11}$
^{234}U	36,171	$\sim 2 \cdot 10^{16}$ yr	$\sim 2,8 \cdot 10^{-3}$	$8 \cdot 10^{10}$
^{235}U	36,017	$\geqslant 3,5 \cdot 10^{17}$ yr	$1,6 \cdot 10^{-4}$	$\leqslant 5 \cdot 10^{8}$
^{236}U	35,864	$3,2 \cdot 10^{16}$ yr	$1,8 \cdot 10^{-3}$	$1,3 \cdot 10^{9}$
^{238}U	35,563	$8 \cdot 10^{15}$ yr	$7 \cdot 10^{-3}$	$1,75 \cdot 10^{6}$
^{237}Np	36,494	$\geqslant 10^{18}$ yr	$\leqslant 5,6 \cdot 10^{-5}$	$\geqslant 5 \cdot 10^{-11}$
^{236}Pu	37,441	$3,5 \cdot 10^{9}$ yr	$1,6 \cdot 10^{4}$	$1,2 \cdot 10^{9}$
^{238}Pu	37,126	$4,9 \cdot 10^{10}$ yr	$1,1 \cdot 10^{3}$	$5,6 \cdot 10^{6}$
^{239}Pu	36,971	$5,5 \cdot 10^{15}$ yr	$0,01$	$2,25 \cdot 10^{11}$
^{240}Pu	36,817	$1,34 \cdot 10^{11}$ yr	$4,1 \cdot 10^{2}$	$2,04 \cdot 10^{7}$
^{242}Pu	36,512	$7 \cdot 10^{10}$ yr	$8 \cdot 10^{2}$	$1,8 \cdot 10^{5}$
^{244}Pu	36,213	$6,5 \cdot 10^{10}$ yr	$8,5 \cdot 10^{2}$	$8 \cdot 10^{2}$
^{241}Am	37,448	$1,15 \cdot 10^{14}$ yr	$0,48$	$2,5 \cdot 10^{11}$
^{242m}Am	37,293	$9,5 \cdot 10^{11}$ yr	$57,5$	$3 \cdot 10^{7}$
^{243}Am	37,140	$\sim 10^{14}$ yr	$\sim 0,55$	$\sim 10^{10}$
^{240}Cm	38,400	$1,9 \cdot 10^{6}$ yr	$2,9 \cdot 10^{7}$	$2,6 \cdot 10^{7}$
^{242}Cm	38,083	$6,5 \cdot 10^{6}$ yr	$8,4 \cdot 10^{6}$	$1,5 \cdot 10^{7}$
^{244}Cm	37,770	$1,3 \cdot 10^{7}$ yr	$4,2 \cdot 10^{6}$	$7,2 \cdot 10^{5}$
^{246}Cm	37,463	$1,8 \cdot 10^{7}$ yr	$3 \cdot 10^{6}$	$3,8 \cdot 10^{3}$
^{248}Cm	37,161	$4,2 \cdot 10^{6}$ yr	$1,3 \cdot 10^{7}$	$10,6$
^{250}Cm	36,864	$1,13 \cdot 10^{4}$ yr	$4,6 \cdot 10^{9}$	—
^{249}Bk	37,787	$1,8 \cdot 10^{9}$ yr	$3 \cdot 10^{4}$	$3 \cdot 10^{4}$
^{246}Cf	39,041	$1,5 \cdot 10^{3}$ yr	$3,6 \cdot 10^{10}$	$3,7 \cdot 10^{5}$
^{248}Cf	38,726	$4 \cdot 10^{4}$ yr	$1,3 \cdot 10^{9}$	$4 \cdot 10^{4}$
^{249}Cf	38,570	$6,9 \cdot 10^{13}$ yr	$7,6 \cdot 10^{2}$	$2 \cdot 10^{8}$
^{250}Cf	38,416	$1,7 \cdot 10^{4}$ yr	$3,1 \cdot 10^{9}$	$1,3 \cdot 10^{3}$
^{252}Cf	38,111	86 yr	$6,2 \cdot 10^{11}$	$32,5$
^{254}Cf	37,811	60,5 days	$3,14 \cdot 10^{14}$	$3 \cdot 10^{-3}$
^{256}Cf	37,516	<5 h	$>10^{17}$	—
^{253}Es	38,739	$6,3 \cdot 10^{5}$ yr	$8,3 \cdot 10^{7}$	$1,15 \cdot 10^{7}$
^{254}Es	38,587	$\geqslant 2,5 \cdot 10^{7}$ yr	$\leqslant 2,1 \cdot 10^{6}$	$\geqslant 3,2 \cdot 10^{7}$
^{254m}Es	38,587	$\geqslant 10$ yr	$\leqslant 5,2 \cdot 10^{12}$	$\geqslant 6,6$
^{255}Es	38,435	$2,4 \cdot 10^{3}$ yr	$2,2 \cdot 10^{10}$	$1,9 \cdot 10^{3}$
^{244}Fm	40,984	3,3 msec	$5 \cdot 10^{23}$	—
^{246}Fm	40,650	~ 15 sec	$\sim 1 \cdot 10^{20}$	~ 10
^{248}Fm	40,323	~ 10 h	$\sim 5 \cdot 10^{16}$	$\sim 1 \cdot 10^{5}$
^{250}Fm	40,000	~ 10 yr	$\sim 5 \cdot 10^{12}$	$\sim 2 \cdot 10^{5}$
^{252}Fm	39,682	140 yr	$3,7 \cdot 10^{11}$	$5,3 \cdot 10^{4}$
^{254}Fm	39,370	228 days	$8,3 \cdot 10^{13}$	$1,7 \cdot 10^{3}$
^{255}Fm	39,216	$\sim 10^{4}$ yr	$\sim 5 \cdot 10^{9}$	$\sim 4 \cdot 10^{6}$
^{256}Fm	39,062	160 min	$1,7 \cdot 10^{17}$	$0,08$
^{257}Fm	38,911	100 yr	$5,2 \cdot 10^{11}$	500
^{258}Fm	38,760	0,38 msec	$4 \cdot 10^{24}$	—
^{255}Md	40,004	>12 days	$<1,5 \cdot 10^{15}$	>600
^{256}Md	39,848	>2 days	$<10^{16}$	>40
^{257}Md	39,693	>6 days	$<3 \cdot 10^{15}$	>30
^{252}102	41,286	$\geqslant 7$ sec	$\leqslant 2,4 \cdot 10^{20}$	$\geqslant 3$
^{254}102	40,961	$\geqslant 25$ hr	$\leqslant 1,8 \cdot 10^{16}$	$\geqslant 1,6 \cdot 10^{3}$
^{256}102	40,641	$\geqslant 25$ min	$\leqslant 1 \cdot 10^{18}$	$\geqslant 400$
^{256}103	41,441	$>10^{5}$ sec	$<1,6 \cdot 10^{16}$	$>3 \cdot 10^{3}$
^{257}103	41,280	$>10^{5}$ sec	$<1,6 \cdot 10^{16}$	$>1,5 \cdot 10^{5}$
^{258}104	41,922	11 msec	$1,5 \cdot 10^{23}$	—
^{260}104	41,600	$\sim 0,1$ sec	$\sim 1,5 \cdot 10^{22}$	—
^{260}105	42,404	>8 sec	$<2 \cdot 10^{20}$	>5

REFERENCES FOR CHAPTER 5

1. Gorbachev Y. M., Zamyatnin Y. S., Lbov A. A.—*Osnovnye kharakteristiki izotopov tyazhelykh elementov*. Moscow, Atomizdat, 1975.
2. Viola V. E., Seaborg G. T.—*J. Inorg. and Nucl. Chem.*, 1966, v. 23, p. 741.
3. Strutinsky V. M., Pauli H. C. Proc. of Symposium on Physics and Chemistry of Fission. Vienna, 28 July–1 August 1969. Vienna, IAEA, 1969, p. 155.
4. Proc. of Symposium on Physics and Chemistry of Fission. Rochester. N. Y., 13–17 August 1973. Vienna. IAEA, V. 1, 1974, p. 3. Auth.: B. B. Back et al.
5. *Uspekhi fiz. nauk*, 1970, V. 100, p. 45. Auth.: Flerov, G. N. et al.
6. *Nucl. Phys.*, 1972, v. A189, p. 225. Auth.: G. D. James et al.
7. *Phys. Rev.*, 1971, v. C4, p. 1944; ibid. 1973, v C7, p. 801. Auth.: H. C. Britt et al.

CHAPTER 6

YIELDS AND CHARACTERISTICS OF FISSION FRAGMENTS FROM BINARY FISSION OF HEAVY NUCLEI

Binary fission which gives rise to two fragments is the most probable type of fission. In this chapter data are given on the energies and yields of fragments from spontaneous fission, fission caused by neutrons and photo-fission at excitation energies normally up to 50 MeV and also values of the ranges of the fragments. The mentioned energy interval is most significant in practice. There is, however, another reason for excluding extremely high excitation energies from consideration; at these energies other processes than fission play an important role, for instance fragmentation and spallation, which have their own specific features.

§ 6.1. ENERGIES LIBERATED IN BINARY FISSION

This paragraph presents systemically the energy characteristics of binary fission products [1-134].

Table 6.1. contains the kinetic energies of the fragments (total, that of the heavy and that of the light fragment). The energies are referred to one fission. Where available the energies and masses before and after the emission of fission neutrons are given. However, in some of the references used in the present compilation such a distinction is not made. When it is quite clear from the reference that the given energies and masses are related to the state before neutron emission, then this is specially mentioned in the table.

If in the same work the energies or masses of the fragments were measured before as well as after neutron emission, then the corresponding pairs of values are connected by a bracket.

The first part of table 6.1. provides data for spontaneous fission of heavy nuclei (^{236m}U, ^{240}Pu, ^{242}Pu, ^{239m}Am, ^{242m}Am, ^{242}Cm, ^{244}Cm, ^{248}Cm, ^{246}Cf, ^{248}Cf, ^{250}Cf, ^{252}Cf, ^{254}Cf, ^{253}Es, ^{254}Fm); then come data for fission by thermal neutrons (^{229}Th, ^{233}U, ^{235}U, ^{239}Pu, ^{241}Pu, ^{241}Am), then for fission by fast neutrons (^{231}Pa, ^{232}Th, ^{235}U, ^{238}U, ^{237}Np, ^{239}Pu, ^{240}Pu, ^{242}Pu), and finally for fission of ^{232}Th, ^{235}U, ^{238}U by Bremsstrahlung. In references [35,40] measurements of fragment energies and masses were made under different angles to the beam of bombarding neutrons. In view of the small differences in the measured values, only averaged values are given in table 6.1. The results from reference [37] were not used since more accurate values have been given in later papers by the same authors ([1,3,7] and others) and these are listed in table 6.1.

For cases of fission of heavy nuclei by charged particles, analogous data to those in table 6.1. may be found in references [2, 22, 26, 27, 49, 51, 52, 65, 66, 72]*.

---

*See the review work: Lbov, A. A., Zamyatnin, Y. S., Gorbachev, V. M.: Energii i vykhody produktov deleniya tyazhelykh yader zaryazhennymi chastitsami. In: *Yadernye konstanty*, No. 18. M. Atomizdat, 1975.

Table 6.1

Kinetic energies and masses of fragments from binary fission

Type of fission	Energy of neutrons or gammas, MeV	Fissioning nucleus	Compound nucleus	Kinetic energy of fission fragment (per fission event), MeV			Fission fragment mass, a.m.u.		
				Total kinetic energy $\overline{E}_k$	Energy of heavy fragments $\overline{E}_H$	Energy of light fragments $\overline{E}_L$	Mass of heavy fragments $\overline{A}_H$	Mass of light fragments $\overline{A}_L$	$\overline{A}_H/\overline{A}_L$
Spontaneous		^{236m}U	^{236m}U	**172,1*** [63]	—	—	138,8* [63]	96,9* [63]	—
		^{240}Pu	^{240}Pu	172±2 [3]	72 [3]	100 [3]	140 [3]	100 [3]	—
		^{242}Pu	^{242}Pu	182,22±0,20 [123] 174±3 [1—3]	73 [1—3]	101 [1—3]	140 [1—3]	102 [1—3]	1,38 [1—3]
		^{239m}Am	^{239m}Am	**183,2*** [63]	—	—	137,8* [63]	101,6* [63]	—
		^{242m}Am	^{242m}Am	—	76,4±2 [72]	101,7±2 [72]	—	—	—
		^{242}Cm	^{242}Cm	196,7 [1—3]	85,8 [1—3]	110,8 [1—3]	138 [2, 3] 136 [2]	104 [2, 3] 103 [2]	1,29 [1—3] 1,32 [2]
		^{244}Cm	^{244}Cm	183,7±2,0 [132] 185,5±5 [1—3, 25] 182,3±2,3 [61] 180,2±3 [62] 188,6±1,6 [59]	79,0 [132] 80 [1—3] 86±3 [60] 76,8±1,5 [62] 81,1±1,0 [59]	104,7 [132] 105,5 [1—3] 117±4 [60] 103,4±1,5 [62] 107,5±1,2 [59]	139,53±0,15 [132] 139 [2, 3] 140±0,8 [62] 139,0±1,4 [59]	104,47 [132] 105 [2, 3] 104±0,5 [62] 104,6±1,0 [59]	1,32 [1—3] — — —
		^{248}Cm	^{248}Cm	176,5±2,0 [2, 4] 179±2* [4]	76,5±1,0 [2, 4] —	100,0±0,8 [2, 4]	140,7±0,3 [2, 4]	107,3±0,3 [2, 4]	1,31 [1, 2]
		^{246}Cf	^{246}Cf	195,6±2,0 [2, 5]	84,8±1,3 [2, 5]	110,8±1,5 [2, 5]	—	—	1,31 [2, 5]
		^{248}Cf	^{248}Cf	188,7±1,3 [2, 5]	81,6±0,9 [2, 5]	107,1±0,8 [2, 5]	—	—	1,31 [2, 5]

^{250}Cf		182,5±3 [2, 4] 185±3* [4]	79,0±1,5 [2, 4]	103,5±1,5 [2, 4]	141,9±0,4 [2, 4]	108,0±0,4 [2, 4]	1,32 [2, 4]
^{252}Cf		185,7±1,8* [2, 6, 19, 24] 180,4±0,5 [2, 4]	80,01±0,80* [2, 6, 19] 78,2±0,2 [2, 4]	105,71±1,06* [2, 6, 19] 102,2±0,2 [2, 4]	143,6* [2, 6, 19] 142,9±0,2 [2, 4]	108,39* [2, 6, 19] 109,1±0,2 [2, 4]	1,334* [2, 6, 19] 1,31 [2, 4]
		184,9±2,0 [132]	79,8 [132]	105,1 [132]	143,54±0,15 [132] 139 [2]	108 [2]	1,29 [2]
		183,0±0,5* [4] 185±4 [3, 25] 181,9±5,0* [24, 32] 181,4±5,0* [24] 182,1±1,7* [12, 24] 186,0±0,7* [24, 34] 186,5±1,2* [10, 24] 184,3±2,0* [19, 24]	80 [3, 25] 79,3±1,5* [19] 80,3±0,5* [10] 78,3±0,7* [12] 79,37±0,5 [11]	105 [3, 25] 105,1±1,5* [19] 106,2±0,7* [10] 104,4±1,0* [12] 103,77±0,5 [11]	144 [3, 25] 143,8±1,0* [19] 143,45* [10] 144,2* [12]	108 [3, 25] 108,2±1,0* [19] 108,55* [10] 107,8* [12]	1,33 [3, 25] 1,32* [10] 1,34* [12] 1,33* [19]
		184,17±0,11 [44]	80,3* [11] 79,72±0,10 [44]	105,7* [11] 104,50±0,07 [44]	141,9 [11] 142,88±0,08 [44]	106,0 [11] 109,12±0,08 [44]	1,33 [11] 1,32 [1]
			78,8±0,2 [46]	104,1±0,1 [46]	143,8±0,4* [15] 142,0±0,3 [15]	108,2±0,4* [15] 106,1±0,3 [15]	1,31* [5]
		185 [45] 185,5±1,0* [22, 53] 183±3* [15] 182,9* [26] 179,4±2 [26] 188,5 [1] 184,5±1,4* [5]	81,0 [1] 79,8±1* [5]	107,0 [1] 104,7±1* [5]		108,9±0,3 [26]	
^{254}Cf		182±2,0 [2, 4]	79,5±1,0 [2, 4]	102,1±1,0 [2, 4]	143,0±0,4 [2, 4]	110,9±0,4 [2, 4]	1,29 [2, 4]
		185±2* [4] 186,1±2,8* [5, 22]	83,0±2* [5]	103,1±2* [5]			1,24 [5]
^{253}Es		185±3 [2, 4]	81,6±1,5 [2, 4]	103,4±1,5 [2, 4]	141,7±0,5 [2, 4]	111,3±0,5 [2, 4]	1,27 [2, 4]
		188±3* [4]					

Table 6.1 contd.

Type of fission	Energy of neutrons or gammas, MeV	Fissioning nucleus	Compound nucleus	Kinetic energy of fission fragment (per fission event), MeV			Fission fragment mass, a.m.u.		
				Total kinetic energy $\overline{E}_K$	Energy of heavy fragments $\overline{E}_H$	Energy of light fragments $\overline{E}_L$	Mass of heavy fragments $\overline{A}_H$	Mass of light fragments $\overline{A}_L$	$\overline{A}_H/\overline{A}_L$
Spontaneous		^{254}Fm	^{254}Fm	186±2 [2, 4]	81,7±1,0 [2, 4]	104,0±1,0 [2, 4]	142,5±0,3 [2, 4]	111,5±0,3 [2, 4]	1,28 [2, 4]
				176±6 [3, 25] 189±2* [4] 192 [1]	74,5 [3, 25] —	101,5 [3, 25] —	146 [3, 25] —	108 [3, 25] —	1,36 [3, 25] —
Neutron fission [2]*	Thermal	^{229}Th	^{230}Th	160±3 [2, 7] 162±4 [3]	60 [2, 7] 61 [3]	100 [2, 7] 101 [3]	143 [3]	87 [3]	1,57 [2, 7] 1,65 [3]
		^{233}U	^{234}U	167,02±1,7* [2, 8, 9]	67,5±0,7* [8, 9]	99,6±1,0* [8, 9]	139,62±0,15* [2, 8, 9]	94,38±0,15* [2, 8, 9]	1,49* [2, 8, 9]
				163,0 [2, 28, 29]	63,9 [2, 28, 29]	99,1 [2, 28, 29]	138 [2]	94 [2]	
				163±2 [2, 17]	66 [2, 17]	97 [2, 17]	139 [25]	95 [25]	1,47 [2]
				167 [45, 48]	69,5±1,5* [19]	101,7±1,5* [19]	139,3±1,0* [19]	94,8±1,0* [19]	1,46 [25]
					70,0* [19]		139,5* [19]	94,5* [19]	
				171,2±2,0* [19]		103,1* [19]	139,58±0,10* [15]	94,42±0,10* [15]	1,58 [1]
				173,1* [19]	62,26 [1]	98,2 [1]	138,39±0,15 [15]	93,16±0,15 [15]	
				165±2* [15]	70,1±0,8 [103, 117]	101,9±1,0 [103, 117]	138,8±1,0 [103, 117]	95,2±1,0 [103, 117]	
				160,45 [1] 172,0±1,8 [103, 117, 118] 171,5±0,2 [133]	69,9±0,8 [103, 118]	102,1±1,0 [103, 118]	139,1±1,0 [103, 118]	94,9±1,0 [103, 118]	
		^{235}U	^{236}U	167,68±1,7* [2, 8, 9, 24]	68,2±0,7* [8, 9]	99,4±1,0* [8, 9]	140,07±0,15* [2, 8, 9]	95,93±0,15* [2, 8, 9]	1,46* [2, 8, 9]
				166,9 [2, 28, 29]	66,7 [2, 28, 29]	100,2 [2, 28, 29]	139 [2]	95 [2]	1,46 [2]
							140 [25]	96 [25]	1,45 [25]
				165±2 [2, 17, 24]	67 [2, 17]	98 [2, 17]	139,8±1,0* [19]	96,2±1,0* [19]	1,46 [14]

²³⁹Pu	167,1±1,6* [16, 24]	70,3±1,5* [19]	101,7±1,5* [19]	139,43* [10]	96,57* [10]	1,51 [1]
	166±2* [24, 30]	70,34* [10]	101,56* [10]	139,87±0,07* [14]	95,87±0,07* [14]	—
	167,1±2* [24, 31]			138,60±0,06 [14]		
	168,0±1,7* [12, 24]	68,19±0,10* [14]	99,08±0,07* [14]		94,71±0,06 [14]	—
	168,1±2* [24, 33]	67,86±0,11 [14]	97,84±0,07 [14]	139,99±0,10* [14, 15]	96,10±0,10* [14, 15]	—
	167,4±0,2* [14, 24]	70,3 [35]	100,2 [35]	138,68±0,07 [14, 15]	94,89±0,07 [14, 15]	—
	171,9±1,4* [10, 24]	69,27±0,17 [47]	100,02±0,26 [47]	139,1 [35]	97,3 [35]	—
	172,0±2,0* [19, 24]	66,2 [1]	99,8 [1]	138,9±0,03* [40]	—	—
	166,2±1,3 [24]	—	—	—	—	—
	170,5 [35]	—	—	—	—	—
	170,32±0,06* [40]	—	—	—	—	—
	168,88±0,40 [47]	—	—	—	—	—
	168 [45, 48]	—	—	—	—	—
	167±2* [15]	—	—	—	—	—
	156±1 [41]	—	—	—	—	—
	166,0 [1]	—	—	—	—	—
²⁴⁰Pu	174,41±1,7* [2, 8, 9, 24]	72,9±0,7* [8, 9]	101,5±1,0* [8, 9]	139,77±0,15* [2, 8, 9]	100,23±0,15* [2, 8, 9]	1,39* [2, 8, 9]
	171,4 [2, 28, 29]	71,6 [2, 28, 29]	99,8 [2, 28, 29]	138 [2]	99 [2]	1,40 [2]
	172±2* [2, 3, 17, 24]	72 [2, 3, 17]	100 [2, 3, 17]	140 [3, 25]	100 [3, 25]	1,39 [25]
	172,9±2* [24, 33]	75,3±1,5* [19]	104,0±1,5* [19]	139,4±1,0* [19]	100,6±1,0* [19]	1,40 [1]
	177,7±1,8* [18, 24]	74,5±0,8* [18]	103,2±1,0*	139,66* [18]	100,34* [18]	
	179,3±2,0* [19, 24]	71,5 [1]	100,0 [1]	139,65±0,12* [15]	100,35±0,12* [15]	
		73,2±0,7 [52]	101,8±1,0* [52]	138,24±0,10 [15]	98,95±0,10 [15]	

Table 6.1 contd.

Type of fission	Energy of neutrons or gammas, MeV	Fissioning nucleus	Compound nucleus	Kinetic energy of fission fragment (per fission event), MeV			Fission fragment mass, a.m.u.		
				Total kinetic energy $\bar{E}_K$	Energy of heavy fragments $\bar{E}_H$	Energy of light fragments $\bar{E}_L$	Mass of heavy fragments $\bar{A}_H$	Mass of light fragments $\bar{A}_L$	$\bar{A}_H/\bar{A}_L$
Neutron fission [2*]	Thermal	^{239}Pu	^{240}Pu	172,8±1,9 [24] 174 [45, 48] 178,8±0,5 [133] 173±2* [15] 171,5 [1] 175,0±1,7* [52]	—	—	—	—	—
		^{241}Pu	^{242}Pu	174±3 [1—3] 179,6±1,8* [18, 24] 172,2±2,2 [24] 178,7±0,5 [133] 170,4±2,5 [69] 174 [45, 48]	73 [1—3] 76,3±0,8* [18] —	101 [1—3] 103,2±1,0* [18] —	140 [1—3, 25] 139,42* [18] —	102 [1—3, 25] 102,58* [18] —	1,38 [1, 2, 25] —
		^{241}Am	^{242}Am	{ 186,0±4,9* [64] 183,3±4,5 [64] 178,4±2,7 [69]	{ 77,8±3,6* [64] 74,5±3,4 [64]	{ 108,2±3,3* [64] 106,4±2,9 [64]	141 [64] —	101 [64] —	—
	Fission spectrum	^{231}Pa	^{232}Pa	166,8±2,0* [19]	66,5±1,5 [19]	100,3±1,5* [19]	139,8±1,0* [19]	92,2±1,0* [19]	1,51* [19]
		^{232}Th	^{233}Th				139 [2]	92 [2]	1,51 [2]
		^{238}U	^{239}U	169,4±2* [24, 33] 170,1±2,0* [19, 24] 166,9±1,3 [24] 168 [19, 20]	70,4±1,5* [19] 60 [19, 21] 67,4 [68] —	99,7±1,5* [19] 89 [19, 21] 95,3 [68] —	139 [2] 140,5±1,0* [19] —	98 [2] 98,5±1,0* [19] —	1,42 [2] 1,43* [19] —

1,38	²³⁷Np	²³⁸Np	174,0±2,0* [19]	71,9±1,5* [19]	102,1±1,5* [19]	140,0±1,0* [19]	98,0±1,0* [19]	1,43* [19]
1,38	²³²Th	²³³Th	161,40±0,31 [36]	—	—	—	—	—
1,51	²³²Th	²³³Th	161,20±0,18 [36]	—	—	—	—	—
1,65	²³²Th	²³³Th	162,73±0,16 [36]	—	—	—	—	—
1,90—1,92	²³²Th	²³³Th	169,0±2,0* [58] 162,55±0,16 [36]	—	—	—	—	—
2,37	²³²Th	²³³Th	163,17±0,18 [36]	—	—	—	—	—
2,87	²³²Th	²³³Th	163,02±0,22 [36]	—	—	—	—	—
2,97	²³²Th	²³³Th	169,7±2,0* [58]	—	—	—	—	—
4,81	²³²Th	²³³Th	170,5±2,0* [58]	—	—	—	—	—
5,60	²³²Th	²³³Th	163,47±0,18 [36]	—	—	—	—	—
14,9—15	²³²Th	²³³Th	157±4 [56] 165,5±3,0* [57]	—	—	—	—	—
0,12	²³⁵U	²³⁶U	170,2±0,4 [35]	70,2±0,3 [35]	99,9±0,2 [35]	138,7 [35]	97,2 [35]	—
0,5	²³⁵U	²³⁶U	170,1±0,4 [35]	70,3±0,3 [35]	99,9±0,3 [35]	138,6 [35]	97,3 [35]	—

Table 6.1 contd.

Type of fission	Energy of neutrons or gammas, MeV	Fissioning nucleus	Compound nucleus	Kinetic energy of fission fragment (per fission event), MeV			Fission fragment mass, a.m.u.		
				Total kinetic energy $\bar{E}_K$	Energy of heavy fragments $\bar{E}_H$	Energy of light fragments $\bar{E}_L$	Mass of heavy fragments $\bar{A}_H$	Mass of light fragments $\bar{A}_L$	$\bar{A}_H / \bar{A}_L$
Neutron fission [2*]	2,5	^{235}U	^{236}U	—	~59* [105]	~91* [105]	—	—	—
	3	^{235}U	^{236}U	170,12±0,10* [40]	—	—	138,6±0,06* [40]	—	—
	4	^{235}U	^{236}U	165,4±1,1 [116] 166,0±1,1 [116]	—	—	—	—	—
	6,0	^{235}U	^{236}U	169,2±0,2 [35]	70,2±0,2 [35]	99,0±0,1 [35]	138,5 [35]	98,0 [35]	—
	14,0	^{235}U	^{236}U	174±4 [119]	~61³* [21] ~59³* [105]	~90³* [21] ~91* [105]	—	—	—
	0,8	^{238}U	^{239}U	178,5±2,5 [133]	—	—	—	—	—
	1,3	^{233}U	^{239}U	172,53±0,20 [38]	—	—	138,79±0,12 [38]	—	—
	1,4	^{238}U	^{239}U	172,50±0,20 [38]	—	—	138,80±0,10 [38]	—	—
	1,5	^{238}U	^{239}U	170,5±1,0 [35] 172,5±0,2 [133]	71,4±0,7 [35]	99,1±0,7 [35]	139,0 [35] 138,70±0,10 [38]	100,1 [35]	—
				172,55±0,15 [38]					
	1,6	^{238}U	^{239}U	170,55±0,15* [40]	—	—	139,1±0,07* [40]	—	—
	1,9	^{238}U	^{239}U	172,48±0,15 [38]	—	—	138,78±0,10 [38]	—	—

2,5—2,9	²³⁸U	²³⁹U	172,23±0,15 [38]	~61* [21]	~90* [21]	138,85±0,10 [38]	—	—
5,3	²³⁸U	²³⁹U	171,63±0,15 [38]	—	—	139,00±0,10 [38]	—	—
5,6	²³⁸U	²³⁹U	167,7±0,7 [35]	70,1±0,5 [35]	97,6±0,5 [35]	139,2 [35]	99,7 [35]	—
14—15	²³⁸U	²³⁹U	168,6±3,0* [57] 175±2 [119]	~61³* [21]	~90³* [21]	—	—	—
14	²³⁹Pu	²⁴⁰Pu	—	~65³* [21]	~91³* [21]	—	—	—
1,3	²⁴⁰Pu	²⁴¹Pu	178,2±0,5 [133]	—	—	—	—	—
1,10	²⁴²Pu	²⁴³Pu	178,6±0,5 [133]	—	—	—	—	—
Photo-fission 17,7 (max)	²³²Th	²³²Th	153 [115]	68,8±4 [115]	84,2±4 [115]	—	—	—
70 (max)	²³²Th	²³²Th	157±3 [71]	61±2 [71]	97±2 [71]	—	—	—
25 (max)	²³⁵U	²³⁵U	165±4 [70]	—	—	—	—	—
42 (max)	²³⁵U	²³⁵U	167,5±2 [109]	—	—	—	—	—
12,5 (max)	²³⁸U	²³⁸U	—	~60³* [104]	~93³* [104]	—	—	—
17,7 (max)	²³⁸U	²³⁸U	159 [115]	72,5±3 [115]	86,5±4 [115]	—	—	—

* Kinetic energies and masses from references indicating explicitly that the values are those prior to neutron evaporation.
2* In references [2, 8, 9] fission was induced by slow neutrons.
3* Positions of peaks in energy distribution are given [21, 104, 105].

The kinetic energy of the fission fragments as a function of the Coulomb energy parameter $Z^2/A^{1/3}$ of the compound nucleus $^A_Z X$ is shown for many heavy nuclei in figure 6.1. [121]; see also references [19, 22, 23, 54, 55, 59, 72, 100, 120].

It should be noted that the distributions of the fission fragment energies obtained in fission of ^{235}U and ^{239}Pu by thermal neutrons and by neutrons having an energy of 14 MeV are almost identical; the same is true in the case of ^{238}U for fission by 2.5 MeV and by 14 MeV neutrons. The main part of the liberated energy, i.e. the kinetic energy of the fragments, is for each nucleus virtually independent of the energy of the fissioning

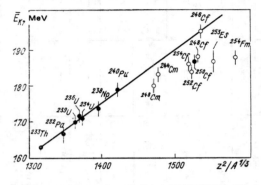

Fig. 6.1. The kinetic energy of the fragments E_k vs the Coulomb energy parameter $Z^2/A^{1/3}$ of the compound nucleus $^A_Z X$ [121]. ● – induced fission, ○ – spontaneous fission.

neutrons up to energies of about 15 MeV [68]. The weak dependence of the total fission fragment energies on the excitation energy is documented in references [2, 22, 27, 35, 36, 38, 40, 52, 58, 72, 74, 75, 78, 88, 111], (see also table 6.1.). So, for instance, in reference [74] it was found that in fission of ^{237}Np by neutrons with energies from

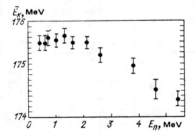

Fig. 6.2. The mean kinetic energy of the fragments $\bar{E}_k$ as a function of the energy E_n of neutrons causing fission of ^{237}Np [78].

Fig. 6.3. Distribution of total kinetic energies of the fragments by mass (before neutron emission) in spontaneous fission of ^{252}Cf and in fission of ^{233}U, ^{235}U, ^{239}Pu, ^{241}Pu by thermal neutrons (indicated in the figure are the fissioning compound nuclei) [87].

0.4–1.3 MeV the change in total kinetic energy did not exceed 0.35 MeV.

The mean kinetic energy of fission fragments from ^{237}Np is shown in fig. 6.2. as a function of the energy of the bombarding neutrons $E_n = 0.5 - 5.5$ MeV [78].

Data on the distribution of the total kinetic energies of the fragments as a function of their masses or of the mass ratio are plentiful: for spontaneous fission of ^{252}Cf [10, 23, 68, 87, 107]; for fission by thermal neutrons of ^{229}Th [7], ^{233}U [23, 68, 86, 87, 107], ^{235}U [10, 23, 54, 68, 80, 86, 87, 107], ^{239}Pu [18, 23, 68, 86, 107], ^{241}Pu [18, 87, 108]; for fission by fast neutrons of ^{231}Pa [87], ^{232}Th [36, 56, 85], ^{235}U [76], ^{238}U [65]; for fission by deutrons of ^{232}Th [86, 106]; for fission by ^{4}He ions of ^{230}Th [51], ^{232}Th [51, 54], ^{233}U [51], ^{238}U [108] and for fission by Bremsstrahlung of ^{235}U [77].

As an example, the distribution curves of the total kinetic fragment energies as a function of mass are shown in fig. 6.3. for spontaneous fission of ^{252}Cf and for fission by thermal neutrons of ^{233}U, ^{235}U, ^{239}Pu and ^{241}Pu [87].

For data showing how the mean kinetic energy of a pair of fragments obtained in symmetrical fission and in fission with the maximum kinetic energy depend on the excitation energy of the compound nucleus, see reference [54,102]. Kinetic energy distributions for fixed mass ratios are given in references [67, 70, 84]. As an example, a contour diagram for fission of ^{232}Th by 14.9 MeV neutrons is shown in fig. 6.4. [56].

Energy distributions for each of the fragments and for the total kinetic energy of the fragments from binary photo-fission are shown in fig. 6.5. [70].

In reference [39] are given the energies of individual fragments (from ^{89}Sr to ^{140}La) which obtain in fission of ^{232}Th by reactor neutrons. In reference [43] are given the mean fragment energies resulting from fission by 90 MeV neutrons: ^{238}U (80 MeV), ^{235}U (83 ± 1.5 MeV), ^{232}Th (82 ± 2 MeV), and from fission by 45 MeV neutrons: ^{238}U (79 ± 3 MeV), ^{232}Th (84 ± 3 MeV). Special problems related to the energy liberated in fission are discussed in references [73-99, 110, 112-114].

Individual values of fission fragment energies are quoted in a number of review papers [2, 3, 13, 25, 54, 55, 67, 100, 101]. The authors of these reviews— Hyde, Smith, Fraser, Milton, Obukhov, Perfilov, Leachman, Kraut and others— were mainly concerned with the physics of the process and with the description of experimental techniques. Therefore, they used experimental results for illustration only. Moreover, these reviews could not, of course, contain the most recent results.

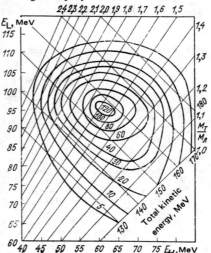

Fig. 6.4. Diagram for fission of ^{232}Th by 14.9. MeV neutrons (subscripts 'H' and 'L' indicate heavy and light fragments respectively) [56].

Kinetic energy distributions of the fission fragments at various excitation energies have been also studied for the following cases: spontaneous fission of ^{244}Cm [122] and ^{252}Cf [130], spontaneous and induced fission of ^{242}Pu [123], fission by thermal neutrons of ^{233}U [134] and ^{235}U [128, 134], fission of ^{233}U by monoenergetic neutrons in the energy range 0–6 MeV [127], fission of ^{235}U by monoenergetic neutrons in the interval 0.6–3 MeV with steps of 100–250 keV [126], fission of ^{236}U resulting from the reactions ^{232}Th + α and ^{235}U + n for excitation energies of the compound nucleus ranging from 18 to 30 MeV [129], fission of ^{239}Pu by neutrons with energies from 0–5.5 MeV with steps of 100 keV [124], fission of ^{233}U and ^{239}Pu by 5.5 and 15 MeV neutrons [125], fission of ^{241}Pu by monoenergetic neutrons with energies ranging from thermal to 5 MeV [131].

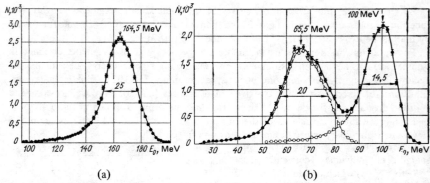

Fig. 6.5. Distribution of the total kinetic energy of the fragments (a), and distribution of fragments by energy (b) for photo-fission of ^{235}U [70].

REFERENCES FOR §6.1

1. *Phys. Rev.*, 1957, v. 106, No. 4, p. 779. Auth.: A. Smith et al.
2. Hyde E. K., Perlman I., Seaborg G. T. The Nuclear Properties of the Heavy Elements. V. III. Prentice-Hall, Inc., Englewood Cliffs, New Jersey, 1964.
3. Proceedings of the Second United Internat. Conf. on the Peaceful Uses of Atomic Energy. Geneva, 1958. V. 15. 1959, P/690, p. 392. Auth.: A. B. Smith et al.
4. *Phys. Rev.*, 1963, v. 131, No. 6, p. 2617. Auth.: R. Brandt et al.
5. *Phys. Rev.*, 1963, v. 131, p. 1203. Auth.: A. M. Friedman et al.
6. Whetstone S. L.–*Phys. Rev.*, 1963, v. 131, p. 1232.
7. *Phys. Rev.*, 1958. v. 111, No. 6, p. 1633. Auth.: A. Smith et al.
8. Milton J. C. D., Fraser J. S.–*Canad. J. Phys.*, 1962, v. 40, p. 1626.
9. Milton J. C. D., Fraser J. S. Ibid., 1963, v. 41, p. 817.
10. Schmitt H. W., Neiler J. H., Walter F. I. *Phys. Rev.*, 1966, v. 141, No. 3, p. 1146.
11. Schmitt H. W., Kiker W. E., William C. W. Ibid., 1965, v. 137, No. 4B, p. B837.
12. *Canad. J. Phys.* 1963, v. 41, p. 2080. Auth.: J. S. Fraser et al.
13. Fraser J. S. Milton J. C. D.–*Ann. Rev. Nucl. Sci.*, 1966, v. 16, p. 379, Palo Alto, Calif.
14. Andritsopoulos G. *Nucl. Phys.*, 1967, v. A94, No. 3, p. 537.
15. Terrell J. *Phys. Rev.*, 1962, v. 127, p. 880.
16. Leachman R. B., Schafer W. D. *Canad. J. Phys.*, 1955, v. 33, p. 357.
17. Stein W. E. *Phys. Rev.*, 1957, v. 108, No. 1, p. 94.
18. Neiler J. M., Walter F. J., Schmitt H. W. Ibid., 1966, v. 149, p. 894.
19. Bennett M. J., Stein W. E. Ibid., 1967, v. 156, p. 1277.
20. Leachman R. B. Ibid., 1956, v. 101, p. 1005.
21. Wahl J. S. Ibid., 1954, v. 95, p. 126.
22. Viola V. E. *Nuclear Data*, 1966, v. A1, No. 5, p. 391.
23. Fraser J. S. *Phys. and Chem. Fission, Salzburg 22-26 March 1965*. V. 1. Vienna, 1965, p. 451.
24. James M. F. *J. Nucl. Energy*, 1969, v. 23, No. 9, p. 517.
25. *Reactor Physics Constants*, ANL-5800. Second Edition USAEC, 1963.
26. Britt H. C., Wegner H. E., Gursky J. *Phys. Rev.*, 1963, v. 129, No. 5, p. 2239.
27. Whetstone S. L. *Phys. Rev.*, 1964, v. 133, No. 3B, p. B613.
28. Brunton D. C., Hanna G. C. *Can. Journ. Res.*, 1950, v. 28A, p. 190.
29. Brunton D. C., Thompson W. B.–Ibid., p. 498.
30. *Phys. Rev.*, 1957, v. 107, P. 1642. Auth.: S. R. Gunn et al.
31. Leachman R. B. Ibid., 1952, v. 87, p. 442.
32. Milton J. C. D., Fraser J. S. Ibid., 1958, v. 111, p. 877.
33. Meadows J. W., Whalen J. E. *ANL-7010*, 1965, p. 14 (see [24]]).
34. *Phys. and Chem. Fiss. Proc. Salzburg, 22-26 March 1965*. Vienna, 1965, v. 1, p. 531. Auth.: H. W. Schmitt et al.

35. Meadows J. W. *Phys. Rev.*, 1969, v. 177, No. 4, p. 1817.
36. *Yadernaya fizika*, 1968, V. 7, No. 4, p. 778. Auth.: A. I. Sergachev *et al.*
37. *Phys. Rev.*, 1956, V. 102, p. 813. Auth.: A. B. Smith *et al.*
38. *Yadernaya fizika*, 1969, V. 9, No. 2, p. 296. Auth.: V. G. Vorob'eva *et al.*
39. *Journ. Inorg. and Nucl. Chem.*, 1969, v. 31, No. 5, p. 1217. Auth.: S. Parkash *et al.*
40. *Yadernaya fizika*, 1969, V. 10, No. 3, p. 491. Auth.: V. G. Vorob'eva *et al.*
41. *Yadernaya fizika*, 1969, V. 10, No. 4, p. 713. Auth. V. A. Arifov *et al.*
42. Barbier M. *Induced Radioactivity*, North-Holland Pub. Comp., Amsterdam— London, 1969.
43. Jungerman J., Wright S. C. *Phys. Rev.*, 1949, v. 76, No. 8, p. 1112.
44. Ibid., 1969, v. 182, No. 4, p. 1244. Auth.: E. Nardi *et al.*
45. *Phys. Rev. Lett.*, 1967, v. 18, No. 11, p. 404. Auth.: M. L. Muga *et al.*
46. *Phys. Rev.*, 1967, v. 156, No. 4, 1283. Auth.: Z. Fraenkel *et al.*
47. *Nucl. Phys.*, 1970, v. A145, No. 2, p. 657. Auth.: M. Asghar *et al.*
48. Muga M. L., Rice. C. R. *Phys. and Chem. Fiss. Proc. 2nd IAEA Symp.* Vienna, *1969.* Vienna, 1969, p. 107.
49. Unik J. P., Huizenga J. R. *Phys. Rev.*, 1964, v. 134, p. B90.
50. Viola V. E., Sikkeland T. Ibid., 1963, v. 130, p. 2044.
51. Britt H. C., Whetstone S. L. Ibid., 1964, v. 133, p. B603.
52. Seki M. *Journ. Phys. Soc. Japan.*, 1965, v. 20, p. 190.
53. Milton J. C. D., Fraser J. S. *Bull. Amer. Phys. Soc.*, 1963, v. 8, p. 370.
54. Obukhov A. I., Perfilov N. A. *Uspekhi fizicheskikh nauk*, 1967, V. 92, No. 4, p. 621.
55. Perfilov N. A. Phys. and Chem. Fiss. Salzburg 22–26 March 1965, V. 2. Vienna, 1965, p. 283.
56. *Zhur. eksperim. i teor. fiz.*, 1960, V. 39, No. 2, p. 384. Auth.: A. N. Protopopov *et al.*
57. Gönnenwein F., Pfeiffer E. *Zeitschrift für Physik*, 1967, Bd 207, S. 209.
58. Phys. and Chem. Fission. Proc. 2nd IAEA Sympos. Vienna, 1969. Vienna, 1969. p. 944. Auth.: F. Gönnenwein *et al.*
59. a) *Yadernaya fizika*, 1970, V. 11, No. 3, p. 501. Auth.: I. D. Alkhazov *et al.*
    b) Phys. and Chem. Fiss. Proc. 2nd IAEA Sympos. Vienna, 1969. Vienna, 1969, p. 961. Auth.: I. D. Alkhazov *et al.*
60. *Atomnaya energiya*, 1963, V. 15, No. 3, p. 249. Auth.: L. Z. Malkin *et al.*
61. *Atomnaya energiya*, 1964, V. 17, No. 1, p. 28. Auth.: V. I. Bol'shov *et al.*
62. Vei-ven Y., Chelnokov L. P., Preprint OIYI No. 2317, Dubna, 1965. (See [59]).
63. *Phys. Lett.*, 1970, v. B31, No. 8, p. 526. Auth.: R. L. Ferguson *et al.*
64. Hyakutake M. *Technol. Repts Kyushu Univ.*, 1966, v. 39, No. 2, p. 170.
65. *Gensikaku Kenkyu*, 1964, V. 9, No. 4, p. 460. Auth.: Sonoda-Masaaki *et al.*
66. *Gensikaku Kenkyu*, 1963, V. 8, No. 3, p. 356. Auth.: Sirato Sēdzi *et al.*
67. Krivokhatsky A. S., Romanov Y. F., *Poluchenie transuranovykh i aktinoidnykh elementov pri neitronnom obluchenii*. Moscow, Atomizdat, 1970.
68. Gordeyev I. V., Kardashev D. A., Malyshev A. V., *Yaderno-fizicheskie konstanty*. Moscow, Gosatomizdat, 1963.
69. *Izv. AN SSSR. Ser. fiz.*, 1968, V. 32, No. 4, p. 693. Auth.: I. A. Baranov *et al.*
70. Petrzhak K. A., Tutin G. A., *Yadernaya fizika*, 1963, V. 7, No. 5, p. 970.
71. *Atomnaya energiya*, 1961, V. 11, No. 6, p. 540. Auth.: B. A. Bochagov *et al.*
72. Erkkila B. H., Leachman R. B. *Nucl. Phys.*, 1968, v. A108, No. 3, p. 689.
73. Desai R. D., Menon M. P. *Phys. Rev.*, 1966, v. 150, No. 3, p. 1027.
74. *Yadernaya fizika*, 1968, V. 7, No. 6, p. 1185. Auth.: A. G. Kozlov *et al.*
75. a) Preprint OIYI, No. PE–4873, Dubna, 1969. Auth.: Y. Dermendzhiev *et al.*
    b) Phys. and Chem. Fiss. Proc. 2nd IAEA Sympos. Vienna, 1969. Vienna, 1969, p. 934. Auth.: Y. Dermendzhiev *et al.*
76. Proc. Nucl. Phys. and Solid. State Phys. Sympos., Chandigarh, 1964, Part A, S1, p. 120. Auth.: S. S. Kapoor *et al.*
77. Petrzhak K. A., Tutin G. A. *Yadernaya fizika*, 1969, V. 9, No. 5, p. 949.
78. *Yadernaya fizika*, 1970, V. 11, No. 2, p. 297. Auth.: B. D. Kuz'minov *et al.*
79. *Yadernaya fizika*, 1970, V. 11, No. 2, p. 290. Auth.: Y. M. Artem'ev *et al.*
80. *Yadernaya fizika*, 1967, V. 6, No. 4, p. 708. Auth.: V. I. Senchenko *et al.*
81. *Yadernaya fizika*, 1967, V. 5, No. 3, p. 514. Auth.: V. I. Senchenko *et al.*
82. *Yadernaya fizika*, 1968, V. 6, No. 6, p. 1167. Auth.: P. P. D'yachenko *et al.*
83. *Yadernaya fizika*, 1969, V. 9, No. 1, p. 19. Auth.: Y. M. Artem'ev *et al.*
84. *Yadernaya fizika*, 1966, V. 3, No. 1, p. 65. Auth.: Y. A. Selitsky *et al.*
85. Kuzminov B. D., Sergachev A. I. Phys. and Chem. Fission, Salzburg, 22–26 March 1965. V. 1. Vienna, 1965, p. 611.
86. Ibid., p. 465. Auth.: T. D. Thomas *et al.*
87. Schmitt H. W. Phys. and Chem. Fission Proc. 2nd IAEA Sympos. Vienna, 1969. Vienna, 1969, p. 67.

88. Ajitanand N. N., Boldeman J. *Nucl. Phys.*, 1970, v. A144, No. 1, p. 1.
89. Ibid., 1967, v. A99, No. 1, p. 41. Auth.: C. Signarbieux et al.
90. Signarbieux C., Ribrag M. Phys. and Chem. Fission. Proc. 2nd IAEA Sympos. Vienna, 1969. Vienna, 1969, p. 913.
91. *Yadernaya fizika*, 1969, v. 10, No. 3, p. 527. Auth.: Y. M. Artem'ev et al.
92. a) *Yadernaya fizika*, 1969 v. 10, No. 5, p. 923. Auth.: M. V. Blinov et al.
b) Phys. and Chem. Fission. Proc. 2nd IAEA Sympos. Vienna, 1969. Vienna, 1969, p. 957. Auth.: M. V. Blinov et al.
93. D'yachenko P. P., Kuz'minov B. D. Phys. and Chem. Fiss., Salzburg 22-26 March 1965. Vienna, 1965, v. 1, p. 601.
94. D'yachenko, P. P., Kuz'minov B. D. Phys. and Chem. Fiss. Proc. 2nd IAEA Sympos. Vienna, 1969. Vienna, 1969, p. 955.
95. *Yadernaya fizika*, 1967, v. 6, No. 6, p. 1162. Auth.: V. I. Bol'shov et al.
96. *Yadernaya fizika*, 1965, v. 1, No. 5, p. 816. Auth.: V. F. Apalin et al.
97. Phys. and Chem. Fission. Salzburg, 22-26 March 1965. V. 1. Vienna, 1965, p. 587. Auth.: V. F. Apalin et al.
98. Phys. and Chem. Fission. Proc. 2nd IAEA Sympos. Vienna, 1969. Vienna, 1969, p. 954. Auth.: R. L. Ferguson et al.
99. Sarkar R., Chatterjee A. *Phys. Let.*, 1969, v. B30, No. 5, p. 313.
100. Leachman R. B. *Proc. Second. United Nations Internat. Conf. Peaceful Uses Atom. Energy. Geneva, 1958*. Geneva, 1958, v. 15, p. 229; P/2467.
101. Kraut A. *Nucleonik*, 1960, Bd 2, S. 105; 1060, Bd 2, S. 149.
Kraut A., In: *Fizika deleniya yader*. Moscow, Gosatomizdat, 1963, p. 7.
102. *Yadernaya fizika*, 1968, V.8, No. 2, p.286. Auth.: N.P. Dyachenko
103. Pleasonton F. *Phys. Rev.*, 1968, v. 174, No. 4, p. 1500.
104. *Zhurn. experim. i teor. fiz.*, 1959, V. 36, p. 315. Auth.: B. S. Kovrigin et al.
105. Friedland S. S. *Phys. Rev.*, 1951, v. 84, p. 75.
106. *Yadernaya fizika*, 1965, V. 1, No. 4, p. 633. Auth.: Y. A. Nemilov et al.
107. Wuli syuebao, 1966, V. 22, No. 2, p. 245. Auth.: Li Tsze-Tsin et al.
108. *Atomnaya energiya*, 1964, V. 17, No. 3, p. 219. Auth.: B. A. Bochagov et al.
109. *Instituto naz. di fis nucleare (Rept)*, N BE/5, p. 5. Auth.: D. Bollini et al.
110. *Izv. AN SSSR. Ser. fiz.*, 1969, V. 33, No. 4, p. 741. Auth.: I. A. Baranov et al.
111. *Yadernaya fizika*, 1968, V. 7, No. 1, p. 39. Auth.: K. P. Kuvatov et al.
112. Sarkar R., Chatterjee A. *Phys. Rev.*, 1970, v. C. 1, No. 2, p. 619.
113. *Phys. Lett.*, 1970, v. B31, No. 3, p. 122. Auth.: P. P. Dyachenko et al.
114. Frankel S., Metropolis N. *Phys. Rev.*, 1947, v. 72, p. 914.
115. *Dokl. AN SSSR*, 1956, V. 106, No. 5, p. 811. Auth.: V. A. Korotkova et al.
116. *Phys. Rev.*, 1965, v. 137, No. 3B, p. 511. Auth.: S. S. Kapoor et al.
117. *Nucl. Phys.*, 1965, v. 71, p. 553. Auth.: Y. F. Apalin et al.
118. Milton J. C. D., Fraser J. S. Phys. and Chem. Fission Salzburg, 22-26 March 1965. V. 2. Vienna, 1965, p. 39.
119. *Phys. Rev.*, 1960, v. 117, No. 1, p. 186. Auth.: P. C. Stevenson et al.
120. Ping-Shiu Tu, Prince A. J. *Nucl. Energy*, 1971, v. 25, No. 12, p. 599.
121. *Yadernaya fizika*, 1972, V. 15, No. 1, p. 29. Auth.: K. E. Volodin, V. G. Nesterov, B. Nurpeisov, G. N. Smirenkin et al.
122. *Yadernaya fizika*, 1972, V. 15, No. 1, p. 22. Auth.: I. D. Alkhazov, S. S. Kovalenko, O. I. Kostochkin, L. Z. Malkin, K. A. Petrzhak, V. I. Shpakov.
123. *Yadernaya fizika*, 1973, V. 17, No. 4, p. 696. Auth.: N. P. D'yachenko, V. N. Kabenin, N. P. Kolosov, B. D. Kuz'minov, A. I. Sergachev.
124. *Yadernaya fizika*, 1971, V. 13, No. 3, p. 484. Auth.: N. I. Akimov, V. G. Vorob'eva, V. N. Kabenin, N. P. Kolosov, B. D. Kuz'minov, A. I. Sergachev, L. D. Smirenkina, M. Z. Taras'ko.
125. *Yadernaya fizika*, 1971, V. 14, No. 5, p. 935. Auth.: V. M. Surin, A. I. Sergachev, N. I. Rezchikov, B. D. Kuz'minov.
126. *Yadernaya fizika*, 1971, V. 14, No. 6, p. 1129. Auth.: N. P. D'yachenko, B. D. Kuz'minov, L. S. Kutsaeva, V. M. Pikasaikin.
127. *Yadernaya fizika*, 1972, V. 16, No. 3, p. 475. Auth.: A. I. Sergachev, N. P. D'yachenko, A. M. Kovalev, B. D. Kuz'minov.
128. *Yadernaya fizika*, 1972, V. 16, No. 4, p. 649. Auth.: V. P. Zakharova, D. K. Ryazanov, B. G. Basova, A. D. Rabinovich, V. A. Korostylev.
129. *Yadernaya fizika*, 1973, V. 17, No. 6, p. 1143. Auth.: A. F. Pavlov, V. N. Okolovich, P. P. D'yachenko, B. D. Kuz'minov.
130. *Yadernaya fizika*, 1973, V. 18, N0. 6, p. 1145, Auth.: V. P. Zakharova, D. K. Ryazanov, B. G. Basova, A. D. Rabinovich, V. A. Korostylev.
131. *Yadernaya fizika*, 1974, V. 19, No. 6, p. 1260. Auth.: V. G. Borob'eva, N. P. D'yachenko, N. P. Kolosov, B. D. Kuz'minov, A. I. Sergachev, V. M. A. I.
132. *Yadernaya fizika*, 1971, V. 13, No. 6, p. 1162. Auth.: Y. A. Barashkov, Y. A. Vasil'ev, A. N. Maslov, Y. S. Pavlovsky, M. K. Saraeva, L. V. Sidorov, V. M. Surin, P. V. Toropov.

133. *Yadernaya fizika*, 1974, V. 19, No. 5, p. 954. Auth.: V. G. Vorob'eva, N. P. D'yachenko, N. P. Kolosov, B. D. Kuz'minov, A. I. Sergachev.
134. *Yadernaya fizika*, 1973, V. 18, No. 4, p. 710. Auth.: V. P. Zakharova, D. K. Ryazanov, B. G. Basova, A. D. Rabinovich, V. A. Korostylev.

§ 6.2. FISSION FRAGMENT YIELDS IN BINARY FISSION OF HEAVY NUCLEI*

In this paragraph a systematic review is given of measured values of fragment yields from binary fission of nuclei with $Z \geqslant 90$ at excitation energies normally below 50 MeV; results published up to the time of writing are included [1–498]. Spontaneous fission, fission caused by neutrons and photo-fission are considered.

Published reviews by Lisman, Coryell, Sugarman, Katcoff, Croall and others [1, 3, 6, 7, 158, 172, 235, 271, 282 *et al.*] did not include the whole mass of accumulated experimental results and were concerned only with some of the problems. They paid attention mainly to yields from fission of some heavy nuclei by neutrons. The review by Y. A. Zysin, A. A. Lbov, L. I. Selchenkov [8] on yields from fission of heavy nuclei caused by neutrons and charged particles, as well as in spontaneous and photo-fission, was published in 1963 (translated in the USA in 1964).

In recent years many new results on yields from binary fission of nuclei with $Z \geqslant 90$ have been obtained, including also data on independent yields. The accuracy of existing data has been improved and experimental methods have been further developed. In comparison with 1963 the total number of papers on fragment yields from binary fission of heavy nuclei has more than doubled. Today more than 360 isotopes are known which are fission fragments. The vast majority of fission products are radioactive. All primary fission fragments with a given mass (after emission of prompt neutrons) produce radioactive decay chains ending in stable isotopes. Many of the primary fragments have very short half-lives (minutes, seconds or even less). The transformation in the decay chains usually lead to the emission of β-particles and γ-rays without a change in A, except in cases when delayed neutrons are emitted. Each chain normally consists of three to six isotopes.

Fission fragment yields can be divided into absolute and relative ones.

Absolute yields express the probability of production of fragments with a given mass ($A = 72 - 177$) per one fission event

$$Y(A, Z) = \frac{N}{Q} \cdot 100 \%, \qquad (6.1)$$

where $Y(A, Z)$ - absolute yield of a given fragment, N - number of atoms of the given fragment produced in the sample after Q fission events.

The absolute yields can be further subdivided into three categories: independent, cumulative, and total yields.

i) *Independent yields* $Y_i(A, Z)$ express the probability that a given nucleus will be formed directly in the fission process. Not only primary fragments, but also daughter products have independent yields.

---

*A list of references to § 6.2–6.4 is given at the end of this chapter.

ii) *Cumulative yields* $Y_c(A, Z)$ express the cumulative probability that a given nucleus will be formed either directly in fission or as the result of decay of the mother nucleus, and hence also of its predecessors in the decay chain. Thus

$$Y_c(A, Z) = \sum_k Y_i(A, Z). \tag{6.2}$$

where the summation is carried out from the primary member in the chain to the isotope under consideration $^A_Z X$.

In most cases the independent yields form only a small fraction of the cumulative ones.

iii) *The total yield* $Y_{tot}(A)$ expresses the total probability of production of a final chain product with the given mass number A. The total yield is the cumulative yield for the whole chain of nuclei with a given A. Numerically it is equal to the sum total of the independent yields of all chain members. The sum of total yields in binary fission is equal to 200%.

The cumulative yields of the final members in the radioactive decay chains are practically equal to the total yields of the final nuclides in chains with the given A.

In some publications the absolute yields are given in the form of fragment production cross-sections $\sigma_Y(A, Z)$ (mbarn, microbarn) representing the product of the fission cross-section and the absolute yield:

$$\sigma_Y(A, Z) = \sigma_f Y(A, Z). \tag{6.3}$$

The quantities σ_Y can, of course, again be independent, cumulative, or total.

Relative yields are in general ratios of absolute yields

$$y_i = \frac{Y(A_1, Z_1)}{Y(A_2, Z_2)}. \tag{6.4}$$

Relative yields can be independent, cumulative, total and combined, depending on the type of the absolute yields.

The ratios of absolute independent or cumulative yields of fragments with a given A to the corresponding total yields are called *fractional independent* or *fractional cumulative yields*:

$$y_i = \frac{Y_i(A, Z)}{Y_{tot}(A)}, \tag{6.5}$$

$$y_c = \frac{Y_c(A, Z)}{Y_{tot}(A)}. \tag{6.6}$$

The family of independent (absolute or fractional) yields for a given A represents the distribution according to charge. The absolute independent or cumulative yields can be obtained by multiplying y_i or y_c with $Y_{tot}(A)$.

In some papers the *ratios of relative yields* r are given for different cases of fission:

$$r = \frac{Y'(A_1, Z_1)/Y'(A_2, Z_2)}{Y(A_1, Z_1)/Y(A_2, Z_2)}. \tag{6.7}$$

Independent fragment yields can be found experimentally in two ways:

a) from the difference between the cumulative yields of two consecutive chain links with a given A;

b) from the yields of nuclei whos isobars with Z - 1 are stable. Among these nuclei belong ^{80}Br, ^{82}Br, ^{84}Rb, ^{86}Rb, ^{96}Nb, ^{98}Tc, ^{102}Rh, ^{110m}Ag, ^{110}Ag, ^{124m}Sb, ^{124}Sb,

^{128}I, ^{129}Cs, ^{130}I, ^{130}Cs, ^{131}Cs, ^{132}Cs, ^{134}Cs, ^{136}Cs, ^{148}Pm, ^{150}Pm, ^{154}Eu, ^{160}Tb.

The yield of a nuclide following in a chain after a very long-lived predecessor can also be considered as independent.

In individual cases, when determining independent yields, account must be taken of the presence of isomers and also of delayed neutrons.

In practice the measurement of the independent yields of many chain links is difficult. However, most independent yields in the chains can be obtained by calculation. Presently available data indicate that the independent yields of individual isobars are distributed symmetrically around a certain value of Z_p and this distribution can be described by a Gaussian curve. The probability $P_A(Z)$ that a fragment with a charge Z will be produced (for the given A) is then expressed by the function

$$P_A(Z) = \frac{1}{\sqrt{\pi C}} \exp\left[-\frac{(Z-Z_p)^2}{C}\right], \tag{6.8}$$

where C is a constant independent of A, Z_p - the most probable charge for fragments with mass A (Z_p is a function of A). The determination of Z_p is based on the assumption that the β-decay chains of the light and heavy fragments are equally long.

The error in the determination of absolute fragment yields by radiochemical methods is normally between 3-15%. For relative yields the errors are smaller. When mass-spectrometry is used for determining relative yields the usual errors are 2-5%. The errors in determining production cross-sections for certain fragments in fission caused by charged particles are sometimes as high as 20% or more.

The errors in independent yields found as the difference between consecutive cumulative yields which have similar values are often extremely high. The difference between cumulative and independent yields is in many cases comparable with the experimental errors. This explains why in some cases the yields within one chain do not balance.

The dependences of the total yields on A are described by *mass distribution curves of fission products*. The fission product yield distribution according to mass is an important characteristic of the fission process. Two types of mass distribution curves are experimentally measured: the distribution before the emission of prompt neutrons (initial) and the distribution after neutron emission (final). Curves of the first type are found by measuring the correlated energy of the fragment pairs, those of the second type by radiochemical and spectrometric methods.

In this paragraph curves of the second type are normally given. The shape of the curves depends on the excitation energy, on the kind of the fissioning nucleus and on the mode of fission. In the majority of cases the curves have two peaks. With increasing excitation energy the low between the peaks is reduced, until it completely disappears.

Experimental data on binary fission product yields for nuclei with $Z \geqslant 90$ are given in tables 6.2–6.16 and in figures 6.6–6.14. The bulk of the material has been compiled in the tables. In view of the limited volume of this book, figures have been used only for individual cases as illustrations, or when the original papers did not present the experimental values in any other form. In exceptional cases calculated values are given as well.

When the original source contained both relative and absolute yields for the same isotope, only the absolute yield has been included here. Relative yields are given only in those cases where absolute yields are missing in the quoted reference.

Tables 6.2, 6.3 and figure 6.6 show fragment yields from spontaneous fission of heavy nuclei.

Tables 6.4–6.12 and figures 6.7–6.11 contain yields from fission of heavy nuclei by neutrons of various energies (thermal, slow, resonance and fast).

Data on yields from photo-fission of heavy nuclei are shown in tables 6.13–6.16 and in figure 6.12. The given energy values represent the maximal energy of the Bremsstrahlung. In cases where irradiation was done with monoenergetic γ-rays, e.g. fission of ^{238}U by γ-rays with an energy of 17.5 MeV, this is especially pointed out. Thin or thick targets can be used as sources of Bremsstrahlung. For the same maximal energy, the mean energy of Bremsstrahlung obtained from thick targets is somewhat lower than from thin ones. The quoted references should be consulted if information on the real Bremsstrahlung spectra is required.

The tables are arranged as follows: yields are given in the order of increasing mass numbers A, for the same A yields of isobars with the lowest Z are listed first. Absolute independent yields are printed in **heavy type**, relative yields in *italics*. For each isotope absolute cumulative yields are given first, followed by absolute independent and finally relative yields. The more reliable values for each group of yields are given first. Values are considered as more reliable if either they have been obtained in recent research, or they have smaller error, or they represent the mean from several works. Less reliable values, having the character of estimates or obtained indirectly, are given *in brackets*; some references to published papers may be found in the comments to the tables.

The values of half-lives have been taken from *Tables of Isotopes** and also from some later works.

In different works the same values of primary yields are considered to be either cumulative or independent. Here they are given in the same way as in the quoted works. The different approach can be explained by the fact that some possible short-lived precursors of known primary fragments have not been discovered yet.

Chapter 7 contains yields of light nuclei which are characteristic for ternary fission. However, it may be assumed that some nuclei (for instance ^{66}Ni, ^{67}Cu) are in the transition region. In a number of works these isotopes are not considered to be related to ternary fission, and their yields are given also in the tables of Chapter 6.

In references [6, 7, 10, 12, 18, 25, 40, 172, 198, 235, 271] are given the most probable values of fission product yields based on data from a number of earlier works. In reference [235] a large number of original sources has been used and, therefore, the values from [235] are often given first (as most reliable). References [18, 25, 40, 198] repreat the data from [8,10] and other papers; therefore, references [18, 25, 40, 198] are not quoted in the tables. The same applies to the cumulative yields in [11]. From [19, 271] have been taken only those values of yields which do not appear in other quoted sources. Experimental results on fission product yields from original works of the initial period of fission process studies (beginning in 1939) have not been used in the tables directly since they are not too numerous, experimental errors at that time were high and the measurements were often repeated in later works; moreover all those results have been presented in generalised form in more recent works (e.g. [3, 4, 6, 7]) which are used as sources in this paragraph.

Recommended values of fragment yields from binary fission of ^{233}U, ^{235}U, ^{239}Pu, ^{241}Pu by thermal neutrons, of ^{232}Th, ^{235}U, ^{238}U, ^{239}Pu by fission spectrum neutrons, and of ^{235}U, ^{238}U by 14 MeV neutrons, including all chain links, are contained in a recent review by Meek and Rider 2*.

---

*a) Lederer C. M., Hollander J. M., Perlman I. *Tables of Isotopes*, 6th Ed., N.Y.-London-Sydney, J. Wiley & Sons, Inc., 1968.
b) Selinov, I. N., *Isotopy*, Moscow, 'Nauka', 1970.
2 * Meek M. E., Rider B. F., *Compilation of Fission Product Yields*. NEDO–12154–1 General Electric

Some characteristics of the mass distributions of fission products are shown in figures 6.13–6.17. Standard distributions by charge and the relation between Z_p and A are shown in fig. 6.18 and 6.19 respectively. The fractional and absolute fragment yields from fission of ^{235}U by thermal neutrons are shown in fig. 6.20–6.23. The dependence of fission asymmetry of ^{235}U and ^{239}Pu on the neutron energy E_n in the electron-volt region are presented in fig. 6.24.

Fission fragment yield distributions (and their kinetic energies) at various excitation energies have also been studied in the following cases: spontaneous fission of ^{244}Cm [475], ^{252}Cf [490,496], spontaneous and induced fission of ^{242}Pu [488], fission of thermal neutrons of ^{235}U [486,491] and ^{233}U [491], fission of ^{233}U by monoenergetic neutrons in the interval 0–6 MeV [485], fission of ^{235}U by monoenergetic neutrons in the interval 0.6–3 MeV with steps of 100–250 keV [484], fission of ^{236}U in the reactions ^{232}Th + α, ^{235}U + n in the interval of excitation energies of the compound nucleus from 18 to 30 MeV [489], fission of ^{239}Pu by neutrons in the interval 0–5.5 MeV with steps of 100 keV [482], fission of ^{233}U and ^{239}Pu by 5.5 and 15 MeV neutrons [483], fission of ^{241}Pu by monoenergetic neutrons in the interval from thermal energies to 5 MeV [495].

The ratios of isomer yields from fission of heavy nuclei are contained in references [195, 218, 237, 323, 324, 327, 328, 340, 364, 368, 369, 374, 378, 390, 442 and others]. These ratios can also be obtained from the absolute yields given in the tables in §6.2, and from the diagrams of the radioactive decay chains (§6.3).

Data on fragment yields from fission of heavy nuclei by charged particles with various energies* can be found in the following references:

1) for fission by protons of ^{232}Th [150, 153, 234, 322, 328, 331, 332, 340], of ^{233}U [322, 324, 330], of ^{235}U [77, 237, 322-324], of ^{238}U [77, 128, 129, 132, 322, 323, 325-328, 340], of ^{239}Pu [329];

2) for fission by deuterons of ^{232}Th [121, 133, 154, 331, 334], of ^{233}U [333], of ^{235}U [154] of ^{238}U [121, 129, 133, 134, 154, 234, 325];

3) for fission by ^{3}He ions of ^{238}U [197, 339, 473];

4) for fission by ^{4}He ions of ^{232}Th [135, 154, 203, 333, 335, 336], of ^{233}U [136, 137, 148], of ^{235}U [121, 136, 138, 148, 154, 336], of ^{238}U [121, 136, 137, 148, 154, 234], of ^{237}Np [337], 338] of ^{238}Pu [139], of ^{239}Pu [139, 337, 338].

The list of references to §6.2. is given at the end of this chapter.

Co., Pleasanton, Cal., Vallecitos Nuclear Centre, 1974. (See *Nucl. Sci. Abstr.* 1974, V. 30, No. 6, p. 1759, abstr. 17391).

²*See the review by Lbov A. A., Zamyatnin Y. S., Gorbachev V. M.: Energii i vykhody produktov deleniya tyazhelykh yader zaryazhennymi chastitsami. In *Yadernye konstanty*, No. 18, Moscow, Atomizdat, 1975.

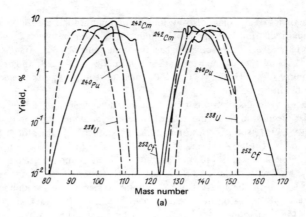

(a)

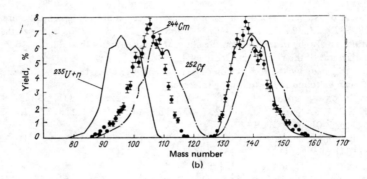

(b)

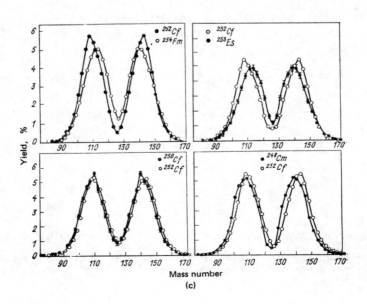

(c)

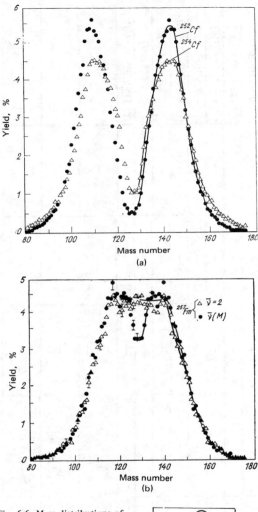
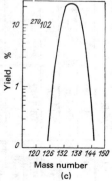

Fig. 6.6. Mass distributions of fragments from spontaneous fission of heavy nuclei. a) ^{238}U, ^{240}Pu, ^{242}Cm, ^{252}Cf [200]; b) ^{244}Cm (distribution before neutron emission), experimental points - ^{244}Cm, -.-.- ^{252}Cf, —— ^{235}U+n, [475]; c) ^{248}Cm, ^{250}Cf, ^{253}Es, ^{254}Fm and ^{252}Cf [438]; d) ^{252}Cf and ^{254}Cf (distributions before neutron emission) [469]; e) ^{257}Fm (distributions before neutron emission) [468, 469]; f) calculated distribution for the hypothetical nucleus ^{270}102 [398].

Table 6.2

Product yields from spontaneous fission* of ^{232}Th, ^{238}U, ^{242}Cm, ^{244}Cm, ^{252}Cf, %

Isotope or mass number	Half-life	^{232}Th [81]	^{238}U [81—84, 143, 157, 158, 168, 170, 173, 245, 246]	^{240}Pu [159]	^{242}Cm [39, 173]	^{244}Cm [169]	^{252}Cf [85, 86, 156, 173, 247, 249*, 493, 497]
^{28}Mg	21 hr	—	—	—	—	—	$\leqslant 7,1 \cdot 10^{-5}$ [156]
^{43}K	22,4 hr	—	—	—	—	—	$<1,1 \cdot 10^{-4}$ [156]
^{66}Ni	55 hr	—	—	—	—	—	$\leqslant 6,8 \cdot 10^{-5}$ [156]
^{72}Zn	46,5 hr	—	—	—	—	—	$\leqslant 6,2 \cdot 10^{-5}$ [156]
^{77}As	38,7 hr	—	—	—	—	—	$\leqslant 8,8 \cdot 10^{-5}$ [156]
^{78}As	91 min	—	—	—	—	—	$(1,97 \pm 0,18) \cdot 10^{-2}$ [156]
^{82}Br	35,34 hr	—	—	—	—	—	$<3,7 \cdot 10^{-6}$ [247]
$A=82$	—	—	—	—	—	—	0,014 [247]
^{83}Br	2,41 hr	—	—	—	—	—	$(2,14 \pm 0,93) \cdot 10^{-2}$ [156]
^{83}Kr	Stable	0,036±0,025	0,0327±0,0028 [157] 0,036±0,015 [81, 173] 0,12±0,01 [82]	—	—	—	—
^{84}Kr	"	0,180±0,040	0,122±0,012 [157] 0,119±0,040 [81, 173] 0,45±0,05 [82]	—	—	—	—
^{86}Kr	"	0,87±0,12	0,951±0,057 [157] 0,75±0,11 [81, 173] 1,64±0,15 [82]	—	—	—	—
^{86}Rb	18,66 days	—	—	—	—	—	$(5,4 \pm 1,0) \cdot 10^{-6}$ [247]
$A=86$	—	—	—	—	—	—	0,10 [247]
^{89}Sr	52 days	—	2,9±0,3 [143] 5,9±1,4 [143]	0,80±0,32	—	—	0,32±0,01 [156]
$A=89$	—	—	—	0,80±0,32	—	—	—

⁹⁰Sr	28,1 yr	—	6,8±0,6 [143]	—	—	—	—
⁹¹Sr	9,67 hr	— —	6,9±0,5 [143] 5±4 [143]	1,51±0,17 —	0,94±0,3 —	— —	0,69±0,03 [493] 0,59±0,06 [156]
⁹¹Y	58,8 days	— —	— —	— —	— —	— —	—
A=91	—	—	—	1,51±0,17	0,95±0,3	—	—
⁹²Sr	2,71 hr	—	11±4 [143]	—	1,1±0,3	—	0,70±0,03 [493]
⁹²Y	3,53 hr	—	—	—	—	—	—
A=92	—	— —	— —	— —	1,2±0,3 —	— —	1,00±0,04 [493] 0,83±0,03 [156]
⁹³Y	10,2 hr	— —	— —	— —	— —	— —	1,29±0,04 [493] 1,2±0,1 [497] 1,37 [156]
⁹⁵Zr	65 days	—	—	—	—	—	—
⁹⁷Zr	17,0 hr	— — — —	5,8 [158] — — — —	6,46±0,21 — — — —	— — —	— — — —	1,64±0,07 [493] 1,8±0,1 [497] 1,54±0,15 [156] 2,1±0,3 [86]
A=97	—	—	—	6,48±0,21	—	—	1,65±0,06 [493]
⁹⁹Mo	67 hr	— — — —	6,92±0,27 [168] 6,4±0,5 [83, 157] 6,3±0,6 [143] 6,0±0,5 [143]	6,82±0,07 — — — — — —	5,7±0,7 — — — —	— — — —	2,57±0,03 [156] 2,76±0,08 [493] 2,7±0,1 [497] 2,2±0,5 [85, 173] 3,0±0,45 [86]
A=99	—	—	—	6,82±0,07	5,7±0,7	—	2,2±0,5 [85, 173]
¹⁰¹Mo	14,6 min	—	—	—	—	—	4,1±0,8 [86]

Table 6.2 contd.

Isotope or mass number	Half-life	^{227}Th	^{238}U*	^{240}Pu	^{242}Cm	^{244}Cm	^{252}Cf
^{103}Ru	39,6 days	—	—	—	7,2±1,5	—	5,67±0,23 [493] 4,8±0,4 [497]
A=103	—	—	—	—	7,2±1,5	—	—
^{105}Ru	4,44 hr	—	—	—	9,5±0,9	—	9,2±1,4 [85, 173]
^{105}Rh	35,9 hr	—	1,3±0,24 [168]	7,10±0,55	—	—	5,98±0,37 [493] 5,99±0,21 [156]
A=105	—	—	—	7,10±0,55	9,9±1,0	—	9,2±1,4 [85, 173]
^{106}Ru	1,01 yr	—	—	—	7,4±0,8	—	—
A=106	—	—	—	—	8,4±1,0	—	—
^{109}Pd	13,47 hr	—	<0,02 [143]	0,94±0,12	2,9±0,4	—	7,65±0,35 [493] 5,69±0,59 [156] 6,8±1,3 [85, 173]
A=109	—	—	—	0,94±0,12	2,9±0,4	—	6,8±1,3 [85, 173]
^{111}Ag	7,5 days	—	<0,05 [143]	0,035±0,009	—	—	5,11±0,18 [493] 5,19±0,29 [156] 4,5±0,9 [85, 173]
A=111	—	—	—	0,035±0,009	—	—	4,5±0,9 [85, 173]
^{112}Pd	21 hr	—	—	—	0,95±0,15	—	3,77±0,11 [493] 3,65±0,18 [156] 4,5±0,9 [85, 173]
A=112	—	—	—	—	1,1±0,2	—	3,78±0,11 [493] 4,8±1,0 [85, 173]
^{113}Ag	5,3 hr	—	—	—	—	—	2,99±0,10 [493] 4,23±0,38 [156] 4,2±0,8 [85, 173]

Isotope	Half-life						
$A=113$	—	—	—	—	—	—	3,21±0,11 [493] 4,2±0,8 [85, 173]
^{115m}Cd	43 days	—	—	—	—	—	—
^{115}Cd	53,5 hr	—	<0,05 [143]	—	0,033±0,01	—	1,89±0,08 [493] 2,28±0,13 [156] 2,8±0,5 [85, 173]
$A=115$	—	—	—	<0,03	0,036±0,01	—	2,01±0,08 [493] 2,8±0,5 [85, 173]
^{117m}Cd	3,4 hr	—	—	<0,03	<0,01	—	—
^{117}In	44 min	—	—	—	—	—	≤1,0 [85, 173]
$A=117$	—	—	—	—	<0,01	—	≤1,0 [85, 173]
^{121}Sn	27 hr	—	—	—	—	—	0,142±0,008 [156]
^{125}Sn	9,4 days	—	—	—	—	—	$(9,3±0,4)\cdot 10^{-3}$ [156]
^{127}Sb	93 hr	—	—	—	0,35±0,1	—	0,110±0,005 [493] 0,130±0,008 [156]
$A=127$	—	—	—	—	0,37±0,1	—	—
^{129}Sb	4,3 hr	—	—	—	1,3±0,3	—	0,615±0,017 [156]
^{129}Xe	Stable	—	0,088±0,013 [82] <0,012 [81, 173]	—	—	≤0,1	—
$A=129$	—	—	—	—	1,7±0,4	—	—
^{131m}Te	30 hr	—	—	—	2,3±0,5	—	—
^{131}I	8,05 days	—	0,4±0,1 [157, 245] 0,42±0,14 [143]	2,34±0,05	2,0±0,4	—	1,21±0,07 [493] 1,8±0,1 [497] 1,27±0,18 [156]

Table 6.2 contd.

Isotope or mass number	Half-life	^{232}Th	^{238}U*	^{240}Pu	^{242}Cm	^{244}Cm	^{252}Cf
^{131}Xe	Stable	0,509±0,02	0,455±0,02 [81, 173] 0,74±0,02 [82] 0,524±0,031 [157]	—	—	1,80±0,36	—
A = 131	—	—	—	—	4,3±0,7	—	—
^{132}Te	78 hr	—	4,02±0,11 [168] 4,5±0,5 [143]	—	5,8±0,9 — —	— — —	1,75±0,03 [156] 1,78±0,08 [493] 2,5±0,1 [497] 2,8±0,4 [85, 173]
^{132}I	12,3 hr	—	3,6±0,4 [157, 245] 3,47±0,42 [143]	—	— —	— —	— —
^{132}Xe	Stable	3,63±0,08	3,46±0,025 [82] 3,57±0,06 [81, 173] 3,63±0,22 [157]	—	— — —	2,76±0,59 — —	— — —
A = 132	—	—	—	—	7,4±1,3 —	— —	1,87±0,06 [493] 3,5±0,5 [85, 173]
^{133}I	21 hr	—	1,4±0,3 [143] 1,5±0,3 [157, 245] —	8,19±0,12 — —	5,7±0,8 — —	— — —	3,28±0,15 [493] 2,77±0,20 [156] 3,9±0,3 [497] 4,8±0,7 [85, 173]
A = 133	—	—	—	8,20±0,12	6,0±0,9	—	5,1±0,8 [85, 173]
^{134}I	52 min	—	5,2±0,5 [157, 245] 5,0±0,6 [143]	— —	6,9±1,0 —	— —	4,2±0,6 [85, 173] —
^{134}Xe	Stable	5,12±0,10	5,10±0,014 [82] 4,99±0,07 [81, 173] 5,14±0,3 [157]	— — —	— — —	4,64±0,92 — —	— — —
A = 134	—	—	—	—	8,0±1,3 —	— —	4,8±0,7 [85, 173] —
^{135}I	6,7 hr	—	5,1±0,5 [157, 245] 4,9±0,6 [143]	6,39±0,67 —	3,9±0,6 —	— —	4,0±0,6 [85, 173] —

Isotope	Half-life							
^{135}Xe	9,2 hr	—	—	—	—	—	—	3,87±0,14 [493] 4,33±0,08 [156] 4,9±0,4 [497]
$A=135$	—	—	—	—	6,94±0,67	7,3±1,4	—	3,88±0,14 [493] 5,1±0,8 [85, 173]
^{136}Xe	Stable	6,0	6,30±0,38 [157] 6,00 [82] 6,00 [81, 173]	—	—	—	4,83±0,97	—
^{136}Cs	13 days	—	—	—	—	0,80±0,12	—	0,038±0,002 [493] (2,1±0,2)·10^{-2} [247] 3,5·10^{-2} [156]
$A=136$	—	—	—	—	—	7,0 [39]	—	4,4 [247]
^{137}Cs	30,0 yr	—	—	—	—	—	—	4,84±0,20 [493] 5,2±0,2 [497] 4,40 [156]
$A=137$	—	—	7,7 [158]	—	—	—	—	—
^{138}Cs	32,2 min	—	—	—	—	6,9 [39]	—	4,85±0,18 [493]
$A=138$	—	—	6,9 [158]	—	—	—	—	—
^{139}Cs	9,5 min	—	—	—	—	6,6 [39]	—	6,3±0,9 [85, 173] 4,94 [156]
^{139}Ba	82,9 min	—	—	6,8 [158]	—	6,6±0,7	—	6,3±0,9 [85, 173]
$A=139$	—	—	—	—	—	6,6±0,7	—	6,24±0,20 [493] 5,73±0,16 [156] 5,7±0,2 [497] 6,2±0,9 [85, 173]
								6,2±0,9 [85, 173]

Table 6.2 contd.

Isotope or mass number	Half-life	^{229}Th	^{288}U2*	^{240}Pu	^{248}Cm	^{244}Cm	^{252}Cf
^{140}Ba	12,8 days	—	9,6±1,2 [143, 246] 6,1 [84] —	5,99±0,22 — —	5,9±0,8 — —	— — —	6,49±0,17 [493] 5,8 [497] 6,32±0,54 [156]
A=140	—	—	—	—	—	—	—
^{141}La	3,9 hr	—	—	5,99±0,22	5,9±0,8	—	6,51±0,18 [493]
^{141}Ce	33 days	—	6,9±1,4 [170]	6,02±0,39	—	—	6,15±0,23 [493]
A=141	—	—	—	—	—	—	6,39±0,24 [493] 5,9±0,3 [156] 5,8±0,4 [497]
^{142}La	92 min	—	—	6,02±0,39	5,5 [39]	—	—
A=142	—	—	—	—	—	—	6,26±0,49 [493]
^{143}Ce	33 hr	—	6,4±1,0 [170] 7,9±1,4 [43]	—	—	—	6,27±0,49 [493]
							6,4±0,2 [497] 6,62±0,26 [493] 5,94±0,35 [156] 7,8±1,5 [85, 173]
^{143}Pr	13,76 days	—	7,5±0,5 [143]	4,78±0,39	—	—	7,13±0,18 [493] 6,4±0,2 [497] 7,4±1,5 [86]
A=143	—	—	—	—	—	—	7,8±1,5 [85, 173]
^{144}Ce	284 days	—	6,5±0,5 [143] 6±1 [170]	4,78±0,39	—	—	6,25±0,23 [493] 5,7±0,2 [497]
^{145}Pr	5,98 h	—	—	—	—	—	5,60±0,20 [493]
^{147}Nd	11,1 days	—	4,2±0,4 [143] 4,5±1,1 [170]	1,22±0,37	—	—	4,48±0,14 [493] 4,69±0,08 [156] 4,5±0,2 [497] 4,0±0,8 [86]
^{147}Pm	2,62 yr	—	5,2±1,0 [170]	—	—	—	—
A=147	—	—	—	1,22±0,37	—	—	—

^{149}Nd	1,8 hr	—	—	—	—	2,82±0,15 [493]
^{149}Pm	53,1 hr	—	2,3±0,3 [170]	—	—	3,12±0,11 [493] 2,65 [156]
^{150}Pm	161 min	—	—	—	—	(2,0±0,9)·10⁻² [247]
$A = 150$	—	—	—	—	—	2,4 [247]
^{151}Pm	28 hr	—	—	—	—	2,00±0,07 [493] 2,18 [156]
^{153}Sm	47 hr	—	—	—	—	1,29±0,05 [493] 1,41±0,03 [156] 1,3±0,3 [86]
^{155}Sm	9,4 hr	—	—	—	—	0,53±0,02 [493]
^{156}Eu	15 days	—	—	—	—	0,68±0,02 [493] (7,03±0,08)10⁻¹ [156]
^{157}Eu	15,2 hr	—	—	—	—	0,56±0,02 [493]
^{159}Gd	18,0 hr	—	—	—	—	0,36±0,01 [493]
^{161}Tb	6,9 days	—	—	—	—	0,20±0,01 [493] 1,5·10⁻¹ [156]
^{166}Dy	81,5 hr	—	—	—	—	(1,80±0,16)10⁻² [156]
^{169}Er	9,4 days	—	—	—	—	(1,72±0,41)10⁻³ [156]
^{172}Tu	63,6 hr	—	—	—	—	≤4,4·10⁻⁴ [156]
^{174}Tu	5,2 min	—	—	—	—	≤4,0·10⁻⁴ [156]
^{175}Yb	101 hr	—	—	—	—	≤2,3·10⁻⁴ [156]
^{177}Lu	6,7 days	—	—	—	—	≤9,6·10⁻⁵ [156]

* The ratios of independent and cumulative fragment yields to the total chain yields for spontaneous fission of ^{240}Pu, ^{242}Cm, ^{252}Cf are given in [159], [39, 147, 172, 174], [147, 174, 247, 248] respectively.

2* Yields of isotopes from spontaneous fission of uranium in ores depend on its concentration in the ore (the additional effect of ^{235}U fission by thermal neutrons should be taken into account) [80]. The yields of krypton and xenon isotopes in uranium ores as a function of the uranium concentration are given in [8, 80].

3* Ratios of the yields of krypton and xenon isotopes to the ^{130}Xe yield from spontaneous fission of ^{252}Cf are given in reference [249], where the following values were found: ^{83}Kr — 0.010, ^{84}Kr — 0.017, ^{85}Kr — 0.0049, ^{86}Kr — 0.032, ^{131}Xe — 0.35, ^{132}Xe — 0.52, ^{134}Xe — 0.90, ^{136}Xe — 1.00.

Table 6.3

Product yields from spontaneous fission of ^{252}Cf (%) [343]

Mass number A	Yields	Mass number A	Yield	Mass number A	Yield
82	0,064	109	5,348	136	4,953
83	0,082	110	4,971	137	5,465
84	0,115	111	4,931	138	5,266
85	0,156	112	4,327	139	5,564
86	0,148	113	3,805	140	5,806
87	0,163	114	3,265	141	5,859
88	0,281	115	2,810	142	5,621
89	0,372	116	2,191	143	5,685
90	0,487	117	1,419	144	5,590
91	0,477	118	1,123	145	5,196
92	0,727	119	0,731	146	4,612
93	0,911	120	0,404	147	4,471
94	1,029	121	0,216	148	3,744
95	1,219	122	0,226	149	2,751
96	1,535	123	0,035	150	2,384
97	1,747	124	0,036	151	2,107
98	2,229	125	0,068	152	1,936
99	3,098	126	0,088	153	1,510
100	3,490	127	0,171	154	1,007
101	4,394	128	0,393	155	0,868
102	5,414	129	0,557	156	0,758
103	5,556	130	1,081	157	0,559
104	5,916	131	1,718	158	0,389
105	5,935	132	2,329	159	0,283
106	5,742	133	2,843	160	0,359
107	6,536	134	3,493	161	0,167
108	6,215	135	4,031	162	0,100
				163	0,137
				164	0,070

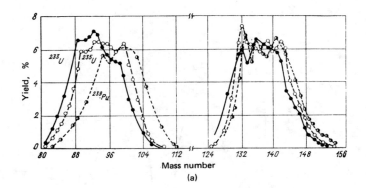

(a)

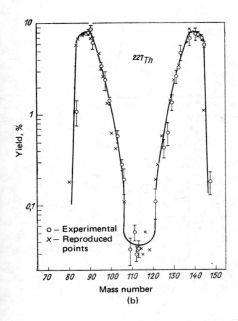

(b)

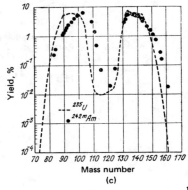

(c)

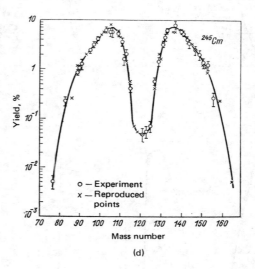

(d)

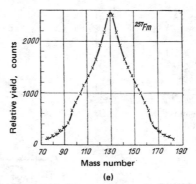

(e)

Fig. 6.7. Fission product mass distributions from fission of heavy nuclei by thermal neutrons. a) ^{233}U, ^{235}U, ^{239}Pu, [198]; b) ^{227}Th [286]; c) ^{242m}Am and ^{235}U [470]; d) ^{245}Cm [283]; e) ^{257}Fm [468].

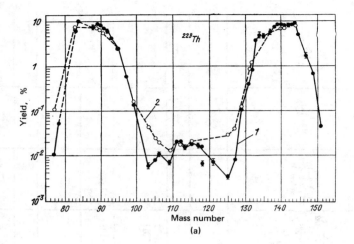
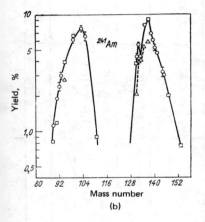
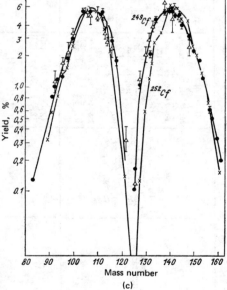
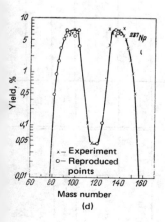

Fig. 6.8. Fission product mass distributions from fission of heavy nuclei by slow neutrons. a) ^{229}Th (curve 1 – values of [287], curve 2 – values of [181]); b) ^{241}Am (data from various studies) [183]; c) ^{249}Cf [472] (points △ – values of [474], ● – values of [472], x – fission of ^{252}Cf [156]; d) ^{237}Np (epicadmium neutrons) [341].

Table 6.4

Fission product yields for ^{227}Th, ^{229}Th, ^{233}U, ^{235}U, ^{239}Pu, ^{241}Pu, ^{241}Am, ^{242}Cm*, ^{245}Cm, fission by thermal neutrons[2]*

Isotope or mass number	Half-life	^{227}Th [286]	^{229}Th [181, 287, 288]	^{233}U [1, 3, 4, 6, 7, 9, 12—16, 19, 20, 36, 61, 67, 69, 88—90, 97, 104, 108, 141, 146, 158, 165, 177—179, 185, 189—191, 193, 215, 221, 235, 237, 271, 273, 295, 296, 301]	^{235}U [1—4, 6, 7, 10—12, 14, 19, 20, 26, 34, 36, 38, 41, 45, 47, 48, 51, 57—59, 63—66, 68—74, 80, 88, 91—97, 104, 108, 121, 127, 128, 130, 131, 141, 144, 145, 147, 154, 158, 161, 163—165, 175, 176, 179, 180, 186—188, 190, 191, 194, 195, 197, 206, 207, 210, 211, 215, 216, 219—223, 228, 229, 235, 237, 238, 242, 243, 258, 269, 271, 275, 280, 284, 286, 294, 296—299, 301—306, 308]	^{239}Pu [1, 3, 4, 6, 7, 12, 14, 19, 20, 36, 55, 56, 60, 62, 87, 88, 97—102, 104, 108, 141, 165, 182, 184, 185, 188, 190, 191, 215, 218, 220, 221, 235, 271, 275, 282, 285, 289, 292, 293, 307, 492]	^{241}Pu [1, 190—192, 235, 289—293, 492, 494]	^{241}Am [103, 183, 494, 498]	^{245}Cm [283, 476]
^{66}Ni	55 hr	—	—	—	$(2,0\pm0,4)10^{-8}$ [45] $(2,0\pm1,0)10^{-8}$ [26]	—	—	—	—
^{67}Cu	58,54 hr	—	—	—	$1 \cdot 10^{-7}$ [11]	—	—	—	—
^{72}Zn	46,5 hr	—	—	—	$1,6\cdot10^{-5}$ [6, 7, 12, 235] $1,5\cdot10^{-5}$ [2, 4] $1,6\cdot10^{-5}$ [11]	$1,2\cdot10^{-4}$ [6, 7, 12, 235, 282]	—	—	—
^{72}Ga	1,10 hr	—	—	—	$1,6\cdot10^{-5}$ [12, 41] $1,5\cdot10^{-5}$ [2]	$1,2\cdot10^{-4}$ [12]	—	—	—
A=72	—	—	—	—	$(2,0\pm0,3)10^{-5}$ [294] $1,5\cdot10^{-5}$ [144]	—	—	—	—
A=72—80	—	—	—	—	0,15 [3,221]	—	—	—	—
A=72—82	—	—	—	—	—	0,59 [55]	—	—	—

^{77}Zn	<2 min	—	—	—	$(9,8\cdot 10^{-5})$ [2] $9,8\cdot 10^{-5}$ [11]	—	—	—
^{72}Ga	4,9 hr	—	—	—	$1,1\cdot 10^{-4}$ [6, 7, 12, 41, 235] $1,0\cdot 10^{-4}$ [2, 4] $1,2\cdot 10^{-5}$ [11]	—	—	—
= 73	—	—	0,011 [287]	—	$(1,0\pm 0,2)\cdot 10^{-4}$ [294] $1,0\cdot 10^{-4}$ [144]	—	—	—
^{74}Ga	7,9 min	—	—	—	$3,5\cdot 10^{-4}$ [6, 41, 235] $3,4\cdot 10^{-4}$ [298] $3,5\cdot 10^{-4}$ [11]	—	—	—
$A = 74$	—	—	—	—	$(3,4\pm 0,5)\cdot 10^{-4}$ [294] $3,5\cdot 10^{-4}$ [144]	—	—	—
^{75}Ge	82 min	—	—	—	$8\cdot 10^{-4}$ [2]	—	—	—
$A = 75$	—	—	—	—	$\sim 1\cdot 10^{-3}$ [294]	—	—	—
$A = 76$	—	—	—	—	$\sim 3\cdot 10^{-3}$ [294]	—	—	—
^{77m}Ge	54 s	—	—	—	0,0054 [2] 0,0106 [41] **0,0054** [11]	—	—	—
^{77}Ge	11,3 hr	—	0,011 [287]	0,008 [235] 0,010 [7] 0,011 [6, 12]	0,0031 [6, 7, 12, 41, 235] 0,0037 [2] **0,0019** [11]	—	—	—
^{77}As	38,7 hr	<1,40	0,105 [181]	0,02 [235] 0,019 [7] 0,021 [6, 12]	0,0083 [6, 7, 12, 41, 229, 235] 0,0091 [2] **0,0079** [4] **0,0010** [11]	0,0073 [235, 282, 289] 0,0072 [282]	$(4,5\pm 0,3)\times 10^{-4}$ [289] $4,65\cdot 10^{-4}$ [235]	—	$0,005\pm 0,0012$ [283] —

Table 6.4 contd.

Isotope or mass number	Half-life	²²⁷Th	²²⁹Th	²³³U	²³⁸U	²³⁹Pu	²⁴¹Pu	²⁴¹Am	²⁴⁴Cm
⁷⁷ᵐSe	17,5 s	—	—	—	<2·10⁻⁴ [2]	—	—	—	—
$A=77$	—	—	—	—	(7±1) 10⁻³ [294] 0,008 [144] 0,010 [158, 175]	—	—	—	—
⁷⁸Ge	89 min	—	0,052 [287]	—	0,018 [2, 235] 0,019 [7] 0,020 [6, 12, 41] 0,02 [10] 0,019 [11]	—	—	—	—
⁷⁸As	91 min	—	—	—	0,020 [4, 6, 12, 41, 144, 235] 0,021 [7] 0,02 [2] (1,7±0,5) 10⁻⁴ [161] 2,0·10⁻³ [11] 1,9·10⁻³ [271] 1,8·10⁻³ [88, 165, 221]	0,025 [235, 282, 289] 0,026 [282]	(8,2±0,5) 10⁻³ [289] 8,2·10⁻³ [235]	—	—
$A=78$	—	—	—	—	(2,1±0,3) 10⁻² [294] 0,02 [165, 221] 0,020 [144, 158, 175]	—	—	—	—
⁷⁹As	9,0 min	—	—	—	0,056 [6, 7, 41, 235] 0,04 [2] 0,058 [11]	—	—	—	—

Isotope	Half-life									
^{79m}Se	3,9 min	—	—	—	—	—	0,04 [2] 0,056 [41]	—	—	—
^{79}Se	⩽6,5·10⁴ yr	—	—	—	—	—	0,04 [2]	—	—	—
$A = 79$	—	—	—	—	—	—	(5,3±0,8) 10⁻² [294] 0,055 [144] 0,035 [158, 175]	—	—	—
^{80}Br (total)	4,5 hr + 18 min	—	—	—	3,9·10⁻⁴ [6]	—	1,0·10⁻⁵ [6]	—	—	—
$A = 80$	—	—	—	—	0,15 [146]	—	0,11 [144] 0,06 [158, 175] ~0,11 [294]	—	—	—
^{81}As	33 s	—	—	—	—	—	(0,125) [2]	—	—	—
^{81m}Se	57 min	—	—	—	0,014±0,002 [237]	0,0044±0,0014 [218]	0,0076±0,0009 [237] 0,0084 [6, 7, 12, 41] 0,008 [2] 0,0084 [11]	—	—	—
^{81}Se	18,6 min	—	—	—	0,322±0,040 [237] 0,45 [12]	0,178±0,025 [218] 0,024 [12]	0,21±0,02 [237] 0,14 [6, 7, 12, 41] 0,133 [2, 4] 0,14 [11] 0,132 [41]	—	—	—
^{81}Se (total)	—	—	—	—	0,34 [235]	0,182 [235, 282]	0,22±0,02 [235]	—	—	—
^{81}Br	Stable	—	—	—	0,45 [141]	0,024 [141]	0,14 [141]	—	—	—

Table 6.4 contd.

Isotope or mass number	Half-life	^{227}Th	^{229}Th	^{233}U	^{235}U	^{239}Pu	^{241}Pu	^{241}Am	^{244}Cm
$A=81$	—	—	—	0,25 [146]	0,22±0,02 [294] 0,21 [146] 0,13 [3, 158, 175, 221]	—	—	—	—
^{82}Se	Stable	—	—	0,7 [141]	0,28 [141]	0,045 [141]	—	—	—
^{82}Br	35,34 hr	—	—	(7,46±0,17)10^{-4} [90] 1,1·10^{-3} [6]	(3,5±1)10^{-5} [165, 221] 4,1·10^{-5} [165, 221] 4·10^{-5} [6] 3,5·10^{-5} [88] 3,8·10^{-5} [2] 7,5·10^{-5} [19, 121]	(3,6±0,2)10^{-3} [184] —			
$A=82$	—	—	—	0,50 [146]	0,35 [144] 0,28 [158, 175] ~0,26 [3, 221] 0,25 [165, 221]	—	—	—	—
^{82m}Se	70 s	—	—	—	0,34±0,02 [237] 0,30 [2] 0,29 [41] 0,30 [11]	—	—	—	—
^{83}Se	25 min	—	—	0,40±0,03 [237]	0,218±0,022 [237] 0,22 [6, 7, 41] 0,21 [2, 10] 0,18 [11]	0,157±0,021 [218] 0,16 [235, 282] —			

⁸³Se (total)	—	—	—	—	0,56±0,04 [235] 0,56 [306]	—	—	—	—
⁸³Br	2,41 hr	1,10±0,35	6,4±0,25 [287] 8,0 [181]	0,77 [235] 0,79 [7,12] 0,87 [6]	0,51 [6, 7, 12, 41, 229] 0,56 [235] 0,48 [2] 0,40 [3] 0,34 [10] 0,030 [11]	0,303±0,046 [218] 0,29 [235, 282] — 0,085 [7, 12] 0,084 [6] 0,30 [289, 282]	0,21±0,01 [289] 0,208 [235]	—	0,23±0,05 [283]
⁸³mKr	1,86 hr	—	—	—	0,48 [2] 0,51 [12, 41]	0,085 [12]	—	—	—
⁸³Kr	Stable	—	—	1,14 [7, 235] 1,17 [6] 1,2 [141]	0,526±0,008 [1] 0,529±0,012 [1] 0,55±0,02 [235] 0,496±0,015 [180] 0,544 [7, 6, 141] 0,62 [163] 0,545 [176] 0,54 [188] 0,60 [4] 0,59 [284] 0,67 [80] 0,557 [70] 1,00 [34]	0,29±0,01 [99] — 0,29 [6, 55, 188, 282] 0,084 [141]	0,200 [291]		
A = 83	—	—	0,614±0,003 [285]	1,03±0,01 [1] 1,02±0,02 [1] 1,18 [146]	0,543±0,011 [294] 0,548 [144] 0,57 [158, 175] 0,545 [176, 221]	0,301±0,006 [1]	0,200±0,006 [1]	—	—
⁸⁴Se	3,3 min	—	—	—	1,1 [3] 0,92 [41] 1,0 [11]	—	—	—	—
⁸⁴Br	6,0 min	—	—	—	0,019±0,002 [72] 0,019±0,003 [238] 0,019 [6, 7, 41] 0,019 [11]	—	—	—	—

Table 6.4 contd.

Isotope or mass number	Half-life	^{232}Th	^{233}Th	^{233}U	^{235}U	^{239}Pu	^{241}Pu	^{241}Am	^{243}Cm
^{84}Br	31,8 min	—	10,9±0,4 [287]	1,9 [12]	0,92±0,06 [235, 238] 0,93±0,05 [237] 0,90±0,04 [72] 0,90 [7] 0,92 [6, 12, 41, 306] 1,1 [2] 1,0 [10]	0,407±0,040 [218] 0,41 [235, 282] 0,47 [289] 0,20 [12]	0,341±0,013 [289] 0,341 [235]	—	—
^{84}Kr	Stable	—	—	1,91 [235] — 1,90 [7] 1,95 [6] 1,9 [14]	1,00±0,01 [1] 1,01±0,022 [1] 1,00±0,04 [235] 0,953±0,023 [180] 1,00 [6, 7, 176, 188] 1,1 [4] 1,11 [284] 1,14 [163] 1,27 [80] 1,0 [141] 1,02 [70] 1,89 [34]	0,47±0,02 [99] 0,47 [6, 188, 55, 235, 282]	0,353 [291]	—	—
$A = 84$	—	—	(1,090±0,016) [288]	1,73±0,02 [1] 1,71±0,04 [1] 1,97 [146]	0,96±0,02 [294] 1,01 [144] 1,05 [158, 175] 1,00 [176, 221]	0,487±0,010 [1]	0,353±0,010 [1]	—	—
^{85}Se	39 s	—	—	—	~1,1 [6] 1,1 [41] 1,1 [11]	—	—		

Isotope	Half-life									
⁸⁵Br	3,0 min	—	—	—	1,5 [2]; 1,1 [41]; 0,20 [11]	—	—	—	—	0,29±0,02 [476]
⁸⁵ᵐKr	4,4 hr	—	—	2,37±0,08 [295]; —; 1,2 [12]	1,48 [163]; 1,5 [2]; 1,10 [41]; 1,50 [12]; 1,30 [10]; *0,386 ± 0,025 [154]*	0,60±0,02 [307]; —; 0,10 [12]	—	—	—	—
⁸⁵Kr	10,76 yr	—	—	0,59 [235]; 0,56 [7, 12]; 0,58 [6]; 0,6 [141]	0,273±0,004 [220]; —; 0,270±0,006 [180]; 0,293 [6, 7, 12, 41, 141]; 0,30 [188]; 0,3 [2]; 0,33 [284]; 0,300 [70]; 0,045 [41]	0,099±0,004 [220]; 0,13 [188]; 0,127 [6, 12]; 0,55±0,03 [99]; 0,08 [141]; 0,54 [282]	—	—	—	—
⁸⁵Kr (total)	—	—	—	—	1,30 [235]	—	—	—	—	—
⁸⁵Rb	Stable	—	—	2,45 [235]; 2,51 [6]; 1,9 [141]	1,32±0,01 [1]; 1,33±0,02 [1]; 1,30±0,05 [235]; 1,30 [6, 7, 176]; 1,3 [38]; 1,5 [4]; 1,0 [141]; 1,20 [284]	0,539 [6]; 0,54 [235, 282]; —; 0,22 [141]; 0,535 [55]	0,387 [291]	—	—	—
A = 85	—	—	*1,081 ± 0,009 [288]*	2,22±0,02 [1]; 2,21±0,05 [1]; 2,54 [146]	1,30±0,03 [294]; 1,31 [144]; 1,3 [158, 175]; 1,30 [176, 221]	0,574±0,011 [1]	0,387±0,010 [1]	—	—	—

Table 6.4 contd.

Isotope or mass number	Half-life	^{227}Th	^{229}Th	^{233}U	^{235}U	^{239}Pu	^{241}Pu	^{241}Am	^{244}Cm
^{86}Br	54 sec	—	—	—	2,0 [306]	—	—	—	—
^{86}Kr	Stable	—	—	3,32 [235] 3,18 [7] 3,27 [6] 3,2 [141]	1,94±0,02 [1] 1,95±0,04 [1] 1,84±0,05 [80] 2,03±0,10 [235] 2,02 [176, 141, 188] 2,1 [4] 2,30 [163] 2,02 [6, 7] 2,45 [80] 2,14 [284] 2,07 [70] 2,25 [222] 3,64 [34]	0,75±0,02 [99] 0,75 [235, 55, 282] 0,77 [188] 0,76 [6] 0,5 [141]	—	—	—
^{86}Rb	18,66 days	—	—	2,3·10^{-4} [6] <4,1·10^{-5} [61]	2,5·10^{-5} [165, 186, 221] 2,40·10^{-5} [186] 3,1·10^{-5} [88, 165, 186, 221] 2,9·10^{-5} [6] 2,8·10^{-5} [2] 3,10^{-5} [271]	1,2·10^{-4} [165, 221] 1,1·10^{-4} [88] 2,3·10^{-5} [6]	—	—	—
$A = 86$	—	—	1,000 [288]	2,90±0,03 [1] 2,88±0,07 [1] 3,30 [146]	2,00±0,04 [294] 2,04 [144] 2,02 [176, 221] 2,0 [158, 175] 1,90 [165, 221]	0,770±0,016 [1] 0,72 [165, 221]	0,601±0,018 [1] 0,601 [291]	—	—

Isotope	Half-life									
⁸⁷Se	5,9 s (16 s)	—	—	—	0,65±0,13 [299] 1,2 [308] ~2,0 [6] 2,0 [11]	—	—	—	—	—
⁸⁷Br	55 s	—	—	4,0 [12, 141]	3,2 [306, 235] 3,1 [271] 2,7 [2]; 2,37 [269] 2,49 [12, 141] 2,4 [308] 2,0 [41] 0,49 [11]	0,7 [12, 141]	—	—	—	—
⁸⁷Kr	76 min	—	—	4,0 [12]	2,7 [2] 2,49 [10, 12, 41] 2,54 [306] 0,659 ± 0,013 [154]	—	0,741 [291]	—	—	—
⁸⁷Rb	5·10¹⁰ yr	—	0,875±0,006 [288]	4,50 [235] 4,56 [6]	2,57±0,05 [1] 2,54±0,07 [235] 2,49 [6, 7, 176] 2,75 [38] 2,7 [2, 4] 2,82 [284]	0,912 [55, 235, 282] 0,92 [6]	—	—	—	—
A = 87	—	—	—	4,06±0,03 [1] 4,04±0,09 [1] 4,61 [146]	2,54±0,01 [1] [294] 2,37±0,05 [294] 2,50 [144] 2,49 [176, 221] 2,5 [158, 175, 269]	1,00±0,02 [1]	0,741±0,020 [1]	—	—	—
⁸⁸Se	1,7 s	—	—	—	0,8 [308]		—	—	—	—
⁸⁸Br	16 s	—	—	—	(2,9) [2]; 2,98 [269] 3,0 [308] 3,36 [11]		—	—	—	—
⁸⁸Kr	2,80 hr	—	—	5,0 [12]	3,7 [2] 3,57 [41] 3,5 [12] 3,53 [10] 0,167 [11]; 1 [154]	1,4 [12]	—	—	—	0,61±0,04 [476]

Table 6.4 contd.

Isotope or mass number	Half-life	^{227}Th	^{229}Th	^{233}U	^{235}U	^{238}Pu	^{243}Pu	^{241}Am	^{245}Cm
^{88}Rb	17,8 min	—	7,66±0,44 [287]	5,0 [12]	3,7 [2] 3,5 [12] 3,55 [306] 3,57 [41] 5,0·10⁻⁵ [11]	1,4 [12]	—	—	—
^{88}Sr	Stable	—	—	5,36±0,22 [235] 5,30±0,30 [14] 5,37 [6] 5,0 [141] 5,17±0,15 [61]	3,61±0,06 [1] 3,55±0,15 [235] 3,53 [176] 3,57 [6, 7, 141] 3,6 [4] 3,56 [284]	1,39±0,04 [14] 1,42±0,06 [235] 1,39 [182] 1,42 [6, 282] 1,4 [141] 1,43 [55] 1,35 [62]	0,954 [291]	—	—
$A=88$	—	—	0,964 ± 0,004 [288]	5,57±0,04 [1] 5,56±0,13 [1] 5,54 [146]	3,61±0,02 [1] 3,56±0,07 [294] 3,58 [144] 3,6 [158, 175] 3,53 [176, 221] 3,55 [269]	1,35±0,03 [1]	0,954±0,025 [1]	—	—
^{89}Br	4,5 s	—	—	—	2,7 [308] 2,63 [269] 2,3 [11]	—	—	—	—
^{89}Kr	3,2 min	—	—	—	4,59 [7, 19, 41] (4,6) [2] 4,6 [306] 2,3 [11]	—	—	—	—
^{89}Rb	15,4 min	—	—	5,86 [12]	4,8 [2, 12] 4,78 [10] 4,75 [306] 4,59 [41] 0,20 [17]	1,71 [12]	—	—	—

	Half-life								
^{89}Sr	52 days	8,00±0,43	9,3±0,23 [287] 7,2 [181]	5,90±0,40 [235] 5,50±0,30 [189] 5,56±0,15 [90] 5,87±0,12 [185] 6,3±0,3 [15] 5,86 [6, 12, 158, 189] 6,5 [7, 141] 4,1 [69]	4,75±0,30 [235] 4,79 [6, 7, 41, 141, 228] 4,8 [2, 4, 12, 51] 3,2 [69] 4,60 [222] 0,20 [41]	1,74±0,05 [184] 1,71±0,07 [235] 1,71 [6, 100, 184, 282, 12, 55] 1,8 [4, 184] 1,9 [7, 141] 1,71±0,04 [185]	1,21±0,004 [494]	1,2±0,1 [183] 0,81±0,05 [103] 1,07±0,07 [494]	0,85±0,10 [283]
^{89}Y	Stable	—	—	6,2±0,4 [235] 6,36±0,28 [61]	4,58 [284]	—	—	—	—
$A=89$	—	—	—	6,15 [146]	4,71±0,09 [294] 4,73 [144] 4,8 [158, 175] 4,78 [164, 221] 4,70 [269]	—	—	—	—
^{90}Br	1,6 s	—	—	—	1,78 [269] 1,4 [308] 1,28 [11]	—	—	—	—
^{90}Kr	33 s	—	—	—	5,0 [7, 19] (5,2) [2] 3,72 [11]	—	—	—	—
^{90}Rb	2,9 min	—	—	—	5,9 [2] 5,55 [306] 5,0 [41] 0,71 [11]	—	—	—	—
^{90}Sr	28,1 yr	8,72±0,87	8,44±0,36 [287] 6,7 [181]	6,20±0,40 [235] 6,40±0,30 [189] 6,19±0,03 [90] 6,43 [6, 12, 158, 189] 5,80±0,40 [14] 4,56±0,08 [89] 5,58±0,20 [61] 3,7 [69]	5,93±0,11 [1] 5,55±0,35 [235] 5,77 [6, 7, 41, 12, 229, 141, 275] 5,74 [10, 176] 5,8 [4] 5,9 [2] 5,62 [284] 4,0 [69] 0,77 [41] 0,030 [11]	2,05±0,04 [184, 235] 2,31±0,05 [14, 184] 2,34 [182] 2,16 [55, 100, 184] 2,25 [6, 12] 2,5 [141] 2,28 [62] 2,24 [282] 2,2 [275]	1,46±0,04 [494] 1,53 [291]	1,37±0,10 [494] 1,16±0,08 [103]	1,08±0,15 [283]

Table 6.4 contd.

Isotope or mass number	Half-life	²²⁷Th	²²⁹Th	²³³U	²³⁵U	²³⁹Pu	²⁴¹Pu	²⁴³Am	²⁴⁵Cm
⁹⁰Y	64 hr	—	—	6,43 [12] <4,0·10⁻⁴ [88]	5,77 [7, 12, 41] 5,9 [2] 2,8·10⁻³ [165, 221] <1,3·10⁻³ [91] <4,0·10⁻⁴ [88] 1,5·10⁻³ [11]	2,25 [12]	—	—	—
A = 90	—	—	2,68±0,52 [288]	6,96±0,06 [1] 6,96±0,16 [1] 6,75 [146]	5,90±0,04 [1] 5,84±0,12 [294] 5,77 [144] 5,8 [158, 175] 5,74 [176, 221] 5,35 [165, 221] 5,75 [269]	2,09±0,04 [1]	1,53±0,04 [1]	—	—
⁹¹Br	0,5 s	—	—	—	0,4 [308]	—	—	—	—
⁹¹Kr	10 s	—	—	—	3,45 [7, 19] (3,7) [2] 3,45 [11]	—	—	—	—
⁹¹ᵐRb	14 min	—	—	—	5,70 [10] (5,7) [2]	—	—	—	—
⁹¹Rb	57 s	—	—	—	5,43 [6, 41] 5,4 [306] 1,98 [11, 41]	—	—	—	—
⁹¹Sr	9,67 hr	6,21± ±0,97	5,7 [181]	5,6±0,50 [235] 5,61±0,06 [185] 6,40±0,21 [295] 5,57 [6] 4,82±0,25 [90] 5,1 [12]	5,8±0,4 [235] 5,81 [6, 7, 12, 41, 229] 5,0 [222] 5,9 [2] 0,47 [11] 0,38 [41] 0,20 [10] 0,4±0,3 [19, 108]	2,45±0,05 [185] 2,6±0,3 [235] 1,89±0,06 [307] 2,43 [6, 12] 2,6 [282] 2,4 [7]	—	1,9±0,05 [183]	1,11±0,02 [476]

Isotope	Half-life	col 1	col 2	col 3	col 4	col 5	col 6	col 7
^{91m}Y	50 min	—	—	2,4 [2] 3,49 [41] 1,42·10⁻³ [11] 4,0·10⁻⁴ [41]	—	—	—	1,27±0,30 [283]
^{91}Y	58,8 days	7,4±0,35 [287]	6,0±0,6 [235] 6,94±0,69 [179] 3,55±0,06 [90] 5,1 [6, 12] 4,1 [3, 69]	6,11±0,61 [179] 5,84 [228] ~5,4 [6, 7] 5,9 [2] 5,35 [271] 5,81 [12, 41] 4,0 [69] 1,42·10⁻³ [11] <0,05 [91]	2,41±0,11 [184, 235] 2,46±0,08 [492] 2,45 [184, 185] 2,8 [4, 184] 3,0 [7] 2,9 [6, 12, 282] 0,639±0,005 [293]	1,67±0,06 [492] *0,407±0,007* [293]	1,73±0,06 [494] 1,16±0,08 [103] 1,48±0,43 [498]	—
^{91}Y (total)	—	—	—	5,8 [235]	—	—	—	—
^{91}Zr	Stable	—	6,45±0,35 [235] 6,53 [7] 6,43 [6] 6,5 [141] 6,48±0,22 [61]	5,92±0,11 [1] 5,8±0,4 [235] 5,84 [6, 7, 141] 5,8 [4] 6,10 [284] 5,3 [222]	2,6±0,2 [235] 2,59 [55, 100, 184] 2,61 [6] 2,9 [141] 2,6 [282]	1,82 [291]	—	—
$A = 91$	—	—	6,60±0,05 [1] 6,64±0,16 [1] 6,45 [146]	5,90±0,03 [1] 5,91±0,12 [294] 5,97 [144] 5,8 [158, 175] 5,60 [221, 222]	2,52±0,04 [1]	1,82±0,05 [1]	—	—
^{91}Kr	3,0 s	—	—	1,87 [7, 19] (2,7) [2] 1,87 [11]	—	—	—	—
^{92}Rb	5,3 s	—	—	(5,5) [2] 3,44 [11]	—	—	—	—

Table 6.4 contd.

Isotope or mass number	Half-life	^{227}Th	^{229}Th	^{233}U	^{235}U	^{239}Pu	^{241}Pu	^{241}Am	^{242}Cm
^{92}Sr	2,71 hr	—	—	6,7 [12]	5,3 [6, 7, 12, 41] 6,10 [2] 0,79 [11] 3,40 [41]	3,8 [12]	—	2,3±0,1 [183]	1,25±0,11 [476]
^{92}Y	3,53 hr	—	6,4±0,54 [287]	6,7 [12]	5,3 [12, 41] 6,03 [306] 0,0215 [11]	3,8 [12]	—	2,09±0,04 [498] 1,94±0,11 [494]	—
^{92}Zr	Stable	—	—	6,60±0,40 [235] 6,70 [7] 6,64 [6] 6,7 [141] 6,28±0,25 [61]	5,98±0,11 [1] 6,03±0,25 [235] 6,03 [6, 7, 141, 144] 6,0 [4] 6,32 [284] 5,6 [222]	3,12±0,28 [235] 3,14 [6] 3,8 [141] 3,12 [55, 282]	2,23 [291]	—	—
$A=92$	—	—	—	6,69±0,05 [1] 6,69±0,16 [1] 6,72 [146]	5,95±0,03 [1] 5,91±0,12 [294] 6,03 [144] 6,0 [155, 175] 5,73 [221, 222]	3,02±0,05 [1]	2,23±0,06 [1]	—	—
^{93}Kr	2,0 s	—	—	—	(1,3) [2] 0,487$^{+0,065}_{-0,013}$ [19, 108] 0,48 [11]	—	—	—	—
^{93}Rb	5,6 s	—	—	—	2,97 [308] (4,4) [2] 3,32 [11]	—	—	—	—

Isotope	$T_{1/2}$								
^{93}Sr	8 min	—	—	—	(6,4) [2] 5,9 [306] 2,7 [11]	—	—	—	1,75±0,11 [476]
^{93}Y	10.2 hr	—	4,4±0,27 [287]	7,0 [12]	6,83±0,04 [280] 6,1±0,7 [235] 6,1±0,6 [127] 6,50 [10] 6,1 [6, 12, 41] 6,5 [2] 5,62 [41]	4,5 [12]	—	2,66±0,10 [494] 3,0±0,2 [18]	—
^{93}Zr	1,1·10^6 yr	—	—	6,90±0,40 [235] 7,10 [7] 6,98 [6] 6,75±0,17 [61] 7,0 [141]	6,37±0,11 [1] 6,51±0,25 [235] 6,45 [6, 7, 141] 6,4 [4] 6,5 [2] 6,47 [284] 6,0 [222]	3,94±0,32 [235] 3,97 [6] 4,5 [141] 3,94 [55, 282]	2,90 [291]	—	—
^{93m}Nb	13,6 yr	—	—	—	2,1 [2]	—	—	—	—
$A=93$	—	—	—	7,09±0,06 [1] 7,08±0,17 [1] 7,01 [146]	6,34±0,04 [1] 6,35±0,13 [294] 6,4 [158, 175] 6,12 [221, 222]	3,95±0,07 [1]	2,90±0,08 [1]	—	—
^{94}Kr	1,4 s	—	—	—	(0,6) [2] 0,096$^{+0,032}_{-0,013}$ [19, 108] 0,10 [11]	—	—	—	—
^{94}Rb	2,9 s	—	—	—	1,52 [308] (2,9) [2] 1,75 [11]	—	—	—	—
^{94}Sr	1,3 min	—	—	—	(5,8) [2] 1,0 [41] 3,6 [11]	—	—	—	—

Table 6.4 contd.

Isotope or mass number	Half-life	^{227}Th	^{229}Th	^{233}U	^{235}U	^{239}Pu	^{241}Pu	^{241}Am	^{242}Cm
^{94}Y	20,3 min	—	—	6,8 [12]	5,4 [7, 41] 6,5 [2] 6,4 [12, 306] 6,50 [10] 0,885 [11] 5,30 [41]	5,0 [12]	—	—	—
^{94}Zr	Stable	—	—	6,70±0,40 [235] 6,43±0,25 [61] 6,82 [7] 6,68 [6] 6,8 [141]	6,45±0,12 [1] 6,50±0,30 [235] 6,40 [6, 7, 141] 6,4 [4] 6,55 [284] 6,2 [222]	4,45±0,35 [235] 4,48 [6] 5,0 [141] 4,45 [55, 282]	3,33 [291]	—	—
$A=94$	—	—	—	6,91±0,05 [1] 6,92±0,16 [1] 6,68 [146]	6,41±0,04 [1] 6,60±0,13 [294] 6,55 [144] 6,4 [158, 175] 6,28 [221, 222]	4,50±0,08 [1]	3,33±0,09 [1]	—	—
^{95}Kr	Short-lived	—	—	—	$\left(6,9^{+1,9}_{-0,6}\right)\cdot 10^{-3}$ [2] (0,2) [2] [19, 108] 7,0·10^{-3} [11]	—	—	—	—
^{96}Rb	<2,5 s	—	—	—	(1,6) [2] 0,47 [11]	—	—	—	—
^{95}Sr	0,8 min	—	—	—	(4,7) [2] 3,17 [11]	—	—	—	—

Isotope	Half-life								
⁹⁰Y	10.9 min	—	—	—	—	—	—	—	—
⁹⁵Zr	65 days	3,40±0,29	2,6 [181, 287]	6,10±0,50 [235] 6,07±0,10 [295] 6,02±0,30 [189] 5,01±0,56 [90] 6,11 [158, 189] 5,9 [7] 6,1 [6, 12] 3,9 [69]	6,2±04 [235] 6,0±0,3 [64] 6,2 [6, 7, 12, 41, 229] 6,4 [2] 3,2 [69] 0,22 [11]	5,06±0,33 [184, 235] 4,40±0,15 [307] 5,6 [4, 184] 5,9 [7] 5,8 [6, 12] 5,2 [289] 5,00 [282]	4,08±0,12 [494] 4,17±0,16 [289] 5,03 [235] 3,92 [291]	4,03±0,15 [494] 4,04±0,21 [498] 2,7±0,1 [183] 3,90±0,51 [103]	2,36±0,06 [476] 2,40±0,30 [283]
⁹⁵ᵐNb	90 hr	—	—	<1,8·10⁻³ [19, 108]	0,06 [2] 0,031 [41] <2,5·10⁻⁴ [108]	<1,5·10⁻³ [19, 108]	—	—	—
⁹⁵Nb	35 days	—	—	5,16±0,64 [90] 6,1 [12]	6,4 [2] 6,2 [12, 41] 0,00251 [11]	5,8 [12]	—	—	—
⁹⁶Mo	Stable	—	—	6,15±0,40 [235] 6,10 [7] 6,11 [6] 6,2 [141]	6,51±0,12 [1] 6,50±0,30 [235] 6,27 [6, 7, 141] 6,3 [4] 6,61 [284]	5,0±0,4 [235] 4,99 [55, 100, 184] 5,03 [6] 5,7 [141] 5,0 [282]	—	—	—
A = 95	—	—	—	6,40±0,05 [1] 6,30±0,15 [1] 6,23 [146]	6,45±0,03 [1] 6,52±0,13 [294] 6,55 [144] 6,4 [158, 175] 6,35 [221, 222]	4,86±0,11 [1]	3,92±0,09 [1]	—	—
⁹⁶Y	2,3 min	—	—	—	6,0 [306]	—	—	—	—

Table 6.4 contd.

Isotope or mass number	Half-life	^{227}Th	^{229}Th	^{233}U	^{235}U	^{239}Pu	^{241}Pu	^{241}Am	^{244}Cm
^{95}Zr	$>3,6 \times 10^{17}$ yr	—	—	5,64±0,35 [235] 5,47±0,29 [61] 5,60 [7] 5,58 [6] 5,7 [141]	6,26±0,11 [1] 6,40±0,30 [235] 6,33 [6, 7, 141] 6,3 [4] 6,05 [222] 6,61 [284]	5,13±0,38 [235] 5,17 [6] 5,9 [141] 5,13 [55, 282]	4,33 [291]	—	—
^{96}Nb	23,4 hr	—	—	(5,7±1,0)10^{-3} [97] (7,25±0,15)10^{-3} [19, 108] 6,5·10^{-3} [6] (1,2—4,5)10^{-2} [221, 65]	(6,3±0,5)10^{-4} [19, 108] (5,85±1,0)10^{-4} [97] 6,1·10^{-4} [6] 5,7·10^{-4} [2, 88, 165, 221]	(3,6±0,6)10^{-3} [97] (4,0±0,5)10^{-3} [19, 108] 3,6·10^{-3} [6] 7,0·10^{-4} [289]	(2,4±0,2) 10^{-3} [289]	—	—
$A = 96$	—	—	—	5,84±0,05 [1] 5,80±0,14 [1] 5,67 [146] 5,7 [165, 221]	6,23±0,04 [1] 6,36±0,13 [294] 6,41 [144] 6,3 [158, 175] 6,26 [221, 222] 6,40 [165, 221]	5,12±0,09 [1]	4,33±0,12 [1]	—	—
^{97}Kr	~1 s	—	—	—	<6,09·10^{-5} [108] (~0) [2] 6,0·10^{-5} [11]	—	—	—	—
^{97}Rb	1,0 min	—	—	—	{0,1) [2] 0,10 [11]	—	—	—	—
^{97}Sr	Short-lived	—	—	—	{1,7 [2] 1,6 [11]	—	—	—	—
^{97}Y	Short-lived	—	—	—	(4,8) [2] 3,1 [11]	—	—	—	—

^{97}Zr	17,0 hr	2,41±0,57	0,61 [287]	5,71±0,08 [295] 5,3 [12]	6,2±0,3 [64] 5,9±0,5 [235] 5,9 [6, 7, 12, 229, 41] 6,2 [2] 6,20 [10] 1,4 [11]	5,25 [235, 282] 5,5 [6, 7] 5,5 [6, 12] 5,61 [289] 5,7 [271]	4,69±0,20 [289] 4,99±0,22 [494] 4,76 [291] 5,31 [235]	5,16±0,04 [498] 3,55±0,46 [103] 5,37±0,21 [494]	3,00±0,06 [476] 3,10±0,35 [283]
^{97m}Nb	60 s	—	—	—	6,2 [2] 5,66 [41]	—	—	—	—
^{97}Nb	72 min	—	—	5,73±0,06 [295] 5,3 [12] (5,9±0,2)10^{-2} [19, 108]	6,2 [2] 5,9 [12, 41] (1,0±0,5)10^{-2} [19, 108]	5,5 [12] (6,2±1,5)10^{-2} [19, 108]	—	—	—
^{97}Mo	Stable	—	—	5,46±0,32 [235] 5,35 [7] 5,37 [6] 5,3 [141]	5,92±0,11 [1] 5,9±0,3 [235] 6,09 [6, 7, 141] 6,1 [4] 6,56 [284] 5,88 [222]	5,61±0,42 [235] 5,65 [6] 5,9 [141] 5,61 [55, 282]	—	—	—
$A = 97$	—	—	—	5,52±0,05 [1] 5,43±0,13 [1] 5,51 [146]	5,86±0,03 [1] 6,26±0,13 [294] 6,33 [144] 6,2 [158, 175] 6,03 [221, 222]	5,64±0,16 [1]	4,76±0,14 [1]	5,42±0,05 [494]	—
(^{98}Y)	Short-lived	—	—	—	2,4 [308]	—	—	—	—
^{98}Zr	60 s	—	—	—	5,7 [41] 3,02 [11]	—	—	—	—
^{98}Nb	51 min	—	—	0,20±0,03 [19, 108] 0,20 [6]	(6,4±1,2)10^{-2} [19, 108] 0,064 [6, 41] 5,9 [306] 0,064 [11]	0,20±0,03 [19, 108] 0,20 [6]	—	—	—

Table 6.4 contd.

Isotope or mass number	Half-life	^{227}Th	^{229}Th	^{233}U	^{235}U	^{239}Pu	^{241}Pu	^{241}Am	^{245}Cm
^{98}Mo	Stable	—	—	5,20±0,30 [235] 5,18 [7] 5,15 [6] 5,2 [141]	5,83±0,10 [1] 5,9±0,3 [235] 5,78 [6, 7, 141] 5,8 [4] 6,48 [284] 5,85 [222]	5,84±0,45 [235] 5,89 [6] 6,0 [141] 5,84 [55, 282]	—	—	—
$A=98$	—	—	—	5,22±0,04 [1] 5,16±0,12 [1] 5,22 [146]	5,77±0,03 [1] 5,79±0,12 [294] 5,93 [144] 5,8 [158, 175] 6,00 [221, 222]	—	—	—	—
^{99}Zr	31 s	—	—	—	5,75 [11]	—	—	—	—
^{99}Nb	2,3 min	—	—	—	6,06 [41] 0,31 [11]	—	—	—	—
^{99}Mo	67 hr	1,44±0,14	0,15±0,004 [287] 0,16 [181]	4,96±0,25 [235] 4,80 [158, 189, 295] 4,8 [6, 7, 12]	6,14±0,16 [93, 94, 235] 6,06 [6, 7, 12, 41, 228, 229] 6,1 [2, 4] 6,10 [10]	5,86±0,18 [235] 6,17±0,19 [492] 5,61±0,33 [184] 6,44 [100, 184] 5,9 [7, 289] 6,10 [6] 6,1 [4, 12, 184] 5,86 [282] 5,61 [307] 6,02 [285, 307]	6,15±0,16 [492, 494] 6,00±0,24 [498] 6,17 [291] 6,0 [235]	6,55±0,18 [494] 6,90±0,26 [498] 6,3±0,3 [183] 6,85±0,41 [103]	4,18±0,40 [283]
^{99m}Tc	6,0 hr	—	—	4,1 [12]	~0,6 [2] 5,3 [12] 5,27 [41]	5,3 [12]	—	—	4,09±0,12 [476]

^{99}Tc	2,12·10^5 yr	—	—	—	4,8 [141]	6,24±0,12 [1] 6,1 [2] 6,06 [141] 6,16 [284]	6,1 [141]	—	—	—
$A=99$	—	—	—	—	5,16±0,07 [1] 5,06±0,13 [1] 4,84 [146]	6,14±0,10 [1] 6,20±0,12 [294] 6,25 [144] 6,3 [158, 175] 6,00 [221]	6,44 [55]	6,17±0,16 [1]	—	—
^{100}Nb	2,8 min	—	—	—	—	6,4 [306] 6,3 [41] 6,3 [11]	—	—	—	—
^{100}Mo	≥3·10^{17} yr	—	—	—	4,45±0,25 [235] 4,40 [7] 4,41 [6] 4,4 [141]	6,30±0,11 [1] 6,50±0,35 [235] 6,30 [6, 7, 141] 6,3 [4] 6,56 [284] 6,5 [222]	7,05±0,55 [235] 7,10 [6] 6,0 [141] 7,05 [55, 282]	—	—	—
$A=100$	—	—	—	—	4,46±0,04 [1] 4,41±0,10 [1] 4,49 [146]	6,24±0,03 [1] 6,52±0,13 [294] 6,58 [144] 6,4 [158, 175] 6,56 [221, 222]	—	—	—	—
^{101}Nb	1 min	—	—	—	—	5,6 [41] 5,4 [11]	—	—	—	—
^{101}Mo	14,6 min	—	—	—	3,0 [12]	5,2±0,4 [235] ~5,6 [7] 5,6 [12, 41] 5,00 [10] 5,0 [2] 0,206 [11]	6,0 [12]	—	—	—

Table 6.4 contd.

Isotope or mass number	Half-life	^{227}Th	^{229}Th	^{238}U	^{235}U	^{239}Pu	^{241}Pu	^{241}Am	^{245}Cm
^{101}Tc	14,0 min	—	—	3,0 [12]	5,0 [2] 5,6 [12, 41] $1,0 \cdot 10^{-3}$ [11]	6,0 [12]	—	—	—
^{101}Ru	Stable	—	—	2,90±0,15 [235] 3,00 [7] 2,91 [6] 3,0 [141]	5,08±0,09 [1] 5,0 [4, 6, 7, 141] 4,60 [284]	5,86±0,44 [235] 5,91 [6] 6,0 [141] 5,86 [55, 282]	5,94 [291]	—	—
$A = 101$	—	—	—	3,27±0,02 [1] 3,24±0,08 [1] 2,87 [146]	5,03±0,04 [1] 5,1±0,3 [294] 5,0 [144, 158, 175] 5,6 [221]	6,50±0,28 [1]	5,94±0,26 [1]	—	—
^{102}Mo	11 min	—	—	2,4 [12]	4,1+0,3 [235] ~4,3 [7] 4,2 [2] 4,3 [12, 41] 4,3 [11]	6,0 [12]	—	—	—
^{102}Tc	3,8 min	—	—	—	2,15 [41]	—	—	—	—
^{102}Tc	5 s	—	—	2,4 [12]	4,2 [2] 4,1 [306] 4,3 [12] 2,15 [41]	6,0 [12]	—	—	—

Isotope	Half-life							
¹⁰²Ru	Stable	—	—	2,22±0,14 [235] 2,37 [7] 2,22 [6] 2,4 [141]	4,21±0,08 [1] 4,1 [4, 6, 141] 3,56 [284]	5,94±0,44 [235] 5,99 [6] 6,0 [141] 5,94 [55, 282]	6,32 [291]	—	—
¹⁰²Rh	206 days	—	—	—	<5·10⁻⁷ [3]	—	—	—	—
A=102	—	—	—	2,48±0,02 [1] 2,44±0,06 [1] 2,10 [146]	4,19±0,04 [1] 4,1±0,2 [294] 4,1 [144, 158, 175, 221]	6,65±0,29 [1]	6,32±0,28 [1]	—	—
¹⁰²Tc	50 s	—	—	—	3,0 [41] 3,0 [11]	—	—	—	—
¹⁰³Ru	39,6 days	0,58±0,09	(5,9±0,54)·10⁻³ [287] 0,043 [181]	1,55±0,03 [295] 1,60±0,20 [235] 1,75±0,10 [189] 2,02±0,08 [90] 1,80 [158, 189] 1,6 [7] 1,8 [6, 12] 1,4 [296] 0,21 [69]	3,1±0,13 [258] 2,85±0,20 [235] 3,0 [6, 7, 12, 41, 229] 2,9 [2, 4, 258] 2,97 [296] 0,84 [69] 2,90 [10] 2,85±0,16 [47] 0,0124 [11]	5,79±0,37 [184, 235] 6,19±0,43 [307] 5,63 [55, 100, 184] 5,5 [4, 184] 5,8 [7] 5,67 [6, 12] 5,65 [282]	6,05±0,19 [494]	5,32±0,16 [494] 7,65±0,23 [498] 7,7±0,2 [183]	5,85±0,42 [476] 6,27±0,90 [283]

Table 6.4 contd.

Isotope or mass number	Half-life	^{227}Th	^{229}Th	^{233}U	^{235}U	^{239}Pu	^{241}Pu	^{241}Am	^{242}Cm
^{103m}Rh	57 min	—	—	1,8 [12]	2,9 [2] 3,0 [12, 41] 2,84·10⁻⁵ [11]	5,67 [12]	—	—	—
^{103}Rh	Stable	—	—	1,6 [141]	2,41 [284] 3 [141]	5,7 [141]	—	—	—
$A=103$	—	—	—	1,56 [146]	2,8±0,2 [294] 2,9 [144, 158, 175] 3,1 [3, 221]	—	—	—	—
^{104}Mo	1,3 min	—	—	—	2,0±0,3 [216] 1,72 [11]	—	—	—	—
^{104}Tc	18 min	—	—	—	1,8 [41, 306] 0,080 [11]	—	—	—	—
^{104}Ru	Stable	—	—	0,95±0,07 [235] 0,96 [7] 0,94 [6] 0,97 [141]	1,83±0,03 [1] 1,8 [4, 6, 7, 141] 1,50 [284]	5,88±0,45 [235] 5,93 [6] 5,1 [141] 5,88 [55, 282]	6,80 [291]	—	—
$A=104$	—	—	—	1,04±0,01 [1] 1,01±0,02 [1] 0,94 [146]	1,82±0,01 [1] 1,8±0,1 [294] 1,8 [144, 158, 175] 2,0 [3, 221]	6,61±0,29 [1]	6,80±0,30 [1]	—	—
^{105}Mo	40 s	—	—	—	(0,6) [2] 0,60 [11]	—	—	—	—
^{105}Tc	8 min	—	—	—	(0,9) [2] 0,83 [306] 0,90 [41] 0,30 [11]	—	—	—	—

Nuclide	Half-life								
^{105}Ru	4,44 hr	0,28±0,04	(8,0±0,2)·10⁻² [287] 0,025 [181]	0,5 [12]	0,95±0,04 [258] 0,83±0,20 [235] 0,9 [2, 6, 7, 2, 258] 0,85 [4] 0,90 [10, 41]	3,9 [12] 3,90 [282]	—	6,6±0,2 [183]	5,78±1,20 [283]
^{105m}Rh	45 s	—	—	0,5 [12]	0,9 [2, 12, 41]	3,9 [12]	—	—	—
^{105}Rh	35,9 hr	—	—	0,146±0,037 [90] 0,15 [235] 0,5 [12]	0,9 [2, 12, 41, 229]	5,47±0,06 [184] 5,47±0,60 [235] 5,50 [100, 184] 3,7 [4, 184] 3,9 [6, 7, 12]	6,08±0,16 [494]	6,71±0,18 [494] 6,85±0,29 [498]	—
^{105}Pd	Stable	—	—	0,5 [141]	0,9 [141] 0,92 [284]	4,7 [141]	—	—	—
$A=105$	—	—	—	0,43 [146]	1,0±0,1 [294] 0,90 [144] 0,85 [158, 175] 1,35 [221]	5,50 [55]	—	—	—
^{106}Ru	367 days	0,19±0,06	(1,17±0,09)·10⁻² [287] 0,020 [181]	0,24±0,03 [235] 0,23±0,02 [189] 0,259±0,030 [90] 0,24 [6, 12, 158, 189] 0,28 [7] 0,157 [296] 0,064 [69]	0,389±0,008 [1] 0,38±0,05 [235] 0,38 [2, 4, 6, 7, 10, 12, 41, 229] 0,38±0,03 [47] 0,15 [69] 0,38 [11]	4,04±0,22 [184, 235] 4,53 [55, 100, 184] 4,7 [4, 184] 5,0 [7] 4,57 [6, 12] 4,70 [282]	6,08 [291]		5,75±1,40 [283]
^{106}Rh	30 s	—	—	0,24 [12]	0,38 [2, 12, 41, 306]	4,57 [12]	—	—	—
^{106}Pd	Stable	—	—	0,28 [141]	0,38 [141] 0,53 [284]	4,0 [141]	—	—	—
$A=106$	—	—	—	0,262±0,002 [1] 0,260±0,006 [1] 0,22 [146]	0,389±0,004 [1] 0,38±0,02 [294] 0,38 [144, 158, 175] 0,52 [3, 221]	4,55±0,19 [1]	6,08±0,25 [1]	—	—

Table 6.4 contd.

Isotope or mass number	Half-life	²⁹⁷Th	²²⁹Th	²³³U	²³⁵U	²³⁹Pu	²⁴¹Pu	²⁴¹Am	²⁴⁴Cm
¹⁰⁷Tc	29 s	—	—	—	(0,16) [2] 0,177 [11]	—	—	—	—
¹⁰⁷Ru	4,2 min	—	—	—	0,2 [2] 0,19 [41, 306] 0,013 [11]	—	—	—	—
(¹⁰⁷ᵐRh)	45 s	—	—	—	0,1 [41] 8,8·10⁻⁵ [11]	—	—	—	—
¹⁰⁷Rh	22 min	—	—	0,15 [12]	0,19±0,04 [235] 0,19 [6, 7, 41] 0,2 [2, 12] 0,20 [10]	3,0 [12]	—	—	—
¹⁰⁷Pd	~7·10⁶ yr	—	—	0,15 [141]	0,2 [2] 0,19 [141] 0,26 [284]	3,0 [141]	—	—	—
A=107	—	—	—	—	0,19±0,02 [294] 0,17 [144] 0,18 [158, 175]	3,40 [55]	—	—	—
A=107—117	—	—	—	—	0,4 [3, 221]	—	—	—	—
¹⁰⁸Ru	4,5 min	—	—	—	0,05 [41]	—	—	—	—
¹⁰⁸Pd	Stable	—	—	0,06 [141]	0,13 [284] 0,07 [141]	2,0 [141]	—	—	—
A=108	—	—	—	—	0,07 [144] 0,09 [158, 175] ~0,05 [294]	2,44 [55]	—	—	—

Isotope	Half-life							
¹⁰⁹Rh	<1 hr	—	—	—	—	—	—	—
¹⁰⁹Pd	13,47 hr	0,033±0,011	(7,1±0,7)·10⁻³ [287] 0,013 [181]	—	0,047 [235] 0,040 [7] 0,044 [6] 0,04 [12]	(0,028) [2] 0,030 [6, 7, 229, 235] 0,028 [2, 4, 10] 0,03 [12, 41] 0,080 [11]	1,13±0,06 [184, 235] 1,0 [4, 184] 1,40 [6, 282] 1,5 [7, 12]	2,26±0,12 [494]	2,54±0,08 [494]	5,23±0,60 [283]
¹⁰⁹ᵐAg	40 S	—	—	0,04 [12]	0,028 [2] 0,03 [12, 41] 1,81·10⁻⁵ [11]	1,5 [12]	—	—	—
¹⁰⁹Ag	Stable	—	—	0,04 [141]	0,03 [141] 0,028 [284]	1,5 [141]	—	—	—
A=109	—	—	—	—	0,024±0,003 [294] 0,030 [144] 0,04 [158, 175]	1,50 [55]	—	—	—
¹¹⁰ᵐAg	253 days	—	—	—	2·10⁻⁷ [2]	—	—	—	—
¹¹⁰Ag	24,4 S	—	—	—	6·10⁻⁹ [2]	—	—	—	—
¹¹⁰Pd	Stable	—	—	0,03 [141]	0,024 [141]	0,7 [141]	—	—	—
A=110	—	—	—	—	0,020 [144] 0,021 [158, 175] ~0,017 [294]	0,76 [55]	—	—	—
¹¹¹Rh	Short-lived	—	—	—	0,165 [11]	—	—	—	—
¹¹¹ᵐPd	5,5 hr	—	—	—	0,019 [41]	—	—	—	—
¹¹¹Pd	22 min	—	—	0,025 [12]	0,018 [2, 10] 0,019 [12, 41] 4,03·10⁻⁵ [11]	0,23 [12]	—	—	—

Table 6.4 contd.

Isotope or mass number	Half-life	²²⁷Th	²²⁹Th	²³³U	²³⁵U	²³⁹Pu	²⁴¹Pu	²⁴³Am	²⁴⁴Cm
¹¹¹ᵐAg	74 s	—	—	—	9,0·10⁻³ [41]	—	—	—	—
¹¹¹Ag	7,5 days	0,051±0,010	(2,1±0,08)10⁻² [287] 0,020 [181]	0,0187±0,0002 [90] 0,02±0,002 [189] 0,021 [235] 0,025 [7, 12] 0,024 [6, 158, 189] 0,015 [69]	0,018 [2, 4, 51, 235] 0,019 [6, 7, 12, 41, 228, 229] 0,016 [69]	0,28±0,04 [184, 235] 0,27 [4, 7, 184, 289] 0,23 [6, 12, 282]	0,59±0,02 [494] 0,52±0,04 [498] 0,513 [235]	0,99±0,03 [494] 1,19±0,04 [498] 0,89±0,05 [103] 0,22 [183]	3,63±0,70 [283]
¹¹¹Cd	Stable	—	—	0,025 [141]	0,019 [141] 0,018 [284]	0,27 [141]	—	—	—
A=111	—	—	—	—	0,014±0,002 [294] 0,016 [144] 0,015 [158, 175]	0,27 [55]	—	—	—
¹¹²Pd	21 hr	0,029±0,006	(2,1±0,05)10⁻² [287] 0,018 [181]	0,0125±0,0004 [90] 0,014 [235] 0,016 [6, 7] 0,02 [12]	0,012±0,0006 [258] 0,010 [6, 7, 12, 41, 229] 0,011 [2, 10] 0,013 [258] 0,010 [11]	0,093±0,003 [184, 235] 0,10 [4, 7, 184] 0,12 [6, 12, 282]	0,223±0,007 [494]	0,57±0,02 [494]	1,60±0,40 [283]
¹¹²Ag	3,2 hr	—	—	0,02 [12]	0,011 [2] 0,010 [12, 41] 4,85·10⁻⁵ [11]	0,12 [12]	—	—	—
¹¹³Cd	Stable	—	—	0,02 [141]	0,01 [141] 0,013 [284]	0,1 [141]	—	—	—

Isotope	Half-life								
A=112	—	—	—	—	0,012±0,001 [294] 0,013 [144, 158, 175]	0,10 [55]	—	—	—
¹¹²Pd	1,5 min	—	—	—	0,01 [41] 0,0111 [11]	—	—	—	—
¹¹²ᵐAg	1,2 min	—	—	—	0,01 [41]	—	—	—	—
¹¹²Ag	5,3 hr	0,034± ±0,007	(1,44±0,17)·10⁻² [287] 0,016 [181]	0,02 [12]	0,01 [2, 10, 12, 41] 9,0·10⁻⁵ [11]	0,065±0,005 [235] 0,070 [289] 0,06 [12] 0,065 [282]	0,142±0,008 [289] 0,142 [235]	0,18±0,01 [103]	2,02±0,50 [283]
¹¹³Ag (total)	—	—	—	—	0,011 [229]	—	—	—	—
¹¹³Cd	≥1,3×10¹⁵ yr	—	—	0,02 [141]	0,01 [141] 0,012 [284]	—	—	—	—
A=113	—	—	0,0159 [287]	—	0,012 [144, 158, 175] ~0,011 [294]	0,06 [141]	—	—	—
¹¹⁴Pd	2,4 min	—	—	—	0,01 [41] 0,010 [11]	0,080 [55]	—	—	—
¹¹⁴Ag	2 min	—	—	—	0,01 [2]	—	—	—	—
¹¹⁴Ag	4,5 s	—	—	—	1,07·10⁻⁴ [11]	—	—	—	—
¹¹⁴Cd	Stable	—	—	0,02 [141]	0,01 [141]	0,05 [141]	—	—	—
A=114	—	—	—	—	0,011 [144, 158, 175] ~0,011 [294]	0,060 [55]	—	—	—

Table 6.4 contd.

Isotope or mass number	Half-life	^{227}Th	^{229}Th	^{233}U	^{235}U	^{239}Pu	^{241}Pu	^{241}Am	^{245}Cm
A=114—130	—	—	0,44 [288]	—	—	—	—	—	—
^{115}Pd	45 s	—	—	—	—	—	—	—	—
^{115}Ag	20 min	—	—	0,02 [12]	0,0077 [7, 12, 41] 0,01 [10] ($\sim$0,01) [2] $2{,}72 \cdot 10^{-4}$ [11]	0,04 [12]	—	—	—
^{115m}Cd	43 days	—	—	0,001 [7] 0,0011 [6, 12]	0,0007 [6, 7, 12, 41, 229] 0,00071 [2]	0,003±0,0006 [184] 0,003 [4, 7, 184] 0,0031 [6, 12]	—	0,004 [103]	—
^{115}Cd	53,5 hr	<0,177	$(1{,}84\pm0{,}1)10^{-2}$ [287] 0,021 [181]	0,019 [7] 0,020 [6] 0,02 [12]	0,0097 [6, 7, 12, 41, 228, 229] 0,011 [51, 258] 0,0098 [2, 10] 0,01±0,0006 [258]	0,033±0,002 [184] 0,038 [6, 7, 12] 0,045 [4, 184] 0,035 [282]	0,022±0,001 [494]	0,047±0,002 [494] 0,046±0,003 [103]	0,41±0,07 [283]
^{115}Cd (total)	—	—	—	0,017 [235] 0,020 [7] 0,021 [6] 0,011 [4]	0,0104 [6, 7, 235] 0,0105 [2]	0,036 [184, 235] 0,041 [6, 7, 100, 184] 0,048 [4, 184]	0,024±0,001 [494]	0,075±0,008 [498] 0,050±0,002 [494] 0,050±0,004 [103] 0,080±0,009 [498]	—
^{115m}In	4,50 hr	—	—	0,02 [12]	0,0098 [2, 10] 0,0097 [12, 41]	0,038 [12]	—	—	—

^{115}In	$6 \cdot 10^{14}$ yr	—	—	0,02 [141]	0,0099 [2] 0,01 [141] 0,011 [284]	0,04 [141]	—	—	—
$A=115$	—	—	0,0197 [287]	—	0,011±0,001 [294] 0,011 [144, 158, 175]	0,041 [55]	—	—	—
^{116}Ag	2,5 min	—	—	—	0,010 [41]	—	—	—	—
$A=116$	—	—	—	—	0,011 [144, 158, 175] ~0,011 [294]	—	—	—	—
$A=116-118$	—	—	—	—	—	0,122 [55]	—	—	—
^{117}Pd	5S	—	—	—	$9,9 \cdot 10^{-3}$ [11]	—	—	—	—
^{117}Ag	1,1 min	—	—	—	0,010 [41] $1,18 \cdot 10^{-3}$ [11]	—	—	—	—
^{117m}Cd	3,4 hr	—	—	—	0,011 [6, 12, 41] 0,010 [2] 0,0 [10]	—	—	—	—
^{117}Cd	2,4 hr (50 min)	—	$(1,63\pm0,19) \cdot 10^{-2}$ [287]	—	0,010 [2, 4] 0,01 [12] 0,0060 [41] $1,68 \cdot 10^{-6}$ [11]	—	—	—	—
^{117m}In	1,93 hr	—	$(1,66\pm0,11) \cdot 10^{-2}$ [287]	—	0,010 [2] 0,01 [12, 41]	—	—	—	—
^{117}In	44 min	—	—	—	0,002 [2, 4] 0,01 [12]	—	—	—	—
^{117}In (total)	—	—	—	—	0,011 [229]	—	—	—	—

Table 6.4 contd.

Isotope or mass number	Half-life	^{229}Th	^{230}Th	^{232}U	^{233}U	^{239}Pu	^{241}Pu	^{241}Am	^{244}Cm
^{117m}Sn	14,0 days	—	—	—	$<2 \cdot 10^{-5}$ [2] $1 \cdot 10^{-5}$ [41]	—	—	—	—
^{117}Sn	Stable	—	—	$1,080 \pm 0,013$ [273]	—	—	—	—	—
$A=117$	—	—	0,018 [287]	—	0,010 [145, 158, 175] $\sim$0,011 [294]	—	—	—	—
$A=117—129$	—	—	—	—	1,8 [3, 221]	—	—	—	—
^{118}Cd	49 min	—	$(1,74\pm0,08)10^{-2}$ [287] $\geqslant(0,73\pm0,07)10^{-2}$ [287]	—	0,01 [2]	—	—	—	—
^{118}In	4,4 min	—	—	—	0,01 [2]	—	—	—	—
^{118}Sn	Stable	—	—	$0,186\pm0,013$ [273]	—	—	—	—	—
$A=118$	—	—	—	—	0,010 [145, 158, 175] $\sim$0,011 [294]	—	—	—	—
$A=118—130$	—	—	—	—	—	4,1 [182]	—	—	—
^{119}Cd	10 min	—	—	—	$5 \cdot 10^{-2}$ [41] $9,92 \cdot 10^{-2}$ [11]	—	—	—	—

^{118}Cd	2,9 min	—	—	—	5·10⁻³ [41]	—	—	—	—	—
^{119}In	19 min	—	—	—	0,01 [2, 12, 10, 41] 7,75·10⁻⁵ [11]	—	—	—	—	—
^{119m}Sn	~250 days	—	—	—	<0,01 [2]	—	—	—	—	—
^{119}Sn	Stable	—	0,189±0,014 [273]	—	—	—	—	—	—	—
$A=119$	—	—	—	—	0,011 [145, 158 175] ~0,011 [294]	—	—	—	—	—
^{120}Sn	Stable	—	0,210±0,014 [273]	—	—	—	—	—	—	—
$A=120$	—	—	—	—	0,011 [145, 158, 175] ~0,012 [294]	—	0,025 [192]	—	—	—
^{121}Cd	12,8 s	—	—	—	(6,4±0,5)10⁻³ [211, 304]	—	—	—	—	—
^{121}In	3,1 min	—	—	—	3,2·10⁻³ [304]	—	—	—	—	—
^{121m}Sn	76 yr	—	—	—	0,0019±0,0006 [303] 8·10⁻⁴ [206, 211, 304] 0,001 [41]	—	—	—	—	—

Table 6.4 contd.

Isotope or mass number	Half-life	²²⁷Th	²²⁹Th	²³⁰U	²³³U	²³⁹Pu	²⁴¹Pu	²⁴¹Am	²⁴²Cm
¹²¹Sn	27 hr	0,11±0,04	(7,4±1,3)·10⁻³ [287]	0,018 [6, 7, 12]	0,012±0,001 [258]; 0,0122±0,0008 [303]; 0,011±0,001 [304]; 0,0125 [258]; 0,015 [6, 7, 12, 41, 206, 229, 235]; 0,014 [2, 4]; 0,015 [11]; ≤1,3·10⁻³ [304]	0,044 [7, 12]; 0,043 [6]	—	0,045±0,006 [103]	0,047±0,012 [283]
¹²¹Sb	Stable	—	—	—	(1,2±0,1) 10⁻² [211]	—	—	—	—
A=121	—	—	7,76·10⁻³ [287]	—	0,014±0,001 [294]; 0,0140±0,0010 [303]; 0,012±0,001 [304]; 0,012 [145, 158, 175]	—	0,025 [192]	—	—
¹²²Sn	Stable	—	—	0,0234±0,013 [273]	—	—	—	—	—
A=122	—	—	—	—	0,013 [145, 158, 175]; ~0,015 [294]	—	0,025 [192]	—	—
¹²²Sn (total)	—	—	—	—	0,015 [229]	—	—	—	—
¹²³Sn	125 days	—	—	2,5·10⁻³ [3, 12, 69]	0,0019±0,0001 [303]; 1,2·10⁻³ [2, 10]	—	—	—	—

Isotope	$T_{1/2}$								
¹²³Sn	40 min	—	—	—	8,5·10⁻⁴ [69], 1,3·10⁻³ [6, 7, 12, 41], 1,3·10⁻³ [11]	—	—	—	0,054±0,012 [283]
$A=123$	—	—	—	—	0,014 [2, 4, 10, 12], 0,0141±0,0012 [297], 0,010 [41], 0,014 [11]	—	0,036 [192]	—	—
¹²⁴Sn	>2·10¹⁷ yr	—	—	0,386±0,020 [273]	0,016+0,001 [294], 0,0160+0,0012 [303], 0,014 [145, 158, 175]	—	—	—	—
¹²⁴Sb	11,1 s	—	—	—	—	—	—	—	—
¹²⁴Sb	60 days	—	—	—	0,32±0,04 [302]	0,088±0,004 [184]	—	—	—
¹²⁴Sb (total)	—	—	—	—	(9,5±1,4)10⁻⁶ [210], ≤4,5·10⁻⁵ [207], ≤4,4·10⁻⁵ [207]	—	—	—	—
$A=124$	—	—	—	—	(1,16+0,17)10⁻⁵ [210], ≤4,8·10⁻⁵ [207]; 0,017 [145, 158, 175], ~0,019 [294]	—	0,043 [192]	—	—
¹²⁵ᵐSn	9,7 min	—	—	—	0,011 [2, 12], 0,0135±0,0014 [297], 0,007 [41], 8,0·10⁻³ [11]	—	—	—	—

Table 6.4 contd.

Isotope or mass number	Half-life	²²⁷Th	²²⁸Th	²³³U	²³⁵U	²³⁹Pu	²⁴¹Pu	²⁴¹Am	²⁴⁴Cm
¹²⁵Sn	9,4 days	0,43±0,10	(2,2±0,3)10⁻³ [287] 0,029 [181]	0,050 [7, 12] 0,052 [6]	0,0116±0,0004 [303] 0,012±0,0012 [258] 0,013 [6, 7, 12, 41] 0,012 [2, 10] 0,011 [258] 0,013 [11]	0,072 [7, 12] 0,071 [6]	—	—	0,060±0,015 [283]
¹²⁵Sn (total)	—	—	—	—	0,021 [229]	—	—	—	—
¹²⁵Sb	2,7 yr	—	—	0,060 [235, 69]	0,0291±0,0015 [303] 0,021±0,001 [207] 0,021 [6, 7, 12, 41, 235] 0,023 [2, 4] 0,036±0,007 [207] 0,0089 [69] 0,011 [10]	—	0,0416 [291]	—	0,071±0,015 [283]
¹²⁵ᵐTe	58 days	—	—	—	0,003 [2, 12] 0,007 [41]	—	—	—	—
A=125	—	—	3,5·10⁻³ [287]	0,116±0,013 [1]	0,0291±0,0033 [1] 0,027±0,003 [294, 303] 0,036 [145, 158, 175]	0,116±0,014 [1]	0,0416±0,0050 [1] ±0,065 [192]	—	—
¹²⁶Sn	~10⁵ yr	—	—	1,000 [273]	—	—	—	—	—

(^{116}Sn)	50 min	—	—	0,24 [12]	0,1 [2, 4, 12] 0,0497 [11]	0,25 [12]	—	—	—
^{126}Sb	6,2 days	—	—	0,24 [12]	0,10 [10] 0,1 [12]	0,25 [12]	—	—	—
^{126}Sb	12,5 days	—	—	—	(8,5±0,5)10^{-4} [207] (1,04±0,17)10^{-3} [210] (9,0±2,0)10^{-4} [207]	—	—	—	—
^{125}Sb (total)	—	—	—	—	(2,9±0,2)10^{-2} [207] (3,7±0,6)10^{-2} [210]	—	—	—	—
(^{124}Sb)	9 hr	—	—	—	0,05 [7] 0,10 [2] 1,3·10^{-3} [11]	0,069±0,003 [184]	—	—	—
^{126}Te	Stable	—	—	0,24 [141]	0,05 [141] 0,18 [284]	0,25 [141]	—	—	—
A=126	—	—	—	—	0,10 [145, 158, 175] ~0,05 [294]	—	0,128 [192]	—	—
^{127}Sn	2,1 hr	—	—	0,39 [12]	0,067±0,008 [303] ~0,062 [297] 0,25 [10, 12] (0,24) [2] 0,13 [41] 6,85·10^{-2} [11]	0,39 [12]	—	—	—

Table 6.4 contd.

Isotope or mass number	Half-life	^{227}Th	^{230}Th	^{238}U	^{235}U	^{239}Pu	^{241}Pu	^{241}Am	^{245}Cm
^{127}Sb	93 hr	0,68±0,16	$(8,4\pm0,3)10^{-3}$ [287] 0,039 [181]	0,59 [235] 0,59±0,08 [90] 0,60 [6, 12] 0,092 [3]	0,103±0,004 [303] 0,13 [6, 7, 12, 41, 229] 0,10 [51, 235] 0,25 [2, 4] 0,0615 [11]	0,55±0,03 [184, 235] 0,39 [6, 7, 12] 0,378 [282]	0,227±0,007 [494]	0,51±0,02 [494] 0,66±0,03 [498]	0,57±0,09 [283]
^{127m}Te	109 days	—	—	0,067 [3, 12, 69]	0,035 [6, 7, 12, 41, 235] 0,056 [2] 0,015 [69] $6,4\cdot10^{-3}$ [11] $6,0\cdot10^{-3}$ [41]	0,078 [12]	—	—	—
^{127}Te	9,4 hr	0,53±0,25	0,040 [181]	0,60 [12]	0,25 [2, 12] 0,10 [41] $1,5\cdot10^{-4}$ [11]	0,39 [12]	—	—	—
^{129}I	Stable	—	—	0,39 [141]	0,13 [141] 0,38 [284]	0,39 [141]	—	—	—
$A=127$	—	—	—	—	0,104±0,004 [294] 0,103±0,004 [303] 0,25 [145, 158, 175]	—	0,25 [192]	—	—
^{128}Sn	59 min	—	—	1,0 [12]	0,314±0,019 [303] 0,37 [6, 7, 12, 41] ~0,30 [297] 0,050 [10] 0,37 [11]	0,80 [12]	—	—	—

Nuclide	Half-life								
^{128m}Sb	11 min	—	—	1,0 [12]	0,5 [2] 0,49 [12] 0,50 [306] 0,36 [41] 0,19 [11]	0,80 [12]	—	—	—
^{128}Sb	9,6 hr	—	—	0,03 [12]	0,015 [12] 0,050 [41] 0,039 [41]	0,024 [12]	—	—	—
^{128}Te	$>1,3 \times 10^{19}$ yr	—	—	1,0 [141]	0,37 [141] 0,71 [284]	0,80 [141]	—	—	—
^{128}I	25,0 min	—	—	$1,9 \cdot 10^{-4}$ [88]	$(4,0 \pm 0,4) \cdot 10^{-5}$ [19, 121] $3,6 \cdot 10^{-5}$ [88] $3 \cdot 10^{-5}$ [6]	$2,0 \cdot 10^{-4}$ [88]	—	—	—
^{128}Xe	Stable	—	—	—	—	$(2,1 \pm 0,1) 10^{-4}$ [99]	—	—	—
$A=128$	—	—	$0,122 \pm 0,008$ [287]	—	—	—	0,50 [192]	—	—
^{129}Sb	4,3 hr	—	—	2,0 [12]	$0,36 \pm 0,06$ [294, 303] 0,50 [145, 158, 175]	0,90 [12]	—	—	$1,42 \pm 0,30$ [283]
^{129m}Te	34 days	$1,36 \pm 0,28$	0,123 [181]	0,22 [3, 69] 0,48 [12]	$0,62 \pm 0,03$ [303] $1,12 \pm 0,18$ [235] 1,0 [2] 0,90 [10, 12] 0,80 [41] 0,87 [11]	0,35 [6, 7, 12, 41] 0,34 [2] 0,090 [69] 0,086 [11] 0,060 [41]	0,22 [12]	—	$1,48 \pm 0,20$ [283]

Table 6.4 contd.

Isotope or mass number	Half-life	^{232}Th	^{233}Th	^{233}U	^{235}U	^{239}Pu	^{241}Pu	^{241}Am	^{245}Cm
^{128}Te	69 min	—	—	2,0 [12]	1,0 [2, 48] 0,90 [12] 0,51 [41]	0,90 [12]	—	—	—
^{129}Te (total)	—	—	—	—	—	—	—	1,26±0,11 [494]	—
^{129}I	1,7·10^7 yr	—	—	2 [141]	0,9 [7, 141, 235] 0,8 [6] 1,0 [2, 4] 1,20 [284] 0,90 [71]	1,4 [141]	—	—	—
^{129}Xe	Stable	—	—	—	<4·10^{-4} [3]	—	—	—	—
$A=129$	—	—	—	—	0,64±0,04 [294] 0,63±0,04 [303] 1,0 [145] 1,00 [158, 175]	—	1,02 [192]	—	—
^{130}Sn	2,6 min	—	—	—	2,0 [6, 7, 41] 2,0 [11]	—	—	—	—
^{130}Sb	7 min	—	—	—	2,0±0,5 [68, 235] 2,0 [2, 306] 1,49 [11]	—	—	—	—
^{130}Sb	33 min	—	—	2,7 [12]	2,0 [12, 41] 2,10 [10]	2,0 [12]	—	—	—
^{130}Te	~10^{21} yr	—	—	2,7 [141]	2,0 [2, 141] 1,97 [284]	2,0 [141]	—	—	—

^{130}I	12,4 hr	—	—	—	4,3·10⁻² [88]	4,5·10⁻⁴ [88] 5·10⁻⁴ [6] 5,6·10⁻⁴ [19, 121]	5,2·10⁻³ [88]	—	—	—
^{130}Xe	Stable	—	—	—	—	—	(5,5±0,4)10⁻² [99]	—	—	—
A=130	—	—	—	—	—	2,0 [145, 158, 175] 2,1 [221] ~1,5 [294]	—	1,84 [192]	—	—
^{131}Sn	1,32 min	—	—	—	—	1,28±0,21 [194, 305] 1,28±0,21 [301]	—	—	—	—
(^{131}Sn)	3,4 min	—	—	—	—	2,60 [41] 0,935 [11]	—	—	—	—
^{131}Sb	25 min	—	—	—	3,7 [12]	2,6±0,3 [235] 2,5±0,2 [68] 2,6 [7, 12, 41] (2,7) [2] 2,92 [10] 1,66 [11] 1,66±0,40 [194, 301, 305]	3,2 [12]	—	—	—
^{131m}Te	30 hr	—	—	—	0,56 [12]	0,44 [2, 6, 7, 12, 41] <0,15 [271] 0,050 [11, 41]	0,48 [12]	—	—	—

Table 6.4 contd.

Isotope or mass number	Half-life	^{227}Th	^{228}Th	^{233}U	^{235}U	^{238}Pu	^{239}Pu	^{241}Am	^{244}Cm
^{131}Te	25 min	—	—	3,1 [12]	2,9 [2] 2,8 [48] 2,5 [12] 2,21 [41] 0,46±0,2 [165, 221] 0,32 [19, 121] 0,27 [11] <0,09 [271]	2,7 [12]	—	—	—
^{132}Te (total)	—	—	2,61±0,46 0,43±0,045 [287] 0,87 [181]	—	0,36±0,04 [194]	—	—	—	—
^{131}I	8,05 days	—		2,84±0,20 [90] 2,9±0,3 [235] 3,08±0,20 [189] 3,65±0,07 [295] 3,39 [158, 189] 2,7 [7] 2,9 [6, 12] 2,4 [69]	3,1±0,3 [235] 3,1±0,1 [57] ~3,1 [6, 7, 229] 2,9 [2] 3,1 [12] 2,21 [41] 3,21 [63] 1,5 [69] 2,23±0,11 [130] <0,03 [271] 8,5·10^{-3} [11] (4,2±0,4) 10^{-3} [301]	3,68±0,11 [307] 3,80±0,14 [184, 235] 3,77 [6, 12, 100, 184] 3,6, [4, 184] 3,8 [7] 3,75 [282]	3,20±0,14 [494]	3,69±0,13 [494] 4,01±0,14 [498] 3,7±0,19 [103] 2,1±0,1** [183]	2,90±0,08 [476] 3,18±0,40 [283]
^{131m}Xe	11,8 days	—	—	0,03 [12]	0,03 [2, 12] (3,1) [41]	0,03 [12]	—	—	—
^{131}Xe	Stable	—	—	3,55±0,30 [235] 3,74 [7] 3,39 [6] 3,7 [141]	2,86±0,07 [1] 2,92±0,12 [235] 2,90±0,07 [180] 3,30±0,45 [194]	3,79±0,11 [99] 2,87 [7] 2,88 [182] 3,78 [6, 188]	3,01 [235] 3,005 [192] 3,15 [291]	—	—

$A=131$	—	—	0,64 [288]	3,51±0,04 [1] 3,50±0,09 [1] 3,52 [146]	3,00 [163, 221] 2,92 [176] 2,93 [6, 7, 70, 141, 188] 3,28 [80] 2,9 [4] 2,85 [284] *1,00* [34]	2,71±0,3 [60] 3,77 [100] 2,71 [101] 3,2 [141] 3,79 [282]	—	—
^{131}Sn 1,00 min (2,2 min)	—	—	—	3,51±0,04 [1] 3,50±0,09 [1] 3,52 [146]	2,79±0,04 [1] 2,97±0,06 [294] 2,93 [145] 2,9 [158, 175] 2,92 [176, 221] 3,0 [165, 221]	3,60±0,09 [1]	3,15±0,09 [1] 3,01 [192]	—
^{131}Sb 3,13 min (2,1 min)	—	—	—	—	0,59±0,17 [194] (4,7) [41] 0,472 [11] **0,59±0,17** [301]	—	—	—
					~3 [68] 4,7 [41] (3,4) [2] 2,76±0,35 [194, 301] 2,4 [11]			
^{131}Te 78 hr	3,30±0,06	0,87±0,054 [287] 1,23 [181]		4,32±0,40 [235] 4,22±0,25 [90] 4,91±0,03 [295] 4,4 [6, 12] 4,9 [3]	4,7 [235, 12] 4,38 [228] ~4,7 [6, 7] 4,4 [2] 4,37 [10] 4,7 [41] 3,6 [48] 1,5 [11] 1,6±0,1 [19, 121] 0,86±0,10 [194, 301] 1,5±0,8 [165, 221]	5,51±0,27 [184, 235] 4,62±0,09 [307] 5,26 [100, 184] 5,2 [7] 5,1 [6, 12] 4,9 [4, 184]	4,49±0,12 [494]	4,70±0,02 [498] 4,48±0,31 [103] 4,88±0,19 [494] 3,9±0,3 [183]
								4,10±0,09 [476] 4,41±0,80 [283]

Table 6.4 contd.

Isotope or mass number	Half-life	^{229}Th	^{230}Th	^{233}U	^{235}U	^{239}Pu	^{240}Pu	^{241}Am	^{245}Cm
^{131}I	2,3 hr	—	—	4,90±0,60 [235] 4,91±0,03 [295] 4,10±0,40 [189] 4,64 [158], [189] 4,4 [12] 4,9 [69]	4,4 [2] 4,9 [69] 4,7 [12, 41, 306] <4,4·10⁻² [88] (1,74±0,11) 10⁻² [301]	5,1 [12]	—	3,9±0,3 [183]	—
^{133}Xe	Stable	—	—	4,80±0,30 [235] 5,10 [7] 4,64 [6] 5,1 [141]	4,27±0,10 [1] 4,37±0,16 [235] 4,22±0,10 [180] 4,21±0,40 [194] 4,37 [176] 4,38 [6, 7, 70, 141, 188] 4,49 [163, 221] 4,92 [80] 4,3 [4] 4,24 [284] *1,49* [34]	5,29±0,16 [99] 5,26 [100, 188] 5,25±0,55 [235] 5,28 [6] 4,01 [182] 4,02 [7] 3,79 [101] 4,0 [141] 3,78±0,04 [60] 5,25 [282]	4,47 [235] 4,470 [192] 4,64 [291]	—	—
^{132}Cs	6,5 days	—	—	—	<1,5·10⁻⁷ [186]	—	—	—	—
A=132	—	—	1,22 [288]	4,88±0,06 [1] 4,86±0,12 [1] 4,82 [146]	4,16±0,06 [1] 4,43±0,09 [294] 4,38 [145]	5,09±0,12 [1]	4,64±0,13 [192] 4,47 [192]	5,30±0,18 [494]	—

Isotope	Half-life								
¹³³Sn	~55 s	—	—	—	4,3 [158, 175] 4,37 [176, 221] 4,20 [165, 221]	—	—	—	—
¹³³Sb	2,67 min	—	—	6,2 [12]	<0,015 [194, 305]	—	—	—	—
¹³³ᵐTe	50 min	—	—	6,2 [12]	4,0 [7, 12, 41] (3,8) [2] 3,05±0,39 [194, 301, 305] 4,0 [11]	5,4 [12]	—	—	—
¹³³Te	2 min	—	—	0,8 [12]	6,0 [2] 1,12 [41] 4,9 [12] <0,66 [271] 0,42 [11] 2,07±0,31 [194]	0,7 [12]	—	—	—
¹³³Te (total)	—	—	—	—	4,26±0,45 [301]	—	—	—	—

Table 6.4 contd.

Isotope or mass number	Half-life	^{227}Th	^{229}Th	^{233}U	^{235}U	^{239}Pu	^{241}Pu	^{241}Am	^{245}Cm
^{133}I	21 hr	4,80±1,01	4,0±0,96 [287]	6,50±0,65 [189] 5,78 [158, 189] 5,89±0,11 [295] 3,37±0,29 [90] ~3,4 [235] 3,37 [12]	6,5 [235, 2] ~6,9 [6, 7] 6,9 [12] 5,34 [41] 1,90 [10] 1,56 [41] 1,2 [3] 0,17±0,06 [194] <0,33 [19, 121, 271] 0,18 [11] 0,44 [41] 0,176±0,009 [301]	5,53±0,06 [184] 5,53±0,60 [235] 5,0 [4, 184] 6,23±0,15 [307] 5,3 [7] 5,2 [6, 12] 6,90 [100, 184] 4,97 [282]	7,23±0,25 [494]	6,48±0,17 [494] 7,46±0,30 [498] 4,0±0,2 [183]	6,01±0,70 [283] 5,52±0,08 [476]
^{132m}Xe	2,26 days	—	—	0,08 [12]	0,16 [2, 12] 0,165 [41]	0,13 [12]	—	—	—
^{133}Xe	5,27 days	—	—	5,97±0,10 [295] 6,2 [12]	6,60±0,20 [235] 6,59 [176] 6,62 [6, 7, 12, 63, 188] 6,5 [2, 4] 6,7 [41] 5·10⁻³ [165, 221] <6,6·10⁻³ [271] 1,8·10⁻³ [11]	6,90±0,60 [235] 6,95±0,21 [99] 6,91 [6, 12, 188] 6,44±0,11 [307] 5,26 [182] 5,27 [7] 4,97±0,05 [60] 6,90 [282]	6,56 [235, 192]	—	—

^{133}Cs	Stable	—	—	6,18 [7] 5,78 [6] 5,6 [20] 5,90±0,30 [235] 5,20±0,30 [9, 14] 5,50±0,13 [9, 14] 6,2 [141]	6,76±0,12 [1] 6,59±0,20 [235] 5,6 [6, 7, 20, 95, 141] 7,43 [38] 7,48±0,60 [194] 6,70 [284] ≤1,03 [65]	6,90±0,60 [235] 6,90 [55, 100, 282] 6,92 [20] 6,91 [6] 5,26±0,13 [31] 4,97 [101] 5,27 [7] 5,4 [141] 5,26 [182] 0,446±0,002 [56]	6,56 [235] 6,557 [192] 6,71 [291] 6,52 [290]	—	—
$A=133$	—	3,02 [288]	—	6,06±0,05 [1] 6,05±0,14 [1] 5,77 [146]	6,73±0,04 [1] 6,70±0,13 [294] 6,62 [145] 6,59 [176, 221] 6,5 [158, 175] 5,2 [165, 221]	7,18±0,15 [1]	6,71±0,18 [1] 6,56 [192]	6,54±0,17 [494]	—
^{134}Sb	11 s (~50 S)	—	—	—	6,9 [41] (3,0) [2] 0,32±0,04 [302] 0,32±0,04 [305] 2,49 [11]	—	—	—	—
^{134}Te	42 min	—	—	6,6 [12]	6±0,7 [219] 6,48±0,47 [58, 302] 6,9 [7, 12, 41] 6,7 [2] 5,7 [48] 6,70 [10] 4,41 [11]	5,8 [12]	—	—	—

Table 6.4 contd.

Isotope or mass number	Half-life	^{227}Th	^{229}Th	^{233}U	^{235}U	^{239}Pu	^{241}Pu	^{241}Am	^{245}Cm
^{134}I	52 min	—	5,3±0,66 [287]	6,10±0,30 [189] 5,95 [158, 189] 8,1 [12]	7,8±1,1 [235] 7,8 [6,7, 12, 41, 306] 7,71 [58] 7,6 [2] 5,75 [130] 1,0 [3] 1,0 [88] 0,94±0,13 [165, 221] 0,89 [27] 0,97 [19, 121] 1,33 [10] 0,90 [11, 41] 0,90±0,08 [301] 0,69±0,10 [302]	7,1 [12]	—	—	—
^{134}Xe	Stable	—	—	6,0±0,3 [235] 6,54 [7] 5,95 [6] 6,6 [141]	7,73±0,18 [1] 7,74±0,19 [180] 8,03±0,40 [235] 8,03 [176] 8,25 [163] 8,06 [6, 7, 70, 141, 188, 302] 8,64 [80] 7,5 [4] 7,53 [284] 8,21 [221] 2,65 [34]	7,47±0,70 [235] 7,46 [100] 7,48±0,22 [99] 7,47 [6, 188] 5,37 [101] 5,69 [7] 5,70 [182] 5,8 [141] 5,37±0,05 [60] 7,45 [282]	7,81 [235] 7,806 [192] 8,06 [291]	—	—
^{134}Cs	2,05 yr	—	—	—	0,89·10⁻⁵ [186, 302] <1,3·10⁻⁵ [186, 187]	—	—	—	—
$A = 134$	—	—	6,03 [288]	6,13±0,07 [1] 6,10±0,15 [1] 6,18 [146]	7,51±0,11 [1] 8,13±0,16 [294] 8,06 [145] 8,0 [158, 175] 8,03 [176, 221] 5,80 [165, 221]	7,20±0,17 [1]	8,06±0,22 [1] 7,81 [192]	—	—

Isotope	Half-life								
¹³⁵Te	<2 min	—	—	—	—	—	—	—	—
¹³⁵I	6,7 hr	—	4,96±0,27 [287]	4,78±0,40 [235] 4,78±0,07 [190, 191] 4,55±0,45 [189] 5,1 [4, 7, 191] 5,5 [6, 12] 6,03 [158, 189]	5,9 [48] (4,2) [2] 1,5±1,1 [219] 3,38 [11] 6,1±0,4 [235] 6,25 [190, 191] 6,3 [4, 191] 6,1 [6, 7, 12, 41] 5,9 [2] 5,6 [4, 191] 5,90 [10] 4,6±1,1 [219] 2,72 [11]	5,97±0,09 [190, 191] 5,97±0,60 [235] 5,5 [4, 191] 5,8 [7] 5,7 [6, 12] 5,6 [282]	7,53±0,19 [190, 191] 7,53 [235]	4,8±0,3 [183]	6,27±0,30 [476]
¹³⁵ᵐXe	15,6 min	—	—	1,6 [12]	1,8 [2, 12] 1,83 [41]	1,7 [12]	—	—	—
¹³⁵Xe	9,2 hr	—	—	6,0±0,4 [235] 5,51±0,06 [295] 6,0 [12, 20, 215]	6,41 [20, 215] 6,3 [6, 12, 41, 188] 5,9 [4, 191] 6,2 [2] 0,31±0,04 [165, 221] 0,17±0,06 [165, 221] 0,22 [88] ~0,15 [92] ~0,3 [3] 0,19 [27] 0,50 [10] 0,24 [19, 121] 0,20 [11, 41]	7,27 [20, 215] 5,70 [188] 7,43 [102] 7,27 [12] 6,08±0,16 [307]	7,08±0,35 [191, 192] 7,80±0,19 [494] 7,08 [235]	7,32±0,20 [494] 6,09±0,30 [498]	—
¹³⁵Cs	3·10⁶ yr	—	—	6,0±0,4 [235] 6,02 [191, 193] 6,03 [6] 6,7 [141] >4,9 [7]	6,41±0,30 [235] 6,45 [145, 191] 6,41 [6, 7, 95, 141, 176] 6,3 [4] 6,2 [2]	6,95±0,19 [14, 191] 7,43±0,20 [102, 191] 7,17±0,70 [235] 7,25 [100]	7,080 [192] 7,08 [235]	—	—

Table 6.4 contd.

Isotope or mass number	Half-life	^{227}Th	^{228}Th	^{233}U	^{235}U	^{238}U	^{239}Pu	^{241}Pu	^{241}Am	^{244}Cm
^{135}Cs	3·10^6 yr									
A = 135	—	—	6,10 [288]	6,02 [146]	6,56±0,13 [294] 6,45 [145] 6,41 [176, 221] 6,4 [158, 175] 6,12 [165, 221]	7,18 [38] 6,00 [284] *1,1±0,1* [65] *1,28* [66]	7,17 [6, 282] 5,53 [7] 5,22 [101] 5,42 [102] 5,5 [141] 6,95 [182] *1,06±0,10* [56]		7,36±0,20 [494]	
^{135}Te	20,9 s	—	—	—	2,2 [308]					
^{135}I	83 s	—	—	1,7 [7, 36] 1,8 [6]	3,1 [6, 2, 7, 36, 41] 6,4 [306] 3,1 [11]	—	2,1 [6, 7] 1,9 [36]	—	—	—
^{135}Xe	Stable	—	—	6,70±0,40 [235] 6,63 [6] 6,9 [14] <8,9 [7]	6,44±0,30 [235] 6,44 [176] 6,46 [6, 7, 70, 141, 188] 6,62 [100, 163, 184] 6,2 [4] 7,10 [80] 6,24 [284] 6,48 [221] 3,4 [88] 2,23 [34]	6,65±0,55 [235] 5,06 [7, 182] 6,63 [6, 188] 6,70±0,70 [99] 6,62 [100] 4,77 [101] 5,1 [141] 4,8±0,5 [60] 6,65 [282]	7,08 [192] 7,038 [192] 7,04 [235]	—	—
^{136}Cs	13 days	0,10±0,04	0,046 [181]	0,0849±0,0022 [90] 0,08±0,02 [61]	(6,2±0,8)10^{-3} [165, 221]	0,083±0,007 [184] 0,0835 [104]	0,0175± ±0,0007 [494]	0,266±0,014 [494]	—

$A=136$	—	7,3	6,03 [288]	0,05 [165, 221] 0,118 [104] 0,12 [6, 88] 0,103 [296] $\sim 10^{-2}$ [69]	$(7,1\pm1,0)\cdot10^{-3}$ [19, 103] $6,2\cdot10^{-3}$ [88, 186] $6,1\cdot10^{-3}$ [186, 187] $6,85\cdot10^{-3}$ [104, 186] $5,94\cdot10^{-3}$ [186] $6,8\cdot10^{-3}$ [6] $6\cdot10^{-3}$ [2, 286] $5,7\cdot10^{-3}$ [165, 186, 221] $7,0\cdot10^{-3}$ [147, 186] $8,56\cdot10^{-3}$ [296] $\sim 10^{-2}$ [69] $<0,0001$ [66]	0,09 [3] 0,11 [6] 0,019 [165, 221] 0,018 [88] 0,089 [4]			0,288±0,032 [103] 0,16 [183]
^{137}Te	Short-lived	—	—	6,89 [146] 5,7 [165, 221]	6,33±0,13 [294] 6,47 [145] 6,4 [158, 175] 6,44 [176, 221] 6,30 [165, 221]	6,1 [165, 221]	7,04 [192]	—	—
^{137}I	23 s	—	—	—	1,2 [308]	—	—	—	—
^{137}Xe	3,9 min	—	—	—	4,2 [308] 4,9 [2] 3,99 [269] 5,0 [11]	—	—	—	—
				7,2 [12]	$6,00\pm0,02$ [19, 108] 5,9 [2, 12] 6,1 [306] 6,0 [41] 1,0 [11]	5,2 [12]			
^{137}Cs	30,0 yr	6,93±1,24	6,0±0,68 [287] 5,9 [181] 7,6 [288]	6,65±0,40 [235] 6,13±0,13 [177] 6,16±0,14 [9, 14, 61, 177] 6,58±0,20 [177]	6,32±0,11 [1] 6,20±0,25 [235] 6,23±0,16 [180] 6,15 [6, 7, 10, 12, 41, 95, 141, 176, 229]	6,50±0,16 [14, 184] 5,40±0,39 [184] 5,8±0,5 [235, 289] 6,48 [100, 184]	7,05±0,33 [494] 6,617 [192] 6,62 [235, 289] 6,14 [191]	6,21±0,27 [494] 5,6 [183] 9,20±1,84 [103]	6,15±0,17 [476] 7,89±1,60 [283]

Table 6.4 contd.

Isotope or mass number	Half-life	^{227}Th	^{229}Th	^{235}U	^{238}U	^{239}Pu	^{241}Pu	^{241}Am	^{244}Cm
^{137}Cs	30,0 yr			6,87±0,36 [16, 177] 6,64±0,26 [178, 177] 7,16±0,21 [177] 5,80±0,30 [9, 14, 177] 5,39±0,11 [90, 177] 6,58 [6, 12] 6,82 [296] 7,16 [7] 7,2 [141] 1,8 [69]	6,81 [38] 5,9 [2, 4] 4,70 [284] 6,225 [63] 6,18 [275] 1,8 [69] 0,15 [11, 41] 1,000 [65, 66]	6,55 [182] 5,8 [4, 184] 5,24 [7] 6,63 [6, 12] 4,94 [101] 5,2 [141] 6,60 [289] 6,30 [282] 6,56 [275] 1,00 [56]	6,60 [291]		
^{137m}Ba	2,55 min	—	—	6,1 [12]	5,4 [2] 5,6 [12] 5,66 [41]	6,1 [12]	—	—	—
$A = 137$	—	—	7,60 [288]	6,93±0,06 [1] 6,94±0,16 [1]	6,28±0,03 [1] 6,37±0,13 [294] 6,17 [145] 6,15 [176, 221, 269] 6,0 [158, 175]	6,74±0,14 [1]	6,60±0,17 [1] 6,62 [192]	—	—
^{135}I	5,9 s	—	—	—	3,52 [269] (3,4) [2] 2,4 [308] 3,0 [11]	—	—	—	—
^{135}Xe	17 min	—	—	6,8 [12]	5,49±0,02 [19, 108] 5,74 [12] 5,77 [10] 5,49 [41] (5,5) [2] 2,71 [11]	5,3 [12]	6,83 [235]	—	—

Isotope	Half-life							
[138]Cs	32,2 min	—	8,0±0,2 [287]	6,8 [12]	7,22±0,29 [59, 235] 5,8 [2] 5,74 [12] 7,22 [306] 5,49 [41] 0,0288 [11] 0,25±0,02 [19, 108]	5,90 [289] 5,3 [12]	6,75±0,22 [289] 6,75 [235]	6,4±0,4 [183]	6,01±0,22 [476]
[138]Ba	>10^15 yr	—	—	6,4±0,4 [235] 6,8 [141] 6,35±0,23 [61]	6,83±0,12 [1] 5,74 [6, 7, 141] 5,7 [4] 6,61 [284]	6,26±0,15 [14] 6,28±0,54 [235] 6,26 [182] 6,31 [6, 100] 5,38 [101] 5,3 [141] 6,28 [282]	6,826 [192] 6,83 [235] 6,37 [291]	—	—
A=138	—	10,87 [288]	5,97±0,05 [1] 6,00±0,14 [1] 6,73 [146]	6,80±0,03 [1] 6,75±0,14 [294] 6,68 [145] 5,8 [158, 175] ~6,4 [221] 6,65 [269]	5,40±0,11 [1]	6,37±0,17 [1] 6,83 [192]	—	—
[139]I	2 S	—	—	—	1,1 [308] 1,98 [269] (1,8) [2] 1,85 [11]	—	—	—	—
[139]Xe	43 S	—	—	—	5,5 [7] (4,7) [2] 5,37 [19, 121] 5,4 [41] 3,65 [11]	—	—	—	—
[139]Cs	9,5 min	—	—	6,4 [12]	5,9 [12] 6,42 [306] 6,47 [6, 41] (5,9) [2] 0,85 [11] 1,07 [41]	5,7 [12]	—	—	—

Table 6.4 contd.

Isotope or mass number	Half-life	^{227}Th	^{228}Th	^{233}U	^{235}U	^{239}Pu	^{241}Pu	^{241}Am	^{244}Cm
^{139}Ba	82,9 min	—	8,96±0,23 [287]	5,6±0,6 [235] 5,59±0,02 [185] 6,17±0,14 [295] 6,45 [6, 12]	6,55±0,35 [235] 6,55 [6, 7, 12, 41, 229] 6,2 [4] 6,0 [2] 6,1 [130, 131] 6,00 [10] 0,20 [11] 0,080 [41] $0,08^{+0,03}_{-0,02}$ [19, 108]	5,78±0,55 [235] 6,07±0,04 [185] 5,09±0,08 [307] 5,87 [6, 12] 5,78 [282] 5,7 [7] 5,4 [3]	—	6,22±0,31 [103] 6,58±0,21 [494] **8,68**±0,27 [498] 6,22 [183]	5,52±0,33 [476]
^{139}La	Stable	—	—	5,9±0,4 [235] 5,91±0,23 [13, 14, 61] 6,4 [141]	8,2±0,8 [235] 6,55 [141] 6,59 [284]	5,60 [182] 6,61 [101] 5,8 [141] *0,747* [87]	—	—	—
$A = 139$	—	—	11,85 [288]	6,71 [146]	6,51±0,13 [294] 6,42 [145] 6,4 [158, 164, 175, 221] 6,40 [269]	—	6,30 [192]	—	—
^{140}I	0,8 s	—	—	—	0,2 [308]	—	—	—	—
^{140}Xe	16 s	—	—	—	3,8 [7, 41] (3,7) [2] 3,8 [11]	—	—	—	—
^{140}Cs	66 s	—	—	—	6,0 [41] 6,04 [306] (6,0) [2] **2,2** [11, 41]	—	—	—	—
^{140}Ba	12,8 days	7,71±1,16	8,70 [287] 7,2 [181]	6,25±0,25 [235] 6,25±0,06 [191]	6,36±0,12 [235, 243] 6,32±0,24 [242]	5,16±0,07 [191] 5,47±0,32 [184, 235]	6,21±0,14 [191] 5,783±0,29	5,2±0,1 [183] 5,63±0,11 [498]	5,36±0,08 [476]

Isotope	Half-life							
		6,08±0,09 [295] 5,90±0,30 [189] 5,21±0,27 [90, 191] 6,47 [158, 189] 5,4 [6, 12, 296] 5,60 [185]	6,51±0,15 [280] 6,25 [145, 191] 6,17 [4, 191] 6,33 [6, 10, 17] 6,32 (6,44) [4, 7, 59, 63, 191] 6,3 [2, 4, 191] 6,35 [6, 12, 41, 296, 229] 6,4 [4] 6,1 [57] 5,6 [13] 4,3 [130] 0,35 [41] 0,32 [11] 0,42±0,17 [19, 108]	5,36 [4, 184] 5,58 [100, 184] 5,68 [7, 12] 5,4 [6, 12] 5,40 [282] 4,89±0,13 [307]	[191, 192] 5,78 [235] 5,64±0,15 [492, 494]	6,00±0,36 [103] 6,02±0,17 [494]	5,70±0,70 [283]
¹⁴⁰La	40,22 hr	—	—	6,70 [235] 6,03±0,05 [295] 5,4 [12] 6,7 [69] 2,4·10⁻² [88]	6,40 [235] 6,32 (6,44) [7] 6,3 [2] 6,35 [12, 41] 5,6 [69] 6,4 [306] (4,5±0,5)·10⁻³ [19, 121] 4,5·10⁻³ [41, 88] <0,2 [3, 165, 221]	5,4 [12]	5,98±0,38 [494]	—
¹⁴⁰Ce	Stable	—	—	6,71±0,28 [235] 6,16±0,24 [9, 13, 14, 61, 191] 5,45±0,50 [9, 13, 14] 5,6±0,17 [67] 6,72 [191, 193] 5,6 [7] 6,47 [6] 6,1 [141]	6,35±0,11 [1] 6,40 [235] 6,30±0,30 [14, 191] 6,56 [4, 191] 6,44 [6, 7, 141] 6,51 [284]	5,52±0,14 [14, 191] 5,56±0,44 [235] 5,52 [182] 5,58 [100, 191] 5,68 [7] 5,60 [6] 7,36 [101] 5,8 [141] 5,56 [282] 1,00 [87] 0,85±0,01 [56]	—	5,78 [192] 5,86 [291]

Table 6.4 contd.

Isotope or mass number	Half-life	^{227}Th	^{229}Th	^{233}U	^{235}U	^{239}Pu	^{241}Pu	^{241}Am	^{245}Cm
$A = 140$	—	—	12,25 [288]	6,53±0,05 [1] 6,48±0,15 [1] 6,72 [146]	6,31±0,03 [1] 6,43±0,13 [294] 6,25 [145] 6,4 [158, 175] 6,33 [176, 221] 6,34 [165, 221]	5,61±0,12 [1]	5,86±0,16 [1] 5,78 [192]	6,07±0,16 [494]	—
^{141}I	~0,4 s	—	—	—	0,02 [308]	—	—	—	—
^{141}Xe	2 s	—	—	—	1,34 [7] 1,31 [128] (1,8) [2] 1,34 [11]	—	—	—	—
^{141}Cs	24 s	—	—	—	4,6 [6, 41] (4,7) [2] 3,8 [11] 3,27 [41]	—	—	—	—
^{141}Ba	18 min	—	—	5,9 [12]	6,3 [7, 12] 5,9 [2] 5,26 [41] 5,90 [10] 1,08 [11] 0,66 [41] 1,7±0,5 [19, 108]	6,0 [12]	—	—	—
^{141}La	3,9 hr	—	8,35±0,3 [287]	6,20±0,30 [235] 6,17±0,05 [185] 7,1 [6, 12]	6,30±0,5 [235] 6,4 [6, 7, 12] 6,0 [2, 41] 0,10 [10] 0,1 [88] ~0,12 [165, 221]	5,47±0,42 [235] 5,75±0,09 [185] 4,70±0,26 [492] 5,7 [6, 12] 5,47 [282] *1,22±0,04* [292]	4,50±0,17 [492] *1,10±0,02* [292]	4,12±0,20 [494]	—

¹⁴¹Ce	33 days	7,62±0,51	7,83±0,36 [287] 7,8 [181]	6,40±0,40 [235] 6,10±0,40 [189] 6,39±0,15 [295] 5,30±0,10 [90] 7,58±0,76 [179] 6,40 [158, 189] 5,3 [12]	(2,6±1,3) 10⁻² [19, 108] 0,13 [4] 0,10 [11] 0,74 [41]		5,11±0,19 [289] 4,81±0,14 [492, 494] 4,844 [192] 4,84 [235] 5,2 [235] *1,16±0,02* [293]	4,7±0,2 [183] 4,71±0,16 [494] 6,29±0,31 [498] 5,04±0,66 [103]	5,10±0,13 [476] 5,20±0,70 [283]
¹⁴¹Pr	>2·10¹⁶ yr	—	—	6,40±0,40 [235] 5,57±0,19 [13, 14, 61] 6,4 [6] 5,9 [141]	5,53±0,35 [1] ~6,0 [6, 7, 229, 235] 6,0 [2, 12, 41, 280] 6,4 [228] 5,7 [4] 2,6·10⁻⁴ [11]	6,11±0,31 [184, 235] 5,18±0,13 [492] 5,23 [100, 184] 5,2 [7] 5,1 [6, 12]			
						6,94 [101] 4,9 [4, 184] 5,75 [289] 4,54 [282] 4,90±0,08 [307] *1,32±0,02* [293]			
A=141	—	—	9,28 [288]	6,92 [146]	5,50±0,34 [1] 5,79±0,12 [294] 5,73 [145] 6,4 [221, 223] 5,8 [158, 175] 5,9 [221, 223] 6,28 [165, 221]	6,02±0,18 [14] 5,30±0,45 [235] 6,02 [182] 5,30 [282] 4,5 [6] 6,0 [141] *0,700* [87]	4,84 [192]	—	—
¹⁴²Xe	~1,5 s	—	—	—	0,35 [19, 121, 128] 0,48 [11]	—	—	—	—

Table 6.4 contd.

Isotope or mass number	Half-life	^{227}Th	^{229}Th	^{233}U	^{235}U	^{239}Pu	^{241}Pu	^{241}Am	^{245}Cm
^{142}Cs	2,3 s	—	—	—	(3,4) [2] 3,03 [11]	—	—	—	—
^{142}Ba	11 min	—	—	5,7 [12]	5,6 [12] 4,9 [41] (5,6) [2] 2,2 [11]	6,8 [12]	—	—	—
^{142}La	92 min	—	8,5±0,7 [287]	5,7 [12]	5,9 [2, 12, 306] 6,03 [10] 4,9 [41] 0,11±0,03 [19, 108] 0,197 [11]	4,82±0,18 [307] 6,8 [12]	—	—	4,84±0,08 [476]
^{142}Ce	>5·10^{16} yr	—	—	6,79±0,30 [235] 6,06±0,24 [9, 61, 13, 14] 5,50±0,50 [9, 13, 14] 5,6±0,17 [67] 5,6 [7] 6,83 [6] 5,7 [14]	5,90±0,11 [1] 5,9±0,2 [235] 5,80±0,20 [14] 6,03 [176] 5,95 [7, 141] 6,01 [6] 5,9 [4] 6,22 [284]	6,66±0,17 [14] 6,66 [182] 6,69 [7] 6,8 [141] 6,62 [101] 4,97±0,40 [235] 5,01 [6] 4,97 [100, 282] 0,750 [87] 1,00 [56]	4,698 [192] 4,70 [235] 4,80 [291]	—	—
^{142}Nd	Stable	—	—	—	—	0,0944 [87]	—	—	—
$A = 142$	—	—	5,38 [288]	6,71±0,05 [1] 6,61±0,15 [1] 7,00 [146]	5,88±0,03 [1] 5,86±0,12 [294] 5,80 [145] 5,9 [158, 175] 6,03 [176, 221]	5,04±0,11 [1]	4,80±0,13 [1] 4,70 [192]		

222

Isotope	Half-life								
^{143}Xe	1,0 S	—	—	—	—	0,051 [7, 19] (0,2) [2] 0,051 [11]	—	—	—
^{143}Cs	2,0 S	—	—	—	—	(1,9) [2] 1,4 [11]	—	—	—
^{143}Ba	12 S	—	—	—	—	(4,9) [2] 3,2 [11]	—	—	—
^{143}La	14,0 min	—	—	5,2 [12]	—	6,2 [2, 12] 6,0 [41] 5,80 [10] 5,7 [306] 1,04 [11]	6,1 [12]	—	—	—
^{143}Ce	33 hr	6,97±0,48	8,87±0,27 [287]	6,99±0,35 [90] 5,57±0,00 [295] 6,99 [12]	5,82±0,12 [280] 5,7 [6, 7, 12, 235] 6,2 [2] 6,0 [41] (2,6±1,8) 10^{-2} [19, 108] 3,45·10^{-2} [11]	4,28±0,21 [184, 235] 3,99±0,21 [492] 4,56 [100, 184] 4,52 [289] 4,48 [282] 3,71±0,29 [307] 5,1 [4, 184] 5,4 [7] 5,3 [6, 12] 1,04±0,03 [292]	4,65±0,21 [289] 3,88±0,16 [492] 4,70 [235] 0,950±0,02 [292]	3,4±0,1 [183] 3,48±0,12 [494] 3,48±0,15 [498]	4,39±0,07 [476] 3,85±0,60 [283]
^{143}Pr	13,76 days	—	—	5,90±0,30 [235] 5,92±0,59 [179] 5,2 [12]	5,88±0,23 [235] 5,88±0,59 [179] 6,03 [41, 228] 6,00 [229] 6,2 [2] 5,7 [12] 1,39·10^{-4} [11]	4,27±0,17 [492] 5,4 [12] 1,10±0,02 [293]	4,31±0,15 [492] 1,05±0,01 [293]	3,68±0,12 [494] 3,32±0,46 [103]	—
^{143}Nd	Stable	—	—	5,90±0,30 [235] 5,19±0,17 [9, 13, 14, 61]	5,92±0,11 [1] 5,94±0,07 [180] 5,9±0,2 [235]	4,57±0,38 [235] 4,49 [20] 4,56 [100]	4,436 [192] 4,44 [235] 4,48 [291]	—	—

Table 6.4 contd.

Isotope or mass number	Half-life	^{227}Th	^{229}Th	^{233}U	^{235}U	^{239}Pu	^{241}Pu	^{241}Am	^{244}Cm
^{143}Nd	Stable	—	—	5,00±0,30 [9, 13, 14] 5,15±0,3 [67] 5,2 [7, 141] 5,99 [6] 6,45 [20]	5,80±0,20 [14] 5,80 [20, 176] 5,98 [7, 141] 5,40 [96] 6,03 [6] 6,2 [4] 5,90 [284] 5,87 [275]	4,57 [6, 282] 6,10±0,15 [14] 5,98 [61, 101] 6,31 [7] 6,35 [182] 6,1 [141] 4,55 [275] 0,00622 [87] 1,00 [56]	4,38 [290]		
$A = 143$	—	—	5,19 [288]	5,85±0,05 [1] 5,82±0,13 [1] 6,22 [146]	5,90±0,03 [1] 5,80±0,12 [294] 5,71 [145] 5,9 [158, 175] 5,80 [176, 221]	4,48±0,10 [1]	4,48±0,12 [1] 4,44 [192]	—	—
^{144}Xe	~1 S	—	—	—	(~0) [2] 6,25·10⁻³ [19, 121] 6,0·10⁻² [11]	—	—	—	—
^{144}Cs	Short-lived	—	—	—	(1,0) [2] 0,427 [11]	—	—	—	—
^{144}Ba	11,4 S	—	—	—	(3,5) [2] 2,92 [11]	—	—	—	—
^{144}La	Short-lived	—	—	—	(5,8) [2] 2,14 [11]	—	—	—	—
^{144}Ce	284 days	5,95±0,44 [287] 8,6 [181]	9,57±0,28 [287]	4,60±0,40 [235] 4,54±0,30 [189] 4,74±0,47 [179] 4,53±0,07 [295] 4,61 [158, 189]	~5,6 [235] 5,62 [228] 5,39 [10, 176] 6,0 [4, 12, 41, 93] ~6,0 [6, 7, 229]	4,09±0,20 [184, 235] 3,85±0,09 [492] 3,84 [100, 184] 3,7 [4, 184, 282]	4,08±0,14 [492] 4,07 [192, 235] 1,000 [292, 293]	3,41±0,09 [494] 3,2±0,2 [183] 3,15±0,41 [103]	3,30±0,70 [283]

¹⁴⁴Pr	17,3 min	—	—	4,1 [7] 4,5 [6, 12] 3,69±0,18 [90] 2,2 [69]	6,1 [2] 5,34 [275] 2,9 [69] 0,18 [11]	3,6 [98, 184] 3,79 [6, 12] 5,29 [7] 3,36±0,07 [307] 3,82 [275] 5,26 [182] 0,0238 [87] 1,000 [292, 293] 0,79±0,04 [56]		3,2±0,2 [183]	—
¹⁴⁴Nd	2,4·10¹⁵ yr	—	—	4,74±0,40 [235] 4,1 [12]	6,1 [2] 6,0 [12, 41] 0,0020 [11]	5,3 [12]	4,07 [235]		—
				4,60±0,30 [235] 3,84±0,15 [9, 13, 14] 3,80±0,40 [9, 13, 14] 3,37±0,3 [67] 4,0 [7] 4,61 [6] 4,1 [141] 3,80 [15]	5,45±0,10 [1] 5,62±0,3 [235] 5,30±0,06 [180] 5,60±0,30 [14] 5,67 [7, 141] 5, 62 [6] 4,64 [96] 6,1 [2] 5,06 [284] 3,67·10⁻⁶ [11]	3,84±0,26 [235] 5,50±0,17 [14] 5,26 [182] 5,00 [101] 5,3 [141] 5,29 [7] 3,84 [100, 282] 3,93 [6] 0,845 [87] 0,840±0,006 [56]	4,072 [192] 4,07 [235] 4,13 [291] 4,08 [290]		
$A = 144$	—	—	5,60 [288]	4,67±0,04 [1] 4,66±0,11 [1] 4,87 [146]	5,42±0,02 [1] 5,37±0,11 [294] 5,30 [145] 5,6 [158, 175] 5,39 [176, 221]	3,78±0,08 [1]	4,13±0,11 [1] 4,07 [192]	—	—
¹⁴⁵Ce	3,0 min	—	—	—	4,2 [2] 3,98 [41] 3,93 [11]	—	—	—	—
¹⁴⁵Pr	5,98 hr	—	5,4 [287]	3,0 [12]	4,2 [2, 12] 3,86 [10] 3,98 [41] 0,0187 [11]	3,54±0,16 [492] 4,1 [12] 0,919±0,02 [292]	3,01±0,14 [492] 0,736±0,022 [292]	3,27±0,13 [494]	—

Table 6.4 contd.

Isotope or mass number	Half-life	²²⁷Th	²²⁹Th	²³³U	²³⁵U	²³⁹Pu	²⁴¹Pu	²⁴¹Am	²⁴⁵Cm
¹⁴⁵Nd	>6·10¹⁵ yr	—	—	3,46±0,25 [235] 2,88±0,08 [9, 13, 14] 2,82±0,25 [9, 13, 14] 3,00±0,2 [67] 3,0 [7, 141] 3,47 [6] 2,82 [15]	3,89±0,07 [1] 3,94±0,05 [180] 4,00±0,10 [14] 3,95±0,15 [235] 3,86 [176] 3,95 [7, 141, 284] 3,98 [6] 3,62 [96] 4,0 [4] 3,88 [275]	3,12±0,21 [235] 4,20±0,11 [14] 4,20 [182] 4,24 [7] 4,07 [101] 4,1 [141] 3,13 [6] 3,12 [100, 282] 2,99 [275] *0,147* [87] *0,666±0,002* [56]	3,160 [192] 3,16 [235] 3,19 [291] 3,11 [290]	—	—
A = 145	—	—	3,13 [288]	3,37±0,03 [1] 3,36±0,08 [1] 3,66 [146]	3,86±0,02 [1] 3,85±0,08 [294] 3,80 [145] 4,0 [158, 75] 3,86 [176, 221]	3,03±0,06 [1]	3,19±0,08 [1] 3,16 [192]	—	—
¹⁴⁴Ce	14 min	—	—	2,3 [12]	3,2 [12] 3,07 [41] 2,93 [10] (3,2) [2] 2,93 [11]	3,6 [12]	—	—	—
¹⁴⁴Pr	24,0 min	—	—	2,3 [12]	3,3 [2] 3,2 [12] 3,05 [306] 3,07 [41] 0,14 [11]	3,6 [12]	—	—	—
¹⁴⁴Nd	Stable	—	—	2,60±0,20 [235] 2,24±0,07 [9, 13, 14]	2,97±0,05 [1] 2,97±0,03 [180] 3,05±0,15 [235] 2,93 [176]	2,57±0,19 [235] 3,53±0,09 [14] 3,53 [7, 182] 3,36 [101]	2,713 [192] 2,71 [235] 2,68 [291] 2,60 [290]	—	—

226

Isotope	T₁/₂								
$A=146$	—	—	2,14 [288]	2,20±0,15 [9, 13, 14] 2,34±0,15 [67, 141] 2,3 [7, 141] 2,63 [6] 2,70 [15]	3,07 [6, 7, 141, 284] 2,81 [96] 3,20 [14] 2,96 [6] 3,2 [4]	3,6 [141] 2,60 [6] 2,57 [100, 282] 2,50 [275] 0,493 [87] 0,557±0,002 [56]		—	—
¹⁴⁶Ce	65 s	—	—	—	2,53±0,02 [1] 2,52±0,06 [1] 2,74 [146]	2,95±0,01 [1] 2,93±0,06 [294] 2,89 [145] 3,1 [158, 175] 2,93 [176, 221]	—	2,68±0,07 [1] 2,71 [192]	—	—
¹⁴⁶Pr	12 min	—	—	—	—	2,7 [41] 2,32 [11]				
¹⁴⁷Nd	11,1 days	0,18±0,05	1,83±0,27 [287]	1,89±0,19 [179] 1,75±0,03 [295] 1,90 [235] 1,7 [12]	2,48±0,06 [280] 2,24±0,12 [235] 2,21±0,22 [179] 2,36 [228] 2,38 [10, 176] 2,6 [2, 4, 33] 2,7 [6, 7, 229] ~2,7 [12, 41] 1,42·10⁻⁴ [11]	1,46±0,08 [184, 235] 1,78±0,07 [307] 2,13±0,09 [492] 1,99 [100, 184] 2,2 [6, 12, 98, 184] 2,20 [282] 0,553±0,011 [293]	2,34±0,09 [492] 0,572±0,080 [293]	2,08±0,07 [494] 1,81±0,20 [498] 2,06±0,33 [103]	2,18±0,05 [476] 2,60±0,50 [283]
¹⁴⁷Pm	2,62 yr	—	—	1,90 [235] 1,53±0,06 [13, 14] 1,9 [6, 12] 2,1 [20] 1,7 [141] ~0,6 [69]	2,9±0,4 [235] 2,90±0,40 [14] 2,38 [20, 141] 2,6 [2, 12] 2,26 [284] 2,7 [41] ~0,6 [69] 4,32·10⁻⁸ [11]	1,94±0,19 [235] 2,58±0,05 [14] 2,14±0,13 [492] 2,8 [14, 184] 2,07 [20] 1,94 [6, 12, 282] 2,6 [141] 0,556±0,022 [293]	2,35±0,12 [492] 0,570±0,023 [293]	—	2,03±0,50 [283]

Table 6.4 contd.

Isotope or mass number	Half-life	²²⁷Th	²²⁹Th	²³⁵U	²³³U	²³⁹Pu	²⁴¹Pu	²⁴¹Am	²⁴⁴Cm
¹⁴⁷Sm	1,05·10¹¹ yr	—	—	1,92±0,15 [235] 1,71 [7] 1,98 [6]	2,14±0,05 [1] 2,11±0,05 [180] 2,30±0,12 [235] 2,15 [96] 2,36 [6] 2,38 [7] 2,6 [2] 0,09 [284]	2,07±0,18 [235] 2,58 [182] 2,81 [101] 2,92 [7] 2,07 [6, 282] 1,99 [100] 0,0105 [87] *1,52±0,04* [56]	2,326 [192] 2,33 [235] 2,22 [291]	—	—
A = 147	—	—	1,47 [288]	1,78±0,04 [1] 1,74±0,06 [1] 2,08 [146]	2,12±0,04 [1] 2,19±0,04 [294] 2,16 [145] 2,38 [176, 221] 2,6 [158, 175]	2,15±0,08 [1]	2,22±0,06 [1] 2,33 [192]	—	—
¹⁴⁶Ce	~ 43 S	—	—	—	1,71 [41] 1,63 [11]	—	—	—	—
¹⁴⁸Pr	2 min	—	—	—	1,68 [306] 1,71 [41] 0,083 [11]	—	—	—	—
¹⁴⁸Nd	Stable	—	—	1,33±0,10 [235] 1,07±0,04 [9, 13, 14] 1,03±0,10 [9, 13, 14] 1,15±0,10 [67] 1,15 [7] 1,34 [6] 1,2 [141] 1,03 [15]	1,69±0,01 [1] 1,70±0,03 [1] 1,69±0,02 [180] 1,71±0,11 [235] 1,70±0,10 [14] 1,63 [176] 1,70 [7, 141] 1,71 [100] 1,64 [96] 1,8 [4] 1,79 [284] 1,66 [275]	1,70±0,15 [235] 2,30±0,05 [14] 2,30 [182] 2,28 [7] 2,27 [101] 2,3 [141] 1,73 [6] 1,71 [100] 1,70 [282] 1,65 [275] *0,194* [87] *0,362±0,005* [56]	1,914 [192] 1,91 [235] 1,89 [291] 1,84 [290]	—	—

Isotope	Half-life								
^{148}Pm	5,4 days	—	—	—	—	—	—	—	—
^{148}Sm	$>2 \cdot 10^{14}$ yr	—	—	—	$<1,3 \cdot 10^{-4}$ [165, 221] $<2 \cdot 10^{-4}$ [4]	—	—	—	—
$A = 148$	—	—	1,01 [288]	—	—	1,30 [100] 1,81 [101] *0,119* [87]	—	—	—
^{149}Nd	1,8 hr	—	—	1,30±0,01 [1] 1,30±0,03 [1] 1,40 [146]	1,69±0,01 [1] 1,63±0,03 [294] 1,7 [158, 175] 1,63 [176, 221] 1,90 [165, 221]	—	1,89±0,05 [1] 1,91 [192]	—	—
^{149}Pm	53,1 hr	—	0,71 [287]	0,79±0,09 [235] 0,815±0,082 [179] 0,6 [12]	1,3 [2, 12] 1,13 [10, 41] **1,13** [11]	1,14±0,08 [492] 1,30±0,05 [492] 1,4 [6, 98] 1,89 [12] 1,40 [282] *0,337±0,006* [292]	1,52±0,08 [492] *0,369±0,014* [292]	1,48±0,07 [494]	1,97±0,40 [283]
(^{149}Pm)	(5,6 hr)	—	—	—	1,4 [271]	—	—	—	—
^{149}Sm	$>1 \cdot 10^{15}$ yr	—	—	0,80±0,05 [235] 0,70±0,03 [9, 13, 14] 0,66±0,13 [9, 13, 14] 0,61 [7] 0,76 [6] 0,8 [20] 0,62 [141]	1,01±0,02 [1] 1,16±0,03 [180] 1,15±0,10 [235] 1,13 [6, 7, 20, 141, 176] 1,10 [96] 1,50±0,30 [14] 1,3 [4] **1,40** [284]	1,31±0,10 [235] 1,68±0,02 [14] 1,68 [182] 1,89 [7] 1,32 [6, 20] 1,7 [141] 1,31 [282] *1,00* [56]	1,550 [192] 1,55 [235] 1,43 [291]	—	—

Table 6.4 contd.

Isotope or mass number	Half-life	²²⁷Th	²²⁹Th	²³³U	²³⁵U	²³⁹Pu	²⁴¹Pu	²⁴¹Am	²⁴⁵Cm
$A=149$	—	—	0,53 [288]	0,773±0,007 [1] 0,744±0,017 [1] 0,790 [146]	1,00±0,01 [1] 1,03±0,02 [294] 1,02 [145] 1,13 [176, 221] 1,3 [158, 175]	1,24±0,03 [1]	1,43±0,04 [1] 1,55 [192]	—	—
¹⁴⁹Nd	>10¹⁶ yr	—	—	0,56±0,03 [235] 0,49±0,02 [9, 13, 14] 0,51±0,04 [67] 0,51±0,08 [9, 13, 14] 0,48 [7, 141] 0,56 [6]	0,640±0,012 [1] 0,642±0,007 [180] 0,67±0,03 [235] 0,64 [176] 0,658 [96] 0,67 [6, 7, 141] 0,70±0,10 [14] 0,71 [4] 0,74 [2] 0,718 [284] 0,64 [275]	1,01±0,07 [235] 1,35±0,02 [14] 1,38 [7] 1,31 [101] 1,01 [6, 282] 1,02 [100] 1,35 [182] 1,4 [141] 0,96 [275] 0,102 [87] 0,220±0,002 [56]	1,235 [192] 1,24 [235] 1,16 [291] 1,10 [290]	—	—
¹⁴⁹Pm	2,7 hr	—	—	—	1,43·10⁻³ [19, 121]	—	—	—	—
¹⁵⁰Sm	Stable	—	—	—	—	0,0438 [87]	—	—	—
$A=150$	—	—	0,18 [288]	0,500±0,004 [1] 0,497±0,011 [1] 0,567 [146]	0,638±0,004 [1] 0,636±0,013 [294] 0,628 [145] 0,70 [158, 175] 0,64 [176, 221]	0,965±0,020 [1]	1,16±0,03 [1] 1,24 [192]	—	—
¹⁵¹Nd	12 min	—	—	0,26 [12]	0,5 [12] 0,44 [41]	1,17 [12]	—	—	—

^{151}Pm	28 hr	—	0,046 [287]	—	(0,48) [2] 0,45 [10] **0,45** [11]			1,35±0,35 [283]
^{151}Sm	~87 yr	—	—	0,34±0,02 [235] 0,337±0,034 [179] 0,26 [12]	0,44 [41, 228] 0,5 [2, 12] 7,9·10^{-2} [11]	0,741±0,036 [492] 1,17 [12] *0,191±0,005* [292]	0,846±0,050 [492] *0,207±0,010* [292]	0,81±0,05 [494]	—
$A=151$	—	—	—	0,33±0,02 [235] 0,33±0,03 [14, 13] 0,26 [7, 141] 0,335 [6] 0,3 [20] 0,34 [12] 0,27 [271] 0,54 [15]	0,409±0,014 [1] 0,43±0,02 [235] 0,379±0,020 [180] 0,445 [96] 0,45 [7, 20, 141, 176] 0,44 [6, 12, 41] 0,5 [2] 0,486 [284] 1,44·10^{-5} [11]	0,78±0,06 [235] 1,01±0,02 [14] 1,01 [182] 1,10 [101] 1,17 [7] 1,0 [141] 0,802 [100] 0,80 [6, 12] 0,79 [20] 0,78 [282] *0,000477* [87] *0,632±0,01* [56]	0,959 [192, 235]		
$A=151$—160	—	—	—	—	0,408±0,012 [1] 0,404±0,008 [294] 0,399 [145] 0,45 [158, 175, 176, 221]	0,811±0,044 [1]	0,959 [192]		
	—	—	0,16 [288]	—	—	—	—	—	—
^{152}Pm	6 min	—	—	—	0,26 [306]	—	—	—	—
^{152}Sm	Stable	—	—	0,215±0,009 [235] 0,21±0,02 [13, 14] 0,17 [7, 141] 0,22 [6]	0,213±0,007 [1] 0,265±0,010 [235] 0,253±0,010 [180] **0,279** [96]	0,59±0,05 [235] 0,75±0,015 [14] 0,75 [141, 182] 0,83 [7]	0,757 [192, 235] 0,725 [291]	—	—

231

Table 6.4 contd.

Isotope or mass number	Half-life	^{227}Th	^{229}Th	^{233}U	^{235}U	^{239}Pu	^{241}Pu	^{241}Am	^{242}Cm
^{152}Sm	Stable			0,60 [15]	0,285 [7, 141, 176] 0,281 [6] [284] 0,305 [284]	0,62 [6] 0,616 [100] 0,88 [101] 0,59 [282] *0,0231* [87] *0,414±0,01* [56]			
$A = 152$	—	—	—	0,186±0,004 [1] 0,185±0,007 [1] 0,222 [146]	0,212±0,006 [1] 0,263±0,005 [294] 0,260 [145] 0,28 [158, 175, 176, 221]	0,581±0,031 [1]	0,725±0,034 [1] *0,757* [192]	—	
^{153}Sm	47 hr	—	—	0,11±0,01 [235] 0,108±0,011 [179] 0,095 [7] 0,11 [6, 12]	0,148±0,003 [280] 0,15±0,01 [235] 0,159±0,016 [179] 0,169 [228] 0,15 [2, 6, 7, 10, 12, 41] 0,14 [93] 0,13 [73] **0,15** [11]	0,37±0,04 [235] 0,370±0,015 [492] 0,33 [98] 0,41 [7] 0,37 [6, 12, 282] *0,0942±0,0018* [292]	0,522±0,022 [492] *0,127±0,003* [292]	0,76±0,12 [103] 0,57±0,02 [494]	1,20±0,30 [283]
^{153}Eu	Stable	—	—	0,13±0,01 [235] 0,13±0,02 [6, 13, 14] 0,095 [141]	0,170 [96] 0,169 [6] 0,14 [4] 0,15 [141] 0,122 [284]	0,69 [182] 0,43 [141] 0,45 [6] *0,0235* [87]	—	—	—
$A = 153$	—	—	—	0,122 [146]	0,150±0,003 [294] 0,148 [145] 0,15 [3, 221] 0,14 [158, 175]	—	0,559 [192]		

Isotope	T½									
¹⁵⁴Sm	Stable	—	—	0,048±0,004 [235]; 0,037 [7, 141]; 0,045 [6]	0,0564±0,0011 [1]; 0,069±0,003 [180]; 0,077±0,005 [235]; 0,077 [6, 7, 141, 176]; 0,0908 [96]; 0,100 [284]	0,29±0,02 [235]; 0,36±0,009 [14]; 0,36 [182]; 0,32 [7, 141]; 0,293 [100]; 0,29 [6, 282]; 0,40 [101]; 0,0415 [87]; 0,160±0,003 [56]	0,408 [192, 235]; 0,370 [291]	—	—	—
¹⁵⁴Eu	16 yr	—	—	—	—	0,00430 [87]	—	—	—	—
A=154	—	—	—	0,0458±0,0006 [1]; 0,0445±0,0010 [1]; 0,048 [146]	0,0563±0,0009 [1]; 0,073±0,002 [294]; 0,0724 [145]; 0,077 [176, 221]; 0,08 [158, 175]	0,270±0,006 [1]	0,370±0,010 [192]; 0,408 [192]	—	—	—
¹⁵⁵Sm	23 min	—	—	0,015 [12]	0,033 [6, 7, 12, 41]; 0,031 [2, 10]; 0,033 [11]	0,22 [7]; 0,23 [6, 12]	—	—	—	—
¹⁵⁵Eu	1,81 yr	—	—	0,015 [12]	0,033±0,002 [235]; 0,031 [2, 4]; 0,033 [6, 12, 41]; ~0,03 [7]; 1,0·10⁻⁴ [11]	0,171±0,019 [492]; 0,30 [182]; 0,00254 [87]	0,231±0,022 [492]; 0,0566±0,0051 [293]	—	—	—
¹⁵⁵Gd	Stable	—	—	0,015 [141]	0,0500 [96]; 0,03 [141]; 0,055 [284]	0,30 [101]; 0,21 [141]; 0,17 [100]	—	0,30±0,03 [494]	—	—
A=155	—	—	—	0,033 [146]	(2,95±0,06)·10⁻² [294]; 0,0291 [145]; 0,03 [158, 175]	—	0,293 [192]	—	—	—
A=155–162	—	—	—	—	0,06 [3, 221]	—	—	—	—	—

Table 6.4 contd.

Isotope or mass number	Half-life	²²⁷Th	²²⁹Th	²³³U	²³⁵U	²³⁹Pu	²⁴¹Pu	²⁴¹Am	²⁴⁵Cm
¹⁵⁵Sm	9,4 hr	—	—	0,005 [12]	0,013 [7, 2, 10, 12, 41] **0,013 [11]**	0,121±0,005 [492] 0,12 [12] *0,0248±0,0008* [292]	0,163±0,007 [492] *0,0387±0,0010* [292]	0,122±0,005 [494]	—
¹⁵⁶Eu	15 days	—	—	0,0121±0,0012 [179] 0,0121 [235] 0,011 [6, 12]	0,0125±0,0010 [197] 0,0137±0,0014 [179, 197] 0,014 [6, 7, 12, 41, 228, 229, 235] 0,013 [2, 4, 93, 197] 0,012 [73] 1,0·10⁻² [11, 41]	0,07 [235] 0,124±0,005 [492] 0,062±0,004 [184] 0,08 [100, 184] 0,10 [98, 184] 0,12 [4, 7, 184] 0,11 [6, 12, 282] *0,0322±0,0005* [293]	0,170±0,006 [492] *0,0416±0,0007* [293]	0,243±0,009 [494]	0,25±0,06 [283]
¹⁵⁶Gd	Stable	—	—	0,005 [141]	0,0260 [96] 0,013 [141] 0,028 [284]	0,12 [141] 0,08 [101] *0,478* [87]	—	—	—
A = 156	—	—	—	—	(1,3±0,1)10⁻² [294] 0,015 [145, 158, 175]	—	0,209 [192]	—	—
¹⁵⁷Eu	15,2 hr	—	—	0,00635±0,00064 [179] 0,00635 [235] 0,0025 [12]	0,0060±0,0007 [197] 0,00614±0,00061 [179, 197] 0,0061 [228, 235] 0,0078 [6, 7, 12, 41] 0,0074 [2, 4, 197] **0,0078 [11]**	0,0764±0,0037 [492] 0,07 [12] *0,0198±0,0005* [292]	0,130±0,006 [492] *0,0319±0,0008* [292]	0,161±0,008 [494]	—
¹⁵⁷Gd	Stable	—	—	0,0025 [141]	0,0150 [96] 0,0078 [141] 0,016 [284]	0,07 [141]	—	—	—

Isotope	Half-life								
$A=157$	—	—	—	—	—	$(6,1\pm0,5)10^{-3}$ [294] 0,007 [145, 158, 175]	—	0,146 [192]	—
^{158}Eu	46 min	—	—	—	0,001 [12]	$0,0031\pm0,0006$ [197] 0,0020 [2, 4, 6, 7, 41, 197] 0,002 [12, 235] **0,0020** [11]	0,03 [12]	—	—
^{158}Gd	Stable	—	—	—	0,001 [141]	0,0084 [96] **0,002** [141]	0,03 [141] *0,0615* [87]	—	—
$A=158$	—	—	—	—	—	$(3,1\pm0,6)10^{-3}$ [294] 0,002 [145]	—	—	—
^{159}Eu	18 min	—	—	—	—	$0,0011\pm0,0003$ [197]	—	—	—
^{159}Gd	18,0 hr	—	—	—	$0,000905\pm0,000091$ [179] 0,00091 [235] 0,0005 [12]	$0,000993\pm0,000099$ [179, 197] 0,001 [235] 0,00103 [228] 0,00107 [6, 7] 0,0011 [2, 4, 12, 93] 0,0105 [73] 0,0010 [41] $(1,14\pm0,13)10^{-3}$ [74] **0,00107** [11]	$0,0216\pm0,0007$ [492] 0,021 [6, 12, 98, 235, 282] *0,00561±0,00007* [292]	$0,0462\pm0,0018$ [492] *0,0113+0,0002* [292]	$0,071\pm0,0036$ [494]
^{159}Tb	Stable	—	—	—	0,0005 [141]	0,001 [141]	0,015 [141]	—	—
$A=159$	—	—	—	—	—	$(1,05\pm0,09)10^{-3}$ [294] 0,001 [145]	—	0,068 [192]	—
^{160}Gd	Stable	—	—	—	—	0,0027 [96]	*0,00162* [87]	—	—
^{160}Tb	72,3 days	—	—	—	—	$(8,76\pm0,8)10^{-5}$ [179] $8,2\cdot10^{-5}$ [228]	—	—	—
$A=160$	—	—	—	—	—	$\sim 4\cdot10^{-4}$ [294]	—	0,045 [192]	—

Table 6.4 contd.

Isotope or mass number	Half-life	^{227}Th	^{229}Th	^{233}U	^{238}U	^{239}Pu	^{241}Pu	^{241}Am	^{244}Cm
^{161}Gd	3,7 min	—	—	—	$7,6 \cdot 10^{-5}$ [12, 41] 0,008 [2] $7,3 \cdot 10^{-5}$ [11]	—	—	—	—
^{161}Tb	6,9 days	—	—	$(11,7\pm1,2) \ 10^{-5}$ [179] $11,7 \cdot 10^{-5}$ [235]	$(8,76\pm0,88) \ 10^{-5}$ [179] $8,7 \cdot 10^{-5}$ [235] $8,2 \cdot 10^{-5}$ [228] $7,8 \cdot 10^{-5}$ [4, 93] $7,6 \cdot 10^{-5}$ [6, 7, 12, 41] $8 \cdot 10^{-5}$ [2] $7,25 \cdot 10^{-5}$ [73] $(8,3\pm0,9)10^{-5}$ [74] $3,0 \cdot 10^{-5}$ [11]	$0,00515\pm0,00020$ [492] $0,0039$ [6, 12, 98, 235, 282] $0,00134\pm0,00002$ [292]	$0,00815\pm0,00032$ [492] $0,00199\pm0,00004$ [292]	$0,0218\pm0,0011$ [494]	—
$A=161$	—	—	—	—	$(9\pm1) \ 10^{-5}$ [294]	—	—	—	—
$A=161$—164	—	—	—	—	—	—	0,065 [192]	—	—
^{166}Dy	81,5 hr	—	—	—	—	0,000068 [6, 98, 235, 282]	—	—	—

* For ^{242}Cm reference [88] gives only the yield of ^{138}Cs which is equal to 0,80% (independent yield).

2* In references [62, 103, 183, 287, 292, 293] irradiation was done with slow neutrons (reactor neutrons). In references [34, 56, 65, 66, 74, 87, 207, 273, 288, 292, 293] the following relative yields are given:

a) in [34] — in relation to yields of ^{85}Kr (for krypton isotopes) and ^{131}Xe (for xenon isotopes);

b) in [56] — in relation to the yield of ^{142}Ce (for cerium isotopes), in relation to the yield of ^{148}Nd (for neodymium isotopes), in relation to the yield of ^{149}Sm (for samarium isotopes) and in relation to the yield of ^{137}Cs (for cesium isotopes);

c) in [65,66] — in relation to the yield of ^{137}Cs;

d) in [74] — in relation to the yield of ^{99}Mo;

e) in [87] — in relation to the yield of ^{140}Ce (data for plutonium irradiated to 2.7×10^{23} neutrons/cm^2; rapid "burn-up" of the fission products took place);

f) in [207] — in relation to the yield of ^{127}Sb;

g) in [273] — in relation to the yield of ^{125}Sn;

h) in [288] — in relation to the yield for $A = 86$ (for $A = 83 \div 90$); (for $A = 114 \div 160$ absolute yields are given in [288]);

i) in [292, 293] — in relation to the yield of ^{144}Ce;

j) the ratios of independent and cumulative fragment yields to the total chain yields for thermal neutron fission are given for ^{227}Th in [286], for ^{233}U in [88, 97, 104, 108, 121, 165, 172, 174, 190, 221, 262, 310-312, 319, 321, 446], for ^{235}U in [88, 91, 92, 97, 104, 108, 118, 121, 128, 158, 160-162, 165-167, 172, 174, 186, 187, 190, 194-196, 201-203, 206, 207, 210-212, 214, 221, 269, 271, 294, 300, 301, 309-318, 320, 446], for ^{239}Pu in [88, 97, 104, 108, 121, 165, 172, 174, 190, 221, 262, 310-312, 319, 446], for ^{241}Pu in [190, 446] and for ^{242}Cm in [88];

k) relative yields of xenon isotopes from reactor neutron fission of ^{239}Pu and ^{235}U are given in [479], from reactor neutron fission of ^{237}Np and ^{238}Np in [481], the relative yields of neodymium and samarium from thermal neutron fission of ^{235}U and ^{239}U in [344].

3* In reference [183] (fission of ^{241}Am) the yield of ^{131}Te is not included in the yield of ^{131}I.

Table 6.5

Fission product yield from fission of ^{242m}Am by thermal and of ^{249}Cf by slow neutrons (%)

Isotope	Half-life	^{242m}Am [470]	^{249}Cf [472, 474]
^{82}Br	35,34 hr	—	$(1,5\pm0,12)\cdot 10^{-3}$ [472]
^{83}Br	2,41 hr	0,237±0,018	0,13±0,003 [472]
^{84}Br	31,8 min	0,367±0,027	—
^{89}Sr	52 yr	1,18±0,08	0,32±0,013 [472]
^{90}Sr	28,1 days	1,40±0,10	—
^{91}Y	58,8 days	1,74±0,12	0,805 [472]
^{92}Sr	2,71 hr	2,05±0,15	1,17±0,20 [474]
^{92}Y	3,53 hr	—	1,02 [472]
^{93}Y	10,2 hr	2,57±0,19	1,18 [472]
^{95}Zr	65 days	3,2±0,2	1,3±0,02 [472] 1,72±0,26 [474]
^{97}Zr	17,0 hr	4,5±0,3	1,88±0,05 [472] 2,35±0,46 [474]
^{99}Mo	67 hr	5,4±0,4	3,01±0,3 [472] 3,42±0,24 [474]
^{103}Ru	39,6 days	6,9±0,5	5,53±0,27 [472] 5,27±0,62 [474]
^{105}Ru	4,44 hr	—	5,49±0,66 [474]
^{106}Ru	367 days	—	5,64±0,4 [472] 5,09±1,01 [474]
^{109}Pd	13,47 hr	3,3±0,3	4,92±1,23 [474]
^{111}Ag	7,5 days	1,48±0,11	5,48±0,16 [472] 5,16±0,56 [474]
^{112}Ag	3,2 hr	0,49±0,04	—
^{112}Pd	21 hr	—	3,48±0,56 [474]
^{113}Ag	5,3 hr	—	2,92±0,32 [474]
^{115}Cd	53,5 hr	—	2,68±0,13 [472] 2,46±0,49 [474]
^{115m}Cd	43 days	—	0,27±0,003 [472]
^{115}Cd total	—	0,071±0,005	2,95±0,15 [472]
^{117}Cd	2,4 hr	—	1,88±0,16 [472]

Table 6.5 contd.

Isotope	Half-life	^{242m}Am	^{249}Cf
^{121}Sn	27 hr	0,0200±0,0015	0,204±0,004 [472] 0,34±0,09 [474]
^{125}Sn	9,4 days	0,075±0,006	0,107±0,011 [472] 0,24±0,06 [474]
^{125}Sb	2,7 yr	$0,11^{+0,01}_{-0,05}$	—
^{127}Sb	93 hr	—	1,07±0,05 [472] 1,23±0,29 [474]
^{129}Sb	4,3 hr	—	1,23±0,05 [472]
^{129m}Te	34 days	—	2,19±0,33 [474]
^{131}I	8,05 days	3,2±0,2	2,20±0,16 [472] 3,01±0,45 [474]
^{132}Te	78 hr	4,1±0,3	3,95±0,28 [474]
^{133}I	21 hr	5,8±0,4	4,77±0,27 [472] 5,09±0,51 [474]
^{134}I	52 min	6,0±0,4	—
^{135}I	6,7 hr	6,8±0,5	—
^{136}Cs	13 days	0,12±0,05	0,42±0,016 [472]
^{137}Cs	30,0 yr	5,8±0,7	5,57±0,21 [472] 6,9±1,03 [474]
^{139}Ba	82,9 min	5,6±0,4	5,68±0,16 [472]
^{140}Ba	12,8 days	6,39±0,38	5,36 [472] 4,84±1,21 [474]
^{141}Ce	33 days	5,3±0,4	5,15±0,16 [472] 6,34±0,38 [474]
^{143}Ce	33 hr	4,3±0,3	5,25±0,27 [472] 4,90±0,28 [474]
^{144}Ce	284 days	3,6±0,3	4,18±0,27 [472] 4,62±0,28 [474]
^{147}Nd	11,1 days	2,31±0,18	3,27±0,16 [472] 2,62±0,39 [474]
^{149}Pm	53,1 hr	1,61±0,13	2,36±0,16 [472]
^{151}Pm	28 hr	1,20±0,09	1,88 [472]
^{153}Sm	47 hr	0,78±0,06	1,26±0,01 [472]
^{156}Eu	15 days	0,28±0,02	0,64±0,05 [472]
^{157}Eu	15,2 hr	0,159±0,014	0,52 [472]
^{159}Gd	18,0 hr	—	0,34 [472]
^{161}Tb	6,9 days	0,0185±0,0014	0,21 [472]

Table 6.6

Product yields from fission of ^{233}U, ^{235}U, ^{237}Np by epicadmium neutrons, %

Isotope	Half-life	^{233}U [296]	^{235}U [163, 296]	^{237}Np [285, 341, 342]
^{83}Br	2,41 hr	—	—	0,265±0,009 [342]
^{83}Kr	Stable	—	0,60 [163]	—
^{84}Kr		—	1,14 [163]	—
^{85m}Kr	4,4 hr	—	1,41 [163]	—
^{86}Kr	Stable	—	2,18 [163]	—
^{89}Sr	52 days	—	—	1,3 [285] 2,040±0,080 [342]
^{91}Sr	9,67 hr	—	—	4,040±0,103 [342]
^{93}Y	10,2 hr	—	—	5,15±0,07 [341]
^{95}Zr	65 days	—	—	5,13±0,10 [341]
^{97}Zr	17,0 hr	—	—	5,44±0,10 [341] 5,7 [285] 6,950±0,165 [342]
^{99}Mo	67 hr	—	—	6,11±0,21 [341] 6,14 [285] 6,980±0,004 [342]
^{103}Ru	39,6 days	1,4	2,97 [296]	4,040±0,270 [342]
^{105}Rh	35,9 hr	—	—	2,750±0,164 [342]
^{106}Ru	367 days	0,154	—	1,560±0,020 [342]
^{109}Pd	13,47 hr	—	—	0,299±0,003 [342]
^{111}Ag	7,5 days	—	—	0,110±0,006 [341] 0,077 [285] 0,085±0,0012 [342]
^{112}Pd	21 hr	—	—	0,072±0,003 [342]
^{113}Ag	5,3 hr	—	—	0,045±0,003 [342]
^{115}Cd	53,5 hr	—	—	0,045±0,003 [341] 0,036 [285] 0,041±0,001 [342]
^{121}Sn	27 hr	—	—	0,047±0,0013 [342]
^{125}Sn	9,4 days	—	—	0,11 [285] 0,126±0,003 [342]
^{127}Sb	93 hr	—	—	0,34 [285] 0,916±0,040 [342]
^{129}Te	69 min	—	—	2,600 [342]
^{131}I	8,05 days	—	—	3,06±0,25 [341]
^{131}Xe	Stable	—	3,00 [163]	—
^{132}Te	78 hr	—	—	5,92±0,19 [341] 5,1 [285] 6,330±0,036 [342]
^{133}Xe	Stable	—	4,49 [163]	—
^{133}I	21 hr	—	—	5,66±0,51 [341]

Table 6.6 contd.

Isotope	Half-life	^{233}U	^{235}U	^{237}Np
^{134}Xe	Stable	—	7,93 [163]	—
^{135}Xe	9,2 hr	—	—	4,71±0,11 [341]
^{136}Xe	Stable	—	6,49 [163]	—
^{136}Cs	13 days	0,1018	8,56·10^{-3} [296]	—
^{137}Cs	30,0 yr	6,82	6,13 [296]	—
^{140}Ba	12,8 days	5,4	6,35 [296]	5,60 [341] 5,0 [285] 5,30 [342]
^{141}Ce	33 days	—	—	5,88±0,10 [341] 4,970±0,234 [342]
^{143}Ce	33 hr	—	—	4,88±0,11 [341]
^{144}Ce	284 days	—	—	4,47±0,15 [341] 3,7 [285] 4,310±0,158 [342]
^{147}Nd	11,1 days	—	—	2,83±0,13 [341] 2,350±0,013 [342]
^{149}Pm	53,1 hr	—	—	1,66±0,12 [341]
^{151}Pm	28 hr	—	—	0,94±0,04 [341]
^{153}Sm	47 hr	—	—	0,39±0,04 [341]
^{156}Eu	15 days	—	—	0,23 [285] 0,090±0,0012 [342]

Table 6.7

Product yields from fission of ^{235}U, ^{241}Am by resonance neutrons*

Isotope	Half-life	^{235}U [51]				^{241}Am [54]	
		Yields,%				Yields in relation to yield of ^{99}Mo	
		Neutron energy, eV				Neutron energy, eV	
		1,1	3,1	9,5	Thermal^{2*}	0,3	Thermal^{2*}
^{89}Sr	52 days	4,8	4,8	4,8	4,8		
^{99}Mo	67 hr					1,0	1,0
^{111}Ag	7,5 days	0,020	0,019	0,018	0,018	0,125±0,034	0,126±0,02
^{115}Cd	53,5 hr	0,013	0,008	0,010	0,011	(8,0±2,3)10^{-3}	(6,9±1,0)10^{-3}
^{121}Sn	27 hr					(2,1±1,3)10^{-3}	(2,0±0,6)10^{-3}
^{125}Sn	9,4 days					(4,1±2,9)10^{-3}	(5,3±1,4)10^{-3}
^{127}Sb	93 hr	0,11			0,10	0,071±0,010	0,074±0,004
^{140}Ba	12,8 days					0,85±0,08	0,92±0,04

* The relative probabilities of symmetrical and asymmetrical fission of ^{235}U and ^{239}Pu by resonance neutrons (15—82 eV) are given in [349, 348]. Ratios of relative product yields from fission of ^{233}U, ^{235}U, ^{239}Pu, ^{241}Pu by resonance and thermal neutrons are respectively contained in [50, 27, 345], [27, 52, 282], [53, 282, 346], [53].

2* Experiments with thermal neutrons were also carried out in works [51,54]; yields are given for comparison.

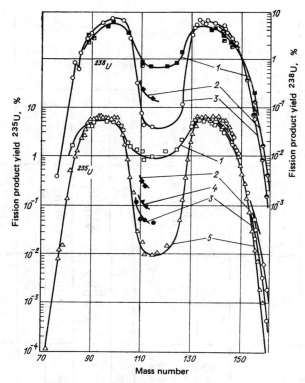

Fig. 6.9. Fission product mass distributions from fission of ^{235}U and ^{238}U by neutrons with various energies [8,27,198]. 1 – neutron energy 14.7 Mev; 2 – neutron energy 8 MeV; 3 – fission spectrum neutrons; 4 – neutron energy 5 MeV; 5 – thermal neutrons.

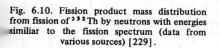

Fig. 6.10. Fission product mass distribution from fission of ^{232}Th by neutrons with energies similiar to the fission spectrum (data from various sources) [229].

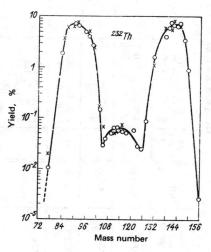

241

Table 6.8

Product yields from fission of ^{227}Ac, ^{232}Th, ^{231}Pa, ^{233}U, ^{235}U, ^{238}U, ^{237}Np, ^{239}Pu, by fission spectrum neutrons*, %

Isotope or mass number	Half-life	^{227}Ac [227*]	^{232}Th [4, 6, 7, 12, 105, 133*, 229, 235, 277, 278*, 279—281]	^{231}Pa [227*, 272]	^{233}U [12, 31, 228, 273*, 235]	^{235}U [1, 6, 10—12, 44, 93, 107, 109, 110, 235, 274, 275, 276]	^{238}U [3, 4, 6—8, 10—12, 44, 80, 93, 110, 111, 133*, 163, 221, 235, 2;7, 269]	^{237}Np [227*, 272]	^{239}Pu [1, 6, 7, 10—12, 31, 107, 109, 110, 235, 274, 275, 282]
^{72}Zn	46,5 hr	—	0,00033±0,00008 [6, 7, 105, 235]	—	—	—	—	—	—
^{73}Ga	4,9 hr	—	0,00045±0,00022 [6, 7, 105, 235]	—	—	—	—	—	—
^{77}Ge	11,3 hr	—	0,009±0,002 [6, 7, 105]	—	—	—	4,3·10^{-3} [3]	—	—
^{77}As	38,7 hr	—	0,020±0,007 [6, 7, 105] 0,011±0,0006 [229] 0,015 [235]	—	—	—	0,0035 [235] 0,0038 [7, 6]	—	—
A=77	—	—	0,014 [279]	—	—	—	—	—	—
^{78}Ge	89 min	—	—	—	—	0,02 [10] 0,019 [11]	0,009 [10] 0,009 [11]	—	—
^{78}As	91 min	—	—	—	—	0,002 [11]	0,0009 [11]	—	—
A=78—82	—	—	2,98 [279]	—	—	—	—	—	—
^{82}Br	35,34 hr	—	<3,6·10^{-5} [133]	—	—	—	≪7·10^{-4} [133]	—	—
^{83}Se	25 min	—	—	—	—	0,14 [10]	0,15 [10]	—	0,036 [10]

Isotope	Half-life								
^{83}Br	2,41 hr	7,01 [227]	1,9±0,45 [6, 7, 105] 1,92±0,14 [229] 1,7 [235] 1,99 [12] *0,29±0,01* [133]	2,270±0,140 [272]	—	0,37 [12] 0,23 [10]	0,39 [12] 0,24 [10] *0,11±0,01* [133]	0,265±0,009 [272] *0,43* [227]	**0,095** [12] 0,059 [10]
^{82m}Kr	1,86 hr	—	—	—	—	—	—	—	0,095 [12]
^{83}Kr	Stable	—	2,0±0,2 [235] 1,99±0,01 [6, 7, 106]	—	—	—	0,42 [163] 0,40 [7, 6] 0,47 [80]	—	—
$A=83$	—	—	—	—	—	0,614±0,018 [1]	—	—	0,366±0,008 [1]
^{84}Se	3,3 min	—	2,06 [279]	—	—	0,62 [11]	0,836 [11]	—	0,19 [11]
^{84}Br	6,0 min 31,8 min	—	*0,46* [133]	—	—	0,62 [10, 12] 0,0018 [11]	0,82 [10, 12] 0,0059 [11] *0,20±0,01* [133]	—	0,19 [10, 12] 3,61·10^{-3} [11]
^{84}Kr	Stable	—	3,6±0,3 [235] 3,65±0,02 [6, 7, 106]	—	—	—	0,89 [163] 0,85 [7, 6] 0,98 [80]	—	—
$A=84$	—	—	3,78 [279]	—	—	1,07±0,01 [1]	—	—	0,559±0,013 [1]
^{85}Se	39 s	—	—	—	—	0,955 [11]	0,54 [11]	—	0,27 [11]
^{85}Br	3,0 min	—	—	—	—	0,174 [11]	0,098 [11]	—	0,049 [11]
^{85m}Kr	4,4 hr	—	—	—	—	1,13 [10, 12]	0,64 [10, 12]	—	0,32 [10, 12]
^{85}Kr	10,76 yr	—	3,9±0,3 [235] 3,88±0,02 [106] 0,87 [6, 7, 12]	—	—	0,25 [12]	0,68 [163] 0,153 [7, 6] 0,14 [12]	—	0,072 [12]
$A=85$	—	—	4,01 [279]	—	—	1,49±0,03 [1]	—	—	0,672±0,012 [1]

Table 6.8 contd.

Isotope or mass number	Half-life	^{227}Ac	^{232}Th	^{231}Pa	^{238}U	^{235}U	^{233}U	^{237}Np	^{239}Pu
^{86}Kr	Stable	—	6,0±0,5 [235] 6,00±0,03 [6, 7, 106]	—	—	—	1,44 [163] 1,38 [6, 7] 1,63 [80]	—	—
^{86}Rb	18,66 days	—	≤1,8·10^{-4} [133]	—	—	—	—	—	—
$A=86$	—	—	6,21 [279]	—	—	1,93±0,05 [1]	—	—	0,882±0,020 [1]
^{87}Se	16 s	—	—	—	—	2,3 [11]	1,43 [11]	—	0,635 [11]
^{87}Br	55 s	—	—	—	—	2,87 [12] 0,565 [11]	0,76 [269] 1,79 [2] 0,353 [11]	—	0,79 [12] 0,156 [11]
^{87}Kr	76 min	—	—	—	—	2,87 [10, 12]	1,79 [10, 12]	—	0,79 [10, 12]
$A=87$	—	—	6,57 [279]	—	—	2,66±0,06 [1]	0,8 [269]	—	1,16±0,02 [1]
^{88}Br	16 s	—	—	—	—	3,3 [11]	1,18 [269] 2,23 [11]	—	1,18 [11]
^{88}Kr	2,80 hr	—	—	—	—	3,47 [10, 12] 0,164 [11]	2,32 [10, 12] 0,11 [11]	—	1,23 [10, 12] 0,0585 [11]
^{88}Rb	17,8 min	—	—	—	—	3,47 [12] 4,9·10^{-5} [11]	2,32 [12] 3,3·10^{-5} [11]	—	1,23 [12] 1,75·10^{-5} [11]
$A=88$	—	—	6,92 [279]	—	—	3,63±0,08 [1]	1,4 [269]	—	1,44±0,03 [1]
^{89}Br	4,5 s	—	—	—	—	1,98 [11]	1,73 [269] 1,34 [11]	—	0,69 [11]

⁸⁹Kr	3,2 min	—	—	—	—	1,98 [11]	1,34 [11]	—	0,69 [11]
⁸⁹Rb	15,4 min	—	—	—	—	4,15 [10, 12] 0,173 [11]	2,81 [10, 12] 0,116 [11]	—	1,44 [10, 12] 0,060 [11]
⁸⁹Sr	52 days	8,02 [227]	6,7±0,7 [6, 7, 105, 235, 12] 1,00 [133]	7,260±0,144 [272] 6,89 [227]	6,30±0,60 [12, 31, 228] 6,1 [235] 5,98 [228]	4,5±0,5 [235] 4,4±0,4 [44] 5,6±0,4 [110] 4,15 [12]	2,9±0,3 [235] 2,9 [7, 6] 4,4±0,4 [44] 3,7±0,3 [110] 2,81 [12] 0,57±0,04 [133]	2,040±0,080 [272] 2,96 [227]	1,80 [235, 282] 1,8±0,2 [110] 1,44 [12]
A=89	—	—	7,14 [279]	—	—	—	2,5 [269]	—	—
⁹⁰Br	1,6 s	—	—	—	—	0,975 [11]	1,46 [269] 0,68 [11]	—	0,487 [11]
⁹⁰Kr	33 s	—	—	—	—	2,84 [11]	1,99 [11]	—	1,42 [11]
⁹⁰Rb	2,9 min	—	—	—	—	0,542 [11]	0,38 [11]	—	0,271 [11]
⁹⁰Sr	28,1 yr	—	7,2±0,5 [235] 6,99 [277] 7,41±0,27 [229] 6,1±1,2 [105] 6,8 [6, 7, 12] 2,70±0,15 [278]	—	—	5,51 [274] 5,2 [235] 5,48 [276] 5,0 [6, 275] 4,38 [10, 12] 0,0229 [11]	3,2 [6, 7] 3,10 [10, 12] 0,016 [11]	—	2,01 [274] 2,26 [235, 282] 2,2 [6, 7, 12] 2,11 [275] 2,23 [10] 0,0114 [11]
⁹⁰Y	64 hr	—	—	—	—	4,38 [12] 1,14·10⁻³ [11]	3,10 [12] 8,0·10⁻⁴ [11]	—	2,20 [12] 5,7·10⁻⁴ [11]
A=90	—	—	7,40 [279]	—	—	5,48±0,16 [1]	3,4 [269]	—	2,24±0,05 [1]
⁹¹Kr	10 s	—	—	—	—	3,08 [11]	2,11 [11]	—	1,54 [11]
⁹¹Rb	14 min	—	—	—	—	5,09 [10] 1,77 [11]	3,56 [10] 1,21 [11]	—	2,60 [10] 0,885 [11]

Table 6.8 contd.

Isotope or mass number	Half-life	^{227}Ac	^{232}Th	^{231}Pa	^{233}U	^{235}U	^{238}U	^{237}Np	^{239}Pu
^{91}Sr	9,67 hr	5,81 [227]	6,8±0,6 [235] 6,4±0,7 [105] 7,2 [6, 7, 12] 6,80±0,55 [229]	7,340±0,290 [272] 6,79 [227]	—	5,27 [12] 0,18 [10] 0,42 [11]	3,68 [12] 0,12 [10] 0,288 [11]	4,040±0,103 [272] 4,60 [227]	2,69 [12] 0,09 [10] 0,21 [11]
^{91m}Y	50 min	—	—	—	—	1,27·10⁻³ [11]	8,7·10⁻⁴ [11]	—	6,35·10⁻⁴ [11]
^{91}Y	58,8 days	—	—	—	6,61 [228, 235]	6,1 [235] 5,27 [12] 1,27·10⁻³ [11]	4,1±0,4 [235] 3,68 [12] 8,7·10⁻⁴ [11]	—	2,69 [12] 6,35·10⁻⁴ [11]
$A=91$	—	—	7,45 [279]	—	—	—	—	—	2,58±0,05 [1]
^{92}Kr	3,0 s	—	—	—	—	1,61 [11]	1,27 [11]	—	0,982 [11]
^{92}Rb	5,3 s	—	—	—	—	2,96 [11]	2,32 [11]	—	1,8 [11]
^{92}Sr	2,71 hr	—	6,6±0,6 [235]	—	—	5,26 [10, 12] 0,68 [11]	4,16 [10, 12] 0,535 [11]	—	3,21 [10, 12] 0,415 [11]
^{92}Y	3,53 hr	—	—	—	—	5,26 [12] 1,85·10⁻² [11]	4,16 [12] 1,46·10⁻² [11]	—	3,21 [12] 1,13·10⁻² [11]
$A=92$	—	—	—	—	—	—	—	—	3,13±0,06 [1]
$A=92-94$	—	—	19,31 [279]	—	—	—	—	—	—
^{93}Kr	2,0 s	—	—	—	—	0,397 [11]	0,343 [11]	—	0,27 [11]
^{93}Rb	5,6 s	—	—	—	—	2,75 [11]	2,37 [11]	—	1,87 [11]

Isotope	Half-life									
89Sr	8 min	—	—	—	—	—	—	2,24 [11]	1,93 [11]	—	1,52 [11]
89Y	10,2 hr	—	7,24±0,37 [280]	—	—	—	5,38 [10, 12]	4,64 [10, 12]	—	3,64 [10, 12]
A=93	—	—	—	—	—	—	—	—	—	3,91±0,07 [1]
93Kr	1,4 s	—	—	—	—	—	0,87 [11]	7,85·10^{-2} [11]	—	6,3·10^{-2} [11]
93Rb	2,9 s	—	—	—	—	—	1,52 [11]	1,37 [11]	—	1,1 [11]
93Sr	1,3 min	—	—	—	—	—	3,14 [11]	2,83 [11]	—	2,26 [11]
93Y	20,3 min	—	—	—	—	—	5,65 [10, 12] / 0,77 [11]	5,13 [10, 12] / 0,695 [11]	—	4,08 [10, 12] / 0,555 [11]
A=94	—	—	—	—	—	—	—	—	—	4,39±0,08 [1]
94Kr	Short-lived	—	—	—	—	—	7,56·10^{-3} [11]	6,2·10^{-3} [11]	—	5,74·10^{-3} [11]
94Rb	<2,5 s	—	—	—	—	—	0,508 [11]	0,417 [11]	—	0,368 [11]
94Sr	0,8 min	—	—	—	—	—	3,42 [11]	2,8 [11]	—	2,6 [11]
94Y	10,9 min	—	—	—	—	—	6,72 [10] / 2,76 [11]	5,52 [10] / 2,27 [11]	—	5,12 [10] / 2,1 [11]
95Zr	65 days	—	—	5,4±0,4 [235] / 5,15±0,31 [229]	—	—	6,2±1,0 [235] / 5,85±0,55 [44] / 7,7±0,6 [110] / 6,72 [12] / 0,238 [11]	6,1±0,5 [235] / 5,0±0,5 [44] / 6,5±0,6 [110] / 5,7 [6, 7] / 5,52 [12] / 0,195 [11]	—	5,3±0,5 [12, 110, 235, 287] / 5,6 [3] / 0,181 [11]
95Nb	35 days	—	—	—	—	—	6,70 [12] / 2,7·10^{-3} [11]	5,52 [12] / 2,22·10^{-3} [11]	—	5,3 [12] / 2,06·10^{-3} [11]

Table 6.8 contd.

Isotope or mass number	Half-life	⁹⁷Ac	²²⁹Th	²³¹Pa	²³³U	²³⁵U	²³⁸U	²³⁷Np	²³⁹Pu
A=95	—	—	5,43 [279]	—	—	6,47±0,13 [1]	—	—	4,78±0,09 [1]
A=96	—	—	4,97 [279]	—	—	—	—	—	5,11±0,10 [1]
⁹⁷Kr	~1 s	—	—	—	—	6,3·10⁻⁵ [11]	5,19·10⁻⁵ [11]	—	4,85·10⁻⁵ [11]
⁹⁷Rb	1,0 min	—	—	—	—	0,105 [11]	8,64·10⁻² [11]	—	8,08·10⁻² [11]
⁹⁷Sr	Short-lived	—	—	—	—	1,68 [11]	1,38 [11]	—	1,29 [11]
⁹⁷Y	"	—	—	—	—	3,25 [11]	2,67 [11]	—	2,5 [11]
⁹⁷Zr	17,0 hr	0,32 [227]	5,2±0,4 [235] 5,2 [6, 7, 12] 5,4±0,8 [105] 4,22±0,06 [229]	4,500±0,020 [272] 4,18 [227]	—	5,8 [235] 6,55±0,70 [44] 6,51 [10, 12] 1,47 [11]	5,9±0,6 [235] 5,2±0,6 [44] 5,42 [10, 12] 1,21 [11]	6,950±0,165 [272]	4,85 [235, 282] 5,2 [6, 7, 12] 5,05 [10] 1,13 [11]
⁹⁷Nb	72 min	—	—	—	—	6,51 [12]	5,42 [12]	—	5,2 [12]
A=97	—	—	4,52 [279]	—	—	6,13±0,12 [1]	—	—	5,47±0,10 [1]
A=98	—	—	3,69 [279]	—	—	6,04±0,12 [1]	—	—	5,81±0,11 [1]
⁹⁹Zr	33 s	—	—	—	—	5,8 [11]	5,8 [11]	—	5,42 [11]
⁹⁹Nb	2,4 min	—	—	—	—	0,313 [11]	0,313 [11]	—	0,292 [11]
⁹⁹Mo	67 hr	0,11 [227]	2,80±0,2 [235] 2,78 [229, 277] 2,7 [6, 7, 12]	2,590±0,150 [272] 2,40 [227]	4,75±0,35 [12, 31, 228, 235]	6,14±0,4 [235] 5,9±0,4 [44] 6,4±0,4	6,2±0,15 [235] 6,6±0,4 [110] 7,0±0,7 [44]	6,980±0,004 [272] 7,83 [227]	5,5±0,4 [109] 5,9±0,6 [31] 5,86 [235]

Isotope	Half-life									
^{99m}Tc	6,0 hr	—	—	2,9±0,3 [105] 7 [278]	—	—	6,1 [109, 110] 6,1 [6, 93] 6,1 [10, 12]	7,0±0,8 [8] 6,3 [6, 7] 6,2 [93] 6,1 [10, 12]	—	5,9 [7] 6,0 [6] 5,73 [10] 6,00 [12]
$A=99$	—	—	2,86 [279]	—	—	—	—	—	—	5,00 [12]
$A=100$	—	—	—	—	—	—	—	—	—	6,76±0,13 [1]
$A=100-102$	—	—	3,97 [279]	—	—	—	—	—	—	—
^{101}Nb	1,0 min	—	—	—	—	—	6,5 [11]	6,82 [11]	—	6,5 [11]
^{101}Mo	14,6 min	—	—	—	—	—	6,0 [10, 12] 0,247 [11]	6,29 [10, 12] 0,26 [11]	—	6,02 [10, 12] 0,247 [11]
^{101}Tc	14,0 min	—	—	—	—	—	6,0 [12] $1,2 \cdot 10^{-3}$ [11]	6,29 [12] $1,26 \cdot 10^{-3}$ [11]	—	6,02 [12] $1,2 \cdot 10^{-3}$ [11]
$A=101$	—	—	—	—	—	—	5,46±0,11 [1]	—	—	6,88±0,13 [1]
^{102}Mo	11 min	—	—	—	—	—	5,8 [12] 5,92 [11]	6,0 [12] 6,17 [11]	—	6,0 [12] 6,17 [11]
^{102}Tc	5 s	—	—	—	—	—	5,8 [12]	6,0 [12]	—	6,0 [12]
$A=102$	—	—	—	—	—	—	4,65±0,10 [1]	—	—	6,97±0,13 [1]
^{103}Tc	1,2 min	—	—	—	—	—	4,1 [11]	6,6 [11]	—	6,47 [11]
^{103}Ru	39,6 days	—	0,16±0,01 [235] 0,20±0,07 [105] 0,15±0,007 [229] 0,16 [6, 7, 12]	0,328±0,035 [272] *0,30* [227]	0,413±0,045 [31, 235, 12]	3,3±0,6 [235] 3,75±0,55 [44] 3,2±0,6 [109] 3,97 [10, 12] $1,7 \cdot 10^{-2}$ [11]	6,6±1,0 [235] 3,9±0,5 [44] 6,6 [6, 7] 6,39 [10, 12] $2,74 \cdot 10^{-2}$ [11]	4,040±0,270 [227] *5,48* [227]	6,0±0,7 [31, 12] 5,7±1,0 [109] 6,0 [235, 282] 6,25 [10] $2,69 \cdot 10^{-2}$ [11]

Table 6.8 contd.

Isotope or mass number	Half-life	^{227}Ac	^{232}Th	^{231}Pa	^{233}U	^{235}U	^{238}U	^{237}Np	^{239}Pu
^{102m}Rh	57 min	—	—	—	—	3,97 [12] 3,9·10^{-6} [11]	6,39 [12] 6,3·10^{-6} [11]	—	6,0 [12] 6,17·10^{-6} [11]
A=103	—	—	0,146 [279]	—	—	2,35±0,05 [1]	—	—	6,77±0,12 [1]
A=104	—	—	—	—	—	0,68 [11]	2,9 [11]	—	3,13 [11]
^{105}Mo	40 s	—	—	—	—	0,339 [11]	1,45 [11]	—	1,56 [11]
^{105}Tc	8 min	—	—	—	—	1,02 [10, 12]	4,36 [10, 12]	—	4,68 [10, 12]
^{105}Ru	4,44 hr	0,084 [227]	—	—	—	1,02 [12]	4,36 [12]	—	4,68 [12]
^{105m}Rh	45 s	—	—	—	—	1,45±0,15 [44, 235] 1,02 [12]	3,3±0,35 [235] 3,5±0,4 [44] 4,36 [12]	2,750±0,164 [272] 3,23 [227]	4,68 [12]
^{105}Rh	35,9 hr	—	0,05±0,02 [235] 0,07±0,02 [6, 7, 12, 105] 0,030±0,0014 [229]	0,154±0,024 [272] 0,14 [227]	—	—	—	—	—
A=105—116	—	—	0,56 [279]	—	—	—	—	—	—
^{109}Ru	367 days	—	0,058±0,008 [235] 0,062 [277] 0,042 [6, 7, 12] 0,058±0,006 [105] 0,040±0,0021 [229]	0,108±0,010 [272] 0,10 [227]	0,16±0,02 [31, 235, 12]	0,44 [235] 1,19±0,14 [44] 0,71±0,12 [109] 0,47 10, 12] 0,47 [11]	2,70±0,20 [235] 2,85±0,30 [44] 2,7 [6, 7] 2,61 [10, 12] 2,62 [11]	1,560±0,020 [272] 2,06 [227]	4,90 [235, 282] 4,8±0,6 [31] 4,6±0,8 [109] 4,8 [12] 6,17 [10] 6,17 [11]
^{106}Rh	30 s	—	—	—	—	0,47 [12]	2,61 [12]	—	4,8 [12]

Isotope	Half-life								
¹⁰⁵Tc	29 s	—	—	—	—	0,248 [11]	1,12 [11]	—	4,15 [11]
¹⁰⁷Ru	4,2 min	—	—	—	—	1,82·10⁻² [11]	8,2·10⁻³ [11]	—	3,04·10⁻² [11]
¹⁰⁷ᵐRh	45 s	—	—	—	—	1,23·10⁻⁴ [11]	5,55·10⁻⁵ [11]	—	2,05·10⁻⁴ [11]
¹⁰⁷Rh	22 min	—	—	—	—	0,28 [10, 12]	1,26 [10, 12]	—	4,66 [10, 12]
¹⁰⁹Pd	13,47 hr	*0,24* [227]	0,052±0,01 [235] *0,055* [6, 7]	0,083±0,0028 [272] *0,077* [227]	—	0,125 [235] 0,146 [6] 0,11 [10, 12] **0,118** [11]	0,030 [235] 0,13 [44] 0,32 [6, 7] 0,27 [10, 12] **0,292** [11]	0,299±0,003 [272] *0,45* [227]	1,65 [235, 282] 1,9 [7] 2,0 [6, 12] 1,65 [10] **1,78** [11]
¹⁰⁹ᵐAg	40 s	—	—	—	—	0,11 [12] 7,5·10⁻⁵ [11]	0,27 [12] 1,77·10⁻⁵ [11]	—	2,0 [12] 1,08·10⁻⁴ [11]
¹¹¹Rh	Short-lived	—	—	—	0,84 [12]	0,55 [11]	0,65 [11]	—	4,4 [11]
¹¹¹Pd	22 min	—	0,052 [12]	—	—	0,06 [10, 12] 1,33·10⁻² [11]	0,071 [10, 12] 1,57·10⁻² [11]	—	0,48 [10, 12] **0,106** [11]
¹¹¹Ag	7,5 days	*0,18* [227]	0,07±0,01 [235] 0,082 [277] 0,052±0,010 [6, 7, 12, 105] 0,067±0,006 [229] *0,046* [133]	0,099±0,0049 [272] *0,092* [227]	0,11 [235] 0,0837±0,008 [12, 31, 228] *0,130* [228]	0,065 [235] 0,035±0,007 [44] 0,031±0,002 [110] 0,071 [6] 0,06 [12]	0,080 [235] 0,094±0,012 [44] 0,094±0,008 [110] 0,073 [6] 0,076 [7] 0,071 [12] *0,040* [133]	—	0,46 [235] 0,43 [282] 0,55±0,06 [31] 0,45±0,03 [110] **0,48** [12]
A=111	—	—	—	—	—	0,0456±0,0009 [1]	—	—	0,376±0,007 [1]
¹¹²Pd	21 hr	—	0,07±0,01 [235] 0,090 [277] 0,057 [6, 7, 12] 0,065±0,010 [105] 0,065±0,006 [229]	0,061±0,002 [272] *0,056* [227]	—	0,053 [235] 0,041 [6] 0,046 [6, 7] 0,043 [10, 12] 3,9·10⁻² [11]	0,07 [235] 0,07 [44] 0,046 [6, 7] 0,042 [10, 12] 3,8·10⁻² [11]	0,072±0,003 [272] *0,063* [227]	0,18 [235, 282] 0,14 [6, 7, 12] 0,17 [10] **0,153** [11]

Table 6.8 contd.

Isotope or mass number	Half-life	²²⁷Ac	²²⁸Th	²³¹Pa	²³³U	²³⁵U	²³⁸U	²³⁷Np	²³⁹Pu
¹¹¹Ag	3,2 hr	0,17 [227]	0,051 [133]	—	—	0,043 [12] 1,89·10⁻⁴ [11]	0,042 [12] 1,85·10⁻⁴ [11] 0,044 [133]	—	0,17 [12] 7,45·10⁻⁴ [11]
A=112	—	—	—	—	—	0,0391±0,0008 [11]	—	—	0,207±0,004 [1]
¹¹³Pd	1,5 min	—	—	—	—	4,77·10⁻² [11]	4,67·10⁻² [11]	—	0,19 [11]
¹¹¹Ag	5,3 hr	—	0,045±0,009 [235] 0,059±0,004 [229] 0,067 [133]	0,077±0,0057 [272] 0,071 [227]	—	0,043 [10, 12] 3,87·10⁻⁴ [11]	0,042 [10, 12] 3,76·10⁻⁴ [11] 0,033 [133]	0,045±0,003 [272] 0,057 [227]	0,17 [10, 12] 1,53·10⁻³ [11]
A=113	—	—	—	—	—	0,0342±0,0007 [1]	—	—	0,133±0,002 [1]
A=114	—	—	—	—	—	0,0342±0,0007 [1]	—	—	0,0987±0,0019 [1]
¹¹⁵Pd	45 s	—	—	—	—	4,65·10⁻² [11]	4,0·10⁻² [11]	—	7,5·10⁻² [11]
¹¹⁵Ag	20 min	—	0,071 [133]	—	—	0,045 [10, 12] 1,25·10⁻³ [11]	0,039 [10, 12] 1,08·10⁻³ [11] 0,035 [133]	—	0,073 [10, 12] 2,02·10⁻³ [11]
¹¹⁶ᵐCd	43 days	—	0,003±0,0015 [6, 7, 12, 105] 0,0052±0,0014 [229]	—	0,004 [12]	0,0022 [44] 0,004 [12]	0,003 [7, 6, 44] 0,0035 [12]	—	0,0065 [12]
¹¹⁷Cd	53,5 hr	—	0,072±0,014 [6, 7, 12, 105] 0,052±0,002 [229]	0,080±0,0045 [272] 0,074 [227]	0,052±0,006 [12, 31, 228] 0,101 [228]	0,0304±0,006 [44] 0,022±0,002 [110] 0,038 [6] 0,041 [12]	0,034 [6] 0,046±0,007 [44] 0,037 [7, 110] 0,042±0,004 [110] 0,035 [12]	0,041±0,001 [272] 0,061 [227]	0,075 [282] 0,069 [7] 0,09±0,01 [31] 0,098±0,008 [110] 0,067 [6,12]

Isotope	Half-life								
¹¹⁶Cd (total)	—	—	0,065 [235] / 0,075±0,015 [6, 7, 105] / 0,057±0,004 [229]	—	0,10 [235] / 0,056±0,006 [31]	0,04 [235] / 0,0326 [44]	0,05 [235] / 0,040 [7] / 0,049±0,007 [44] / 0,037 [6]	—	0,085 [235] / 0,095±0,010 [31]
¹¹⁵ᵐIn	4,50 hr	—	—	—	—	—	0,039 [12]	—	0,073 [12]
A=116	—	—	—	—	—	0,0359±0,0007 [1]	—	—	0,0636±0,0013 [1]
A=116—130	—	—	3,04 [279]	—	—	—	—	—	—
¹¹⁷Pd	30 s	—	—	—	—	$4,75 \cdot 10^{-2}$ [11]	$3,75 \cdot 10^{-2}$ [11]	—	$6,95 \cdot 10^{-3}$ [11]
¹¹⁷Ag	1,1 min	—	—	—	—	$5,65 \cdot 10^{-2}$ [11]	$4,47 \cdot 10^{-2}$ [11]	—	$8,27 \cdot 10^{-4}$ [11]
¹¹⁷ᵐCd	3,4 hr	—	—	—	—	0,048 [10, 12]	0,038 [10, 12]	—	0,007 [10, 12]
¹¹⁷ᵍCd	2,4 hr / 50 min	—	—	—	—	0,038 [12] / $8,05 \cdot 10^{-5}$ [11]	0,031 [12] / $6,35 \cdot 10^{-5}$ [11]	—	0,0056 [12] / $1,18 \cdot 10^{-5}$ [11]
¹¹⁷ᵐIn	1,93 hr	—	—	—	—	0,048 [12]	0,038 [12]	—	0,007 [12]
¹¹⁷In	44 min	—	0,053±0,006 [229, 235]	—	—	0,048 [12]	0,038 [12]	—	0,007 [12]
¹¹⁷Sn	Stable	—	—	—	0,21±0,02 [273]	—	—	—	—
¹¹⁸Sn	Stable	—	—	—	0,21±0,02 [273]	—	—	—	—
A=118—124	—	—	—	—	—	0,273±0,055 [1]	—	—	—

Table 6.8 contd.

Isotope or mass number	Half-life	^{227}Ac	^{228}Th	^{231}Pa	^{233}U	^{235}U	^{238}U	^{237}Np	^{239}Pu
^{118}Cd	10 min	—	—	—	—	$5,15 \cdot 10^{-2}$ [11]	$3,7 \cdot 10^{-2}$ [11]	—	$6,95 \cdot 10^{-2}$ [11]
^{119}In	19 min	—	—	—	—	0,052 [10, 12] $4,02 \cdot 10^{-4}$ [11]	0,037 [10, 12] $2,89 \cdot 10^{-4}$ [11]	—	0,007 [10, 12] $5,45 \cdot 10^{-5}$ [11]
^{119}Sn	Stable	—	—	—	$0,26 \pm 0,03$ [273]	—	—	—	—
A=119—124	—	—	—	—	—	—	—	—	$0,470 \pm 0,094$ [1]
^{120}Sn	Stable	—	—	—	$0,29 \pm 0,03$ [273]	—	—	—	—
^{121}Sn	27 hr	0,12 [227]	$0,060 \pm 0,003$ [229]	$0,076 \pm 0,0081$ [272] 0,088 [227]	—	0,054 [12] 0,054 [11]	0,040 [12] 0,040 [11]	$0,047 \pm 0,0013$ [272] 0,078 [227]	0,043 [12] 0,043 [11]
^{122}Sn	Stable	—	—	—	$0,029 \pm 0,03$ [273]	—	—	—	—
^{123m}Sn	40 min	—	—	—	—	0,049 [10, 12] 0,049 [11]	0,041 [10, 12] 0,041 [11]	—	0,119 [10, 12] 0,119 [11]
^{123}Sn	125 days	—	$0,29 \pm 0,0012$ [229, 235]	—	—	0,0042 [10] 0,0048 [12] $4,55 \cdot 10^{-3}$ [11]	0,004 [10, 12] $3,82 \cdot 10^{-2}$ [11]	—	0,010 [10] 0,012 [12] $1,11 \cdot 10^{-2}$ [11]
^{124}Sn	$\geq 2 \cdot 10^{17}$ yr	—	—	—	$0,42 \pm 0,04$ [273]	—	—	—	—

Isotope	Half-life								
^{125m}Sn	9,7 min	—	—	—	—	0,064 [12] 4,35·10⁻² [11]	0,026 [12] 1,78·10⁻² [11]	—	0,134 [12] 9,15·10⁻² [11]
^{125}Sn	9,4 days	—	0,026±0,002 [229, 235]	—	—	0,064 [10, 12] 6,95·10⁻² [11]	0,08 [235] 0,078±0,012 [44] 0,026 [10, 12] 0,283 [11]	0,126±0,003 [272] 0,124 [227]	0,134 [10, 12] 0,146 [11]
^{125}Sb	2,7 yr	—	—	—	—	0,059 [10] 0,123 [12]	0,024 [10] 0,050 [12]	—	0,123 [10] 0,257 [12]
^{125m}Te	58 days	—	—	—	—	0,032 [12]	0,013 [12]	—	0,067 [12]
A=125	—	—	—	—	—	0,0727±0,0090 [1]	—	—	0,194±0,023 [1]
^{126}Sn	~10⁵ yr	—	—	—	1,000 [273]	—	—	—	—
^{126}Sn	~50 min	—	—	—		—	0,078 [12] 3,87·10⁻² [11]	—	0,40 [12] 0,198 [11]
^{126}Sb	9 hr	—	—	—	—	0,18 [12] 8,95·10⁻² [11]	1,01·10⁻³ [11]	—	5,2·10⁻³ [11]
^{126m}Sb	6,2 days	—	—	—	—	2,34·10⁻³ [11]	—	—	—
A=126—130	—	—	—	0,080±0,0045 [272] 1,00 [227]	—	0,18 [10, 12]	0,078 [10, 12]	—	0,40 [10, 12]
^{127}Sn	2,1 hr	—	—	—	—	4,066±0,813 [1]	—	—	4,99±1,00 [1]
^{127}Sb	93 hr	—	0,110 [235] 0,091±0,004 [229]	—	—	0,26 [10, 12] 7,1·10⁻² [11]	0,12 [10, 12] 3,3·10⁻² [11]	—	0,62 [10, 12] 0,17 [11]
		—	—	—	—	0,26 [12] 6,4·10⁻² [11]	0,13 [235] 0,12 [6, 7] 0,17±0,02 [44] 0,12 [12] 2,95·10⁻² [11]	0,916±0,040 [272] 0,595 [227]	0,62 [12] 0,152 [11]
^{127m}Te	109 days	—	—	—	—	0,052 [12] 6,6·10⁻³ [11]	0,024 [12] 3,05·10⁻³ [11]	—	0,12 [12] 1,57·10⁻² [11]

Table 6.8 contd.

Isotope or mass number	Half-life	^{227}Ac	^{232}Th	^{231}Pa	^{233}U	^{235}U	^{238}U	^{237}Np	^{239}Pu
^{127}Te	9,4 hr	—	—	—	—	0,34 [12] 1,56·10^{-4} [11]	0,12 [12] 7,2·10^{-5} [11]	—	0,62 [12] 3,72·10^{-4} [11]
^{128}Sn	59 min	—	—	—	—	0,43 [10, 12] **0,318** [11]	0,29 [10, 12] **0,215** [11]	—	1,09 [10, 12] **0,81** [11]
^{128}Sb	11 min	—	—	—	—	0,42 [12] **0,163** [11]	0,28 [12] **0,11** [11]	—	1,05 [12] **0,415** [11]
^{128}Sb	9,6 hr	—	—	—	—	0,013 [12]	0,0087 [12]	—	0,033 [12]
^{129}Sb	4,3 hr	—	—	—	—	0,79 [10, 12] **0,76** [11]	0,88 [10, 12] **0,85** [11]	—	1,78 [10, 12] **1,72** [11]
^{129m}Te	34 days	—	—	—	0,602±0,050 [12, 31]	0,55±0,06 [44] 0,19 [12] 3,14·10^{-2} [11]	0,28 [235] 0,26±0,03 [44] 0,22 [12] 3,52·10^{-2} [11]		0,45±0,09 [31] 0,45 [12] 7,1·10^{-2} [11]
^{129}Te	69 min	—	—	1,180±0,065 [272] *1,16* [227]	1,57 [12]	0,60 [12]	0,88 [12]	2,600 [272] *3,18* [227]	1,78 [12]
^{129}Te (total)	—	—	—	—	1,57 [31, 235]	—	—	—	1,17 [31]
^{130}Sn	2,6 min	—	—	—	—	1,45 [11]	1,98 [11]	—	2,82 [11]
^{130}Sb	7 min (33 min)	—	—	—	—	1,52 [10, 12] **1,08** [11]	2,08 [10, 12] **1,47** [11]	—	2,97 [10, 12] **2,11** [11]

Isotope	$T_{1/2}$									
¹³¹Sn	1,32 min (3,4 min)	—	—	—	—	—	—	—	—	1,55 [11]
¹³¹Sb	25 min	—	—	—	—	—	—	3,11 [10, 12] 1,76 [11]	3,33 [10, 12] 1,89 [11]	—	4,85 [10, 12] 2,76 [11]
¹³¹ᵐTe	30 hr	—	—	—	—	—	—	0,46 [12] 5,3·10⁻² [11]	0,50 [12] 5,7·10⁻² [11]	—	0,73 [12] 8,3·10⁻² [11]
¹³¹Te	25 min	—	—	—	—	—	—	2,65 [12] 0,286 [11]	3,33 [12] 0,308 [11]	—	4,85 [12] 0,45 [11]
¹³¹I	8,05 days	—	1,7±0,2 [235] 2,13±0,04 [277, 281] 1,73±0,07 [229] 1,2±0,6 [6, 7, 12, 105]	—	—	—	—	3,11 [12] 9,0·10⁻³ [11]	3,33 [12] 9,7·10⁻³ [11] *0,48* [133]	—	4,85 [12] 1,42·10⁻² [11]
¹³¹ᵐXe	11,8 days	—	—	—	—	—	—	0,03 [12]	0,033 [12]	—	0,05 [12]
¹³¹Xe	Stable	—	1,7±0,2 [235] 1,62±0,01 [6, 7, 106]	—	—	—	—	—	3,21 [257] 3,2 [6, 7] 3,50 [163, 221]	—	—
A=131	—	—	1,56 [279]	—	—	—	—	3,15±0,08 [1]	—	—	4,06±0,08 [1]
¹³²Sn	1,00 min 2,2 min	—	—	—	—	—	—	0,477 [11]	0,527 [11]	—	0,68 [11]
¹³²Sb	2,1 min	—	—	—	—	—	—	2,42 [11]	2,68 [11]	—	3,46 [11]
¹³²Te	78 hr	*5,13* [227]	2,5±0,4 [235] 2,4±0,7 [6, 7, 12, 105]	3,420±0,360 [272] *3,16* [227]	5,2 [235] 4,36±0,40 [31, 228, 12] 5,17 [228]	—	—	5,35±0,50 [44, 235] 4,44 [10, 12] 1,51 [11]	4,7±0,3 [235] 4,7 [6, 7] 4,1±0,4 [44] 4,89 [10, 12] 1,68 [11]	6,330±0,036 [272] *5,65* [227]	3,5±1,0 [31, 235] 6,32 [10] 3,5 [12] 2,16 [11]

Table 6.8 contd.

Isotope or mass number	Half-life	²²⁷Ac	²²⁹Th	²³¹Pa	²³³U	²³⁵U	²³⁸U	²³⁷Np	²³⁹Pu
¹³²I	2,3 hr	—	2,5±0,2 [235]	—	—	4,44 [12]	4,89 [12] *0,96* [133]	—	3,5 [12]
¹³²Xe	Stable	—	2,9±0,2 [235] 2,87±0,02 [6, 7, 106]	—	—	—	4,7 [6, 7, 257] 5,04 [163, 221]	—	—
A=132	—	—	2,76 [279]	—	—	4,45±0,12 [1]	—	—	5,42±0,11 [1]
¹³³Sb	4,2 min	—	—	—	—	4,26 [12] **3,72** [11]	4,05 [12] **3,54** [11]	—	4,38 [12] **3,82** [11]
¹³³ᵐTe	50 min	—	—	—	—	4,26 [10, 12] **1,88** [11]	4,05 [10, 12] **1,79** [11]	—	4,38 [10, 12] **1,94** [11]
¹³³Te	2 min	—	—	—	—	0,55 [12] **0,39** [11]	0,52 [12] **0,372** [11]	—	1,81 [12] **0,402** [11]
¹³³I	21 hr	—	3,3±0,4 [235] 5,4 [12]	—	—	6,02 [12] 0,167 [11] **1,76** [10]	5,72 [12] 0,16 [11] **1,67** [10]	—	6,19 [12] 0,172 [11] **1,81** [10]
¹³³ᵐXe	2,26 days	—	—	—	—	0,14 [12]	0,14 [12]	—	0,15 [12]
¹³³Xe	5,27 days	—	—	—	—	5,9 [12] 1,67·10⁻³ [11]	5,5 [12] 1,6·10⁻³ [11]	—	6,0 [12] 1,72·10⁻³ [11]
¹³³Cs	Stable	—	—	—	—	—	5,5 [6, 7]	—	—
A=133	—	—	3,75 [279]	—	—	6,69±0,13 [1]	—	—	6,91±0,12 [1]

Isotope	$T_{1/2}$									
^{133}Sb	~50 s	—	—	—	—	—	2,42 [11]	2,14 [11]	—	1,94 [11]
^{133}Te	42 min	—	5,4 [12]	—	—	—	6,53 [10, 12] 4,3 [11]	5,76 [10, 12] 3,76 [11]	—	5,23 [10, 12] 3,42 [11]
^{134}I	52 min	—	—	—	—	—	7,83 [12] 0,875 [11] 1,30 [10]	6,90 [12] 0,77 [11] 1,14 [10]	—	6,27 [12] 0,70 [11] 1,04 [10]
^{134}Xe	Stable	—	5,4±0,5 [235] 5,38±0,03 [6, 7, 106]	—	—	—	—	6,62 [257] 6,6 [6, 7] 7,01 [163, 221]	—	—
$A=134$	—	—	5,18 [279]	—	—	—	7,09±0,19 [1]	—	—	7,35±0,15 [1]
^{135}Te	<2 min	—	—	—	—	—	3,34 [11]	3,17 [11]	—	3,14 [11]
^{135}I	6,7 hr	—	5,6±0,7 [235]	—	—	—	6,04 [10, 12] 2,7 [11]	5,75 [10, 12] 2,55 [11]	—	5,68 [10, 12] 2,53 [11]
^{135m}Xe	15,6 min	—	—	—	—	—	1,8 [12]	1,7 [12]	—	1,7 [12]
^{135}Xe	9,2 hr	—	—	—	—	—	6,04 [12] 0,51 [10]	6,24 [12] 0,49 [10]	—	6,16 [12] 0,48 [10]
^{135}Cs	3·10^6 yr	—	—	—	—	—	0,198 [11]	6,0 [6, 7] 0,188 [11]	—	0,186 [11]
$A=135$	—	—	4,66 [279]	—	—	—	6,54±0,13 [1]	—	—	7,54±0,13 [1]
^{136}Xe	Stable	—	5,7±0,6 [235] 5,65±0,03 [6, 7, 106]	—	—	—	—	5,85 [257] 6,24 [163, 221] 5,9 [6, 7]	—	—

Table 6.8 contd.

Isotope or mass number	Half-life	^{227}Ac	^{232}Th	^{231}Pa	^{233}U	^{235}U	^{238}U	^{237}Np	^{239}Pu
^{136}Cs	13 days	—	$0,0017^{+0,0009}_{-0,0017}$ [105] $\leqslant 1,7 \cdot 10^{-3}$ [4] $(7,6 \pm 0,4) 10^{-4}$ [133]	—	$0,11$ [31]	$4,2 \cdot 10^{-2}$ [44]	$0,035 \pm 0,007$ [44] $(1,7 \pm 0,7) 10^{-3}$ [133]	—	—
$A=136$	—	—	5,44 [279]	—	—	5,93±0,16 [1]	—	—	6,92±0,14 [1]
^{137}I	23 s	—	—	—	—	**5,0** [11]	4,14 [269] **5,2** [11]	—	**4,95** [11]
^{137}Xe	3,9 min	—	—	—	—	6,18 [12] **1,0** [11]	6,45 [12] **1,04** [11]	—	6,14 [12] **0,99** [11]
^{137}Cs	30,0 yr	—	6,59±0,18 [277, 281] 6,5±0,8 [235] 6,6±1,0 [105] 6,46 [280] 4,46±0,06 [229] 6,3 [7, 6, 12] *1,04* [133]	—	6,28±0,50 [12, 31, 235]	6,2±0,5 [235] 6,2±0,6 [44] 6,87±0,17 [107] 6,20 [276] 6,55 [274] 6,3 [6, 275] 6,18 [10, 12] **0,15** [11]	5,52±0,30 [235] 6,1±0,7 [44] 6,2 [6, 7] 6,45 [10, 12] **0,156** [11] *1,09±0,08* [133]	—	6,47 [274] 5,6 [235] 6,5 [275] 6,06 [282] 6,6 [7] 7,45±0,20 [107] 6,8 [6] 6,14 [10] 6,8 [12] **0,148** [11]
^{137m}Ba	2,55 min	—	—	—	—	5,70 [12]	5,95 [12]	—	6,3 [12]
$A=137$	—	—	4,60 [279]	—	—	6,20±0,16 [1]	6,0 [269]	—	6,58±0,11 [1]
^{138}I	5,9 s	—	—	—	—	4,18 [11]	3,78 [269] *4,32* [11]	—	3,8 [11]

Isotope	Half-life							
^{138}Xe	17 min	—	—	—	6,11 [10, 12] 2,87 [11]	6,35 [10, 12] 2,98 [11]	—	5,54 [10, 12] 2,62 [11]
^{138}Cs	32,2 min	—	—	—	6,11 [12] 3,0·10⁻² [11]	6,35 [12] 3,1·10⁻² [11]	—	5,54 [12] 2,72·10⁻² [11]
$A=138$	—	—	5,79 [279]	—	6,60±0,12 [1]	6,0 [269]	—	4,97±0,09 [1]
^{139}I	2 s	—	—	—	1,92 [11]	2,22 [269] 1,88 [11]	—	1,61 [11]
^{139}Xe	43 s	—	—	—	3,8 [11]	3,72 [11]	—	3,18 [11]
^{139}Cs	9,5 min	—	6,6±0,7 [235]	—	6,24 [12] 0,885 [11]	6,14 [12] 0,87 [11]	—	5,25 [12] 0,745 [11]
^{139}Ba	82,9 min	—	6,8±0,7 [235] 5,92 [280] 6,64±0,033 [229]	—	6,24 [10, 12] 0,208 [11]	5,1 [3] 6,14 [10, 12] 0,204 [11] [133] *1,20±0,13* [133]	—	5,25 [10, 12] 0,175 [11]
$A=139$	—	—	6,99 [279]	—	6,38±1,28 [1]	6,0 [269]	—	5,88±1,18 [1]
^{140}Xe	16 s	—	—	—	3,46 [11]	3,5 [11]	—	2,93 [11]
^{140}Cs	66 s	—	—	—	2,0 [11]	2,04 [11]	—	1,7 [11]
^{140}Ba	12,8 days	8,48 [227]	7,4±0,9 [235] 7,64±0,5 [280] 7,99±0,23 [280] 7,72±0,11 [277, 281] 8,50±0,23 [229] *6,2±2,0* [6, 7, 12, 105] *6,2* [278] *2,48±0,14* [278] <*7,12* [133]	6,31±0,50 [12, 31, 235]	5,8±0,5 [235] 5,0±0,4 [44] 6,0±0,5 [110] 5,79 [10, 12] 0,291	6,15±0,40 [235] 5,8±0,5 [44] 5,7 [7, 6] 6,7±0,5 [110] 5,93 [10, 12] 0,296 [11] *1,00* [133]	5,30 [272] 6,44 [227]	5,4±0,5 [31] 5,0 [6, 7] 4,9±0,4 [110] 4,95 [10] 5,0 [12] 4,97 [235, 282] 0,246 [11]

Table 6.8 contd.

Isotope or mass number	Half-life	^{227}Ac	^{228}Th	^{231}Pa	^{233}U	^{235}U	^{238}U	^{237}Np	^{239}Pu
^{140}La	40,22 hr	—	—	—	—	5,79 [12]	5,93 [12]	—	5,0 [12]
$A=140$	—	—	8,61 [279]	—	—	6,21±0,11 [1]	—	—	5,59±0,10 [1]
^{141}Xe	2 s	—	—	—	—	1,18 [11]	1,25 [11]	—	1,04 [11]
^{141}Cs	24 s	—	—	—	—	3,34 [11]	3,53 [11]	—	2,94 [11]
^{141}Ba	18 min	—	—	—	—	5,20 [10, 12] 0,95 [11]	5,53 [10, 12] 1,01 [11]	—	4,58 [10, 12] 0,84 [11]
^{141}La	3,9 hr	—	—	—	—	5,29 [12] 0,09 [10] 0,088 [11]	5,62 [12] 0,09 [10] 0,0929 [11]	—	4,65 [12] 0,07 [10] 0,0774 [11]
^{141}Ce	33 days	—	7,3±0,5 [235] 7,05±0,4 [280] 7,00 [280] 7,26±0,11 [277, 281] 7,87±0,36 [229] 5,9±0,4 [278] 9,0±3,0 [6, 7, 12, 105] 2,36±0,15 [278]	—	6,4 [235] 6,77±0,60 [12, 31, 228] 6,83 [228]	6,1±0,6 [44, 235] 5,29 [12] 2,28·10^{-4} [11]	5,62 [12] 2,41·10^{-4} [11]	4,970±0,234 [272] 4,31 [227]	4,65 [12] 2,01·10^{-4} [11]
$A=141$	—	—	7,74 [279]	—	—	5,69±1,14 [1]	—	—	5,28±1,06 [1]
^{142}Xe	1,5 s	—	—	—	—	0,412 [11]	0,412 [11]	—	0,346 [11]
^{142}Cs	2,3 s	—	—	—	—	2,6 [11]	2,6 [11]	—	2,18 [11]

Isotope	Half-life							
¹⁴²Ba	11 min	—	—	—	—	5,18 [12] 1,88 [11]	5,2 [12] 1,88 [11]	—	4,36 [12] 1,59 [11]
¹⁴²La	92 min	—	—	—	—	5,18 [10, 12] 0,169 [11]	5,2 [10, 12] 0,169 [11]	—	4,36 [10, 12] 0,142 [11]
A=142	—	—	7,27 [279]	—	—	5,82±0,11 [1]	—	—	4,95±0,09 [1]
¹⁴³Xe	1,0 s	—	—	—	—	4,57·10⁻² [11]	4,3·10⁻² [11]	—	4,25·10⁻² [11]
¹⁴³Cs	2,0 s	—	—	—	—	1,25 [11]	1,17 [11]	—	1,16 [11]
¹⁴³Ba	12 s	—	—	—	—	2,86 [11]	2,68 [11]	—	2,66 [11]
¹⁴³La	14,0 min	—	—	—	—	5,18 [10, 12] 0,93 [11]	4,89 [10, 12] 0,87 [11]	—	4,85 [10, 12] 0,862 [11]
¹⁴³Ce	33 hr	6,10 [227]	6,72 [280] 6,56±0,12 [280] 5,9±0,4 [278]	6,120±0,340 [272] 5,66 [227]	—	5,18 [12] 3,1·10⁻² [11]	4,89 [12] 2,9·10⁻² [11]	—	4,85 [12] 2,87·10⁻² [11]
¹⁴³Pr	13,76 days	—	7,3±0,5 [235] 7,32±0,25 [229]	—	5,01 [228, 235]	5,18 [12] 1,25·10⁻⁴ [11]	4,89 [12] 1,17·10⁻⁴ [11]	—	4,85 [12] 1,16·10⁻⁴ [11]
¹⁴³Nd	Stable	—	—	—	—	5,98 [274] 5,4 [275] 5,80 [276]	—	—	4,41 [274] 4,9 [275]
A=143	—	—	6,79 [279]	—	—	5,80±0,12 [1]	—	—	4,30±0,08 [1]
¹⁴⁴Xe	~1 s	—	—	—	—	5,31·10⁻³ [11]	4,9·10⁻³ [11]	—	4,09·10⁻³ [11]
¹⁴⁴Cs	Short-lived	—	—	—	—	0,378 [11]	0,349 [11]	—	0,291 [11]
¹⁴⁴Ba	Short-lived	—	—	—	—	2,58 [11]	2,39 [11]	—	1,99 [11]

Table 6.8 contd.

Isotope or mass number	Half-life	^{227}Ac	^{229}Th	^{231}Pa	^{233}U	^{235}U	^{238}U	^{237}Np	^{239}Pu
^{141}La	Short-lived	—	—	—	—	1,89 [11]	1,75 [11]	—	1,46 [11]
^{144}Ce	284 days	—	7,9±0,5 [235] 7,52±0,5 [280] 7,50±0,30 [280] 7,98±0,30 [277, 281] 7,93±0,03 [229] 6,4±0,4 [278] 7,1±1,0 [6, 7, 12, 105] $2,56±0,15^{2*}$ [278]	—	4,19 [228, 235]	5,22 [274] ~4,8 [235] 5,26 [276] 5,3 } [93] 5,1 5,0 [6, 275] 4,76 [10, 12] 0,159 [11]	4,8±0,30 [235] 4,0) [93] 4,4 4,5 [6] 4,9 [7] 4,42 [10, 12] 0,146 [11]	4,310±0,158 [272] 2,90 [227]	3,49 [274] 3,90 [235] 3,6 [275] 3,76 [282] 3,66 [10, 12] 0,122 [11]
^{144}Pr	17,3 min	—	—	—	—	$1,77 \cdot 10^{-3}$ [11]	$1,63 \cdot 10^{-3}$ [11]	—	$1,36 \cdot 10^{-3}$ [11]
^{144}Nd	$2,4 \cdot 10^{15}$ yr	—	—	—	—	$3,25 \cdot 10^{-6}$ [11]	$3,0 \cdot 10^{-6}$ [11]	—	$2,5 \cdot 10^{-6}$ [11]
$A=144$	—	—	7,20 [279]	—	—	5,26±0,11 [1] 4,76 [12]	4,42 [12]	—	3,68±0,07 [1] 3,66 [12]
^{145}Ce	3,0 min	—	—	—	—	4,35 [11]	3,9 [11]	—	3,27 [11]
^{145}Pr	5,98 hr	—	—	—	—	4,31 [10, 12] $2,08 \cdot 10^{-2}$ [11]	3,85 [10, 12] $1,86 \cdot 10^{-2}$ [11]	—	3,22 [10, 12] $1,56 \cdot 10^{-2}$ [11]
^{145}Nd	$>6 \cdot 10^{16}$ yr	—	—	—	—	3,93 [274] 4,1 [275] 3,85 [276]	—	—	3,05 [274] 3,6 [275]
$A=145$	—	—	5,52 [279]	—	—	3,85±0,08 [1]	—	—	3,04±0,05 [1]

Isotope	Half-life							
¹⁴⁶Ce	14 min	—	—	—	—	3,86 [10, 12] 3,86 [11]	3,33 [10, 12] 3,33 [11]	—	2,87 [10, 12] 2,88 [11]
¹⁴⁴Pr	24,0 min	—	—	—	—	3,86 [12] 0,185 [11]	3,33 [12] 0,16 [11]	—	2,87 [12] 0,138 [11]
¹⁴⁴Nd	Stable	—	—	—	—	3,06 [274] 3,2 [275] 3,00 [276]	—	—	2,53 [274] 2,8 [275]
A=146	—	4,73 [279]	—	—	—	3,00±0,06 [1]	—	—	2,52±0,04 [1]
¹⁴⁷Ce	1,2 min	—	—	—	—	3,15 [11]	2,73 [11]	—	2,46 [11]
¹⁴⁷Pr	12 min	—	—	—	—	7,6·10⁻² [11]	6,6·10⁻² [11]	—	5,95·10⁻² [11]
¹⁴⁷Nd	11,1 days	—	3,8±0,3 [235] 2,99±0,08 [280] 3,82±0,20 [229] 3,09 [280] 2,4±0,2 [278]	2,450+0,071 [272]	1,60 [235] 1,72 [228]	2,15±0,10 [235] 2,5 2,4 [93] 2,3 [6] 3,24 [10, 12] 1,93·10⁻⁴ [11]	2,83±0,25 [235] 2,6 2,9 [93] 2,6 [6] 2,81 [10, 12] 1,68·10⁻⁴ [11]	2,350+0,013 [272]	1,41 [235] 2,13 [282] 2,52 [10, 12] 1,51·10⁻⁴ [11]
¹⁴⁷Pm	2,62 yr	—	—	—	—	3,24 [12] 5,9·10⁻⁸ [11]	2,81 [12] 5,1·10⁻⁸ [11]	—	2,52 [12] 4,57·10⁻⁸ [11]
A=147	—	3,14 [279]	—	—	—	2,19±0,44 [1]	—	—	2,18±0,44 [1]
¹⁴⁸Nd	Stable	—	—	—	—	1,75 [274, 276] 1,8 [275]	—	—	1,69 [274] 1,8 [275]
A=148	—	2,08 [279]	—	—	—	1,75±0,03 [1]	—	—	1,73±0,03 [1]
¹⁴⁹Nd	1,8 hr	—	1,15 [280] 1,455±0,015 [280]	—	—	1,17 [10, 12] 1,16 [11]	1,98 [10, 12] 1,96 [11]	—	1,88 [10, 12] 1,87 [11]

Table 6.8 contd.

Isotope or mass number	Half-life	^{227}Ac	^{229}Th	^{233}Pa	^{233}U	^{235}U	^{238}U	^{237}Np	^{239}Pu
^{149}Pm	53,1 hr	—	0,9±0,1 [235] 0,945 [229]	—	0,822 [228, 235]	1,1 [235] 1,3 [93] 1,3 1,1 [6] 1,17 [12]	2,0±0,15 [235] 2,2 [93] 2,0 [6] 1,8 1,98 [12]	—	1,88 [12]
$A=149$	—	—	0,88 [279]	—	—	1,09±0,02 [1]	—	—	1,36±0,02 [1]
^{150}Nd	>10^{16} yr	—	—	—	—	0,73 [274] 0,75 [275] 0,83 [276]	—	—	1,01 [274] 1,1 [275]
$A=150$	—	—	1,04 [279]	—	—	0,832±0,030 [1]	—	—	1,06±0,02 [1]
^{151}Nd	12 min	—	—	—	—	0,46 [10, 12] 0,45 [11]	0,94 [10, 12] 0,94 [11]	—	1,29 [10, 12] 1,29 [11]
^{151}Pm	28 hr	—	0,422±0,008 [280]	—	0,348 [228, 235]	0,46 [12] 7,9·10^{-3} [11]	0,94 [12] 1,65·10^{-3} [11]	—	1,29 [12] 2,26·10^{-3} [11]
^{151}Sm	~87 yr	—	—	—	—	0,46 [12] 1,44·10^{-5} [11]	0,94 [12] 3,0·10^{-5} [11]	—	1,29 [12] 4,1·10^{-5} [11]
$A=151$	—	—	—	—	—	0,438±0,009 [1]	—	—	0,839±0,015 [1]
$A=151-155$	—	—	1,24 [279]	—	—	—	—	—	—

Isotope	Half-life									
¹⁵²Sm	Stable	—	—	—	—	—	—	—	—	0,48 [235, 282]
A=152	—	—	—	—	—	—	0,309±0,006 [1]	—	—	0,683±0,012 [1]
¹⁵³Sm	47 hr	—	0,198±0,004 [280]	0,079±0,0025 [272]	0,126 [228, 235]	—	0,19 [235] 0,18 [93] 0,19 [93] 0,21 [6] 0,14 [10, 12] **0,141** [11]	0,38 [235] 0,39 [93] 0,37 [93] 0,41 [6] 0,40 [10, 12] **0,40** [11]	—	0,48 [7, 6] 0,48 [10, 12] **0,48** [11]
A=153	—	—	—	—	—	—	0,175±0,035 [1]	—	—	0,484±0,097 [1]
A=154	—	—	—	—	—	—	0,098±0,003 [1]	—	—	0,324±0,006 [1]
¹⁵⁵Sm	23 min	—	—	—	—	—	0,029 [10, 12] 3,08·10⁻² [11]	0,11 [10, 12] **0,117** [11]	—	0,18 [10, 12] **0,191** [11]
¹⁵⁵Eu	1,81 yr	—	—	—	—	—	0,029 [12] 9,35·10⁻⁵ [11]	0,11 [12] 3,55·10⁻⁴ [11]	—	0,18 [12] 5,8·10⁻⁴ [11]
A=155—157	—	—	—	—	—	—	0,118±0,027 [1]	—	—	—
A=155—160	—	—	—	—	—	—	—	—	—	0,695±0,139 [1]
¹⁵⁶Sm	9,4 hr	—	—	—	—	—	0,013 [10, 12] **0,013** [11]	0,07 [10, 12] **0,070** [11]	—	0,08 [10, 12] **0,080** [11]

Table 6.8 contd.

Isotope or mass number	Half-life	^{227}Ac	^{232}Th	^{231}Pa	^{233}U	^{235}U	^{238}U	^{237}Np	^{239}Pu
^{156}Eu	15 days	—	0,003±0,0006 [235] 0,0024 [280] 0,0027±0,0003 [229]	—	0,0182 [228, 235]	0,024 [235] 0,023 } [93] 0,023 0,025 [6] 0,013 [12] 1,0·10⁻³ [11]	0,065 [235] 0,066 [7] 0,073 } [93] 0,066 0,07 [12] 0,071 [6] 5,4·10⁻³ [11]	0,090±0,0012 [272]	0,09 [235] 0,15 [282] 0,08 [12] 6,15·10⁻³ [11]
$A=156$	—	—	0,003 [279]	—	—	—	—	—	—
^{157}Eu	15,2 hr	—	—	—	0,0105 [228, 235]	—	—	—	—
^{159}Gd	18,0 hr	—	—	—	0,0018 [228, 235]	—	—	—	—
^{161}Gd	3,7 min	—	—	—	—	0,00046 [12]	0,0016 [12]	—	—
^{161}Tb	6,9 days	—	—	—	0,00049 [228, 235]	0,00048 [235] 0,00045 } [93] 0,00046 0,00046 [6, 12]	0,0016 } [93, 235] 0,0016 0,0016 [6, 12]	—	—

* a) Irradiations were made with fission spectrum (or similar) neutrons. In particular, in works [1, 272. etc.] fast reactor neutrons were used. In most references the characteristics of the neutron spectra are not given. Generally speaking, the form of the neutron spectrum has some influence on the fragment yields, and especially on the fragment yields in the low between the peaks of the mass distribution curve. In reference [274] the error in the fission fragment yields is 5 - 7%.
  b) The ratios of the independent and cumulative fragment yields to the total chain yields for fission by fission spectrum neutrons are given for ^{232}Th in [4, 133, 172, 446], for ^{235}U in [133, 172, 269, 446], for ^{239}Pu in [446], for ^{241}Am in [103, 172].
  2* Relative yields are given in reference [133, 227, 273, 278]: in [133] - in relation to the yield of ^{89}Sr (^{232}Th) or to the yield of ^{140}Ba (^{238}U), in [273, 278] - in relation to the yields of ^{126}Sn and ^{99}Mo respectively.

Table 6.9

Product yields from fission of ^{231}Pa, ^{232}Th by 2.95 MeV neutrons, %

Isotope or mass number	Half-life	^{231}Pa* [250]	^{232}Th[2]* [226]
$A=83$	—	2,58±0,24	—
$A=84$	—	3,91±0,14	—
^{91}Sr	9,67 hr	—	6,40±0,20
$A=91$	—	5,89±0,08	—
^{92}Sr	2,71 hr	—	6,60±0,28
$A=97$	—	3,96±0,12	—
^{99}Mo	67 hr	—	3,10±0,11
$A=99$	—	2,57	—
$A=105$	—	0,24±0,02	—
^{113}Ag	5,3 hr	—	0,047±0,009
$A=113$	—	0,072±0,01	—
$A=129$	—	0,81±0,05	—
^{131}Cd	Short-lived	—	0,001
^{131}In	Short-lived	—	0,153
^{131}Sn	1,32 min	—	0,396
^{131}Sb	25 min	—	0,324
^{131}Te	25 min	—	0,063
^{131}I	8,05 days	—	1,15±0,14
$A=131$	—	—	0,90
^{132}In	Short-lived	—	0,119
^{132}Sn	1,00 min	—	0,612
^{132}Sb	2,1 min	—	0,748
^{132}Te	78 hr	—	0,289
^{132}I	2,3 hr	—	2,50±0,19
$A=132$	—	—	0,003; 1,7
^{133}In	Short-lived	—	0,050
^{133}Sn	~55 s	—	0,775
^{133}Sb	2,67 min	—	1,519
^{133}Te	2 min	—	0,775
^{133}I	21 hr	—	3,26±0,31
$A=133$	—	—	0,053; 3,1
^{134}In	Short-lived	—	0,019
^{134}Sn	—	—	0,879
^{134}Sb	~50 s	—	2,585
^{134}Te	42 min	—	1,815
^{134}I	52 min	—	8,15±0,92
$A=134$	—	—	0,286; 5,5
^{135}Sn	Short-lived	—	0,333
^{135}Sb	2 s	—	2,113
^{135}Te	<2 min	—	3,010
^{135}I	6,7 hr	—	5,57±0,60; 1,024
^{135}Xe	9,2 hr	—	0,022
$A=135$	—	—	6,4
^{136}Sn	Short-lived	—	0,023
^{136}Sb	Short-lived	—	1,072
^{136}Te	20,9 s	—	3,150
^{136}I	83 s	—	2,212
^{136}Xe	Stable	—	0,348
$A=136$	—	—	6,7
^{139}Ba	82,9 min	—	6,78±0,50
$A=143$	—	5,19±0,09	—
$A=145$	—	3,22±0,02	—

* Fission by 3.0 MeV neutrons.
2 * In reference [226] also given are ratios of independent fragment yields to the corresponding total chain yields.

Table 6.10

Product yields from fission of ^{232}Th, ^{235}U and ^{238}U neutrons with energy around 8 MeV, %.

Isotope	Half-life	^{232}Th [7, 112]	^{235}U [93]	^{238}U [93]
^{77}Ge	11,3 hr	0,022 [7, 112]	—	—
^{77}As	38,7 hr	0,052 [112]	—	—
^{83}Br	2,41 hr	2,74 [112]	—	—
^{83}Kr	Stable	2,7 [7]	—	—
^{89}Sr	52 days	(6,7±0,7)* [7, 112]	—	—
^{91}Sr	9,67 hr	5,6 [7, 112]	—	—
^{97}Zr	17,0 hr	4,95 [112] 5,0 [7]	—	—
^{99}Mo	67 hr	3,1 [7, 112]	5,4	6,2
^{103}Ru	39,6 days	0,51 [112] 0,5 [7]	—	—
^{106}Ru	367 days	0,53 [7, 112]	—	—
^{111}Ag	7,5 days	0,63 [7, 112]	—	—
^{115}Cd	53,5 hr	0,76 [7, 112]	—	—
^{117m}Cd	3,4 hr	0,37 [112]	—	—
^{131}I	8,05 days	2,3 [112]	—	—
^{132}Te	78 hr	1,8 [112]	—	—
^{139}Ba	82,9 min	9,0 [112]	—	—
^{144}Ce	284 days	7,2 [112]	3,2 4,0	3,9 4,3
^{147}Nd	11,1 days	—	1,9 2,2	2,7
^{149}Pm	53,1 hr	—	1,3 1,2	1,9
^{153}Sm	47 hr	—	0,18 0,19	0,41
^{156}Eu	15 days	—	0,035	0,092 0,087
^{159}Gd	18,0 hr	—	0,0068 0,0058	0,018 0,016
^{161}Tb	6,9 days	—	0,0019 0,0020	0,0044 0,0041

*For ^{89}Sr the same yield has been assumed as for fission of ^{232}Th by fission spectrum neutrons (see table 6

Fig. 6.11. Fission product mass distributions from fission of heavy nuclei by 14.7–14.8 MeV neutrons. a) ^{231}Pa – 14.7 MeV [267]; b) ^{232}Th – 14.8 MeV (data from various sources) [252]; c) ^{238}U and also ^{232}Th, ^{233}U, ^{235}U – 14.8 MeV [253].

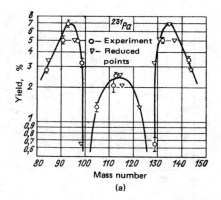

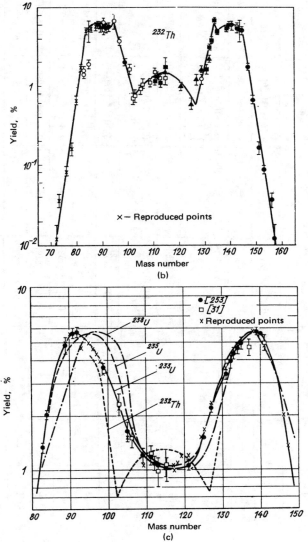

Table 6.11

Product yields from fission of ^{231}Pa, ^{232}Th, ^{233}U, ^{235}U, ^{238}U, ^{237}Np, ^{239}Pu by 14.7 MeV neutrons, %.

Isotope or mass number	Half-life	^{231}Pa [250, 267*]	^{232}Th [12, 21, 224—226, 252, 255, 256, 258, 259, 265]	^{233}U [12, 31, 253, 471]	^{235}U [6, 7, 10—12, 44, 88, 1134**, 115, 259, 260, 268**, 271]	^{238}U [6, 8, 10—12, 44, 94, 1134**, 115, 116, 152, 170, 210, 251, 254, 256—259, 263, 265—267^{3*}, 269]	^{237}Np [117]	^{239}Pu [11, 12, 31, 113**]
$A=64$	—	—	$3,6 \cdot 10^{-5 **}$ [259]	—	$9 \cdot 10^{-5 *}$ [259]	$2,6 \cdot 10^{-5 *}$ [259]	—	—
$A=65$	—	—	$7 \cdot 10^{-5 *}$ [259]	—	$1,6 \cdot 10^{-4 *}$ [259]	$5 \cdot 10^{-5 *}$ [259]	—	—
^{66}Ni	55 hr	—	$(1,31\pm0,13)10^{-4}$ [259]	$(7,7\pm0,8)10^{-4}$ [471]	$(2,8\pm0,3)10^{-4}$ [259] $(4,0\pm0,4)10^{-4}$ [259, 260]	$(8,5\pm0,9)10^{-5}$ [259]	—	—
$A=66$	—	—	$1,4 \cdot 10^{-4 *}$ [259]	—	$2,8 \cdot 10^{-4 *}$ [259]	$9 \cdot 10^{-5 *}$ [259]	—	—
^{67}Cu	58,54 hr	—	$(2,6\pm0,6)10^{-4}$ [259]	$(1,8\pm0,2)10^{-3}$ [471]	$(6,5\pm0,9)10^{-4}$ [259]	$(1,4\pm0,4)10^{-4}$ [259]	—	—
$A=67$	—	—	$2,8 \cdot 10^{-4 *}$ [259]	—	$5 \cdot 10^{-4 *}$ [259]	$1,7 \cdot 10^{-4 *}$ [259]	—	—
$A=68$	—	—	$5 \cdot 10^{-4 *}$ [259]	—	$9 \cdot 10^{-4 *}$ [259]	$3,0 \cdot 10^{-4 *}$ [259]	—	—
$A=69$	—	—	$1,0 \cdot 10^{-3 *}$ [259]	—	$1,4 \cdot 10^{-3 *}$ [259]	$5 \cdot 10^{-4 *}$ [259]	—	—
$A=70$	—	—	$1,9 \cdot 10^{-3 *}$ [259]	—	$2,4 \cdot 10^{-3 *}$ [259]	$9 \cdot 10^{-4 *}$ [259]	—	—
$A=71$	—	—	$3,5 \cdot 10^{-3 *}$ [259]	—	$4 \cdot 10^{-3 *}$ [259]	$1,6 \cdot 10^{-3 *}$ [259]	—	—
^{72}Zn	46,5 hr	—	$(7,0\pm0,6)10^{-3}$ [259]	$(1,46\pm0,06)10^{-2}$ [471]	$(6,3\pm0,3)10^{-3}$ [259] $(7,8\pm0,8)10^{-3}$ [259, 260] $3,0 \cdot 10^{-3}$ [259]	$(3,0\pm0,4)10^{-3}$ [259]	—	—

$A=72$	—	—	$6\cdot10^{-3*}$ [259]	$1,49\cdot10^{-2}$ [471]	$7\cdot10^{-3*}$ [259]	$2,8\cdot10^{-3*}$ [259]	—	—
^{72}Ga	4,9 hr	—	<0,06 [21]	—	—	—	—	—
$A=73$	—	—	$1,1\cdot10^{-2*}$ [259]	—	$1,1\cdot10^{-2*}$ [259]	$4,8\cdot10^{-3*}$ [259]	—	—
$A=74$	—	—	$2,0\cdot10^{-2*}$ [259]	—	$1,7\cdot10^{-2*}$ [259]	$8\cdot10^{-3*}$ [259]	—	—
$A=75$	—	—	$3,5\cdot10^{-2*}$ [259]	—	$2,7\cdot10^{-2*}$ [259]	$1,4\cdot10^{-2*}$ [259]	—	—
$A=76$	—	—	$6\cdot10^{-2*}$ [259]	—	$4\cdot10^{-2*}$ [259]	$2,2\cdot10^{-2}$ [259]	—	—
$A=77$	—	—	0,1* [259]	—	0,07* [259]	0,036* [259]	—	—
^{78}Ge	89 min	—	—	—	0,15 [10] 0,15 [11]	0,066 [10] 0,066 [11]	—	—
^{78}As	91 min (2,1 hr)	—	—	—	0,015 [11]	$6,6\cdot10^{-3}$ [11]	—	—
$A=78$	—	—	0,17* [259]	—	0,1* [259]	0,058* [259]	—	—
^{82}Br	35,34 hr	—	—	—	0,003 [271] 0,004 [6]	—	—	—
^{83}Se	25 min	—	—	—	0,39 [10]	0,26 [10]	—	—
^{83}Br	2,41 hr	—	1,45±0,32 [255] 1,6±0,3 [12, 21]	1,33±0,08 [253]	1,30 [271] 1,16 [6, 7, 12] 0,64 [10]	0,68±0,05 [254] 0,62 [6] 0,41 [10] 0,67 [12]	—	—
^{83m}Kr	1,86 hr	—	—	—	—	0,67 [12]	—	—
$A=83$	—	—	—	—	—	0,748±0,043 [266]	—	—

Table 6.11 contd.

Isotope or mass number	Half-life	^{231}Pa	^{232}Th	^{233}U	^{235}U	^{238}U	^{237}Np	^{239}Pu
^{83}Br	6,0 min	0,650±0,022 [267]	1,86±0,12 [255]	2,02±0,10 [253]	2,8·10^{-2} [11]	1,33±0,04 [254] 1,1 [6] **1,72·10^{-2}** [11]	—	—
^{84}Br	31,8 min	—	—	—	1,45 [10]	0,89 [10, 12]	—	—
^{84}Se	3,3 min	—	—	—	**1,47** [11]	**0,903** [11]	—	—
$A=84$	—	2,78±0,16 [267]	—	—	—	1,26±0,071 [266]	—	—
^{85}Se	39 s	—	—	—	1,57 [11]	0,96 [11]	—	—
^{85}Br	3,0 min	—	—	—	**0,287** [11]	0,175 [11]	—	—
^{85m}Kr	4,4 hr	—	—	—	1,87 [10]	1,14 [10, 12]	—	—
^{85}Kr	10,76 yr	—	—	—	—	0,256 [12]	—	—
$A=85$	—	—	—	—	—	1,12±0,06 [266]	—	—
$A=86$	—	—	—	—	—	1,76±0,10 [266]	—	—
^{87}Se	16 s	—	—	—	2,53 [11]	**1,4** [11]	—	—
^{87}Br	55 s	—	—	—	0,63 [11]	1,60 [269] 1,76 [12] **0,348** [11]	—	—
^{87}Kr	76 min	—	—	—	3,18 [10]	1,76 [10, 12]	—	—

Isotope	Half-life						
$A=87$	—	—	—	—	1,9 [269]	—	—
^{88}Br	16 s	—	—	3,4 [11]	1,45 [269] **2,0** [11]	—	—
^{88}Kr	2,80 hr	—	—	3,56 [10] **0,168** [11]	2,09 [10, 12] **0,099** [11]	—	—
^{88}Rb	17,8 min	—	—	$4,9 \cdot 10^{-5}$ [11]	2,09 [12] $\mathbf{2,88 \cdot 10^{-5}}$ [11]	—	—
$A=88$	—	—	—	—	2,3 [269]	—	—
^{89}Br	4,5 s	—	—	1,96 [11]	1,16 [269] **1,19** [11]	—	0,196 [11]
^{89}Kr	3,2 min	—	—	1,96 [11]	1,19 [11]	—	0,196 [11]
^{89}Rb	15,4 min	—	—	4,11 [10] **0,17** [11]	2,49 [10, 12] **0,103** [11]	—	$1,7 \cdot 10^{-2}$ [11]
^{89}Sr	52 days	—	$6,03 \pm 0,48$ [226] $5,7 \pm 0,8$ [12, 21]	$4,82 \pm 0,50$ [253]	$4,2 \pm 0,4$ [44] 4,5 [6, 7, 12] 4,38 [271] *0,86 ± 0,04* [113]	2,30 ± 0,12 [116] 2,0 ± 0,2 [152] 3,3 ± 0,3 [44] 2,49 [12] 2,7 [6] 3,0 [152, 251] *0,55 ± 0,03* [113]	—	*0,44 ± 0,02* [113]
$A=89$	—	—	—	—	2,7 [269]	—	—
^{90}Br	1,6 s	—	—	0,928 [11]	0,62 [269] **0,64** [11]	—	—
^{90}Kr	33 s	—	—	2,71 [11]	1,87 [11]	—	—
^{90}Rb	2,9 min	—	—	0,519 [11]	0,358 [11]	—	—

Table 6.11 contd.

Isotope or mass number	Half-life	^{231}Pa	^{232}Th	^{233}U	^{235}U	^{238}U	^{237}Np	^{239}Pu
^{90}Sr	28,1 yr	—	5,72±0,81 [226]	—	4,5 [6, 7, 12] 4,21 [10] 2,17·10⁻² [11]	3,4±0,3 [152] 3,1 [6] 2,91 [10, 12] 1,5·10⁻² [11]	—	—
^{90}Y	64 hr	—	—	—	1,09·10⁻³ [11]	2,91 [12] 7,5·10⁻⁴ [11]	—	—
A=90	—	—	—	—	—	3,1 [269]	—	—
^{91}Kr	10 s	—	—	—	2,58 [11]	1,9 [11]	—	0,258 [11]
^{91}Rb	14 min 57 s	—	—	—	4,38 [10] 1,48 [11]	3,21 [10] 1,09 [11]	—	0,148 [11]
^{91}Sr	9,67 hr	*1,30±0,07* [267]	6,50±0,33 [255] 5,52±0,52 [226] 5,2 [12]	5,65±0,35 [253]	4,19 [271] 4,9 [6, 7, 12] 4,53 [10] 0,15 [10] 0,354 [11] *0,96±0,07* [113]	2,6±0,3 [152] 3,6 [6] 3,32 [10, 12] 0,11 [10] 0,261 [11] *0,65±0,05* [113]	2,71±0,25 [117]	3,54·10⁻² [11] *0,49±0,03* [113]
^{91m}Y	50 min	—	—	—	1,06·10⁻³ [11]	7,82·10⁻⁴ [11]	—	1,06·10⁻⁴ [11]
^{91}Y	58,8 days	—	5,94±0,60 [252] 5,2±0,8 [21]	—	1,06·10⁻³ [11]	2,78±0,14 [116] 3,32 [12] 2,8 [6] 7,82·10⁻⁴ [11]	—	1,06·10⁻⁴ [11]
A=91	—	4,97±0,40 [267]	—	—	—	3,66±0,29 [266]	—	—

Isotope	Half-life						
⁹²Kr	3,0 s	—	—	—	2,02 [11]	1,62 [11]	—	—
⁹²Rb	5,3 s	—	—	—	3,71 [11]	2,97 [11]	—	—
⁹²Sr	2,71 hr	—	5,58±0,53 [226]	5,72±0,37 [253]	4,68 [10] 0,855 [11]	3,73 [10, 12] 0,684 [11]	—	—
⁹²Y	3,53 hr	—	—	—	1,64·10⁻² [11]	3,73 [12] 1,31·10⁻² [11]	—	—
⁹³Kr	2,0 s	—	—	—	0,361 [11]	0,298 [11]	—	—
⁹³Rb	5,6 s	—	—	—	2,49 [11]	2,06 [11]	—	—
⁹³Sr	8 min	—	—	—	2,03 [11]	1,68 [11]	—	—
⁹³Y	10,2 hr	*1,55±0,06* [267]	5,80±0,40 [255] 5,3±0,5 [259] 5,76±0,60 [252]	6,0±0,6 [471]	5,4±0,5 [259] 4,91 [10]	4,11±0,14 [254] 4,4±0,4 [259] 4,05 [10, 12] 4,5 [6]	4,94±0,25 [117]	—
A=93	—	6,80±0,36 [267]	—	—	—	—	—	—
⁹⁴Kr	1,4 s	—	—	—	7,56·10⁻² [11]	6,75·10⁻² [11]	—	—
⁹⁴Rb	2,9 s	—	—	—	1,32 [11]	1,18 [11]	—	—
⁹⁴Sr	1,3 min	—	—	—	2,72 [11]	2,43 [11]	—	—
⁹⁴Y	20,3 min	—	—	—	4,96 [10] 0,666 [11]	4,41 [10, 12] 0,595 [11]	—	—
⁹⁵Kr	Short-lived	—	—	—	5,79·10⁻³ [11]	5,27·10⁻³ [11]	—	—
⁹⁵Rb	<2,5 s	—	—	—	0,389 [11]	0,354 [11]	—	—
⁹⁵Sr	0,8 min	—	—	—	2,62 [11]	2,38 [11]	—	—

Table 6.11 contd.

Isotope or mass number	Half-life	^{231}Pa	^{232}Th	^{233}U	^{235}U	^{238}U	^{237}Np	^{239}Pu
^{90}Y	10,9 min	—	—	—	5,15 [10] 2,12 [11]	4,69 [10] 1,93 [11]	—	—
^{95}Zr	65 days	—	6,7±1,5 [21, 12]	5,6±0,2 [471]	4,3±0,4 [44] 5,0 [6, 12] 0,183 [11] *0,97±0,04* [113]	4,6±0,4 [44] 5,2 [6] 4,69 [12] 0,166 [11] *0,93±0,04* [113]	—	—
^{95}Nb	35 days	—	—	—	2,08·10^{-3} [11]	4,69 [12] 1,89·10^{-3} [11]	—	—
^{96}Nb	23,4 hr	—	—	—	0,0034 [271]	—	—	—
^{87}Kr	~1 s	—	—	—	4,34·10^{-5} [11]	5,29·10^{-5} [11]	—	7,38·10^{-5} [11]
^{97}Rb	1,0 min	—	—	—	7,22·10^{-2} [11]	8,81·10^{-2} [11]	—	1,23·10^{-2} [11]
^{97}Sr	Short-lived	—	—	—	1,16 [11]	1,41 [11]	—	0,197 [11]
^{97}Y	"	—	—	—	2,23 [11]	2,72 [11]	—	0,379 [11]
^{97}Zr	17,0 hr	*1,00* [267]	3,80 [255]	5,2±0,3 [471]	4,4±0,4 [44] 4,87 [271] 5,4 [7] 5,6 [6, 12] 4,54 [10] 1,02 [11] *1,16±0,02* [268] *1,16±0,05* [113]	5,97±0,33 [254] 4,9±0,4 [44] 5,8 [6] 4,8 [152, 251] 5,52 [10, 12] 1,24 [11] *1,15±0,08* [267] *1,02±0,05* [113]	5,43±0,49 [117]	0,173 [11] *0,96±0,04* [113]

⁹⁷Nb	72 min	—	—	—	0,59 [10]	5,52 [12]	—	—
A=97	—	4,92 [267]	—	5,4 [47]	1,23±0,03 [268]	5,27±0,41 [266]	—	—
⁹⁹Zr	33 s	—	—	—	4,56 [11]	5,5 [11]	—	0,912 [11]
⁹⁹Nb	2,4 min	—	—	—	0,246 [11]	0,297 [11]	—	4,92·10⁻² [11]
⁹⁹Mo	67 hr	3,2 [250] 0,749±0,034 [267]	2,0±0,08 [258] 1,84±0,09 [255] 2,00±0,10 [224, 252] 2,0±0,1 [225] 1,96±0,15 [226] 2,0±0,2 [21, 12] 2,00±0,20 [265]	3,64±0,20 [253] 3,5±0,3 [31, 12] 4,1±0,4 [471]	5,01±0,15 [115] 5,65±0,4 [44] 5,17 [6, 7, 271] 5,2 [12] 4,84 [10] l [113, 268]	5,60±0,14 [258] 5,68±0,14 [94] 5,86±0,16 [115] 5,58±0,28 [116] 5,60±0,28 [265] 6,47±0,23 [254] 6,5±0,5 [44] 6,5±0,7 [8] 5,7 [6, 152, 251] 5,6 [250] 5,81 [10, 12] l [113]	4,94 [117]	4,16±0,40 [12, 31] l [113]
⁹⁹ᵐTc	6,0 hr	—	—	—	—	5,1 [12]	—	—
A=99	—	3,21±0,28 [267]	2,00±0,085 [258]	—	—	5,6±0,14 [258] 5,50±0,24 [266]	—	—
¹⁰¹Nb	1,0 min	—	—	—	4,58 [11]	5,95 [11]	—	—
¹⁰¹Mo	14,6 min	—	1,60±0,20 [265]	—	4,21 [10] 0,166 [11]	6,35±0,30 [265] 5,5 [6, 12] 0,50 [10] 0,216 [11] 0,99±0,04 [113]	—	—

Table 6.11 contd.

Isotope or mass number	Half-life	^{231}Pa	^{237}Th	^{238}U	^{236}U	^{235}U	^{237}Np	^{239}Pu
^{101}Tc	14,0 min	—	—	—	$8,47 \cdot 10^{-4}$ [11]	5,5 [12] $1,1 \cdot 10^{-3}$ [11]	—	—
^{102}Mo	11 min	—	$0,70 \pm 0,15$ [265]	—	—	2,85±0,30 [265] 3,9 [6, 12] 3,98 [11] $0,71 \pm 0,08$ [113]	—	—
^{102}Tc	5 s	—	—	—	—	3,9 [12]	—	—
^{107}Tc	50 s	—	0,83±0,05 [258] 0,75±0,13 [224] 0,5 [12]	—	3,38 [11]	5,05 [11]	—	6,05 [11]
^{103}Ru	39,6 days	—		2,31±0,30 [12, 31]	3,25±0,3 [44] 3,5 [6, 7, 12] 3,27 [10] 3,31 [271] $1,41 \cdot 10^{-2}$ [11]	4,44±0,15 [258] 3,0±0,3 [44] 4,89 [10, 12] $2,1 \cdot 10^{-2}$ [11]		6,25±0,80 [12, 31] $2,52 \cdot 10^{-2}$ [11]
^{104m}Rh	57 min	—	—	—	$3,22 \cdot 10^{-6}$ [11]	4,89 [12] $4,8 \cdot 10^{-6}$ [11]	—	$5,76 \cdot 10^{-6}$ [11]
$A=103$	—	—	0,83±0,05 [258]	—	—	4,4±0,15 [258] 5,15±0,69 [266]	—	—
^{105}Mo	40 s (2 min)	—	—	—	1,17 [11]	2,35 [11]	—	—
^{105}Tc	8 min	—		—	0,585 [11]	1,17 [11]	—	—

Nuclide	Half-life						
¹⁰⁵Ru	4,44 hr	0,305±0,019 [267]	1,21±0,10 [255] 0,92±0,10 [224] 1,00±0,09 [258]	1,63±0,20 [253]	1,75 [10] 0,28±0,02 [113]	3,0±0,1 [258] 2,65±0,16 [254] 2,3 [6] 3,53 [10, 12] 0,48±0,03 [267] 0,39±0,03 [113]	—	—
¹⁰⁵ᵐRh	45 s	—	—	—	—	3,53 [12]	—	—
¹⁰⁵Rh	35,9 hr	—	—	2,2±0,2 [471]	—	3,3±0,3 [44] 3,4 [6, 152, 251] 3,53 [12]	3,50±0,20 [117]	—
A=105	—	1,33±0,12 [267]	1,00±0,08 [258]	—	—	3,0±0,1 [258]	—	—
¹⁰⁶Ru	367 days	—	1,07±0,10 [224] 0,53 [12]	1,52±0,20 [12, 31]	2,3±0,2 [44] 1,58 [6, 7, 12] 1,40 [10] 1,41 [271] 1,41 [11]	2,4±0,3 [44] 3,11 [10, 12] 3,13 [11]	—	4,16±0,5 [12, 31] 3,71 [11]
¹⁰⁶Rh	30 s	—	—	—	—	3,11 [12]	—	—
¹⁰⁷Tc	29 s (1,0 min)	—	—	—	1,12 [11]	2,12 [11]	—	—
¹⁰⁷Ru	4,2 min	—	—	—	8,27·10⁻³ [11]	1,56·10⁻² [11]	—	—
¹⁰⁷ᵐRh	45 s	—	—	—	5,65·10⁻⁵ [11]	1,05·10⁻⁴ [11]	—	—
¹⁰⁷Rh	22 min	—	—	—	1,26 [10]	2,39 [10, 12]	—	—
¹⁰⁹Pd	13,47 hr	—	1,10±0,10 [224] 1,28±0,15 [258]	1,20±0,12 [253]	1,31 [6, 7] 1,12 [10] 1,21 [11]	1,54±0,15 [258] 1,20±0,20 [254] 1,2 [6] 1,14 [10, 12] 1,23 [11]	1,48±0,25 [117]	—

Table 6.11 contd.

Isotope or mass number	Half-life	^{231}Pa	^{232}Th	^{233}U	^{235}U	^{238}U	^{237}Np	^{239}Pu
^{109m}Ag	40 s	—	—	—	$7,32 \cdot 10^{-5}$ [11]	1,14 [12] $7,47 \cdot 10^{-5}$ [11]	—	—
$A=109$	—	—	$1,28\pm0,15$ [258]	—	—	$1,54\pm0,15$ [258]	—	—
^{111}Rh	Short-lived	—	—	—	0,942 [11]	**0,76** [11]	—	**1,15** [11]
^{111}Pd	22 min	—	—	1,22 [12]	1,03 [10] 1,20 [12] **0,227** [11]	$0,65\pm0,08$ [254] 0,83 [10, 12] **0,183** [11]	—	**0,277** [11]
^{111}Ag	7,5 days	—	$1,21\pm0,08$ [258] $1,13\pm0,11$ [226] $1,27\pm0,15$ [12, 21] $1,50\pm0,15$ [224] $1,50\pm0,2$ [255]	$1,22\pm0,12$ [12, 31] $1,21\pm0,15$ [253] $1,85\pm0,19$ [471]	$1,05\pm0,10$ [44] 1,20 [6, 12] 1,24 [7] 0,92 [271] *0,22±0,01* [113]	$1,10\pm0,05$ [258] $0,81\pm0,04$ [116] $1,06\pm0,12$ [44] $0,6\pm0,1$ [152] 0,87 [152, 251] 0,96 [6] $0,98\pm0,16$ [254] 0,83 [12] *0,18±0,01* [113]	$1,23\pm0,05$ [117]	$1,46\pm0,14$ [12, 31] *0,34±0,02* [113]
$A=111$	—	—	$1,21\pm0,08$ [258]	—	—	$1,11\pm0,06$ [258]	—	—
^{112}Pd	21 hr	—	$1,32\pm0,08$ [258]	$1,08\pm0,10$ [253] $1,90\pm0,11$ [471]	0,81 [6, 7, 12] 0,93 [10] **0,86** [11]	$1,24\pm0,05$ [258] $0,79\pm0,08$ [254] 0,7 [44] 0,69 [6] 0,77 [10, 12] **0,695** [11]	$1,23\pm0,05$ [117]	—

Isotope	$T_{1/2}$							
^{112}Ag	3,2 hr	$0,479\pm0,035^{2*}$ [267]	$1,29\pm0,10$ [255]; $1,32\pm0,17$ [226]	—	$4,2\cdot10^{-3}$ [11]	$0,77$ [12]; $3,39\cdot10^{-3}$ [11]	—	—
$A=112$	—	$2,05\pm0,26$ [267]	$1,33\pm0,09$ [258]	$1,93$ [471]	—	$1,25\pm0,06$ [258]	—	—
^{113}Pd	1,5 min	—	—	—	$1,03$ [11]	$0,854$ [11]	—	—
^{113}Ag	5,3 hr	$0,575\pm0,017^{2*}$ [267]	$1,26\pm0,07$ [255]; $1,10\pm0,08$ [226]; $1,26\pm0,08$ [258]; $1,20\pm0,10$ [224]	$1,06\pm0,11$ [253]	$1,1$ [6]; $0,93$ [10]; $0,22\pm0,02^{*}$ [113]; $\mathbf{8,32\cdot10^{-3}}$ [11]	$0,88\pm0,05$ [258]; $0,87\pm0,06$ [254]; $0,6\pm0,1$ [152]; $0,85$ [6]; $0,77$ [10, 12]; $\mathbf{6,88\cdot10^{-3}}$ [11]; $0,16\pm0,01^{4*}$ [113]; $0,16\pm0,04^{3*}$ [267]	—	—
$A=113$	—	$2,48\pm0,13$ [267]	$1,26\pm0,085$ [258]	—	—	$0,88\pm0,06$ [258]	—	—
^{115}Pd	45 s	—	—	—	$0,95$ [11]	$0,72$ [11]	—	$1,17$ [11]
^{115}Ag	20 min	—	$1,24\pm0,20$ [224]; $1,72\pm0,50$ [226]	$1,03\pm0,13$ [253]	$0,92$ [10]; $\mathbf{2,56\cdot10^{-2}}$ [11]	$0,64\pm0,05$ [254]; $0,70$ [10, 12]; $\mathbf{1,94\cdot10^{-2}}$ [11]	—	$3,15\cdot10^{-2}$ [11]
^{115m}Cd	43 days	—	$0,10$ [12]	$0,07$ [12, 31]	$0,062$ [6, 7, 12]; $0,069$ [114]; $0,06$ [44]	$0,06\pm0,01$ [116]; $0,06$ [6, 44]; $0,063$ [12]	—	$0,11$ [12]
^{115}Cd	53,5 hr	—	$1,20\pm0,10$ [258]; $1,07\pm0,12$ [21, 12]; $1,5\pm0,2$ [225]	$0,98\pm0,18$ [12, 31]	$0,95\pm0,10$ [44]; $0,98$ [114]; $0,88$ [7]; $1,00$ [6, 12]; $0,89$ [271]; $0,21\pm0,01^{3*}$ [113]	$0,58\pm0,03$ [116]; $0,80\pm0,09$ [44]; $0,86\pm0,09$ [258]; $0,64$ [6, 12]; $0,16\pm0,01^{3*}$ [113]	—	$1,23\pm0,10$ [12, 31]; $0,28\pm0,02$ [113]
^{115}Cd (total)	—	—	—	$1,05\pm0,20$ [31]; $1,70\pm0,16$ [471]	$1,0\pm0,1$ [44]; $0,94$ [7, 271]; $1,06$ [6]	$0,64\pm0,04$ [116]; $0,86\pm0,10$ [44]; $0,70$ [6]; $0,71$ [152, 251]	$1,23\pm0,05$ [117]	$1,03\pm0,11$ [31]

Table 6.11 contd.

Isotope or mass number	Half-life	^{231}Pa	^{233}Th	^{233}U	^{235}U	^{238}U	^{237}Np	^{239}Pu
^{115m}In	4,50 hr	—	—	—	—	0,70 [12]	—	—
$A=115$	—	—	1,31±0,14 [258]	—	—	0,93±0,12 [258]	—	—
^{117}Pd	30 s	—	—	—	0,915 [11]	0,685 [11]	—	—
^{117}Ag	1,1 min	—	—	—	0,108 [11]	8,15·10^{-2} [11]	—	—
^{117m}Cd	3,4 hr	—	—	—	0,92 [10]	0,69 [10, 12]	—	—
^{117}Cd	2,4 hr (50 min)	—	—	—	1,55·10^{-3} [11]	0,55 [12] **1,16·10^{-3}** [11]	—	—
^{117m}In	1,93 hr	—	—	—	—	0,69 [12]	—	—
^{117}In	44 min	—	—	—	—	0,69 [12]	—	—
^{119}Cd	10 min	—	—	—	0,98 [11]	0,69 [11]	—	—
^{119}In	19 min	—	—	—	0,98 [10] 7,6·10^{-2} [11]	0,69 [10, 12] **5,35·10^{-3}** [11]	—	—
$A=119$—130	—	—	—	1,06±0,07 [253]	—	15,98 [266]	—	—
^{121}Sn	27 hr	—	1,0±0,1 [225] 0,93±0,10 [258]	—	1,1±0,1 [44] 1,23 [6, 7]	1,14±0,11 [258] 0,96 [6, 12] 0,73 [152, 251] **0,96** [11]	—	—

Isotope	Half-life							
$A=121$	—	—	$0,98\pm0,13$ [258]	—	—	$1,2\pm0,14$ [258]	—	—
^{122m}Sn	40 min	—	—	—	1,18 [10] **1,18** [11]	0,75 [10, 12]; **0,75** [11]	—	—
^{123}Sn	125 days	—	—	—	0,10 [10] **0,11** [11]	0,06 [10] 0,07 [12] **0,07** [11]	—	—
^{124}Sb	60 days	—	$0,068\pm0,017$ [256]	—	—	$0,024\pm0,005$ [256]	—	—
^{125m}Sn	9,7 min	—	—	—	**0,487** [11]	0,52 [12] **0,356** [11]	—	—
^{125}Sn	9,4 days	—	$0,52\pm0,04$ [258] $0,58\pm0,1$ [225]	$1,51\pm0,09$ [253]	1,34 [6, 7] 0,71 [10] **0,775** [11]	$0,85\pm0,085$ [258] 0,83 [152, 251] 0,45 [6] **0,521** [10, 12] **0,566** [11]	—	—
^{125}Sb	2,7 yr	—	—	—	0,65 [10]	1,0 [12] 0,48 [10]	—	—
^{125m}Te	58 days	—	—	—	—	0,26 [12]	—	—
$A=125$	—	—	$1,0\pm0,4$ [258]	—	—	$1,5\pm0,4$ [258]	—	—
^{126}Sn	~50 min	—	—	—	**0,706** [11]	1,3 [12] **0,642** [11]	—	—
^{126}Sb	9 hr	—	—	—	$1,85\cdot10^{-2}$ [11]	$1,68\cdot10^{-2}$ [11]	—	—
^{128}Sb	12,5 days	—	$0,017\pm0,004$ [256]	—	—	$0,010\pm0,004$ [256]	—	—
(^{124}Sb)	6,2 days	—	—	—	1,43 [10]	1,3 [10, 12]	—	—

Table 6.11 contd.

Isotope or mass number	Half-life	^{231}Pa	^{232}Th	^{233}U	^{235}U	^{238}U	^{237}Np	^{239}Pu
^{127}Sn	2,1 hr	—	—	—	1,75 [10] **0,48** [11]	1,61 [10, 12] **0,442** [11]	—	—
^{127}Sb	93 hr	—	1,21±0,2 [225]	2,20±0,12 [253]	2,28 [6, 7] 1,9 [271] **0,43** [11]	1,7 [6] 1,43 [152, 251] 1,61 [12] **0,396** [11]	2,52±0,15 [117]	—
^{127m}Te	109 days	—	—	—	4,42·10⁻² [11]	0,32 [12] **4,07·10⁻²** 11]	—	—
^{127}Te	9,4 hr	—	—	—	1,05·10⁻³ [11]	1,61 [12] **9,65·10⁻⁴** [11]	—	—
^{128}Sn	59 min	—	—	—	1,76 [10] **1,29** [11]	2,14 [10, 12] **1,57** [11]	—	—
^{128}Sb	11 min	—	—	—	0,664* [11]	2,07 [12] **0,81** [11]	—	—
^{128}Sb	9,6 hr	—	—	—	0,47 [10]	0,07 [12]	—	—
^{129}Sb	4,3 hr	*0,136±0,007** [267]	1,19±0,09 [255]	—	2,62 [10] **2,53** [11]	1,18±0,01 [254] 1,4 [6] 2,8 [10, 12] **2,7** [11]	—	—
^{129m}Te	34 days	—	1,6±0,1 [225] 0,73±0,18 [12, 21]	—	1,58±0,12 [12, 44] **0,105** [11]	1,22±0,09 [44] 0,68 [12] **0,112** [11]	—	—

Isotope	Half-life							
¹²⁹Te	69 min	—	—	—	—	2,8 [12]	—	—
A=129	—	0,64±0,09 [267]	—	—	—	—	—	—
¹²⁹Sn	2,6 min	—	—	—	3,23 [11]	3,35 [11]	—	—
¹²⁹Sb	7 min (33 min)	—	—	—	3,40 [10] 2,4 [11]	3,53 [10, 12] 2,49 [11]	—	—
¹³¹In	Short-lived	—	0,024* [226]	—	—	0,19* [152]	—	—
¹³¹Sn	1,32 min (3,4 min)	—	0,380* [226]	—	1,31 [11]	1,09* [152] 1,36* [11]	—	—
¹³¹Sb	25 min	—	0,745* [226]	—	4,08 [10] 2,32 [11]	4,26 [10, 12] 1,44* [152] 2,42 [11]	—	—
¹³¹mTe	30 hr	—	—	—	1,6 [88, 271] $7,01 \cdot 10^{-2}$ [11]	0,64 [12] $7,3 \cdot 10^{-2}$ [11]	—	—
¹³¹Te	25 min	—	0,380* [226]	—	<1,4 [271] 0,378 [11]	4,26 [12] 0,54* [152] 0,394 [11]	—	—
¹³¹I	8,05 days	—	1,59±0,21 [226] 0,026* [226]	3,40±0,25 [253]	4,3 [6, 7, 12, 271] $1,19 \cdot 10^{-2}$ [11] <0,36 [271] 0,83±0,05 [113]	4,60±0,42 [254] 4,8 [6] 2,7±0,2 [152] 4,26 [12] $1,24 \cdot 10^{-2}$ [11] 0,91±0,05 [113]	3,55±0,59 [117]	—
¹³¹mXe	11,8 days	—	—	—	—	0,04 [12]	—	—
¹³¹Xe	Stable	—	—	—	4,3 [6, 7]	3,81±0,11 [257]	—	—

Table 6.11 contd.

Isotope or mass number	Half-life	²³¹Pa	²³²Th	²³³U	²³⁵U	²³⁸U	²³⁷Np	²³⁹Pu
A=131	—	—	1,52 [226]	—	—	4,02±0,09 [266] 3,2 [152]	—	—
¹³²In	Short-lived	—	0,008* [226]	—	—	0,06* [152]	—	—
¹³²Sn	1,00 min	—	0,384* [226]	—	0,516 [11]	0,84* [152] 0,527	—	0,562 [11]
¹³²Sb	2,1 min	—	1,128* [226]	—	2,68 [11]	1,82* [152] 2,63 [11]	—	2,87 [11]
¹³²Te	78 hr	*1,14±0,06* [267]	2,2±0,2 [225] 2,8±0,6 [21, 12] 0,792* [226]	3,98±0,35 [12, 31] 3,5±0,4 [471]	4,2±0,3 [44] 4,2 [6, 7, 12] 4,80 [10] 4,3 [271] *1,65* [11]	4,4±0,3 [44] 4,7 [6, 152, 251] 4,89 [10, 12] 0,99* [152] *1,68*	4,29±0,74 [117]	4,58±0,50 [12, 31] *1,8* [11]
¹³²I	2,3 hr	—	3,10±0,15 [226] 3,05±0,20 [255] 0,125* [226]	3,95±0,30 [253]	5,0 [6, 7, 12, 271] 0,8 [88, 271]	4,5±0,4 [152] 4,89 [12] *1,10** [152]	—	—
¹³²Xe	Stable	—	—	—	5,0 [6, 7]	4,7±0,10 [257]	—	—
A=132	—	4,97±0,26 [267]	2,4 [226]	3,9 [471]	—	4,94±0,11 [266] 3,8 [152]	—	—
¹³³Sn	~55 s	—	0,187* [226]	—	—	0,46* [152]	—	—

^{132}Sb	2,67 min	—	1,188* [226]	—	3,32 [11]	5,19 [12] 1,65* [152] 4,55 [11]	—	—
^{132m}Te	50 min	—	—	—	3,81 [10] 1,68 [11]	5,19 [10, 12] 2,3 [11]	—	—
^{132}Te	2 min	—	1,691* [226]	—	<2,2 [271] 0,347 [11]	0,67 [12] 1,65* [152] 0,475 [11]	—	—
^{132}I	21 hr	—	3,78±0,18 [226] 0,576* [226]	4,36±0,32 [253]	5,4 [6, 7, 12, 271] 1,58 [10] 0,149 [11] <2,2 [271]	2,6±0,3 [152] 5,50 [12] 0,42* [152] 0,204 [11]	—	—
^{132m}Xe	2,26 days	—	—	—	—	0,13 [12]	—	—
^{132}Xe	5,27 days	—	0,013* [226]	—	1,49·10^{-3} [11]	6,67±0,23 [254] 6,6 [6] 5,37 [12] 2,04·10^{-3} [11]	—	—
^{132}Cs	Stable	—	—	—	5,6 [6, 7, 271]	—	—	—
$A=133$	—	—	3,6 [226]	—	—	—	—	—
^{134}Sn	Short-lived	—	0,016* [226]	—	—	6,08±0,14 [266] 4,2 [152]	—	—
^{134}Sb	~50 s	—	0,832* [226]	—	—	0,10* [152]	—	—
^{134}Te	42 min	—	2,445* [226]	—	1,56 [11]	1,08* [152] 2,03 [11]	—	—
					4,20 [10] 2,76 [11]	5,45 [10, 12] 2,26* [152] 3,58 [11]		

Table 6.11 contd.

Isotope or mass number	Half-life	231Pa	232Th	233U	235U	238U	237Np	239Pu
134I	52 min	—	6,69±0,36 [226] 1,718* [226]	4,65±0,35 [253]	5,3 [6, 7, 12, 271] 2,5 [88, 271] 1,48 [10] 0,562 [11]	4,7±0,5 [152] 6,00 [12] 0,08* [152] 0,73 [11]	—	—
134Xe	Stable	—	0,270* [226]	—	5,9 [6, 7, 271]	6,46±0,10 [257] 0,10* [152]	—	—
A=134	—	—	5,2 [226]	—	—	6,50±0,15 [266] 4,7 [152]	—	—
135Sb	2 s	—	0,513* [226]	—	—	0,55* [152]	—	—
135Te	<2 min	—	2,105* [226]	—	2,49 [11]	2,00* [152] 2,90 [11]	—	—
135I	6,7 hr	—	4,74±0,24 [226] 2,267* [226]	4,96±0,36 [253]	4,5 [6, 7, 12, 271] 4,51 [10] 2,0 [11]	5,0±0,5 [152] 5,26 [10, 12] 2,00* [152] 2,33 [11]	—	—
135mXe	15,6 min	—	—	—	0,93 [10]	1,58 [12]	—	—
135Xe	9,2 hr	—	0,756* [226]	—	0,148 [11]	5,59±0,19 [254] 5,72 [12] 5,5 [6] 0,45 [10] 0,172 [11] 0,50* [152]	—	—
137Cs	3·10⁶ yr	—	0,008* [226]	—	5,7 [6, 7, 271]	—	—	—

$A=135$	—	—	5,4 [226]	—	—	5,80±0,17 [266] 5,0 [152]	—	—
^{136}Sb	Short-lived	—	0,082* [226]	—	—	—	—	—
^{136}Te	20,9S	—	1,320* [226]	—	—	—	—	—
^{136}I	83 s	—	2,530* [226]	—	—	—	—	—
^{136}Xe	Stable	—	1,430* [226]	—	5,43±0,11 [257]	—	—	—
^{136}Cs	13 days	—	0,154* [226] 0,098±0,016 [256]	0,5 [31]	0,145±0,020 [44] 0,22 [271] 0,23 [6] ~0,2 [88]	0,034±0,004 [44] 0,049±0,005 [256]	—	—
$A=136$	—	—	5,5 [226]	—	—	5,74±0,13 [266]	—	—
^{137}I	23 s	—	—	—	4,09 [11]	3,21 [269] 4,6 [11]	—	3,52 [11]
^{137}Xe	3,9 min	—	—	—	0,819 [11]	5,71 [12] 0,92 [11]	—	0,704 [11]
^{137}Cs	30,0 yr	—	—	4,7±0,5 [31, 12]	5,9±0,6 [44,12] 5,10 [10] 0,123 [11]	6,6±0,6 [12, 44] 5,71 [10, 12] 0,138 [11]	—	5,1±0,8 [12, 31] 0,106 [11]
^{137m}Ba	2,55 min	—	—	—	—	5,25 [12]	—	—
$A=137$	—	—	—	—	—	5,08±0,52 [266]	—	—
^{138}I	5,9 s	—	—	—	2,63 [11]	5,1 [269] 2,80 [269] 3,76 [11]	—	—
^{138}Xe	17 min	—	—	—	3,89 [10] 1,81 [11]	5,52 [10, 12] 2,58 [11]	—	—

Table 6.11 contd.

Isotope or mass number	Half-life	^{231}Pa [2'0, 267*]	^{232}Th	^{232}U	^{233}U	^{238}U	^{237}Np	^{239}Pu
^{138}Cs	32,2 min	—	—	—	0,189 [11] 1,16 [10]	5,52 [12] 2,7·10⁻² [11]	—	—
$A=133$	—	—	—	—	—	5,04±0,51 [266] 5,1 [263] 5,0 [269]	—	—
^{139}I	2 s	—	—	—	1,49 [11]	0,77 [269] 1,58 [11]	—	—
^{139}Xe	43 s	—	—	—	2,93 [11]	3,12 [11]	—	—
^{139}Cs	9,5 min	—	—	—	0,686 [11]	5,19 [12] 0,73 [11]	—	—
^{139}Ba	82,9 min	—	6,02±0,33 [255] 5,34±0,37 [226]	5,79±0,24 [253]	5,0 [6, 7] 4,87 [10, 271] 0,161 [11]	4,4±0,5 [152] 4,6 [6] 4,92 [254] 5,19 [10, 12] 0,171 [11] 1,00 [267]	4,84±0,35 [117]	—
$A=139$	—	—	—	—	—	—	—	—
^{140}Xe	16 s	—	—	—	2,71 [11]	2,74 [11]	—	2,57 [11]
^{140}Cs	66 s	—	—	—	1,57 [11]	1,59 [11]	—	1,49 [11]

Isotope	Half-life						
^{140}Ba	12,8 days	—	5,8±0,2 [259] 5,97±0,35 [226]	5,60 [253] 4,3±0,2 [471]	4,25±0,17 [259] 4,2±0,3 [44] 4,6 [6, 12] 4,58 [271] 4,7 [7] 5,1 [259] 4,66 [10] 4,4 [259] 0,228 [11] *0,86±0,04* [113]	4,67±0,14 [254] 4,41±0,22 [116] 4,46±0,18 [259] 4,9±0,4 [44] 4,3±0,4 [152] 4,6 [6, 152, 251] 4,69 [10, 12] 0,23 [11] *0,80±0,04* [113]	4,89±0,05 [117]	4,35±0,40 [12, 31] 0,217 [11] *0,64±0,03* [113]
^{140}La	40,22 hr	—	—	—	—	4,69 [12]	—	—
A=140	—	—	—	4,4 [471]	—	4,54±0,53 [266]	—	—
^{141}Xe	2 s	—	—	—	0,99 [11]	0,99 [11]	—	—
^{141}Cs	24 s	—	—	—	2,79 [11]	2,79 [11]	—	—
^{141}Ba	18 min	—	—	—	4,40 [10] 0,80 [11]	4,38 [10, 12] 0,80 [11]	—	—
^{141}La	3,9 hr	—	—	—	0,07 [10] 7,31·10^{-2} [11]	7,31·10^{-2} [11] 0,07 [10] 4,45 [12]	—	—
^{141}Ce	33 days	—	5,78±0,70 [252] 5,9±0,8 [21, 12]	5,0±0,5 [12, 31] 4,5±0,4 [471]	3,8±0,4 [12, 44] 1,90·10^{-4} [11]	1,90·10^{-4} [11] 3,9±0,4 [170] 5,8±0,6 [44] 4,45 [12]	—	—
A=141	—	—	—	—	—	4,84±0,39 [266]	—	—
^{142}Xe	~1,5 s	—	—	—	0,323 [11]	0,33 [11]	—	—
^{142}Cs	2,3 s (8 s)	—	—	—	2,03 [11]	2,07 [11]	—	—

Table 6.11 contd.

Isotope or mass number	Half-life	^{231}Pa	^{232}Th	^{233}U	^{235}U	^{238}U	^{237}Np	^{239}Pu
^{141}Ba	11 min (6 min)	—	—	—	1,48 [11]	4,15 [12] 1,51 [11]	—	—
^{142}La	92 min	—	—	—	4,08 [10] 0,132 [11]	4,15 [10, 12] 0,135 [11]	—	—
$A=142$	—	—	—	—	—	4,55±0,47 [266]	—	—
^{143}Xe	1,0 s	—	—	—	3,21·10⁻² [11]	3,28·10⁻² [11]	—	—
^{143}Cs	2,0 s	—	—	—	0,877 [11]	0,895 [11]	—	—
^{143}Ba	12 s	—	—	—	2,02 [11]	2,06 [11]	—	—
^{143}La	14,0 min	—	—	—	3,69 [10] 0,652 [11]	3,74 [10, 12] 0,665 [11]	—	—
^{143}Ce	33 hr	0,782±0,031 [267]	5,44±0,41 [255] 5,26±0,50 [252]	3,6±0,2 [471]	3,9 [6, 7, 12] 3,72 [271] 2,18·10⁻² [11]	3,91±0,27 [116, 170] 3,51±0,70 [254] 4,3±0,5 [170] 3,6 [6] 3,74 [12] 2,22·10⁻² [11]	3,60±0,74 [117]	—
^{143}Pr	13,7days	—	—	—	8,77·10⁻⁵ [11]	3,16±0,16 [116, 170] 3,2 [6] 3,74 [12] 8,95·10⁻⁵ [11]	—	—

Isotope	Half-life							
A=143	—	3,38±0,20 [267]	—	—	—	4,26±0,44 [266]	—	—
^{143}Xe	~1 s	—	—	—	3,65·10^{-3} [11]	3,67·10^{-3} [11]	—	—
^{143}Cs	Short-lived	—	—	—	0,26 [11]	0,262	—	—
^{143}Ba	11,4 s	—	—	—	1,78 [11]	1,79 [11]	—	—
^{143}La	Short-lived	—	—	—	1,3 [11]	1,31 [11]	—	—
^{143}Ce	284 days	—	5,12±1,54 [252]; 7,2 [12]	2,6±0,3 [47]	3,3 [6, 7, 12]; 3,30 [10]; 2,75 [271]; 0,108 [11]	2,68±0,16 [116, 170]; 4±2 [170]; 3,4 [152, 170, 251]; 3,3 [6]; 3,32 [10, 12]; 0,109 [11]	—	—
^{143}Pr	17,3 min	—	—	—	1,21·10^{-3} [11]	3,32 [12]; 1,22·10^{-3} [11]	—	—
^{143}Nd	2,4·10^{15} yr	—	—	—	2,24·10^{-6} [11]	2,25·10^{-6} [11]	—	—
A=144	—	—	—	—	—	3,57±0,37 [266]	—	—
^{144}Ce	3,0 min	—	—	—	2,74 [11]	2,93 [11]	—	—
^{144}Pr	5,98 hr	—	5,06±0,50 [252]	—	2,72 [10]; 1,31·10^{-2} [11]	2,91 [10, 12]; 1,4·10^{-2} [11]	—	—
A=145	—	—	—	—	—	2,99±0,31 [266]	—	—
^{145}Ce	14 min	—	—	—	2,23 [10]; 2,24 [11]	2,39 [10, 12]; 2,4 [11]	—	—

Table 6.11 contd.

Isotope or mass number	Half-life	^{231}Pa	^{232}Th	^{233}U	^{235}U	^{238}U	^{237}Np	^{239}Pu
^{144}Pr	24,0 min	—	—	—	0,107 [11]	2,39 [12] **0,115** [11]	—	—
$A=146$	—	—	—	—	—	2,40±0,24 [266]	—	—
^{147}Ce	1,2 min	—	—	—	**1,8** [11]	2,02 [11]	—	—
^{147}Pr	12 min	—	—	—	4,36·10^{-2} [11]	4,9·10^{-2} [11]	—	—
^{147}Nd	11,1 days	—	1,70±0,12 [252] 1,81±0,13 [259]	1,29±0,09 [471]	1,64±0,11 [259] 2,0 [259] **1,84** [10] **1,1**·10^{-4} [11]	1,99±0,10 [116, 170] 2,20±0,15 [259] 2,0 [6] 2,07 [10, 12] **1,24**·10^{-4} [11]	1,73±0,25 [117]	—
^{147}Pm	2,62 yr	—	—	—	3,35·10^{-8} [11]	2,3±0,3 [170] 2,07 [12] 3,76·10^{-8} [11]	—	—
$A=147$	—	—	—	—	—	2,03±0,24 [266]	—	—
$A=148$—157	—	—	—	—	—	6,53 [266]	—	—
^{149}Nd	1,8 hr	—	—	—	1,07 [10] **1,05** [11]	1,32 [10, 12] **1,3** [11]	—	—
^{149}Pm	53,1 hr	—	0,66±0,07 [252]	—	—	1,32 [12]	—	—

296

Isotope	Half-life								
^{150}Nd	12 min	—	—	—	—	0,55 [10] 0,544 [11]	0,83 [10, 12] 0,825 [11]	—	—
^{150}Pm	28 hr	—	0,16±0,03 [252]	—	9,57·10^{-4} [11]	0,83 [12] 1,45·10^{-3} [11]	—	—	
^{151}Sm	~87 yr	—	—	—	1,74·10^{-5} [11]	0,83 [12] 2,64·10^{-5} [11]	—	—	
^{153}Sm	47 hr	—	0,086±0,009 [259] 0,085±0,010 [252]	0,156±0,013 [471]	0,22±0,02 [259] 0,24 [10] 0,24 [11]	0,39±0,02 [116, 170] 0,42±0,04 [259] 0,39 [6] 0,40 [10, 12] 0,40 [11]	0,32±0,025 [117]	—	
^{155}Sm	23 min	—	—	—	0,09 [10] 0,0959 [11]	0,21 [10, 12] 0,224 [11]	—	—	
^{155}Eu	1,81 yr	—	—	—	2,9·10^{-4} [11]	0,21 [12] 0,677·10^{-4} [11]	—	—	
^{156}Sm	9,4 hr	—	0,036±0,007 [252]	—	0,05 [10] 0,050 [11]	0,11 [10, 12] 0,11 [11]	—	—	
^{156}Eu	15 days	—	—	—	0,055 [6, 7, 12] 0,11 [271] 3,83·10^{-3} [11]	0,13±0,01 [116, 170] 0,22 [152, 170, 251] 0,12 [6] 0,11 [12] 8,42·10^{-3} [11]	—	—	
^{157}Eu	15,2 hr	—	0,012±0,006 [252]	—	—	—	0,094±0,030 [117]	—	
A=158	—	—	6·10^{-3}* [259]	—	2,1·10^{-2}* [259]	4,3·10^{-2}* [259]	—	—	

Table 6.11 contd

Isotope or mass number	Half-life	^{231}Pa	^{232}Th	^{233}U	^{235}U	^{238}U	^{237}N	^{239}Pu
^{153}Gd	18,0 hr	—	$(4,4\pm0,4)10^{-3}$ [259]	$(1,16\pm0,12)10^{-2}$ [471]	$(1,27\pm0,13)10^{-2}$ [259]	$(2,6\pm0,3)10^{-2}$ [259]	$0,069\pm0,030$ [117]	—
$A=159$	—	—	$3,2\cdot10^{-3}*$ [259]	—	$1,3\cdot10^{-2}$ [259]	$2,6\cdot10^{-2}*$ [259]	—	—
^{160}Tb	72,3 days	—	—	$(3,2\pm0,8)10^{-5}$ [471]	—	—	—	—
$A=160$	—	—	$1,7\cdot10^{-3}*$ [259]	—	$8\cdot10^{-3}*$ [259]	$1,6\cdot10^{-2}$ [259]	—	—
^{161}Tb	6,9 days	—	$(1,06\pm0,06)10^{-3}$ [259]	$(5,0\pm0,3)10^{-3}$ [471]	$(5,6\pm0,4)10^{-3}$ [259] $6,0\cdot10^{-3}$ [259]	$(8,9\pm0,5)10^{-3}$ [259]	—	—
$A=161$	—	—	$9\cdot10^{-4}*$ [259]	—	$5\cdot10^{-3}*$ [259]	$1,0\cdot10^{-2}*$ [259]	—	—
$A=162$	—	—	$5\cdot10^{-4}*$ [259]	—	$3,1\cdot10^{-3}*$ [259]	$6\cdot10^{-3}*$ [259]	—	—
$A=163$	—	—	$2,5\cdot10^{-4}*$ [259]	—	$1,8\cdot10^{-3}*$ [259]	$3,4\cdot10^{-3}*$ [259]	—	—
$A=164$	—	—	$1,3\cdot10^{-4}*$ [259]	—	$1,1\cdot10^{-3}*$ [259]	$2,0\cdot10^{-3}*$ [259]	—	—
$A=165$	—	—	$7,3\cdot10^{-5}*$ [259]	—	$6\cdot10^{-4}*$ [259]	$1,1\cdot10^{-3}*$ [259]	—	—
^{166}Dy	81,5 hr	—	$(2,9\pm0,2)10^{-5}$ [259]	$(2,6\pm0,3)10^{-4}$ [471]	$(2,8\pm0,2)10^{-4}$ [259]	$(6,3\pm0,6)10^{-4}$ [259]	—	—

$A=166$	—	—	$3,3 \cdot 10^{-5}$ * [259]	$2,65 \cdot 10^{-4}$ [471]	$3,6 \cdot 10^{-4}$ * [259]	$7 \cdot 10^{-4}$ * [259]	—	—
$A=167$	—	—	$1,6 \cdot 10^{-5}$ * [250]	—	$2,1 \cdot 10^{-4}$ * [259]	$3,7 \cdot 10^{-4}$ [259]	—	—
$A=168$	—	—	$8 \cdot 10^{-6}$ * [259]	—	$1,2 \cdot 10^{-4}$ * [259]	$2,0 \cdot 10^{-4}$ * [259]	—	—
^{169}Er	9,4 days	—	$(2,3\pm0,8) 10^{-5}$ [259]	$(9,1\pm0,6)10^{-5}$ [471]	$(8,0\pm0,6)10^{-5}$ [259]	$(1,29\pm0,09)10^{-4}$ [259]	—	—
$A=169$	—	—	$3,7 \cdot 10^{-6}$ * [259]	—	$7 \cdot 10^{-5}$ [259]	$1,1 \cdot 10^{-4}$ * [259]	—	—
$A=170$	—	—	$1,7 \cdot 10^{-6}$ * [259]	—	$3,6 \cdot 10^{-5}$ * [259]	$6 \cdot 10^{-5}$ * [259]	—	—
$A=171$	—	—	$8 \cdot 10^{-7}$ * [259]	—	$2,0 \cdot 10^{-5}$ * [259]	$3,3 \cdot 10^{-5}$ * [259]	—	—
^{172}Er	48,7 hr	—	—	$(1,95\pm0,15)10^{-5}$ [471]	$(1,8\pm0,2)10^{-5}$ [259]	$(2,1\pm0,7)10^{-5}$ [259]	—	—
$A=172$	—	—	$3,7 \cdot 10^{-7}$ [259]	$2,1 \cdot 10^{-5}$ [471]	$1,11 \cdot 10^{-5}$ * [259]	$1,7 \cdot 10^{-5}$ * [259]	—	—
^{175}Yb	101 hr	—	—	$(2,1\pm0,3)10^{-6}$ [471]	—	—	—	—

*Calculated values from references [152, 225, 259].
2* Reference [267] gives together with absolute yields for A also relative cumulative yields (in relation to ^{97}Zr).
3* Relative cumulative yields are given (in relation to ^{138}Ba) [267].
4* In reference [113, 268] are given only relative cumulative yields (in relation to ^{99}Mo).

Note. The ratios of independent and cumulative and cumulative fission fragment yields to the corresponding total chain yields for fission by 14.7 MeV neutrons are contained for ^{232}Th in [226, 259], for ^{235}U in [88, 118, 163, 172, 203, 259, 252, 271], for ^{238}U in [120, 152, 259, 262, 264, 269].

Table 6.12

Product yields from fission of ^{232}Th, ^{235}U, ^{238}U by neutrons in the energy range 0,95-18,1 MeV, % [94, 235, 335]*

Fissioning material	Neutron Energy (MeV)	^{99}Mo 67 hr	^{109}Pd 13,47 hr	^{111}Ag 7,5 days	^{112}Pd 21 hr	^{113}Ag 5,3 hr	^{115}Cd 53,5 hr	^{136}Cs 13 days	^{156}Eu 15 days
^{232}Th	9,1	—	0,7±0,3 [335]	0,54±0,03 [335]	0,54±0,10 [335]	0,436±0,014 [335]	—	—	—
	13,4	—	1,80±0,09 [335]	2,06±0,05 [335]	1,88±0,04 [335]	1,44±0,02 [335]	—	—	0,032±0,004 [335]
	14,1	—	1,61±0,10 [335]	1,85±0,04 [335]	1,77±0,02 [335]	1,34±0,02 [335]	—	—	0,056±0,007 [335]
	14,9	—	1,53±0,07 [335]	1,85±0,06 [335]	1,71±0,05 [335]	1,28±0,04 [335]	—	—	0,044±0,008 [335]
	18,1	—	2,2±0,3 [335]	2,52±0,12 [335]	2,70±0,12 [335]	1,92±0,10 [335]	—	—	—
^{235}U	0,95	6,10±0,16 [94, 235]	—	—	—	—	—	—	—
	4,7	—	0,222±0,061 [335]	1,129±0,019 [335]	0,15±0,02 [335]	0,105±0,006 [335]	—	—	—
	4,85	5,45±0,16 [94, 235]	—	—	—	—	—	—	—
	8,0	5,33±0,6 [235]	—	—	—	—	—	—	—
	9,1	—	0,622±0,010 [335]	0,517±0,006 [335]	0,494±0,007 [335]	0,364±0,009 [335]	0,572±0,003 [335]	—	0,070±0,013 [335]
	13,4	—	1,09±0,04 [335]	0,992±0,016 [335]	0,96±0,02 [335]	0,720±0,017 [335]	1,020±0,013 [335]	—	—
	14,1	—	1,22±0,06 [335]	1,014±0,015 [335]	0,954±0,019 [335]	0,748±0,009 [335]	1,07±0,03 [335]	—	0,050±0,012 [335]

14,9	—	—	1,06±0,03 [335]	1,039±0,016 [335]	0,991±0,014 [335]	0,773±0,017 [335]	1,113±0,009 [335]	—	0,055±0,010 [335]
16,3	—	0,93±0,14 [335]	1,16±0,04 [335]	1,25±0,02 [335]	0,902±0,017 [335]	1,18±0,02 [335]	—	—
17,3	—	1,5±0,3 [335]	1,34±0,05 [335]	1,29±0,15 [335]	1,00±0,04 [335]	—	0,22±0,17 [335]	—
18,1	—	1,36±0,12 [335]	1,35±0,04 [335]	1,36±0,04 [335]	1,03±0,03 [335]	1,544±0,018 [335]	—	—
²³⁸U 1,55	6,19±0,15 [94]	—	—	—	—	—	—	—
4,7	—	0,169±0,18 [335]	0,08±0,05 [335]	0,20±0,08 [335]	0,058±0,011 [335]	—	—	—
4,85	6,45±0,16 [94]	—	—	—	—	—	—	—
9,1	—	0,55±0,08 [335]	0,338±0,011 [335]	0,28±0,03 [335]	0,187±0,005 [335]	—	—	—
13,4	—	1,14±0,12 [335]	1,07±0,11 [335]	1,09±0,11 [335]	0,64±0,07 [335]	—	—	0,109±0,013 [335]
14,1	5,68±0,14 [94]	1,20±0,06 [335]	1,08±0,05 [335]	1,12±0,05 [335]	0,66±0,03 [335]	—	—	0,109±0,008 [335]
14,9	—	1,08±0,03 [335]	1,07±0,03 [335]	1,09±0,04 [335]	0,666±0,018 [335]	—	—	0,109±0,005 [335]
17,3	—	1,52±0,12 [335]	1,12±0,07 [335]	0,93±0,04 [335]	0,73±0,03 [335]	—	—	—
18,1	—	—	1,11±0,05 [335]	—	0,86±0,04 [335]	—	—	—

*Ratios of product yields from fission of ²³²Th, ²³³U, ²³⁵U, ²³⁷Np, ²³⁹Pu by neutrons of different energies (from thermal to 17.7 MeV) are given respectively in reference [487], [149, 151, 235, 347]; [354, 151, 370], [353], [351].

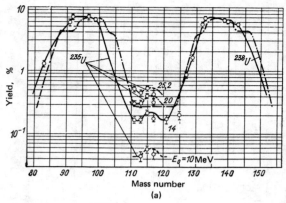

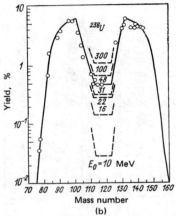

Fig. 6.12. Photo-fission product mass distributions for different energies of Bremsstrahlung a) ^{235}U [230]; b) ^{238}U [5]; c) ^{237}Np [477].

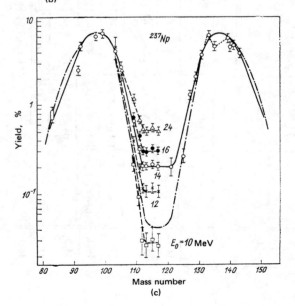

Table 6.13

Photo-fission product yields from ^{232}Th, %

Isotope or mass number	Half-life	Max. Bremsstrahlung energy, MeV			
		10 [123]	23* [201]	25 [244]	69 [5, 122]
^{82}Br	35,34 hr	—	$9,7 \cdot 10^{-5}$	—	—
$A=82$	—	—	1,20	—	—
^{83}Br	2,41 hr	$1,8 \pm 0,44$	—	—	$1,89 \pm 0,15$
^{89}Sr	52 days	—	—	—	$6,7 \pm 0,1$
^{91}Sr	9,67 hr	$5,7 \pm 0,91$	—	—	$5,7 \pm 0,1$
^{96}Nb	23,4 hr	—	$2,8 \cdot 10^{-5}$	—	—
$A=96$	—	—	4,00	—	—
^{97}Zr	17,0 hr	$2,3 \pm 0,51$	—	—	—
^{99}Mo	67 hr	$1,1 \pm 0,2$	1,90	2,00	$1,85 \pm 0,10$
$A=99$	—	—	—	2,00	—
^{103}Ru	39,6 days	—	—	$0,540 \pm 0,074$	—
$A=103$	—	—	—	$0,54 \pm 0,07$	—
^{105}Ru	4,44 hr	—	—	$0,532 \pm 0,054$	$0,83 \pm 0,07$
$A=105$	—	—	—	$0,532 \pm 0,054$	—
^{109}Pd	13,47 hr	—	—	$0,65 \pm 0,13$	—
$A=109$	—	—	—	$0,655 \pm 0,13$	—
^{111}Ag	7,5 days	—	—	$0,73 \pm 0,10$	$0,90 \pm 0,09$
$A=111$	—	—	—	$0,73 \pm 0,10$	—
^{112}Pd	21 hr	—	—	$1,00 \pm 0,057$	—
^{112}Ag	3,2 hr	—	—	—	$0,68 \pm 0,02$

Table 6.13 contd.

Isotope or mass number	Half-life	Max, Bremsstrahlung energy, MeV			
		10 [123]	23* [201]	25 [244]	69 [5, 122]
$A=112$	—	—	—	$1,01\pm0,065$	—
^{113}Ag	5,3 hr	$0,066\pm0,016$	—	—	$0,58\pm0,01$
^{115}Cd	53,5 hr	$0,032\pm0,008$	—	$0,806\pm0,092$	—
$A=115$	—	—	—	$0,87\pm0,12$	—
^{117}Cd	2,4 hr	$0,037\pm0,011$	—	—	$0,68\pm0,02$
^{121}Sn	27 hr	—	—	$0,418\pm0,047$	—
$A=121$	—	—	—	$0,44\pm0,060$	—
^{125}Sn	9,4 days	—	—	$0,289\pm0,025$	—
$A=125$	—	—	—	$0,70\pm0,30$	—
^{129}Sb	4,3 hr	$0,50\pm0,25$	—	—	—
^{131}I	8,05 days	—	—	—	$2,25\pm0,10$
^{133}I	21 hr	$4,3\pm1,7$	—	—	—
^{136}Cs	13 days	—	$5,3\cdot10^{-3}$	—	—
$A=136$	—	—	$6,60$	—	—
^{139}Ba	82,9 min	$5,0\pm0,75$	—	—	—
^{140}Ba	12,8 days	$7,7\pm1,5$	—	—	$6,6\pm0,5$
^{141}Ce	33 days	—	—	—	$6,8\pm0,5$
^{143}Ce	33 hr	$9,5$	—	—	$4,8\pm0,5$
^{144}Ce	284 days	—	—	—	$4,8$

*Ratios of independent fragment yields to the corresponding total chain yields for ^{232}Th photo-fission by Bremsstrahlung with a maximum energy of 23 MeV are given in reference [202].

Table 6.14

Photo-fission product yields, ^{235}U, %*

| Isotope | Half-life | Max. Bremsstrahlung energy, MeV ||||||||
		10 [23]	12 [230]	14 [230, 478]	16 [230]	18 [230]	20 [5, 230]	22 [230]	25,2 [230]
^{83}Br	2,41 hr	—	—	1,29±0,12 [230]	—	—	—	—	—
^{89}Sr	52 days	—	—	—	—	—	4,9 [5]	—	—
^{91}Sr	9,67 hr	—	—	5,68±0,70 [230]	—	—	5,4 [5]	—	—
^{92}Sr	2,71 hr	—	—	6,91±0,60 [230]	—	—	—	—	—
^{97}Zr	17,0 hr	—	—	6,90±0,70 [230]	—	—	6,1 [5]	—	—
^{99}Mo	67 hr	—	—	6,29±0,40 [230]	—	—	5,2 [5]	—	—
^{109}Pd	13,47 hr	—	—	0,292±0,030 [478]	—	—	—	—	—
^{111}Ag	7,5 days	—	—	0,167±0,020 [230] 0,189±0,020 [230]	0,267±0,030	0,314±0,030	0,306±0,030 [230]	0,408±0,030	0,561±0,40
^{112}Pd	21 hr	—	—	0,142±0,013 [478]	—	—	—	—	—
^{113}Ag	5,3 hr	0,044±0,008	0,139±0,020	0,168±0,020 [230] 0,170±0,020 [478]	0,251±0,030	0,300±0,040	0,305±0,040 [230]	0,378±0,040	0,454±0,050
^{115}Cd	53,5 hr	0,056±0,007	0,148±0,020	0,217±0,020 [230] 0,224±0,020 [478]	0,292±0,020	0,357±0,030	0,400±0,030 [230] 0,27 [5]	0,463±0,030	0,528±0,040
^{117}Cd	2,4 hr	—	—	0,218±0,021 [478]²*	—	—	—	—	—
^{117m}Cd	3,4 hr	0,047±0,008	0,129±0,015	0,174±0,015 [230]	0,228±0,020	0,324±0,020	0,316±0,020 [230]	0,371±0,030	0,424±0,030
^{125}Sn	27 hr	—	—	0,172±0,025 [230]	—	—	—	—	—
^{125}Sn	9,4 days	—	—	0,200±0,030 [230]	—	—	—	—	—
^{127}Sb	93 hr	—	—	0,86±0,09 [231]	—	—	—	—	—
^{129}Sb	4,3 hr	—	—	1,60±0,15 [230]	—	—	2,3 [5]	—	—
^{132}Te	78 hr	—	—	5,26±0,50 [230]	—	—	—	—	—
^{131}I	21 hr	—	—	6,53±0,50 [230]	—	—	—	—	—
^{139}Ba	82,9 min	7,1±1,0	6,50±0,80	6,11±0,30 [230]	5,80±0,50	—	5,50±0,40 [230]	6,10±0,60	5,90±0,70
^{140}Ba	12,8 days	6,75±0,40	6,35±0,30	5,83±0,30 [230]	5,50±0,30	5,78±0,30	5,45±0,30 [230]	5,46±0,30	5,39±0,30
^{144}Ce	33 hr	—	—	5,28±0,40 [230]	—	—	4,7 [5]	—	—

*Relative fragment yields from photo-fission of ^{235}U by Bremsstrahlung with a maximum energy from 10,0 to 25,2 MeV are given in reference [5, 230, 231].
2* Value brought to total chain yield [478].

Photo-fission products

Isotope or mass number	Half-life	Max. energy of								
		5,5	6,0	6,5	7,0	7,5	8,0	10	12	14
		[5]	[5]	[5]	[5, 124, 234]	[5]	[5]	[5, 124, 125, 234]	[5, 126]	[232]
⁷⁷Ge	11,3 hr	—	—	—	—	—	—	—	—	—
⁷⁷As	38,7 hr	—	—	—	—	—	—	—	—	—
⁷⁸Ge	89 min	—	—	—	—	—	—	—	—	—
⁸²Br	35,34 hr	—	—	—	—	—	—	—	—	—
A=82	—	—	—	—	—	—	—	—	—	—
⁸³Br	2,41 hr	0,25	0,27	0,26	0,25 [5]	—	0,32	0,30±0,05; [5, 125]	0,37	—
A=83	—	—	—	—	—	—	—	—	—	—
⁸⁴Br	31,8 min	0,63	0,58	0,60	0,60 [5]	—	0,72	0,41±0,07 [5, 125]	—	—
A=84	—	—	—	—	—	—	—	—	—	—
⁸⁹Sr	52 days	—	—	2,8	3,3 [5]	3,2	3,1	—	—	—
⁹¹Sr	9,67 hr	3,4	—	3,8	—	—	3,9	4,4 [5, 125]	—	—
A=91	—	—	—	—	—	—	—	—	—	—
⁹²Sr	2,71 hr	—	—	—	—	—	—	—	—	—
A=92	—	—	—	—	—	—	—	—	—	—
⁹³Y	10,2 hr	—	—	—	—	—	—	—	—	4,3±0,4
⁹⁶Nb	23,4 hr	—	—	—	—	—	—	—	—	—
A=96	—	—	—	—	—	—	—	—	—	—
⁹⁷Zr	17,0 hr	—	—	—	—	—	—	5,1 [5, 125]	—	—
⁹⁹Mo	67 hr	6,1	—	—	6,4 [5]; 6,4 [124, 5]; 6,6 [124, 234]	—	6,4	4,9 [5, 125]; 5,6 [5, 124]; 6,6 [124, 234]	—	—
A=99	—	—	—	—	—	—	—	—	—	—
¹⁰³Ru	39,6 days	—	—	—	—	—	—	—	—	4,11±0,12
A=103	—	—	—	—	—	—	—	—	—	—
¹⁰⁵Ru	4,44 hr	3,9	4,3	3,6	—	—	3,0	—	2,5	3,59±0,09
¹⁰⁵Rh	35,9 hr	—	—	—	—	—	—	—	—	—
A=105	—	—	—	—	—	—	—	—	—	—

Table 6.15

yields, ^{238}U*, %

Bremsstrahlung, MeV										
16	17,5	18	21	22	23[3*]	25	31	48	100	300
[5, 124, 125, 234]	[233][2*]	[5, 126]	[5, 124, 234]	[5, 126]	[201]	[244]	[5]	[5, 124, 234]	[5, 124, 234]	[5, 124, 234]
—	—	—	—	—	—	—	—	0,036 [5, 124, 234]	—	—
—	—	—	—	0,05	—	—	—	—	—	—
—	—	—	—	—	—	—	—	0,056 [5, 124, 234]	—	—
—	—	—	—	—	$5 \cdot 10^{-5}$	—	—	—	—	—
—	—	—	—	—	0,10	—	—	—	—	—
0,29±0,06 [5, 125]	—	0,45	—	0,47	0,57	—	0,47	0,70 [5, 124] 0,59±0,06 [124, 234]	0,74 [5, 124] 0,62±0,07 [124, 234]	0,87 [5, 124] 0,73±0,08 [124, 234]
—	0,24±0,04[2*]	—	—	—	—	—	—	—	—	—
0,51±0,10 [5, 125]	—	—	—	—	—	—	—	1,65 [5, 124] 1,03±0,17 [124, 234]	1,66 [5, 124] 1,04±0,15 [124, 234]	1,75 [5, 124] 1,09±0,18 [124, 234]
—	0,66±0,12[2*]	—	—	—	—	—	—	—	—	—
3,7±0,6 [5, 125]	—	4,2	2,8 [5, 124] 2,6±0,1 [124, 234]	4,0	—	—	3,3	3,0 [5, 124] 2,8±0,1 [124, 234]	3,0 [5, 124] 2,8±0,1 [124, 234]	3,2 [5, 124] 3,0±0,1 [124, 234] [5, 124]
4,2±0,5 [5, 125]	—	—	—	—	—	—	3,9	3,9 [5, 124]	—	—
—	4,3±0,9[2*]	—	—	—	—	—	—	—	—	—
3,5±0,4 [5, 125]	—	—	—	—	—	—	—	—	—	—
—	4,4±0,9[2*]	—	—	—	—	—	—	—	—	—
5,3±0,4 [5, 125]	—	—	—	3,7	—	—	—	—	—	—
—	—	—	—	—	$1,8 \cdot 10^{-4}$	—	—	—	—	—
—	—	—	—	—	5,00	—	—	—	—	—
6,3±0,2 [5, 125]	—	6,1	5,5 [5, 124] 5,7±0,2 [124, 234]	5,6	4,43	—	5,3	5,3 [5, 124] 5,8±0,2 [124, 234]	5,6 [5, 124] 5,8±0,2 0,2	—
6,1±0,2 [5, 125] 5,6 [5, 124] 6,6 [124, 234]	—	5,2	5,6 [5, 124] 6,6 [124, 234]	5,3	5,3	6,0	5,0	5,6 [5, 124] 6,6 [124, 234]	5,6 [5, 124] 6,6 [124, 234]	[5, 124] 6,6 [124, 234]
—	5,6±1,0[2*]	—	—	—	—	6,0	—	—	—	—
—	—	—	3,7 [5, 124] 3,0±0,3 [124, 234]	3,0	—	4,08±0,5	—	3,6 [5, 124] 2,9±0,2 [124, 234]	4,0 [5, 124] 3,2±0,2 [124, 234]	4,2 [5, 124] 3,4±0,3 [124, 234]
—	—	—	—	—	—	4,09±0,5	—	—	—	—
3,6±0,2 [5, 125]	—	2,0	—	2,0	—	2,68±0,31	—	2,2 [5, 124]	—	—
—	—	—	—	—	—	—	2,1	—	—	—
—	—	—	—	—	—	2,68±0,31	—	—	—	—

Isotope or mass number	Half-life	5,5 [5]	6,0 [5]	6,5 [5]	7,0 [5, 124, 234]	7,5 [5]	8,0 [5]	Max. energy of 10 [5, 124, 125, 234]	12 [5, 126]	14 [232]
^{106}Ru	367 days	—	—	—	—	—	2,0	—	—	—
^{109}Pd	13,47 hr	—	—	—	—	—	0,11	0,085±0,02 [5, 125]	—	—
$A=109$	—	—	—	—	—	—	—	—	—	—
^{111}Ag	7,5 days	—	—	0,032	0,025 [5] 0,050 [5, 124] 0,046±0,004 [124, 234]	0,030	0,025	0,062 [5, 124] 0,055±0,007 [124, 234]	—	0,27±0,11
$A=111$	—	—	—	—	—	—	—	—	—	—
^{112}Pd	21 hr	—	—	—	0,033 [5, 124] 0,031±0,005 [124, 234]	—	0,017	0,042±0,002 [5, 125] 0,045 [5, 124] 0,047±0,005 [124, 234]	—	—
$A=112$	—	—	—	—	—	—	—	—	—	—
^{113}Ag	5,3 hr	—	—	—	—	—	—	—	—	0,28±0,11
^{115}Ag	20 min	—	—	—	—	—	—	—	—	—
^{115m}Cd	43 days	—	—	—	—	—	—	—	—	—
^{115}Cd	53,5 hr	—	—	0,024	0,021 [5]	0,017	0,018	0,029 [5, 124] 0,030±0,004 [124, 234]	—	—
^{115}Cd (total)		—	—	—	—	—	—	—	0,090	—
$A=115$	—	—	—	—	—	—	—	—	—	—
^{117}Cd	2,4 hr	0,030	0,054	0,025	0,022 [5]	0,022	0,022	0,026 [5, 124] 0,027±0,007 [124, 234]	—	—
^{121}Sn	27 hr	—	—	—	—	—	—	—	—	—
$A=121$	—	—	—	—	—	—	—	—	—	—
^{125}Sn	9,4 days	—	—	—	—	—	—	—	—	—
$A=125$	—	—	—	—	—	—	—	—	—	—
^{127}Sb	93 hr	—	—	—	0,062 [5]	0,070	0,052	—	—	—

Table 6.15 contd.

Bremsstrahlung, MeV										
16	17,5	18	21	22	23a*	25	31	48	100	300
[5, 124, 125, 234]	[233]a*	[5, 126]	[5, 124, 234]	[5, 126]	[201]	[244]	[5]	[5, 124, 234]	[5, 124, 234]	[5, 124, 234]
—	—	—	1,5 [5, 124] 2,1±0,3 [124, 234]	—	—	—	—	1,4 [5, 124] 2,0±0,2 [124, 234]	1,8 [5, 124] 2,6±0,2 [124, 234]	2,1 [5, 124] 3,0±0,2 [124, 234]
0,22±0,04 [5, 125]	—	—	—	—	—	0,635± ±0,06	—	—	—	—
—	—	—	—	—	—	0,635± ±0,06	—	—	—	—
0,28 [5, 124] 0,30±0,01 [124, 234]	—	0,20	0,41 [5, 124] 0,43±0,01 [124, 234]	0,27	—	0,436± ±0,044	0,46	0,73 [5, 124] 0,77±0,02 [124, 234]	0,97 [5, 124] 1,02±0,02 [124, 234]	1,79 [5, 124] 1,88±0,06 [124, 234]
—	—	—	—	—	—	0,436± ±0,04	—	—	—	—
0,11±0,01 [5, 125] 0,15 [5, 124] 0,160±0,01 [124, 234]	—	—	0,25 [5, 124] 0,26±0,02 [124, 234]	—	—	0,414± ±0,030	0,37	0,49 [5, 124] 0,52±0,3 [124, 234]	0,68 [5, 124] 0,71±0,04 [124, 234]	1,08 [5, 124] 1,14±0,08 [124, 234]
—	—	—	—	—	—	0,420± ±0,04	—	—	—	—
0,063±0,004 [5, 125]	—	—	—	—	—	—	0,31	0,57 [5, 124] 0,60±0,03 [124, 234]	0,73 [5, 124] 0,77±0,04 [124, 234]	1,15 [5, 124] 1,21±0,06 [124, 234]
0,052±0,004 [125]	—	—	—	—	—	—	—	—	—	—
0,012 [5, 124] 0,013±0,001 [124, 234] 0,052 [5, 125]	—	—	0,017 [5, 124] 0,018±0,001 [124, 234]	—	0,016	—	0,025	0,039 [5, 124] 0,041±0,002 [124, 234]	0,046 [5, 124] 0,048±0,002 [124, 234]	0,19 [5, 124] 0,20±0,02 [124, 234]
0,15 [5, 124] 0,16±0,01 [124, 234]	—	—	0,24 [5, 124] 0,25±0,01 [124, 234]	—	0,192	0,405± ±0,055	0,31	0,44 [5, 124] 0,47±0,02 [124, 234]	0,64 [5, 124] 0,67±0,03 [124, 234]	1,09 [5, 124] 1,15±0,05 [124, 234]
—	—	0,25	—	0,33	—	—	—	—	—	—
—	—	—	—	—	0,208	0,44± ±0,05	—	—	—	—
—	—	—	—	—	—	—	0,32	0,48 [5, 124] 0,50±0,02 [124, 234]	0,66 [5, 124] 0,69±0,02 [124, 234]	0,99 [5, 124] 1,04±0,04 [124, 234]
—	—	—	—	—	—	0,373± ±0,063	0,30	—	—	—
—	—	—	—	—	—	0,393± ±0,072	—	—	—	—
—	—	—	—	—	—	0,306± ±0,051	0,40	—	—	—
—	—	—	—	—	—	0,72± ±0,3	—	—	—	—
—	—	—	1,8 [5, 124] 0,70±0,02 [124, 234]	—	—	—	0,76	2,4 [5, 124] 0,93±0,02 [124, 234]	2,7 [5, 124] 1,07±0,03 [124, 234]	3,8 [5, 124] 1,49±0,09 [124, 234]

Isotope or mass number	Half-life	5,5 [5]	6,0 [5]	6,5 [5]	7,0 [5, 124, 234]	7,5 [5]	8,0 [5]	Max. energy of 10 [5, 124, 125, 234]	12 [5, 126]	14 [232]
^{129}Sb	4,3 hr	0,27	—	—	—	—	0,30			
^{131}I	8,05 days	—	—	—	—	—	—	3,8±0,2 [5, 125]		
A=131	—								—	
^{132}Te	78 hr	—	—	—	—	—	—	5,6±0,8 [5, 125]		
A=132	—	—	—	—	—	—	—	—		—
^{133}I	21 hr	—	—	—	—	—	—	6,8±0,6 [5, 125]		
A=133	—									
A=134	—									
A=135	—									
^{136}Cs	13 days									
A=136	—									
^{137}Cs	30,0 days	—								
^{138}Cs	32,2 min	—	—	—						
^{139}Ba	82,9 min	6,0	6,0	6,0	6,0 [5]	6,0	6,0	5,9 [5, 125]	6,0	—
A=139	—				—		—			
^{140}Ba	12,8 days	—	—	6,0	5,8±0,3 [124, 234] 6,0 [5] 6,5 [5, 124]		6,0	6,0	5,7±0,2 [124, 234] 5,8±0,5 [5, 125] 5,6 [5, 124]	—	—
^{140}La	40,22 hr	—	—	—	—	—	—	—	—	—
A=140	—	—	—	—	—	—	—	—	—	—
^{141}La	3,9 hr	—	—	—	—	—	—	—	—	6,2±0,9
^{141}Ce	33 days	—	—	—	—	—	—	—		
^{143}Ce	33 hr	—	—	—	—	—	4,1	6,0 [5, 125]	—	4,3
^{144}Ce	284 days	—				—	4,3	—		
^{145}Pr	5,98 hr	—	—	—	—	—	—	—	—	4,2±0,7
^{147}Nd	11,1 days	—	—	—	—	—	—	—	—	4,4±1,2
^{149}Nd	1,8 hr	—	—	—	—	—	—	—	—	2,2±0,5
^{151}Pm	28 hr	—	—	—	—	—	—	—	—	1,1±0,2
^{153}Sm	47 hr	—	—	—	—	—	—	—	—	—
^{157}Eu	15,2 hr	—	—	—	—	—	—	—	—	—

*The values are for fission of natural uranium. Unless shown otherwise the errors are normally 5 - 15%. Relative yields from ^{238}U photo-fission by Bremsstrahlung with a maximum energy from 10.0 - 22.0 MeV are given in reference [126, 231]. Relative yields of xenon isotopes from ^{238}U photo-fission by Bremsstrahlung with maximum energies of 15 and 25 MeV are given in [480].

Table 6.15 contd.

Bremsstrahlung, MeV										
16	17,5	18	21	22	23[3*]	25	31	48	100	300
[5, 124, 125, 234]	[233][2*]	[5, 126]	[5, 124, 234]	[5, 126]	[201]	[244]	[5]	[5, 124, 234]	[5, 124, 234]	[5, 124, 234]
—	—	—	—	—	—	—	1,4	—	—	—
4,4±0,4 [5, 125]	—	—	4,0 [5, 124] 4,1±0,2 [124, 234]	—	—	—	2,6	4,3 [5, 124] 4,3±0,1 [124, 234]	4,3 [5, 124] 4,4±0,2 [124, 234]	4,6 [5, 124] 4,6±0,2 [124, 234]
—	2,2±0,5[2*]	—	—	—	—	—	—	—	—	—
5,8±0,4 [5, 125]	—	—	4,9 [5, 124] 5,0±0,1 [124, 234]	—	—	—	3,9	4,8 [5, 124] 4,9±0,1 [124, 234]	4,5 [5, 124] 4,6±0,1 [124, 234]	4,2 [5, 124] 4,3±0,1 [124, 234]
—	7,8±2,2[2*]	—	—	—	—	—	—	—	—	—
7,1±0,4 [5, 125]	—	—	—	—	—	—	5,8	6,0 [5, 124]	—	—
—	5,5±1,0[2*]	—	—	—	—	—	—	—	—	—
—	5,7±1,0[2*]	—	—	—	—	—	—	—	—	—
—	2,6±0,5[2*]	—	—	—	—	—	—	—	—	—
—	—	—	—	—	8,9·10⁻³	—	—	—	—	—
—	—	—	—	—	5,00	—	—	—	—	—
—	—	—	—	—	6,1	—	—	4,3 [5, 124]	—	—
—	—	5,1	—	5,3	—	—	—	—	—	—
6,0 [5, 125]	—	4,8	—	4,8	—	—	—	4,3 [5, 124] 4,6±0,1 [124, 234]	4,8 [5, 124] 5,1±0,1 [124, 234]	—
—	4,9±0,8[2*]	—	—	—	—	—	—	—	—	—
5,0±0,1 [124, 234] 5,8±0,3 [5, 125] 4,9 [5, 124]	—	—	4,8 [5, 124] 4,9±0,1 [124, 234]	—	—	—	4,8	4,8 [5, 124] 5,0±0,3 [124, 234]	5,2 [5, 124] 5,3±0,1 [124, 234]	4,7 [5, 124] 4,8±0,2 [124, 234]
—	—	—	—	—	5,1·10⁻³	—	—	—	—	—
—	6,0[2*]	—	—	—	4,80	—	—	—	—	—
—	—	—	—	—	—	—	—	—	—	—
—	—	—	—	—	—	—	4,5	4,5 [5, 124]	—	—
5,3±0,3 [5, 125]	—	4,5	4,4 [5, 124] 4,0±0,1 [124, 234]	4,4	4,2	—	4,3	4,2 [5, 124] 3,8±0,3 [124, 234]	4,2 [5, 124] 3,8±0,1 [124, 234]	4,0 [5, 124] 3,6±0,1 [124, 234]
—	—	—	3,8±0,2 [124, 234] 4,7 [5, 124]	—	5,0	—	—	3,4±0,2 [124, 234] 4,2 [5, 124]	—	—
—	—	—	—	—	3,9	—	—	—	—	—
—	—	—	—	—	2,3	—	—	—	—	—
—	—	—	—	—	0,16	—	—	—	—	—
—	—	—	—	—	0,032	—	—	—	—	—

2* In reference [233] irradiation was done with monoenergetic gammas (energy 17.5 MeV).
3* Ratios of independent fragment yields to the corresponding total chain yields from photofission of ^{238}U by Bremsstrahlung with a maximum energy of 23 MeV are given in [202].

Table 6.16 contd.

Photo-fission product yields, ^{237}Np, % [477]

Isotope	Half-life	Max. energy of Bremsstrahlung, MeV					
		24	20	16	14	12	10
^{83}Br	2,41 hr	—	—	—	0,76±0,05 0,86±0,06	—	—
^{91}Sr	9,67 hr	—	—	—	2,55±0,18	—	—
^{92}Sr	2,71 hr	—	—	—	4,76±0,48	—	—
^{97}Zr	17,0 hr	—	—	—	6,23±0,66	—	—
^{99}Mo	67 hr	—	—	—	6,84±0,49	—	—
^{103}Ru	39,6 days	4,47±0,35	4,88±0,87	—	4,25±0,43	4,72±0,84	—
^{105}Ru	4,44 hr	2,65±0,18	2,87±0,18	—	2,86±0,22	2,34±0,34	—
^{109}Pd	13,47 hr	1,20±0,11	0,88±0,09	0,73±0,06	0,63±0,04	0,40±0,07	0,22±0,03
^{111}Ag	7,5 days	0,70±0,06	0,53±0,04	0,47±0,03	0,32±0,03	0,20±0,02	0,095±0,010
^{112}Pd	21 hr	0,55±0,05	0,47±0,04	0,31±0,03	0,21±0,02	0,13±0,02	0,031±0,008
^{113}Ag	5,3 hr	0,51±0,04	0,40±0,03	0,31±0,03	0,21±0,02	0,11±0,02	0,027±0,005
^{115}Cd	53,5 hr	0,56±0,04	0,43±0,03	0,33±0,03	0,22±0,02	0,12±0,02	0,032±0,008
^{117}Cd	2,4 hr	0,53±0,04	0,40±0,03	0,32±0,03	0,21±0,02	0,11±0,02	0,027±0,007
^{121}Sn	27 hr	—	—	—	0,21±0,05	—	—
^{125}Sn	9,4 days	—	—	—	0,32±0,03	—	—
^{127}Sb	93 hr	—	—	—	1,36±0,08	—	—
^{129}Sb	4,3 hr	—	—	—	2,18±0,21	—	—
^{131}I	8,05 days	—	—	—	3,90±0,27	—	—
^{133}I	21 hr	—	—	—	6,54±0,40	—	—
^{135}I	6,7 hr	—	—	—	4,91±0,33	—	—
^{139}Ba	82,9 min	5,49±0,32	6,02±0,35	5,64±0,33	6,08±0,36	5,44±0,32	6,37±0,33
^{140}Ba	12,8 days	4,82±0,24	4,83±0,24	4,96±0,23	4,90±0,20	4,94±0,25	4,98±0,26
^{141}Ce	33 days	—	—	—	4,99±0,31	—	—
^{143}Ce	33 hr	—	—	—	4,06±0,42	—	—

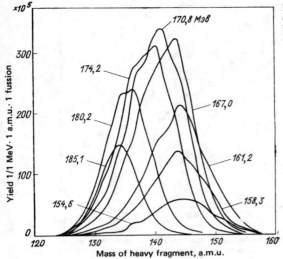

Fig. 6.13. Fission product mass distribution from fission of ^{235}U by thermal neutrons for fixed values of E_k. Yields are given in 1/MeV × a.m.u. × fission [430].

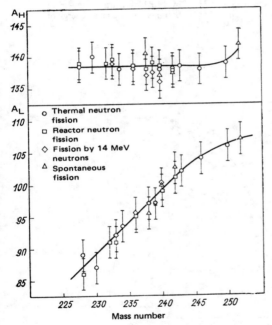

Fig. 6.14. The positions of the peaks of light and heavy fragments for different cases of nuclear fission. The mean mass values at the half-height of the peaks in the mass distribution curves are plotted [286].

Fig. 6.15. Dependence of fission asymmetry on the mass of the nucleus. ^{227}Th, ^{229}Th, ^{232}Th, ^{233}U, ^{235}U, ^{238}U, ^{239}Pu, ^{241}Am, ^{245}Cm, ^{249}Cf – fission by neutrons; ^{240}Pu, ^{242}Cm, ^{252}Cf – spontaneous fission.

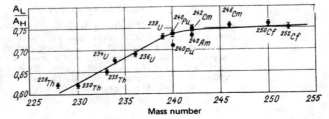

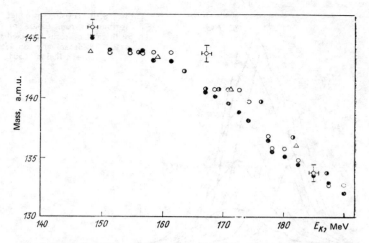

Fig. 6.16. Most probable and mean values of mass peaks in asymmetrical fission. ●- mean fragment masses from fission of ^{235}U by thermal neutrons; ○ - most probable fragment masses from fission of ^{235}U by thermal neutrons; ◐ - most probable fragment masses from fission of ^{235}U by 14.8 MeV neutrons; Δ - most probable fragment masses from fission of ^{235}U by γ-rays with a mean energy of 13.5 MeV [430].

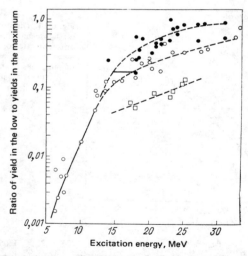

Fig. 6.17. The ratio of the fission fragment yields in the low to the yields in the maxima (fission asymmetry) as a function of the excitation energy of the fissioning compound nuclei. ○ - fission of nuclei with a neutron excess; ● - fission of nuclei which are near the line of stability or having a neutron deficit; ▫ - fission of ^{235}U and ^{238}U by protons [134].

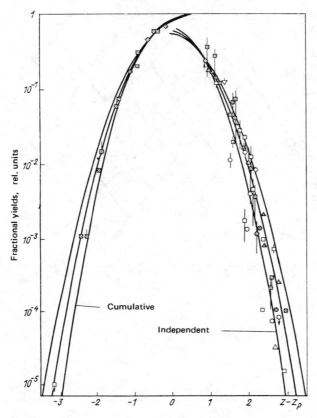

Fig. 6.18. Standard fission fragment distributions by charge. The middle curve corresponds to the distribution (6.8) with C = 0.94. The points on the left branch of the curve represent cumulative yields, the points on the right branch independent yields. ■,□ -thermal fission product yields from ^{233}U; ●,○ - ditto from ^{235}U; ▲,△ - ^{239}Pu; ▽ - spontaneous fission product yield from ^{242}Cm; ◆,◊ - ^{252}Cf [158] (see also [196]).

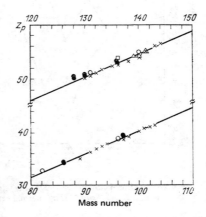

Fig. 6.19. Relation between the most probable charge z_p and the mass number A of the fission fragments. x - ^{235}U, ○ - ^{233}U, ● - ^{239}Pu, □ - ^{242}Cm, △ - ^{252}Cf, [405] (see also [200, 397, 402]).

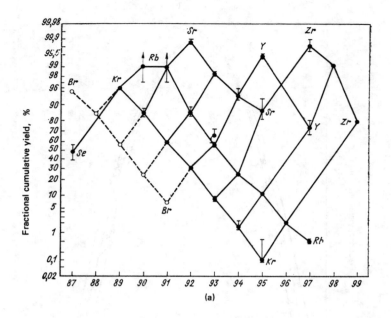

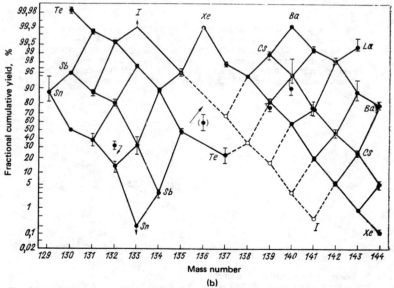

Fig. 6.20. Fractional cumulative yields of (a) light and (b) heavy fragments for fission of ^{235}U by thermal neutrons [308].

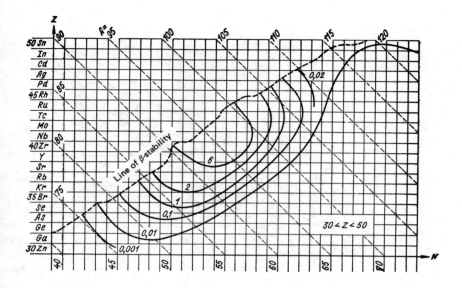

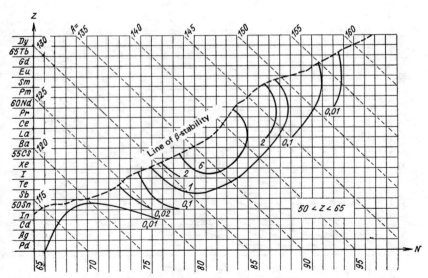

Fig. 6.21. Absolute cumulative fragment yields (%) for fission of ^{235}U by thermal neutrons [439].

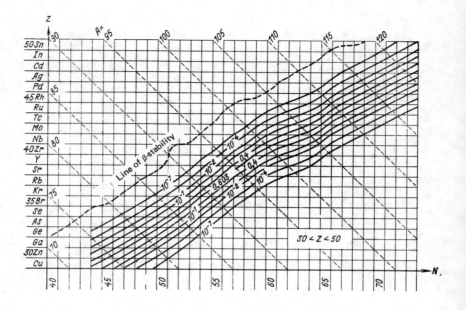
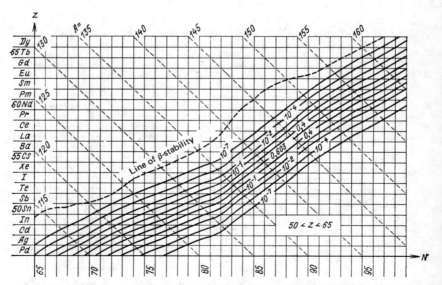

Fig. 6.22. Fractional independent fragment yields for fission of ^{235}U by thermal neutrons [439].

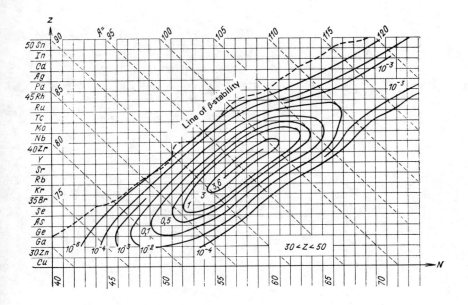

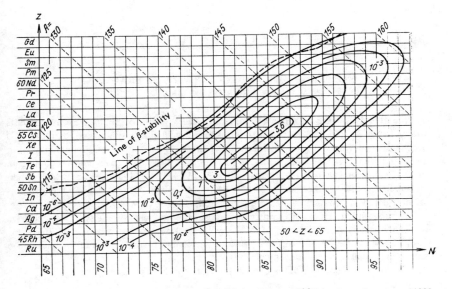

Fig. 6.23. Absolute independent fragment yields (%) for fission of ^{235}U by thermal neutrons [439].

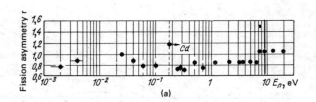

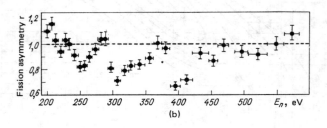

Fig. 6.24. Dependence of the fission asymmetry r of heavy nuclei on the neutron energy E_n in the electron-volt region:

a) $r = \dfrac{Y^{99}Mo/Y^{111}Ag}{(Y^{99}Mo/Y^{111}Ag)\text{ thermal}}$ for ^{235}U [361a];

b) $r = \dfrac{Y^{115}Cd/Y^{99}Mo}{(Y^{115}Cd/Y^{99}Mo)\text{ thermal}}$ for ^{239}Pu [350].

§ 6.3. RADIOACTIVE DECAY CHAINS OF FRAGMENTS FROM BINARY FISSION OF HEAVY NUCLEI

Presented below are diagrams of radioactive decay chains of binary fission fragments with A from 72 to 177. The presentation is based on chains arising from fission of ^{235}U by thermal neutrons as given in references [6, 8, 11, 158, 271]. A bibliography until 1964 on individual chains may be found in [158]. To these data have been added diagrams of chains for nuclear masses missing in [6, 8, 11, 158, 271] and chains which might arise in fission of nuclei heavier than ^{235}U (A = 167 - 177). Also included in the diagrams are new data which have appeared after the publication of [6, 8, 158].

The underlined figures in the diagrams represent the yields of the given products (in per cent) for the case of fission of ^{235}U by thermal neutrons, similarly as in [6, 8, 11, 158]. These numbers for the different links of one chain provide an idea of the cumulative and total (and also independent) yields.

A list of references to § 6.3 is given at the end of this chapter.

72	46,5 hr ^{72}Zn ⟶ 14,1 hr ^{72}Ga ⟶ stable ^{72}Ge $1,6 \cdot 10^{-5}$
73	(2 min ^{73}Zn) ⟶ 4,9 hr ^{73}Ga ⟶ stable ^{73}Ge $1,1 \cdot 10^{-4}$
74	7,9 min ^{74}Ga ⟶ stable ^{74}Ge 0,00035
75	2 min ^{75}Ga $\begin{array}{c}\nearrow 0,04 \\ \searrow 0,96\end{array}$ $\begin{array}{c}\text{48 sec }^{75m}\text{Ge} \\ \downarrow \\ \text{82 min }^{75}\text{Ge}\end{array}$ ⟶ stable ^{75}As
76	32 sec ^{76}Ga ⟶ stable ^{76}Ge
77	54 sec ^{77m}Ge $\begin{array}{c}\searrow 0,78 \\ \downarrow 0,22\end{array}$ 38,7 hr ^{77}As ⟶ stable ^{77}Se 11,3 hr ^{77}Ge ↗ 0,0083 0,0031
78	1,47 hr ^{78}Ge ⟶ 91 min ^{78}As ⟶ stable ^{78}Se 0,020 0,020
79	9,0 min ^{79}As $\begin{array}{c}\nearrow \text{3,9 min }^{79m}\text{Se} \\ \downarrow \\ \searrow \leqslant 6,5 \cdot 10^4 \text{ yr }^{79}\text{Se}\end{array}$ ⟶ stable ^{79}Br 0,056
80	15,3 sec ^{80}As ⟶ stable ^{80}Se ⟵ 17,6 min ^{80}Br ⟶ stable ^{80}Kr
81	33 sec ^{81}As $\begin{array}{c}\nearrow \text{57 min }^{81m}\text{Se} \\ 0,0084 \\ \downarrow \\ \searrow \text{18,6 min }^{81}\text{Se} \\ 0,14\end{array}$ ⟶ stable ^{81}Br
82	stable ^{82}Se; 35,34 hr ^{82}Br ⟶ stable ^{82}Kr

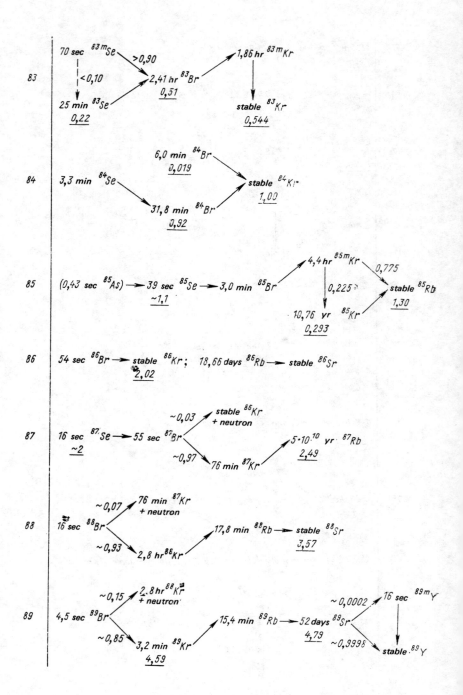

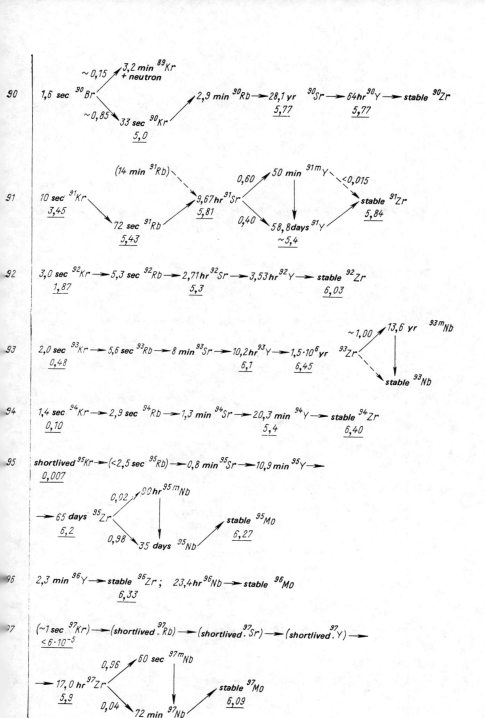

98	60 sec $^{98}Zr \rightarrow$ $\begin{array}{c}(31\text{ sec }^{98m}Nb)\\ <2\text{ min }^{98}Nb\end{array}$ $\searrow$ stable ^{98}Mo; $1,5\cdot10^6$ yr $^{98}Tc \rightarrow$ stable ^{98}Ru $\underline{5,78}$ 51 min ^{98}Nb $\nearrow$ $\underline{0,064}$
99	35 sec $^{99}Zr \rightarrow 2,4$ min $^{99}Nb \rightarrow 67$ hr ^{99}Mo $\underline{6,06}$ $\begin{array}{c}0,87 \nearrow 6,0\text{ hr }^{99m}Tc\\ \downarrow\\ 0,13 \searrow 2,12\cdot10^5\text{ yr }^{99}Tc\end{array}$ $\rightarrow$ stable ^{99}Ru
100	$3,0$ min $^{100}Nb \rightarrow$ stable ^{100}Mo $\underline{6,30}$
101	$1,0$ min $^{101}Nb \rightarrow 14,6$ min $^{101}Mo \rightarrow 14,0$ min $^{101}Tc \rightarrow$ stable ^{101}Ru $\underline{\sim 5,6}$ $\underline{5,0}$
102	11 min ^{102}Mo $\underline{\sim 4,3}$ $\begin{array}{c}\nearrow 4,5\text{ min }^{102m}Tc\\ \searrow 5\text{ sec }^{102}Tc\end{array}$ $\rightarrow$ stable $^{102}Ru \leftarrow 206$ days $^{102}Rh \rightarrow$ stable ^{102}Pd $\underline{4,1}$
103	50 sec $^{103}Tc \rightarrow 39,6$ days ^{103}Ru $\underline{3,0}$ $\begin{array}{c}0,995 \nearrow 57\text{ min }^{103m}Rh\\ \downarrow\\ 0,005 \searrow \text{stable }^{103}Rh\end{array}$
104	$1,3$ min $^{104}Mo \rightarrow 18$ min $^{104}Tc \rightarrow$ stable ^{104}Ru $\underline{1,8}$
105	40 sec $^{105}Mo \rightarrow 8$ min $^{105}Tc \rightarrow 4,44$ hr $^{105}Ru \rightarrow 35,9$ hr $^{105}Rh \rightarrow$ stable ^{105}Pd $\underline{0,9}$ $\nearrow 45$ sec $^{105m}Rh \downarrow$
106	$1,01$ yr $^{106}Ru \rightarrow 30$ sec $^{106}Rh \rightarrow$ stable ^{106}Pd $\underline{0,38}$
107	29 sec $^{107}Tc \rightarrow 4,2$ min $^{107}Ru \rightarrow 22$ min $^{107}Rh \rightarrow 7\cdot10^6$ yr $^{107}Pd \rightarrow$ stable ^{107}Ag $\underline{0,19}$

108	4,5 min $^{108}Ru \longrightarrow$ 17 sec $^{108}Rh \longrightarrow$ stable ^{108}Pd
109	<1 hr $^{109}Rh \longrightarrow$ 13,47 hr ^{109}Pd $\underline{0,030}$ $\nearrow$ 40 sec $^{109m}Ag \downarrow$ stable ^{109}Ag
110	5 sec $^{110}Rh \longrightarrow$ stable $^{110}Pd \dashleftarrow$ 253 days $^{110m}Ag \downarrow$ 24,4 sec $^{110}Ag \longrightarrow$ stable ^{110}Cd
111	(shortlived. ^{111}Rh) $\overset{\sim 0,01}{\nearrow}$ 5,5 hr $^{111m}Pd \dashrightarrow$ 74 sec $^{111m}Ag \dashrightarrow$ <0,01 $\searrow$ stable ^{111}Cd $\searrow_{\sim 0,99}$ 22 min $^{111}Pd \longrightarrow$ 7,5 days ^{111}Ag $\underline{0,019}$ 0,75
112	21 hr $^{112}Pd \longrightarrow$ 3,2 hr $^{112}Ag \longrightarrow$ stable ^{112}Cd $\underline{0,010}$
113	1,4 min ^{113}Pd $\overset{0,10}{\nearrow}$ 1,2 min $^{113m}Ag \downarrow$ $\searrow_{0,90}$ 5,3 hr ^{113}Ag $\longrightarrow$ stable ^{113}Cd
114	2,4 min $^{114}Pd \longrightarrow$ 4,5 sec $^{114}Ag \longrightarrow$ stable ^{114}Cd
115	45 sec ^{115}Pd $\overset{0,28}{\nearrow}$ 20 sec ^{115m}Ag $\searrow$ 43 days ^{115m}Cd $\underline{0,0007}$ $\searrow_{0,72}$ 20 min $^{115}Ag \xrightarrow{0,91}$ 53,5 hr ^{115}Cd $\underline{0,0077}$ $\underline{0,0097}$ 0,09
	$\nearrow$ 4,50 hr $^{115m}In \xrightarrow{0,05}$ $\downarrow_{0,95}$ stable ^{115}Sn $\searrow$ 6·10^{14} yr ^{115}In $\nearrow$
116	(<30 sec $^{116}Pd) \longrightarrow$ 2,5 min $^{116}Ag \longrightarrow$ stable ^{116}Cd

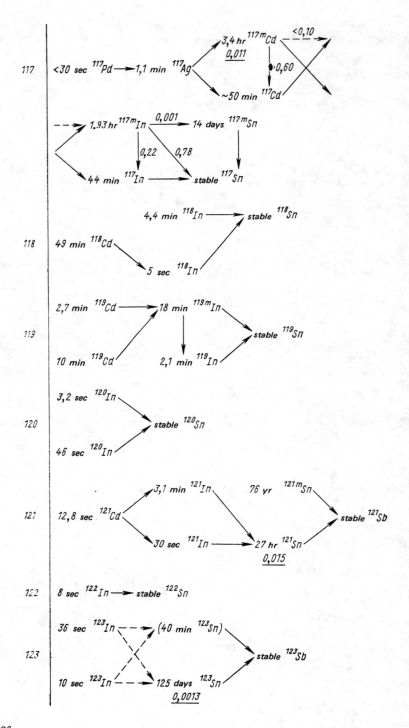

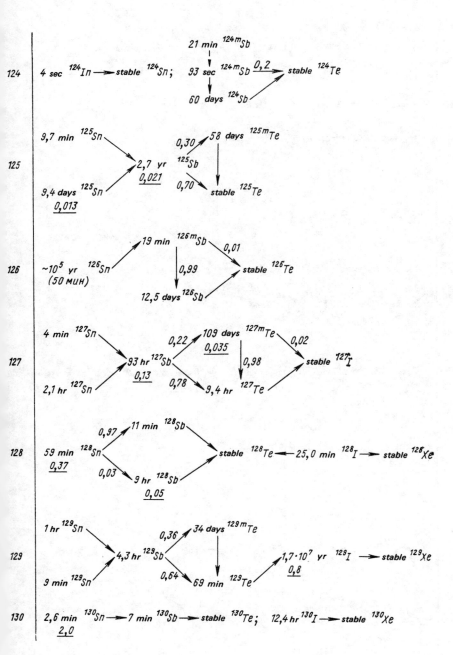

131

$3{,}4\ min\ ^{131}Sn \longrightarrow 25\ min\ ^{131}Sb$ $\underset{2{,}6}{}$

- $0{,}15 \nearrow 30\ hr\ ^{131m}Te \xrightarrow{0{,}80}$
- $\underset{\underline{0{,}44}}{\downarrow} 0{,}20$
- $0{,}85 \searrow 25\ min\ ^{131}Te \longrightarrow$

$8{,}05\ days\ ^{131}I$ $\underset{\sim 3{,}1}{}$

- $0{,}008 \nearrow 11{,}8\ days\ ^{131m}Xe$
- $\downarrow$
- $0{,}992 \searrow stable\ ^{131}Xe$ $\underset{\underline{2{,}93}}{}$

132

$2{,}2\ min\ ^{132}Sn \longrightarrow 2{,}1\ min\ ^{132}Sb \longrightarrow 78\ hr\ ^{132}Te \longrightarrow 2{,}30\ hr\ ^{132}I \longrightarrow$
$\underset{\sim 4{,}7}{}$

$\longrightarrow stable\ ^{132}Xe \longleftarrow 6{,}5\ days\ ^{132}Cs \longrightarrow stable\ ^{132}Ba$
$\underset{\underline{4{,}38}}{}$

133

$(\sim 55\ sec\ ^{133}Sn) \longrightarrow 4{,}2\ min\ ^{133}Sb$ $\underset{\underline{4{,}0}}{}$

- $0{,}72 \nearrow 50\ min\ ^{133m}Te \xrightarrow{0{,}87}$
- $\underset{\underline{4{,}9}}{} \downarrow 0{,}13$
- $0{,}28 \searrow 12{,}5\ min\ ^{133}Te \longrightarrow$

$21\ hr\ ^{133}I$ $\underset{\sim \underline{6{,}9}}{}$

- $0{,}024 \nearrow$
- $0{,}976 \searrow$

$\nearrow 2{,}26\ days\ ^{133m}Xe$
$\downarrow$
$\searrow 5{,}27\ days\ ^{133}Xe \longrightarrow stable\ ^{133}Cs$
$\underset{\underline{6{,}62}}{} \qquad \underset{\underline{6{,}59}}{}$

134

$(50\ sec\ ^{134}Sb) \longrightarrow 42\ min\ ^{134}Te \longrightarrow 52\ min\ ^{134}I \longrightarrow stable\ ^{134}Xe;\ 2{,}05\ yr\ ^{134}Cs \longrightarrow stable\ ^{134}Ba$
$\qquad\qquad\qquad\qquad \underset{\underline{6{,}9}}{} \qquad\qquad \underset{\underline{7{,}8}}{} \qquad\qquad \underset{\underline{8{,}06}}{}$

135

$(2\ sec\ ^{135}Sb) \longrightarrow <2\ min\ ^{135}Te \longrightarrow$

$\longrightarrow 6{,}7\ hr\ ^{135}I$ $\underset{\underline{6{,}1}}{}$

- $0{,}30 \nearrow 15{,}6\ min\ ^{135m}Xe$
- $\downarrow$
- $0{,}70 \searrow 9{,}2\ hr\ ^{135}Xe \longrightarrow 3\cdot 10^6\ yr\ ^{135}Cs \longrightarrow stable\ ^{135}Ba$
- $\underset{\underline{6{,}3}}{} \qquad\qquad \underset{\underline{6{,}41}}{}$

136

$83\ sec\ ^{136}I \longrightarrow stable\ ^{136}Xe;\ 13\ days\ ^{136}Cs \longrightarrow stable\ ^{136}Ba$
$\underset{\underline{3{,}1}}{} \qquad\qquad \underset{\underline{6{,}46}}{}$

137

$2{,}3\ sec\ ^{137}I$

- $\sim 0{,}04 \nearrow stable\ ^{136}Xe\ +\ neutron$
- $\sim 0{,}96 \searrow 3{,}9\ min\ ^{137}Xe \longrightarrow 30\ yr\ ^{137}Cs$
- $\underset{\underline{6{,}00}}{} \qquad\qquad \underset{\underline{6{,}15}}{}$

- $0{,}92 \nearrow 2{,}55\ min\ ^{137m}Ba$
- $\downarrow$
- $0{,}08 \searrow stable\ ^{137}Ba$

138 | 5,9 sec ^{138}I $\xrightarrow{\sim 0,03}$ 3,9 min ^{137}Xe + neutron

$\xrightarrow{\sim 0,97}$ 17 min ^{138}Xe $\longrightarrow$ 32,2 min ^{138}Cs $\longrightarrow$ stable ^{138}Ba
$\underline{5,49}$ $\underline{5,74}$

139 | 2,0 sec ^{139}I $\xrightarrow{\sim 0,04}$ 17 min ^{138}Xe + neutron

$\xrightarrow{0,96}$ 43 sec ^{139}Xe $\longrightarrow$ 9,5 min ^{139}Cs $\longrightarrow$ 82,9 min ^{139}Ba $\longrightarrow$ stable ^{139}La
$\underline{5,4}$ $\underline{6,47}$ $\underline{6,55}$

140 | 16 sec ^{140}Xe $\longrightarrow$ 66 sec ^{140}Cs $\longrightarrow$ 12,8 days ^{140}Ba $\longrightarrow$ 40,22 hr ^{140}La $\longrightarrow$ stable ^{140}Ce
$\underline{3,8}$ $\underline{6,0}$ $\underline{6,35}$ $\underline{6,35}$ $\underline{6,44}$

141 | 2 sec ^{141}Xe $\longrightarrow$ 24 sec ^{141}Cs $\longrightarrow$ 18 min ^{141}Ba $\longrightarrow$ 3,9 hr ^{141}La $\longrightarrow$ 33 days ^{141}Ce $\longrightarrow$ stable ^{141}Pr
$\underline{1,33}$ $\underline{4,6}$ $\underline{6,3}$ $\underline{6,4}$ $\underline{\sim 6,0}$

142 | ~1,5 sec ^{142}Xe $\longrightarrow$ 2,3 sec ^{142}Cs $\longrightarrow$ 11 min ^{142}Ba $\longrightarrow$ 92 min ^{142}La $\longrightarrow$ stable ^{142}Ce
$\underline{0,35}$ $\underline{6,01}$

143 | 1 sec ^{143}Xe $\longrightarrow$ 2,0 sec ^{143}Cs $\longrightarrow$ 12 sec ^{143}Ba $\longrightarrow$ 14,0 min ^{143}La $\longrightarrow$ 33 hr ^{143}Ce $\longrightarrow$
$\underline{0,051}$ $\underline{6,0}$

$\longrightarrow$ 13,6 days ^{143}Pr $\longrightarrow$ stable ^{143}Nd
$\underline{6,03}$

144 | ~1 sec ^{144}Xe $\longrightarrow$ (shortlived. ^{144}Cs) $\longrightarrow$ (shortlived. ^{144}Ba) $\longrightarrow$ (shortlived. ^{144}La) $\longrightarrow$
$\underline{0,006}$

$\longrightarrow$ 284 days ^{144}Ce $\longrightarrow$ 17,3 min ^{144}Pr $\longrightarrow$ 2,4·10^{15} yr ^{144}Nd
$\underline{\sim 6,0}$ $\underline{5,62}$

145 | 3,0 min ^{145}Ce $\longrightarrow$ 5,98 hr ^{145}Pr $\longrightarrow$ stable ^{145}Nd
$\underline{3,98}$

146 | 14 min ^{146}Ce $\longrightarrow$ 24,0 min ^{146}Pr $\longrightarrow$ stable ^{146}Nd
$\underline{3,07}$

147 | 65 sec ^{147}Ce $\longrightarrow$ 12,0 min ^{147}Pr $\longrightarrow$ 11,1 days ^{147}Nd $\longrightarrow$ 2,62 yr ^{147}Pm $\longrightarrow$ 1,05·10^{11} yr ^{147}Sm
$\underline{\sim 2,7}$ 2,36

148	43 sec ^{148}Ce ⟶ 2,0 min ^{148}Pr ⟶ stable ^{148}Nd; 5,4 days ^{148}Pm ⟶ stable ^{148}Sm <u>1,71</u>
149	2,3 min ^{149}Pr ⟶ (1,8 hr ^{149}Nd) ⟶ 53,1 hr ^{149}Pm -- ⟶ stable ^{149}Sm <u>1,13</u>
150	stable ^{150}Nd; 2,7 hr ^{150}Pm ⟶ stable ^{150}Sm <u>0,67</u>
151	12 min ^{151}Nd ⟶ 28 hr ^{151}Pm ⟶ ~87 hr ^{151}Sm ⟶ stable ^{151}Eu <u>0,44</u>
152	6 min ^{152}Pm ⟶ stable ^{152}Sm <u>0,281</u>
153	5,5 min ^{153}Pm ⟶ 47 hr ^{153}Sm ⟶ stable ^{153}Eu <u>0,15</u> <u>0,163</u>
154	2,5 min ^{154}Pm ⟶ stable ^{154}Sm <u>0,077</u>
155	23 min ^{155}Sm ⟶ 1,81 yr ^{155}Eu ⟶ stable ^{155}Gd <u>0,033</u> <u>0,033</u>
156	9,4 hr ^{156}Sm ⟶ 15 days ^{156}Eu ⟶ stable ^{156}Gd <u>0,013</u> <u>0,014</u>
157	0,5 min ^{157}Sm ⟶ 15,2 hr ^{157}Eu ⟶ stable ^{157}Gd <u>0,0078</u>
158	46 min ^{158}Eu ⟶ stable ^{158}Gd <u>0,002</u>
159	18 min ^{159}Eu ⟶ 18,0 hr ^{159}Gd ⟶ stable ^{159}Tb <u>0,00107</u>
160	~2,5 min ^{160}Eu ⟶ stable ^{160}Gd; 72,1 days ^{160}Tb ⟶ stable ^{160}Dy
161	3,7 min ^{161}Gd ⟶ 6,9 days ^{161}Tb ⟶ stable ^{161}Dy <u>$7,6 \cdot 10^{-5}$</u>

162	2,2 hr ^{162}Tb ↘ stable ^{162}Dy 7,5 min ^{162}Tb ↗
163	7 min ^{163}Tb ↘ stable ^{163}Dy 6,5 hr ^{163}Tb ↗
164	23 hr ^{164}Tb ⟶ stable ^{164}Dy
165	1,26 min ^{165m}Dy ↘ ↓ stable ^{165}Ho 139,2 min ^{165}Dy ↗
166	81,5 hr ^{166}Dy ⟶ 26,9 hr ^{166}Ho ⟶ stable ^{166}Er

167	4,4 min ^{167}Dy ⟶ 3,1 hr ^{167}Ho ↗ 2,3 sec ^{167}Er
	                             ↓
	                              stable ^{167}Er

168	3,3 min ^{168}Ho ⟶ stable ^{168}Er
169	4,8 min ^{169}Ho ⟶ 9,4 days ^{169}Er ⟶ stable ^{169}Tu
170	45 sec ^{170}Ho ⟶ stable ^{170}Er
171	7,52 hr ^{171}Er ⟶ stable ^{171}Tu
172	49 hr ^{172}Er ⟶ 63,6 hr ^{172}Tu ⟶ stable ^{172}Yb
173	8,2 hr ^{173}Tu ⟶ stable ^{173}Yb

174	5,2 min ^{174}Tu — stable
175	20 min $^{175}Tu \rightarrow$ 101 hr $^{175}Yb \rightarrow$ stable ^{175}Lu
176	1,5 min $^{176}Tu \rightarrow$ stable ^{176}Yb
177	1,9 hr $^{177}Yb \rightarrow$ 6,7 days $^{177}Lu \rightarrow$ stable ^{177}Hf

§ 6.4. RANGES OF FISSION FRAGMENTS

In this section are compiled and systematically arranged experimental values of fission fragment ranges in different media which have been published up to the time of writing.

The ranges are given either directly in units of length – cm, μm or in mg/cm^2. The ranges expressed in mg/cm^2 (R) can be transformed into those given in cm (l) using the formula

$$l = \frac{R}{d \cdot 1000}, \qquad (6.9)$$

where d – density of the medium, g/cm^3.

The mean ranges of light and heavy fragments from spontaneous fission of ^{252}Cf and from fission of ^{235}U by thermal neutrons in different media are shown in table 6.17.

The ranges of fission fragments in aluminium, uranium, thorium, air, carbon, zirconium and gold after spontaneous fission of ^{252}Cf, fission of ^{233}U, ^{235}U, ^{239}Pu by thermal neutrons, ^{232}Th, ^{241}Am by reactor neutrons and ^{238}U by 14.5 MeV neutrons are given in tables 6.18 and 6.19.

The half-lives are not shown in tables 6.18, 6.19 and may be taken from the tables in section 6.2 (see, for instance, table 6.4).

Table 6.17

Mean ranges of light and heavy fragments from spontaneous fission of ^{252}Cf and from thermal neutron fission of ^{235}U (mg/cm²) in different materials*.

20% (mass) U-Pd (enrichment 93%)		Au				Ag				Ni				Al			
Spontaneous fission of ^{252}Cf		Spont. fission of ^{252}Cf		Thermal neutr. fission of ^{235}U		Spont. fission of ^{252}Cf		Thermal neutr. fission of ^{235}U		Spont. fission of ^{252}Cf		Thermal neutr fission of ^{235}U		Spont. fission of ^{252}Cf		Thermal neutr fission of ^{235}U	
L	H	L	H	L	H	L	H	L	H	L	H	L	H	L	H	L	H
7,90	6,29	10,47	8,27	10,66	7,81	7,28	5,82	7,33	5,50	5,52	4,57	5,53	4,30	4,16	3,44	4,17	3,22

*Masses of fragments after prompt neutron emission:
a) in the case of spontaneous fission of ^{252}Cf: $\overline{A}_L = 106.44$, $\overline{A}_H = 141.72$, $\overline{A} = 124.08$;
b) in the case of thermal neutron fission of ^{235}U: $\overline{A}_L = 95.3$, $\overline{A}_H = 138.14$, $\overline{A} = 116.74$ [459].

Ranges of light and heavy fragments from thermal neutron fission of ^{235}U in different materials as a function of the light and heavy fragment energies are given in [415].

References [456, 457, 467] contain mean values of fission fragment ranges averaged over different mass numbers in various media:

a) the characteristic ranges of all fragments from fission of ^{235}U by thermal neutrons [456] in mg/cm² are: 2.84 for Al, 3.82 for Ti, 4.22 for Fe, 4.40 for Ni, 5.08 for Cu, 4.70 for Zr, 4.78 for Nb, 5.18 for Mo, 5.32 for Pd, 5.40 for Ag, 6.32 for Ta, 7.35 for W, 8.50 for Au;

b) the range of all fragments from fission of ^{235}U by thermal neutrons in air [467] is 2.16 ± 0.11 cm;

c) the ranges of heavy and light fragments from photo-fission of uranium by $E_{\gamma max} = 20$ MeV [457] in lavsan* are equal to 17.8 ± 0.6 and 14.0 ± 0.6 μm respectively.

The ranges in air of fission fragments emitting delayed neutrons have the following values (mg/cm²) [466]: 2.40, 2.56, 2.62 for delayed neutrons with $T_{1/2} = 22$s; 3.27, 3.36, 3.25 for delayed neutrons with $T_{1/2} = 55$s.

The ranges of fragments from fission of ^{235}U by thermal neutrons in different gases are given in reference [460,466].

Data on specific ionization losses along the fission fragment paths in gases may be found in reference [460–465].

Relations between the range and the energy of fission fragments are given in reference [410,415] and others.

Data on the energy loss of light and heavy fission fragments during their passage through different media are contained in reference [448, 459].

Some date on fission fragment ranges are also shown in figures 6.25, 6.26.

*Lavsan is a synthetic polyester resin.

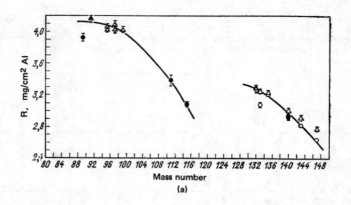

(a)

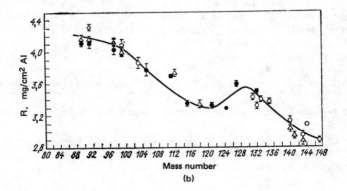

(b)

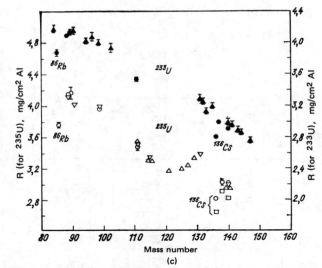

Fig. 6.25. Ranges of fragments from fission of heavy nuclei by neutrons in aluminium (data from various sources); (a) ranges for ^{233}U [307]; (b) ranges for ^{239}Pu [307]. (c) ranges for ^{233}U (black points) and ^{235}U (light points) [414].

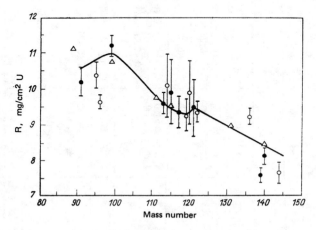

Fig. 6.26. Ranges of fragments from fission of ^{238}U by 14.5 MeV neutrons in uranium (data from various sources) [417].

Table 6.18

Fragment ranges in aluminium, uranium and thorium for different cases of fission of heavy nuclei.

Isotope	Spontaneous fission ^{252}Cf $\frac{mg}{cm^2}$ Al [408]	Thermal neutron fission ^{233}U $\frac{mg}{cm^2}$ Al [295, 307, 414]	Thermal neutron fission ^{235}U $\frac{mg}{cm^2}$ Al [407, 414, 415, 451, 452]	Thermal neutron fission ^{235}U $\frac{mg}{cm^2}$ U [413, 452]	Reactor neutron fission ^{239}Pu $\frac{mg}{cm^2}$ Al [307, 409, 455]	Reactor neutron fission ^{239}Th $\frac{mg}{cm^2}$ Th [412, 416]	Reactor neutron fission ^{241}Am $\frac{mg}{cm^2}$ Al [411]	Fission by 14,5 MeV neutrons ^{238}U $\frac{mg}{cm^2}$ U [417]
^{77}As	—	—	—	12,9±0,2 [413]	—	—	—	—
^{85m}Kr	—	4,18±0,05 [295, 414]	—	—	—	—	—	—
^{86}Rb	—	3,88±0,04 [414]	3,76±0,03 [414]	10,5±0,1 [413]	—	—	—	—
^{87}Br	—	—	4,05±0,03 [452]	—	—	—	—	—
^{89}Sr	—	3,92±0,05 [307] 4,10±0,02 [414]	4,16±0,02 [414] 4,12±0,02 [415] 4,03±0,01 [452] 3,74 [452]	10,92±0,02 [452] 11,55±0,05 [413] 10,97±0,02 [452]	4,11±0,04 [307] 4,17±0,05 [409, 455]	10,79±0,01 [416] 10,93 [412]	4,18 [411]	—
^{90}Sr	—	4,12±0,05 [414]	4,18±0,07 [414]	11,9±0,3 [413]	—	—	—	—
^{91}Sr	—	4,16±0,04 [307] 4,15 [307] 4,16±0,04 [295, 414]	4,02 [415]	10,97±0,04 [452] 11,54±0,07 [413] 11,05±0,05 [413]	4,31±0,04 [307] 4,10±0,05 [307] 4,16±0,04 [409, 455]	10,69±0,07 [416] 10,76 [412]	4,13 [411]	10,21±0,42 [417]
^{91}Y	—	—	—	11,54±0,07 [413] 11,05±0,05 [413]	—	—	—	—
^{93}Y	—	—	—	11,35±0,08 [413]	—	—	—	—

^{95}Zr	—	4,05±0,04 [307] 4,02±0,03 [295, 414]	—	11,36±0,04 [413] 10,80±0,05 [413] 10,81±0,03 [452]	—	—	—	—
^{96}Nb	—	4,02±0,04 [307] 4,04±0,03 [295]	—	—	—	—	—	—
^{97}Zr	—	4,08±0,05 [307] 4,08±0,05 [295, 414]	3,99±0,15 [452] 4,16±0,15 [452]	11,36±0,03 [413] 10,84±0,05 [413] 10,81±0,02 [452]	4,13±0,05 [307] 4,02±0,06 [307] 4,12±0,10 [409, 455]	10,54±0,02 [416] 10,54 [412]	4,15 [411]	—
^{97}Nb	—	4,01±0,04 [307] 4,01±0,04 [295]	—	—	4,12±0,05 [307]	—	—	—
^{99}Mo	3,83±0,07 [408]	4,01±0,03 [307] 4,02±0,02 [414] 4,01±0,03 [295, 414] 4,01±0,02 [295]	3,97±0,02 [414] 3,98±0,02 [407] 3,86±0,01 [452] 4,16±0,15 [452]	11,17±0,06 [413] 11,3±0,1 [413] 10,63±0,02 [452] 10,64±0,02 [452]	4,09±0,07 [307] 4,05±0,07 [307] 4,00±0,05 [409, 455]	10,55±0,08 [416] 10,57 [412]	3,98 [411]	11,20±0,29 [417]
^{103}Ru	—	3,94±0,04 [295, 414]	3,57 [452]	11,28±0,05 [413] 10,65±0,07 [452] 10,76±0,04 [452]	3,87±0,07 [307]	—	—	—
^{105}Rh	—	—	—	—	—	—	—	—
^{106}Ru	—	—	—	10,9±0,1 [413]	3,79±0,08 [307]	—	—	—
^{109}Pd	—	—	—	10,09±0,09 [413]	—	—	—	—
^{111}Ag	3,66±0,04 [408]	3,38±0,07 [307] 3,54±0,02 [414]	3,55±0,01 [407] 3,51±0,02 [415] 3,48±0,02 [414]	9,74±0,08 [413] 9,32±0,06 [452]	3,70±0,01 [307]	9,26±0,02 [416] 9,23 [412]	3,82 [411]	—
^{112}Pd	—	—	—	9,61±0,06 [413]			3,86 [411]	

Table 6.18 contd.

Isotope	Spontaneous fission	Thermal neutron fission				Reactor neutron fission		Fission by 14,5 MeV neutrons
	^{252}Cf $\frac{mg}{cm^2}$ Al	^{233}U $\frac{mg}{cm^2}$ Al	^{235}U $\frac{mg}{cm^2}$ Al	^{235}U $\frac{mg}{cm^2}$ U	^{239}Pu $\frac{mg}{cm^2}$ Al	^{232}Th $\frac{mg}{cm^2}$ Th	^{241}Am $\frac{mg}{cm^2}$ Al	^{238}U $\frac{mg}{cm^2}$ U
^{112}Ag	—	—	—	—	3,74±0,05 [409, 455]	—	—	—
^{113}Ag	3,62±0,07 [408]	—	—	—	—	—	—	9,63±0,33 [417]
^{115}Cd	3,61±0,02 [408]	3,08±0,03 [307]	3,32±0,02 [414] 3,22±0,01 [407] 3,33±0,04 [415] 3,29±0,01 [452]	9,52±0,05 [413] 9,12±0,02 [452] 9,12±0,03 [452]	3,36±0,03 [307]	8,40±0,02 [416]	—	9,90±0,97 [417]
^{117}Cd	—	—	—	—	—	—	—	—
^{118}Cd	—	—	—	—	3,35±0,05 [409, 455]	—	—	9,36±0,45 [417]
^{121}Sn	—	—	3,18±0,02 [407]	—	3,34±0,02 [307]	9,29±0,04 [416]	—	—
^{125}Sn	—	—	3,21±0,01 [407]	9,09±0,09 [413]	3,26 [307]	—	—	9,47±0,87 [417]
^{127}Sb	—	—	3,25±0,01 [407]	9,58±0,04 [413]	3,60±0,03 [307] 3,6±0,2 [409]	9,24±0,04 [416]	—	—
^{127}Te	—	—	—	9,58±0,04 [413]	—	—	—	—
^{129}Sb	—	—	3,34 [407]	—	—	—	—	—
^{129m}Te	—	—	3,34 [452]	9,75±0,03 [413] 9,33±0,08 [452] 9,39±0,02 [452]	—	—	—	—

¹³¹I	3,42±0,12 [408]	3,31±0,03 [295, 414]	3,37±0,02 [415]	—	3,43±0,04 [307]	—	3,35 [411]	—
¹³²Te	—	3,28±0,04 [307] 3,27±0,02 [414] 3,28±0,03 [295]	3,34±0,15 [452] 3,49±0,15 [452] 3,16 [452]	9,63±0,03 [413] 9,28±0,02 [452] 9,28±0,03 [452]	3,32±0,04 [307] 3,50±0,02 [307]	8,84±0,03 [416] 8,89 [412]	3,36 [411]	—
¹³²I	—	3,26±0,04 [307] 3,26±0,04 [295]	—	—	—	—	—	—
¹³³I	—	3,14±0,04 [295]	—	—	3,40±0,02 [307]	—	—	—
¹³³Xe	—	3,07 [307] 3,24±0,03 [295, 414]	—	—	—	—	—	—
¹³⁵Xe	—	3,21±0,03 [307] 3,21±0,03 [295, 414]	—	—	3,37±0,02 [307]	—	—	—
¹³⁶Cs	—	2,80±0,01 [414]	2,81±0,01 [414] 2,64±0,01 [451, 452]	8,36±0,04 [413] 8,07±0,03 [452]	—	—	—	—
¹³⁷I	—	—	3,21±0,04 [452]	—	—	—	—	—
¹³⁷Cs	—	3,00±0,01 [414]	2,91±0,01 [451, 452] 3,03±0,02 [414]	9,18±0,04 [413] 8,86±0,03 [452]	—	—	—	—
¹³⁹Xe	—	—	—	—	3,05±0,09 [409]	—	—	—
¹³⁹Cs	—	—	—	—	2,98±0,04 [409]	—	—	—
¹³⁹Ba	—	—	—	—	2,96±0,03 [409]	—	—	7,60±0,14 [417]

Table 6.18 contd.

Isotope	Spontaneous fission	Thermal neutron fission			Reactor neutron fission		Fission by 14,5 MeV neutrons
	^{252}Cf $\frac{mg}{cm^2}$ Al	^{233}U $\frac{mg}{cm^2}$ Al	^{235}U $\frac{mg}{cm^2}$ Al	^{235}U $\frac{mg}{cm^2}$ U	^{239}Pu $\frac{mg}{cm^2}$ Al	^{232}Th $\frac{mg}{cm^2}$ Th	^{241}Am $\frac{mg}{cm^2}$ Al	^{238}U $\frac{mg}{cm^2}$ U
^{140}Ba	3,03±0,04 [408]	2,92±0,01 [295, 414] 2,92±0,03 [307] 3,00±0,03 [295]	3,01±0,01 [414] 2,98±0,01 [407] 2,98±0,01 [415] 2,82±0,01 [452] 2,75 [452] 2,83 [451]	8,74±0,05 [413] 8,50±0,03 [413] 8,44±0,03 [452]	3,13±0,05 [307] 3,05±0,04 [307] 3,04±0,03 [409, 455] 2,95±0,10 [409]	—	3,06 [411]	8,14±0,28 [417]
^{140}La	—	2,94±0,07 [307] 3,00±0,03 [295]	—	—	3,09±0,06 [307]	7,66±0,1 [416]	—	—
^{141}Ce	—	2,97±0,02 [295, 414]	2,69 [452]	8,56±0,02 [413] 8,27±0,01 [452] 8,27±0,05 [413]	2,95±0,04 [409, 455]	—	—	—
^{143}Ce	—	2,81 [307] 2,91±0,03 [295, 414]	—	8,42±0,04 [413] 8,16 [413]	2,95±0,04 [307] 2,90±0,06 [409, 455]	—	—	—
^{144}Ce	—	2,87±0,03 [295, 414]	2,54 [452]	8,34±0,10 [413]	3,08 [307]	—	—	—
^{147}Nd	—	2,63 [307] 2,77±0,02 [295, 414]	—	8,06±0,07 [452] 8,15 [413] 8,07±0,05 [413]	2,89±0,02 [307]	—	—	—
^{153}Sm	—	—	—	7,43±0,07 [413]	—	—	—	—
^{156}Eu	—	—	—	7,1±0,1 [413]	—	—	—	—

Table 6.19

Fragment ranges in air, carbon, zirconium, gold for different cases of fission of heavy nuclei

Isotope	Spontaneous fission ^{252}Cf, cm air^2 * [453]	Thermal neutron fission ^{235}U*			^{239}Pu, cm air^2 * [37!3*]
		$\frac{mg}{cm^2}$ C [450]	$\frac{mg}{cm^2}$ Zr [458]	$\frac{mg}{cm^2}$ Au [415, 458]	
^{83}Br	—	—	—	—	2,895 [371]
^{89}Sr	—	—	6,88 [458]	10,86±0,04 [458] 10,8 [415]	—
^{91}Sr	2,43±0,01 [453]	—	—	—	2,738 [371]
^{91}Y	2,42 [453]	—	—	—	—
^{92}Y	—	—	—	—	2,717 [371]
^{93}Y	2,42 [453]	—	—	—	2,697 [371]
^{94}Y	—	—	—	—	2,687 [371]
^{95}Zr	—	3,07±0,03 [450]	—	—	—
^{97}Zr	2,37±0,02 [453]	—	—	—	2,661 [371]
^{99}Mo	2,32±0,01 [453]	3,09±0,07 [450]	6,12 [458]	—	2,635 [371]
^{103}Ru	—	2,90±0,07 [450]	—	—	—
^{105}Rh	—	—	—	—	2,587 [371]
^{109}Pd	—	—	—	—	2,508 [371]
^{111}Ag	2,21±0,01 [453]	—	—	9,0 [415]	—
^{112}Pd	—	—	—	—	2,416 [371]
^{112}Ag	2,20±0,01 [453]	—	—	—	—
^{115}Cd	2,16±0,01 [453]	—	—	8,6 [415]	—
^{117}In	—	—	—	—	2,246 [371]
^{121}Sn	2,14±0,02 [453]	—	—	—	—
^{127}Sb	2,02 [453]	—	—	—	2,248 [371]
^{129}Sb	—	—	—	—	2,243 [371]
^{131}I	—	2,60±0,02 [450]	—	8,68±0,02 [458] 8,6 [415]	—
^{132}Te	2,00±0,01 [453]	2,70±0,05 [450]	—	—	2,198 [371]
^{132}I	—	2,70±0,05 [450]	—	—	—

Table 6.19 contd.

Isotope	Spontaneous fission ^{252}Cf, cm air^2 * [453]	Thermal neutron fission ^{235}U*			^{239}Pu, cm air^2 * [371]3*]
		$\frac{mg}{cm^2}$ C	$\frac{mg}{cm^2}$ Zr	$\frac{mg}{cm^2}$ Au	
^{133}Te	—	—	—	—	2,180 [371]
^{133}I	—	2,55±0,27 [450]	—	—	—
^{134}Te	—	—	—	—	2,180 [371]
^{138}Cs	—	—	5,51 [458]	—	—
^{139}Ba	1,93 [453]	—	—	—	—
^{140}Ba	1,90 [453]	2,48±0,04 [450]	4,78 [458]	8,05±0,1 [458] 8,0 [415]	2,080 [371]
^{140}La	—	2,48±0,04 [450]	—	—	—
^{141}Ce	1,88±0,02 [453]	—	—	—	—
^{143}Ce	1,86±0,04 [453]	2,41±0,09 [450]	—	—	2,040 [371]
^{147}Nd	1,86±0,01 [453]	2,38±0,15 [450]	—	—	—
^{149}Pm	—	—	—	—	1,977 [371]
^{157}Eu	—	—	—	—	1,949 [371]
^{153}Sm	1,80±0,01 [453]	—	—	—	—
^{156}Eu	1,78±0,01 [453]	—	—	—	—
^{161}Tb	1,75±0,01 [453]	—	—	—	—

* Ranges of fragments from thermal fission of ^{235}U in different gases are given in [460].
2* Air at normal conditions [453, 371].
3* The error in the ranges in [371] was ±1.5%.

List of references for § 6.2-6.4.

1. *Nucl. Sci. Engng*, 1970, v. 42, No. 2, p. 191. Auth.: F. Lisman *et al*.
2. Gusev N., Mashkovich V., Obvintsev G.—*Gammaizluchenie radioaktivnykh izotopov i produktov deleniya*. Moscow, Fizmatgiz, 1958.
3. Coryell C. D., Sugarmar N. (Ed.) Radiochemical Stud. The Fission Products. V. 4, p. 9. N. Y.—London. McGraw-Hill, Book Co., 1951.
4. Glendenin L. E., Steinberg E. P., *Proc. First Geneva Conference*, V. 7, P/614, 1955; Yadernaya khimiya i deistvie izlucheniya, Moscow. Goskhimizdat, 1958.
5. Duffield R. B., Schmitt R. A., Sharp R. A. Proc. of the Second United Nations Inter. Conf. on the Peaceful Uses of Atomic Energy. V. 15, p. 202. P/678. Geneva, 1958.
6. Katcoff S.—*Nucleonics*, 1960, v. 18, No. 11, p. 201.
7. Katcoff S.—*Nucleonics*, 1958, v. 16, No. 4, p. 78.
8. Zysin Y. A., Lbov A. A., Sel'chenkov L. I.—*Vykhody produktov deleniya i ikh raspredeleniya po massam*. Moscow, Atomizdat, 1963.
9. *Atomnaya energiya*, 1957, V. 3, No. 12, p. 546. Auth. R. N. Ivanov *et al*.
10. Björnerstedt R.—*Arkly för fysik*, 1959, v. 16, No. 28, p. 293.
11. Greshilov A. A., Kolobashkin V. M., Dement'ev S. I. *Produkty mgnovennogo deleniya* U^{235}, U^{238}, Pu^{239} *v intervale 0–1 h*. Moscow, Atomizdat, 1969.

12. Gusev N. G. *Zashchita ot gamma-izlucheniya produktov deleniya*. Moscow, Atomizdat, 1968.
13. Gorshkov V. K. *Fizika i teplotekhnika reaktorov*. Prilozhenie No. 1 k zhurnalu *Atomnaya energiya* za 1958 g., Moscow, Atomizdat 1958.
14. Anikina M. P. et al, *Proc. Second Geneva Conference* V. 15, p. 446, P/2040, 1958.
15. *Atomnaya energiya*, 1958, V. 4, No. 2, p. 198. Auth.: M. P. Anikina et al.
16. Fleming W., Tomlinson R. H., Thode H. G.—*Canad. J. Phys.*, 1954, v. 32, p. 522.
17. *Phys. Rev.*, 1954, v. 95, p. 867. Auth.: E. P. Steinberg et al.
18. Grechushkina M. P. *Tablitsy sostava produktov mgnovennogo deleniya* ^{235}U, ^{238}U, ^{239}Pu. Moscow, Atomizdat, 1964.
19. Gordeyev I. V., Kardashev D. A., Malyshev A. V.—*Yaderno-fizicheskie konstanty*, Moscow, Gosatomizdat, 1963.
20. Bidinosti D. R., Fickel H. R., Tomlinson R. H. Proc. of the Second United Nations Inter. Conf. on the Peaceful Uses of Atomic Energy. V. 15, p. 459, P/201. Geneva, 1958.
21. In: *Neitronnaya fizika*. Moscow, Gosatomizdat, 1961, p. 235. Auth.: V. A. Vlasov, Y. A. Zysin, I. S. Kirin, A. A. Lbov, L. I. Osyaeva, L. I. Sel'chenkov.
22. Roeland L. W., Bollinger L. M., Thomas G. E. Proc. of the Second United Nations Inter. Conf. on the Peaceful Uses of Atomic Energy. V. 15, p. 440, P/551. Geneva, 1958.
23. Mostovaya T. A. *Proc. Second Geneva Conf.*, V. 15, p. 433, P/2031, 1958.
24. Stein W.—*Phys. Rev.*, 1957, v. 108, p. 94.
25. Kimel L. R., Mashkovich V. P. *Zashchita ot ioniziruyushchikh izluchenii*. Moscow, Atomizdat, 1966.
26. Roy J. C.—*Canad. J. Phys.*, 1961, v. 39, p. 315.
27. Leachmen R. B., *Proc. Second Geneva Conf.*, V. 15, p. 331, P/556, 1958.
28. Protopopov A. N., In: *Fizika deleniya atomnykh yader*. Moscow, Gosatomizdat, 1962, p. 24.
29. Selinov I. P. *Proc. Second Geneva Conf.*, V. 30, p. 307, P/2032, 1958.
30. Zysin Y. A., Lbov A. A., Sel'chenkov L. I.—*Atomnaya energiya*, 1960, V. 8, No. 5, p. 409.
31. *Atomnaya energiya*, 1961, V. 10, No. 1, p. 13. Auth.: Y. K. Bonyushkin et al.
32. Halpern J.—*Annual Rev. Nucl. Sci.*, 1959, v. 9, p. 245, see also Halpern J., *Delenie yader*, Moscow, Fizmatgiz, 1962.
33. Swiatecki W.—*Phys. Rev.*, 1955, v. 100, p. 936.
34. Thode H. G., Graham R. L.—*Canad. J. Research*, 1947, v. 25A, p. 1.
35. Macnamara J., Collins C. B., Thode H. G.—*Phys. Rev.*, 1950, v. 78, p. 129.
36. Stanley C. W., Katcoff S.—*J. Chem. Phys.*, 1949, v. 17, p. 653.
37. Wiles D., Coryell C.—*Phys. Rev.*, 1954, v. 96, p. 696.
38. *Canad. J. Phys.*, 1953, v. 31 p. 419. Auth.: D. R. Wiles et al.
39. Steinberg E. P., Glendenin L. E.—*Phys. Rev.*, 1954, v. 95, p. 431.
40. Izrael' Y. A., Stukin E. D. *Gamma-izluchenie radioaktivnykh vypadenii*. Moscow, Atomizdat, 1967.
41. Albrecht L.—*Kernenergie*, 1963, Bd 6, No. 8, S. 390.
42. Perfilov N. A., In: *Fizika deleniya atomnykh yader*. Moscow, Gosatomizdat, 1962, p. 175.
43. Eismont V. P.—*Zhurn. eksperim. i teor. fiz.*, 1962, V. 42, No. 1, p. 178.
44. In: *Neitronnaya fizika*. Moscow, Gosatomizdat, 1961, p. 224, Auth. Y. K. Bonyushkin et al.
45. Münge R., Hladik O.—*Kernenergie*, 1962, Bed 5, No. 6, S. 472.
46. Proc. of the Second United Nations Inter. Conf. on the Peaceful Uses of Atomic Energy. V. 15, p. 156. Geneva, 1958. Auth.: J. P. Butler et al.
47. Hardwick W. H.—*Phys. Rev.*, 1953, v. 92, No. 4, p. 1072.
48. Keneshea F. J., Saul A. M.—*Nucleonics*, 1953, v. 11, No. 11, p. 26.
49. *Bull. Amer. Phys. Soc. Ser. 2*, 1958, v. 3, p. 6. Auth.: R. B. Regier, W. H. Burgus, J. R. Smith, M. S. Moore.
50. Regier R. B., Burgus W. H., Tromp R. L.—*Phys. Rev.*, 1959, v. 113, p. 1589.
51. *Phys. Rev.*, 1957, v. 108, p. 1522. Auth.: Nasuhoglu R. et al.
52. Los Alamos Radiochemistry Group.—*Phys. Rev.*, 1957, v. 107, p. 325.
53. *Phys. Rev.*, 1960, v. 119, p. 2017. Auth.: R. B. Regier et al.
54. In: *Fizika deleniya atomnykh yader*. Moscow, Gosatomizdat, 1962, p. 48. Auth.: N. I. Borisova et al.

55. Fickel H. R., Tomlinson R. H.—*Canad. J. Phys.*, 1959, v. 37, No. 8, p. 916.
56. Krizhansky L. M.—*Atomnaya energiya*, 1957, v. 2, No. 3, p. 276.
57. *Canad. J. Chem.*, 1953, v. 31, p. 120. Auth.: R. M. Bartholomew et al.
58. *Canad J. Chem.*, 1953, v. 31, p. 48. Auth.: L. Yaffe et al.
59. Bartholomew R. M., Baerg A. P.—*Canad. J. Chem* , 1956, v. 34, p. 201.
60. Fleming W. H., Thode H. G.—*Canad. J. Chem.*, 1956, v. 34, p. 193.
61. Gorshkov V. K., Anikina M. P.—*Atomnaya energiya*, 1959, v. 7, No. 2, p. 144.
62. Krizhansky L. M., Murin A. N.—*Atomnaya energiya*, 1958, v. 4, No. 1, p. 77.
63. Brown F.—*J. Inorg. and Nucl. Chem.*, 1955, v. 1, p. 248.
64. *Phys. Rev.*, 1950, v. 77, p. 755. Auth.: C. D. Coryell et al.
65. Glendenin L. E., Coryell C. D.—*Phys. Rev.*, 1950, v. 77, p. 755.
66. *Phys. Rev.*, 1949, v. 76, p. 1717. Auth.: M. G. Inghram et al.
67. Sessiya AN SSR po mirnomu ispol'zovaniyu atomnoi energii. 1–5 July 1955., Otd. khimii. Moscow, Izd-vo AN SSSR, 1955, p. 205. Auth.: G. M. Kukavadze et al.
68. Pappas A. C., Wiles D. R.—*J. Inorg. and Nucl. Chem.*, 1956, v. 2, p. 69.
69. Crummitt W. E., Wilkinson G.—*Nature*, 1948, v. 161, p. 520.
70. *Canad. J. Chem.*, 1956, v. 34, p. 233. Auth.: A. T. Blades et al.
71. Purkayastha B. C., Martin G. R.—*Canad. J. Chem.*, 1956, v. 34, p. 293.
72. *Bull. Amer. Phys. Soc. Ser. 2*, 1957, v. 2, p. 197. Auth.: J. E. Sattizahn et al.
73. Petrov H. G., Rocco G.—*Phys. Rev.*, 1954, v. 96, p. 1614.
74. *Phys. Rev.*, 1954, v. 96, p. 102. Auth.: F. C. Freiling et al.
75. *Phys. Rev.*, 1955, v. 100, p. 1284. Auth.: H. G. Hicks et al.
76. Hicks H. G., Gilbert R. S.—*Phys. Rev.*, 1955, v. 100, p. 1286.
77. *Phys. Rev.*, 1955, v. 99, p. 184. Auth.: W. H. Jones et al.
78. Lindner M., Osborne R. N.—*Phys. Rev.*, 1954, v. 94, p. 1323.
79. Bowles B. J., Brown F., Butler J. P.—*Phys. Rev.*, 1957, v. 107, p. 751.
80. Fleming W. H., Thode H. G.—*Phys. Rev.*, 1953, v. 92, p. 378.
81. Wetherill C. W.—*Phys. Rev.*, 1953, v. 92, p. 907.
82. Macnamara J., Thode H. G.—*Phys. Rev.*, 1950, v. 80, p. 471.
83. Parker P. L., Kuroda P. K.—*J. Inorg. and Nucl. Chem.*, 1958, v. 5, p. 153.
84. Kuroda P. K., Edwards R. R.—*J. Inorg. and Nucl. Chem.*, 1957, v. 3, p. 345.
85. Glendenin L. E., Steinberg E. P.—*J. Inorg. and Nucl. Chem.*, 1955, v. 1, p. 45.
86. Cuninghame J. G.—*J. Inorg. and Nucl. Chem.*, 1958, v. 6, p. 181.
87. Crouch E. A. C., Swainbank J. G. Proc. of the Second United Nations Inter. Conf. on the Peaceful Uses of Atomic Energy. V. 15, p. 464, P/7. Geneva, 1958.
88. Crummit W. E., Milton G. M.—*J. Inorg. and Nucl. Chem.*, 1957, v. 5, p. 93.
89. Anikina M. P., Ershler B. V.—*Atomnaya energiya*, 1957, v. 2, No. 3, p. 275.
90. Santry D. C., Yaffe L.—*Canad. J. Chem.*, 1960, v. 38, p. 421.
91. Reed G. W.—*Phys. Rev.*, 1955, v. 98, p. 1327.
92. Brown F., Yaffe L.—*Canad. J. Chem.*, 1953, v. 31, p. 242.
93. Proc. of the Second United Nations Inter. Conf. on the Peaceful Uses of Atomic Energy. V. 15, p. 449, P/643. Geneva, 1958. Auth.: L. R. Bunney et al.
94. *Phys. Rev.*, 1953, v. 92, p. 1091. Auth.: J. Tarrel et al.
95. Petruska J. A., Melaika E. A., Tomlinson R. H.—*Canad. J. Phys.*, 1955, v. 33, p. 640.
96. Inghram M. G., Hayden R. J., Hess D. C.—*Phys. Rev.*, 1950, v. 79, p. 271.
97. Croall I. F.—*J. Inorg. and Nucl. Chem.*, 1961, v. 16, p. 358.
98. Proc. of the Second United Nations Inter. Conf. on the Peaceful Uses of Atomic Energy. V. 15, p. 444, P/644. Geneva, 1958. Auth.: L. R. Bunney et al.
99. Fritze K., McMullen C. C., Thode H. G. Proc. of the Second United Nations Inter. Conf. on the Peaceful Uses of Atomic Energy. V. 15, p. 436, P/187. Geneva, 1958.
100. Fickel H. R., Tomlinson R. H.—*Canad. J. Phys.*, 1959, v. 37, p. 926.
101. Wiles D. M., Petruska J. A., Tomlinson R. H.—*Canad. J. Chem.*, 1956, v. 34, p. 227.
102. *Canad. J. Phys.*, 1961, v. 39, p. 1391. Auth.: J. G. Bayly et al.
103. Cuninghame J. G.—*J. Inorg. and Nucl. Chem.*, 1957, v. 4, p. 1.
104. Crummitt W. E., Milton G. M.—*J. Inorg. and Nucl. Chem.*, 1961, v. 20, p. 6.
105. Turkevich A., Niday J. B.—*Phys. Rev.*, 1951, v. 84, p. 52.
106. Kennett T. J., Thode H. G.—*Canad. J. Phys.*, 1957, v. 35, p. 969.
107. Kafalas P., Crouthamel C. E.—*J. Inorg. and Nucl. Chem.*, 1957, v. 4, p. 239.
108. *Nucl. Sci. Abstr.*, 1961, v. 15, p. 3285. Abstr. 25460. Auth.: A. C. Wahl et al.
109. *Atomnaya energiya*, 1959, v. 6, No. 5, p. 577. Auth.: M. A. Bak et al.
110. In: *Neitronnaya fizika*, Moscow, Gosatomizdat, 1961, p. 217. Auth.: K. A. Petrzhak et al.
111. Keller R. N., Steinberg E. P., Glendenin L. E.—*Phys. Rev.*, 1954, v. 94, p. 969.
112. Turkevich A., Niday J. B., Tompkins A.—*Phys. Rev.*, 1953, v. 89, p. 552.
113. *Atomnaya energiya*, 1958, v. 5, No. 2, p. 130. Auth.: A. N. Protopopov et al.

114. Wahl A. C., Bonner N. A.—*Phys. Rev.*, 1952, v. 85, p. 570.
115. *Phys. Rev.*, 1960, v. 117, p. 186. Auth.: P. C. Stevenson *et al.*
116. Cuninghame J. G.—*J. Inorg. and Nucl. Chem.*, 1957, v. 5, p. 1.
117. Coleman R. F., Hawker B. E., Perkin J. L.—*J. Inorg. and Nucl. Chem.*, 1960, v. 14, p. 8.
118. Wahl A. C.—*J. Inorg. and Nucl. Chem.*, 1958, v. 6, p. 263.
119. Krisyuk I. T., Platunova N. B., Protopopov A. N.—*Radiokhimiya*, 1960, v. 2, p. 746.
120. Krisyuk I. T., Lepnev K. P., Platunova N. B.—*Radiokhimiya*, 1960, v. 2, p. 743.
121. *Canad. J. Chem.*, 1961, v. 39, p. 646. Auth.: C. D. Coryell *et al.*
122. Hiller D. M., Martin D. S.—*Phys. Rev.*, 1953, v. 90, p. 581.
123. Vasil'ev I. A., Petrzhak K. A.—*Zhurn. eksperim. i teor. fiz.*, 1968, v. 35, p. 1135.
124. Schmitt R. A., Sugarman N.—*Phys. Rev.*, 1954, v. 95, p. 1260.
125. Richter H. G., Coryell C. D.—*Phys. Rev.*, 1954, v. 95, p. 1550.
126. *Phys. Rev.*, 1955, v. 99, p. 98. Auth.: L. Katz *et al.*
127. *J. Inorg. and Nucl. Chem.*, 1959, v. 10, p. 183. Auth.: J. D. Knight *et al.*
128. *J. Inorg. and Nucl. Chem.*, 1960, v. 12, p. 201. Auth.: K. Wolfsberg *et al.*
129. *Phys. Rev.*, 1958, v. 111, p. 886. Auth.: P. C. Stevenson *et al.*
130. Yaffe L., Mackintosh C. E.—*Canad. J. Research*, 1947, v. 25B, p. 371.
131. *Canad. J. Research*, 1947, v. 25B, p. 346. Auth. W. E. Grummitt *et al.*
132. Choppin G. R., Meyer E. F.—*J. Inorg. and Nucl. Chem.*, 1966, v. 28, No. 3, p. 1509.
133. Alexander J. M., Coryell C. D.—*Phys. Rev.*, 1957, v. 108, p. 1274.
134. *Phys. Rev.*, 1957, v. 108, p. 1264. Auth.: T. T. Sugihara *et al.*
135. Newton A. S.—*Phys. Rev.*, 1949, v. 75, p. 17.
136. *Phys. Rev.*, 1958, v. 111, p. 1358. Auth.: R. Vandenbosch *et al.*
137. *Phys. Rev.*, 1961, v. 121, No. 5, p. 1415. Auth.: L. J. Colby *et al.*
138. Gunnink R., Cobble J. W.—*Phys. Rev.*, 1959, v. 115, p. 1247.
139. *Phys. Rev.*, 1956, v. 104, p. 434. Auth.: R. A. Glass *et al.*
140. Milton J. C. D., Fraser J. S.—*Canad. J. Phys.*, 1962, v. 40, No. 11, p. 1626.
141. Carrison J. D., Roos B. W.—*Nucl. Sci. Engng*, 1962, v. 12, No. 1, p. 115.
142. Farrar H., Tomlinson R. H.—*Canad. J. Phys.*, 1962, v. 40, No. 8, p. 943.
143. Kuroda P. K., Menon M. P.—*Nucl. Sci. Engng*, 1961, v. 10, No. 1, p. 70.
144. Farrar H., Fickel H. R., Tomlinson R. H.—*Canad. J. Phys.*, 1962, v. 40, No. 8, p. 1017.
145. Farrar H., Tomlinson R. H.—*Nucl. Phys.*, 1962, v. 34, No. 2, p. 367.
146. Bidinosti D. R., Irish D. E., Tomlinson R. H.—*Canad. J. Chem.*, 1961, v. 39, No. 3, p. 628.
147. Hemmendinger A., *Proc. Second Geneva Conf.*, V. 15, p. 344, P/663, 1958.
148. Colby L. J., Cobble J. W.—*Phys. Rev.*, 1961, v. 121, No. 5, p. 1410.
149. Cuninghame J. G., Kitt G. P., Rae E. R.—*Nucl. Phys.*, 1961, v. 27, No. 1, p. 154.
150. Tewes H. A., James R. A.—*Phys. Rev.*, 1952, v. 83, No. 4, p. 860.
151. *Phys. Rev.*, 1961, v. 124, No. 2, p. 544. Auth.: H. B. Levy *et al.*; In: *Fizika deleniya yader*. Moscow, Gosatomizdat, 1963, p. 335. Auth.: H. B. Levy *et al.*
152. Broom K. M.—*Phys. Rev.*, 1962, v. 126, No. 2, p. 627.
153. Kjelberg A., Taniguchi H., Yaffe L.—*Canad. J. Chem.*, 1961, v. 39, No. 3, p. 635.
154. Kaplan M., Coryell C. D.—*Phys. Rev.*, 1961, v. 124, No. 6, p. 1949.
155. Kraut A.—*Nucleonik*, 1960, Bd 2, S. 105; 1960, Bd 2, S. 149. Kraut A. In: *Fizika deleniya yader*. Moscow, Gosatomizdat, 1963, p. 7.
156. Nervik W. E.—*Phys. Rev.*, 1960, v. 119, No. 5, p. 1685.
157. Young B. G., Thode H. G.—*Canad. J. Phys.*, 1960, v. 38, p. 1.
158. Hyde E. K., Perlman I., Seaborg G. T. The Nuclear Properties of the Heavy Elements. V. III. Prentice Hall. Inc., Englewood Cliffs, New Jersey, 1964.
159. Laidler J. B., Brown F.—*J. Inorg. and Nucl. Chem.*, 1962, v. 24, p. 1485.
160. Sugarman N.—*Phys. Rev.*, 1953, v. 89, p. 570.
161. Kjelberg A., Pappas A. C.—*J. Inorg. and Nucl. Chem.*, 1959, v. 11, p. 173.
162. Kennett T. J., Thode H. G.—*Phys. Rev.*, 1956, v. 103, p. 323.
163. Wanless R. K., Thode H. G.—*Canad. J. Phys.*, 1955, v. 33, No. 9, p. 541.
164. Reed G. W., Turkevich A.—*Phys. Rev.*, 1953, v. 92, p. 1473.
165. Pappas A. C., *Proc. Second Geneva Conf.*, v. 15, p. 373, P/583, 1958.
166. Wahl A. C.—*Phys. Rev.*, 1955, v. 99, p. 730.
167. Katcoff S., Rubinson W.—*Phys. Rev.*, 1953, v. 91, p. 1458.

168. Proc. Nucl. and Radiat. Chem., Sympos. Waltair, la, 3. Delhi, 1966. Auth.: A. V. Jadhav et al.
169. *Atomnaya energiya*, 1967, v. 22, No. 6, p. 478. Auth.: Y. A. Shukolyukov et al.
170. Menon M. P., Kuroda P. K.—*J. Inorg. and Nucl. Chem.*, 1964, v. 26, No. 3, p. 401.
171. Petrzhak K. A., Flerov G. N.—*Uspekhi fiz. nauk*, 1961, v. 73, No. 4, p. 655.
172. Croall I. F.—U. K. Atomic Energy Research Establ. AERE-R 3209, Harwell, 1960.
173. Petrzhak K. A., In: *Fizika deleniya atomnykh yader*. Prilozhenie No. 1 k zhurnalu *Atomnaya energiya*, 1957, Moscow, Atomizdat, 1957, p. 152.
174. *Phys. Rev.*, 1962, v. 126, No. 3, p. 1112. Auth.: A. C. Wahl et al.
175. Walker W. H. Chalk River Report CRRP-913, 1960, p. 16. (See [158].)
176. Petruska J. A., Thode H. G., Tomlinson R. H.—*Canad J. Phys.*, 1955, v. 33, p. 693. (See [158].)
177. Ondrejcin R. S.—*J. Inorg. and Nucl. Chem.*, 1966, v. 28, No. 9, p. 1763.
178. Ferguson R. L., O'Kelley G. D. ORNL-3305, 1962. (See [177].)
179. Bunney L. R., Scadden E. M.—*J. Inorg. and Nucl. Chem.*, 1965, v. 27, No. 2, p. 273.
180. Maeck W. J., Abernathy R. M., Rein J. E. Trans. Amer. Nucl. Soc., Annual Meeting. June 21–24, 1965, v. 8, p. 10.
181. Ravindran N., Flyn K. F., Glendenin L. E.—*J. Inorg. and Nucl. Chem.*, 1966, v. 28. No. 4, p. 921.
182. Krizhansky L. *Trudy Tashkentskoi konferentsii po mirnomu ispol'zovaniyu atomnoi energii*. Tashkent, 1959, V. 1. Tashkent. Izd-vo AN Uz. SSR, 1961, p. 222.
183. Rickard R. R., Goeking C. F., Wyatt E. I.—*Nucl. Sci. and Engng*, 1965, v. 23, No. 2, p. 115.
184. Marsden D. A., Yaffe L.—*Canad. J. Chem.*, 1965, v. 43, No. 1, p. 249.
185. *Canad. J. Chem.*, 1959, v. 37, p. 660. Auth.: R. M. Bartholomew et al.
186. McHugh J. A.—*J. Inorg. and Nucl. Chem.*, 1966, v. 28, No. 9, p. 1787.
187. Baerg A. P., Bartholomew R. M., Betts R. H.—*Canad. J. Chem.*, 1960, v. 38, p. 2147. (See [186].)
188. Weber J. W.—*J. Nucl. Mater.*, 1963, v. 10, No. 1, p. 67.
189. Ganapathy R., Tin Mo, Meason J. L.—*J. Inorg. and Nucl. Chem.*, 1967, v. 29, No. 1, p. 257.
190. Okazaki A., Walker W. H., Bigham C. B.—*Canad. J. Phys.*, 1966, v. 44, No. 1, p. 237.
191. Okazaki A., Walker W. H.—*Canad. J. Phys.*, 1965, v. 43, p. 1036.
192. *Canad. J. Phys.*, 1964, v. 42, p. 2063. Auth.: H. Farrar, W. B. Clarke, H. G. Thode, R. H. Tomlinson.
193. Bidinosti D. R. Ph. D. Thesis, 1959. (See [191].)
194. *Phys. Rev.*, 1966, v. 144, No. 3, p. 984. Auth.: P. O. Strom et al.
195. Sarantities D. G., Gordon G. E., Coryell C. D.—*Phys. Rev.*, 1965, v. 138, No. 2B, p. B353.
196. Norris A. E., Wahl A. C.—*Phys. Rev.*, 1966, v. 146, No. 3, p. 926.
197. Daniels W. R., Hoffman D. C.—*Phys. Rev.*, 1966, v. 145, No. 3, p. 911.
198. Krivokhatsky A. S., Romanov Y. F.—*Poluchenie transuranovykh i aktinoidnykh elementov pri neitronnom obluchenii*. Moscow, Atomizdat, 1970.
199. *Gensikaku kenkyu*, 1963, v. 8, No. 3, p. 356. Auth.: Sirato Syodzi et al.
200. Obukhov A. I., Perfilov N. A.—*Uspekhi fiz. nauk*, 1967, v. 92, No. 4, p. 621.
201. *Nucl. Phys.*, 1963, v. 44, No. 4, p. 588. Auth.: J. G. Cuninghame et al.
202. Wahl A. C., Norris A. E., Ferguson R. L.—*Phys. Rev.*, 1966, v. 146, p. 931. (See [196].)
203. Nethaway D. R., Levy H. B.—*Phys. Rev.*, 1965, v. 139, No. 6B, p. B1505.
204. *Yadernaya fizika*, 1970, v. 11, No. 2, p. 297. Auth.: B. D. Kuz'minov et al.
205. Proc. Nucl. Phys. and Solid. State Phys. Sympos., Chandigarh, 1964, Part A. S1, p. 120. Auth.: S. S. Kapoor et al.
206. Wahl A. C., Nethaway D. R.—*Phys. Rev.*, 1963, v. 131, No. 2, p. 830.
207. Aras N. K., Gordon G. E.—*J. Inorg. and Nucl. Chem.*, 1966, v. 28, No. 3, p. 763.
208. Vanhorenbeeck J.—*Nucl. Phys.*, 1962, v. 37, p. 90. (See [207].)
209. Dropesky B. I., Orth C. J.—*Bull. Amer. Phys. Soc.*, 1963, v. 8, p. 377. (See [207].)
210. Strom P. O., Grant G., Pappas A. C.—*Canad. J. Chem.*, 1965, v. 43, No. 9, p. 2493.
211. Weiss H. V.—*Phys. Rev.*, 1965, v. 139, No. 2B, p. B304.
212. Troutner D. E., Wahl A. C., Ferguson R. L.—*Phys. Rev.*, 1964, v. 134, No. 5B, p. 1027.
213. Hübenthal K. H.—*C. r. Acad. Sci.*, 1967, v. 264, No. 21, p. B1468.
214. Weiss H. V., Reichert W. L.—*J. Inorg. and Nucl. Chem.*, 1966, v. 28, No. 10, p. 2067.

215. Levine M. M.–*Nucl. Sci. and Engng*, 1961, v. 9, No. 4, p. 495.
216. Tercho G. P., Marinsky J. A.–*J. Inorg. and Nucl. Chem.*, 1964, v. 26, No. 7, p. 1129.
217. Bosch H. E., Abecasis S. M.–*Informe Comis. nac. energia atom.*, 1959, No. 4, p. 20.
218. Croall I. F., Willis H. H.–*J. Inorg. and Nucl. Chem.*, 1963, v. 25, p. 1213.
219. Fröhner F. H.–*Z. Phys.*, 1962, Bd 170, No. 1, S. 62.
220. Katcoff S., Rubinson W.–*J. Inorg. and Nucl. Chem.*, 1965, v. 27, No. 7, p. 1447.
221. Murin A. N. In: *Fizika deleniya atomnykh yader*, Prilozhenie No. 1 k zhurnalu *Atomnaya energiya*, 1957. Moscow, Atomizdat, 1957, p. 32.
222. *Phys. Rev.*, 1951, v. 84, p. 861. Auth.: L. E. Glendenin, E. P. Steinberg, M. G. Inghram, D. C. Hess. (See [221].)
223. Present E.–*Phys. Rev.*, 1947, v. 72, p. 1.
224. Ganapathy R., Kuroda P. K.–*J. Inorg. and Nucl. Chem.*, 1966, v. 28, No. 10, p. 2071.
225. Mo Tin, Rao M. H.–*J. Inorg. and Nucl. Chem.*, 1968, v. 30, No. 2, p. 345.
226. Broom K. M.–*Phys. Rev.*, 1964, v. 133, No. 4B, p. B874.
227. Phys. and Chem. of Fission, Salzburg, 22–26 March 1965. V. 1, p. 439. Vienna, 1965. Auth.: R. S. Iyer et al.
228. Bunney L. R., Scadden E. M.–*J. Inorg. and Nucl. Chem.*, 1965, v. 27, No. 6, p. 1183.
229. *J. Inorg. and Nucl. Chem.*, 1963, v. 25, No. 5, p. 465. Auth.: R. H. Iyer et al.
230. Kondrat'ko M. Y., Petrzhak K. A.–*Atomnaya energiya*, 1967, v. 23, No. 6, p. 559.
231. Kondrat'ko M. Y., Petrzhak K. A.–*Atomnaya energiya*, 1966, v. 20, No. 6, p. 514.
232. Petrzhak K. A., Sedletsky R. V.–*Atomnaya energiya*, 1963, v. 15, No. 4, p. 308.
233. Meason J. L., Kuroda P. K.–*Phys. Rev.*, 1966, v. 142, No. 3, p. 691.
234. Ford G. P.–*Phys. Rev.*, 1960, v. 118, No. 5, p. 1261.
235. Croall I. F. U. K. Atom. Energy Research Establ. Harwell, Berkshire. AERE-R5086, 1967.
236. Cuninghame J. G.–*Philos Mag.*, 1953, v. 44, p. 900.
237. Corall I. F., Willis H. H.–*J. Inorg. and Nucl. Chem.*, 1962, v. 24, p. 221.
238. Sattizahn J. E., Knight J. D., Kahn M.–*J. Inorg. and Nucl. Chem.*, 1960, No. 12, p. 206.
239. Stehney A. F., Sugarman N.–*Phys. Rev.*, 1953, v. 89, p. 194.
240. Baerg A. P., Bartholomew R. M.–*Canad. J. Chem.*, 1957, v. 35, p. 980.
241. Hill R. D.–*Phys. Rev.*, 1955, v. 98, N 5, p. 1272.
242. *Canad. J. Chem.*, 1954, v. 32, p. 1017. Auth.: L. Yaffe et al.
243. Santry D. C., Yaffe L.–*Canad. J. Chem.*, 1960, v. 38, No. 3, p. 464.
244. *Canad. J. Chem.*, 1970, v. 48, No. 4, p. 652. Auth.: L. H. Gevaert et al.
245. Ashizawa F. T., Kuroda P. K.–*J. Inorg. and Nucl. Chem.*, 1957, v. 5, p. 12.
246. Heydegger H. R., Kuroda P. K.–*J. Inorg. and Nucl. Chem.*, 1959, v. 12, p. 12.
247. *J. Inorg. and Nucl. Chem.*, 1969, v. 31, p. 3357. Auth.: H. R. Gunten et al.
248. *Phys. Rev.*, 1970, v. C1, No. 3, p. 1044. Auth.: D. E. Troutner et al.
249. *Phys. Rev.*, 1969, v. 179, No. 4, p. 1166. Auth.: B. Srinivasan et al.
250. Birgul O., Lyle S. J.–*Radiochimica Acta*, 1969, Bd. 11, No. 2, S. 108.
251. Report LA-1997, 1958. Auth.: D. P. Ames et al. (see [152].)
252. *J. Inorg. and Nucl. Chem.*, 1968, v. 30, No. 5, p. 1145. Auth.: M. Thein et al.
253. Borden K. D., Kuroda P. K.–*J. Inorg. and Nucl. Chem.*, 1969, v. 31, No. 8, p. 2623.
254. *Radiochimica Acta*, 1964, Bd 3, N 1/2, S. 76. Auth.: R. H. James et al.
255. *Radiochimica Acta*, 1964, Bd 3, N 1/2, S. 80. Auth.: S. J. Lyle et al.
256. *J. Inorg. and Nucl. Chem.*, 1969, v. 31, No. 3, p. 591. Auth.: A. S. Rao et al.
257. *Yadernaya fizika*, 1970, v. 11, No. 6, p. 1178. Auth.: K. A. Petrzhak et al.
258. *Canad. J. Chem.*, 1970, v. 48, No. 4, p. 641. Auth.: L. H. Gevaert et al.
259. *Phys. Rev.*, 1969, v. 182, No. 4, p. 1251. Auth.: D. R. Nethaway et al.
260. Vallis D. G., Thomas A. O. Report AWRE-0-58-61, 1962. (See [259].)
261. *Phys. Rev.*, 1962, v. 128, No. 2, p. 700. Auth.: H. G. Hicks et al.
262. Wolfsberg K.–*Phys. Rev.*, 1965, v. 137, No. 4B, p. B929.
263. *Atomnaya energiya*, 1964, v. 16, No. 2, p. 146. Auth.: I. T. Krisyuk et al.
264. *Radiokhimiya*, 1962, v. 4, No. 5, p. 587. Auth.: A. N. Apollonova et al.
265. Ganapathy R., Ihochi H.–*J. Inorg. and Nucl. Chem.*, 1966, v. 28, p. 3071.
266. Gorman D. J., Tomlinson R. H.–*Canad. J. Chem.*, 1968, v. 46, No. 10, p. 1663.
267. *Radiochimica Acta*, 1966, Bd 6, S. 16. Auth.: M. G. Brown et al.
268. *Yadernaya fizika*, 1967, v. 6, p. 919. Auth.: I. T. Krisyuk et al.

269. Amiel S. Phys. and Chem. of Fission, Salzburg, 22-26 March 1965. V. 2, Vienna, 1965, p. 171.
270. Phys. and Chem. Fission Proc. 2nd IAEA Sympos. Vienna, 1969. Vienna, 1969, p. 945. Auth.: H. O. Denschlag et al.
271. Reactor Physics Constants. ANL-5800. Second Edition. USAEC, 1963.
272. J. Inorg. and Nucl. Chem., 1968, v. 30, No. 9, p. 2305. Auth.: M. N. Namboodiri et al.
273. De Laeter J. R., Thode H. G.–Canad. J. Phys., 1969, v. 47, No. 13, p. 1409.
274. Davies W.–Radiochimica Acta, 1969, Bd 12, S. 173.
275. USAEC Report GEAP-5356, 1967; USAEC Report APED-5398, 1968. Auth.: B. F. Rider et al. (See [274].)
276. USAEC Report IN-1207, 1968. Auth.: F. L. Lisman et al. (See [274].)
277. Wyttenbach A., Von Gunten H. R. Phys. and Chem. Fission, Salzburg, 22-26 March 1965. V. 1. Vienna, 1965, p. 415.
278. Crook J. M., Voigt A. F. TID-4500, 1963. (See [277, 280].)
279. Canad. J. Chem., 1968, v. 46, No. 18, p. 2911. Auth.: J. W. Harvey et al.
280. J. Inorg. and Nucl. Chem., 1967, v. 29, No. 5, p. 1189. Auth.: M. Breseti et al.
281. Radiochimica Acta, 1964, Bd 3, S. 118. Auth.: A. Wyttenbach et al.
282. Croall I. F., Willis H. H.–Phys. and Chem. Fission, Salzburg. 22-26 March 1965. V. 1. Vienna, 1965, p. 355.
283. Phys. Rev., 1967, v. 161, No. 4, p. 1192. Auth.: H. R. Gunten von et al.
284. Nucl. Sci. and Engng, 1957, v. 2, p. 334. Auth.: P. Greebler et al.
285. Ford G. P., Gilmore J. S. LADC-1997, 1956. (See [235, 307, 341].)
286. Flynn K. F., Von Gunten H. R. Phys. and Chem. Fission, Proc. 2nd IAEA Sympos. Vienna, 1969, Vienna, 1969, p. 731.
287. Yadernaya fizika, 1968, v. 8, No. 4, p. 695. Auth.: N. I. Borisova, R. A. Zenkova, B. V. Kurchatov et al.
288. Canad. J. Phys., 1966, v. 44, p. 1011. Auth.: J. W. Harvey et al.
289. Croall I. F., Willis H. H. Res. Group. U. K. Atomic Energy Author. AERE-R 6154, 1969.
290. USAEC Doc. GEAP-5505, 1967. Auth.: B. F. Rider et al. (See [289].)
291. Idaho Nuclear Corp. Report IN 1277, TID-4500, 1969. Auth.: F. L. Lisman et al. (See [289].)
292. Radiokhimiya, 1970, v. 12, No. 3, p. 487. Auth.: N. V. Skovorodkin et al.
293. Radiokhimiya, 1970, v. 12, No. 3, p. 492. Auth.: N. V. Skovorodkin et al.
294. Phys. and Chem. Fission, Proc. 2nd IAEA Sympos. Vienna, 1969. Vienna, 1969, p. 813. Auth.: A. C. Wahl et al.
295. Nucleonics, 1966, v. 24, No. 12, p. 62. Auth.: G. E. Gordon et al.
296. Nukleonik, 1965, Bd 7, No. 4, S. 169. Auth.: L. Balcarczyk et al.
297. J. Inorg. and Nucl. Chem., 1969, v. 31, No. 10, p. 3005. Auth.: B. R. Erdal et al.
298. Marinsky J. A., Eichler E.–J. Inorg. and Nucl. Chem., 1960, v. 12, p. 223.
299. Marmol P., Perricos D. C.–J. Inorg. and Nucl. Chem., 1970, v. 32, No. 3, p. 705.
300. Phys. Rev., 1970, v. C1, No. 1, p. 312. Auth.: L. H. Niece et al.
301. Delucchi A. A., Greendale A. E.–Phys. Rev., 1970, v. C1, No. 4, p. 1491.
302. Phys. Rev., 1968, v. 173, No. 4, p. 1159. Auth.: A. A. Delucchi et al.
303. J. Inorg. and Nucl. Chem., 1969, v. 31, No. 10, p. 2993. Auth.: B. R. Erdal et al.
304. Weiss H. V., Ballon N. E. Phys. and Chem. Fission, Salzburg, 22-26 March 1965. V. 1. Vienna, 1965, p. 423.
305. J. Inorg. and Nucl. Chem., 1969, v. 31, No. 3, p. 585. Auth.: B. Parsa et al.
306. Large N. R., Bullock R. J. Phys. and Chem. Fiss. Proc. 2nd IAEA Sympos. Vienna, 1969. Vienna, 1969, p. 637.
307. Phys. and Chem. Fission, Proc. 2nd IAEA Sympos. Vienna, 1969. Vienna, 1969, p. 741. Auth.: S. P. Dange et al.
308. Phys. and Chem. Fission, Proc. 2nd IAEA Sympos. Vienna, 1969. Vienna, 1969, p. 591. Auth.: H. D. Schüssler et al.
309. Notea A–Phys. Rev., 1969, v. 182, No. 4, p. 1331.
310. Tomita I.–Radioisotopes, (Japan), 1969, v. 18, No. 8, p. 331.
311. Phys. and Chem. Fission Proc. 2nd IAEA Sympos. Vienna, 1969, p. 845. Auth.: K. S. Thind et al.
312. Mukherji Shankar.–Nucl. Phys., 1969, v. A129, No. 2, p. 297.
313. Wahl A. C. Phys. and Chem. Fission, Salzburg, 22-26 March 1965. V. 1. Vienna, 1965, p. 317.
314. Denschlag H. O.–J. Inorg. and Nucl. Chem., 1969, v. 31, No. 7, p. 1873.
315. Phys. Rev., 1968, v. 172, No. 4, p. 1269. Auth.: H. V. Weiss et al.
316. Wish L.–Phys. Rev., 1968, v. 172, No. 4, p. 1262.

317. Phys. and Chem. Fission Proc. 2nd IAEA Sympos. Vienna, 1969. Vienna, 1969, p. 953. Auth.: H. V. Weiss et al.
318. Phys. Rev., 1969, v. 179, No. 4, p. 1188. Auth.: N. G. Runnalis et al.
319. Quaim S. M., Denschlag H. O.–J. Inorg. and Nucl. Chem., 1970, v. 32, No. 6, p. 1767.
320. Phys. Rev., 1969, v. 188, No. 4, p. 1893. Auth.: H. V. Weiss et al.
321. Runnalis N. G., Trontner D. E.–Phys. Rev., 1970, v. C1, No. 1, p. 316.
322. Canad. J. Chem., 1966, v. 44, No. 24, p. 2951. Auth.: J. H. Forster et al.
323. Canad. J. Chem., 1969, v. 47, No. 20, p. 3817. Auth.: A. H. Khan et al.
324. J. Inorg. and Nucl. Chem., 1969, v. 31, No. 12, p. 3731. Auth.: G. B. Saha et al.
325. J. Inorg. and Nucl. Chem., 1968, v. 30, No. 12, p. 3167. Auth.: J. L. Anderson et al.
326. Davies J. H., Yaffe L.–Canad. J. Phys., 1963, v. 41, No. 5, p. 762.
327. Tilbury R. S., Yaffe L.–Canad. J. Chem., 1963, v. 41, No. 8, p. 1956.
328. Hagebo E.–J. Inorg. and Nucl. Chem., 1963, v. 25, No. 10, p. 1201.
329. Saha G. B., Yaffe L.–J. Inorg. and Nucl. Chem., 1970, v. 32, No. 3, p. 745.
330. Tomita I., Yaffe L.–Canad. J. Chem., 1969, v. 47, No. 16, p. 2921.
331. J. Inorg. and Nucl. Chem., 1968, v. 30, No. 12, p. 3155. Auth.: S. H. Freid et al.
332. Canad. J. Chem., 1969, v. 47, No. 2, p. 301. Auth.: P. P. Benjamin et al.
333. Phys. Rev., 1959, v. 116, No. 2, p. 382. Auth.: B. M. Foreman et al.
334. Ramaniah M. V., Wahl A. C.–J. Inorg. and Nucl. Chem., 1962, v. 24, No. 12, p. 1185.
335. Ford G. P., Leachman R. B.–Phys. Rev., 1965, v. 137, No. 4B, p. B826.
336. McHugh J. A., Michel M. C.–Phys. Rev., 1968, v. 172, No. 4, p. 1160.
337. Phys. Rev., 1966, v. 152, No. 3, p. 1096. Auth.: J. A. Powers et al.
338. Phys. Rev., 1966, v. 152, No. 3, p. 1088. Auth.: N. A. Wogman et al.
339. MacMurdo K. W., Cobble J. W.–Phys. Rev., 1969, v. 182, No. 4, p. 1303.
340. Hagebo E.–J. Inorg. and Nucl. Chem., 1965, v. 25, No. 5, p. 927.
341. J. Inorg. and Nucl. Chem., 1969, v. 31, No. 12, p. 3739. Auth.: R. Stella et al.
342. J. Inorg. and Nucl. Chem., 1968, v. 30, p. 2305. Auth.: M. N. Namboodiri et al.
343. Phys. Rev., 1965, v. 137, No. 4B, p. B837. Auth.: H. W. Schmitt et al.
344. Canad. J. Chem., 1955, v. 33, No. 5, p. 830. Auth.: E. A. Melayka et al.
345. Proc. Second United Nations. Intern. Conf. Peaceful Uses of Atomic Energy. V. 15, p. 111. P/645. Geneva, 1958. Auth.: R. G. Fluharty et al.
346. Tong S. L., Fritze K.–Radiochimica Acta, 1969, Bd 12, No. 4, S. 179.
347. Nisle R. G., Stepan I. E.–Nucl. Sci. and Engng, 1966, v. 25, No. 1, p. 93.
348. Phys. Rev., 1966, v. 144, No. 3, p. 979. Auth.: G. A. Cowan et al.
349. Phys. Rev., 1961, v. 122, No. 4, p. 1286. Auth.: G. A. Cowan et al.
350. Phys. and Chem. Fiss. Salzburg, 22-26 March 1965. Vienna, 1965, v. 1, p. 347. Auth.: G. A. Cowan et al.
351. Nucl. Phys., 1966, v. 84, No. 1, p. 49. Auth.: J. G. Cuninghame et al.
352. Faler K. T., Tromp R. L.–Phys. Rev., 1963, v. 131, No. 4, p. 1746.
353. Yadernaya fizika, 1965, v. 2, No. 2, p. 243. Auth.: N. I. Borisova et al.
354. Yadernaya fizika, 1967, v. 6, No. 3, p. 454. Auth.: N. I. Borisova et al.
355. Atomnaya energiya, 1963, v. 15, No. 3, p. 246. Auth.: P. P. D'yachenko et al.
356. Glazunov M. P., Kiselev V. A.–Kernenergie, 1960, Bd 3, No. 9, S. 869.
357. Talât-Erben M. Techn. Rept. Ser. IAEA. Vienna, 1963, No. 17, p. 61.
358. Talât-Erben M., Güven Binay.–Phys. Rev., 1963, v. 129, No. 4, p. 1762.
359. Proc. Second United Nations Inter. Conf. on the Peaceful Uses of Atomic Energy. V. 15, p. 149, P/197. Geneva, 1958. Auth.: B. D. Pate et al.
360. Arkiv fy., 1967, Bd 36, No. 1-6, S. 319. Auth.: E. Konecny et al.
361. a) Phys. and Chem. Fiss. Proc. 2nd IAEA Sympos. Vienna, 1969. Vienna, 1969, p. 465. Auth.: S. Bochvarov et al.
   b) Preprint OIYI No. RZ-4110, 1968, Dubna. Auth.: S. Bochvarov et al.
362. Newson H. W.–Phys. Rev., 1961, v. 122, No. 4, p. 1224.
363. Yadernaya fizika, 1968, v. 8, No. 2, p. 286. Auth.: P. P. D'yachenko et al.
364. Warhanek H., Vandenbosch R.–J. Inorg. and Nucl. Chem., 1964, v. 26, No. 5, p. 669.
365. Ricerca scient, 1968, v. 38, No. 12, p. 1190. Auth.: R. Stella et al.
366. Cinffolotti L.–Energia nucl. (Ital.), 1968, v. 15, No. 4, p. 272.
367. Proc. Nucl. and Radiat. Chem. Sympos. Poona, 1967, S1, p. 197. Auth.: M. V. Ramaniah et al.
368. J. Inorg. and Nucl. Chem., 1969, v. 31, No. 7, p. 1935. Auth.: D. C. Aumann.
369. Saha G. B., Yaffe L.–J. Inorg. and Nucl. Chem., 1969, v. 31, No. 7, p. 1891.
370. Nuclear Data for Reactors. V. 2. Vienna, 1967, p. 88. Auth.: N. I. Borisova et al.
371. Phys. Rev., 1948, v. 74, p. 631. Auth.: Katcoff S. et al.
372. Armbruster P., Meister H.–Z. Phys., 1962, Bd 170, No. 3, S. 274.

373. Ryce S. A.—*Nature*, 1966, v. 209, No. 5030, p. 1343.
374. *J. Inorg. and Nucl. Chem.*, 1968, v. 30, No. 2, p. 365. Auth.: C. Rudy et al.
375. *Yadernaya fizika*, 1966, v. 3, No. 1, p. 65. Auth.: Y. A. Selitsky et al.
376. Yaffe L. Phys. Chem. Fission Proc. 2nd IAEA Sympos. Vienna, 1969. Vienna, 1969, p. 701.
377. *Yadernaya fizika*, 1965, v. 1, No. 4, p. 633. Auth.: Y. A. Nemilov et al.
378. McHugh J. A., Michel M. C.—*J. Inorg. and Nucl. Chem.*, 1968, v. 30, No. 3, p. 673.
379. Britt H. C., Whetstone S. L.—*Phys. Rev.*, 1964, v. 133, No. 3B, p. B603.
380. Stanley L., Whetstone Jr.—*Phys. Rev.*, 1964, v. 133, No. 3B, p. B613.
381. Unik J. P., Huizenga J. R.—*Phys. Rev.*, 1964, v. 134, No. 1B, p. B90.
382. D'yachenko P. P., Kuz'minov B. D.—*Yadernaya fizika*, 1968, v. 7, No. 1, p. 36.
383. *Yadernaya fizika*, 1969, v. 10, No. 6, p. 1149. Auth.: I. A. Baranov et al.
384. Krisyuk I. T., Shpakov V. I.—*Radiokhimiya*, 1965, v. 7, No. 6, p. 692.
385. Phys. and Chem. Fission. Salzburg, 22–26 March 1965. V. 1. Vienna, 1965, p. 401. Auth.: E. Konecny et al.
386. Reisdorf W., Armbruster P.—*Phys. Lett.*, 1967, v. B24, No. 10, p. 501.
387. Seki Masao.—*J. Phys. Soc. Japan*. 1965, v. 20, No. 2, p. 190.
388. *J. Phys. Soc. Japan*, 1964, v. 19, No. 10, p. 1809. Auth.: S. Shirato et al.
389. Phys. and Chem. Fission, Salzburg, 22–26 March 1965. V. 1. Vienna, 1965, p. 547. Auth.: R. Vandenbosch et al.
390. *J. Inorg. and Nucl. Chem.*, 1969, v. 31, N 2, p. 257. Auth.: A. Kjelberg et al.
391. Croall I. F., Cuninghame J. G.—*Nucl. Phys.*, 1969, v. A 125, No. 2, p. 402.
392. *Yadernaya fizika*, 1966, v. 4, No. 2, p. 325. Auth.: V. G. Vorob'eva et al.
393. *Yadernaya fizika*, 1965, v. 1, No. 4, p. 639. Auth.: V. Apalin et al.
394. Marmol P. del, Neve de Mevergnies M.—*J. Inorg. and Nucl. Chem.*, 1967, v. 29, No. 2, p. 273.
395. Glendenin L. E., Unik J. P.—*Phys. Rev.*, 1965, v. 140, No. 5B, p. B1301.
396. Gönnenwein F.—*Z. Phys.*, 1964, Bd 181, No. 3, S. 281.
397. Reisdorf W.—*Z. Phys.*, 1968, Bd 209, No. 1, S. 77.
398. Faissner H., Waldermuth K.—*Nucl. Phys.*, 1964, v. 58, No. 2, p. 177.
399. Rao M. N., Kuroda P. K.—*Phys. Rev.*, 1966, v. 147, No. 3, p. 884.
400. Phys. and Chem. Fission, Salzburg, 22–26 March 1965. V. 1. Vienna, 1965, p. 369. Auth.: L. E. Glendenin et al.
401. Vasil'ev I. A., Petrzhak K. A.—*Tr. Leningr. tekhnolog. in-ta im. Lensoveta*, 1961, v. 55, p. 5.
402. *Phys. Rev.*, 1965, v. 140, No. 5B, p. B1310. Auth.: S. S. Kapoor et al.
403. Ford G. P., Leachman R. B. Phys. and Chem. Fission, Salzburg, 22–26 March 1965. V. 1. Vienna, 1965, p. 333.
404. Moore M. S., Miller L. G. Phys. and Chem. Fissions, Salzburg, 22–26 March 1965. V. 1. Vienna, 1965, p. 87.
405. Talât-Erben M., Binay Güven.—*Phys. Rev.*, 1964, v. 134, No. 5B, p. B972.
406. Phys. and Chem. Fission, Salzburg, 22–26 March 1965. V. 2. Vienna, 1965, p. 125. Auth.: H. R. Bowman et al.
407. *Nucl. Phys.*, 1965, v. 69, No. 2, p. 337. Auth.: N. K. Aras et al.
408. Phys. and Chem. Fission Proc. 2nd IAEA Sympos. Vienna, 1969. Vienna, 1969, p. 950. Auth.: N. K. Aras et al.
409. Phys. and Chem. Fission, Salzburg. 22–26 March 1965. V. 1. Vienna, 1965, p. 587. Auth.: H. Münzel et al.
410. Münzel H. Phys. and Chem. Fission Proc. 2nd IAEA Sympos. Vienna, 1969, Vienna, 1969, p. 949.
411. Proc. Nucl. Radiat. Chem. Sympos. Poona, 1967, S1, p. 186. Auth.: M. V. Ramaniah et al.
412. Proc. Nucl. Radiat. Chem. Sympos. Poona, 1967, S1, p. 192. Auth.: M. V. Ramaniah et al.
413. Niday J. B.—*Phys. Rev.*, 1961, v. 121, No. 5, p. 1471.
414. *Canad. J. Phys.*, 1969, v. 47, No. 21, p. 2371. Auth.: H. Nakahara et al.
415. Alexander J. M., Gazdik M. F.—*Phys. Rev.*, 1960, v. 120, No. 3, p. 874.
416. *J. Inorg. and Nucl. Chem.*, 1969, v. 31, No. 5, p. 1217. Auth.: S. Prakash et al.
417. Desai R. D., Menon M. P.—*Phys. Rev.*, 1966, v. 150, No. 3, p. 1027.
418. Saha G. B., Yaffe L.—*Canad. J. Chem.*, 1969, v. 47, No. 4, p. 655.
419. *Phys. Rev.*, 1966, v. 149, No. 3, P. 894. Auth.: J. W. Neiler et al.
420. *Yadernaya fizika*, 1969, v. 9, No. 2, p. 296. Auth.: V. G. Vorob'eva et al.
421. *Yadernaya fizika*, 1968, v. 7, No. 4, p. 778. Auth.: A. I. Sergachev et al.
422. *Phys. Rev.*, 1966, v. 141, No. 3, p. 1146. Auth.: H. W. Schmitt et al.
423. Bennett M. J., Stein W. E.—*Phys. Rev.*, 1967, v. 156, No. 4, p. 1277.
424. *Yadernaya fizika*, 1970, v. 11, No. 3, p. 501. Auth.: I. D. Alkhazov et al.
425. Petrzhak K. A., Tutin G. A.—*Yadernaya fizika*, 1969, v. 9, No. 5, p. 949.
426. Kuz'minov B. D., Sergachev A. I. Phys. and Chem. Fission, Salzburg, 22–26 March 1965. V. 1, Vienna, 1965, p. 611.

427. Phys. and Chem. Fission. Salzburg, 22–26 March 1965. V. 1. Vienna, 1965, p. 467. Auth.: T. D. Thomas *et al.*
428. *Yadernaya fizika*, 1967, v. 6, No. 4, p. 708. Auth.: V. I. Senchenko *et al.*
429. *Yadernaya fizika*, 1969, v. 9, No. 1, p. 19. Auth.: Y. M. Artem'ev *et al.*
430. *Yadernaya fizika*, 1970, v. 11, No. 2, p. 290. Auth.: Y. M. Artem'ev *et al.*
431. *Yadernaya fizika*, 1967, v. 5, No. 3, p. 517. Auth.: V. I. Senchenko *et al.*
432. *Yadernaya fizika*, 1968, v. 6, No. 6, p. 1167. Auth.: P. P. D'yachenko *et al.*
433. *Gensikaku kenkyu*, 1964, v. 9, No. 4, p. 460. Auth.: Sonoda Masaaki *et al.*
434. *Phys. Lett.*, 1970, v. B31, No. 8, p. 526. Auth.: R. L. Ferguson *et al.*
435. Gönnenwein F., Pfeiffer E.–*Z. Phys.*, 1967, Bd 207, S. 209.
436. *Phys. Rev.*, 1963, v. 129. No. 5, p. 2239. Auth.: H. C. Britt *et al.*
437. Whetstone S. L.–*Phys. Rev.*, 1964, v. 133, No. 3B, p. B613.
438. *Phys. Rev.*, 1963, v. 131, No. 6, p. 2617. Auth.: R. Brandt *et al.*
439. Barbier M. Induced Radioactivity. Amsterdam–London, North-Holland Publ. Co., 1969.
440. Pleasonton F.–*Phys. Rev.*, 1968, v. 174, No. 4, p. 1500.
441. Andritsopoulos G.–*Nucl. Phys.*, 1967, v. A94, No. 3, p. 537.
442. Aumann D. C., Gindler J. E.–*J. Inorg. and Nucl. Chem.*, 1970, v. 32, No. 3, p. 731.
443. *Phys. Rev.*, 1964, v. 133, No. 6B, p. B1500. Auth.: F. J. Walter *et al.*
444. *Phys. Rev.*, 1965, v. 137, No. 3B, p. B511. Auth.: S. S. Kapoor *et al.*
445. Phys. and Chem. Fiss. Proc. 2nd IAEA Sympos. Vienna, 1969. Vienna 1969, p. 944. Auth.: F. Gönnenwein *et al.*
446. Crouch E. A. C. U. K. Atomic Energy Authority Research Group. AERE-R 6056. Harwell, Berkshire, 1969.
447. Ramamoorthy A. N., Saha G. B., Yaffe L.–*Nucl. Phys.*, 1970, v. A150, No. 3, p. 545.
448. Müller R., Gönnenwein F.–*Nucl. Instrum. and Methods*, 1971, v. 91, No. 3, p. 357.
449. *Phys. Rev.*, 1963, v. 129, p. 2659. Auth.: J. M. Alexander *et al.*
450. *Nuovo cimento.*, 1970, v. 4, No. 25, p. 1185. Auth.: B. Chinaglia *et al.*
451. Brown F., Oliver B. H.–*Canad. J. Chem.*, 1961, v. 39, p. 616.
452. Panontin J. A., Sugarman N.–*J. Inorg. and Nucl. Chem.*, 1963, v. 25, No. 11, p. 1321.
453. Marsh K. V., Miskel J. A.–*J. Inorg. and Nucl. Chem.*, 1961, v. 21, No. 1–2, p. 15.
454. Douthett E. M., Templeton D. H.–*Phys. Rev.*, 1954, v. 94, p. 128.
455. *Radiochimica Acta*, 1968, Bd 9, S. 187. Auth.: T. Ishimori *et al.*
456. *Radiation Eff.*, 1970, v. 5, No. 1–2, p. 37. Auth.: J. Mory *et al.*
457. *Ukr. fiz. zhurnal*, 1971, v. 16, No. 3, p. 489. Auth.: V. I. Kasilov *et al.*
458. Noshkin V. E., Sugihara T. T. *J. Inorg. and Nucl. Chem.*, 1965, v. 27, No. 5, p. 943.
459. Kahn S., Forgue V.–*Phys. Rev.*, 1967, v. 163, No. 2, p. 290.
460. Nasyrov F., Linev S. V.–*Atomnaya energiya*, 1966, v. 20, No. 6, p. 464.
461. Mulas P. M., Axtmann R. C.–*Phys. Rev.*, 1966, v. 146, No. 1, p. 296.
462. Mulas P., Axtmann R. C.–*Trans. Amer. Nucl. Soc.*, 1967, v. 10, No. 1, p. 44.
463. Herwig L. O., Miller G. H.–*Phys. Rev.*, 1954, v. 95, p. 413.
464. Nasyrov F.–*Atomnaya energiya*, 1964, v. 16, No. 5, p. 449.
465. *Atomnaya energiya*, 1965, v. 19, No. 3, p. 244. Auth.: F. Nasyrov *et al.*
466. Good. W. M., Wollan E. O.–*Phys. Rev.*, 1956, v. 101, No. 1, p. 249.
467. Ching-shen Su, Wei-kuo Wu.–*Japan. J. Appl. Phys.*, 1971, v. 10, No. 6, p. 762.
468. *Phys. Rev. Lett.*, 1971, v. 27, No. 1, p. 45. Auth.: W. John *et al.*
469. *Phys. Rev. Lett.*, 1971, v. 26, No. 3, p. 145. Auth.: J. P. Balagna *et al.*
470. Wolfsberg K., Ford G. P.–*Phys. Rev.*, 1971, v. C3, No. 3, p. 1333.
471. Nethaway D. R., Mendoza B.–*Phys. Rev.*, 1970, v. C2, No. 6, p. 2289.
472. *Yadernaya fizika*, 1971, v. 14, No. 5, p. 943. Auth.: B. V. Kurchatov *et al.*
473. *J. Inorg. and Nucl. Chem.*, 1971, v. 33, No. 9, p. 2745. Auth.: E. F. Meyer *et al.*
474. Flynn K. F., Gunten H. R.–*Helv. Chim. Acta*, 1969, v. 52, p. 2216.
475. *Yadernaya fizika*, 1971, v. 13, No. 6, p. 1162. Auth.: Y. A. Barashkov *et al.*
476. Harbour R. M., McMurdo K. W.–*J. Inorg. and Nucl. Chem.*, 1972, v. 34, p. 2109.
477. *Atomnaya energiya*, 1973, v. 35, No. 3, p. 211. Auth.: M. Y. Kondrat'ko *et al.*
478. Kondrat'ko M. Y., Korinets V. N., Petrzhak K. A.–*Atomnaya energiya*, 1973, v. 35, No. 3, p. 214.
479. *Atomnaya energiya*, 1972, v. 33, No. 2, p. 709. Auth.: K. A. Petrzhak *et al.*

480. *Yadernaya fizika*, 1971, v. 14, No. 5, p. 950. Auth.: K. A. Petrzhak *et al.*
481. *Yadernaya fizika*, 1972, v. 15, No. 5, p. 860. Auth.: K. A. Petrzhak *et al.*
482. *Yadernaya fizika*, 1971, v. 13, No. 3, p. 484. Auth.: N. I. Akimov *et al.*
483. *Yadernaya fizika*, 1971, v. 14, No. 5, p. 935. Auth.: V. M. Surin *et al.*
484. *Yadernaya fizika*, 1971, v. 14, No. 6, p. 1129. Auth.: P. P. D'yachenko *et al.*
485. *Yadernaya fizika*, 1972, v. 16, No. 3, p. 475. Auth.: A. I. Sergachev *et al.*
486. *Yadernaya fizika*, 1972, v. 16, No. 4, p. 649. Auth.: V. P. Zakharova *et al.*
487. *Yadernaya fizika*, 1973, v. 17, No. 3, p. 470. Auth.: M. Dubrovina *et al.*
488. *Yadernaya fizika*, 1973, v. 17, No. 4, p. 696. Auth.: N. P. D'yachenko *et al.*
489. *Yadernaya fizika*, 1973, v. 17, No. 6, p. 1143. Auth.: A. F. Pavlov *et al.*
490. *Yadernaya fizika*, 1973, v. 18, No. 6, p. 1145. Auth.: V. P. Zakharova *et al.*
491. *Yadernaya fizika*, 1973, v. 18, No. 4, p. 710. Auth.: V. P. Zakharova *et al.*
492. *Atomnaya energiya*, 1971, v. 31, No. 2, p. 99. Auth.: A. V. Sorokina *et al.*
493. *Atomnaya energiya*, 1973, v. 34, No. 5, p. 365. Auth.: N. V. Skovorodkin *et al.*
494. *Atomnaya energiya*, 1973, v. 35, No. 6, p. 409. Auth.: N. V. Skovorodkin *et al.*
495. *Yadernaya fizika*, 1974, v. 19, No. 6, p. 1216. Auth.: V. G. Vorob'eva *et al.*
496. Baranov I. A., Tutin G. A.—*Yadernaya fizika*, 1974, v. 20, No. 2, p. 266.
497. *Radiochim. Acta*, 1971, Bd. 15, S. 146. Auth.: R. Harbour *et al.*
498. *J. Inorg. and Nucl. Chem.*, 1971, v. 33, p. 3239. Auth.: H. Nakachara *et al.*

CHAPTER 7

TERNARY FISSION PRODUCTION YIELDS AND CHARACTERISTICS

The most probable type of fission is binary fission in which two fragments are produced (see chapter 6). The probability that three fission fragments will obtain is much lower. This latter process is called ternary fission and can be sub-divided into two types:

a) Fission resulting in the emission of light charged particles and of two fragments each with a mass of around 100. The light particles may be long-ranging α-particles (^{4}He) and also other nuclei such as ^{1}H, ^{2}H, ^{3}H, ^{3}He, ^{6}He, ^{8}He, ^{7}Li and others.

b) Fission in which three fragments are produced all of which have approximately equal or similar mass (true ternary fission).

The mechanism of these two processes is completely different.

Ternary fission has so far been studied much less than binary fission because of the extremely low ternary fission product yields. More is known about ternary fission with production of light charged particles (and in particular about spontaneous fission of ^{252}Cf and thermal neutron fission of ^{235}U). The highest number of experimental data is available for cases of fission of heavy nuclei in which long-ranging α-particles are emitted. It must be said that the probability of ternary fission with the emission of light charged particles is virtually determined by the frequency of fission with the emission of long-ranging α-particles. This is so because the sum of the yields of all light particles other than ^{4}He represents only 5–15% of the yield of ^{4}He nuclei. Among them ^{3}H is most frequent (5–10% of the ^{4}He yield).

Much less is known about true ternary fission. Experimental data are very scarce and they are often unreliable and contradictory. All this derives from the very low probability of true ternary fission (less than 10^{-7} nuclei/fission [157]) which is by several orders of magnitude lower than that of ternary fission with light particle emission.

In the intermediate region it is sometimes difficult to determine whether the yield of a certain isotope results from the first or second type of ternary fission.

A systematic review of experimental data [1–157] is given in table 7.1 and also in figures 7.1–7.9.

Table 7.1 shows the yields of ternary fission products and also the energy characteristics of the light fission products. The table is arranged in the following manner. First some data on spontaneous ternary fission of ^{238}Pu, ^{240}Pu, ^{242}Pu, ^{242}Cm, ^{244}Cm, ^{252}Cf. Then follow cases of ternary fission of ^{233}U, ^{235}U, ^{239}Pu, ^{241}Pu, ^{241}Am, ^{242m}Am caused by thermal neutrons.* Last come data on fission of ^{232}Th, ^{233}U, ^{235}U, ^{238}U, ^{237}Np, ^{239}Pu by neutrons with higher energies (up to 14 MeV) and on photo-fission.

Sometimes one paper gives yields determined for different energy intervals and also extrapolated values. These values are shown in table 7.1 as well.

---

*In some studies fission was produced by reactor neutrons.

Table 7.1

Yields and characteristics of products from ternary fission of heavy nuclei.

Type of fission	Fissioning nucleus	Ternary fission products		Yields of ternary fission products		Energy characteristics of ternary fission products		
		Nucleus isotope	Half-life	Number of fragments in relation to total number of (binary) fissions	Yield per 100 α-particles	Most probable energy, energy in maximum MeV	Distribution width in half-height, MeV	Energy interval of distribution, MeV
Spontaneous fission	^{238}Pu	^{4}He	Stable	$(2,54\pm0,58)\ 10^{-3}$ [50] $(2,82\pm0,64)\ 10^{-3}$ [50]	—	$17,3\pm0,4$ [50]	$5,5\pm1,0$ [50]	—
"	^{240}Pu	^{4}He	"	$(3,30\pm0,41)\ 10^{-3}$ [52] $(2,45\pm0,38)\ 10^{-3}$ [50] $(2,71\pm0,44)\ 10^{-3}$ [50] $(3,72\pm0,39)\ 10^{-3}$ [9, 52] $(3,19\pm0,21)\ 10^{-3}$ [1, 15, 52] $(2,50\pm0,38)\ 10^{-3}$ [52]	—	$17,0\pm0,5$ [50]	$7,5\pm1,0$ [50]	—
"	^{242}Pu	^{4}He	"	$(2,75\pm0,22)\ 10^{-3}$ [1, 15, 52]	—	—	—	—
"	^{242}Cm	^{4}He	"	$(1,02\pm0,22)\ 10^{-3}$ [3, 15] $(3,90\pm0,26)\ 10^{-3}$ [1, 15] $(2,94\pm0,35)\ 10^{-3}$ [22]	—	—	—	—
"	^{244}Cm	^{1}H	"	—	$3,0\pm0,5$ [74]	8 ± 1 [74]	3 ± 1 [74]	—
		^{3}H	12,26 yr	—	$5,4\pm0,5$ [74]	8 ± 1 [74]	4 ± 1 [74]	—
		^{4}He	Stable	$(3,19\pm0,21)\ 10^{-3}$ [1, 15] $3,67\cdot10^{-3}$ [3, 15] $(3,15\pm0,25)\ 10^{-3}$ [33]	100 [74]	$15,8\pm1,1$ [33] $15,5\pm1$ [20] 16 ± 1 [74]	12 ± 1 [20] 6 ± 1 [74]	—
"	^{252}Cf	^{1}H	"	$(5,1\pm0,5)\ 10^{-5}$ [56] $\geq 1,6\cdot10^{-4}$ [56] $(4,6\pm0,5)\ 10^{-5}$ [63]	$1,10\pm0,15$ [64] $2,2\pm0,5$ [55, 64] $1,75\pm0,30$ [64, 69]	9 ± 2 [56] $7,8\pm0,8$ [64] $8,5\pm1,0$ [55, 64] $8,5$ [100]	6 ± 2 [56] $6,8\pm1,6$ [64]	—

Isotope	Half-life					
²H	—	(2,0±0,1)10⁻⁵ [56] (1,5±0,2)10⁻⁶ [63]	0,63±0,03 [64] <0,5 [55, 64] 0,68±0,03 [64, 69]	7±2 [56] 8,0±0,5 [64] 8 [100]	7±1 [56] 7,2±1,0 [64]	—
³H	12,26 yr	(1,90±0,06)10⁻⁴ [56] (1,98±0,1)10⁻⁴ [63] (2,2±0,5)10⁻⁴ [10] (2,21±0,05)10⁻⁴ [19] (2,13±0,18)10⁻⁴ [55, 94]	6,42±0,20 [64] 6,7±1,1 [10, 64] 6,0±0,5 [55, 64] 6,7±0,2 [19, 64] 6,5 [52] ~7,5 [61] 8,46±0,28 [64, 69]	8±1 [56] 8,8±0,3 [64] 8,0 [10, 64] 8,5±1,0 [55, 64] 8,6±0,3 [82] 8,5 [100]	6±1 [56] 6,2±0,6 [64] 7,0 [10, 64]	—
³He	Stable	≤2,9·10⁻⁵ [56]	≤0,075 [64] <0,5 [55, 64]	17±1 [56]	9,5±0,5 [56]	—
⁴He	·	(3,27±0,10)10⁻³ [56] 3,35·10⁻³ [64] (3,03±0,1)10⁻³ [63] (3,35±0,21)10⁻³ [1, 15, 52] (3,77±0,24)10⁻³ [3, 52] (2,52±0,27)10⁻³ [52, 58] (3,24±0,21)10⁻³ [10, 52] (3,47±0,20)10⁻³ [52] (3,57±0,32)10⁻³ [8, 52] (3,58±0,32)10⁻³ [8, 15] (2,41±0,58)10⁻³ [15, 58] (2,90±0,17)10⁻³ [10, 15] 3,21·10⁻³ [3, 15] 10·10⁻³ [45, 46]	100 [46, 52, 64, 69]	16±0,5 [56] 16,0±0,2 [64] 16,0 [46, 100] 16,0 [10, 64] 17,0±1,0 [1, 64] ~19,0 [58, 64] ~15,0 [64, 65] ~16,0 [64, 66] 15,7±0,3 [82] 15,5±1,6 [145]	11,5±0,5 [56] 10,3±0,3 [64] ~11 [46, 64] 15 [10, 64] ~11 [1, 64] ~10 [58, 64] ~13 [64, 65] ~10 [64, 66] 10,6±1,6 [145]	—

Table 7.1 contd.

Type of fission	Fissioning nucleus	Ternary fission products		Yields of ternary fission products		Energy characteristics of ternary fission products		
		Nucleus, isotope	Half-life	Number of fragments in relation to total number of (binary) fissions	Yield per 100 α-particles	Most probable energy, energy in maximum, MeV	Distribution width in half-height, MeV	Energy interval of distribution, MeV
Spontaneous fission	^{252}Cf	^{6}He	0,799 sec	$(7,8\pm1,6)\,10^{-5}$ [56] $(2,9\pm1,2)\,10^{-5}$ [63] $\sim 6\cdot 10^{-5}$ [46]	1,95±0,15 [64] 1,45±0,13 [46, 64] 2,63±0,18 [64, 69] $\geq 1,02\pm0,10$ [46]	13±1 [56] 12,0±0,5 [64] 12 [100]	8±1 [56] 8,0±1,0 [64]	—
		^{8}He	0,122 sec	$(5,9\pm1,6)\,10^{-6}$ [56] $(1,9\pm0,3)\,10^{-6}$ [63]	0,062±0,008 [64] 0,090±0,012 [64, 69]	≤13 [56] 10,2±1,0 [64] 10 [100]	8±4 [56] 8,0±2,0 [64]	—
		^{10}He		$(3\pm3)\,10^{-7}$ [56]	—	—	—	—
		Li	Sum of isotopes	$(3,9\pm2,0)\,10^{-6}$ [56] $(3,7\pm0,2)\,10^{-6}$ [63]	0,126±0,015 [64] 0,132±0,010 [64, 76]	20,0±1,0 [64]	6,6±2,0 [64]	—
		^{6}Li	Stable	—	0,0011±0,0005 [64]	—	—	—
		^{7}Li	"	$(3,9\pm2,0)\,10^{-6}$ [56]	0,0081±0,0012 [64]	—	—	—
		^{8}Li	0,89 sec	$<1\cdot10^{-5}$ [56, 58]	0,0015±0,0006 [64]	—	—	—
		^{9}Li	0,168 sec	—	0,0009±0,0004 [64]	—	—	—
		Be	Sum of isotopes	$>3\cdot10^{-7}$ [56] $(4,8\pm0,2)\,10^{-6}$ [63] $(9,1\pm0,3)\,10^{-6}$ [63]	0,156±0,016 [64] 0,201±0,020 [64, 76]	~26 [64]	~11 [64]	—
		^{8}Be	$<1,4\cdot10^{-16}$ sec	$<1\cdot10^{-5}$ [56, 58]	—	—	—	—

^{9}Be	Stable	—	~0,0002 [64]	—
^{10}Be	$2,5 \cdot 10^6$ yr	$>3 \cdot 10^{-7}$ [56]	~0,0004 [64]	—
B, C, N, (O)	Sum of isotopes	~$18 \cdot 10^{-6}$ [93]	—	—
B	Sum of isotopes	$(0,9\pm0,4) 10^{-7}$ [63] $(0,7\pm0,2) 10^{-6}$ [63]	—	—
C	Ditto	$(1,3\pm0,4) 10^{-7}$ [63] $(1,4\pm0,2) 10^{-6}$ [63]	—	—
(O), F, Ne, Na, Mg, (Al)	"	$\geqslant 3 \cdot 10^{-6}$ [93]	—	—
^{28}Mg	21,3 hr	$\leqslant 7,1 \cdot 10^{-8}$ [154]	—	—
$A=32$	—	10^{-7} [93]	—	—
^{43}K	22,0 hr	$\leqslant 1,1 \cdot 10^{-6}$ [154]	—	—
^{66}Ni	55 hr	$\leqslant 6,8 \cdot 10^{-7}$ [154]	—	—
^{72}Zn	46,5 hr	$\leqslant 6,2 \cdot 10^{-7}$ [154]	—	—
^{112}Tu	63,8 hr	$\leqslant 4,4 \cdot 10^{-6}$ [154]	—	—
^{174}Tu	5,2 min	$\leqslant 4,0 \cdot 10^{-6}$ [154]	—	—
^{175}Yb	98,4 hr	$\leqslant 2,3 \cdot 10^{-6}$ [154]	—	—
^{177}Lu	6,74 day	$\leqslant 9,6 \cdot 10^{-8}$ [154]	—	—
3 fragments	—	$3 \cdot 10^{-5} - 6 \cdot 10^{-4}$ [58, 78] $<10^{-4}$ [78, 81] $>2,2 \cdot 10^{-6}$ [78, 80] ~$3 \cdot 10^{-5}$ [81] ~10^{-6} [109]	—	—
4 fragments	—	$2 \cdot 10^{-4}$ [8]	—	—

Table 7.1 contd.

Type of fission	Fissioning nucleus	Ternary fission products		Yields of ternary fission products		Energy characteristics of ternary fission products		
		Nucleus, isotope	Half-life	Number of fragments in relation to total number of (binary) fissions	Yield per 100 α-particles	Most probable energy, energy in maximum, MeV	Distribution width in half-height, MeV	Energy interval of distribution, MeV
Fission by thermal reactor neutrons	^{233}U	^{2}H	Stable	—	0,24±0,05 [153] 0,340±0,017 [71] 0,41±0,02 [71]	8,4±0,2 [71]	6,3±0,3 [71]	—
		^{3}H	12,26 yr	(2,42±0,15) 10^{-3} [95] (2,25±0,07) 10^{-3} [95] (2,46±0,18) 10^{-3} [4, 95]	3,60±0,16 [71] 4,60±0,20 [71] 3,5±0,2 [153]	8,4±0,2 [71] 7,04 [153]	6,5±0,3 [71]	—
		^{3}He	Stable	—	1,9±0,1 [153] ⩽1·10^{-3} [71]	14,3 [153]	—	—
		^{4}He	"	(2,43±0,10) 10^{-3} [52] (2,42±0,15) 10^{-3} [1, 15, 52] (2,47±0,19) 10^{-3} [4, 15, 52] (2,33±0,22) 10^{-3} [31, 52] (2,47±0,24) 10^{-3} [16, 52] (2,25±0,07) 10^{-3} [34] (2,45±0,09) 10^{-3} [77]	100 [71, 153]	~15 [34] 16,3±0,1 [71] 15,65 [153]	9,7±0,2 [71]	—
		^{6}He	0,799 sec	—	0,62±0,04 [153] 1,43±0,08 [71] 1,37±0,07 [71]	11,5±0,2 [71] 14,05 [153]	9,5±0,3 [71]	—
		^{8}He	0,122 sec	—	(3,3±0,4) 10^{-2} [71] (2,3±0,8)10^{-2} [153] (3,6±0,4) 10^{-2} [71]	9,7±0,3 [71]	6,9±0,5 [71]	—
		Li	Sum of isotopes	—	(2,9±0,9) 10^{-2} [153]	—	—	—

	Isotope	Half-life					
	^{6}Li	Stable	—	⩽5·10⁻⁴ [71]	—	—	—
	^{7}Li	•	—	(2,7±0,2)10⁻² [71] (3,7±0,2)10⁻² [71]	15,8±0,3 [71]	12,1±0,4 [71]	—
	^{8}Li	0,89 sec	—	(1,3±0,2)10⁻² [71] (1,8±0,2)10⁻² [71]	14,4±0,5 [71]	10,6±0,8 [71]	—
	^{9}Li	0,168 sec	—	(1,6±0,3)10⁻² [71] (3,6±0,5)10⁻² [71]	12,0±1,0 [71]	11,0±1,5 [71]	—
	Be	Sum of isotopes	—	(4±4)10⁻³ [153]	—	(	—
^{235}U	^{7}Be	53 day	—	⩽1·10⁻⁴ [71]	—	—	—
	^{9}Be	Stable	—	(1,9±0,3)10⁻² [71] (3,7±0,8)10⁻² [71]	—	—	—
	^{10}Be	2,5·10⁶ yr	—	0,360±0,025 [71] 0,43±0,03 [71]	17,0±0,4 [71]	15,7∓0,9 [71]	—
	^{11}Be	13,57 sec	—	⩽3·10⁻³ [71]	—	—	—
	3 fragments	—	~10⁻⁶ [109]	—	—	—	—
	^3n	—	Not detected [23]	—	—	—	—
	^4n	—	Not detected [23]	—	—	—	—
	^{1}H	Stable	4·10⁻⁵ [60, 61]	1,15±0,15 [69, 70] 0,96±0,02 [148]	8,6±0,3 [69, 70]	6,9±0,5 [69, 70]	—

Table 7.1 contd.

Type of fission	Fissioning nucleus	Ternary fission products		Yields of ternary fission products		Energy characteristics of ternary fission products		
		Nucleus, isotope	Half-life	Number of fragments in relation to total number of (binary) fissions	Yield per 100 α-particles	Most probable energy, energy in maximum, MeV	Distribution width in half-height, MeV	Energy interval of distribution, MeV
Fission by thermal reactor neutrons	^{235}U	^{2}H	Stable	$1,2 \cdot 10^{-5}$ [60, 61]	0,6 [61] $0,5 \pm 0,1$ [69, 70] $0,44 \pm 0,04$ [91]	$7,9 \pm 0,3$ [69, 70] $8,5 \pm 0,3$ [91]	7 ± 1 [69, 70] $6,8 \pm 0,4$ [91]	—
		^{3}H	12,26 yr	$(2,4 \pm 0,7) \cdot 10^{-5}$ [53] $(0,5-1) \cdot 10^{-4}$ [54, 94] $1,1 \cdot 10^{-4}$ [60, 61] $(0,95 \pm 0,08) \cdot 10^{-4}$ [41] $(0,80 \pm 0,10) \cdot 10^{-4}$ [30] $(0,99 \pm 0,08) \cdot 10^{-4}$ [45] $(2,4 \pm 0,8) \cdot 10^{-5}$ [50, 94]	5,5 [61] ~5 [41, 61] 1,3 [53, 61] 4,5 [52] $6,2 \pm 0,5$ [69, 70] $8,0 \pm 0,05$ [148] $6,3 \pm 0,2$ [91]	7,7 [53] $8,6 \pm 0,3$ [69, 70] $8,1 \pm 0,2$ [91]	$6,7 \pm 0,6$ [69, 70] $6,2 \pm 0,2$ [91]	—
		^{5}H		$\leqslant 2 \cdot 10^{-5}$ [53] $< 7 \cdot 10^{-6}$ [53]	—	9,4 [53]	—	—
		^{3}He	Stable	$< 6 \cdot 10^{-5}$ [53]	$\leqslant 5 \cdot 10^{-3}$ [91]	17,1 [53]	—	—
		^{4}He**	"	$(2,02 \pm 0,17) \cdot 10^{-3}$ [52] $(1,9 \pm 0,2) \cdot 10^{-3}$ [53] $2 \cdot 10^{-3}$ [60, 95] $2,1 \cdot 10^{-3}$ [60] $(1,93 \pm 0,05) \cdot 10^{-3}$ [43, 52] $(1,96 \pm 0,06) \cdot 10^{-3}$ [43, 52] $(2,04 \pm 0,09) \cdot 10^{-3}$ [43, 52] $(2,23 \pm 0,15) \cdot 10^{-3}$ [1, 15, 52] $(4,55 \pm 0,73) \cdot 10^{-3}$ [24, 28, 52] $(1,98 \pm 0,20) \cdot 10^{-3}$ [4, 15, 24, 52]	100 [52, 61, 69, 70, 76, 91, 148]	$15,5 \pm 0,5$ [50] 19,3 [53] 15 [24] ~16 [43] $15,7 \pm 0,3$ [69, 70] 16 [82, 99] $15,7 \pm 0,2$ [91] 16 [11] $14,9 \pm 0,7$ [145] $16,2 \pm 0,5$ [149] 15,60 [151]	$10,0 \pm 1,0$ [50] $9,8 \pm 0,4$ [69, 70] 10 ± 1 [82] $9,6 \pm 0,3$ [91] $12,1 \pm 1,3$ [145] 12 ± 1 [149] 9,56 [151]	—

Isotope	$T_{1/2}$					
⁶He	0,799 sec	(1,69±0,19) 10⁻² [52, 62] (2,49±0,31) 10⁻³ [6, 52] (4,35±0,50) 10⁻³ [7, 52] (2,95±0,35) 10⁻³ [12, 24, 25, 52] (3,00±1,00) 10⁻³ [13, 52] (2,37±0,28) 10⁻³ [6, 15, 24] 4,35·10⁻² [7, 15, 24] 1·10⁻³ [38] 3,24·10⁻³ [11, 24] 4,00·10⁻⁵ [24, 26] (3,03±1,01) 10⁻³ [24, 27] (1,45±0,5) 10⁻³ [45] (1,30±0,01) 10⁻³ [77] (0,61±0,03) 10⁻³ [47, 77] (1,54±0,03) 10⁻³ [62, 77] (3,04+0,61) 10⁻³ [39] (1,60±0,64) 10⁻³ [40]	1,6·10⁻⁵ [60, 61] <1,5·10⁻⁵ [45]	0,8 [61] 1,1±0,2 [69, 70] 1,4±0,1 [91]	25,3 [53] 12,9±0,5 [69, 70] 11,8±0,3 [91]	8,7±0,7 [69, 70] 9,0±0,4 [91]	—
⁸He	0,122 sec	1,8·10⁻⁷ [60, 61]	9·10⁻³ [61] >9·10⁻³ [69, 70] 3,3·10⁻² [91]	—	—	—
Li	Sum of isotopes	(1,33±0,08) 10⁻⁶ [60] 3·10⁻⁷ [60, 61] 1,9·10⁻⁶ [60]	14·10⁻³ [61] 0,088±0,002 [76] 0,12±0,02 [76] 0,0905 [68, 76]	—	—	—
⁷Li	Stable	—	≤5·10⁻⁴ [91]	—	—	—

Table 7.1 contd.

Type of fission	Fissioning nucleus	Ternary fission products		Yields of ternary fission products		Energy characteristics of ternary fission products		
		Nucleus, isotope	Half-life	Number of fragments in relation to total number of (binary) fission	Yield per 100 α-particles	Most probable energy. energy in maximum, MeV	Distribution width in half-height, MeV	Energy interval of distribution, MeV
Fission by thermal reactor neutrons	^{235}U	^{7}Li	Stable	—	$3,6 \cdot 10^{-2}$ [91]	—	—	—
		^{8}Li	0,89 sec	—	$1,4 \cdot 10^{-2}$ [91]	—	—	—
		^{9}Li	0,168 sec	—	$1,15 \cdot 10^{-2}$ [91]	—	—	—
		Be	Sum of isotopes	$(4,13\pm 0,22) 10^{-6}$ [60] $9 \cdot 10^{-8}$ [60, 61] $6,8 \cdot 10^{-6}$ [60]	$4,2 \cdot 10^{-3}$ [61] $0,185\pm 0,002$ [76] $0,37\pm 0,04$ [76] $0,324$ [68, 76]	—	—	—
		^{7}Be	53 day	$<3 \cdot 10^{-9}$ [17]	$\leq 10^{-5}$ [91]	—	—	—
		^{8}Be	$<1,4 \cdot 10^{-16}$ sec	$(5\pm 2) 10^{-8}$ [60] 10^{-7} [60] $\sim 1,7 \cdot 10^{-6}$ [85]	—	—	—	—
		^{9}Be	Stable	—	$2,0 \cdot 10^{-2}$ [91]	—	—	—
		^{10}Be	$2,5 \cdot 10^6$ yr	$<4 \cdot 10^{-6}$ [59]	$<2 \cdot 10^{-4}$ [61]	—	—	—
		B	Sum of isotopes	$(5,1\pm 0,7) 10^{-8}$ [60] 10^{-7} [60] $(1,0\pm 0,2) 10^{-7}$ [68] $2 \cdot 10^{-7}$ [68]	0,30 [91]	—	—	—
		C	Ditto	$(1,9\pm 0,1) 10^{-6}$ [60] $1,0 \cdot 10^{-5}$ [60]	$<2 \cdot 10^{-4}$ [61]	—	—	—
		N	Ditto	$(8,9\pm 2,0) 10^{-8}$ [60] $5 \cdot 10^{-7}$ [60]	—	—	—	—

O	—	—	—	—	—	$(6,1\pm1,2)10^{-7}$ [60] 10^{-5} [60]
F	—	—	—	—	—	$(2,1\pm0,7)10^{-8}$ [60] $\sim 5\cdot 10^{-6}$ [60]
^{28}Mg	21,3 hr	—	—	—	—	$<4,2\cdot 10^{-11}$ [17]
^{37}Ar	35,1 day	—	—	—	—	$(8\pm2)10^{-10}$ [82] $\leqslant 1\cdot 10^{-9}$ [86, 87]
^{39}Ar	265 yr	—	—	—	—	$(3,10\pm0,02)10^{-9}$ [82] $\leqslant 4\cdot 10^{-9}$ [86, 87]
^{41}Ar	1,827 hr	—	—	—	—	$(2,8\pm0,2)10^{-11}$ [82] $\leqslant 3\cdot 10^{-11}$ [86, 87]
^{42}Ar	32,9 day	—	—	—	—	$(1,1\pm1,7)10^{-13}$ [82] $\leqslant 3\cdot 10^{-13}$ [86, 87]
^{56}Co	77,2 yr	—	—	—	—	$(4\pm4)10^{-10}$ [82] $\leqslant 8\cdot 10^{-10}$ [86, 87]
^{66}Ni	55 hr	—	—	—	—	$(2,0\pm1,0)10^{-10}$ [17] $(2,0\pm0,4)10^{-10}$ [35] $\leqslant 2\cdot 10^{-10}$ [87]
^{66}Cu	5,3 min	—	—	—	—	$(2,0\pm0,4)10^{-10}$ [35]
^{67}Cu	58,54 hr	—	—	—	—	$<10^{-9}$ [36] $\leqslant 5,8\cdot 10^{-10}$ [87]
3 fragments	—	—	—	—	—	$>1,2\cdot 10^{-6}$ [80] $(7\pm3)10^{-6}$ [78, 79] $6\cdot 10^{-6}$ [86, 87] $(1,3\div 1,4)10^{-6}$ [73] $\sim 10^{-6}$ [109] $6,7\cdot 10^{-6}$ [86, 87] $2,5\cdot 10^{-4}$ [37, 86, 87] $\sim 10^{-3}$ [82, 83]

Table 7.1 contd.

Type of fission	Fissioning nucleus	Ternary fission products		Yields of ternary fission products		Energy characteristics of ternary fission products		
		Nucleus, isotope	Half-life	Number of fragments in relation to total number of (binary) fission	Yield per 100 α-particles	Most probable energy, energy in maximum, MeV	Distribution width in half-height, MeV	Energy interval of distribution, MeV
Fission by thermal reactor neutrons	^{235}U	3 fragments	—	1,7·10^{-4} [86, 87] <4·10^{-5} [86, 87] <4·10^{-6} [86, 87] <5·10^{-5} [86, 87] 2·10^{-4} [86, 87] <6,7·10^{-4} [86, 87] 5,7·10^{-6} [86, 87]				
	^{239}Pu	^{1}H	Stable	—	1,9±0,1 [69]	8,40±0,15 [69]	7,2±0,3 [69]	—
		^{2}H	"	—	0,69±0,02 [157] 0,5±0,1 [69] >0,3 [90]	8,7±0,1 [157] 8,2±0,3 [69] 4—7 [90]	7,6±0,2 [157] 7,2±0,3 [69]	—
		^{3}H	12,26 yr	—	7,2±0,3 [157] 6,8±0,3 [69] 5,5±0,5 [90]	8,4±0,1 [157] 8,20±0,15 [69] 8,2±0,7 [90]	7,0±0,15 [157] 7,6±0,4 [69]	—
		^{3}He	Stable	>7·10^{-6} [67, 68]	≤10^{-4} [157] 0,9 [90]	16±1 [90]	—	—
		^{4}He	Ditto	(2,33±0,11)10^{-3} [52] (2,44±0,16)10^{-3} [1, 15, 52] (2,25±0,18)10^{-3} [4, 15, 52, 95] (2,38±0,23)10^{-3} [16, 52] (2,10±0,21)10^{-3} [31, 52] 2,4·10^{-3} [67, 68] 2,27·10^{-3} [67] (2,43±0,14)10^{-3} [95]	100 [69, 90, 144, 157]	17,1±0,6 [50] 16,0±0,2 [69] 16±1 [90] 16,05±0,85 [144] 16,0±,2 [145] 15,8±0,1 [157]	7,5±1,0 [50] 10,6±0,2 [69] 9 [90] 9,6±0,7 [145] 10,3±0,15 [157]	—

Isotope	Half-life				
^{6}He	0,799 sec	$7 \cdot 10^{-6}$ [67, 68] $7 \cdot 10^{-5}$ [67, 68] $(4,2\pm0,5) \cdot 10^{-5}$ [67] $6 \cdot 10^{-5}$ [67]	$1,9\pm0,2$ [69] $1,7\pm0,2$ [90] $\geq 0,3$ [144] $1,92\pm0,05$ [157]	$11,8\pm0,4$ [69] 12 ± 1 [90] $10,8\pm0,15$ [157]	$10,6\pm0,6$ [69] $10,9\pm0,2$ [157]
^{8}He	0,122 sec	—	$0,088\pm0,004$ [157] $0,08\pm0,02$ [69]	$8,0\pm0,2$ [157] <12 [69]	$10,9\pm0,4$ [157] >9 [69]
He	Sum of isotopes	$2,55 \cdot 10^{-3}$ [157]	—	—	—
Li	Ditto	$(1,76\pm0,05) \cdot 10^{-6}$ [67] $3,8 \cdot 10^{-6}$ [157] $1,6 \cdot 10^{-6}$ [67]	—	—	<35 [67]
^{6}Li	Stable	—	$\leq 5 \cdot 10^{-4}$ [157]	—	—
^{7}Li	"	—	$0,065\pm0,002$ [157]	$14,5\pm0,2$ [157]	$13,6\pm0,3$ [157]
^{8}Li	0,89 sec	—	$0,032\pm0,003$ [157]	$13,3\pm0,4$ [157]	$12,5\pm0,9$ [157]
^{9}Li	0,168 sec	—	$0,053\pm0,003$ [157]	$12,0\pm0,3$ [157]	$12,0\pm0,6$ [157]
^{7}Be	53 day	—	$\leq 1 \cdot 10^{-4}$ [157]	—	—
^{9}Be	Stable	—	$0,051\pm0,006$ [157]	$16,2\pm1,2$ [157]	$16,6\pm1,5$ [157]
^{10}Be	$2,5 \cdot 10^6$ yr	—	$0,49\pm0,01$ [157]	$16,4\pm0,2$ [157]	$16,3\pm0,3$ [157]
^{11}Be	13,57 sec	—	$0,035\pm0,003$ [157]	$15,9\pm0,6$ [157]	$14,1\pm1,0$ [157]
^{12}Be	0,0114 sec	—	$0,022\pm0,005$ [157]	$12,9\pm1,8$ [157]	$13,6\pm2,5$ [157]
^{10}B	Stable	—	$\leq 2 \cdot 10^{-4}$ [157]	—	—
^{11}B	"	—	$(9\pm3) \cdot 10^{-3}$ [157]	—	—
^{12}B	0,0203 sec	—	$0,010\pm0,004$ [157]	—	—
^{13}B	0,0186 sec	—	$0,013\pm0,004$ [157]	—	—

Table 7.1 contd.

Type of fission	Fissioning nucleus	Ternary fission products		Yields of ternary fission products		Energy characteristics of ternary fission products		
		Nucleus, isotope	Half-life	Number of fragments in relation to total number of (binary) fission	Yield per 100 α-particles	Most probable energy, energy in maximum, MeV	Distribution width in half-height, MeV	Energy interval of distribution, MeV
Fission by thermal reactor neutrons	^{239}Pu	^{12}B		—	$(2\pm1)10^{-3}$ [157]	—	—	—
		^{13}C	Stable	—	$\leqslant 1 \cdot 10^{-2}$ [157]	—	—	—
		^{14}C	5589 yr	—	$0,14\pm0,006$ [157]	$20,2\pm0,6$ [157]	$22,2\pm0,7$ [157]	—
		^{15}C	2,25 sec	—	$0,035\pm0,013$ [157]	$18,6\pm3,3$ [157]	$19,7\pm7,1$ [157]	—
		^{16}C	0,74 sec	—	$0,035\pm0,016$ [157]	—	—	—
		^{16}N	7,10 sec	—	$\leqslant 2\cdot 10^{-4}$ [157]	—	—	—
		^{20}O	14 sec	—	$(8\pm4)10^{-3}$ [157]	—	—	—
		Be	Sum of isotopes	$(4,4\pm0,1)10^{-6}$ [67] $1,5\cdot10^{-5}$ [157] $1,4\cdot10^{-5}$ [67]	—	—	—	<35 [67]
		B	Ditto	$(1,25\pm0,09)10^{-7}$ [67] $8\cdot10^{-7}$ [67, 157]	—	—	—	<40 [67]
		C	"	$5,5\cdot10^{-6}$ [157] $(6,4\pm0,2)10^{-7}$ [67] $1,2\cdot10^{-5}$ [67]	—	—	—	<50 [67]
		N	"	$\leqslant 2\cdot10^{-8}$ [157]	—	—	—	—
		O	"	$2\cdot10^{-7}$ [157]	—	—	—	—
		F — Mg	"	$\leqslant 5\cdot10^{-8}$ [157]	—	—	—	—
		Si — Ar	"	$\leqslant 10^{-8}$ [157]	—	—	—	—

Isotope	Fragment	Half-life	Yield/Prob			
	K–Fe		≤5·10⁻⁸ [157]			
²⁴¹Pu	3 fragments		(4±1)10⁻⁶ [113]; ~10⁻⁶ [109]	—	—	—
	⁴He	Stable	(2,28±0,15)10⁻³ [1, 15, 52, 95]; (2,70±0,26)10⁻³ [52, 95]; (2,57±0,17)10⁻³ [31]			
²⁴¹Am	3 fragments		(3±1)10⁻⁶ [113]; ~10⁻⁶ [109]	—	—	—
²⁴²ᵐAm	⁴He	Stable	—	15,8±1,2 [145]	11,2±0,9 [145]	
	³H	12,26 yr	6,20±0,6 [157]	8,2±0,3 [157]	8,2±0,8 [157]	
	⁴He	Stable	100 [157]	15,8±0,10 [157]	10,9±0,2 [157]	
	⁶He	0,799 sec	2,14±0,06 [157]	11,0±0,15 [157]	10,6±0,2 [157]	
	⁷Li	Stable	0,082±0,026 [157]	13,7±1,0 [157]	11,0±3,5 [157]	
	⁸Li	0,89 sec	0,036±0,004 [157]	12,7±0,3 [157]	10,3±1,2 [157]	
	⁹Li	0,168 sec	0,064±0,013 [157]	—	—	
	⁹Be	Stable	0,075±0,015 [157]	16,6±2,0 [157]	18,7±3,2 [157]	
	¹⁰Be	2,5·10⁶ yr	0,57±0,06 [157]	16,2±0,9 [157]	17,2±1,7 [157]	
	¹⁴C	5589 yr	0,145±0,015 [157]	26,4±0,5 [157]	22,9±2,0 [157]	
²³³Th	⁴He	Stable	(0,84±0,03)10⁻³ [77]			
(Fission by 2,5–2,9 MeV neutrons)	⁸Be	<1,4·10⁻¹⁶ sec	~8·10⁻⁵ [84, 85]	19,6±0,5 [85]		
	3 fragments		3·10⁻³ [82, 84]			

Table 7.1 contd.

Type of fission	Fissioning nucleus	Ternary fission products		Yields of ternary fission products		Energy characteristics of ternary fission products		
		Nucleus, isotope	Half-life	Number of fragments in relation to total number of (binary) fissions	Yield per 100 α-particles	Most probable energy, energy in maximum, MeV	Distribution width in half-height, MeV	Energy interval of distribution, MeV
Fission by 14 MeV neutrons	^{232}Th	^{4}He	Stable	$(0,96\pm0,09)\,10^{-3}$ [77]	—	—	—	—
		3 fragments		$\sim 3\cdot 10^{-4}$ [146]	—	—	—	—
Fission by slow neutrons	^{233}U	^{1}H	Stable	—	$3,3\pm 0,5$ [74]	—	—	—
		^{3}H	12,26 yr	—	8 ± 1 [74]	8 ± 1 [74]	5 ± 1 [74]	—
		^{4}He	Stable	—	100 [74]	15 ± 1 [74]	5 ± 1 [74]	—
Fission by 0.33 MeV neutrons	^{233}U	^{4}He	"	$(2,99\pm 0,32)\,10^{-3}$ [29, 52]	—	—	—	—
Fission by 0.69 MeV neutrons	^{233}U	^{4}He	"	$(2,26\pm 0,26)\,10^{-3}$ [29, 52]	—	—	—	—
Fission by 1.17 MeV neutrons	^{233}U	^{4}He	"	$(2,16\pm 0,26)\,10^{-3}$ [29, 52]	—	—	—	—
Fission by 1.99 MeV neutrons	^{233}U	^{4}He	"	$(2,55\pm 0,38)\,10^{-3}$ [29, 52]	—	—	—	—
Fission by 14 MeV neutrons	^{233}U	^{1}H	"	—	4 ± 2 [74]	—	—	—
		^{3}H	12,26 yr	—	11 ± 2 [74]	9 ± 1 [74]	4 ± 1 [74]	—
		^{4}He	Stable	—	100 [74]	16 ± 1 [74]	7 ± 1 [74]	—

Reaction	Isotope	Particle	Half-life	Yield, %				
Fission by slow neutrons	^{235}U	^{1}H	Stable	—	2,8±0,5 [74, 75]	8±1 [74]	4±1 [74]	—
		^{3}H	12,26 yr	—	8±1 [74, 75]	9±1 [74]	4±1 [74]	—
		^{4}He	Stable	$3,22 \cdot 10^{-3}$ [11, 15] $4,00 \cdot 10^{-3}$ [15, 26] $3,34 \cdot 10^{-3}$ [15, 25] $(0,61 \pm 0,03) \cdot 10^{-3}$ [47]	100 [74]	16±1 [74]	6±1 [74]	—
Fission by neutrons from Po-Be source	^{235}U	^{4}He	"	$4,00 \cdot 10^{-3}$ [14, 15]	—	—	—	—
Fission by 0.33 MeV neutrons	^{235}U	^{4}He	"	$(2,02 \pm 0,31) \cdot 10^{-3}$ [29, 52]	—	—	—	—
Fission by 1 MeV neutrons	^{235}U	^{4}He	"	$(1,87 \pm 0,13) \cdot 10^{-3}$ [1, 15, 52]	—	—	—	—
Fission by 1.17 MeV neutrons	^{235}U	^{4}He	"	$(1,67 \pm 0,23) \cdot 10^{-3}$ [29, 52]	—	—	—	—
Fission by 2.5 MeV neutrons	^{235}U	^{4}He	"	$(2,52 \pm 0,41) \cdot 10^{-3}$ [29, 52] $(1,92 \pm 0,23) \cdot 10^{-3}$ [52] $(1,40 \pm 0,03) \cdot 10^{-3}$ [77] $(0,58 \pm 0,03) \cdot 10^{-3}$ [47, 77] $(1,29 \pm 0,03) \cdot 10^{-3}$ [62, 77]	—	—	—	—
Fission by 3 MeV neutrons	^{235}U	^{4}He	"	$(1,68 \pm 0,19) \cdot 10^{-3}$ [52, 62]	—	—	—	—

Table 7.1 contd.

Type of fission	Fissioning nucleus	Ternary fission products		Yields of ternary fission products		Energy characteristics of ternary fission products		
		Nucleus, isotope	Half-life	Number of fragments in relation to total number of (binary) fissions	Yield per 100 α-particles	Most probable energy, energy in maximum, MeV	Distribution width in half-height, MeV	Energy interval of distribution, MeV
Fission by 14 MeV neutrons	²³⁵U	¹H	Stable	—	4±2 [74, 75]	—	—	—
		³H	12,26 yr	—	11±2 [74, 75]	10±1 [74]	5±1 [74]	—
		⁴He	Stable	(0,74±0,11) 10⁻³ [32, 52, 95] (2,02±0,26) 10⁻³ [52, 95] (1,46±0,07) 10⁻³ [77] (0,61±0,04) 10⁻³ [47, 77]	100 [74, 75]	16±1 [74]	6±1 [74]	—
Fission by 2.5–2.9 MeV neutrons	²³⁵U	⁴He		(0,48±0,13) 10⁻³ [29, 52] (1,67±0,24) 10⁻³ [48, 52] (0,91±0,03) 10⁻² [77] (0,22±0,02) 10⁻³ [47, 77]	—	—	—	
		⁸Be	<1,4·10⁻¹⁶ sec	~8·10⁻⁵ [85]	—	—	—	—
		3 fragments		8·10⁻⁴ [82, 84]				
Fission by 14 MeV neutrons	²³⁸U	¹H	Stable	—	≤4 [74]	—	—	—
		³H	12,26 yr	—	13±2 [74]	9±1 [74]	5±1 [74]	—

	Isotope	Particle	Half-life	Yield				
Fission by 14 MeV neutrons	^{238}U	^{4}He	Stable	$(1{,}26\pm0{,}06)\,10^{-3}$ [77] $(1{,}00\pm0{,}16)\,10^{-3}$ [49, 52] $(0{,}95\pm0{,}09)\,10^{-3}$ [21, 52] $(0{,}27\pm0{,}02)\,10^{-3}$ [47, 77]	100 [74]	15 ± 1 [74] ~15 [21] ~16 [44]	6 ± 1 [74]	—
	^{237}Np	^{1}H	"	—	8 ± 2 [74]	—	—	—
	^{237}Np	^{3}H	12,26 yr	—	14 ± 2 [74]	—	—	—
	^{237}Np	^{4}He	Stable	—	100 [74]	9 ± 1 [74]	4 ± 1 [74]	—
Fission by slow neutrons	^{239}Pu	^{4}He	"	$2{,}00\cdot10^{-3}$ [15, 26]	—	16 ± 1 [74]	5 ± 1 [74]	—
Fission by 0.33 MeV neutrons	^{239}Pu	^{4}He	"	$(2{,}44\pm0{,}26)\,10^{-3}$ [29, 52]	—	—	—	—
Fission by 0.69 MeV neutrons	^{239}Pu	^{4}He	"	$(2{,}09\pm0{,}25)\,10^{-3}$ [29, 52]	—	—	—	—
Fission by 1 MeV neutrons	^{239}Pu	^{4}He	"	$(2{,}48\pm{,}14)\,10^{-3}$ [1, 15, 52]	—	—	—	—
Fission by 1.99 MeV neutrons	^{239}Pu	^{4}He	Stable	$(2{,}50\pm0{,}64)\,10^{-3}$ [29, 52]	—	—	—	—
Photofission (max. energy 27.5 MeV)	^{233}Tn	3 fragments		$\sim8\cdot10^{-6}$ [150]	—	—	—	—
	^{238}U	3 fragments		$\sim11\cdot10^{-6}$ [150]	—	—	—	—
	^{239}Pu	3 fragments		$<3\cdot10^{-6}$ [150]	—	—	—	—

* Some product yields from true ternary fission are also shown in table § 6.2.
** The production frequency of two simultaneous α-particles in thermal fission of ^{235}U is about 10^{-4} [147].

In references [27, 73, 80, 83, 84, 87, 108-118, 146] are given the energies and masses of the two heavy fragments from ternary fission of heavy nuclei. Analogous data for binary fission obtained in the same experiments are shown for comparison.

Reference [115] gives the reduction in the most probable energies of light and heavy fragments from ternary fission by slow neutrons against the energies obtained in binary fission. The differences in MeV are:

for ^{233}U $\Delta E_L = 8.6 \pm 0.6$; $\Delta E_H = 6.6 \pm 0.6$;
for ^{235}U $\Delta E_L = 9.0 \pm 0.5$; $\Delta E_H = 6.0 \pm 0.5$;
for ^{239}Pu $\Delta E_L = 8.7 \pm 0.6$; $\Delta E_H = 8.3 \pm 0.6$.

For ^{252}Cf the reduction in the total kinetic energy of spontaneous fission fragments in comparison with binary fission amounts to 11.7 ± 1.3 MeV ($\Delta E_L = 7.3 \pm 0.9$ MeV, $\Delta E_H = 4.4 \pm 0.9$ MeV)[156].

The relative yields of long-ranging α-particles for different excitation energies are shown in fig. 7.1.

The probability of ternary fission with emission of long-ranging α-particles as a function of the parameter Z^2/A is shown in fig. 7.2.

Figure 7.3 shows the mass distribution of heavy fragments from ternary fission with the emission of light charged particles in comparison with binary fission (see papers [108, 119, 158]).

Figure 7.4 shows examples of energy spectra of the light charged particles.

The energy distribution of individual fragments and the total kinetic energy spectrum of fragments from ternary fission with light charged particle emission are shown in fig. 7.5.

Figures 7.6-7.9 relate to true ternary fission and show the mass and kinetic energy distributions of the fission fragments.

References [4, 16, 31] give the ratios of the probability of ternary fission with long-ranging α-particles emission for ^{233}U, ^{239}Pu, ^{241}Pu (thermal neutrons) to the corresponding probability for ^{235}U. The following values were obtained:

for ^{233}U $- 1.16 \pm 0.05$; 1.25 ± 0.22; 1.22 ± 0.06;
for ^{239}Pu $- 1.04 \pm 0.06$; 1.14 ± 0.23; 1.18 ± 0.06;
for ^{241}Pu $- 1.34 \pm 0.07$.

Similar ratios are given in reference [74]. The yield from fission of ^{235}U by thermal neutrons was taken as the unit and the results were as follows:

for ^{232}Th (14 MeV neutrons) $- 0.3 \pm 0.2$;
for ^{233}U (slow neutrons) $- 0.97 \pm 0.09$;
for ^{233}U (14 MeV neutrons) $- 1.2 \pm 0.1$;
for ^{235}U (14 MeV neutrons) $- 0.99 \pm 0.04$;
for ^{238}U (14 MeV neutrons) $- 0.64 \pm 0.06$;
for ^{237}Np (14 MeV neutrons) $- 1.3 \pm 0.1$;
for ^{244}Cm (spontaneous fission) $- 1.40 \pm 0.06$.

The ratios of the probability of ternary fission with long-ranging α-particle production to the probability of binary fission of ^{233}U, ^{235}U in the thermal and resonance neutron energy region are given in references [51, 101-103].

The relative probabilities of ternary fission of ^{235}U, ^{239}Pu for low and resonance neutron energies may be found in [103, 107].

Data on fission product yields from ternary fission of heavy nuclei by charged particles are contained in references [42, 52, 66, 92, 96-8].*

---

*See review: A. A. Lbov, Y. C. Zamyatnin, V. M. Gorbachev, Energii i vykhody produktov deleniya tyazhelykh yader zaryazhennymi chastitsami. In the compendium *Yadernye kônstanty* No. 18, Moscow, Atomizdat, 1975.

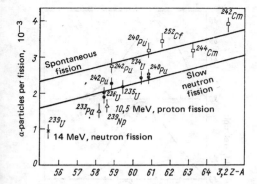

Fig. 7.1. Ratios of the yield of long-ranging α particles to number of binary fissions for heavy nuclei and different excitation energies (3.2Z−A refers to the fissioning compound nucleus.

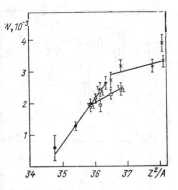

Fig. 7.2 The probability of ternary fission with long-ranging q particle (W) vs the parameter Z^2/A [74 88];
× — spontaneous fission; □ — fission by thermal neutrons; ▽ — fission by 1MeV neutrons; ● — data from ref. [74].

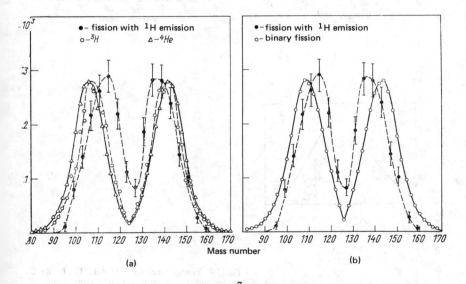

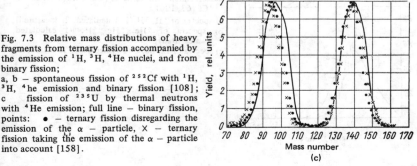

Fig. 7.3 Relative mass distributions of heavy fragments from ternary fission accompanied by the emission of ^{1}H, ^{3}H, ^{4}He nuclei, and from binary fission;
a, b — spontaneous fission of ^{252}Cf with ^{1}H, ^{3}H, ^{4}he emission and binary fission [108]; c — fission of ^{235}U by thermal neutrons with ^{4}He emission; full line — binary fission, points: ● — ternary fission disregarding the emission of the α — particle, × — ternary fission taking the emission of the α — particle into account [158].

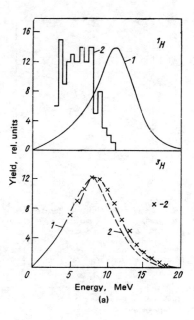
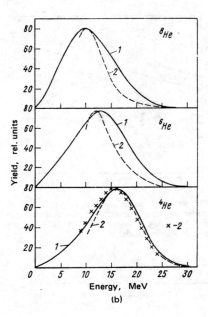
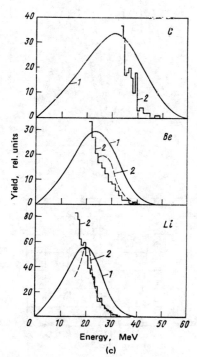

Fig. 7.4 Energy spectra of ^{1}H, ^{3}H, ^{4}He, Li, Be, C nuclei emitted in ternary spontaneous fission of ^{252}Cf [63, 100].

a) spectra of ^{1}H, ^{3}H (1–calculated, 2–measured);
b) spectra of ^{4}He, ^{6}He, ^{8}He (1–calculated, 2–measured);
c) spectra of Li, Be, C (1–calculated, 2–measured).

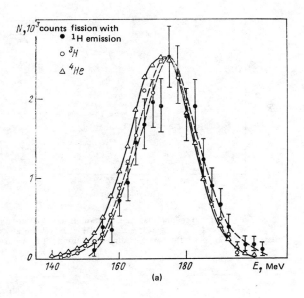

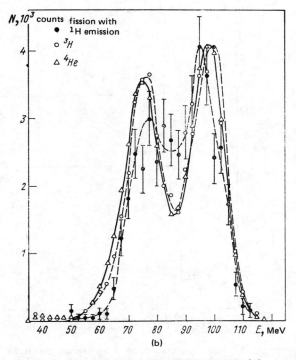

Fig. 7.5 Spectra of the total kinetic energy (a) and of the energy distribution of the fragments (b) from spontaneous fission of ^{252}Cf with emission of ^{1}H, ^{3}H, ^{4}He nuclei [108].

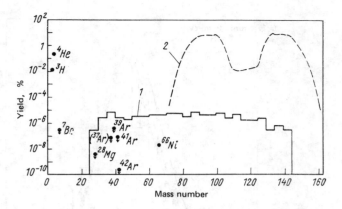

Fig. 7.6 Fission product mass distribution from true ternary fission of ^{235}U by thermal neutrons (1); yields of ^{3}H and ^{4}He are also shown; the dashed line (2) shows the corresponding distribution for binary fission [142].

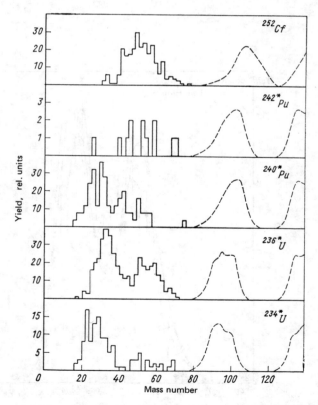

Fig. 7.7 Light fission product mass distributions from true ternary fission of heavy nuclei (spontaneous fission of (^{252}Cf, thermal neutron fission of ^{241}Pu, ^{239}Pu, ^{235}U, ^{233}U). Dashed lines – corresponding distributions for binary fission [109].

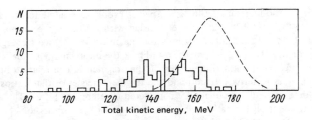

Fig. 7.8 Spectrum of the total kinetic energy of true ternary fission products for ^{235}U and thermal neutrons. Dashed line—corresponding spectrum for binary fission [73].

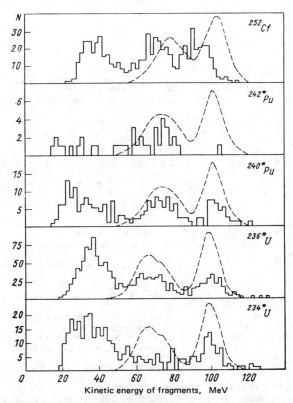

Fig. 7.9 Energy distributions of fission products from true ternary fission of heavy nuclei (spontaneous fission of ^{252}Cf, thermal neutron fission of ^{241}Pu, ^{239}Pu, ^{235}U, ^{233}U). Dashed lines—corresponding distribution for binary fission [109].

It is worth mentioning some studies of special problems related to ternary fission. References [51, 88, 102–108, 125] are concerned with fission in the resonance region. References [108, 110, 120, 128] show how the mean kinetic fragment energies depend on the energy of the ^{4}He, ^{1}H, ^{3}H particles, and how the mean energy of the long-ranging α-particles depends on the kinetic energies of the fragments. The relation between the total kinetic energies in ternary fission and the fragment masses or their ratios is given in [108, 111]. Some particular problems are considered in references [122–41].

It remains to mention the basic review works devoted to ternary fission: [1, 2, 15, 24, 52, 82, 87, 88, 89, 121, 142, 143]. Of special significance among them are the reviews by N. A. Perfilov [2], N. A. Perfilov, Y. F. Romanov, Z. I. Solov'eva [24], N. Feather [82] and also the review contained in the book by Hyde, Perlman and Seaborg [15]. The authors of these reviews aimed at a description of the historical development, experimental techniques and the physics of the process. The experimental material is often introduced only in an illustrative manner. Moreover, a number of original studies have appeared in recent years which naturally could not have been included in the cited reviews. Therefore, this is the first attempt to compile all the basic materials on ternary fission and the authors wish to apologize for any omissions.

REFERENCES FOR CHAPTER 7

1. Nobles R. A.–*Phys. Rev.*, 1962, v. 126, p. 1508.
2. Perfilov N. A. Fizika deleniya atomnykh yader. Prilozhenie No. 1 to Journal *Atomnaya energiya*–1957. Moscow, Atomizdat, 1957, p. 98.
3. Henderson D. J., Diamond H., Braid T. H.–*Bull. Amer. Phys. Soc.*, Ser. II, 1961, v. 6, No. 5, p. 418.
4. Allen K. W., Dewan J. T.–*Phys. Rev.*, 1950, v. 80, p. 181.
5. Titterton K. T., Goward F. K.–*Phys. Rev.*, 1949, v. 76, p. 142.
6. Titterton K. T.–*Nature*, 1951, v. 168, p. 590.
7. Marshall L.–*Phys. Rev.*, 1949, v. 75, p. 1339.
8. Titterton E. W., Brinkley T. A.–*Nature*, 1960, v. 187, No. 4733, p. 228.
9. Mostovaya T. A., *Proc. Second Geneva Conf.*, v. 15, p. 433, P/2031, 1958.
10. Watson J. C.–*Phys. Rev.*, 1961, v. 121, No. 1, p. 230.
11. Fulmer C. B., Cohen B. C.–*Phys. Rev.*, 1957, v. 108, p. 370.
12. Green L. L., Livesey D. L.–*Philos. Trans. Roy. Soc. London*, 1948, v. 241A, p. 323.
13. *Compt. rend.*, 1947, v. 224, p. 272. Auth.: Tsien San-Tsiang *et al.*
14. Demers P.–*Phys. Rev.*, 1946, v. 70, p. 974.
15. Hyde E. K. a) The Nuclear Properties of the Heavy Elements. V. III. New Jersey, Prentice-Hall, Englewood Cliffs, 1964.
16. *Zhurn. eksperim. i teor. fiz.*, 1960, v. 38, No. 3, p. 998. Auth.: V. N. Dmitriev *et al.*
17. Roy J. C.–*Canad. J. Phys.*, 1961, v. 39, p. 315.
18. Zysin Y. A., Lbov A. A., Sel'chenkov L. I.–*Vykhody produktov deleniya i ikh raspredelenie po massam.* Moscow, Gosatomizdat, 1963.
Zysin Yu. A., Lbov A. A., Selchenkov L. I. Fission Product Yields and their Mass Distribution. New York, Consultants Burreau, 1964.
19. Horrocks D. L.–*Phys. Rev.*, 1964, v. 134, No. 6B, p. B1219.
20. Perfilov N. A., Solov'eva Z. I., Filov R. A.–*Zhurn. eksperim. i teor. fiz.*, 1964, v.46, No. 6, p. 2244.
21. Perfilov N. A., Solov'eva Z. I., Filov R. A.–*Zhurn. eksperim. i teor. fiz.*, 1961, v. 41, No. 1, p. 11.
22. *Dokl. AN SSSR*, 1961, v. 136, No. 3, p. 581. Auth.: N. A. Perfilov *et al.*
23. *Yadernaya fizika*, 1966, v. 4, No. 2. p. 332. Auth.: V. R. Burmistrov *et al.*
24. Perfilov N. A., Romanov Y. F., Solov'eva Z. I.–*Uspekhi fiz. nauk*, 1960, v. 71, No. 3, p. 471.
25. Green L. L., Livesey D. L.–*Nature*, 1947, v. 159, No. 4036, p. 332.
26. *Phys. Rev.*, 1947, v. 71, p. 327. Auth.: G. Farwell *et al.*

27. *J. phys. et radium*, 1947, v. 8, No. 165, p. 200. Auth.: Tsien San-Tsiang *et al.*
28. Hill D.—*Phys. Rev.*, 1952, v. 87, p. 1042.
29. Proc. Second United. Nat. Conf. Peaceful Uses Atomic Energy. Geneva, 1958. V. 15, p. 418. P/1188. Auth.: M. F. Netter *et al.*
30. *J. Inorg. and Nucl. Chem.*, 1962, v. 24, p. 337. Auth.: E. N. Sloth, D. L. Horrocks, E. J. Boyce, M. H. Studier.
31. Mostovaya T. A.—*Atomnaya energiya*, 1961, v. 10, No. 4, p. 372.
32. Perfilov N. A., Solov'eva Z. I., Filov R. A.—*Atomnaya energiya*, 1963, v. 14, No. 6, p. 575.
33. *Atomnaya energiya*, 1964, v. 16, No. 2, p. 148. Auth.: L. Z. Malkin *et al.*
34. Dernytter A. I., Neve de Mevergnies M. Compt. Rend. Congr. internat. phys. nuci. Paris, 1964, v. 2, p. 1114.
35. Münze R., Hladik O.—*Kernenergie*, 1962, Bd 5, No. 6, S. 472.
36. Münze R., Hladik O., Reinhard G.—*Kernenergie*, 1962, Bd 5, No. 7, S. 564.
37. Juric M. K.—*Bull. Boris Kidric Inst. Nucl. Sci.*, 1964, v. 15, No. 4, p. 217.
38. Catala J., Domingo V., Casanova J.—*Nuovo cimento*, 1961, v. 19, No. 5, p. 923.
39. Münze R.—*Kernenergie*, 1962, Bd 5, No. 6, p. 488.
40. Münze R., Hladik O.—*Kernenergie*, 1962, Bd. 5, No. 3, S. 158.
41. Albensius E. L., Ondrejcin R. S.—*Nucleonics*, 1960, v. 18, No. 9, S. 100.
42. Atneosen R. A., Thomas T. D., Garvey G. T.—*Phys. Rev.*, 1965, v. 139, No. 2B, p. B307.
43. Schröder I. G., Dernytter A. J., Moore J. A.—*Phys. Rev.*, 1965, v. 137, No. 3B, p. B519.
44. Ramanna R., Nair K. G., Kapoor S. S.—*Phys. Rev.*, 1963, v. 129, No. 3, p. 1350.
45. Marshall M., Scobie J.—*Phys. Lett.*, 1966, v. 23, No. 10, p. 583.
46. Whetstone S. L., Thomas T. D.—*Phys. Rev. Lett.*, 1965, v. 15, p. 298.
47. *Atomnaya energiya*, 1964, v. 16, No. 2, p. 144. Auth.: L. V. Drapchinsky *et al.*
48. Solov'eva Z. I.—*Atomnaya energiya*, 1960, v. 8, No. 2, p. 137.
49. Perfilov N. A., Solov'eva Z. I.—*Atomnaya energiya*, 1958, v. 5, No. 2, p. 175.
50. *Zhurn. eksperim. i teor. fiz.*, 1963, v. 44, No. 6, p. 1832. Auth.: N. A. Perfilov *et al.*
51. Panov A. A.—*Zhurn. eksperim. i teor. fiz.*, 1962, v. 43, No. 3, p. 847.
52. Thomas T. D., Whetstone S. L.—*Phys. Rev.*, 1966, v. 144, No. 3, p. 1060.
53. Andreyev V. N., Sirotkin S. M.—*Zhurn. eksperim. i teor fiz.*,, 1964, v. 46, No. 4, p. 1178.
54. Albenesius E. L.—*Phys. Rev. Lett.*, 1959, v. 3, p. 274.
55. Wegner H. E.—*Bull. Amer. Phys. Soc.*, Ser. II, 1961, v. 6, p. 307.
56. Whetstone S. L., Thomas T. D.—*Phys. Rev.*, 1967, v. 154, No. 4, p. 1174.
57. *Phys. Rev.*, 1962, v. 126, p. 2120. Auth.: H. R. Bowman *et al.*
58. *Phys. Rev.*, 1961, v. 121, No. 1, p. 270. Auth.: M. L. Muga *et al.*
59. *Phys. Rev.*, 1956, v. 101, p. 1492. Auth.: K. F. Flynn *et al.*
60. Programma i tezisy dokladov 18-go ezhegodnogo soveshchaniya po yadernoi spektroskopii. Riga, 25 Jan.–2 Feb. 1968. Leningrad, Nauka, 1968, p. 197. Auth.: V. N. Andreyev *et al.*
61. *Phys. Lett.*, 1967, v. 24B, No. 2, p. 87. Auth.: J. Chwaszczewska *et al.*
62. Phys. and Chem. Fission. Salzburg, 22–26 March 1965. V. 2. Vienna, 1965, p. 397. Auth.: V. A. Hattangadi *et al.*
63. Raisbeck G. M., Thomas T. D.—*Phys. Rev.*, 1968, v. 172, No. 4, p. 1272.
64. *Phys. Rev.*, 1967, v. 154, No. 4, p. 1193. Auth.: S. W. Cosper *et al.*
65. Fraenkel Z., Thompson S. G.—*Phys. Rev. Lett.*, 1964, v. 13, p. 438.
66. *Phys. Rev.*, 1964, v. 133, No. 3B, p. B724. Auth.: J. A. Coleman *et al.*
67. *Yadernaya fizika*, 1969, v. 9, No. 1, p. 23. Auth.: V. N. Andreyev *et al.*
68. *Yadernaya fizika*, 1968, v. 8, No. 1, p. 38. Auth.: V. N. Andreyev *et al.*
69. a) *Nucl. Phys.*, 1969, v. A128, No. 1, p. 219. Auth.: T. Krogulski *et al.*;
    b) /*Rept.*/ *Inst. badan jadrow PAN*, 1968, No. 1010, p. 8; Auth.: T. Krogulski *et al.*
    c) Phys. and Chem. Fission Proc. 2nd IAEA Sympos. Vienna, 1969. Vienna, 1969, p. 893. Auth.: T. Krogulski *et al.*
70. *Phys. Lett.*, 1967 v. 25B, No. 3, p. 213. Auth.: M. Dakowski *et al.*
71. *Phys. Lett.*, 1969, v. 30B, No. 5, p. 332. Auth.: A. A. Vorobiev *et al.*
72. Phys. and Chem. Fiss. Proc, 2nd IAEA Sympos. Vienna, 1969. Vienna, 1969, p. 143. Auth.: E. Nardi *et al.*
73. a) Muga M. L.—*Phys. Rev. Lett.*, 1963, v. 11, No. 3, p. 129.
    b) Myra M. L., In: *Uspekhy fiziki deleniya yader*. Moscow, Atomizdat, 1965, p. 303.
74. a) *Yadernaya fizika*, 1969, v. 9, No. 4, p. 732. Auth.: V. M. Adamov *et al.*
    b) Phys. and Chem. Fission Proc. 2nd IAEA Sympos. Vienna, 1969, Vienna, 1969, p. 900. Auth.: V. M. Adamov *et al.*

75. *Yadernaya fizika*, 1967, v. 6, No. 5, p. 930. Auth.: V. M. Adamov et al.
76. *Nucl. Phys.*, 1969, v. A127, No. 3, p. 495. Auth.: J. Blocki et al.
77. *Yadernaya fizika*, 1968, v. 8, No. 3, p. 443. Auth.: L. Nagy et al.
78. *Phys. Rev.*, 1966, v. 143, No. 3, p. 943. Auth.: R. L. Fleischer et al.
79. Rosen L., Hudson A. M.—*Phys. Rev.*, 1950, v. 78, p. 533.
80. Muga M. L. Phys. and Chem. of Fission, Salzburg, 22–26 March 1965. V. 2, Vienna, 1965, p. 409.
81. Proc. of the Third Conf. on Reactions between Complex Nuclei. Ed. A. Ghiorso et al. Berkely–Los Angeles, University of Calif. Press, 1963, p. 332. Auth.: P. B. Price et al.
82. Feather N. Phys. and Chem. Fission, Proc. 2nd IAEA Sympos. Vienna, 1969. Vienna, 1969, p. 83.
83. Benisz J., Panek T.—*Acta phys. polon.*, 1967, v. 32, p. 485.
84. Benisz J.—*Acta phys. polon.*, 1969, v. 35, p. 67.
85. Titterton E. W.—*Phys. Rev.*, 1951, v. 83, p. 1076.
86. Stoenner R. W., Hillman M.—*Phys. Rev.*, 1966, v. 142, p. 716.
87. Pik-Pichak G. A. In: *Materialy 4-i zimnei shkoly po theorii yadra i fizike vysokikh energy*. T. I. Leningrad, 1969, p. 250.
88. Solov'eva Z. I.—*Izv. AN SSSR, ser. fiz.*, 1970, v. 34, No. 2, p. 438.
89. Halpern I. Phys. and Chem. Fission, Salzburg, 22–26 March 1965. V. 2. Vienna, 1965, p. 369.
90. Phys. and Chem. Fiss. Proc. 2nd IAEA Sympos. Vienna, 1969, Vienna, 1969. p. 891. Auth.: F. Cavallari et al.
91. *Atomnaya energiya*, 1969, v. 27, No. 1, p. 31. Auth.: A. A. Vorob'ev et al.
92. *Phys. Rev.*, 1967, v. 163, No. 4, p. 1315. Auth.: W. Loveland et al.
93. *Phys. Rev.*, 1968, v. 169, No. 4, p. 993. Auth.: J. B. Natowitz et al.
94. Horrocks D. L. *Trans. Amer. Nucl. Soc.*, 1965, v. 8, p. 12.
95. *Nucl. Phys.*, 1967, v. A96, No. 3, p. 588. Auth.: Thu Phong Doan et al.
96. MacMurdo K. W., Cobble J. W.—*Phys. Rev.*, 1969, v. 182, No. 4, p. 1303.
97. Iyer R. H., Cobble J. W.—*Phys. Rev.*, 1968, v. 172, No. 4, p. 1186.
98. Iyer R. H., Cobble J. W.—*Phys. Rev. Lett.*, 1966, v. 17, No. 10, p. 541.
99. Phys. and Chem. Fiss. Proc. 2nd IAEA Sympos., Vienna, 1969. Vienna, 1969, p. 119. Auth.: C. Carles et al.
100. Krogulski T., Blocki J.—*Nucl. Phys.*, 1970, v. A144, No. 3, p. 617.
101. Dernytter A. J., Neve de Mevergnies M. Phys. and Chem. Fiss. Salzburg, 22–26 March 1965. V. 2. Vienna, 1965, p. 429.
102. Dernytter A. J., Wagemans C. Phys. and Chem. Fission. Proc. 2nd IAEA Sympos. Vienna, 1969. Vienna, 1969, p. 898.
103. *Atomnaya energiya*, 1964, v. 16, No. 1, p. 3. Auth.: T. A. Mostovaya et al.
104. a) *Nucl. Phys.*, 1965, v. 69, No. 3, p. 573. Auth.: A. Michaudon et al.;
b) Compt. rend Congr. internat. phys. nucl. Paris, 1964. V. 2. Paris, 1964, p. 1117. Auth.: A. Michaudon et al.
105. a) *Yadernaya fizika*, 1965, v. 2, No. 4, p. 677. Auth.: I. Kvitek et al.
b) Phys. and Chem. Fiss. Salzburg, 22–26 March 1965. V. 2. Vienna, 1965, p. 439. Auth.: I. Kvitek et al.
106. Panov A. A.—*Zhurn. eksperim. i teor. fiz.*, 1962, v. 43, No. 6, p. 1998.
107. Mehta G. K., Melkonian E. Proc. Nucl. Phys. and Solid. State. Phys. Sympos. Bombay, 1966. Nucl. Phys., 1966, p. 33.
108. *Phys. Rev.*, 1969, v. 182, No. 4, p. 1244. Auth.: E. Nardi et al.
109. *Phys. Rev. Lett.*, 1967, v. 18, No. 11, p. 404. Auth.: M. L. Muga et al.
110. Fraenkel Z.—*Phys. Rev.*, 1967, v. 156, No. 4, p. 1283.
111. *Nucl. Phys.*, 1970, v. A145, No. 2, p. 657. Auth.: M. Asghar et al.
112. *Anal. Real soc. esp. fis. y qui. Ser A*, 1960, v. 56, No. 1–2, p. 29. Auth.: J. Catala et al.
113. Muga M. L., Rice C. R. Phys. and Chem. Fission. Proc. 2nd IAEA Sympos. Vienna, 1969. Vienna, 1969, p. 107.
114. Saha G. B., Yaffe L.—*Canad. J. Chem.*, 1969, v. 47, No. 4, p. 655.
115. *Atomnaya energiya*, 1963, v. 14, No. 6, p. 574. Auth.: V. N. Dmitriev et al.
116. Dutta S. P.—*Indian. J. Phys.*, 1953, v. 27, p. 547.
117. Juric M. K.—*Bull. Boris Kidric Inst. Nucl. Sci.*, 1964, v. 15, p. 338, p. 278.
118. *Phys. Rev.*, 1947, v. 72, p. 447. Auth.: E. D. Wollen et al.
119. *Phys. Rev. Letters*, 1962, v. 9, No. 10, p. 427. Auth.: H. W. Schmitt et al.
120. a) *Yadernaya fizika*, 1969, v. 10, No. 4, p. 721. Auth.: V. M. Adamov et al.
b) Phys. and Chem. Fission Proc. 2nd IAEA Sympos. Vienna, 1969. Vienna, 1969, p. 901. Auth.: V. M. Adamov et al.
121. Feather N. *Proc. Roy. Soc.* (Edinburgh), 1964, v. 66A, p. 192.

122. Feather N. Phys. and Chem. Fission. Salzburg, 22-26 March 1965. Vienna, 1965, v. 2, p. 387.
123. Fong P. Phys. and Chem. Fiss. Proc. 2nd IAEA Sympos. Vienna, 1969. Vienna, 1969, p. 133.
124. Feather N.–*Phys. Rev.*, 1968, v. 170, No. 4, p. 1118.
125. Melkonian E., Mehta G. K. Phys. and Chem. Fission, Salzburg, 22-26 March 1965. V. 2. Vienna, 2965, p. 355.
126. Phys. and Chem. Fiss. Proc. 2nd IAEA Sympos. Vienna, 1969. Vienna, 1969, p. 115. Auth.: J. Blocki *et al.*
127. Schmitt H. W., Feather N.–*Phys. Rev.*, 1964 v. 134, No. 3B, p. 565.
128. Solov'eva Z. I., Filov R. A.–*Zhurn. eksperim. i teor. fiz.*, 1962, v. 43, No. 4, p. 1146.
129. *Zhurn. eksperim. i teor. fiz.*, 1960, v. 39, No. 3, p. 556. Auth.: V. N. Dmitriev *et al.*
130. *Phys. Rev.*, 1967, v. 156, No. 4, p. 1305. Auth.: Y. Boneh *et al.*
131. Phys. and Chem. Fiss. Proc. 2nd IAEA Sympos. Vienna, 1969. Vienna, 1969, p. 891. Auth.: Y. Gazit *et al.*
132. Iyer R. H., Cobble J. W. Proc. Nucl. Phys. and Solid. State. Phys. Sympos. Bombay, 1968, v. 2, S1, p. 34.
133. *Compt. rend. Acad. sci.*, 1967, v. 264, No. 11, p. B900. Auth.: Thu Phong Doan *et al.*
134. Phys. and Chem. Fiss. Proc. 2nd IAEA Sympos. Vienna, 1969. Vienna, 1969, p. 897. Auth.: L. Medveczky *et al.*
135. *Compt. rend. Acad. sci.*, 1963, v. 256, No. 7, p. 1490. Auth.: A. Michandon *et al.*
136. Phys. and Chem. Fiss. Proc. 2nd IAEA Sympos. Vienna, 1969. Vienna, 1969, p. 891. Auth.: Y. Boneh *et al.*
137. *Anal. Real. soc. esp. fis. y qui. Ser. A.*, 1960, v. 56, No. 1-2, p. 19. Auth.: J. Catalá *et al.*
138. Münze R., Reinhard G.–*Kernenergie*, 1963, Bd 6, S. 274.
139. Israel Atomic Energy Commis. (Repts), 1968, No. 1168, p. 12. Auth.: Y. Gazit *et al.*
140. Ibid., 1967, No. 1128, p. 18. Auth.: A. Katoise *et al.*
141. Titterton E. W., Brinkley T. A. *Philos. Mag.*, 1950, v. 41, p. 500.
142. Wahl A. C. Phys. and Chem. Fission, Salzburg, 22-26 March 1965. V. 1. Vienna, 1965, p. 317.
143. Kraut A.–*Nucleonik*, 1960, Bd2, S. 105; 1960, Bd 2, S. 149; Kraut A.–In: *Fizika deleniya yader*, Moscow, Gosatomizdat, 1963, p. 7.
144. *Nuovo cimento*, 1967, v. B51, No. 1, p. 235. Auth.: D. Bollini *et al.*
145. Solov'eva Z. I.–*Yadernaya fizika*, 1968, v. 8, No. 3, p. 454.
146. Benisz J., Urbanski E.–*Acta phys. polon.*, 1969, v. 36, No. 4, p. 707.
147. Benisz J., Panek T.–Ibid., 1967, v. 32, No. 4, p. 673.
148. /Rept./ Inst. badan jadrow PAN, 1968, No. 1033, p. 6. Auth.: J. Chwaszczewska *et al.*
149. *Acta phys. polon*, 1969, v. 35, No. 1, p. 187. Auth.: J. Chwaszczewska *et al.*
150. *Acta phys. Acad. sci. hung.*, 1970, v. 28, No. 1-3, p. 169. Auth.: L. Medveczky *et al.*
151. *Acta phys. polon.*, 1968, v. 33, No. 5, p. 819. Auth.: M. Sowinski *et al.*
152. Muga M. L.–*Phys. Rev.*, 1967, v. 161, No. 4, p. 1266.
153. *Nuovo cimento*, 1969, v. B59, No. 2, p. 236. Auth.: M. Cambiaghi *et al.*
154. Nervik W. E.–*Phys. Rev.*, 1960, v. 119, No. 5, p. 1685.
155. *Yadernaya fizika*, 1972, v. 15, No. 2, p. 209. Auth.: V. G. Bogdanov *et al.*
156. *Yadernaya fizika*, 1971, v. 13, No. 5, p. 939. Auth.: V. M. Adamov *et al.*
157. *Yadernaya fizika*, 1974, v. 20, No. 3, p. 461. Auth.: A. A. Vorob'ev *et al.*

CHAPTER 8

FISSION NEUTRONS

§ 8.1. INTRODUCTION

The neutrons produced in nuclear fission can be divided into two groups—prompt and delayed neutrons. The prompt neutrons are emitted not later than 10^{-13} seconds after fission of the nucleus and form about 99% of the total number of neutrons. At the present time it is believed that the basic properties of prompt neutrons (such as their number per fission, their energy and angular distributions, etc.) can be sufficiently well described by the model of neutron evaporation from the excited fragments which are driven apart by Coulomb forces [1]. Neutrons emitted by the excited nuclei prior to fission must in principle be considered also as prompt ones, although some of their characteristics (e.g. their angular distribution) differ from those of fission neutrons.

Delayed neutrons represent only a small part (<1%) of the total number of fission neutrons. They are emitted at the end of the β- and K-transformations of the fission products, 10^{-1}–10^2s after fission.

The total number of fission neutrons (v_{tot}) includes both the prompt (v_p) and the delayed (v_d) neutrons:

$$v_{tot} = v_p + v_d.$$

Since v_d is small, the average number of prompt neutrons is usually given as v_{tot}. However, in very accurate experiments v_d must be taken into account.

§ 8.2. PROMPT FISSION NEUTRONS

Prompt neutron spectrum. There exist several analytical expressions for the energy distribution of prompt fission neutrons which agree well with experimental results. From an analysis of results from fission of ^{235}U by thermal neutrons [2–5] Watt [2] and later Gurevich and Mukhin [6] proposed the following formula for the energy distribution:

$$N(E) = \frac{1}{\sqrt{\pi E_f T_f}} e^{-E_f/T_f} e^{-E/T_f} \operatorname{sh} \frac{2\sqrt{E_f E}}{T_f},$$

i.e.
$$N(E) \sim e^{-E/T_f} \operatorname{sh} \frac{2\sqrt{E_f E}}{T_f}, \qquad (8.1)$$

where E — energy of the neutrons, MeV; $N(E)$ — number of neutrons per unit energy interval; E_f and T_f — distribution parameters (the mean kinetic energy of the fission fragment per one nucleon and the nuclear temperature of the fragment respectively, all in MeV) which were chosen so as to give best agreement with experimental values. With the coefficients given in [2] equation (8.1) acquires the form:

$$N(E) = 0{,}484 e^{-E} \operatorname{sh} \sqrt{2E} \qquad (8.2)$$

for 0.075 MeV < E < 17 MeV.

Cranberg et al. [7] give a more accurate formula with somewhat different coefficients:

$$N(E) = 0.4527 e^{-E/0.965} \text{sh} \sqrt{2.29E}. \qquad (8.3)$$

A simpler representation of the prompt neutron spectrum is obtained with the Maxwellian distribution [7, 8]:

$$N(E) = \frac{2}{\sqrt{\pi T^3}} \sqrt{E} e^{-E/T} = A \sqrt{E} e^{-E/T}. \qquad (8.4)$$

Here T — a constant which is characteristic of the fission process.

For fission of ^{235}U by thermal neutrons $A = 0.770$, $T = 1.290$ MeV

The formulae (8.2)–(8.4) for the neutron spectrum are normalised as follows:

$$\int_0^\infty N(E)dE = 1. \qquad (8.5)$$

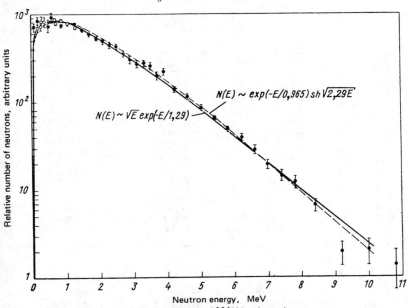

Fig. 8.1. Neutron spectrum from fission of ^{235}U by thermal neutrons.
○ — Wilson chamber; ● — time-of-flight and photoemulsion method.

Expressions (8.3) and (8.4) yield very similar forms of the spectrum. Figure 8.1 shows experimental results for the neutron spectrum from fission of ^{235}U by thermal neutrons [1], and also the spectra calculated from equations (8.3) and (8.4). Normalised neutron spectra calculated from equations (8.2)–(8.4) are contained in table 8.1. The difference between the values calculated from (8.2) and (8.3) for energies $E < 10$ MeV does not exceed 10%.

The fission neutron spectra from other nuclei are well described by the approximate formula (8.4) when the corresponding value of the quantity T is introduced.*

---

*The agreement of equation (8.4), which contains only a single parameter, T, with experimental data must be considered as accidental since the neutron spectrum depends on many variables (the neutron binding energy, the excitation energy of the fragments, the angular dependence of neutron emission, etc.).

The constant T can be considered to be the effective nuclear temperature of the fission fragments. T is related to the mean energy of the prompt fission neutrons by the expression

$$\bar{E} = \frac{3}{2} T. \qquad (8.6)$$

The quantity T is also called the spectrum hardness parameter.

In fig. 8.2 are shown spectra of prompt fission neutrons from different nuclei. It is obvious that the spectrum becomes harder when the energy of neutrons causing fission is increased and also when the parameter Z^2/A is higher. (Fig. 8.3.)

Table 8.2 shows experimental results on fission neutron spectra for different nuclei. Data are given for spontaneous fission as well as for fission caused by slow and fast neutrons.

Table 8.1
Normalised neutron spectra from thermal fission of ^{235}U

E, Мэв	Spectrum N(E), derived from formulae		
	$N(E) = 0{,}484 e^{-E} \operatorname{sh}\sqrt{2E}$	$N(E) = 0{,}4527 e^{-E/0{,}965} \operatorname{sh}\sqrt{2{,}29E}$	$N(E) = 0{,}770 \sqrt{\bar{E}} e^{-E/T}$
0,05	0,2717	0,2709	0,2945
0,1	0,3716	0,3709	0,4006
0,2	0,4914	0,4909	0,5242
0,4	0,6066	0,6074	0,6348
0,6	0,6475	0,6487	0,6657
0,8	0,6508	0,6523	0,6582
1,0	0,6325	0,6345	0,6301
1,2	0,6015	0,6037	0,5910
1,6	0,5216	0,5230	0,5003
2,0	0,4361	0,4366	0,4101
2,5	0,3373	0,3367	0,3111
3,0	0,2546	0,2530	0,2312
4,0	0,1373	0,1348	0,1229
5,0	0,07064	0,06840	0,05322
6,0	0,03514	0,03353	0,03187
7,0	0,01707	0,01604	0,01584
8,0	0,008131	0,007505	0,00779
10,0	0,001765	0,001565	0,00185
12,0	0,000366	0,000311	0,000428
$\int_0^\infty N(E)dE$	1	1	1

The analysis of neutron spectra obtained from fission caused by fast neutrons is more complex for the following reason. When the bombarding neutrons have an energy of, say, 14 MeV, fission of two nuclei with different excitation energies may occur, i.e. either of the compound nucleus or of the target nucleus (after evaporation of a neutron). Thus one measures in practice two superimposed spectra, the fission neutron spectrum and the spectrum of neutrons evaporated prior to fission:

$$N(E) = N_1(E) + N_2(E) = \alpha \frac{E}{T^2} e^{-E/T} + (1-\alpha) \frac{e^{-E_f/T_f}}{\sqrt{\pi E_f T_f}} \operatorname{sh} \frac{2\sqrt{E_f E}}{T}. \qquad (8.7)$$

where $N_1(E)$ – spectrum of evaporated neutrons;
$N_2(E)$ – spectrum of neutrons emitted by the fission fragments;
α – fraction of neutrons evaporated prior to fission.

The distributions given by (8.1) and (8.4) have been used most widely for describing experimental fission neutron spectra although they do not reflect accurately enough the mechanism of neutron release. Thus equation (8.1) is based on the assumption that the neutrons are released from only one type of heavy fragment, which is obviously not correct.

It has been shown in several studies [19, 86, 87] that the spectrum of prompt neutrons from spontaneous fission of ^{252}Cf in the 'soft' region ($E < 0.1$ MeV) differs slightly from the Maxwellian distribution.

A 'fine' structure of the neutron spectrum from spontaneous fission of ^{252}Cf was observed in [14, 15, 48, 49]. An explanation was sought in the emission of 'held-up' neutrons, but this has not been confirmed (e.g. [50, 86]).

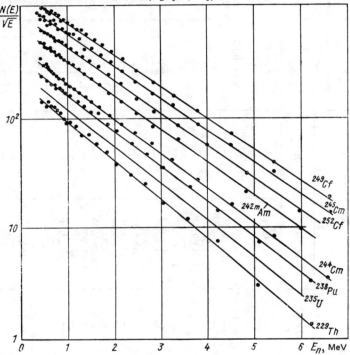

Fig. 8.2. Fission neutron spectra from different nuclei.

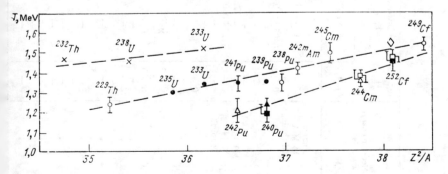

Fig. 8.3. Hardness of the neutron spectra as a function of the parameter Z^2/A. Data for spontaneous fission: ■ – [16, 24], ◊ – [19], ▲ – [26], △ – [54], □ – [71]; for fission by thermal neutrons: ● – [16, 24], ○ – [71]; for fission by 14.3 MeV neutrons: × – [33].

Table 8.2

Prompt fission neutron spectra

Fissioning nucleus	Neutron energy, MeV	Distribution $\sim e^{-E/T_f} \operatorname{sh} \frac{2\sqrt{E_f E}}{T_f}$			Distribution $\sim \sqrt{E} e^{-E/T}$		Mean neutron energy, $\overline{E}$	Experim. method	Year, reference
		E_f, MeV	$\overline{E}$, MeV	$T_f/T_f(^{235}U)$	T, MeV	$T/T(^{235}U)$			
^{229}Th	Thermal	—	—	—	—	—	—	—	1970 [14]
^{232}Th	14 MeV	—	1,17±0,03	—	1,24±0,04	0,96	1,86±0,06	TF	1962 [33]
^{233}U	Thermal	—	—	—	—	—	—	TF	1957 [18]
"	"	0,5	0,95±0,05	1,04±0,01	—	1,04±0,01	1,96±0,05	—	1958 [29, 63]
"	"	—	—	—	1,307	—	—	TF, PP	1959 [10]
"	"	—	—	—	1,25±0,03	—	—	TF, PP	1961 [22]
"	"	—	—	—	1,356	1,018	—	SSM	1968 [51]
"	"	—	—	—	1,32	1,021±0,005	—	TAD	1973 [68]
"	0,167	—	1,22±0,05	—	1,34±0,02	—	—	TF	1962 [33]
"	14	—	—	—	1,37±0,03	—	—	TF	1952 [5]
^{235}U	Thermal	0,5	1	—	1,333	—	2,00	PP	1952 [3]
"	"	—	—	—	1,333	—	2,00	PC	1952 [2]
"	"	0,533	0,965	—	1,333	—	2,00	PC	1953 [9]
"	"	0,465	0,965	—	1,30±0,01	—	—	PP	1956 [7]
"	"	—	—	—	1,28±0,04	—	—	PP	1956 [7]
"	"	—	—	—	1,27±0,03	—	—	TF	1957 [6]
"	"	—	—	1,00	1,29	—	—	PP	1957 [7]
"	"	—	—	—	1,332±0,030	—	1,935±0,05	TF, PP	1958 [29, 63]
"	"	—	—	—	—	—	2,034	SSM	1961 [22]²*
"	"	—	—	—	1,200	—	1,80±0,10	TF	1963 [13]
"	"	—	—	—	1,321	—	1,980	TF	1966 [76]
"	"	—	—	—	1,30±0,02	—	1,950	TF	1967 [77]
"	"	—	—	—	—	—	2,2	TAD	1967 [64]²*
"	"	—	—	—	—	—	2,20±0,16	TAD	1968 [51]²*
"	"	—	—	—	—	—	2,24	TAD	1969 [11]²*
"	"	—	—	—	1,318±0,005	—	1,978	TF	1969 [78]
"	"	—	—	—	—	—	1,95	TAD	1970 [79]²*
"	"	—	—	—	—	—	2,010±0,060	Li	1971 [80]
"	"	—	—	—	1,305	—	1,956±0,013	PC	1972 [74]
"	"	—	—	—	1,348	—	2,020±0,025	He-3	1972 [74]

386

Isotope	E, МэВ						Метод	Год [Лит.]
²³⁵U	0,005—0,08	—	—	—	1,288	—	—	TF	1956 [7]
	Slow	—	—	—	—	—	2,14±0,07	TAD	1972 [69]
	0,035; 0,40	—	—	—	1,41±0,14	—	2,11±0,21	TF	1971 [81]
	~0,03	—	—	—	1,30±0,02	—	—	TF	1973 [73]
	0,04	—	—	—	1,24±0,04	—	1,86±0,06	TF	1965 [23]
	0,100	—	—	—	1,297±0,030	—	—	TF	1965 [52]
	0,13	—	—	—	{1,291 / 1,35}	—	{1,937±0,050 / 2,025±0,054}	TF	1972 [82]
	0,53—1,50	—	—	—	1,36	—	2,04±0,09	TF	1972 [83]
	0,167	—	—	—	1,31±0,03	—	—	TF	1973 [68]
	0,40	—	—	—	1,27±0,01	—	2,06±0,05	TF	1973 [67]
	0,95	—	—	—	1,25±0,04	—	1,905±0,019	TF	1972 [66]
	1,50	—	—	—	1,38±0,03	—	—	TF	1965 [23]
	1,85	—	—	—	—	—	2,07±0,09	TF	1972 [84]
	4,0	—	—	—	—	1,05±0,03	—	TAD	1958 [30]
	14,0	—	—	—	1,384	—	2,075±0,090	PP	1958 [31]
²³⁸U	14,3	0,5	1,06±0,03	—	1,37±0,04	—	—	TF	1960 [32, 33]
	1,35	—	—	—	1,29±0,03	—	—	TF	1970 [58, 66]
	2,02	—	—	—	1,29±0,02	—	—	TF	1970 [58, 66]
	2,086	—	—	—	1,285±0,030	—	—	TF	1965 [52]
	4,908	—	—	—	1,422±0,030	—	—	TF	1965 [52]
	13,9±0,1	—	—	—	1,85±0,28	—	—	TF	1965 [53]
	14,3	0,5	1,16±0,03	—	1,46±0,04	—	—	TF	1960 [32, 33]
	—	—	—	—	1,35±0,04	1,04	2,03±0,06	TF	1970 [14]
²³⁸Pu	Thermal	—	—	—	1,33	—	2,00	PP	1952 [56]
²³⁹Pu	»	—	—	—	1,34	—	—	TAD	1956 [55]
	»	0,5	1,00	1,05±0,01	1,25±0,04	1,05±0,01	—	PP	1957 [6]
	»	—	—	—	1,333	—	—	TF, PP	1957 [18]
	»	—	—	—	1,385	1,040±0,003	2,00±0,05	SSM	1958 [63, 29]
	»	—	—	—	—	—	—		1961 [22]

Table 8.2 contd.

Fissioning nucleus	Neutron energy, MeV	Distribution $\sim e^{-E/T_f}$ sh $\frac{2\sqrt{E_f E}}{T_f}$			Distribution $\sim \sqrt{E} e^{-E/T}$		Mean neutron energy, E	Experim. method	Year, reference
		E_f, MeV	E_f, MeV	T_f/T_f (^{235}U)	T, MeV	T/T (^{235}U)			
^{239}Pu	Thermal	—	—	—	1,44±0,03	—	—	CSS	1962 [26]
	"	—	—	—	1,83±0,28	—	—	TAD	1965 [53]
	"	—	—	—	1,34	1,039±0,002	—	TF	1968 [51]
	~0,030	—	—	—	1,35±0,04	—	—	TF	1969 [54]
	0,040	—	—	—	1,37±0,02	—	—	TF	1973 [73]
	0,03; 0,4	—	—	—	1,34±0,04	—	—	TF	1965 [23]
	0,130	—	—	—	—	1,081	—	TF	1971 [81]
	0,150—1,5	—	—	—	1,407±0,020	1,075±0,02	—	TF	1965 [52]
	1,5	—	—	—	1,214	1,085	—	TF	1968 [57]
	1,9	—	—	—	1,41±0,05	—	—	TF	1970 [59]
	2,0	—	—	—	1,45±0,04	—	—	TF	1970 [59]
	2,3	—	—	—	1,35±0,08	—	—	TF	1969 [60]
	4,0	—	—	—	1,52±0,04	—	—	TF	1970 [59]
	4,0	—	—	—	1,51±0,07	1,09±0,04	2,03±0,06	TF	1959 [30, 35]
	4,5	—	—	—	1,69±0,06	—	—	TAD	1970 [59]
	5,0	—	—	—	1,61±0,07	—	—	TF	1970 [59]
	5,5	—	—	—	1,61±0,05	—	—	TF	1970 [59]
	14,3	—	—	—	1,57±0,08	1,144	—	TF	1970 [59]
	Spont.	—	—	—	1,158±0,030	—	—	PP	1958 [31]
	"	—	—	—	1,24±0,03	—	—	SSM	1961 [22]
	"	—	—	—	1,27±0,03	—	—	CSS	1962 [26]
^{240}Pu	Spont.	—	—	—	1,335±0,034	1,034±0,025	2,002±0,051	CSS	1974 [75]
^{241}Pu	Thermal	0,5	0,95±0,05	—	1,21±0,07	0,94	1,81±0,10	TF, PP	1961 [17]
^{242}Pu	Spont.	—	—	—	1,42±0,03	1,1	2,13±0,05	TF	1969 [54]
^{243m}Am	Thermal	—	—	—	1,43±0,04	—	2,15±0,06	TF	1970 [71]
^{243}Cm	"	—	—	—	1,37±0,04	1,06	2,06±0,06	TF	1973 [71]
^{244}Cm	Spont.	—	—	—	1,38±0,03	1,07	2,07±0,05	TF	1969 [54]
	"	—	—	—	1,38±0,03	—	2,07±0,05	TF	1973 [71]
	"	—	—	—	1,33±0,03	—	—	CSS	1974 [75]

Isotope	Type						Method	Year [Ref]
²⁴⁵Cm	Thermal	—	—	1,50±0,05	1,16	2,25±0,08	TF	1970 [14]
	"	—	—	1,50±0,05	—	2,25±0,08	TF	1973 [71]
²⁴⁶Cm	Spont.	—	—	1,39±0,04	—	2,09±0,06	TF	1973 [71]
²⁴⁷Cm	Thermal	—	—	1,47±0,04	—	2,20±0,06	TF	1973 [71]
²⁴⁸Cm	Spont.	—	—	1,43±0,04	—	2,15±0,06	TF	1973 [71]
²⁴⁹Cf	"	—	—	1,55±0,04	1,2	2,32±0,06	TF	1970 [14]
²⁵²Cf	Spont.	—	—	1,402±0,009	—	2,12	PP	1955 [27]
	"	0,655	1,14±0,04	—	—	2,35±0,08	TF, PP	1957 [20, 63]
	"	—	—	1,367	1,026	—	SSM	1961 [22]
	"	—	—	—	—	2,35	TF	1962 [21]
	"	—	—	1,39±0,04	1,121	—	TF	1965 [23]
	"	—	—	1,565	—	2,348	TF	1967 [19]
	"	—	—	1,39±0,04	—	—	TAD	1969 [65]
	"	—	—	1,48±0,03	1,14	2,22±0,05	TF	1970 [14]
	"	—	—	1,420±0,015	—	2,130	He-3	1972 [74]
	"	—	—	—	—	2,155	He-3	1972 [74]
	"	—	—	1,57	—	—	TF	1972 [41]
	"	—	—	1,406±0,015	—	2,105±0,014	TAD	1973 [70]
	"	—	—	—	—	2,13±0,08	TF	1973 [72]
	"	—	—	1,42±0,03	—	—	CSS	1974 [75]

* Measurement methods : TF - time-of-flight method; PP — photo plate method (track recorder — transl.note); SSM — spectrometer with spherical moderator ("Brammblett" counter); TAD — threshold activation detectors; PC — proportional counter; He-3 — ³He spectrometer; Li — ⁶Li detector; CSS — single-crystal scintillation spectrometer.
2 * Results of macroscopic measurement of fission neutron spectrum.
3 * Review of results from [51] and [64].

Angular distribution of fission neutrons. The angular distribution of the neutrons has significance for studies of the mechanism of neutron production in the fission process. The strong correlation between the directions of motion of fragments and neutrons in spontaneous as well as in neutron induced fission served as the basic argument for the model of neutron emission by excited fragments in motion.

The angular distribution of neutrons from spontaneous fission of ^{252}Cf was investigated in reference [21]. The distribution $N(\theta)$ is very anisotropic — it is 'peaking' in the direction of the fragments.

Table 8.3 gives data on the angular distribution of neutrons for the case of fission of ^{235}U by thermal neutrons [42] and by 14 MeV neutrons [34]. It has been observed that the anisotropy of the angular distribution in the laboratory coordinate system is reduced when the energy of the bombarding neutrons is increased. This effect is caused by the neutrons which are emitted isotropically prior to fission of the nucleus [reactions (n, nf), (n, 2nf)].

Table 8.3

Angular distribution of ^{235}U fission neutrons

Measured ratio	Thermal fission	Fission with E_n = 14 MeV [34]	
		All neutrons	Neutrons from fragments
$N(0°)/N(90°)$	4,35±0,19	3,23±0,12	4,03±0,23
$N(45°)/N(90°)$	—	1,75±0,07	1,89±0,12

Spectra of neutrons emitted under different angles with regard to the direction of motion of the fission fragments provide a more accurate picture of the neutron spectrum in the coordinate system of the fragments (c.i.s. — centre of inertia system); this reflects the mechanism of fission neutron production.

Figure 8.4 shows fission neutron spectra from ^{235}U measured under different angles to the direction of the fragments, for fission by thermal neutrons and by 14 MeV neutrons. The neutron spectra in the laboratory coordinate system depend strongly on the angle θ.

Neutron spectra from spontaneous fission of ^{252}Cf were measured under different angles from the direction of emission of the light fragment [21]. It was found that in the centre of inertia system, the neutron spectra emitted by the light and heavy fragments were identical. Within limits of 10-20% these spectra are isotropic, this being in agreement with the hypothesis of isotropic neutron evaporation from fully accelerated fragments. There are also grounds for assuming that in fission a small fraction (~10%) of neutrons with considerable higher energies is emitted isotropically from a source which does not participate in the motion of the fragments [12, 13, 21, 62].

The probability of emission of ν neutrons, P(ν), in nuclear fission (multiplicity of prompt neutrons).

Terrell [40] analysed experimental data from [36-9] and was able to represent the distribution $P(\nu)$ using a minimum of parameters. He showed that if the emission of a neutron reduces the excitation energy of the fragments by an approximately constant

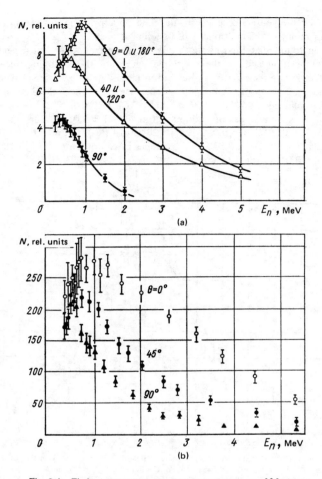

Fig. 8.4. Fission neutron spectra for thermal fission of ^{235}U [61] (a) and for fission of ^{235}U by 14 MeV neutrons [34] (b), measured at different angles relative to the direction of motion of fragments. The spectra have been normalised to the same number of fissions.

value E_0, and if the distribution of the total excitation energy is normal with a root mean square deviation σE_0 from the mean excitation energy E^*, then the distribution $P(\nu)$ is also normal with a standard deviation σ from ν.

$$\sum_{n=0}^{\nu} P_n(\nu) = (2\pi)^{-1/2} \int_{-\infty}^{\left(\nu - \bar{\nu} + \frac{1}{2} + \delta\right)/\sigma} \exp\left(-\frac{t^2}{2}\right) dt \qquad (8.8)$$

($\delta \leqslant 10^{-2}$ and can be neglected).

The experimental data analysed by Terrell [40] are well described by a Gaussian distribution (eq. 8.8) with the parameters $\sigma \simeq 1.08$ and $E_0 = 6.7$ MeV (fig. 8.5), except for the case of spontaneous fission of ^{252}Cf when $\sigma = 1.21 \pm 0.01$ and $E_0 = 8.1$ MeV

The considerable volume of experimental data obtained in recent years has led to a better understanding of the multiplicity of fission neutrons.

It has been found that the rms width σ is not a constant value, but depends on the nucleonic composition and on the excitation energy of the fissioning nucleus. (The influence of various effects on σ is discussed in more detail e.g. in [88]). The variance of the number of neutrons σ^2 in spontaneous fission has the following values [88]: For isotopes of plutonium: ^{238}Pu — 1.26 ± 0.20, ^{238}Pu — 1.29 ± 0.05, ^{240}Pu — 1.33 ± 0.01, ^{242}Pu — 1.32 ± 0.01; isotopes of curium: ^{242}Cm — 1.21 ± 0.03, ^{244}Cm — 1.23 ± 0.05, ^{246}Cm — 1.31 ± 0.02; 1.251 ± 0.030 [92]; 1.28 ± 0.14 [90], ^{248}Cm — 1.21 ± 0.13 [90]; 1.368 ± 0.005 [91]; 1.244 ± 0.030 [92]; isotopes of californium: ^{246}Cf — 1.66 ± 0.31, ^{252}Cf — 1.61 ± 0.01; isotopes of fermium: ^{254}Fm — 1.49 ± 0.20, ^{256}Fm — 2.30 ± 0.65, ^{257}Fm — $2.92\,{}^{+1.27}_{-1.68}$.

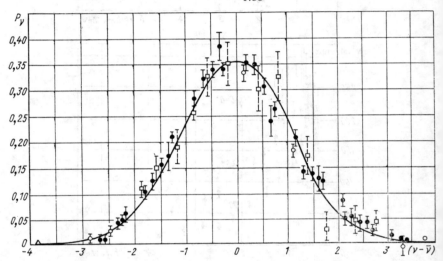

Fig. 8.5. The probability of emission of ν neutrons in fission [40] (full line—Gaussian distribution with ($\sigma \approx 1.08$): ● — ^{240}Pu ($\bar{\nu} = 2.257 \pm 0.045$), ^{238}Pu ($\bar{\nu} = 2.33 \pm 0.08$), ^{235}U+n ($\bar{\nu} = 2.47 \pm 0.03$), ^{242}Cm ($\bar{\nu} = 2.65 \pm 0.09$), ^{244}Cm ($\bar{\nu} = 2.82 \pm 0.05$); ○ — ^{252}Cf ($\bar{\nu} = 3.86 \pm 0.07$) □ — ^{242}Pu ($\bar{\nu} = 2.18 \pm 0.09$); ^{233}U+n ($\bar{\nu} = 2.585 \pm 0.162$) (less important values)

Experimental values of σ^2 [89] for thermal neutron fission of uranium isotopes: ^{233}U — 1.208 ± 0.008, ^{235}U — 1.236 ± 0.008; plutonium: ^{239}Pu — 1.404 ± 0.014, ^{241}Pu — 1.375 ± 0.09.

Besides equation (8.8), binomial expressions are also used for the description of $P(\nu)$ [90, 93]. In the latter, the mean and maximum values of ν appear as parameters.

Mean fission neutron energy. The mean energy of the fission neutrons $\bar{E}$ and the mean number of secondary neutrons $\bar{\nu}$ per fission event are related by the expression [16, 24, 28]

$$\bar{E} = E_f + b\sqrt{\bar{\nu}+1}, \tag{8.9}$$

where $E_f = 0.75$ — mean energy of a neutron moving with the fragment velocity (mean kinetic energy of fission fragments per nucleon); $b = 0.65$ — a constant obtained by normalising on the basis of results for ^{235}U ($\bar{E} = 1.935$ MeV, $\bar{\nu} = 2.43$).

Emission of neutrons from fission fragments. The light fragment emits on average somewhat more neutrons than the heavy one. The ratio of neutron emission from the light and heavy fragment is for spontaneous fission of ^{252}Cf $\bar{\nu}_L/\bar{\nu}_H = 1.16$ [21], for thermal neutron fission of ^{233}U and ^{235}U $\bar{\nu}_L/\bar{\nu}_H = 1.3 \pm 0.1$ [42]. The dependence of neutron emission on the nucleonic structure of the fragments, on the kinetic energy and mass distribution of the fragments, etc. has been comprehensively reviewed in reference [94].

REFERENCES FOR §8.2

1. Leachman R. B. Proc. of the Inter. Conf. on the Peaceful Uses of Atomic Energy. Geneva, 1955. Rep. P/592. V. 2, p. 193, 1956.
2. Watt B. E.–*Phys. Rev.*, 1952, v. 87, p. 1037; v. 87, p. 1032.
3. Bonner T. W., Ferrell R. A., Rinehart M. C.–*Phys. Rev.*, 1952, v. 87, p. 1032.
4. Hill D. L.–*Phys. Rev.*, 1952, v. 87, p. 1034.
5. Nereson N.–*Phys. Rev.*, 1952, v. 85, p. 600.
6. Gurevich I. I., Mukhin K. N. Data given by B. G. Yerozolimsky in addendum No. 1 to journal *Atomnaya energiya*, 1957, p. 74.
7. *Phys. Rev.*, 1956, v. 103, p. 662. Auth.: L. Cranberg, G. Frye, N. Nereson, L. Rosen.
8. Kovalev V. P., Stavinsky V. S.–*Atomnaya energiya*, 1958, v. 5, p. 649.
9. Nicodemus D. B., Staub H. H.–*Phys. Rev.*, 1953, v. 89, p. 1288.
10. *Phys. Rev.*, 1959, v. 114, p. 1351. Auth.: A. B. Smith et al.
11. McElrou W. U.–*Nucl. Sci. Engng*, 1969, v. 36, p. 109.
12. Kapoor S. S., Ramanna R., Rama Rao P. N.–*Phys. Rev.*, 1963, v. 131, p. 283.
13. Skarsvag K., Bergheim K.–*Nucl. Phys.*, 1963, v. 45, p. 72.
14. Nuclear Data for Reactors. Helsinki, 1970. V. 2. Vienna, IAEA, 1970, p. 183. Auth.: Y. S. Zamyatnin et al.
15. Nefedov V. N. Preprint P–52, 1969.
16. Terrell J.–*Phys. Rev.*, 1959, v. 113, p. 527.
17. Smith A. B., Sjöblom R. K., Roberts J. H.–*Phys. Rev.*, 1961, v. 123. p. 2140.
18. *Zhurn. eksperim. i teor. fiz.*, 1957, v. 33, p. 1069. Auth.: V. P. Kovalev et al.
19. Meadows J. W.–*Phys. Rev.*, 1967, v. 157, p. 1076.
20. Smith A. B., Fields P. R., Roberts J. H.–*Phys. Rev.*, 1957, v. 108, p. 411.
21. *Phys. Rev.*, 1962, p. 2120; 1963, v. 129, p. 2133. Auth.: H. R. Bowman et al.
22. Bonner T. W.–*Nucl. Phys.*, 1961, v. 23, p. 116.
23. Conde H., During G. Proc. Sympos. on Phys. and Chem. Fission Salzburg. V. 2. Vienna, IAEA, 1965, p. 93; *Arkiv fys.*, 1965, v. 29, p. 313.
24. Terrell J. Ibid. p. 3.
25. Milton J. C. D., Fraser J. S. Ibid., p. 37.
26. *Fizika deleniya atomnykh yader*. Moscow, Gosatomizdat, 1962, p. 127. Auth.: V. I. Bol'shov et al.
27. Hjalmer E., Slätis H., Thompson S. L.–*Arkiv fys.*, 1956, v. 10, p. 347; *Phys. Rev.*, 1955, v. 100, p. 1542.
28. Terrell J.–*Phys. Rev.*, 1962, v. 127, p. 880.
29. Gordeyeva L. D., Smirenkin G. N.–*Atomnaya energiya*, 1963. V. 14, p. 530.
30. Bondarenko I. I. et al., Proc. Second Geneva Conf., V. 15, p. 353, P/2187, 1958.
31. *Atomnaya energiya*, 1958, v. 4, p. 337, p. 443. Auth.: Y. S. Zamyatnin et al.
32. *Zhurn. eksperim. i teor fiz.*, 1960, v. 38, p. 671. Auth.: Y. A. Vasil'ev, Y. S. Zamyatnin et al.
33. *Fizika deleniya atomnykh yader*, Moscow, Gosatomizdat, 1962, p. 121. Auth.: Y. A. Vasil'ev, Y. S. Zamyatnin et al.
34. Zamyatnin Y. S., Ibid., p. 98; *Atomnaya energiya*, 1960, v. 9, p. 499. Auth.: Y. A. Vasil'ev, Y. S. Zamyatnin et al.
35. Smirenkin G. N.–*Zhurn. eksperim. i teor. fiz.*, 1959, v. 37, p. 1822.
36. Hicks D. A., Ise J., Jr., Pyle R. V.–*Phys. Rev.*, 1955, v. 97, p. 564; 1956, v. 101, p. 1016; 1955, v. 98, p. 1521
36a. Pyle R. V., Hicks D. A., Ise J., Jr.–*Phys. Rev.*, 1955, v. 99, p. 616.
37. Hammel I. E., Kephart I. F.–*Phys. Rev.*, 1955, v. 100, p. 190.
38. *Phys. Rev.*, 1956, v. 102, p. 766. Auth.: G. R. Choppin, B. G. Harvey, D. A. Hicks, J. Ise, Jr., R. V. Pyle.

39. *Phys. Rev.*, 1956, v. 101, p. 1012. Auth.: B. C. Diven, N. C. Martin, R. F. Tasehek, J. Terrell.
40. Terrell J.—*Phys. Rev.*, 1957, v. 108, p. 783.
41. *Atomnaya energiya*, 1972, v. 33, p. 784. Auth.: L. Eki, D. Kluge, A. Laitai et al.
42. Fraser J. S.—*Phys. Rev.*, 1952, v. 88, p. 536.
43. Prompt Fission Neutron Spectra. Vienna, IAEA, 1972.
44. Smith A. B. See [43], p. 3.
45. Koster A. See [43], p. 19.
46. Knitter H.-H., Islam M. M., Cappola M. See [43], p. 41, *Z. Phys.*, 1969, Bd 228, S. 286, 1970, Bd 232, S. 286.
47. Johansson P. I., Almen E., et al. See [43], p. 59.
48. Nefedov V. N., Mel'nikov A. K., Starostov B. I., see [43] p. 89.
49. Averchenkov V. Y., Nefedov Y. Y., Khilkov Y. V.—*Yadernaya fizika*, 1971, v. 14, p. 1134.
50. D'yachenko P. P., Piksaikin V. M., Laitai A.—*Yadernaya fizika*, 1974, v. 19, No. 6, p. 1212.
51. Grundl J. A., —*Nucl. Sci. Engng*, 1968, v. 31, p. 191.
52. *Nucl. Phys.*, 1965, v. 71, p. 228. Auth.: E. Barnard et al.
53. Intern. Conf. on the Nuclear Structure Study with Neutrons. Antwerpen, Belguin, 1965. Auth.: D. Didier et al.
54. *Yadernaya fizika*, 1969, v. 9, p. 727. Auth.: L. M. Belov et al. INDC-26OE, 1969, p. 94.
55. Grundl J. A., Neuer J. R.—*Bull. Amer. Phys. Soc.*, 1956, v. 1, p. 95.
56. Nereson N.—*Phys. Rev.*, 1952, v. 88, p. 823.
57. Rep. AERE-PR/NP 14, 1968. Auth.: D. A. Boyce et al.
58. Almen E., Holmqvist B., Wiedling T. Nucl. Date for Reactors. Vienna, IAEA. V. II, 1970, p. 93.
59. Cappola M., Knitter H. H. Data given in [58].
60. Batchelor R., Wyld K. Rep. AWRE 055/69.
61. Nefedov V. N.—*Zhurn. eksperim. i teor. fiz.*, 1960, v. 38, p. 1659.
62. Blinov M. V., Kazarinov N. M., Protopopov A. N.—*Atomnaya energiya*, 1965, v. 18, p. 108.
63. Proc. of the Second United Nations Inter. Conf. on the Peaceful Uses of Atomic Energy. Geneva, 1958. V. 15, p. 392. Auth.: A. B. Smith et al.
64. Fabry A.—*Nucleonic*, 1967, v. 10, p. 280.
65. Green L.—*Nucl. Sci. Engng*, 1969, v. 37, p. 232.
66. Almen E., Holmquist B., Wieldling T.—*Nucl. Sci. Abstr.*, 1972, v. 26, No. 5, p. 1969.
67. Islam M. M., Knitter H.-H.—*Nucl. Sci. Engng*, 1973, v. 50, p. 108.
68. Green L., Mitchell J. A., Steen N. M.—*Nucl. Sci. Engng*, 1973, v. 52, p. 406.
69. McElroy W. N., Armani R. J., Tochilin E.—*Nucl. Sci. Engng*, 1972, v. 48, p. 51.
70. Green L., Mitchell J. A., Steen N. M.—*Nucl. Sci. Engng*, 1973, v. 50, p. 257.
71. Zhuravlev K. D., Zamyatnin Y. S., Kroshkin N. I.—In: *Neitronnaya fizika*. Materialy Vsesoyuznoi konferentsii po neitronnoi fizike. Kiev, 28 May–1 June 1973. Obninsk, 1974, No. 4, p. 57.
72. Knitter H.-H., Paulsen A., Liskien H. ibid, p. 177.
73. Ibid., No. 3, p. 46. Auth.: D. Abramson, C. Lavelaine, I. P. L'Heriteak, A. Thurzo.
74. Werle H., Blum H.—*J. Nucl. Engng*, 1972, v. 26, p. 165; Data given in [43], p. 65.
75. *Atomnaya energiya*, 1974, v. 36, No. 4, p. 282. Auth.: Z. A. Aleksandrova et al.
76.
77. Sherwood G. G., King J. S.—*Trans. Amer. Nucl. Soc.*, 1967, v. 10, p. 555, also *Nucl. Sci. Engng.*, 1966, v. 26, p. 571.
78. Neill J.—Rep. GA-9753, 1969.
79. Najzer M., Rant J., Soling H.—Nuclear Date for Reactors, Vienna, IAEA, v. 2, p. 571, 1970.
80. Richards I. C. Thesis, University of London (1971).
81. Smith A. B.—*Nucl. Sci. Engng*, 1971, v. 44, p. 439.
82. Rose J. L.—Rep. UKNDC (72), p. 37, p. 13 (1972.
83. Johansson P. I. et al. Rep. EANDC (OR)-115 *L* (INDC) (SWD)-4G, 1972 and Rep. KDK-2, 1973.
84. Auchampaugh G. F. et al.—Rep. USNDC-3, 24-26 October 1972, p. 118; USNDC-7 (June 1973), p. 127.
85. Paper at 3rd Vsesoyuznya konferentsiya po neitronnoi fizike, 1975. Kiev. Auth.: V. A. Kon'shin et al.
86. Blinov M. V., Vitenko V. A., Krisyuk I. T.—*Dokl. AN SSSR*, 1975, v. 224, p. 802.

87. *Atomnaya energiya*, 1972, v. 33, p. 784. Auth.: L. Eki *et al.*
88. Dakovsky M., Lazarev Y. A., Oganesyan Y. T. Preprint OIYIR-15-7119, 1973.
89. Boldeman J. W., Dalton A. W. Rep. AAEC/E172, Lucas Heights, Australia,
90. Stoughton R. W., Halperin J., Bemis C. E., Schmitt H. W.—*Nucl. Sci. Engng.*, 1973, v. 50, p. 169.
91. Boldeman J. W.
92. Khokhlov Y. A., Savin M. V., Ludin V. N.—Paper at 3rd Vsesoyuznaya konferentsiya po neitronnoi fizike, 1975, Kiev.
93. *J. Nucl. Energy*, 1973, v. 27, p. 435. Auth.: J. P. Theobald, J. A. Wartena, R. Werz. F. Poortmans.
94. *Phys. and Chemistry of Fission* v. 2, 1974, Vienna, IAEA, p. 117. Auth.: H. Nifenecker, C. Signarbieux, R. Babinet, J. Poiton.

§ 8.3. THE MEAN NUMBER OF PROMPT FISSION NEUTRONS

The mean number of neutrons released in one fission event ($\bar{\nu}$) belongs among the most important values both for the description of the process and for reactor calculations.

In the tables of this paragraph are given experimental values of $\bar{\nu}$ for spontaneous fission, thermal neutron fission, fast neutron fission (for neutron energies up to ~15MeV), and also for photo-fission. The tables contain basically the material presented earlier by Konshin and Manero [1, 2], with the addition of recently published data. Listed in the tables are the bibliographical source, the year of publication, the original results, the standard that was used, and finally the re-normalised value.

The following standards have been used for re-normalisation: $\bar{\nu}_p^{sp}$ (^{252}Cf) = 3.756*, $\bar{\nu}_p^{sp}$ (^{240}Pu) = 2.150, $\bar{\nu}_p^{sp}$ (^{244}Cm) = 2.691, $\bar{\nu}_p^{th}$ (^{235}U) = 2.407, $\bar{\nu}_p^{th}$ (^{239}Pu) = 2.874.

The experimental data were analysed in references [1, 2, 89, 95, 108, 119] with the aim of obtaining a dependence of $\bar{\nu}$ on the energy of primary neutrons. Experimental studies carried out in recent years have led to a considerable improvement in accuracy of the $\nu(E)$ dependence for many fissile isotopes. It has been shown that $\nu(E)$ cannot be represented by a single straight line. A satisfactory description of the experimental values is obtained by using different straight lines for individual energy intervals. Approximated relations $\bar{\nu} = f(E_n)$ for a number of nuclei are shown in Table 8.17, which is based on data by Davey [108], Manero and Konshin [2], and Frehaut *et al.* [119].

---

*At the IAEA Specialist meeting on neutron standards and fundamental data (Vienna, November 1972) the value $\bar{\nu}^{sp}$ (^{252}Cf) = 3.724 ± 0.008 was recommended.

Table 8.4

Mean number of neutrons $\bar{\nu}^{sp}$ from spontaneous fission of heavy isotopes.

Isotope	Reference	Yr. pub.	$\bar{\nu}_p^{sp}$ measured	Standard used	$\bar{\nu}_p^{sp}$ renormalised
^{232}Th	Barclay et al. [4]	1952	$1,07 \pm 0,10$	$\bar{\nu}_p^{sp}(^{238}U) = 1$	$2,13 \pm 0,20$
^{236}U	Crane et al. [10]	1955	$2,6 \pm 0,3$	—	$2,6 \pm 0,3$
	Conde & Holmberg [6]	1971	$1,90 \pm 0,05$	$\bar{\nu}_p^{sp}(^{252}Cf) = 3,756$	$1,90 \pm 0,05$
	Segre [44]	1952	$2,2 \pm 0,3$	—	—
	Littler [144]	1952	$2,5 \pm 0,2$	Calibrated neutron source	—
	Geiger & Rose [145]	1954	$2,26 \pm 0,16$	—	—
	Richmond & Gardner [146]	1957	$2,14 \pm 0,07$	—	—
^{238}U	Kuz'minov, B.D. et al. [7]	1959	$2,08 \pm 0,08$	$\bar{\nu}_p^{sp}(^{240}Pu) = 2,26$	$1,98 \pm 0,06$
	Leroy [8]	1960	$2,10 \pm 0,08$	$\bar{\nu}_p^{th}(^{235}U) = 2,47$	$2,05 \pm 0,08$
	Gerling, E.K. & Zhukolykov, Y.A. [122]	1960	$1,7$	—	—
	Asplund-Nilsson et al. [9]	1963	$1,97 \pm 0,07$	$\bar{\nu}_p^{sp}(^{252}Cf) = 3,80$	$1,95 \pm 0,07$
	Conde & Holmberg [6]	1971	$2,00 \pm 0,05$	$\bar{\nu}_p^{sp}(^{252}Cf) = 3,756$	$2,00 \pm 0,05$
	Hwang Sheng-Nian et al. [152]	1974	$1,96 \pm 0,05$	—	—
	Mean value [2]	1972			$2,00 \pm 0,03$
^{236}Pu	Crane et al. [10]	1956	$1,89 \pm 0,20$	$\bar{\nu}_p^{sp}(^{252}Cf) = 3,52$	$2,03 \pm 0,21$
	Hicks et al. [11]	1956	$2,30 \pm 0,19$	$\bar{\nu}_p^{sp}(^{240}Pu) = 2,257$	$2,19 \pm 0,18$
	Mean value [2]	1972			$2,12 \pm 0,13$
^{238}Pu	Crane et al. [10]	1956	$2,04 \pm 0,13$	$\bar{\nu}_p^{sp}(^{252}Cf) = 3,52$	$2,18 \pm 0,14$
	Hicks et al. [11]	1956	$2,33 \pm 0,08$	$\bar{\nu}_p^{sp}(^{240}Pu) = 2,257$	$2,22 \pm 0,07$
	Mean value [2]	1972			$2,21 \pm 0,07$
^{240}Pu	Segre [12]	1946	$2,31 \pm 0,3$	—	—
	Barclay et al. [4]	1951	$2,84 \pm 0,26$	Calibrated neutron source	—
	Carter [13]	1953	$2,22 \pm 0,11$	—	—
	Martin et al. [14]	1954	$2,20 \pm 0,05$	—	—
	Sanders [15]	1955	$0,759 \pm 0,028$	$\bar{\nu}_p^{th}(^{239}Pu) = 1$	$2,181 \pm 0,080$
	Carter et al. [16]	1956	$2,20 \pm 0,03$	—	—
	Kalashnikova, V.I. et al. [17]	1956	$2,20 \pm 0,09$	Calibrated neutron source	$2,20 \pm 0,09$
	Johnstone [18]	1956	$2,21 \pm 0,13$	" "	$2,21 \pm 0,13$
	Crane et al. [10]	1956	$2,09 \pm 0,11$	$\bar{\nu}_p^{sp}(^{252}Cf) = 3,53$	$2,22 \pm 0,12$
	Diven et al. [19]	1956	$2,257 \pm 0,045$	$\bar{\nu}_p^{sp}(^{235}U) = 2,46$	$2,208 \pm 0,044$
	Moat et al. [20]	1961	$2,13 \pm 0,05$	$\bar{\nu}_p^{sp}(^{252}Cf) = 3,69$	$2,16 \pm 0,05$
	Diven & Hopkins [21]	1961	$2,187 \pm 0,036$	$\bar{\nu}_p^{sp}(^{235}U) = 2,414$	$2,180 \pm 0,036$

Table 8.4 contd.

Isotope	Reference	Yr. pub.	$\bar{\nu}_p^{sp}$ measured	Standard used	$\bar{\nu}_p^{sp}$ renormalised
^{240}Pu	Asplund-Nilsson et al. [9]	1963	$2,154\pm0,028$	$\bar{\nu}_p^{sp}(^{252}Cf)=3,80$	$2,130\pm0,028$
	Hopkins & Diven [22]	1963	$2,189\pm0,026$	$\bar{\nu}_p^{sp}(^{252}Cf)=3,771$	$2,181\pm0,026$
	Colvin & Sowerby [23]	1965	$0,888\pm0,005$	$\bar{\nu}_p^{sp}(^{235}U)=1$	$2,137\pm0,012$
	Baron et al. [24]	1966	$2,153\pm0,029$	$\bar{\nu}_p^{sp}(^{252}Cf)=3,782$	$2,139\pm0,020$
	Boldeman* [25]	1968	$2,168\pm0,009$	$\bar{\nu}_p^{sp}(^{252}Cf)=3,784$	$2,153\pm0,015$
	Prokhorova, L.I. et al. [123]	1971	$2,161\pm0,016$	$\bar{\nu}_p^{sp}(^{252}Cf)=3,782$	$2,146\pm0,016$
	Frehault et al. [119]	1973	$2,177\pm0,015$	$\bar{\nu}_p^{sp}(^{252}Cf)=3,782$	$2,152\pm0,015$
	Mean value [2]	1972			$2,151\pm0,005$
^{242}Pu	Crane et al. [10]	1956	$2,32\pm0,16$	$\bar{\nu}_p^{sp}(^{252}Cf)=3,53$	$2,47\pm0,17$
	Hicks et al. [11]	1956	$2,18\pm0,09$	$\bar{\nu}_p^{sp}(^{240}Pu)=2,257$	$2,08\pm0,09$
	Boldeman* [25]	1968	$2,157\pm0,009$	$\bar{\nu}_p^{sp}(^{252}Cf)=3,784$	$2,142\pm0,009$
	Prokhorova, L.I. et al. [26]	1968	$2,13\pm0,05$	$\bar{\nu}_p^{sp}(^{244}Cm)=2,71$	$2,12\pm0,05$
	Mean value [2]	1972			$2,141\pm0,009$
^{244}Pu	Orth [27]	1971	$2,30\pm0,19$	$\bar{\nu}_p^{sp}(^{252}Cf)=3,77$	$2,29\pm0,19$
^{242}Cm	Crane et al. [10]	1956	$2,33\pm0,11$	$\bar{\nu}_p^{sp}(^{252}Cf)=3,52$	$2,48\pm0,12$
	Hicks et al. [11]	1956	$2,65\pm0,09$	$\bar{\nu}_p^{sp}(^{240}Pu)=2,257$	$2,52\pm0,08$
	Jaffey & Lerner [28]	1970	$0,933\pm0,043$	$\bar{\nu}_p^{sp}(^{244}Cm)=1$	$2,51\pm0,16$
	Mean value [2]	1972			$2,51\pm0,06$
^{244}Cm	Hicks et al. [29]	1955	$2,66\pm0,11$	$\bar{\nu}_p^{sp}(^{252}Cf)=3,53$	$2,83\pm0,12$
	Hicks et al. [11]	1956	$2,84\pm0,09$	$\bar{\nu}_p^{sp}(^{240}Pu)=2,257$	$2,70\pm0,08$
	Crane et al. [10]	1956	$2,61\pm0,13$	calibrated neutron source	—
	Diven et al. [19]	1956	$2,810\pm0,059$	$\bar{\nu}_p^{sp}(^{240}Pu)=2,257$	$2,677\pm0,056$
	Bol'shov, V.I. et al. [30]	1964	$2,71\pm0,04$	$\bar{\nu}_p^{sp}(^{240}Pu)=2,17$	$2,68\pm0,024$
	Prokhorova, L.I. et al. [123]	1970	$2,671\pm0,015$	—	—
	Jaffey & Lerner [28]	1970	$2,692\pm0,024$	2*	$2,692\pm0,024$
	Zamyatnin, Y.S. et al. [31]	1970	$2,77\pm0,08$	$\bar{\nu}_p^{th}(^{235}U)=2,426$	$2,75\pm0,08$
	Prokhorova, L.I. et al. [120]	1972	$2,700\pm0,014$	$\bar{\nu}_p^{sp}(^{252}Cf)=3,756$	$2,700\pm0,014$
	Golushko, V.V. et al. [121, 114]	1973; 1974	$2,680\pm0,027$	$\bar{\nu}_p^{sp}(^{252}Cf)=3,756$	$2,680\pm0,027$
	Khokhlov, Y.A. et al. [150]	1975	$2,685\pm0,020$	$\bar{\nu}_p^{sp}(^{252}Cf)=3,724$	
	Mean value [2]	1972			$2,681\pm0,011$

Table 8.4 contd.

Isotope	Reference	Yr. pub.	$\bar{\nu}_p^{sp}$ measured	Standard used	$\bar{\nu}_p^{sp}$ renormalised
^{246}Cm	Thompson [32]	1970	$3,20\pm0,22$	$\bar{\nu}_p^{sp}(^{252}Cf)=3,79$	$3,17\pm0,022$
	Prokhorova, L.I. et al. [120]	1972	$2,950\pm0,015$	$\bar{\nu}_p^{sp}(^{252}Cf)=3,756$	$2,950\pm0,014$
	Golushko, V.V. et al. [121]	1973	$2,927\pm0,027$	$\bar{\nu}_p^{sp}(^{252}Cf)=3,756$	$2,927\pm0,027$
	Zhuravlev, K.D. et al. [114]	1973	$2,98\pm0,12$	$\bar{\nu}_p^{th}(^{235}U)=2,407$	$2,98\pm0,12$
	Dakovsky, M. et al. [131]	1973	$2,98\pm0,03$	$\bar{\nu}_p^{sp}(^{244}Cm)=2,69$	$2,98\pm0,03$
	Stoughton et al. [143]	1973	$2,86\pm0,06$	$\bar{\nu}_p^{sp}(^{252}Cf)=3,73$	$2,796\pm0,060$
	Khokhlov, Y.A. et al. [150]	1975	$2,902\pm0,025$ $2,907\pm0,015$	$\bar{\nu}_p^{sp}(^{252}Cf)=3,724$	— —
^{248}Cm	Orth [27]	1971	$3,11\pm0,09$	$\bar{\nu}_p^{sp}(^{252}Cf)=3,77$	$3,10\pm0,09$
	Prokhorova, L.I. et al. [120]	1972	$3,157\pm0,015$	$\bar{\nu}_p^{sp}(^{252}Cf)=3,756$	$3,157\pm0,015$
	Golushko, V.V. et al. [121]	1973	$3,173\pm0,022$	$\bar{\nu}_p^{sp}(^{252}Cf)=3,756$	$3,173\pm0,022$
	Zhuravlev, K.D. et al. [114]	1973	$3,14\pm0,12$	$\bar{\nu}_p^{th}(^{235}U)=2,407$	$3,14\pm0,012$
	Boldeman [117]	1973	$3,092\pm0,007$	$\bar{\nu}_p^{sp}(^{252}Cf)=3,724$	—
	Stoughton et al. [143]	1973	$3,14\pm0,06$	$\bar{\nu}_p^{sp}(^{252}Cf)=3,73$	$3,15\pm0,06$
	Khokhlov, Y.A. et al. [150]	1975	$3,185\pm0,040$ $3,173\pm0,025$	$\bar{\nu}_p^{sp}(^{252}Cf)=3,724$	
^{250}Cm	Orth [27]	1971	$3,31\pm0,08$	$\bar{\nu}_p^{sp}(^{252}Cf)=3,77$	$3,30\pm0,08$
^{249}Bk	Pyle [33]	1958	$3,72\pm0,16$	$\bar{\nu}^{sp}(^{240}Pu)=2,23$	$3,59\pm0,16$
	Kosyakov, V.N. et al. [134]	1972	$3,395\pm0,026$	$\bar{\nu}^{sp}(^{252}Cf)=3,756$	$3,395\pm0,026$
^{246}Cf	Pyle [33]	1958	$2,92\pm0,19$	$\bar{\nu}^{sp}(^{240}Pu)=2,257$	$2,81\pm0,19$
	Dakovsky, M. et al. [130]	1973	$3,14\pm0,09$	$\bar{\nu}_p^{sp}(^{244}Cm)=2,69$	—
^{249}Cf	Volodin, K.E. et al. [126]	1972	$3,4\pm0,4$	$\bar{\nu}^{sp}(^{252}Cf)=3,756$	$3,4\pm0,4$
^{250}Cf	Orth [27]	1971	$3,53\pm0,09$	$\bar{\nu}^{sp}(^{252}Cf)=3,77$	$3,52\pm0,09$
^{252}Cf[2*]	Moat et al. [20]	1961	$\bar{\nu}_t^{sp}=3,727\pm0,040$[4*]	—	$3,718\pm0,056$
	Asplund-Nilsson et al. [35]	1963	$3,799\pm0,034$	—	$3,721\pm0,037$
	Hopkins & Diven [22]	1963	$3,771\pm0,030$	—	$3,784\pm0,031$

Table 8.4 contd.

Isotope	Reference	Yr. pub.	$\bar{\nu}_t^{sp}$ measured	Standard used	$\bar{\nu}_p^{sp}$ renormalised
^{252}Cf[3*]	Colvin & Sowerby [23]	1963; 1965	$\bar{\nu}_t^{sp}=3,713\pm0,015$	—	$3,705\pm0,015$
	Colvin & Sowerby [36]	1966	$\bar{\nu}_t^{sp}=3,700\pm0,031$	—	$3,691\pm0,031$
	De Volpi & Porges [39]	1967	$3,741\pm0,028$	—	—
	White & Axton [37]	1968	$\nu_t^{sp}=3,796\pm0,025$	—	$3,787\pm0,031$
	Axton et al. [38]	1969	$\nu_t^{sp}=3,700\pm0,020$	—	$3,691\pm0,020$
	De Volpi & Porges [58]	1969; 1972	$\nu_t^{sp}=3,729\pm0,015$	—	$3,720\pm0,017$
	Zamyatnin, Y.S. et al. [31]	1970	$3,74\pm0,08$	—	$3,74\pm0,08$
	Aleksandrov, B.M. et al. [115]	1973	$\bar{\nu}_t^{sp}=3,770\pm0,045$	—	
	Boldeman [116]	1973; 1974	$3,738\pm0,015$	—	$3,738\pm0,015$
	Conde & Holmberg [118]	1973	$\bar{\nu}_t^{sp}=3,776\pm0,066$	—	
	Aleksandrov, B.M., et al. [149]	1975	$\bar{\nu}_t^{sp}=3,747\pm0,036$		
	Recommended value [3]	1969			$3,756\pm0,012$ $\bar{\nu}_t^{sp}=3,765\pm0,012$
^{254}Cf	Pyle [33]	1958	$3,90\pm0,14$	$\bar{\nu}_p^{sp}(^{240}Pu)=2,23$	$3,76\pm0,14$
	Orth [27]	1971	$3,93\pm0,05$	$\bar{\nu}_p^{sp}(^{252}Cf)=3,77$	$3,91\pm0,05$
	Mean value [2]	1972			$3,89\pm0,05$
^{254}Fm	Choppin et al. [34]	1956	$4,05\pm0,19$	$\bar{\nu}_p^{sp}(^{252}Cf)=3,82$	$3,98\pm0,14$
^{256}Fm	Dakovsky, M. et al. [132]	1972	$3,73\pm0,18$	$\bar{\nu}_p^{sp}(^{244}Cm)=2,69$	
^{257}Fm	Cheifetz et al. [127]	1971	$3,97\pm0,13$	$\bar{\nu}_p^{sp}(^{252}Cf)=3,72$	$4,01\pm0,13$
^{252}102	Lazarev, Y.A. [133]	1974	$4,15\pm0,30$	$\bar{\nu}_p^{sp}(^{244}Cm)=2,69$	

Notes: 1* In reference [117] values of $\bar{\nu}^{sp}$ for ^{240}Pu and ^{242}Pu were revised with $\bar{\nu}^{sp}(^{252}Cf)=3.724$ [116]. The following values were obtained: $\bar{\nu}^{sp}(^{240}Pu)=2.119\pm0.007$, $\bar{\nu}^{sp}(^{242}Pu)=2.109\pm0.007$.

2* The given value is the mean from measurements in which the standards used were $\bar{\nu}_p$ for ^{233}U, ^{235}U and ^{239}Pu, and also $\bar{\nu}_p^{sp}$ for ^{252}Cf.

3* Re-normalised values for ^{252}Cf from data in [3]. Value $\nu_d=0.009$.

4* Renormalised in [40] (initial value 3.77 ± 0.07).

Table 8.5

Mean number of neutrons $\bar{\nu}^{th}$ from fission by thermal neutrons

Target nucleus	Reference	Year of publ.	$\bar{\nu}^{th}$ measured	Standard used	$\bar{\nu}_p^{th}$ renormalised
²²⁹Th	Lebedev, V.I. & Kalashnikova, V.I. [41]	1958	$2,13\pm0,03$	$\bar{\nu}_p^{th}(^{235}U)=2,47$	$2,08\pm0,02$
	Jaffey & Lerner [43]	1961	$2,32\pm0,06$	$\bar{\nu}^{th}(^{235}U)=2,454$ $\bar{\nu}^{th}(^{235}U)=2,503$	**2,28±0,05**
	Zamyatnin, Y.S. et al. [31]	1970	$2,05\pm0,10$	$\bar{\nu}_p^{th}(^{235}U)=2,426$	$2,03\pm0,10$
	Weighted mean value [2]	1972	—	—	$\overline{2,08\pm0,02}$
²³³U	Jaffey & Lerner [43]	1961	$3,07\pm0,06$	$\bar{\nu}^{th}(^{235}U)=2,454$ $\bar{\nu}^{th}(^{235}U)=2,503$	—
	Jaffey & Lerner [28]	1970	$3,132\pm0,060$	*	$3,132\pm0,060$
	Weighted mean value [2]	1972		—	$\overline{3,132\pm0,060}$
²³³U²*	MacMillan et al. [44]	1955	$\bar{\nu}^{th}(^{233}U)/\bar{\nu}^{th}(^{235}U)=$ $=1,017\pm0,022$	—	
	Kalashnikova, V.I. et al. [45]	1955	$2,6\pm0,1$	Calibrated neutron source	$2,6\pm0,1$
	Kalashnikova, V.I. et al. [46]	1955	$\bar{\nu}^{th}(^{233}U)/\bar{\nu}^{th}(^{235}U)=$ $=1,03\pm0,01$	—	
	Sanders [47]	1956	$\bar{\nu}^{th}(^{233}U)/\bar{\nu}^{th}(^{235}U)=$ $=1,005\pm0,016³*$	—	
	De Saussure & Silver [48]	1959	$\bar{\nu}^{th}(^{233}U)/\bar{\nu}^{th}(^{235}U)=$ $=1,024\pm0,01$	—	
	Hopkins & Diven [22]	1963	$2,473\pm0,034$	$\bar{\nu}_p^{SP}(^{252}Cf)=3,771$	$\bar{\nu}^{th}(^{233}U)/\bar{\nu}^{SP}(^{252}Cf)=$ $=0,65443\pm0,0079\pm0,0012*$
	Mather et al. [49]	1965	$2,533\pm0,035$	$\bar{\nu}_p^{SP}(^{252}Cf)=3,782$	$\bar{\nu}^{th}(^{233}U)/\bar{\nu}^{SP}(^{252}Cf)=$ $=0,6679\pm0,0082\pm0,00254*$
	Colvin & Sowerby [23]	1965	$\bar{\nu}^{th}(^{233}U)/\bar{\nu}^{th}(^{235}U)=$ $=1,020\pm0,006$	—	$\bar{\nu}^{th}(^{233}U)/\bar{\nu}^{SP}(^{252}Cf)=$ $=1,020\pm0,006$
	Fultz et al. [51]	1966	—	—	$\bar{\nu}^{th}(^{233}U)/\bar{\nu}^{SP}(^{252}Cf)=$ $=0,6722\pm0,0106⁴*$

$^{233}U^{2*}$	Boldeman & Dalton [50]	1967	—	—	$\overline{\nu}^{th}(^{233}U)/\overline{\nu}^{th}(^{235}U) = 1{,}0281 \pm 0{,}0033$
	Weighted mean values [3]	1969	—	—	$\overline{\nu}^{th}(^{233}U)/\overline{\nu}^{SP}(^{252}Cf) = 0{,}6635 \pm 0{,}0052$ $\overline{\nu}^{th}(^{233}U)/\overline{\nu}^{SP}(^{235}U) = 1{,}0246 \pm 0{,}0028$
	Recommended [3]	1969	—	—	$\overline{\nu}_p^{th}(^{233}U) = 2{,}480 \pm 0{,}007$ $\overline{\nu}_t^{th}(^{233}U) = 2{,}4866 \pm 0{,}0069$
	Recommended [125]	1971	—	—	$\overline{\nu}_t^{th} = 2{,}464 \pm 0{,}005$ (5*) $\overline{\nu}_t^{th} = 2{,}453 \pm 0{,}007$ (6*) $\overline{\nu}_t^{th} = 2{,}454$ (7*)
$^{235}U^{2*}$	Snyder & Williams [53]	1944	$2{,}43 \pm 0{,}12$	Calibrated neutron source	—
	Kalashnikova, V.I. et al. [45]	1955	$2{,}5 \pm 0{,}1$	ditto	$2{,}398 \pm 0{,}033$
	Kenward et al. [54]	1958	$2{,}405 \pm 0{,}037$	" "	
	Meadows & Whalen [55]	1962	—	—	$\overline{\nu}^{th}(^{235}U)/\overline{\nu}^{SP}(^{252}Cf) = 0{,}6452 \pm 0{,}0064$ 0**
	Hopkins & Diven [22]	1963	$2{,}425 \pm 0{,}030$	$\overline{\nu}^{SP}(^{252}Cf) = 3{,}771 \pm 0{,}031$	$\overline{\nu}^{th}(^{235}U)/\overline{\nu}^{SP}(^{252}Cf)^{8*} = 0{,}6445 \pm 0{,}0114 \pm 0{,}0072*$
	Mather et al. [56]	1964	$2{,}412 \pm 0{,}020$	$\overline{\nu}^{SP}(^{252}Cf) = 3{,}782 \pm 0{,}024$	$\overline{\nu}^{th}(^{235}U)/\overline{\nu}^{SP}(^{252}Cf) = 0{,}6437 \pm 0{,}064 \pm 0{,}0012**$
	Colvin & Sowerby [23]	1963	$\overline{\nu}^{SP}(^{252}Cf)/\overline{\nu}^{th}(^{235}U) = 1{,}557 \pm 0{,}007$	—	$\overline{\nu}^{th}(^{235}U)/\overline{\nu}^{SP}(^{252}Cf) = 0{,}6380 \pm 0{,}0032 \pm 0{,}0024**$
	Conde [57]	1965	—	—	$\overline{\nu}^{th}(^{235}U)/\overline{\nu}^{SP}(^{252}Cf) = 0{,}6423 \pm 0{,}0029 \pm 0**$
	Fultz et al. [51]	1966	—	—	$\overline{\nu}^{th}(^{235}U)/\overline{\nu}^{SP}(^{252}Cf) = 0{,}6425 \pm 0{,}0056 \pm 0{,}0026**$
	Boldeman & Dalton [50]	1967	—	—	$\overline{\nu}^{th}(^{235}U)/\overline{\nu}^{SP}(^{252}Cf) = 0{,}6456 \pm 0{,}6456 \pm 0{,}0212 \pm 0**$ $\overline{\nu}^{th}(^{235}U)/\overline{\nu}^{SP}(^{252}Cf) = 0{,}6407 \pm 0{,}0013 \pm 0{,}0024**$

Table 8.5 contd.

Target nucleus	Reference	Year of publ.	$\bar{\nu}^{th}$ measured	Standard used	$\bar{\nu}_p^{th}$ re-normalised
^{233}U[2*]	De Volpi & Porges [39]	1967	$2,40\pm0,04$	—	$\bar{\nu}^{th}(^{235}U)/\bar{\nu}^{sp}(^{252}Cf)=$ $=0,6445\pm0,0100\pm0$
	De Volpi & Porges [58]	1969	—	—	$\bar{\nu}^{th}(^{235}U)/\bar{\nu}^{sp}(^{252}Cf)=$ $=0,6417\pm0,0018$ $\bar{\nu}_p^{th}(^{235}U)=2,407\pm0,007$
	Weighted mean values [3]				
	Recommended [3]	1969	—	—	$\bar{\nu}_t^{th}=2,4229\pm0,0066$ $\bar{\nu}_t^{th}=2,393\pm0,08$ (5*)
	Recommended [125]	1971	—	—	$\bar{\nu}_t^{th}=2,400\pm0,007$ (6*)
^{236}Np	Jaffey & Lerner [43]	1961	$3,12\pm0,14$	—	$3,12\pm0,14$
^{233}Pu	Jaffey & Lerner [28]	1970	$2,889\pm0,027$	$\bar{\nu}^{th}(^{235}U)=2,454$ $\bar{\nu}(^{233}U)=2,503$	$2,889\pm0,027$
	Zamyatnin, Y.S. et al. [31]	1970	$2,92\pm0,12$	$\bar{\nu}_p^{th}(^{235}U)=2,426$ *	$2,90\pm0,12$
	Weighted mean values [2]				$2,889\pm0,023$
^{239}Pu[1*]	De Wire et al. [59]	1944	$\dfrac{\bar{\nu}^{th}(^{239}Pu)}{\bar{\nu}^{th}(^{235}U)}=$ $=1,182\pm0,009$	—	—
	Snyder & Williams [53]	1944	$\bar{\nu}^{th}(^{239}Pu)/\bar{\nu}^{th}(^{235}U)=$ $=1,17\pm0,02$	—	—
	McMillan et al. [60]	1955	$\bar{\nu}^{th}(^{239}Pu)/\bar{\nu}^{th}(^{235}U)=$ $=1,251\pm0,026$	—	—
	Kalashnikova, V.I. et al. [46]	1955	$\bar{\nu}^{th}(^{239}Pu)/\bar{\nu}^{th}(^{235}U)=$ $=1,19\pm0,01$	—	—
	Kalashnikova, V.I. et al. [45]	1955	$3,0\pm0,12$	Calibrated neutron source	—
	Sanders [47]	1956	$\bar{\nu}^{th}(^{239}Pu)/\bar{\nu}^{th}(^{235}U)=$ $=1,168\pm0,022$**	—	$\dfrac{\bar{\nu}^{th}(^{239}Pu)}{\bar{\nu}^{th}(^{235}U)}=1,179\pm0,040$

Isotope	Reference	Year			
²³⁹Pu*	Jacob [61]	1958	$\bar{\nu}^{th}(^{239}Pu)/\bar{\nu}^{th}(^{235}U) = 1{,}165\pm0{,}020$	—	—
	De Saussure & Silver [48]	1959	$\bar{\nu}^{th}(^{239}Pu)/\bar{\nu}^{th}(^{235}U) = 1{,}23\pm0{,}01$	—	$\bar{\nu}^{th}(^{239}Pu)/\bar{\nu}^{sp}(^{252}Cf) = 1{,}173\pm0{,}029$
	Hopkins & Diven [22]	1963	$2{,}831\pm0{,}040$	$\bar{\nu}^{sp}(^{252}Cf) = 3{,}771\pm0{,}031$	$\bar{\nu}^{th}(^{239}Pu)/\bar{\nu}^{sp}(^{252}Cf) = 0{,}7496\pm0{,}0090\pm0{,}0014**$
	Mather et al. [62]	1965	$2{,}931\pm0{,}039$	$\bar{\nu}^{sp}(^{252}Cf) = 3{,}782\pm0{,}024$	$\bar{\nu}^{th}(^{239}Pu)/\bar{\nu}^{sp}(^{252}Cf) = 0{,}7739\pm0{,}0090\pm0{,}0029**$
	Colvin & Sowerby [23]	1965	$\bar{\nu}^{th}(^{239}Pu)/\bar{\nu}^{th}(^{235}U) = 1{,}182\pm0{,}008$	—	$\bar{\nu}^{th}(^{239}Pu)/\bar{\nu}^{th}(^{235}U) = 1{,}182\pm0{,}08$
	Boldeman & Dalton [50]	1967	—	—	$\bar{\nu}^{th}(^{239}Pu)/\bar{\nu}^{th}(^{234}U) = 1{,}1960\pm0{,}0044$ $\bar{\nu}^{th}(^{239}Pu)/\bar{\nu}^{th}(^{235}U) = 1{,}1633\pm0{,}0039$
	Weighted mean values [3]				$\bar{\nu}^{th}(^{239}Pu)/\bar{\nu}^{sp}(^{252}Cf) = 0{,}7618\pm0{,}0067$ $\bar{\nu}^{th}(^{239}Pu)/\bar{\nu}^{th}(^{235}U) = 1{,}1922\pm0{,}0038$ $\bar{\nu}^{th}(^{239}Pu)/\bar{\nu}^{th}(^{233}U) = 1{,}1633\pm0{,}0039$ $\bar{\nu}_p^{th}(^{239}Pu) = 2{,}874\pm0{,}007$
	Recommended [3]	1969	—	—	$\bar{\nu}_t^{th} = 2{,}8799\pm0{,}0090$
	Recommended [125]	1971	—	—	$\bar{\nu}_t^{th} = 2{,}854\pm0{,}008\ (5*)$ $\bar{\nu}_t^{th} = 2{,}877\ (6*)$ $\bar{\nu}_t^{th} = 2{,}854\pm0{,}007\ (7*)$
²⁴¹Pu	McMillan et al. [60]	1955	$\bar{\nu}^{th}(^{241}Pu)/\bar{\nu}^{th}(^{235}U) = 1{,}305\pm0{,}040$		

Table 8.5 contd.

Target nucleus	Reference	Year of publ.	$\bar{\nu}^{th}$ measured	Standard used	$\bar{\nu}_p^{th}$ re-normalised
^{241}Pu	Kalashnikova, V.I. [46]	1955	$\bar{\nu}^{th}(^{241}\text{Pu})/\bar{\nu}^{th}(^{239}\text{Pu}) =$ $= 1,045 \pm 0,014^{10*}$	—	$\bar{\nu}^{th}(^{241}\text{Pu})/\bar{\nu}^{th}(^{239}\text{Pu}) = 1,047 \pm 0,014$
	Kalashnikova, V.I. [45]	1955	$3,1 \pm 0,12$	Calibrated neutron source	
	Sanders [47]	1956	$\bar{\nu}^{th}(^{241}\text{Pu})/\bar{\nu}^{th}(^{235}\text{U}) =$ $= 1,232 \pm 0,052^{1*}$	—	$\bar{\nu}^{th}(^{241}\text{Pu})/\bar{\nu}^{th}(^{235}\text{U}) = 1,240 \pm 0,080$
	De Saussure & Silver [48]	1959	$\bar{\nu}^{th}(^{241}\text{Pu})/\bar{\nu}^{th}(^{235}\text{U}) =$ $= 1,295 \pm 0,020$	—	$\bar{\nu}^{th}(^{241}\text{Pu})/\bar{\nu}^{th}(^{239}\text{Pu}) =$ $= 1,059 \pm 0,029$
	Jaffey et al. [65]	1969	—	—	$\bar{\nu}^{th}(^{241}\text{Pu})/\bar{\nu}^{th}(^{239}\text{Pu}) =$ $= 1,0032 \pm 0,0080$
	Colvin et al. [23]	1965	$\bar{\nu}^{th}(^{241}\text{Pu})/\bar{\nu}^{th}(^{235}\text{U}) =$ $= 1,210 \pm 0,011$	—	$\bar{\nu}^{th}(^{241}\text{Pu})/\bar{\nu}^{th}(^{235}\text{U}) =$ $= 1,210 \pm 0,011$
	Boldeman & Dalton [50]	1967	—	—	$\bar{\nu}_p^{th}(^{241}\text{Pu})/\bar{\nu}_p^{th}(^{239}\text{Pu}) =$ $= 1,0178 \pm 0,0033$
	Weighted mean values [3]	1969			$\bar{\nu}_p^{th}(^{241}\text{Pu})/\bar{\nu}_p^{th}(^{235}\text{U}) =$ $= 1,2106 \pm 0,0109$ $\bar{\nu}_p^{th}(^{241}\text{Pu})/\bar{\nu}_p^{th}(^{239}\text{Pu}) =$ $= 1,0173 \pm 0,003$ $\bar{\nu}_p^{th}(^{241}\text{Pu}) = 2,921 \pm 0,012$
	Recommended [3]	1969			$\bar{\nu}_t^{th} = 2,934 \pm 0,012$
^{241}Am	Lebedev, V.I.	1958	$3,14 \pm 0,03$	$\bar{\nu}_p(^{235}\text{U}) = 2,47$	$3,06 \pm 0,02$
	Kalashnikova, V.I. [41] Jaffey & Lerner [28]	1970	$2,219 \pm 0,038$	*	$3,214 \pm 0,037$
^{242m}Am	Weighted mean value [2]	1972			$3,121 \pm 0,023$
	Fultz et al. [51]	1966	$3,24 \pm 0,12$	$\bar{\nu}_p^{sp}(^{252}\text{Cf}) = 3,48$	$3,22 \pm 0,12$
	Jaffey & Lerner [28]	1970	$3,264 \pm 0,024$	*	$3,264 \pm 0,024$

Isotope	Reference	Year			
^{242m}Am	Zamyatnin, Y.S. et al. [31]	1970		3,28±0,10	$\bar{\nu}_p^{th}(^{235}U) = 2,426$	3,25±0,10
^{243}Cm	Weighted mean value [2]	1972				3,257±0,023
	Jaffey & Lerner [28]	1970		3,430±0,047	*	3,430±0,047
	Zhuravlev, K.D. et al. [114]	1973			$\bar{\nu}_p^{th}(^{235}U) = 2,407$	3,39±0,14
^{245}Cm	Von Gunten et al. [5]	1967		4±1	**	4,0±1,0
	Jaffey & Lerner [28]	1970		3,832±0,034		3,826±0,033
	Zamyatnin, Y.S. et al. [31]	1970		3,83±0,16	$\bar{\nu}_p^{th}(^{235}U) = 2,426$	3,80±0,16
	Weighted mean value [2]	1972				3,825±0,032
^{247}Cm	Zhuravlev, K.D. et al. [114]	1973		—	$\bar{\nu}_p^{th}(^{235}U) = 2,407$	3,79±0,15
	Zamyatnin, Y.S. et al. [31]	1970		4,60±0,21	$\bar{\nu}_p^{th}(^{235}U) = 2,426$	4,56±0,21
^{249}Cf	Volodin, K.E. et al. [126]	1972		4,06±0,04	$\bar{\nu}_p^{sp}(^{236}Cf) = 3,756$	4,06±0,04
	Weighted mean value [2]	1972				4,08±0,04

* $\bar{\nu}_p^{th}(^{233}U) = 2.478 \pm 0.007$; $\bar{\nu}_p^{th}(^{235}U) = 2.407 \pm 0.005$; $\bar{\nu}_p^{th}(^{239}Pu) = 2.884 \pm 0.007$.
2* Re-normalised values from data in [3]
3* Re-normalised in [52] (initial value 1.010 ± 0.017).
4* Error due to indeterminable fission neutron spectrum.
5* Mean weighted value
6* For $\bar{\nu}_t \sigma_f(^{235}U) = 1319.5$ and $\bar{\nu}_t \sigma_f(^{239}Pu) = 2136.2$ as in [3]
7* For $\bar{\nu}_t \sigma_f(^{235}U) = 1316.6$ and $\bar{\nu}_t \sigma_f(^{239}Pu) = 2119.1$.
8* Extrapolation of the value 0.6449 obtained at $E_n = 30$ keV.
9* Re-normalised in [52] (initial value 1.174 ± 0.022)
10* Re-normalised in [63] (initial value 1.04 ± 0.01)
11* Re-normalised in [52] (initial value of ratio 1.238 ± 0.052).

Table 8.6

Mean number of prompt neutrons from ^{232}Th fission by neutrons with energies up to 15 MeV.

Reference	Year	E_n, MeV	$\bar{\nu}$ measured	Standard used	$\bar{\nu}_p$ re-normalised
Johnstone [18]	1956	14,1	3,55±0,28	—	3,55±0,28
Smith et al. [128]	1959	1,4	2,58±0,20	$\bar{\nu}_p^{1,4MeV}(^{235}U)=2,63$	2,48±0,20
Leroy [8]	1960	14,2	4,64±0,2	$\bar{\nu}_p^{sp}(^{235}U)=2,47$	4,52±0,20
Conde & Starfelt [102]	1961	3,6±0,3	2,42±0,10*	$\bar{\nu}_p^{sp}(^{252}Cf)=3,79$	2,40±0,10
		14,9±0,3	4,43±0,13*		4,39±0,13
Kuz'minov, B.D. [101]	1961	2,3±0,2	2,26±0,10	$\bar{\nu}_p^{th}(^{235}U)=2,47$	2,20±0,10
		3,75±0,2	2,43±0,09		2,37±0,09
		15,7±1,0	4,25±0,13		4,14±0,13
Vasil'ev, Y.A. et al. [71]	1962	14,3	3,68±0,25	—	3,68±0,25
Conde, Holmberg [57] 2*	1965	1,42±0,02	2,205±0,060 2*	$\bar{\nu}_p^{sp}(^{252}Cf)=3,775$	2,194±0,060
		1,61±0,01	2,084±0,037		2,074±0,037
		1,80±0,01	2,119±0,055		2,108±0,055
		2,23±0,01	2,180±0,049		2,169±0,049
		2,64±0,01	2,273±0,052		2,262±0,052
		7,45±0,05	3,028±0,060		3,013±0,060
		14,8±0,2	4,065±0,060		4,045±0,060
Mather et al. [49]	1965	1,39±0,160	2,319±0,076	$\bar{\nu}_p^{sp}(^{252}Cf)=3,782$	2,303±0,078
		1,98±0,145	2,211±0,034		2,196±0,037
		3,00±0,115	2,286±0,095		2,270±0,096
		4,02±0,095	2,411±0,067		2,394±0,069
Prokhorova, L.I. & Smirenkin, G.N. [91]	1967, 1968	1,48±0,03	2,179±0,096	$\bar{\nu}_p(^{235}U)=2,534±0,027$ for $E_n=1,02$ MeV	2,159±0,094
		1,56±0,05	2,096±0,073	$\bar{\nu}_p(E_n=0,37$ MeV$)=1,025\,\nu^{th}(^{235}U)$	2,077±0,072
		1,64±0,07	2,132±0,069	$\bar{\nu}_p^{th}(^{235}U)=2,430$	2,133±0,074
		2,05±0,06	2,142±0,065		2,123±0,072
		2,46±0,06	2,221±0,048		2,201±0,057
		2,86±0,05	2,213±0,050		2,193±0,057
		3,27±0,04	2,416±0,070		2,394±0,082
Vorob'eva, V.G. et al. [135]	1970	1,65	2,118 3*	—	2,118

* Results after corrections introduced in [57]
2* In the data of [57] only the statistical error is shown.
3* From energy balance.

Table 8.7

Mean number of prompt neutrons from ^{233}U fission by neutrons with energies up to 15 MeV.

Reference	Year	Energy, MeV	$\bar{\nu}$ measured	Standard used	$\bar{\nu}_p$ re-normalised
Johnstone [18]	1956	14,1	3,78±0,28	—	—
Smirenkin, G.N. et al. [66]	1958	4,0 15,0	3,00±0,11 4,33±0,16	$\bar{\nu}_p^{th}(^{233}U)=2,55$	2,92±0,11 4,21±0,16
Kalashnikova, V.I. et al. [67]	1957	1,8	2,69±0,06		
Diven et al. [19]	1956	0,08	2,585±0,062	$\bar{\nu}_p^{th}(^{235}U)=2,46$	2,530±0,062
Protopopov, A.N. & Blinov, M.V. [68]	1959	14,8	4,35±0,40	$\bar{\nu}_p^{th}(^{233}U)=2,52$	4,28±0,40
Engle et al. [69]	1960	1,45	2,71±0,08		2,71±0,08
Flerov, N.N. & Talyzin, V.M. [96]	1961	14,0	4,23±0,24	$\sigma_{in}(^{233}U)=2,85$ barn $\sigma_{in}-\sigma_f=0,2$ barn	4,23±0,24
Vasil'ev, Y.A. et al. [71]	1962	14,3	4,20±0,30		
Hopkins, Diven [22]	1963	0,280±0,090 0,440±0,080 0,980±0,050 1,080±0,050 3,930±0,290	2,489±0,033 2,502±0,033 2,553±0,035 2,510±0,030 2,983±0,040	$\bar{\nu}_p^{sp}(^{252}Cf)=3,771$	2,479±0,033 2,492±0,033 2,543±0,035 2,500±0,030 2,971±0,040
Colvin & Sowerby [72]	1965	0,58 0,93 1,49 2,12 2,58	2,47±0,05 2,56±0,05 2,52±0,10 2,575±0,050 2,81±0,06	$\bar{\nu}_p^{sp}(^{252}Cf)=3,780$	2,45±0,05 2,54±0,05 2,50±0,10 2,56±0,05 2,79±0,06
Mather et al. [49]	1965	0,960±0,205 1,980±0,145 3,000±0,115 4,000±0,090	2,532±0,040 2,639±0,037 2,855±0,042 2,923±0,047	$\bar{\nu}_p^{sp}(^{252}Cf)=3,782$	2,515±0,040 2,621±0,037 2,835±0,042 2,903±0,047
Kuznetsov, V.F. & Smirenkin, G.N. [73] (reviewed in [136]. 1973)	1967	0,08 0,20±0,05 0,30±0,05 0,40±0,05 0,50±0,05 0,60±0,05 0,70±0,05	2,489±0,030 2,467±0,031 2,442±0,027 2,462±0,025 2,472±0,027 2,491±0,028 2,516±0,029	$\bar{\nu}(\tilde{E}_n)(^{233}U)=2,462$ $\bar{\nu}^{th}/\bar{\nu}(\tilde{E}_n)=1,013$	2,511±0,024 2,489±0,025 2,464±0,020 2,484±0,016 2,494±0,020 2,514±0,020 2,539±0,022
Walsh & Boldeman [89]	1971	0,300±0,025 0,485±0,031 0,600±0,032 0,700±0,025 0,917±0,033 1,500±0,050 1,870±0,050	2,502±0,014 2,508±0,010 2,546±0,012 2,546±0,011 2,564±0,012 2,645±0,019 2,684±0,022	$\bar{\nu}_p^{sp}(^{252}Cf)=3,782$	2,484±0,014 2,490±0,010 2,528±0,012 2,528±0,011 2,546±0,012 2,626±0,019 2,665±0,022
Nurpeisov, B. et al. [136]	1973	0,00 0,08 0,325±0,048 0,400±0,044 0,500±0,045 0,600±0,043 0,700±0,041 0,800±0,036 0,900±0,042	2,485±0,010 2,469±0,016 2,482±0,014 2,484±0,016 2,518±0,016 2,531±0,015 2,552±0,014 2,546±0,017 2,556±0,016	$\bar{\nu}_p^{sp}(^{252}Cf)=3,756$	2,485±0,010 2,469±0,016 2,482±0,014 2,484±0,016 2,518±0,016 2,531±0,015 2,552±0,014 2,546±0,017 2,556±0,016

Table 8.7 contd.

Reference	Year	Energy, MeV	$\bar{\nu}$ measured	Standard used	$\bar{\nu}_p$ re-normalised
Nurpeisov, B. et al. [136]	1973	1,000±0,038	2,594±0,016	$\bar{\nu}_p^{sp}(^{252}Cf)=3,756$	2,594±0,016
		1,100±0,037	2,605±0,016		2,605±0,016
		1,200±0,030	2,604±0,016		2,604±0,016
		1,300±0,030	2,612±0,017		2,612±0,017
		1,400±0,029	2,633±0,020		2,633±0,020
Nurpeisov, B. et al. [148]	1974	0,00	0,6627±0,0034	$\bar{\nu}_p^{sp}(^{252}Cf)=1$	2,489±0,013
		0,700±0,055	0,6806±0,0091		2,556±0,034
		0,900±0,059	0,6799±0,0053		2,653±0,020
		1,000±0,064	0,6711±0,0060		2,520±0,023
		1,200±0,060	0,6927±0,0057		2,602±0,021
		1,300±0,066	0,6934±0,0053		2,604±0,020
		1,400±0,061	0,6919±0,0052		2,599±0,020
		1,500±0,069	0,6923±0,0049		2,600±0,018
		1,600±0,060	0,7015±0,0046		2,635±0,017
		1,700±0,057	0,7090±0,0056		2,663±0,021
		1,800±0,060	0,7187±0,0066		2,669±0,025
		1,900±0,064	0,7076±0,0045		2,658±0,017
		2,000±0,063	0,7177±0,0064		2,696±0,024
		2,100±0,053	0,7240±0,0049		2,719±0,018
		2,200±0,055	0,7250±0,0059		2,723±0,022
		2,300±0,050	0,7233±0,0060		2,717±0,023
		2,400±0,051	0,7342±0,0052		2,757±0,022
		2,500±0,048	0,7363±0,0045		0,765±0,017
		2,600±0,046	0,7348±0,0058		2,760±0,022
		2,700±0,047	0,7284±0,0061		2,736±0,019
		2,900±0,059	0,7383±0,0069		2,773±0,026
		3,100±0,057	0,7637±0,0066		2,868±0,025
		3,300±0,055	0,7708±0,0052		2,895±0,020
		3,780±0,25	0,7958±0,0088		2,989±0,033
		4,17±0,20	0,8131±0,0091		3,054±0,034
		4,61±0,16	0,8290±0,0091		3,114±0,034
		4,89±0,14	0,8976±0,0093		3,146±0,035

Note: In [81] are given values $\bar{\nu}_p$ determined from energy balance.

Table 8.8

Mean number of prompt neutrons from ^{234}U fission by neutrons with energies up to 4 MeV (Mather et al. [49] 1965).

Energy, MeV	$\bar{\nu}$ measured	Standard used	$\bar{\nu}_p$ re-normalised
0,99±0,185	2,471±0,046	$\bar{\nu}_p^{sp}(^{252}Cf)=3,782$	2,454±0,046
1,98±0,145	2,678±0,033		2,659±0,033
3,00±0,115	2,730±0,043		2,711±0,043
4,02±0,095	2,925±0,046		2,905±0,056

Table 8.9

Mean number of prompt neutrons from ^{235}U fission by neutrons with energies up to 1.5 MeV.

Reference	Year	Energy, MeV	$\bar{\nu}$ measured	Standard used	$\bar{\nu}_p$ re-normalised
Blair [74]	1945 (1963)	0,2	2,39±0,15	—	2,39±0,15
Terrell, Leland [75]	1966	0,7	1,02±0,02	$\bar{\nu}_p^{th}(^{235}U)=1$	2,46±0,05

Table 8.9 contd.

Reference	Year	Energy, MeV	$\bar{\nu}$ measured	Standard used	$\bar{\nu}_p$ re-normalised
Diven et al. [19]	1956	0,08	2,47±0,03	$\bar{\nu}_p^{th}(^{235}U) = 2,46$	2,43±0,03
Hanna [76]	1956 (1966)	0,74 1,3	2,48±0,05 2,61±0,09	$\bar{\nu}_p^{th}(^{235}U) = 2,47$	2,44±0,05 2,57±0,09
Usacher Trubytsin [77]	1953 (1958)	0,7 1,0	2,52±0,06 2,84±0,35	$\bar{\nu}_p^{th}(^{235}U) = 2,47$	2,48±0,06 2,80±0,35
Butler et al. [78]	1961	0,21 0,625 1,10	2,492±0,016 2,538±0,024 2,570±0,020	$\bar{\nu}^{th}(^{235}U) = 2,47$	2,44±0,016 2,490±0,024 2,521±0,020
Moat et al. [79]	1961	0,04 0,25 0,50 0,75 1,00 1,25	2,384±0,018 2,469±0,021 2,468±0,018 2,447±0,014 2,475±0,018 2,540±0,019	$\bar{\nu}_p^{sp}(^{252}Cf) = 3,77$	2,375±0,018 2,460±0,021 2,459±0,018 2,438±0,014 2,466±0,018 2,531±0,019
Meadows, Whalen [55]	1962	0,03 0,20 0,62 1,11 1,58 1,76	2,421±0,025 2,436±0,016 2,470±0,019 2,520±0,018 2,580±0,020 2,575±0,021	$\bar{\nu}_p^{th}(^{235}U) = 2,414$ $\bar{\nu}_p^{th}(^{235}U) = 2,414$	2,414±0,025 2,429±0,016 2,463±0,019 2,513±0,018 2,573±0,020 2,568±0,021
Diven, Hopkins [21]	1961	0,325±0,093 0,475±0,075 0,842±0,059 1,106±0,052	2,424±0,039 2,431±0,038 2,458±0,038 2,519±0,040		2,417±0,039 2,424±0,038 2,451±0,038 2,512±0,040
Moat et al. [20]	1961	0,075	2,39±0,05	$\bar{\nu}_p^{sp}(^{252}Cf) = 3,69$	2,43±0,05
Hopkins, Diven [22]	1963	0,280±0,090 0,470±0,080 0,815±0,060	2,438±0,022 2,456±0,022 2,471±0 026	$\bar{\nu}_p^{sp}(^{252}Cf) = 3,771$	2,428±0,022 2,446±0,022 2,461±0,026
Colvin, Sowerby [23]	1963, 1965	0,101±0,060 0,514±0,054 0,571±0,156 0,572±0,015 0,604±0,053 0,946±0,128	2,478±0,027 2,524±0,045 2,511±0,023 2,501±0,029 2,519±0,023 2,534±0,018	$\bar{\nu}_p^{sp}(^{252}Cf) = 3,76$	2,475±0,027 2,521±0,045 2,508±0,023 2,498±0,029 2,516±0,023 0,531±0,018
Blyumkina et al. [81] 2*	1964	0,08±0,05 0,31±0,04 0,39±0,05 0,55±0,05 0,67±0,05 0,78±0,06 0,99±0,06 0,08±0,05 0,19±0,09 0,29±0,04 0,39±0,05 0,46±0,05 0,64±0,05	2,439±0,024* 2,483±0,022* 2,491±0,017* 2,441±0,022* 2,471±0,022* 2,471±0,025* 2,503±0,029* 2,391±0,035 2,448±0,038 0,483±0,034 2,491±0,017 2,493±0,037 2,468±0,038	$\bar{\nu}_t^{(0,3 MeV)} =$ $= 1,023\bar{\nu}_t^{th}(^{235}U)$ $\bar{\nu}_{th}^p(^{235}U) = 2,430$	2,416±0,024 2,460±0,022 2,468±0,017 2,418±0,022 2,448±0,022 2,448±0,025 2,480±0,029 2,368±0,035 2,425±0,038 2,460±0,034 2,468±0,017 2,470±0,037 2,445±0,038
Mather et al. [82]	1964	0,040 0,14±0,04 0,23±0,025 0,33±0,115 0,43±0,115 0,70±0,145 0,84±0,070 0,93±0,190	2,420±0,021 2,423±0,045 2,490±0,027 2,478±0,026 2,475±0,025 2,457±0,022 2,529±0,026 2,499±0,026	$\bar{\nu}_p^{sp}(^{252}Cf) = 3,782$	2,403±0,021 2,406±0,045 2,473±0,027 2,461±0,026 2,458±0,025 2,440±0,022 2,511±0,026 2,482±0,026
Conde [57]	1965	0,06	2,416±0,023	$\bar{\nu}_p^{sp}(^{252}Cf) = 3,767$	2,409±0,023

Table 8.9 contd.

Reference	Year	Energy, MeV	$\bar{\nu}$ measured	Standard used	$\bar{\nu}_p$ re-normalised
Meadows, Whalen [83]	1967	0,039±0,050	2,422±0,017	$\nu_p^{sp}(^{252}Cf) = 3,782$	2,405±0,017
		0,150±0,032	2,462±0,048		2,445±0,018
		0,225±0,030	2,480±0,018		2,463±0,018
		0,265±0,028	2,470±0,022		2,453±0,022
		0,298±0,027	2,472±0,022		2,455±0,022
		0,325±0,027	2,514±0,018		2,496±0,018
		0,358±0,025	2,436±0,018		2,419±0,018
		0,375±0,025	2,477±0,022		2,460±0,022
		0,405±0,025	2,468±0,022		2,451±0,022
		0,425±0,025	2,534±0,017		2,516±0,017
		0,476±0,024	2,512±0,019		2,494±0,019
		0,548±0,021	2,489±0,017		2,472±0,017
		0,675±0,018	2,514±0,017		2,496±0,017
		0,785±0,021	2,527±0,014		2,509±0,014
		1,000±0,020	2,561±0,016		2 548±0,016
Kuznetsov, Smirenkin [84]	1967	0,08	0,986±0,006	$\bar{\nu}(\tilde{E}_n) = 2,491 ± 0,007$; $\bar{\nu}_p^{th}(^{235}U) = 2,430$	2,433±0,022
		0,20	1,013±0,007		2,500±0,024
		0,30	1,008±0,006		2,487±0,022
		0,40	1,000±0,000		2,468±0,007
		0,50	0,998±0,005		2,463±0,019
		0,60	0,995±0,005		2,455±0,019
		0,70	0,994±0,005		2,453±0,019
		0,99	1,005±0,009		0,480±0,029
Nadkarni, Ballal [85][5]*	1967	0,37±0,15	2,57±0,11		2,52±0,11
		0,43±0,14	2,53±0,11		2,49±0,11
		0,49±0,14	2,49±0,11		2,46±0,11
		0,54±0,14	2,49±0,11		2,46±0,11
		0,65±0,13	2,37±0,07		2,37±0,07
		0,76±0,13	2,50±0,10		2,47±0,10
		0,82±0,13	2,60±0,10		2,56±0,10
		0,87±0,12	2,65±0,10		2,59±0,10
		0,92±0,12	2,64±0,10		2,58±0,10
		0,98±0,12	2,62±0,09		2,56±0,09
		1,03±0,12	2,59±0,09		2,54±0,05
		1,09±0,12	2,56±0,05		2,52±0,05
Soleilhac et al. [86]	1970	0,21±0,01	2,4307±0,0535	$\nu_p^{sp}(^{252}Cf) = 3,782$	2,4139±0,0533
		0,23±0,01	2,4471±0,0410		2,4302±0,0408
		0,25±0,01	2,4635±0,0371		2,4465±0,0369
		0,27±0,01	2,4930±0,0307		2,4758±0,0309
		0,29±0,01	2,4607±0,0292		2,4437±0,0290
		0,31±0,01	2,4699±0,0257		2,4529±0,0255
		0,33±0,01	2,4455±0,0242		2,4286±0,0240
		0,35±0,01	2,5165±0,0237		2,4991±0,0235
		0,37±0,01	2,4736±0,0232		2,4565±0,0230
		0,39±0,01	2,4788±0,0229		2,4617±0,0227
		0,41±0,01	2,5326±0,0212		2,5151±0,0210
		0,43±0,01	2,4969±0,0206		2,4797±0,0204
		0,45±0,01	2,4764±0,0184		2,4593±0,0182
		0,47±0,01	2,4562±0,0179		2,4393±0,0177
		0,49±0,01	2,5004±0,0163		2,4831±0,0161
		0,51±0,01	2,4960±0,0162		2,4788±0,0160
		0,53±0,01	2,5140±0,0155		2,4967±0,0153
		0,55±0,01	2,4725±0,0146		2,4554±0,0144
		0,57±0,01	2,4885±0,0143		2,4713±0,0141
		0,59±0,01	2,4725±0,0142		2,4554±0,0140
		0,61±0,01	2,4928±0,0168		2,4750±0,0166
		0,63±0,01	2,4921±0,0162		2,4749±0,0160
		0,65±0,01	2,5108±0,0167		2,4935±0,0165
		0,670±0,01	2,4998±0,0168		2,4826±0,0166
		0,690±0,01	2,4920±0,0195		2,4750±0,0193
		0,725±0,025	2,4958±0,0129		2,4786±0,0127
		0,775±0,025	2,5215±0,0136		2,5041±0,0134
		0,825±0,025	2,5347±0,0151		2,5172±0,0149
		0,875±0,025	2,5473±0,1066		2,5297±0,0164

Table 8.9 contd.

Reference	Year	Energy, MeV	$\bar{\nu}$ measured	Standard used	$\bar{\nu}_p$ re-normalised
Soleilhac et al. [86]	1970	0,925±0,025	2.5498±0,0178	$\bar{\nu}_p^{sp}(^{252}Cf)=3,782$	2,5322±0,0171
		0,975±0,025	2,5539±0,0194		2,5363±0,0192
		1,025±0,025	2,5471±0,0233		2,5295±0,0231
		1,075±0,025	2,5782±0,0242		2,5604±0,0240
		1,125±0,025	2,5786±0,0277		2,5608±0,0275
		1,175±0,025	2,5769±0,0292		2,5559±0,0290
		1,225±0,025	2,5779±0,0300		2,5601±0,0298
		1,275±0,025	2,6378±0,0396		2,6196±0,0394
		1,325±0,025	2,5588±0,0399		2,5411±0,0397
		1,375±0,025	2,5826±0,0317		2,5648±0,0315
		1,360±0,025	2,5650±0,0100		2,5473±0,0100
Savin et al. [87]	1970	0,65	2,432±0,039	$\bar{\nu}_p^{sp}(^{252}Cf)=3,772$	2,422±0,039
		0,68	2,447±0,039		2,437±0,039
		0,71	2,472±0,039		2,461±0,039
		0,73	2,473±0,039		2,462±0,039
		0,79	2,478±0,039		2,467±0,039
		0,82	2,491±0,040		2,480±0,040
		0,87	2,474±0,039		2,463±0,039
		0,91	2,499±0,040		2,488±0,040
		0,97	2,484±0,039		2,473±0,039
		1,01	2,491±0,039		2,480±0,039
Nesterov et al. [129]	1970	0,0	2,412±0,014	$\bar{\nu}_p^{sp}(^{252}Cf)=3,782$	2,395±0,014
		0,080	2,404±0,014		2,387±0,014
		0,214±0,040	2,467±0,020		2,449±0,020
		0,322±0,043	2,457±0,020		2,440±0,020
		0,408±0,042	2,474±0,024		2,457±0,024
		0,510±0,039	2,484±0,027		2,467±0,027
		0,686±0,039	2,452±0,025		2,435±0,025
		0,810±0,038	2,514±0,020		2,497±0,020
		0,910±0,037	2,518±0,026		2,500±0,026
		1,002±0,062	2,558±0,025		2,540±0,025
		1,112±0,035	2,578±0,022		2,560±0,022
		1,314±0,035	2,574±0,024		2,556±0,024
		1,515±0,035	2,572±0,025		2,554±0,025
Boldeman, Walsh [138]	1970	Thermal	2,415±0,008	$\bar{\nu}_p^{sp}(^{252}Cf)=3,782$	2,398±0,008
		0,110±0,070	2,417±0,021		2,400±0,021
		0,220±0,033	2,445±0,015		2,428±0,015
		0,300±0,032	2,448±0,017		2,431±0,017
		0,350±0,032	2,456±0,016		2,439±0,016
		0,400±0,032	2,439±0,016		2,422±0,016
		0,425±0,025	2,456±0,011		2,439±0,011
		0,450±0,029	2,456±0,014		0,439±0,014
		0,485±0,025	2,474±0,010		2,457±0,010
		0,540±0,032	2,456±0,013		2,439±0,013

Table 8.9 contd.

Reference	Year	Energy, MeV	$\bar{\nu}$ measured	Standard used	$\bar{\nu}_p$ re-normalised
Boldeman, Walsh [138]	1970	0,600±0,032	2,476±0,014	$\bar{\nu}_p^{sp}(^{252}Cf)=3,782$	2,459±0,014
		0,700±0,032	2,492±0,014		2,475±0,014
		1,000±0,032	2,537±0,014		2,519±0,014
		1,500±0,050	2,589±0,018		2,571±0,018
		1,900±0,050	2,625±0,016		2,607±0,016
Savin M.V. et al. [113]	1973	0,198	2,469±0,027	$\bar{\nu}_p^{sp}(^{252}Cf)=3,756$	2,469±0,027
		0,212	2,435±0,026		2,435±0,026
		0,235	2,422±0,026		2,422±0,026
		0,262	2,392±0,026		2,392±0,026
		0,282	2,468±0,027		2,468±0,027
		0,305	2,475±0,027		2,475±0,027
		0,332	2,404±0,026		2,404±0,026
		0,363	2,486±0,027		2,486±0,027
		0,385	2,471±0,027		2,471±0,027
		0,399	2,468±0,027		2,468±0,027
		0,414	2,494±0,027		2,494±0,027
		0,430	2,520±0,027		2,520±0,027
		0,447	2,442±0,026		2,442±0,026
		0,465	2,412±0,026		2,412±0,026
		0,484	2,454±0,026		2,454±0,026
		0,504	2,418±0,026		2,418±0,026
		0,525	2,492±0,027		2,492±0,027
		0,557	2,511±0,030		2,511±0,030
		0,579	2,513±0,032		2,513±0,032
		0,606	2,494±0,031		2,494±0,031
		0,620	2,475±0,031		2,475±0,031
		0,634	2,490±0,031		2,490±0,031
		0,649	2,486±0,031		2,486±0,031
		0,673	2,476±0,031		2,476±0,031
		0,706	2,476±0,031		2,476±0,031
		0,733	2,469±0,031		2,469±0,031
		0,771	2,477±0,031		2,477±0,031
		0,791	2,474±0,031		2,474±0,031
		0,823	2,504±0,031		2,504±0,031
		0,856	2,477±0,031		2,477±0,031
		0,880	2,479±0,031		2,479±0,031
		0,917	2,484±0,031		2,484±0,031
		0,957	2,520±0,032		2,520±0,032
		0,985	2,484±0,031		2,484±0,030

Notes: * Data reviewed [2]
2* In [81] are given also values of $\bar{\nu}$ determined from energy balance.
3* Values $\bar{\nu}_p$ reviewed [2].

Table 8.9a

Mean number of prompt neutrons from ^{235}U fission by neutrons with energies from 1–28 MeV.

Reference	Year	Energy, MeV	$\bar{\nu}$ measured	Standard used	$\bar{\nu}_p$ re-normalised
Blair (from data in [103])	1945	1,5	2,57±0,12	$\bar{\nu}^{th}(^{235}U)=2,47$	2,53±0,12
Fowler [80]	1954	14,0	1,99±0,23	$\bar{\nu}_p^{th}(^{235}U)=1$	4,79±0,56
Bethe et al. [94]	1955	4	3,13±0,31	$\bar{\nu}^{th}(^{235}U)=2,47$	3,07±0,31
		4,5	3,26±0,31		3,20±0,31
Fowler [80a]	1956	1,0	1,15±0,12	$\bar{\nu}_p^{th}(^{235}U)=1$	2,77±0,29
		1,9	1,24±0,22		2,99±0,53
		4	1,26±0,14		3,03±0,34
		5	1,31±0,14		3,15±0,34
Hanna (from data in [95])	1956	0,74	2,48±0,05	$\bar{\nu}^{th}(^{235}U)=2,47$	2,44±0,05
		1,3	2,61±0,09		2,57±0,09
		1,6	2,58±0,05		2,54±0,05
		2,5	3,04±0,20		2,99±0,20
Johnstone [18]	1956	2,5	2,64±0,19	Calibrated neutron source	2,64±0,19
		14,1	4,52±0,32		4,52±0,32
Smirenkin, G.N. et al. [66]	1958	4	1,22±0,04	$\bar{\nu}_p^{th}(^{235}U)=1$	2,94±0,09
		15	1,82±0,07		4,38±0,17
Protopopov, A.N., Blinov, M.V. [139]	1958	14,8	1,80±0,18	$\bar{\nu}_p^{th}(^{235}U)=1$	4,33±0,43
Flerov, N.N., Tylyzin, V.M. [97]	1958	14,1	4,13±0,24	—	4,13±0,24
Andreyev, V.N. [140]	1958	2	2,80±0,15	$\bar{\nu}^{th}(^{235}U)=2,47$	2,76±0,15
Vasil'ev, Y.A. et al. [109]	1960	14,3	4,17±0,30	—	4,17±0,30
Engle et al. [69]	1960	1,45	2,60±0,10	—	2,60±0,10
Moat et al. [20]	1961	2,50	2,60±0,08	$\bar{\nu}_p^{sp}(^{252}Cf)=2,69$	2,65±0,06
		14,20	4,28±0,08		4,36±0,06
Hopkins & Diven [22]	1963	1,080±0,050	2,530±0,026	$\bar{\nu}_p^{sp}(^{252}Cf)=3,771$	2,520±0,026
		3,930±0,290	2,937±0,030		2,926±0,030
		14,50±1,00	4,626±0,075		4,608±0,075
Colvin & Sowerby [23]	1963, 1965	1,497±0,109	2,583±0,020	$\bar{\nu}_p^{sp}(^{252}Cf)=3,76$	2,573±0,020
		2,123±0,095	2,668±0,021		2,664±0,021
		2,572±0,085	2,717±0,024		2,708±0,024
Conde [57]	1965	7,50	3,49±0,06	$\bar{\nu}_p^{sp}(^{252}Cf)=3,767$	3,480±0,060
		14,80	4,47±0,09		4,458±0,090
Mather et al. [82]	1964	1,17±0,175	2,557±0,027	$\bar{\nu}_p^{sp}(^{252}Cf)=3,782$	2,539±0,027
		1,47±0,130	2,583±0,026		2,565±0,026
		1,94±0,135	2,656±0,027		2,638±0,027
		2,44±0,120	2,689±0,028		2,671±0,028
		2,96±0,110	2,751±0,024		2,732±0,024
		3,87±0,580	2,933±0,029		2,913±0,029
		4,91±0,385	3,074±0,033		3,053±0,033
		5,94±0,270	3,273±0,033		3,251±0,033
		6,96±0,210	3,490±0,035		3,466±0,035
		7,96±0,205	3,666±0,044		3,641±0,044
Prokhorova, L.I. et al. [91]	1967	0,81±0,09	2,457±0,035	$\bar{\nu}(0,39\text{ MeV})=$ $=1,025\bar{\nu}_p^{th}(^{235}U);$ $\bar{\nu}_p^{th}(^{235}U)=2,430$	2,434±0,035
		1,02±0,08	2,534±0,027		2,510±0,027
		1,23±0,08	2,551±0,037		2,527±0,037
		1,44±0,07	2,555±0,037		2,531±0,037
		1,64±0,07	2,583±0,034		2,559±0,034

Table 8.9a contd.

Reference	Year	Energy, MeV	$\bar{\nu}$ measured	Standard used	$\bar{\nu}_p$ re-normalised
Prokhorova, L.I. et al. [91]	1967	1,85±0,07	2,610±0,032	$\bar{\nu}(0,39\text{ MeV}) =$	2,586±0,032
		2,05±0,06	2,598±0,029	$= 1,025\bar{\nu}_p^{th}(^{235}U)$;	2,574±0,029
		2,25±0,06	2,665±0,035	$\bar{\nu}_p^{th}(^{235}U) = 2,430$	2,640±0,035
		2,46±0,06	2,741±0,018		2,715±0,038
		2,76±0,06	2,795±0,034		2,769±0,034
		3,06±0,05	2,803±0,046		2,777±0,046
		3,25±0,05	2,830±0,042		2,803±0,042
Soleilhac et al. [90]*	1969	1,36	2,565±0,017	$\bar{\nu}_p^{sp}(^{252}Cf) = 3,782$	2,547±0,017
		1,87	2,631±0,022		2,613±0,022
		2,45	2,688±0,022		2,669±0,022
		2,98	2,757±0,018		2,738±0,018
		3,50	2,804±0,023		2,784±0,023
		4,03	2,890±0,019		2,870±0,019
		4,54	2,984±0,022		2,963±0,022
		5,06	3,040±0,019		3,019±0,019
		5,57	3,163±0,028		3,141±0,028
		6,08	3,254±0,029		3,231±0,029
		6,97	3,422±0,022		3,398±0,022
		7,09	3,428±0,029		3,404±0,029
		7,48	3,521±0,016		3,496±0,016
		7,99	3,582±0,017		3,567±0,017
		8,49	3,658±0,018		3,632±0,018
		9,00	3,731±0,018		3,705±0,018
		9,49	3,809±0,020		3,782±0,020
		9,74	3,850±0,021		3,823±0,021
		9,98	3,822±0,014		3,885±0,014
		10,47	3,937±0,020		3,909±0,020
		10,96	3,972±0,019		3,944±0,019
		11,44	4,074±0,020		4,045±0,020
		11,93	4,136±0,021		4,107±0,021
		12,41	4,202±0,020		4,172±0,020
		12,88	4,257±0,024		4,227±0,024
		13,36	4,345±0,022		4,315±0,022
		13,84	4,411±0,022		4,380±0,022
		14,31	4,481±0,023		4,450±0,023
		14,79	4,508±0,023		4,476±0,023
		22,79	5,511±0,049		5,472±0,049
		23,94	5,654±0,054		5,614±0,054
		25,05	5,693±0,054		5,653±0,054
		26,15	5,789±0,042		5,748±0,042
		27,22	5,986±0,062		5,944±0,062
		28,28	6,108±0,090		6,065±0,090
Savin, M.V. et al. [87]	1970	1,06	2,539±0,038	$\bar{\nu}_p^{sp}(^{252}Cf) = 3,772$	2,528±0,038
		1,15	2,575±0,038		2,564±0,038
		1,25	2,578±0,038		2,567±0,038
		1,35	2,613±0,039		2,602±0,039
		1,41	2,618±0,039		2,607±0,039
		1,48	2,636±0,039		2,625±0,039
		1,63	2,641±0,039		2,630±0,039
		1,80	2,641±0,039		2,630±0,039
		1,97	2,645±0,039		2,634±0,039
		2,05	2,661±0,040		2,650±0,040
		2,18	2,700±0,033		2,688±0,033
		2,26	2,713±0,035		2,701±0,035
		2,39	2,748±0,035		2,736±0,035
		2,55	2,711±0,035		2,699±0,035
		2,68	2,763±0,033		2,751±0,033
		2,85	2,812±0,034		2,800±0,034
		2,94	2,806±0,034		2,794±0,034
		3,06	2,800±0,034		2,788±0,034
		3,28	2,833±0,043		2,821±0,043
		3,71	2,871±0,034		2,859±0,043
		4,23	2,903±0,044		2,891±0,044
		4,57	2,937±0,058		2,924±0,058

Table 8.9a contd.

Reference	Year	Energy, MeV	$\bar{\nu}$ measured	Standard used	$\bar{\nu}_p$ re-normalised
Savin, M.V. et al. [87]	1970	4,90 5,32 5,60 5,94 6,60	3,032±0,061 3,095±0,072 3,110±0,082 3,234±0,106 3,373±0,111	$\bar{\nu}_p^{sp}(^{252}Cf)=3,772$	3,019±0,061 3,082±0,072 3,097±0,082 3,220±0,105 3,759±0,110
Frehaut et al. [119, 124]	1973	1,87±0,150 2,45±0,125 2,96±0,105 3,50±0,100 4,03±0,090 4,54±0,080 5,06±0,070 5,81±0,210 6,97±0,170 7,48±0,160 7,99±0,145 8,49±0,130 9,00±0,120 9,49±0,110 9,98±0,100 10,47±0,095 10,96±0,090 11,44±0,085 12,88±0,080 13,84±0,075 14,79±0,070	2,666±0,030 2,750±0,037 2,772±0,037 2,876±0,040 2,957±0,037 3,044±0,046 3,146±0,048 3,226±0,044 3,487±0,030 3,542±0,040 3,637±0,040 3,646±0,032 3,766±0,031 3,824±0,035 3,874±0,035 3,910±0,044 3,994±0,050 4,095±0,036 4,292±0,061 4,410±0,060 4,513±0,086	$\bar{\nu}_{sp}(^{252}Cf)=3,782$	2,648±0,030 2,731±0,037 2,753±0,037 2,856±0,040 2,937±0,037 3,023±0,046 3,124±0,048 3,204±0,044 3,463±0,030 3,518±0,040 3,612±0,040 3,621±0,032 3,740±0,031 3,798±0,035 3,847±0,035 3,883±0,044 3,966±0,050 4,067±0,036 4,262±0,061 4,380±0,060 4,482±0,086

Note: The accuracy of values for $E_n < 9$ MeV given in [90] has been improved in [2,119].

Table 8.10

Mean number of neutrons $\bar{\nu}_p$ from ^{236}U fission (Conde [6], 1971), Standard: $\bar{\nu}_p^{sp}(^{252}Cf) = 3.756$.

Energy, MeV	$\bar{\nu}_p$	Energy, MeV	$\bar{\nu}_p$	Energy, MeV	$\bar{\nu}_p$
0,77	2,45±0,06	1,69	2,52±0,05	2,99	2,72±0,05
0,82	2,40±0,05	1,90	2,55±0,04	3,29	2,78±0,05
0,88	2,44±0,05	2,21	2,55±0,04	3,79	2,81±0,05
0,98	2,47±0,05	2,29	2,69±0,05	4,17	2,85±0,04
1,08	2,43±0,05	2,51	2,59±0,04	5,50	2,96±0,06
1,29	2,50±0,04	2,59	2,67±0,05	6,20	3,12±0,04
1,50	2,56±0,04	2,79	2,67±0,05	6,70	3,26±0,05

Table 8.11

Mean number of prompt neutrons from ^{238}U fission by neutrons with energies up to 15 MeV.

Reference	Year	Energy, MeV	$\bar{\nu}$ measured	Standard used	$\bar{\nu}_p$ re-normalised
Blair [74]	1945	14,2	$4,44^{0,10}_{0,20}$	$\bar{\nu}^{th}(^{235}U)=2,47$	$4,32^{0,10}_{0,20}$
Beister (from data in [103])	1954	4,5	3,31±0,3	—	—
Graves [111]	1954	4,5 14,0	3,05±0,10 3,43±0,15	—	—
Bethe et al. [148]	1955	4,25	3,10±0,40	$\bar{\nu}_p^{th}(^{235}U)=2,47$	3,02±0,39
Johnstone [18]	1956	2,5	2,35±0,18	Calibrated source	2,35±0,18

Table 8.11 contd.

Reference	Year	Energy, MeV	$\bar{\nu}$ measured	Standard used	$\bar{\nu}_p$ re-normalised
Johnstone [18]	1956	14,1	4,13±0,25	Calibrated source	4,13±0,25
Gunninghame [141]	1957	14,0	4,0±0,5	—	4,0±0,5
Flerov, N.N. & Tamanov, E.A. [70]	1958	14,0	4,45±0,35	—	4,45±0,35
Flerov, N.N. & Talyzin, V.M. [97]	1958	14,0	4,50±0,32	—	4,50±0,32
Zysin, Y.A., Lbov, A.A., Sel'chenkov, L.I. [142]	1960	14,0	5,0±0,6	—	5,0±0,6
	1960	14,3	4,28±0,30	Calibrated source	4,28±0,30
Vasil'ev, Y.A. et al. [109]	1960	$\bar{E}_n$=3,1	2,89±0,07	$\bar{\nu}^{th}(^{235}U) = 2,47$	2,81±0,07
Leroy [8]		14,2	4,55±0,15		4,43±0,15
Conde & Starfelt [102]	1961	3,6±0,3	2,79±0,09	$\bar{\nu}_p^{sp}(^{525}Cf)=3,79$	2,76±0,09*
		14,9±0,3	4,75±0,12		4,70±0,12*
Kuz'minov, B.D. [101]	1961	2,3±0,2	2,72±0,08	$\bar{\nu}^{th}(^{235}U)=2,47$	2,65±0,08
		3,75±0,2	3,02±0,10		2,94±0,10
Moat et al. [20]	1961	14,2	4,44±0,09	$\bar{\nu}_p^{th}(^{252}Cf)=3,69$	4,52±0,09
Butler et al. [78]	1961	1,58	2,56±0,03	$\bar{\nu}_p^{sp}(^{235}U)=2,42$	2,55±0,03
Asplund-Nilsson et al. [112]	1964	1,49±0,01	2,520±0,056	$\bar{\nu}_p^{sp}(^{252}Cf)=3,775$	2,507±0,056
		2,40±0,01	2,671±0,051		2,658±0,051
		3,50±0,02	2,864±0,049		2,850±0,049
		4,88±0,05	3,068±0,049		3,053±0,049
		5,63±0,15	3,159±0,059		3,143±0,059
		6,32±0,06	3,269±0,059		3,253±0,059
		6,83±0,06	3,379±0,054		3,362±0,054
		7,45±0,05	3,518±0,053		3,500±0,053
		14,8±0,2	4,563±0,067		4,540±0,067
Mather et al. [49]	1965	1,41±0,160	2,570±0,034	$\bar{\nu}_p^{sp}(^{252}Cf)=3,782$	2,552±0,037
		1,98±0,145	2,658±0,022		2,640±0,028
		3,00±0,115	2,788±0,024		2,749±0,030
		4,02±0,095	2,973±0,025		2,953±0,031
Soleilhac et al. [90]	1969	1,36±0,165	2,452±0,041	$\bar{\nu}_p^{sp}(^{252}Cf)=3,782$	2,435±0,041
		1,87±0,150	2,597±0,026		2,579±0,026
		2,45±0,125	2,641±0,026		2,623±0,026
		2,98±0,105	2,679±0,023		2,661±0,023
		3,50±0,100	2,799±0,026		2,780±0,026
		4,03±0,090	2,884±0,022		2,864±0,022
		5,06±0,070	3,030±0,021		3,058±0,021
		6,08±0,065	3,234±0,029		3,211±0,029
		7,09±0,065	3,401±0,029		3,377±0,029
		6,97±0,170	3,403±0,021		3,379±0,021
		7,38±0,160	3,426±0,021		3,402±0,021
		7,99±0,145	3,540±0,021		3,515±0,021
		8,49±0,130	3,595±0,022		3,569±0,022
		9,00±0,120	3,693±0,020		3,668±0,020
		9,49±0,110	3,748±0,019		3,772±0,019
		9,74±0,110	3,805±0,023		3,778±0,023
		9,98±0,100	3,857±0,023		3,830±0,023
		10,47±0,095	3,896±0,025		3,869±0,025
		10,96±0,090	3,976±0,021		3,948±0,021
		11,44±0,085	4,061±0,025		4,033±0,025
		11,93±0,080	4,136±0,023		4,107±0,023
		12,41±0,080	4,196±0,022		4,167±0,022
		12,88±0,080	4,248±0,025		4,218±0,025
		13,36±0,075	4,334±0,026		4,304±0,026
		13,84±0,075	4,445±0,019		4,414±0,019
		14,31±0,070	4,496±0,020		4,465±0,020
		14,79±0,070	4,498±0,019		4,467±0,019

Table 8.11 contd.

Reference	Year	Energy, MeV	$\bar{\nu}$ measured	Standard used	$\bar{\nu}_p$ re-normalised
Vorob'eva V.G. [135]	1970	1,50	2,540	—	2,540
Savin M.V. et al. [107]	1972	1,27	2,503±0,055	$\bar{\nu}_p^{sp}(^{252}Cf)=3,756$	2,503±0,055
		1,30	2,498±0,052		2,498±0,052
		1,33	2,544±0,051		2,544±0,051
		1,35	2,575±0,049		2,575±0,049
		1,42	2,591±0,046		2,591±0,046
		1,45	2,591±0,046		2,591±0,046
		1,48	2,518±0,045		2,518±0,045
		1,51	2,470±0,044		2,470±0,044
		1,55	2,467±0,042		2,467±0,042
		1,58	2,576±0,044		2,576±0,044
		1,62	2,577±0,041		2,577±0,041
		1,70	2,639±0,042		2,639±0,042
		1,78	2,552±0,041		2,552±0,041
		1,82	2,589±0,041		2,589±0,041
		1,87	2,586±0,041		2,586±0,041
		1,92	2,543±0,041		2,543±0,041
		1,97	2,621±0,039		2,621±0,039
		2,02	2,591±0,039		2,591±0,039
		2,07	2,587±0,041		2,587±0,041
		2,13	2,612±0,039		2,612±0,039
		2,18	2,610±0,039		2,610±0,039
		2,24	2,618±0,042		2,618±0,042
		2,31	2,653±0,042		2,653±0,042
		2,37	2,679±0,043		2,679±0,043
		2,44	2,708±0,043		2,708±0,043
		2,51	2,652±0,042		2,652±0,042
		2,59	2,609±0,044		2,609±0,044
		2,66	2,630±0,045		2,630±0,045
		2,74	2,613±0,044		2,613±0,044
		2,83	2,661±0,045		2,661±0,045
		2,92	2,644±0,047		2,644±0,047
		3,11	2,689±0,048		2,689±0,048
		3,21	2,721±0,049		2,721±0,049
		3,32	2,721±0,049		2,721±0,049
		3,43	2,812±0,053		2,812±0,053
		3,55	2,778±0,053		2,778±0,053
		3,68	2,819±0,056		2,819±0,056
		3,80	2,860±0,057		2,860±0,057
		3,94	2,886±0,058		2,886±0,058
		4,09	2,911±0,061		2,911±0,061
		4,24	2,876±0,058		2,876±0,058
		4,50	2,981±0,057		2,981±0,057
		4,86	3,023±0,057		3,023±0,057
		5,39	3,025±0,080		3,025±0,080
		5,62	3,186±0,092		3,186±0,092
		5,87	3,184±0,092		3,184±0,092
Nurpeisov B. et al. [148]	1974	1,200±0,060	0,6776±0,0096	$\bar{\nu}_p^{sp}(^{252}Cf)=1$	2,545±0,036
		1,300±0,066	0,6624±0,0096		2,450±0,036
		1,400±0,061	0,6606±0,0083		2,481±0,031
		1,500±0,069	0,6745±0,0043		2,533±0,016
		1,600±0,060	0,6808±0,0048		2,557±0,018
		1,700±0,057	0,6804±0,0043		2,555±0,016
		1,800±0,060	0,6899±0,0056		2,591±0,021
		1,900±0,064	0,6948±0,0051		2,610±0,019
		2,000±0,063	0,6924±0,0065		2,601±0,024
		2,100±0,053	0,6988±0,0053		2,625±0,020
		2,200±0,055	0,6938±0,0065		2,606±0,021
		2,300±0,050	0,7025±0,0051		2,639±0,019
		2,400±0,051	0,7059±0,0048		2,651±0,018
		2,500±0,048	0,7060±0,0059		2,652±0,022
		2,600±0,046	0,7178±0,0051		2,696±0,019
		2,700±0,047	0,7187±0,0048		2,699±0,018

Table 8.11 contd.

Reference	Year	Energy, MeV	$\bar{\nu}$ measured	Standard used	$\bar{\nu}_p$ re-normalised
Nurpeisov B. et al. [148]	1974	2,900±0,059 3,100±0,057 3,300±0,055 3,780±0,25 4,17±0,20 4,61±0,16 4,89±0,14	0,7289±0,0053 0,7365±0,0045 0,7387±0,0059 0,7530±0,0070 0,7776±0,0068 0,7944±0,0078 0,8154±0,0098	$\bar{\nu}_p^{sp}(^{252}Cf)=1$	2,738±0,020 2,766±0,017 2,774±0,022 2,828±0,026 2,921±0,026 2,984±0,029 3,063±0,037

*Ref [102] gives only the statistical error.

Table 8.12

Mean number of prompt neutrons from ^{237}Np fission by neutrons with energies up to 2,5 MeV.

Reference	Year	Energy, MeV	$\bar{\nu}$ measured	Standard used	$\bar{\nu}_p$ re-normalised
Hansen [104]	1958	1,4 1,67	2,81±0,09 2,90±0,04	— $\bar{\nu}^{th}(^{235}U)=2,47$	— —
Kuz'minov B.D. et al. [105]	1958	2,5	2,72±0,15	$\bar{\nu}^{th}(^{235}U)=2,47$	2,64±0,15
Lebedev V.I. & Kalashnikova V.I. [106]	1961	Fission spectrum	2.96±0,05	—	2,80±0,05

Table 8.13

Mean number of prompt neutrons from ^{239}Pu fission by neutrons with energies up to 1,5 MeV.

Reference	Year	Energy, MeV	$\bar{\nu}$ measured	Standard used	$\bar{\nu}_p$ re-normalised
Diven et al. [19]	1956	0,080	3,048±0,079	$\bar{\nu}_p^{th}(^{235}U)=2,46$	2,982±0,078
Allen et al. [92]	1956	0,5 1,0	1,3±0,2 1,3±0,2	$\bar{\nu}^{th}(^{235}U)=1$	3,156±0,48 3,156±0,48
Hopkins & Diven [22]	1963	0,250±0,050 0,420±0,110 0,610±0,070 0,900±0,080	2,931±0,039 2,957±0,046 2,904±0,041 3,004±0,041	$\bar{\nu}_p^{sp}(^{252}Cf)=3,771$	2,920±0,039 2,946±0,046 2,893±0,041 2,993±0,041
Mather et al. [49]	1965	0,990±0,185	3,103±0,036	$\bar{\nu}_p^{sp}(^{252}Cf)=3,782$	3,082±0,053
Soleilhac et al. [86]	1970	0,21±0,01 0,23±0,01 0,25±0,01 0,27±0,01 0,29±0,01 0,31±0,01 0,33±0,01 0,35±0,01 0,37±0,01 0,39±0,01 0,41±0,01 0,43±0,01 0,45±0,01 0,47±0,01 0,49±0,01 0,51±0,01 0,53±0,01	2,8969±0,0941 2,9185±0,0588 2,8587±0,0493 2,8883±0,0420 2,8795±0,0359 2,9307±0,0324 2,9576±0,0306 2,9467±0,0300 2,9367±0,0295 2,9592±0,0270 2,9345±0,0275 2,9641±0,0249 2,9366±0,0228 2,9577±0,0220 2,9202±0,0193 2,9683±0,0176 2,9281±0,0173	$\bar{\nu}_p^{sp}(^{252}Cf)=3,782$	2,8778±0,0935 2,8992±0,0584 2,8349±0,0490 2,8692±0,0417 2,8605±0,0358 2,9113±0,0324 2,9381±0,0304 2,9272±0,0300 2,9173±0,0294 2,9397±0,0269 2,9151±0,0274 2,9445±0,0247 2,9172±0,0226 2,9382±0,0219 2,9039±0,0193 2,9487±0,0175 2,9088±0,0172

Table 8.13 contd.

Reference	Year	Energy, MeV	$\bar{\nu}$ measured	Standard used	$\bar{\nu}_p$ re-normalised
Soleilhac et al. [86]	1970	0,55±0,01	2,9600±0,0169	$\bar{\nu}_p^{sp}(^{252}Cf)=3,782$	2,9405±0,0168
		0,57±0,01	2,9605±0,0164		2,9410±0,0164
		0,59±0,01	2,9358±0,0178		2,9164±0,0177
		0,61±0,01	2,9702±0,0162		2,9506±0,0161
		0,63±0,01	2,9686±0,0181		2,9490±0,0180
		0,65±0,01	2,9562±0,0184		2,9367±0,0183
		0,67±0,01	2,9719±0,0190		2,9523±0,0189
		0,69±0,01	2,9781±0,0189		2,9584±0,0188
		0,725±0,025	2,9712±0,0145		2,9516±0,0145
		0,775±0,025	2,9912±0,0153		2,9714±0,0152
		0,825±0,025	2,9674±0,0180		2,9478±0,0179
		0,875±0,025	3,0035±0,0176		2,9837±0,0175
		0,925±0,025	2,9858±0,0209		2,9661±0,0208
		0,975±0,025	2,9885±0,0206		2,9688±0,0205
		1,025±0,025	3,0177±0,0263		2,9978±0,0261
		1,075±0,025	3,0457±0,0307		3,0276±0,0305
		1,125±0,025	3,0614±0,0288		3,0412±0,0286
		1,175±0,025	3,0310±0,0343		3,0100±0,0341
		1,225±0,025	3,0835±0,0406		3,0631±0,0404
		1,275±0,025	3,1027±0,0381		3,0822±0,0380
		1,325±0,025	3,1439±0,0473		3,1231±0,0471
		1,375±0,025	3,0446±0,0421		3,0245±0,0420
		1,36±0,165	3,0708±0,0190		3,0505±0,0180
Mather et al. [93]	1970	0,0775±0,0375	0,7650±0,0072	$\bar{\nu}_p^{sp}(^{252}Cf)=1$	2,874±0,027
		0,200±0,085	0,7754±0,0077		2,913±0,029
		0,350±0,050	0,7738±0,0073		2,906±0,027
		0,450±0,050	0,7933±0,0077		2,980±0,029
		0,550±0,050	0,7964±0,0075		2,992±0,028
		0,650±0,050	0,8023±0,0076		3,014±0,028
		0,750±0,050	0,7795±0,0073		2,929±0,027
		0,850±0,050	0,7969±0,0078		2,994±0,029
		0,950±0,050	0,8046±0,0074		3,023±0,028
		1,050±0,050	0,8070±0,0075		3,032±0,028
		1,150±0,050	0,8134±0,0075		3,056±0,028
		0,550±0,025	0,7889±0,0101	$\bar{\nu}_p^{sp}(^{252}Cf)=1$	2,964±0,038
		0,600±0,025	0,7715±0,0102		2,898±0,038
		0,650±0,025	0,8158±0,0120		3,065±0,045
		0,700±0,025	0,8114±0,0110		3,048±0,038
		0,750±0,025	0,7917±0,0122		2,974±0,046
		0,800±0,025	0,7928±0,0108		2,978±0,041
		0,850±0,025	0,7874±0,0106		2,958±0,040
Savin M.V. et al. [87]	1970	0,89	3,026±0,070	$\bar{\nu}_p^{sp}(^{252}Cf)=3,772$	3,013±0,070
		0,96	3,005±0,060		2,992±0,060
		0,99	3,011±0,060		2,998±0,060
		1,03	3,049±0,046		3,036±0,046
		1,07	3,009±0,046		2,996±0,046
		1,10	3,053±0,046		3,040±0,046
		1,14	3,089±0,047		3,076±0,047
		1,17	3,066±0,046		3,053±0,046
		1,22	3,061±0,046		3,048±0,046
		1,26	2,984±0,045		2,971±0,045
		1,30	3,021±0,045		3,008±0,045
		1,34	3,129±0,047		3,116±0,047
		1,39	3,118±0,047		3,105±0,047
		1,49	3,138±0,047		3,125±0,047
		1,54	3,165±0,047		3,151±0,047
Volodin K.E. et al. [137]*	1972	0,00	0,7679±0,0040	$\bar{\nu}_p^{sp}(^{252}Cf)=1$	2,884±0,015
		0,08	0,7689±0,0069		2,888±0,026
		0,400±0,057	0,7759±0,0045		2,914±0,017
		0,550±0,058	0,7867±0,0077		2,955±0,029
		0,700±0,058	0,7884±0,0060		2,961±0,023
		0,800±0,049	0,7964±0,0064		2,991±0,024
		0,900±0,045	0,7925±0,0053		2,997±0,020

Table 8.13 contd.

Reference	Year	Energy, MeV	$\bar{\nu}$ measured	Standard used	$\bar{\nu}_p$ re-normalised
Volodin K.E. et al. [137]	1972	$1,000\pm0,043$	$0,8026\pm0,0077$	$\bar{\nu}_p^{sp}(^{252}Cf)=1$	$3,015\pm0,029$
		$1,100\pm0,035$	$0,8097\pm0,0050$		$3,041\pm0,019$
		$1,150\pm0,035$	$0,8036\pm0,0061$		$3,018\pm0,023$
		$1,200\pm0,035$	$0,7989\pm0,0054$		$3,001\pm0,020$
		$1,250\pm0,035$	$0,8396\pm0,0054$		$3,120\pm0,020$
		$1,300\pm0,043$	$0,8213\pm0,0077$		$3,085\pm0,029$
		$1,400\pm0,042$	$0,8297\pm0,0075$		$3,116\pm0,028$
		$1,500\pm0,042$	$0,8297\pm0,0077$		$3,116\pm0,029$
		$1,600\pm0,042$	$0,8302\pm0,0088$		$3,118\pm0,033$
		$0,08$	$0,9923\pm0,0068$	$\bar{\nu}(E_n)/\bar{\nu}(0,400\text{MeV})=1$	$2,892\pm0,028$
		$0,200\pm0,035$	$0,9932\pm0,0067$	$\bar{\nu}(400\text{ MeV})=2,914$	$2,894\pm0,028$
		$0,300\pm0,033$	$0,9971\pm0,0046$		$2,906\pm0,024$
		$0,400\pm0,032$	$1,000$		$2,914\pm0,017$
		$0,500\pm0,031$	$1,0105\pm0,0058$		$2,945\pm0,026$
		$0,600\pm0,030$	$1,0085\pm0,0050$		$2,939\pm0,025$
		$0,700\pm0,029$	$1,0199\pm0,0055$		$2,972\pm0,026$
Boldeman & Walsh [88, 147]	1972 1974	$0,200\pm0,025$	$2,849\pm0,013$	$\bar{\nu}_p^{sp}(^{252}Cf)=3,724$	$2,873\pm0,013$
		$0,350\pm0,052$	$2,869\pm0,017$		$2,894\pm0,017$
		$0,550\pm0,036$	$2,893\pm0,017$		$2,918\pm0,017$
		$0,700\pm0,036$	$2,915\pm0,017$		$2,940\pm0,017$
		$0,900\pm0,048$	$2,938\pm0,014$		$2,963\pm0,014$
		$1,300\pm0,050$	$2,976\pm0,020$		$3,001\pm0,020$
		$1,600\pm0,050$	$3,029\pm0,021$		$3,055\pm0,021$
		$1,900\pm0,050$	$3,102\pm0,019$		$3,129\pm0,019$

Note: Preliminary date in [129].

Table 8.14

Mean number of prompt neutrons from ^{239}Pu fission by neutrons with energies above 1 MeV.

Reference	Year	Energy, MeV	$\bar{\nu}$ measured	Standard used	$\bar{\nu}_p$ re-normalise
Graves [111]	1954	$4,0$	$3,36\pm0,11$	—	—
		$14,0$	$4,62\pm0,15$	—	—
Bethe et al. [94]	1955	$1,75$	$3,01\pm0,15$	—	$3,01\pm0,015$
Johnstone [18]	1956	$14,1$	$4,85\pm0,50$	$\bar{\nu}_p^{sp}(^{252}Cf)=3,782$	$4,85\pm0,50$
		$4,25$	$3,66\pm0,40$	—	$3,66\pm0,40$
Smirenkin et al. [66]	1958	$4\pm0,3$	$3,43\pm0,11$	$\bar{\nu}_p^{th}(^{239}Pu)=2,91$	$3,38\pm0,11$
		$15\pm0,5$	$4,71\pm0,20$		$4,64\pm0,20$
Flerov N.N. & Talyzin V.M. [96]	1961	14	$4,62\pm0,28$		$4,62\pm0,28$
Leroy [8]	1960	$14,2$	$4,75\pm0,4$	$\bar{\nu}_p^{th}(^{235}U)=2,47$	$4,63\pm0,39$
Hopkins & Diven [22]	1963	$3,90\pm0,29$	$3,422\pm0,039$	$\bar{\nu}_p^{sp}(^{252}Cf)=3,771$	$3,409\pm0,039$
		$14,5\pm1,0$	$4,942\pm0,119$		$4,924\pm0,119$
Mather et al. [49]	1965	$1,99\pm0,135$	$3,170\pm0,040$	$\bar{\nu}_p^{sp}(^{252}Cf)=3,782$	$3,149\pm0,040$
		$3,00\pm0,105$	$3,243\pm0,49$		$3,221\pm0,049$
		$4,02\pm0,095$	$3,325\pm0,050$		$3,303\pm0,050$
Conde et al. [98]	1968	$4,22\pm0,02$	$3,47\pm0,07$	$\bar{\nu}_p^{sp}(^{252}Cf)=3,764$	$3,46\pm0,07$
		$5,91\pm0,12$	$3,74\pm0,07$		$3,73\pm0,07$
		$6,77\pm0,10$	$3,94\pm0,10$		$3,93\pm0,10$
		$7,51\pm0,09$	$3,97\pm0,06$		$3,96\pm0,06$
		$14,8\pm0,20$	$4,98\pm0,09$		$4,97\pm0,09$
Soleilhac et al. [86, 90]	1969 1970	$1,36\pm0,165$	$3,071\pm0,018$	$\bar{\nu}_p^{sp}(^{252}Cf)=3,782$	$3,051\pm0,018$
		$1,87\pm0,150$	$3,152\pm0,021$		$3,131\pm0,020$
		$2,45\pm0,125$	$3,222\pm0,022$		$3,201\pm0,021$
		$2,98\pm0,105$	$3,311\pm0,016$		$3,289\pm0,016$
		$3,50\pm0,100$	$3,372\pm0,02z$		$3,350\pm0,021$

Table 8.14 contd.

Reference	Year	Energy, MeV	$\bar{\nu}$ measured	Standard used	$\bar{\nu}_p$ re-normalised
Soleilhac et al. [90]	1969	4,03±0,090	3,467±0,017	$\bar{\nu}_p^{sp}(^{252}Cf)=3,782$	3,444±0,017
		4,54±0,080	3,562±0,022		3,538±0,021
		5,06±0,070	3,628±0,017		3,604±0,017
		5,57±0,070	3,688±0,027		3,664±0,026
		6,08±0,075	3,791±0,028		3,766±0,027
		6,97±0,170	3,937±0,022		3,911±0,021
		7,09±0,165	3,970±0,029		3,944±0,028
		7,48±0,165	3,998±0,018		3,972±0,018
		7,99±0,145	4,090±0,018		4,063±0,018
		8,49±0,130	4,176±0,020		4,148±0,020
		9,00±0,120	4,249±0,020		4,221±0,020
		9,49±0,110	4,324±0,023		4,298±0,022
		9,74±0,110	4,334±0,021		4,305±0,021
		9,98±0,100	4,421±0,016		4,391±0,016
		10,47±0,095	4,462±0,022		4,432±0,021
		10,96±0,090	4,542±0,021		4,512±0,020
		11,44±0,085	4,620±0,023		4,589±0,022
		11,93±0,080	4,683±0,023		4,652±0,022
		12,41±0,080	4,697±0,024		4,666±0,023
		12,88±0,080	4,804±0,025		4,772±0,024
		13,36±0,075	4,859±0,026		4,827±0,025
		13,84±0,075	4,939±0,025		4,906±0,024
		14,31±0,070	4,997±0,029		4,964±0,028
		14,79±0,070	5,048±0,027		5,015±0,026
		22,79±0,140	6,026±0,077		5,986±0,075
		23,94±0,115	6,127±0,064		6,086±0,062
		25,05±0,105	6,170±0,086		6,129±0,084
		26,15±0,090	6,296±0,056		6,254±0,054
		27,22±0,080	6,457±0,076		6,414±0,074
		28,28±0,075	6,513±0,104		6,470±0,101
Savin et al. [87]		1,60	3,135±0,045	$\bar{\nu}_p^{sp}(^{252}Cf)=3,772$	3,122±0,045
		1,66	3,100±0,045		3,087±0,045
		1,72	3,142±0,047		3,129±0,047
		1,78	3,203±0,048		3,189±0,048
		1,85	3,217±0,048		3,203±0,048
		1,91	3,220±0,048		3,206±0,048
		1,97	3,243±0,048		3,229±0,048
		2,05	3,163±0,047		3,149±0,047
		2,14	3,176±0,047		3,162±0,047
		2,23	3,230±0,048		3,216±0,048
		2,36	3,227±0,048		3,213±0,048
		2,49	3,310±0,049		3,296±0,049
		2,59	3,304±0,049		3,290±0,049
		2,67	3,338±0,057		3,324±0,057
		2,79	3,320±0,056		3,306±0,056
		3,01	3,364±0,057		3,350±0,057
		3,21	3,415±0,061		3,400±0,061
		3,34	3,395±0,061		3,381±0,061
		3,52	3,387±0,061		3,373±0,061
		3,72	3,379±0,067		3,365±0,067
		3,94	3,439±0,075		3,424±0,075
		4,05	3,579±0,078		3,564±0,078
		4,23	3,558±0,089		3,543±0,089
		4,35	3,551±0,089		3,536±0,089
		4,49	3,661±0,091		3,645±0,091
		4,70	3,684±0,110		3,668±0,109

Table 8.14 contd.

Reference	Year	Energy, MeV	$\bar{\nu}$ measured	Standard used	$\bar{\nu}_p$ re-normalised
Nurpeisov B. et al. [148]	1974	0,00	0,7680±0,0036	$\bar{\nu}_p^{sp}(^{252}Cf)=1$	2,884±0,014
		0,700±0,055	0,7905±0,0096		2,969±0,036
		0,900±0,059	0,7890±0,0059		2,963±0,022
		1,000±0,064	0,7907±0,0080		2,970±0,030
		1,200±0,060	0,8004±0,0071		3,006±0,027
		1,300±0,066	0,8116±0,0051		3,048±0,019
		1,400±0,061	0,8159±0,0048		3,065±0,018
		1,500±0,069	0,8142±0,0056		3,058±0,021
		1,600±0,060	0,8215±0,0053		3,085±0,020
		1,700±0,057	0,8315±0,0052		3,123±0,020
		1,800±0,060	0,8428±0,0073		3,165±0,028
		1,900±0,064	0,8376±0,0053		3,146±0,020
		2,000±0,063	0,8438±0,0075		3,169±0,028
		2,100±0,053	0,8425±0,0057		3,165±0,021
		2,200±0,055	0,8451±0,0066		3,174±0,025
		2,300±0,050	0,8489±0,0065		3,188±0,024
		2,400±0,051	0,8439±0,0052		3,170±0,023
		2,500±0,048	0,8610±0,0054		3,234±0,025
		2,600±0,046	0,8618±0,0056		3,237±0,025
		2,700±0,047	0,8790±0,0057		3,302±0,021
		2,900±0,059	0,8808±0,0068		3,308±0,025
		3,100±0,057	0,8899±0,0068		3,342±0,026
		3,300±0,055	0,8865±0,0069		3,330±0,026
		3,780±0,25	0,9137±0,0100		3,432±0,038
		4,17±0,20	0,9314±0,0100		3,498±0,038
		4,61±0,16	0,9643±0,0110		3,622±0,040
		4,89±0,14	0,9694±0,0110		3,641±0,040

Table 8.15
Mean number of prompt neutrons from ^{240}Pu fission by neutrons with energies up to 15 MeV

Reference	Year	Energy, MeV	$\bar{\nu}$ measured	Standard used	$\bar{\nu}_p$ re-normalised
Kuzminov B.D. [99]	1962	3,69	3,25±0,15	$\bar{\nu}_p^{th}(^{239}Pu)=2,90$	3,22±0,14
		15,0	4,4±0,2		4,36±0,20
De Vroey et al. [100]	1966	0,1	2,89±0,19	$\bar{\nu}_p^{th}(^{235}U)=2,414$	2,88±0,19
		1,0	2,55±0,35		2,54±0,35
		1,6	3,26±0,12		3,05±0,12
Savin et al. [87]	1970	1,08	3,138±0,156	$\bar{\nu}_p^{sp}(^{252}Cf)=3,772$	3,125±0,155
		1,15	3,221±0,161		3,207±0,160
		1,23	3,018±0,120		3,005±0,129
		1,31	3,038±0,106		3,025±0,105
		1,39	3,037±0,106		3,024±0,105
		1,46	3,051±0,112		3,038±0,111
		1,54	3,192±0,102		3,178±0,101
		1,62	3,260±0,097		3,246±0,096
		1,71	3,170±0,095		3,156±0,095
		1,81	3,264±0,091		3,250±0,091
		1,92	3,238±0,090		3,224±0,089
		2,02	3,175±0,104		3,161±0,103
		2,15	3,151±0,104		3,138±0,103
		2,29	3,280±0,114		3,266±0,113
		2,39	3,262±0,114		3,248±0,113
		2,50	3,435±0,127		3,420±0,126
		2,62	3,367±0,134		3,353±0,133
		2,74	3,327±0,133		3,313±0,132
		2,88	3,450±0,138		3,435±0,137
		3,02	3,423±0,143		3,408±0,142
		3,18	3,484±0,156		3,469±0,155
		3,53	3,501±0,157		3,486±0,156

Table 8.15 contd.

Reference	Year	Energy, MeV	$\bar{\nu}$ measured	Standard used	$\bar{\nu}_p$ re-normalised
Savin et al. [87]	1970	3,73	3,406±0,170	$\bar{\nu}_p^{sp}(^{252}Cf)=3,772$	3,391±0,169
		3,94	3,507±0,200		3,492±0,199
Frehaut et al. [119]	1973	1,87	3,115±0,055	$\bar{\nu}_p^{sp}(^{252}Cf)=3,782$	3,093±0,055
		2,45	3,204±0,051		3,182±0,051
		2,98	3,325±0,045		3,302±0,045
		3,50	3,325±0,051		3,302±0,051
		4,03	3,400±0,055		3,377±0,055
		4,54	3,575±0,075		3,550±0,075
		5,06	3,594±0,071		3,569±0,071
		5,81	3,710±0,059		3,684±0,059
		6,97	3,906±0,041		3,879±0,041
		7,48	3,966±0,051		3,939±0,051
		7,99	4,083±0,045		4,055±0,045
		8,49	4,112±0,041		4,084±0,041
		9,00	4,209±0,035		4,180±0,035
		9,49	4,269±0,042		4,240±0,042
		9,98	4,356±0,040		4,326±0,040
		10,47	4,455±0,053		4,424±0,053
		10,96	4,471±0,054		4,440±0,054
		11,44	4,570±0,040		4,538±0,040
		11,93	4,656±0,067		4,624±0,067
		12,88	4,815±0,068		4,782±0,068
		13,84	4,913±0,065		4,879±0,065
		14,79	5,154±0,122		5,118±0,122

Table 8.16

Mean number of prompt neutrons from ^{241}Pu fission by neutrons with energies up to 15 MeV.

Reference	Year	Energy, MeV	$\bar{\nu}$ measured	Standard used	$\bar{\nu}_p$ re-normalised
Conde et al. [98]	1968	0,52±0,02	2,89±0,11	$\bar{\nu}_p^{sp}(^{252}Cf)=3,764$	2,88±0,11
		2,71±0,02	3,37±0,11		3,36±0,11
		4,19±0,02	3,50±0,10		3,49±0,10
		5,88±0,12	3,84±0,12		3,83±0,12
		14,8±0,2	5,02±0,14		5,01±0,14
D'yachenko N.P. et al. [110]	1974	0,28	2,975±0,015	$\bar{\nu}_p^{th}(^{241}Pu)=2,921$	
		0,40	2,974±0,015		
		0,55	3,008±0,017		
		0,70	3,031±0,022		
		0,85	3,031±0,022		
		1,00	3,047±0,026		
		1,33	3,092±0,032		
		1,54	3,126±0,038		
		1,74	3,139±0,040		
		1,94	3,195±0,048		
		2,15	3,201±0,050		
		2,36	3,250±0,056		
		2,56	3,250±0,056		
		2,74	3,305±0,065		
		5,00	3,660±0,115		

Table 8.17

Energy dependence $\bar{\nu}_p$ (En) for isotopes of thorium, uranium and plutonium
[108, and also 119, 2]

Nucleus	$\bar{\nu}_p(E_n)$	Energy interval, MeV
^{232}Th	$\bar{\nu}(E_n) = 3,653 - 1,00E$	From threshold to 1,57
^{232}U	$1,847 + 0,1515E$	1,57—15
	$2,480 - 0,1922E$	0—0,262
	$2,395 - 0,1321E$	0,262—15
^{234}U	$2,352 + 0,1349E$	0—~5
^{235}U	$2,409 + 0,1077E$	0,50—3,50
	$2,267 + 0,1488E$	3,50—5,06
	$2,012 + 0,1992E$	5,06—7,56
	$2,491 + 0,1358E$	7,56—11,50
	$2,477 + 0,1365E$	11,50—15,00
^{236}U	$2,201 + 0,1624E$	<7
	$2,3162 + 0,13082E$ [2]	
^{238}U	$2,230 + 0,1596E$	1,0—5,0
	$2,226 + 0,1642E$	5,0—7,0
	$2,306 + 0,1505E$	7,0—12,0
	$2,458 + 0,1385E$	12,0—15,0
	$2,63961 - 0,205970E + 0,1235899E^2-$	<15
	$-0,0819574E^3 + 0,1197617(10^{-2})E^4-$	
	$-0,290563(10^{-4})E^5$ [2]	
^{239}Pu	$2,835 + 0,1506E$	1,50—5,00
	$2,816 + 0,1560E$	5,00—7,50
	$2,666 + 0,1495E$	7,50—11,50
	$2,954 + 0,1398E$	11,50—15,00
	$2,86356 + 0,122715E + 0,0202206E^2-$	<15
	$-0,00390644E^3 + 0,0298367(10^{-3})E^4-$	
	$-0,807965(10^{-5})E^5$ [2]	
^{240}Pu	$2,81 + 0,186E$	
	$2,8610 + 0,14667E$ [2]	0—~6,5
	$2,8243 \pm 0,1537E$ [119]	
^{241}Pu	$2,781 + 0,1771E$	0—~5,5
	$2,9203 + 0,1431E$	

REFERENCES FOR §8.3

1. Konshin V. A., Manero F. Rep. INDC (NDS)-19/N, June 1970.
2. Manero F., Konshin V. A.—*Atomic Energy Review*, 1972, v. 10, No. 4, p. 657.
2a. Konshin V. A., Yaderno-fizicheskie konstanty dlya transplutonievykh elementov. Paper IAEA-71, June 1971.
3. *Atomic Energy Rev.*, 1969, v. 7, No. 4, p. 3. Auth.: G. C. Hanna, C. H. Westcott, et al.
4. Barclay F. R., Galbraith W., Whitehouse W. S.—*Proc. Phys. Soc. (Lond.)*, 1952, v. A65, p. 73; AERE-N/R 831, 1951.
5. *Phys. Rev.*, 1967, v. 161, p. 1192. Auth.: H. R. Von Gunten et al.
6. Conde H., Holmberg M. EANDC(OR)-105 *AL*, 1970; *J. Nucl. Energy*, 1971, v. 25, p. 331.
7. *Zhurn. eksperim. i teor fiz.*, 1959, v. 37, p. 406. Auth.: B. D. Kuz'minov et al.
8. Leroy J.—*J. phys. et radium*, 1960, v. 21, p. 45.
9. Asplund-Nilsson I., Conde H., Starfelt N.—*Nucl. Sci. Engng*, 1963, v. 15, p. 213.
10. Crane W. W. T., Higgins G. H., Bowman H. R.—*Phys. Rev.*, 1956, v. 101, p. 1804.
11. Hicks D. A., Ise J., Pyle R. V.—*Phys. Rev.*, 1956, v. 101, p. 1006.
12. Segré E. LA-491, 1946.
13. Carter W. W. LA-1582, 1953.
14. Martin M. C., Terrell J., Diven B. C. LASL-P-3-76, 1954.

15. Sanders J. E. AERE RP/R 1655, 1955.
16. Unpublished value, quoted by J. E. Hammel, J. F. Kephart.—*Phys. Rev.*, 1956, v. 101, p. 1012. Auth.: Carter, Haddad, Hand, Smith.
17. AEC-tr-2435, 1956, p. 13. Auth.: V. I. Kalashnikova et al.
18. Johnstone I. AERE-NP/R-1912, 1956.
19. *Phys. Rev.*, 1956, v. 101, p. 1012. Auth.: B. C. Diven, H. C. Martin, R. F. Taschek, J. Terrell.
20. Moat A., Mather D. S., McTaggart M. H.—*J. Nucl. Energy*, 1961, v. 15, p. 102.
21. Diven B. C., Hopkins J. C. Physics of Fast and Intermediate Reactors. (Proc. Seminar Vienna, 1961). Vienna, IAEA, v. 1, p. 149, 1962.
22. Hopkins J. C., Diven B. C.—*Nucl. Phys.*, 1963, v. 48, p. 433.
23. Colvin D. W., Sowerby M. C. 1963, EANDC (UK)-30 U;
Proc. of the IAEA Symposium of Physics and Chemistry of Fission, 1965, v. 2, p. 25.
24. Proc. of the Confer. on Nuclear Data for Reactors. 1966, v. 2, p. 57. Auth.: E. Baron, J. Frehaut, F. Ouvry, H. Soleilhac.
25. Boldeman J. W.—*J. Nucl. Energy*, 1968, v. 22, p. 63.
26. Prokhorova L. I., Smirenkin G. N., Turchin Yu. M. *Atomnaya energiya*, 1968, v. 25, p. 530.
27. Orth C. J.—*Nucl. Sci. Engng*, 1971, v. 43, p. 54.
28. Jaffey A. H., Lerner T. L.—*Nucl. Phys.*, 1970, v. A145, p. 1; ANL-762, 1969.
29. Hicks D. A., Ise J., Pyle R. V.—*Phys. Rev.*, 1955, v. 98, p. 1521.
30. *Atomnaya energiya*, 1964, v. 17, p. 28. Auth.: V. I. Bol'shov et al.
31. Nuclear Data for Reactors. Vienna, IAEA. V. 2, 1970, p. 183. Auth.: Y. S. Zamyatnin, N. I. Kroshkin et al., *Atomnaya energiya*, 1970, v. 29, p. 95.
32. Thompson M. C.—*Phys. Rev.*, 1970, v. C2, p. 763.
33. Pyle R. V. The Multiplicaties of Neutrons from Spontaneous Fission. (Paper Bondarenko I. I. et al.; 2nd Geneva Conf., 1958, v. 15, p. 353).
34. *Phys. Rev.*, 1956, v. 102, p. 766. Auth.: G. R. Choppin et al.
35. Asplund-Nilsson I., Conde H., Starfelt N.—*Nucl. Sci. Engng*, 1963, v. 16, p. 124.
36. Colvin D. W., Sowerby M. G. Nuclear Data for Reactors. Vienna, IAEA. V. 1, 1967, p. 307.
37. White P. H., Axton E. J.—*J. Nucl. Energy*, 1968, v. 22, p. 73.
38. Axton E. J., Bardell A. G., Audric B. N. EANDC(UK)-110, 1969, p. 70.
39. De Volpi A., Porges K. G. Nuclear Data for Reactors. Vienna, IAEA. V. I, 1967, p. 297.
40. *J. Nucl. Energy*, 1966, v. A/B 20, p. 549. Auth.: P. Fieldhouse et al.
41. Lebedev V. I., Kalashnikova V. I.—*Atomnaya energiya*, 1958, v. 5, p. 176.
42. Neutron Cross Sections. V. III, BNL-325, Second Ed., Suppl. No. 2, 1965. Auth.: J. R. Stehn, M. D. Goldberg, R. Wiener-Chasman, S. F. Mughabghab, B. A. Magurno, V. M. May.
43. Jaffey A. H., Lerner J. ANL-6600, 1961, p. 124. See also data given in [1].
44. Segre E.—*Phys. Rev.*, 1952, v. 86, p. 21.
45. Sessiya AN SSSR po mirnomu ispol'zovaniyu atomnoi energii. 1–5 July 1955. Zasedanie otd fiz.-mat.nauk. Moscow, Izd-vo AN SSSR, 1955, p. 166. Auth.: V. I. Kalashnikova et al.
46. Ibid. p. 156. Auth.: V. I. Kalashnikova et al.
47. Sanders J. E.—*J. Nucl. Energy*, 1956, v. 2, p. 247.
48. De Saussure G., Silver E. G.—*Nucl. Sci. Engng*, 1959, v. 5, p. 49.
49. Mather D. C., Fieldhouse P., Moat A.—*Nucl. Phys.*, 1965, v. 66, p. 149.
50. Boldeman J. W., Dalton A. W. AAEC/E 172, 1967; *Nucl. News*, 1967, v. 10, p. 27.
51. *Phys. Rev.*, 1966, v. 162, p. 1046; UCRL-14962, 1966. Auth.: S. C. Fultz et al.
52. Evans J. E., Flunharty R. G.—*Nucl. Sci. Engng*, 1960, v. 8, p. 66.
53. Snyder T. M., Williams R. W. LA-102, 1944. Data given in [42].
54. Kenward C. J., Richmond R., Sanders J. E. AERE R/R 2212 (Rev.), 1958. Data given in [42].
55. Meadows J. W., Whalen J. F.—*Phys. Rev.*, 1962, v. 126, p. 197.
56. Mather D. S., Fieldhouse P., Moat A.—*Phys. Rev.*, 1964, v. 133, p. B1403.
57. Conde H.—*Arkiv fys.*, 1965, Bd 29, S. 293; Conde H., Holmberg M. Phys. and Chem. of Fission. Vienna, IAEA, v. 11, 1965, p. 57.
58. De Volpi A., Porges K. G. Data given in [3] p. 75.
59. DeWire J. W., Wilson R. R., Woodward W. M. LA-104, 1944. Data given in [42].
60. KAPL-1464, 1955. Data given in [42]. Auth.: D. E. McMillan, M. E. Jones, J. B. Sampson, E. R. Gaertner, T. M. Snyder.
61. Jacob M. CEA-652, 1958. Data given in [42].
62. Mather D. S., Fieldhouse P., Moat A.—*Nucl. Phys.*, 1965, v. 66, No. 1, p. 149.
63. Fillmore F. L.—*J. Nucl. Energy*, 1968, v. 22, p. 79.
64. Jaffey A. H., Hibson C. T., Sjoblom R.—*J. Nucl. Energy*, 1959, v. 11, p. 21.

65. Jaffey A. H., Lerner J. L. ANL-7625, 1969. Data given in [3].
66. *Atomnaya energiya*, 1958, v. 4, p. 188. Auth.: G. N. Smirenkin et al.
67. *Atomnaya energiya*, 1957, v. 2, p. 18. Auth.: V. I. Kalashnikova et al.
68. Protopopov A. N., Blinov M. V.—*Atomnaya energiya*, 1958, v. 5, p. 71.
69. Engle L. B., Hansen C. E., Paxton H. C.—*Nucl. Sci. Engng*, 1960, v. 8, p. 543.
70. Flerov N. N., Tamanov Y. A.—*Atomnaya energiya*, 1958, v. 5, p. 564.
71. *Fizika deleniya atomnykh yader*, 1962, p. 121. Auth.: Y. A. Vasil'ev, Y. S. Zamyatnin et al.
72. Colvin D. W., Sowerby M. G. Private communication. Data given in [42].
73. Kuznetsov V. F., Smirenkin G. N.—Yaderno-fizicheskie issledovaniya, INDC/187, No. 4, 1967, p. 19.
74. Blair J. M. Unpublished, 1945; quoted by K. Parker AWRE 0-82/63, 1963
75. Terrell J., Leland W. T. Unpublished; quoted by J. J. Schmidt, KFK-120, 1966.
76. Hanna R. C. Unpublished, 1956; quoted by J. J. Schmidt, KFK-120, 1966.
77. Usachev L. N., Trubitsyn V. P., 1953; quoted in Geneva Conf. Proc. V. 15, 1958, p. 353.
78. Physics of Fast and Intermediate Reactors. Vienna, IAEA. V. 1. 1962, p. 125. Auth.: D. Butler, S. Cox et al.
79. Moat A., Mather D. S., Fieldhouse P. Physics of Fast and Intermediate Reactors. Vienna, IAEA. V. 1, 1962, p. 139.
80. Fowler J. L.—*Reactor Sci. Technology*, 1954, v. 4, p. 141.
80a. Fowler J. L. Rep. CF-55-5-69 (1957); CR-56-2=106 (1956), data given in [103].
81. *Nucl. Phys.*, 1964, v. 52, p. 648. Auth.: Y. A. Blyumkina et al.
82. Mather D. S., Fieldhouse P., Moat A.—*Phys. Rev.*, 1964, v. 133, p. B1403.
83. Meadows J. W., Whalen J. F.—*J. Nucl. Energy*, 1967, v. 21, p. 157.
84. Kuznetsov V. F., Smirenkin G. N. Proc. of the IAEA Confer. on Nuclear Data for Reactors. Paris. V. II. 1967, p. 75.
85. Nadkarni D. M., Ballal B. R. *Nuclear Phys. and Solid State Physics*, (Proc. Symp. Kampur), 1967, p. 325.
86. Rep. 69–10 D.0.0025 U. P., 1970. Auth.: M. Soleilhac, J. P. Decarsin, J. Frehaut, J. Gaurian et al.; data given in [1].
87. Nuclear Data for Reactors. Vienna, IAEA, V. II, 1970, p. 157. Auth.: M. V. Savin et al.
88. Boldeman J. W., Walsh R. L. 1972. Data given in [2].
89. Walsh R. L., Boldeman J. W.—*J. Nucl. Energy*, 1971, v. 25, p. 321.
90. Soleilhac M., Frehaut J., Gaurian J.—*J. Nucl. Energy*, 1969, v. 23, p. 257.
91. Prokhorova L. I., Smirenkin G. N., Shpak D. L. Nuclear Data for Reactors. Vienna, IAEA. V. II, 1967, p. 67.
Prokhorova L. I., Smirenkin G. N.—*Yadernaya fizika*, 1968, v. 5, p. 961.
92. *Phys. Rev.*, 1956, v. 104, p. 731. Auth.: R. C. Allen, R. B. Walton, R. B. Perkins, R. A. Olsen, R. F. Taschek.
93. Rep. AWRE 0 42/70, Feb. 1970. Auth.: D. S. Mather, P. F. Bampton, G. James, P. J. Nind. Data given in [2].
94. Bethe H. A., Beyster J. R., Carter R. E. LA-1939, 1955.
95. Schmidt J. J. Rep. KFK-120, 1966, p. 1.
96. Flerov N. N., Talyzin V. M.—*Atomnaya energiya*, 1961, v. 10, p. 68.
97. Flerov N. N., Talyzin V. M.—*Atomnaya energiya*, 1958, v. 5, p. 653.
98. Conde H., Hansen J., Holmberg M.—*J. Nucl. Energy*, 1968, v. 22, p. 63.
99. Kuz'minov B. D. In: *Neitronnaya fizika*, Moscow, Gosatomizdat, 1961, p. 246.
100. De Vroey M., Ferguson A. T. G., Starfelt N.—*J. Nucl. Energy*, 1966, v. 20, p. 191.
101. Kuz'minov B. D. In: *Neitronnaya fizika*. Moscow, Gosatomizdat, 1961, p. 246.
102. Conde H., Starfelt N.—*Nucl. Sci. Engng*, 1961, v. 11, p. 397; see also data given in [42].
103. Leachman R. B., *Proc. Second Geneva Conf.*, v. 15, p. 229, P/2467.
104. Hansen G. E. Data given by Leachman in [103].
105. Kuz'minov B. D., Kutsaeva L. S., Bondarenko I. I.—*Atomnaya energiya*, 1958, v. 4, p. 187.
106. Lebedev V. I., Kalashnikova V. I.—*Atomnaya energiya*, 1961, v. 10, p. 371.
107. *Atomnaya energiya*, 1972, v. 32, p. 408. Auth.: M. V. Sanin et al.
108. Davey W. G. Nuclear Data for Reactors. Vienna, IAEA, 1970; *Nucl. Sci. Engng*, 1971, v. 44, p. 345.
109. *Zhurn. eksperim. i teor. fiz.*, 1960, v. 38, p. 671. Auth.: Y. A. Vasil'ev et al.
110. *Atomnaya energiya*, 1974, v. 36, No. 4, p. 321. Auth.: N. P. D'yachenko et al.
111. Graves E. R., 1954, data given in Rep. ANL-5800, 2nd ed. (1958).
112. Asplund-Nilsson I., Conde H., Starfelt N.—*Nucl. Sci. Engng*, 1964, v. 20, p. 527.

113. Savin M. V., Khokhlov Y. A., Ludin V. N. In: *Neitronnaya fizika*, Materialy 2nd Vsesoyuznaya konferentsiya po neitronnoi fizike. Kiev, 28 May-1 June 1973. Obninsk, 1974, No. 4, p. 63.
114. Zhuravlev K. D., Zamyatnin Y. S., Kroshkin N. I.–Ibid., p. 57.
115. Ibid. p. 76. Auth.: B. M. Aleksandrov *et al*.
116. Boldeman J. W., Ibid., p. 83. See also *Nucl. Sci. Engng*, 1974, v. 55, p. 188.
117. Boldeman J. W., Ibid. p. 114.
118. Conde H., Holmberg M., Ibid. p. 130.
119. Frehaut J., Soleilhac M., Mosinski G. Ibid. No. 3, p. 153.
120. *Atomnaya energiya*, 1972, v. 33, p. 767. Auth.: L. I. Prokhorova *et al*.
121. *Atomnaya energiya*, 1973, v. 34, p. 135. Auth.: V. V. Golushko *et al*.
122. Gerling Y. K., Shukolyukov Y. A.–*Atomnaya energiya*, 1960, v. 8, p. 49.
123. *Atomnaya energiya*, 1971, v. 30, p. 250. Auth.: L. I. Prokhorova *et al*.
124. Data given in [2]. Auth.: J. Frehaut *et al*.
125. De Volpi A. 3rd Conf. Neutron Cross sections and Technology, Knoxville, Penn (1971).
126. *Yadernaya fizika*, 1972, v. 15, p. 29. Auth.: K. E. Volodin *et al*.
127. *Phys. Rev.*, 1971, v. C3, p. 2017. Auth.: F. Cheifetz *et al*.
128. Smith A. B., Nobles R. G., Cox S. A.–*Phys. Rev.*, 1959, v. 115, p. 1242.
129. Nuclear Data for Reactors. Vienna, IAEA. V. II. 1970, p. 167. Auth.: V. G. Nesterov, V. Nurpeisov, L. I. Prokhorova *et al*.
130. *Yadernaya fizika*, 1973, v. 17, p. 692. Auth.: M. Dakovsky *et al*.
131. Dakovsky M., Lazarev Y. A., Oganesyan Y. T.–*Yadernaya fizika*, 1973, v. 18, p. 724.
132. Dakovsky M., Lazarev Y. A., Ogansyan Y. T.–*Yadernaya fizika*, 1972, v. 16, p. 1167.
133. *Phys. Lett.*, 1974, v. 25B, p. 321. Auth.: Y. A. Lazarev *et al*.
134. *Atomnaya energiya*, 1972, v. 33, No. 3, p. 788. Auth.: V. N. Kosyakov *et al*.
135. Nuclear Data for Reactors. Helsinki. Vienna, IAEA, v. II, 1970. p. 177; see also *Atomnaya energiya*, 1970, v. 29, p. 130. Auth.: V. G. Vorob'eva *et al*.
136. *Atomnaya energiya*, 1973, v. 34, No. 5, p. 491. Auth.: B. Nurpeisov *et al*.
137. *Atomnaya energiya*, 1972, v. 33, No. 5, p. 901. Auth.: K. Y. Volodin *et al*. Preliminary data [129].
138. Boldeman J. W., Walsh R. L.–*J. Nucl. Energy*, 1970, v. 24, p. 191.
139. Protopopov A. N., Blinov M. V.–*Atomnaya energiya*, 1958, v. 4, p. 374.
140. Andreyev V. N. Data given in [33] I. I. Bondarenko.
141. Gunninghame J. C.–*J. Inorg. and Nucl. Chem.*, 1957, v. 5, p. 1.
142. Zysin Y. A., Lbov A. A., Sel'chenkov L. I.–*Atomnaya energiya*, 1960, v. 8, p. 409.
143. *Nucl. Sci. Engng*, 1973, v. 50, p. 169. Auth.: K. W. Stoughton, J. Halperin *et al*.
144. Littler D. J.–*Proc. Phys. Soc. London*, 1952, v. A65, p. 203.
145. Geiger K. W., Rose D. C.–*Com. J. Phys.*, 1954, v. 32, p. 498.
146. Richmond R., Gardner B. J. 1957, Rep. AERE R/R 2097.
147. Walsh R. L., Boldeman J. N.–*Ann. Nucl. Sci. Engng*, 1974, v. 1, p. 353.
148. Preprint FEI-543, 1974. Auth.: B. Nurpeisov *et al*.
149. Paper at 3rd konferentsiya po neitronnoi fizike, 1975, Kiev, Auth.: B. M. Aleksandrov *et al*.
150. Khokholov Y. A., Savin M. V., Ludin V. N. Ibid. 1975.
151. Ibid. Kiev. Auth.: G. V. Antsipov *et al*.
152. Hwang Sheng-Nian, Chen Jzin-Kwi, Han Hong Yin. *Acta Phys. Soc.* (China) 1974, v. 23, No. 1 p. 46. Data given in *Phys. Abstracts*, 1974, v. 77, No. 992, Abstr. 31423.

§ 8.4. DELAYED NEUTRONS

Delayed neutrons determine the kinetic behaviour of systems in which chain reactions take place. Consequently, the characteristics of delayed neutrons such as the emission time, yields, energy spectra and others, play an important role in reactor engineering. The significance of delayed neutrons for the control of chain reactions was first recognised by Y. B. Zel'dovich and Y. B. Kharitonov [108]. A detailed study of delayed neutron physics may be found in Keepin's monograph [1]. A substantial amount of information on delayed neutrons is contained in the review works of Amiel [29], Marmol [104], Tomlinson [72, 105], Tuttle [119] and also in the IAEA publication [28].

According to the Bohr-Wheeler theory the mechanism of delayed neutron emission from fission fragments can be described as follows (fig. 8.6). A fission fragment can experience one or more beta decays. If the energy of the β-decay Q_β exceeds the binding energy B_n of a neutron in the daughter nucleus $(Z + 1, N - 1)$ then the latter can emit a neutron with an energy $E_{ni} = E_i - B_n$, where E_i is the excitation energy corresponding to the given level. The delayed neutrons are released with a period equal to the period of the preceding β-emitter. The first β-active nucleus is the *precursor* (family predecessor) of the delayed neutrons, and its decay product which releases a neutron is the *neutron emitter*.

Experiments on delayed neutrons require neutron- or γ-sources giving irradiation times of the fissionable sample which are sufficiently short in comparison with the period of

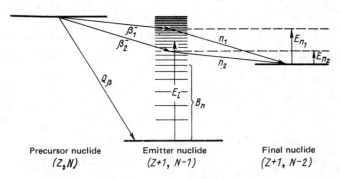

Fig. 8.6. Diagram of delayed neutron emission [1].

the produced isotope. The experimentally obtained decay of delayed neutron intensity is usually represented by linear superposition of exponentials with different decay periods, corresponding to groups of delayed neutrons.

Six periods are most frequently used for an optimal representation of the experimental data, although in some studies the full curve of neutron intensity decay has been resolved into 7, 8, 9 and 22 compenents, each with a period obtained in radio-chemical experiments. The six group resolution of the periods and yields of delayed neutrons is fully adequate for analysis of reactor kinetics.*

---

*There is no doubt that the six group description of delayed neutron emission simplifies the complex phenomena connected with the stability of nuclei having a surplus of neutrons.

Precursors of delayed neutrons. Radiochemical studies have shown that the observed periods of delayed neutrons are complex. There exists a large number of separate activities which contribute to the curve showing the decay of delayed neutrons' intensity. This means that the number of precursors of delayed neutrons is much higher than the number of groups. Each group of delayed neutrons can contain several precursors.

The identification of all the main precursors gains significantly in connection with the development of high temperature reactors with high specific power, which require an accurate determination of diffusion losses of the individual precursors.

For this purpose radiochemical and mass-spectrometric methods are used. Until now, more than 50 precursors have been identified which make different contributions to the total yield.

Experimental data on delayed neutron precursors are given in Table 8.18. The precursors (column 1) are arranged in order of increasing Z and A. Then follow the half-lives $T_{1/2}$ (column 2) and the probability of delayed neutron emission by the fission fragment P_n (column 3). The quantity P_n for a nucleus (Z,N) represents that part of its total decay which is accompanied by the release of a neutron from the excited levels of the daughter nucleus $(Z + 1, N - 1)$ to the final nucleus $(Z + 1, N - 2)$. P_n is determined by comparing the total neutron yield to the total number of β- or γ-decays. If the delayed neutron precursors are chemically separated from the fission products then P_n is evaluated by comparing the neutron activities of the individual isotopes to that of a standard. P_n is expressed in per cent (number of neutrons per hundred decays). For each precursor in Table 8.18 the weighted means of $T_{1/2}$ and P_n taken from ref. [72] are printed first (in italics). The errors are evaluated as standard deviations (1σ). Then follow the experimental values. Cases where delayed neutrons have been experimentally observed but the evaluation of P_n is difficult, are indicated by the sign (+). The symbol (a) indicates values of P_n which were calculated by Tomlinson [72] from yields of delayed neutrons [51] and from cumulative yields evaluated in [63].

Column 4 shows the cumulative yields Y_c of the precursors, and column 5 the yields of delayed neutrons (for ^{235}U). The neutron yield values printed in italics are based on selected experimental values of P_n, which ensure better agreement with calculations. Calculated values are shown in brackets.

The bibliographical source is shown in column 6.

Not included in the tables are data on such precursors as ^{210}Tl and light nuclei (^{8}He, ^{9}Li, ^{12}B, ^{16}C, ^{17}N) which are not produced in binary nuclear fission.

In table 8.19 are given yields of delayed neutrons from fission of ^{235}U and ^{239}Pu by thermal neutrons, and of ^{238}U by fission spectrum neutrons and by 14 MeV neutrons. For each group of delayed neutrons are listed the precursors having $P_n > 0.1\%$. For each precursor are shown the cumulative yield, the delayed neutron yield, the percentual contribution to the yield of the group and also the total yield of the group (calculated value in brackets). The values of P_n have been taken from table 8.18, ^{143}Xe was only estimated for P_n.

Table 8.18
Experimental data on delayed neutron precursers [29, 63, 72].

Precursor	$T_{1/2}$, sec	P_n, %	Y_c, % (for ^{235}U)	Delayed neutron yield (for 10^4 fissions of ^{235}U)	Reference
^{83}As	13,3±0,4 14,1±1,1	— —	— 0,80±0,08	— —	[51] [52]
^{84}As	5,6±0,3 5,8±0,5 5,4±0,4 ~5,6 6±1	0,13±0,06 — 0,13±0,06 — —	— 0,17±0,02 — — —	— — — — —	[52] [73] [51] [51]
^{85}As	2,03±0,01 2,15±0,15 2,028±0,012 2,05±0,05 ~2,1	18±4 11±3 22±5 23±3 —	0,485 — — — —	8,0 — 9,7±8 — —	— [31] [30] [73] [51]
^{86}As	0,9±0,2 0,9±0,2	$4^{+1,7}_{-1,0}$ $4^{+1,7}_{-1,0}$	— —	— —	— [73]
^{87}As	0,45±0,2 1,4±0,4 ~1 0,6±0,3 ~0,3	— — — — —	— — — — —	— — — — —	[32] [51] [74] [73]
^{86}Se	16,7±0,3 16,5±0,5	— —	— —	— —	[51] [51]
^{87}Se	5,60±0,13 5,8±0,5 5,9±0,2 5,85±0,15 5,41±0,10 5,9 5,9±0,2 5,8 —	0,18±0,03 ≤0,8 0,23±0,07 0,25±0,06 0,16±0,03 0,4±0,1 0,3±0,1 0,2±0,1 0,44±0,2	1,09 — 0,66±0,13 — — 1,4 1,2 — —	0,44 — — — — 0,56±0,14 0,34±0,11 — 0,5±0,2	[33] [66] [74] [75] [32] [51] [58] [64]
^{88}Se	1,52±0,06 1,3±0,3 1,4±0,3 1,53±0,06 1,7±0,5 ~2 2,2±0,3 ~1,4	0,5±0,3 ≤1,0 0,15±0,09 0,75±0,06 0,4±0,2 — 6,4±2,5 (+)	0,65 — — 0,39±0,05 0,8 — 0,8 —	4,16 — — — 0,32±0,16 — 5,1±2,0 5±2	— [66] [74] [75] [51] [51] [32] [64]
^{89}Se	0,41±0,04 0,41±0,04	5,0±1,5 5,0±1,5	— 0,11±0,04	— —	[75]
^{87}Br	55,67±0,11 56,1±0,7 56,0±0,3 55,4±0,35 55,8±0,25 — 55,6±0,15	2,4±0,3 — 2,6±0,5 (a) — — 3,1±0,6 2,1±0,3	2,28 — — — — — —	5,7 — — — — — —	— [76] [79] [37] [38, 72] [36] [77]

Table 8.18 contd.

Precursor	$T_{1/2}$, sec	P_n, %	Y_c, % (for ^{235}U)	Delayed neutron yield (for 10^4 fissions of ^{235}U)	Reference
^{87}Br	—	2,63±0,05	—	—	[39]
	55,4	2,2±0,4	—	5,2	[40]
	54,5±0,9	2,6±0,5	—	—	[2, 35]
	54,5	2,5±0,4	2,4	5,9±0,4	[32]
	—	2,4±0,1	2,4	5,6±0,3	[51]
	—	—	—	5,5±0,5	[64]
^{88}Br	15,88±0,11	5,0±0,5	2,78	11,12	—
	15,5±0,3	—	—	—	[76]
	15,5±0,4	—	—	—	[78]
	16,3±0,8	5,6±1,2	—	—	[35, 72]
	—	6,0±1,6	—	—	[36]
	15,9±0,1	4,6±0,6	—	—	[38, 72]
	16,6±0,4	5,1±1,1 (a)	—	—	[79]
	—	(6,0±1,0)	—	—	[39]
	15,6	4,0±0,8	—	12,3	[40]
	—	3,9±0,9	2,78	—	[41]
	16,3	4,0±1,4	3,0	12,1±3,3	[32]
	—	4,0±0,5	3,0	12,1±1,5	[51]
	—	—	—	12±3	[64]
^{89}Br	4,55±0,09	8,9±0,9	2,42	16,94	—
	4,4±0,5	12,3±2,6	—	—	[35]
	—	7±2	—	—	[36]
	4,5±0,4	9,0±1,2	—	—	[38]
	4,6±0,3	—	—	—	[79]
	4,55±0,10	8,6±2,6 (a)	—	—	[79]
	—	(5,2±1,1)	—	—	[39]
	—	8±2	—	20,8	[40]
	—	7,0±2,8	2,7	18,8±5,7	[32]
	—	6,7±1,4	2,42	—	[41]
	—	6,7±1,6	2,7	17,7±4,2	[51]
	—	—	—	16±6	[64]
^{90}Br	1,63±0,14	15±4	1,75	21,0	—
	1,6±0,6	16±6,5	—	—	[35, 72]
	1,63±0,14	15±5 (a)	—	—	[80]
	1,6	11,5±4	1,4	16,2±5,2	[32, 40]
	—	10,4±2,5	1,4	14,3±3,5	[51]
	—	—	—	13±5	[64]
^{91}Br	0,65±0,05	7^{+10}_{-4}	—	—	—
	0,64±0,07	—	—	—	[53]
	0,64±0,08	—	—	—	[80]
	0,62±0,12	—	—	—	[80]
	0,67±0,07	7^{+10}_{-4}	—	—	[80]
	0,4	—	—	—	[32]
	0,5	4,5±1,8	0,4	1,8±0,7	[51]
	—	—	0,40	(5,52)	[41]
^{92}Br	0,25±0,10	—	—	—	—
	0,25±0,10	—	—	—	[80]
^{91}Kr	8,36±0,15	—	—	—	[60]
	8	—	—	—	[61]
^{92}Kr	1,847±0,008	0,040±0,007	1,68	0,07	—
	1,92±0,07	—	—	—	[60]
	1,86±0,01	0,040±0,007	1,69	0,07	[42]
	1,840±0,008	—	—	—	[81]
	2,0±0,1	—	—	—	[61]

Table 8.18 contd.

Precursor	$T_{1/2}$, sec	P_n, %	Y_c, % (for ^{235}U)	Delayed neutron yield (for 10^4 fissions of ^{235}U)	Reference
^{93}Kr	1,287±0,016 1,17±0,04 1,19±0,05 1,30±0,01 1,289±0,012	3,2±0,6 — 3,9±0,6 2,66±0,51 —	0,53 — — 0,53 —	1,75 — — 1,38 —	[60] [28, 43] [42, 72] [81]
^{94}Kr	0,2 0,2	— (+)	0,08 —	(0,38) —	— [43]
^{95}Kr	<0,5 <0,5	— (+)	0,01 —	(0,08) —	— [43]
^{92}Rb	4,50±0,02 4,48±0,02 4,43±0,05 4,50±0,03 4,56±0,02	0,012±0,04 0,012±0,004 — — —	5,18 5,19 — — —	0,06 0,06±0,02 — — —	— [42] [45] [81] [79]
^{93}Rb	5,86±0,12 5,89±0,04 5,60±0,05 5,86±0,13 6,18±0,06 6,2 ~5,9 5,6±0,5 5,1±0,3 5,63±0,05 6,390±0,350	1,63±0,23 1,43±0,18 2,6±0,4 1,65±0,30 1,59±0,29 1,8±0,5 2,2±0,6 — — — 1,24±0,14	4,0 4,23 — 4,0 — 3,8 2,97 — — — —	7,2 6,0 — 6,60 — 6,8 6,6±1,7 — — — —	— [44, 45] [28, 43] [42, 81] [42] [32, 40] [51] [54] [55] [61] [124]
^{94}Rb	2,67±0,04 2,67±0,04 2,67 ~2,3 2,755±0,080	11,10±1,10 11,10±1,10 7,5±1,9 11,1±2,3 8,46±0,92	1,9 1,9 2,3 1,52 —	14,2 21,1 17,2±2,4 16,9±3,5 —	— [44, 45] [32, 40] [51] [124]
^{95}Rb	0,36±0,02 0,36±0,02 0,3832±0,0060	7,10±0,93 7,10±0,93 8,54±0,91	0,66 0,46 —	4,7 3,3 —	— [44, 45] [124]
^{96}Rb	0,209±0,006 0,23±0,02 0,207±0,03 0,1995±0,0035	12,7±1,5 12,7±1,5 — 13,0±1,4	0,17 0,06 — —	2,15 0,8 — —	— [44, 45] [82] [124]
^{97}Rb	0,168±0,016 0,135±0,010 0,176±0,005 0,1722±0,0050	>20 >20 — 27,2±3,0	0,02 — — —	0,4 — — —	— [44] [82] [124]
^{98}Rb	0,136±0,008 0,136±0,008 0,1061±0,0056	— — 13,3±2,1	— — —	— — —	— [82] [124]
^{99}Rb	0,76±0,005 0,076±0,005	— —	— —	— —	— [82]
^{98}Y	2,3 2,3 —	0,7±0,4 0,7±0,4 —	2,9 2,4 —	2,3 1,8±0,9 2,0±1,0	— [51] [64]

Table 8.18 contd.

Precursor	$T_{1/2}$, sec	P_n, %	Y_c, % (for ^{235}U)	Delayed neutron yield (for 10^4 fissions of ^{235}U)	Reference
^{99}Y	0,8	—	—	0,10±0,10	[65]
^{134}Sb	11,3±0,3 11,3±0,3 11,1±0,8	0,08±0,02 0,08±0,02 —	2,19 — —	0,18 2,8±0,4 —	— [30, 34] [83]
^{135}Sb	1,70±0,02 1,9$^{+0,9}_{-0,5}$ 1,696±0,021	8±2 — 8±2	0,485 — —	3,88 — 3,5±0 3	— [84] [30]
^{135}Te	16,6±0,9 18±2	— —	— —	— —	[51] [56]
^{136}Te	20,9±0,5 20,9±0,5 33	~0,5 ~0,5 —	— 2,2 —	— ~1,2 —	— [51] [57]
^{137}Te	3,5±0,5 3,5±0,5	~0,5 ~0,5	0,63 1,2	(0,63) ~0,7	— [32, 51]
^{137}I	24,62±0,08 24,4±0,4 24,6±0,2 24,5±0,2 24,7±0,1 — — — — 24,4 24,4 — —	5,5±1,3 — — — 8,6±1,2 3,0±0,5 4,7±1,0 5,9±1,1 (a) (5,3±0,6) 5,1±1,0 4,8±1,3 5,2±0,5 —	4,11 — — — — — — — — — 4,5 4,2 —	19,7 — — — — — — — — 22,4 21,7±3,6 21,7±2,6 22±4	— [35] [79] [79] [77] [36] [51] [79] [39] [40] [32] [51] [64]
^{138}I	6,55±0,11 5,9±0,4 6,3±0,7 — 6,57±0,12 6,8±0,3 — 6,9 6,3 — —	3,0±1,0 — — 1,9±0,5 — 3,9±1,0 (a) (7,3±0,8) 2,4±0,8 2,5±0,6 3,3±0,8 3,3±0,8	2,68 — — — — — — — 4,2 — 2,4	6,73 — — — — — — 10,3 10,3±1,6 — 8,0±1,9 10±2	— [76] [35] [36] [79] [79] [39] [40] [32] [41] [51] [64]
^{139}I	2,61±0,11 2,7±0,1 2,0±0,5 2,46±0,15 — 2,3 2,0 — — — —	14±5 — (4,5±1,5) 14±5 (a) (21±3) 6,4±1,9 6,0±1,7 5,7±1,7 9,1±2,0 11±3 —	1,10 — — — — — 2,1 — 1,1 — —	6,60 — — — — 13,1 12,7±3,6 — 9,9±2,2 — 11±4	— [76] [35] [79] [39] [40] [32] [41] [51] [59] [64]

Table 8.18 contd.

Precursor	$T_{1/2}$, sec	P_n, %	Y_c, % (for ^{235}U)	Delayed neutron yield (for 10^4 fissions of ^{235}U)	Reference
^{140}I	$0,86\pm0,04$	38 ± 20	0,236	2,83	—
	$0,84\pm0,14$	38 ± 20 (a)	—	—	[80]
	$0,87\pm0,13$	—	—	—	[80]
	$0,86\pm0,04$	—	—	—	[53, 80]
	$\sim 0,8$	12 ± 8	0,8	10 ± 6	[32, 40]
	$0,8\pm0,2$	34 ± 18	0,2	$6,4\pm3,5$	[51]
^{141}I	$0,44\pm0,06$	—	0,032	(0,35)	—
	$0,45\pm0,10$	—	—	—	[80]
	$0,55\pm0,25$	—	—	—	[80]
	$0,43\pm0,08$	—	—	—	[53, 80]
	$\sim 0,3$	(+)	—	—	[32]
	$\sim 0,4$	90^{+10}_{-30}	0,02	$2,1\pm0,7$	[51]
^{141}Xe	$1,726\pm0,008$	$0,054\pm0,009$	1,14	0,06	—
	$1,70\pm0,05$	—	—	—	[60]
	$1,73\pm0,01$	$0,054\pm0,009$	1,14	0,06	[42]
	$1,720\pm0,013$	—	—	—	[81]
	$1,8\pm0,2$	—	—	—	[85]
	$1,6\pm0,1$	—	—	—	[86]
^{142}Xe	$1,24\pm0,03$	$0,51\pm0,009$	0,31	0,14	—
	$1,15\pm0,04$	—	—	—	[60]
	$1,18\pm0,04$	—	—	—	[86]
	$1,32\pm0,03$	$0,51\pm0,09$	—	—	[42]
	$1,24\pm0,02$	$0,45\pm0,08$	0,312	0,14	[81]
^{143}Xe	$0,96\pm0,02$	—	0,05	(0,08)	—
	$0,96\pm0,02$	—	—	—	[60]
	<1	(+)	—	—	[43]
^{144}Xe	<1	—	$5\cdot 10^{-5}$	(~ 0)	—
	<1	(+)	—	—	[29]
^{145}Xe	—	—	0	(0)	—
	<1	(+)	—	—	[43]
^{141}Cs	$24,92\pm0,17$	$0,073\pm0,011$	4,60	0,33	—
	$24,9\pm0,2$	$0,073\pm0,011$	4,61	$0,345\pm0,05$	[42]
	$24,7\pm0,4$	—	—	—	[81]
	$25,6\pm0,6$	—	—	—	[79]
^{142}Cs	$1,89\pm0,06$	$0,21\pm0,06$	3,1	0,84	—
	$2,5\pm0,3$	—	—	—	[44]
	$2,3\pm0,2$	—	—	—	[62]
	$1,68\pm0,02$	$0,27\pm0,07$	3,11	0,84	[42]
	$1,94\pm0,01$	$0,21\pm0,06$	—	—	[81]
^{143}Cs	$1,65\pm0,10$	$1,13\pm0,25$	1,43	1,61	—
	$1,69\pm0,13$	$1,13\pm0,25$	1,37	1,6	[44]
	$1,60\pm0,14$	—	—	—	[45]
^{144}Cs	$1,06\pm0,08$	$1,10\pm0,25$	1,41	0,45	—
	$1,06\pm0,010$	—	—	—	[45]
	$1,05\pm0,14$	$1,10\pm0,25$	0,34	0,4	[44]
^{145}Cs	$0,563\pm0,027$	—	—	—	—
	$0,563\pm0,027$	—	—	—	[82]
	$0,611\pm0,024$	$12,1\pm1,4$	—	—	[124]
^{146}Cs	$0,189\pm0,011$	—	—	—	—
	$0,189\pm0,011$	—	—	—	[82]
	$0,352\pm0,042$	$14,2\pm1,7$	—	—	[124]

Note: + — delayed neutrons detected but evaluation of P_n difficult; (a) — calculated values of P_n [72].

Table 8.19

Delayed neutron yields for thermal fission of ^{235}U and ^{239}Pu and for fast neutron fission of ^{238}U [105].

Group, ($T_{1/2}$)	1st (55 sec)	2nd (22 sec)			3rd (6 sec)				4th (2 sec)													
Precursor	^{87}Br	^{88}Br	^{138}Te	^{137}I	^{87}Se	^{89}Br	^{93}Rb	^{138}I	^{85}As	^{88}Se	^{90}Br	^{93}Kr	^{94}Rb	^{98}Y	^{135}Sb	^{137}Te	^{139}I	^{142}Xe	^{143}Xe	^{142}Cs	^{143}Cs	^{144}Cs
P_n, %*	2,4	5,0	0,5	5,5	0,18	8,9	1,63	3,0	18	0,5	15	3,2	11,1	0,7	8	0,5	7	0,45	(1)	0,21	1,1	1,1
I	2	3	4	5	6	7	8	9	10	11	12	13	14	15	16	17	18	19	20	21	22	23

Fission of ^{235}U by thermal neutrons

Cumulative fission yield Yc, %²*	2,2	2,6	1,1	2,7	1,1	2,6	3,1**	1,5	0,7	0,9	2,1	1,9	1,5**	4,2	0,4	0,5	0,8	0,5	0,2	2,9	1,7	0,8
Neutron yield n/10⁴ fiss.	5,1	12,2	0,6	18,8	0,2	22,9	4,7	5,0	11,6	0,7	27,3	6,3	15,5	3,4	3,2	0,3	5,6	0,2	0,2	0,6	1,9	0,9
Contribution to group, %	100	39	2	59	1	70	14	15	15	0,9	35	8	20	4	4	0,4	7	0,3	0,3	0,8	2	1
Group yield [1]	5,2±0,5 (5,1)	34,6±1,8 (31,6)			31,8±3,6 (32,8)				62,4±2,6 (77,7)													

Fission of ^{239}Pu by thermal neutrons

Cumulative fission yield Yc, %⁴*	0,8	0,9	0,9	2,5	0,3	0,5	1,4	1,6	0,08	0,2	0,2	0,08	0,6	3,4	0,07	0,3	0,05	0,3	0,06	1,6	0,6	0,4
Neutron yield, n/10⁴ fiss.	1,8	4,2	0,5	17,5	0,1	4,4	2,1	5,3	1,3	0,1	2,6	0,3	6,2	2,7	0,6	0,2	0,4	0,1	0,1	0,3	0,7	0,4

Table 8.19 contd.

Contribution to group, %	100	19	2	79	1	37	18	44	8	0,6	16	2	39	17	4	1	3	0,6	0,6	2	4	3
Group yield [1]	2,1±0,6 (1,8)	18,2±2,3 (22,2)			12,9±3,0 (11,9)									19,9±2,2 (16,0)								

Fission of ^{238}U by fast neutrons (fission neutron spectrum)

Cumulative fission yield Yc, % [4*]	2,1	2,4	5,0	5,5	1,3	2,4	4,2	5,2	1,0	1,1	2,2	1,5	3,4	5,5	1,6	1,7	4,0	1,4	0,7	4,5	2,9	1,5
Neutron yield n/10^4 fiss.	4,7	11,3	2,5	38,5	0,3	21,2	6,3	17,2	16,5	0,8	28,6	5,0	35	4,4	12,8	0,9	28	0,6	0,7	0,9	3,2	1,7
Contribution to group, %	100	22	5	73	0,7	47	14	38	12	0,6	21	4	25	3	9	0,6	20	0,4	0,5	0,6	2	1
Group yield, [1]	5,4±0,5 (4,7)	56,4±2,5 (52,3)			66,7±8,7 (44,8)									159,9±8,1 (139,1)								

Fission of ^{238}U by 14 MeV neutrons

Cumulative fission yield Yc, % [4*]	1,9	2,1	2,9	3,9	1,0	1,8	3,3	2,7	0,6	0,6	1,0	0,7	2,3	3,0	0,5	1,2	0,9	1,0	0,4	2,5	1,1	0,8
Neutron yield n/10^4 fiss.	4,4	9,9	1,5	27,3	0,2	15,9	5,0	8,9	9,9	0,5	13	2,3	23,7	2,4	4,0	0,6	6,3	0,5	0,4	0,5	1,2	0,9
Contribution to group, %	100	26	4	70	0,7	53	14	30	15	0,8	20	3	36	4	6	0,9	10	0,8	0,6	0,8	2	1
Group yield [93]	6,0±1,2 (4,4)	37,0±6,0 (38,7)			48±12 (30,0)									76 (66,2)								

* Values of P_n taken from table 8.18, except for ^{143}Xe for which P_n evaluated in [105].
2* Yields from [114].
3* Yields from [63].
4* From data in [28, 105].

Total yields of delayed neutrons. Published data on absolute yields of delayed neutrons from fission of ^{232}Th, ^{233}U, ^{235}U, ^{238}U, ^{239}Pu, ^{240}Pu, ^{241}Pu, ^{242}Pu by neutrons with energies ranging from thermal to 14.9 MeV are shown in tables 8.20 and 8.21 and in figure 8.7. When the energy of the incident neutrons is increased from thermal to about 3.5–4 MeV, the yield of delayed neutrons remains virtually unchanged. In the energy interval from 4–7 MeV the yield decreases by about 40% and then remains constant up to 14.9 MeV. This energy dependence of the delayed neutron yield is in agreement with theoretical concepts based on the properties of the precursors and on the known shifts of mass and charge distributions of the fission fragments with neutron energy. In this connection we must mention a group of studies [6–8, 18, 19, 27] carried out before 1966, in which it was observed that at E_n = 14–15 MeV the yield of delayed neutrons approximately doubled in comparison with the region around 3 MeV. These values are not included in table 8.20 but they are shown in fig. 8.7.

Periods and relative yields of delayed neutron groups. Data on delayed neutrons from fission of various isotopes are given in tables 8.22–8.24. Table 8.22 contains the group periods and relative group yields for fission of ^{233}U, ^{235}U, ^{239}Pu and ^{241}Pu by thermal neutrons [2, 4], and for spontaneous fission of ^{252}Cf [3, 46]. Table 8.23 shows the same data for fission of ^{232}Th, ^{233}U, ^{235}U, ^{238}U, ^{239}Pu and ^{240}Pu by fast neutrons (slightly degraded fission spectrum, reactor GODIVA) [2].

The following data are given: the fissioning isotope, its content in the sample (per cent), absolute yield of delayed neutrons per fission n/F = Σa_i = a, effective energy of fission inducing neutrons, $E_{n\ ef}$, as calculated in ref. [20] for each fissile material for the neutron spectrum in the centre of the GODIVA assembly. Further shown in tables 8.22 and 8.23 are the number of neutron groups, the half-life $T_{1/2}$ sec, the decay constant λ_i sec^{-1}, the relative neutron yield a_i/a of each group (Σa_i = a), the absolute yield of delayed neutrons per fission event for each group.

The values in table 8.23, which were obtained with the highest statistical accuracy in experiments with fast neutrons, have been recommended in [1] for general use in reactor kinetics' problems.* The delayed neutron yields of the first and second group from fast neutron fission of ^{237}Np and ^{241}Am have been determined in ref. [123]. For ^{237}Np the yield of the first group (55 sec) was 0.00050 ± 0.00005 neutrons/fission, that of the second group (22 sec) 0.00272 ± 0.00025 neutrons/fission. The corresponding values for ^{241}Am were 0.00020 ± 0.00002 (55 sec), 0.00124 ± 0.00012 (22 sec). Table 8.24 contains data on delayed neutrons from fission of ^{232}Th, ^{233}U, ^{235}U, ^{238}U, ^{239}Pu and ^{242}Pu by 14.8 MeV neutrons.

Relative yields of groups of delayed neutrons from fission of ^{232}Th, ^{235}U, ^{238}U, ^{239}Pu by neutrons with different energies were studied by V. P. Maksyutenko [5, 10–13, 71, 107]. For the majority of groups a smooth change of the yield fractions is observed in the region of the 'plateau' on the curve of fission cross-section versus energy. An irregularity appears at energies at which the reaction (n, nf) becomes possible.

Reference [65] reports, for thermal fission of ^{235}U, the delayed neutron yields from light and heavy fragments. The respective yields are 1.05 and 0.5 neutrons per 100 fissions.

---

*Reference [119] contains recommendations on delayed neutron yields which take into account the most recent data.

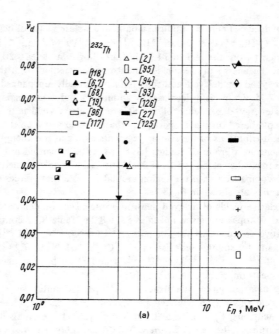
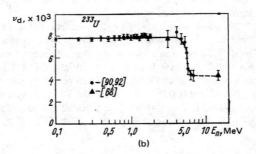
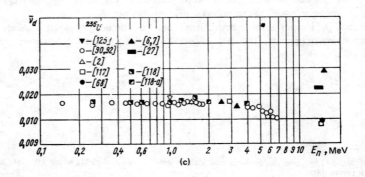

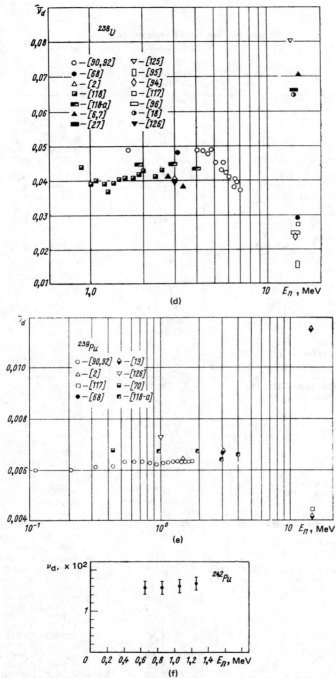

Fig. 8.7. Yield of delayed neutrons vs energy of bombarding neutrons:

a — ^{232}Th; b — ^{233}U; c — ^{235}U; d — ^{238}U; e — ^{239}Pu; f — ^{242}Pu.

Table 8.20

Absolute yields of delayed neutrons (error 1σ)

Fissioning neutron	Reference, year	Energy of neutrons causing fission, MeV	Delayed neutron yield per fission
^{232}Th	Cox & Whiting [118], 1970	1,30	0,0465±0,0030
		1,35	0,0490±0,0025
		1,40	0,0540±0,0020
		1,50	0,0505±0,0020
		1,60	0,0530±0,0025
	Keepin et al. [2], 1957	(Fission spectrum) ($E_{n\,ef} = 3,5$)	0,0496±0,0035
	Masters et al. [68], 1969	3,1	0,0570±0,0050
	Herrman [93], 1968	14,8	0,019±0,003
	Notea [95], 1969	14,8	0,014±0,005
	Brown et al. [96], 1971	14,8	0,036±0,007
	Benedict et al. [94], 1972	14,8	0,019±0,006
	Masters et al. [68], 1969 Evans et al. [92], 1973	14,9	0,030±0,0020
	Keepin, Los Alamos [117], 1969	14,9	0,0300±0,0030
^{233}U	Brunson et al. [70], 1956	Thermal	0,0065±0,0005
	Keepin et al. [2], 1957	"	0,0066±0,0005
	Notea [95], 1969	"	0,0054±0,0013
	Conant & Palmedo [89], 1971	"	0,0067±0,0003
	Krick & Evans [90], 1970 Evans et al. [92], 1973	0,1—1,8	0,0075±0,0006
	Keepin et al. [2], 1957	Fission spectrum ($E_{n\,ef} = 1,45$)	0,0070±0,0006
	Masters et al. [68], 1969 Evans et al. [92], 1973	3,1	0,0074±0,0006
		14,9	0,0041±0,0003
	Keepin, Los Alamos [117], 1969	14,9	0,0046±0,0005
^{235}U	Hughes et al. [22], 1948	Thermal	0,0183±0,0014
	Brunson [70], 1956	"	0,0168±0,0018
	Keepin et al. [2], 1957	"	0,0158±0,0007
	Notea [95], 1969	"	0,0205±0,0061
	Conant & Palmedo [89], 1971	"	0,0158±0,0007
	Cox & Whiting [118], 1970	0,25	0,0171±0,0008
		0,60	0,0170±0,0008
		1,00	0,0167±0,0008
		1,20	0,0167±0,0008
		1,50	0,0165±0,0007
	Krick & Evans [90], 1970 Evans et al. [92], 1973	0,1—1,8	0,0163±0,0013
	Keepin et al. [2], 1957	Fission spectrum ($E_{n\,ef} = 1,45$)	0,0165±0,0007
	Clifford & McTaggart [91], 1971	Fission spectrum ($E_{n\,ef} = 0,63$)	0,0170±0,0008
	Masters et al. [68], 1969 Evans et al. [92], 1973	3,1	0,0172±0,0013
		14,9	0,0091±0,0004
	Keepin, Los Alamos [117], 1969	14,9	0,0098±0,0008
^{238}U	Cox & Whiting [118], 1970	0,90	0,0437±0,0030
		1,00	0,0390±0,0040
		1,10	0,0400±0,0020
		1,20	0,0396±0,0020
		1,30	0,0375±0,0020
		1,40	0,0396±0,0010
		1,50	0,0406±0,0010
		1,60	0,0406±0,0020
		1,76	0,0406±0,0030
		1,85	0,0418±0,0025
		2,05	0,0425±0,0010
		2,24	0,0412±0,0010
		2,43	0,0425±0,0025

Table 8.20 contd.

Fissioning neutron	Reference, Year	Energy of neutrons causing fission, MeV	Delayed neutron yield per fission
^{238}U	Clifford & McTaggart [91], 1971	Fission spectrum	0,046±0,003
	Keepin et al. [2], 1957	Fission spectrum ($E_{n\ ef} = 3{,}01$)	0,0412±0,0025
	Masters et al. [68], 1969 } Evans et al. [92], 1973 }	3,1	0,0484±0,0036
	Benedict et al. [94], 1972	14,8	0,023±0,004
	Notea [95], 1969	14,8	0,016±0,005
	Brown [96], 1971	14,8	0,024±0,005
	Masters et al. [68], 1969 } Evans et al. [92], 1973 }	14,9	0,0283±0,0013
	Keepin, Los Alamos [117], 1969	14,9	0,0270±0,0022
^{239}Pu	Brunson et al. [70], 1956	Thermal	0,0059±0,0004
	Keepin et al. [2], 1957	"	0,0061±0,0005
	Notea [95], 1969	"	0,0050±0,0019
	Conant & Palmedo [89], 1971	"	0,0066±0,0006
	Krick & Evans [90], 1970 } Evans et al. [92], 1973 }	0,1—1,8	0,0062±0,0005
	Keepin et al. [2], 1957	Fission spectrum ($E_{n\ ef} = 1{,}58$)	0,0063±0,0005
	Masters et al. [68], 1969 } Evans et al. [92], 1973 }	3,1	0,0066±0,0005
		14,8	0,0041±0,0002
	Keepin, Los Alamos [117], 1969	14,9	0,0044±0,0004
^{240}Pu	Keepin et al. [2], 1957	Fission spectrum ($E_{n\ ef} = 2{,}13$)	0,0088±0,0009
	Keepin, Los Alamos [117], 1969	14,9	0,0057±0,0005
^{241}Pu	Cox [4], 1961	Thermal	0,0154±0,0015
	Keepin, Los Alamos [117], 1969	14,9	0,0084±0,0008
^{242}Pu	Krick, Evans [90], 1970 (and 1972) } Evans et al. [92], 1973 }	0,7—1,3	0,015±0,005
^{252}Cf	Cox et al. [3], 1958	Spontaneous	0,0086±0,0010

Notes:
1. The errors in the experimental results in reference [2, 94] are referred to the standard deviation multiplying by a coefficient 1.48 in [2] and 0.5 in [94].
2. In reference [95] are determined the yield for the first five groups of delayed neutrons, and in [96] for the first four groups. In the data given in this table account has been taken of the 6th group, and of the 5th and 6th group, respectively [72,94].
3. In reference [22] the relative part of delayed neutrons was determined. For the calculation of the absolute yield the value $\nu^{th}(^{235}U) = 2.43 \pm 0.02$ [1] has been used.
4. The data for ^{241}Pu in [4] were obtained for the first five groups. Taking into account the contribution of the 6th group of delayed neutrons one obtains a yield of 0.0159 ± 0.0016 [72,97].

Table 8.21

Dependence of delayed neutron yield on the energy of fission inducing neutrons
(Krick & Evans) [90,92].

E_n, MeV	γ	E_n, MeV	γ
\multicolumn{4}{c}{Fissioning nucleus ^{233}U}			

E_n, MeV	γ	E_n, MeV	γ
0,05	0,00735±0,00064	1,35	0,00765±0,00066
0,11	0,00735±0,00064	1,45	0,00765±0,00066
0,21	0,00730±0,00064	1,55	0,00759±0,00066
0,32	0,00741±0,00064	1,65	0,00739±0,00064
0,43	0,00734±0,00064	1,75	0,00759±0,00066
0,53	0,00745±0,00065	4,0	0,0080±0,0009
0,64	0,00745±0,00065	4,5	0,0074±0,0009
0,74	0,00759±0,00066	5,1	0,0070±0,0008
0,84	0,00759±0,00066	5,35	0,0065±0,0008
0,94	0,00749±0,00065	5,6	0,0055±0,0007
1,05	0,00759±0,00066	6,1	0,0050±0,0006
1,15	0,00759±0,00066	6,6	0,0051±0,0006
1,25	0,00744±0,00065		

Fissioning nucleus ^{235}U

E_n, MeV	γ	E_n, MeV	γ
0,05	0,0165±0,0013	1,47	0,0160±0,0012
0,15	0,0162±0,0012	1,56	0,0167±0,0013
0,25	0,0166±0,0013	1,65	0,0163±0,0013
0,36	0,0165±0,0013	1,75	0,0161±0,0012
0,46	0,0162±0,0012	4,0	0,0153±0,0015
0,56	0,0160±0,0012	4,4	0,0146±0,0015
0,67	0,0160±0,0012	4,8	0,0151±0,0014
0,77	0,0162±0,0012	5,1	0,0136±0,0014
0,87	0,0163±0,0013	5,5	0,0125±0,0013
0,97	0,0160±0,0012	5,7	0,0111±0,0013
1,07	0,0163±0,0013	6,0	0,0123±0,0013
1,17	0,0167±0,0013	6,4	0,0102±0,0012
1,27	0,0171±0,0013	6,7	0,0105±0,0012
1,37	0,0170±0,0013		

Fissioning nucleus ^{238}U

E_n, MeV	γ	E_n, MeV	γ
1,65	0,0484±0,0040	5,50	0,0429±0,0041
4,00	0,0484±0,0045	5,75	0,0424±0,0040
4,25	0,0483±0,0044	6,00	0,0412±0,0041
4,50	0,0474±0,0048	6,30	0,0404±0,0039
4,75	0,0482±0,0044	6,50	0,0395±0,0039
5,15	0,0454±0,0043	6,70	0,0381±0,0038
5,35	0,0453±0,0043	6,90	0,0374±0,0039

Fissioning nucleus ^{239}Pu

E_n, MeV	γ	E_n, MeV	γ
0,05	0,00610±0,0005	0,94	0,00621±0,0005
0,11	0,00602±0,0005	1,05	0,00626±0,0005
0,21	0,00602±0,0005	1,15	0,00626±0,0005
0,32	0,00610±0,0005	1,25	0,00629±0,0005
0,43	0,00615±0,0005	1,35	0,00633±0,0005
0,53	0,00626±0,0005	1,45	0,00633±0,0005
0,64	0,00631±0,0005	1,55	0,00624±0,0005
0,74	0,00633±0,0005	1,65	0,00621±0,0005
0,84	0,00624±0,0005	1,75	0,00626±0,0005

Fissioning nucleus ^{242}Pu

E_n, MeV	γ	E_n, MeV	γ
0,64	0,0151±0,0045	1,05	0,0153±0,0045
0,84	0,0149±0,0045	1,25	0,0160±0,0045

Energy spectra of delayed neutrons. Results of early measurements of the energy of delayed neutrons are contained in references [21-5]. These were obtained for the case of thermal fission of ^{235}U. Figure 8.8 shows the integral spectrum of delayed neutrons, figure 8.9 spectra of the different groups. [24, 25]. The energy distribution curves are

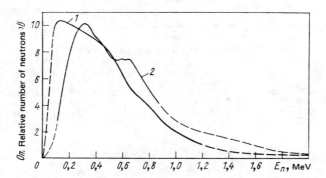

Рис. 8.8. Интегральный спектр запаздывающих нейтронов [1]:
1 — [24, 25]; *2* — [23]

continuous and smooth. The energy resolution of the applied experimental methods was rather low (~100 kev). The mean energies of the groups of delayed neutrons are given in table 8.25. In table 8.26 are shown the spectra of the groups and the integral spectra of delayed neutrons.

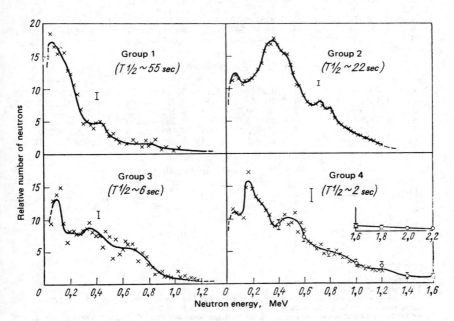

Рис. 8.9. Спектры различных групп запаздывающих нейтронов [1]:
О — [24], × — [25]. Масштаб статистических ошибок показан на графиках

Table 8.22

Data on delayed neutrons for thermal fission of ^{233}U [2], ^{235}U [2], ^{239}Pu [2] and ^{241}Pu [4] and for spontaneous fission of ^{252}Cf [3,46]
$(\Sigma a_i = a = n/F)$

Number of groups	$T_{1/2}$, sec	Decay constant λ_i, sec^{-1}	Group yield relative a_i/a	Group yield absolute a_i (× 100)
\multicolumn{5}{c}{^{233}U (100% ^{233}U); $n/F = 0,0066 \pm 0,0003$}
1	55,00±0,54	0,0126±0,0004	0,086±0,004	0,057±0,004
2	20,57±0,38	0,0337±0,0009	0,299±0,006	0,197±0,013
3	5,00±0,21	0,139±0,009	0,252±0,060	0,166±0,040
4	2,13±0,20	0,325±0,045	0,278±0,030	0,184±0,024
5	0,615±0,242	1,13±0,60	0,051±0,035	0,034±0,024
6	0,277±0,047	2,50±0,61	0,034±0,021	0,022±0,013
\multicolumn{5}{c}{^{235}U (99,9% ^{235}U); $n/F = 0,0158 \pm 0,0005$}
1	55,72±1,28	0,0124±0,0004	0,033±0,004	0,052±0,007
2	22,72±0,71	0,0305±0,0015	0,219±0,073	0,346±0,027
3	6,22±0,23	0,111±0,006	0,196±0,023	0,310±0,054
4	2,30±0,09	0,301±0,016	0,395±0,016	0,624±0,039
5	0,610±0,083	1,14±0,21	0,115±0,013	0,182±0,021
6	0,230±0,025	3,01±0,44	0,042±0,012	0,066±0,012
\multicolumn{5}{c}{^{239}Pu (99,8% ^{239}Pu); $n/F = 0,0061 \pm 0,0003$}
1	54,28±2,34	0,0128±0,0007	0,035±0,013	0,021±0,009
2	23,04±1,67	0,0301±0,0033	0,293±0,051	0,182±0,034
3	5,60±0,40	0,124±0,013	0,211±0,071	0,129±0,045
4	2,13±0,24	0,325±0,054	0,326±0,050	0,199±0,033
5	0,618±0,213	1,12±0,58	0,086±0,044	0,052±0,027
6	0,257±0,045	2,69±0,71	0,044±0,024	0,027±0,015
\multicolumn{5}{c}{^{241}Pu; $n/F = 0,0154 \pm 0,0015$}
1	54,0±1,0	0,01284±0,00024	0,010±0,003	0,0154±0,004
2	23,2±0,5	0,02988±0,00064	0,229±0,006	0,355±0,010
3	5,6±0,6	0,124±0,013	0,173±0,025	0,275±0,040
4	1,97±0,1	0,352±0,018	0,390±0,050	0,620±0,080
5	1,43±0,04	1,61±0,15	0,182±0,019	0,290±0,030
6	0,2*±0,1*	3,47*±1,7*	0,016*±0,006[2*]	0,026[2*]±0,01*
\multicolumn{5}{c}{^{252}Cf [46]; $n/F = 0,0086 \pm 0,001$ [3]}
1[3*]	—		—	—
2	6,8±1,1		0,31±0,01	0,22 ± 0,01
3	6,1±1,4		0,22±0,02	—
4	2,0±0,3		0,30±0,03	0,29 ± 0,04
5	0,5±0,1[4*]		0,17±0,05	0,35 ± 0,10

* Evaluation [72].
2* Evaluation [97].
3* A group with a half-life ≈ 55 sec was not detected. The given values [3] of absolute group yields correspond to half-lives $T_{1/2}$ = 20,0 ± 0,5; 2,0 ± 0,4 and 0,5 ± 0,2 sec.
4* Probably an unresolved mixture of contributions from 5th and 6th ($T_{1/2}$ = 0,2 sec) groups....

Table 8.23

Data on delayed neutrons for fission of ^{232}Th, ^{233}U, ^{235}U, ^{238}U, ^{239}Pu and ^{240}Pu by fast neutrons [2]. ($\Sigma a_i = a = n/F$)

Number of group	Decay constant $T_{1/2}$, sec	Decay constant λ_i, sec^{-1}	Group yield relative a_i/a	Group yield absolute $a_i (\times 100)$
	^{232}Th (100% ^{232}Th); $n/F = 0.0496 \pm 0.0020$ ($E_{n\,ef} = 3.5$ MeV)			
1	56.03±0.95	0.0124±0.003	0.034±0.003	0.169±0.018
2	20.75±0.66	0.0334±0.0016	0.150±0.007	0.744±0.055
3	5.74±0.24	0.121±0.007	0.155±0.031	0.769±0.161
4	2.16±0.08	0.321±0.016	0.446±0.022	2.212±0.162
5	0.571±0.042	1.21±0.130	0.172±0.019	0.853±0.108
6	0.211±0.019	3.29±0.447	0.043±0.009	0.213±0.045
	^{233}U (100% ^{233}U); $n/F = 0.0070 \pm 0.0004$ ($E_{n\,ef} = 1.45$ MeV)			
1	55.11±1.86	0.0126±0.0006	0.086±0.004	0.060±0.004
2	20.74±0.86	0.0334±0.0021	0.274±0.007	0.192±0.013
3	5.30±0.19	0.131±0.007	0.227±0.052	0.159±0.036
4	2.29±0.18	0.302±0.036	0.317±0.016	0.222±0.018
5	0.546±0.108	1.27±0.239	0.073±0.021	0.051±0.015
6	0.221±0.042	3.13±1.00	0.023±0.010	0.016±0.005
	^{235}U (99.9% ^{235}U); $n/F = 0.0165 \pm 0.0005$ ($E_{n\,ef} = 1.45$ MeV)			
1	54.51±0.94	0.0127±0.0003	0.038±0.004	0.063±0.007
2	21.84±0.54	0.0317±0.0012	0.213±0.007	0.351±0.016
3	6.00±0.17	0.115±0.004	0.188±0.024	0.310±0.042
4	2.23±0.06	0.311±0.012	0.407±0.010	0.672±0.034
5	0.496±0.029	1.40±0.12	0.128±0.012	0.211±0.021
6	0.179±0.017	3.87±0.55	0.026±0.004	0.043±0.007
	^{238}U (99.98% ^{238}U); $n/F = 0.0412 \pm 0.0017$ ($E_{n\,ef} = 3.01$ MeV)			
1	52.38±1.29	0.0132±0.0004	0.013±0.001	0.054±0.007
2	21.58±0.39	0.0321±0.0009	0.137±0.003	0.564±0.037
3	5.00±0.19	0.139±0.007	0.162±0.030	0.667±0.130
4	1.93±0.07	0.358±0.021	0.388±0.018	1.599±0.120
5	0.490±0.023	1.41±0.010	0.225±0.019	0.927±0.090
6	0.172±0.009	4.02±0.232	0.075±0.007	0.309±0.036
	^{239}Pu (99.8% ^{239}Pu); $n/F = 0.0063 \pm 0.0003$ ($E_{n\,ef} = 1.58$ MeV)			
1	53.75±0.95	0.0129±0.0003	0.038±0.004	0.024±0.003
2	22.29±0.36	0.0311±0.0007	0.280±0.006	0.176±0.013
3	5.19±0.12	0.134±0.004	0.216±0.027	0.136±0.019
4	2.09±0.08	0.331±0.018	0.328±0.015	0.207±0.018
5	0.549±0.049	1.26±0.117	0.103±0.003	0.065±0.010
6	0.216±0.017	3.21±0.38	0.035±0.007	0.022±0.004
	^{240}Pu (81.5% ^{240}Pu); $n/F = 0.0088 \pm 0.0006$ ($E_{n\,ef} = 2.13$ MeV)			
1	53.56±1.21	0.0129±0.0006	0.028±0.004	0.028±0.04
2	22.14±0.38	0.0313±0.0007	0.273±0.006	0.238±0.024
3	5.14±0.42	0.135±0.016	0.192±0.078	0.162±0.066
4	2.08±0.19	0.333±0.046	0.350±0.030	0.315±0.040
5	0.511±0.077	0.36±0.30	0.128±0.027	0.119±0.027
6	0.172±0.033	4.04±1.16	0.029±0.009	0.024±0.007

Note: The standard deviations (1σ) were obtained by multiplying the corresponding errors of [2] by a factor of 1.48

Table 8.24

Data on delayed neutrons for fission of ^{232}Th, ^{233}U, ^{235}U, ^{238}U, ^{239}Pu, ^{242}Pu by 14,8 MeV neutrons.

a) ^{232}Th

Group number i	Herrmann [93] Benedict et al. [94]		Notea [95]	Brown et al. [96]		East et al. [98]	
	$T_{1/2}$, sec*	Absolute group yield per fission	Absolute group yield per fission	$T_{1/2}$, sec	Absolute group yield per fission	$T_{1/2}$, sec	Relative group yield
1	56	0,0013±0,0001	0,0005±0,0001	53,80	0,0023±0,0004	56,2±0,7	0,043±0,001
2	18,8	0,0035±0,0004	0,0022±0,0003	19,07	0,0067±0,0010	20,0±0,3	0,162±0,002
3	5,1	0,0040±0,0004	0,0024±0,0003	6,42	0,0074±0,0011	5,0±0,2	0,194±0,016
4	2,14	0,0055	0,0066±0,0007	2,15	0,0105±0,0016	2,08±0,09	0,381±0,010
5	0,60	0,0028	0,0005±0,0001	—	—	0,66±0,06	0,138±0,008
6	0,15	0,0020	—	—	—	0,22±0,01	0,082±0,009

* Yields from [94], errors from [93].

b) ^{233}U (East et al. [98])

Group i	$T_{1/2}$, sec	Relative group yield
1	55,56±0,4	0,095±0,002
2	19,28±0,2	0,208±0,002
3	5,04±0,2	0,242±0,016
4	2,18±0,08	0,327±0,014
5	0,57±0,03	0,087±0,004
6	0,22Ī	0,041±0,003

c) ^{235}U (East et al. [98])

Group i	$T_{1/2}$, sec	Relative group yield
1	54,59±0,5	0,057±0,001
2	20,25±0,2	0,192±0,002
3	5,36±0,3	0,190±0,020
4	2,38±0,1	0,357±0,013
5	0,77±0,07	0,120±0,009
6	0,24±0,01	0,084±0,007

d) ^{238}U

Group i	Herrmann [93] Benedict et al. [94]		Brown et al. [96]		Notea [95]	East et al. [98]	
	$T_{1/2}$, sec	Absolute group yield per fission	$T_{1/2}$, sec	Absolute group yield per fission	Relative group yield	$T_{1/2}$, sec	Relative group yield
1	58	0,00068±0,00006	56,11	0,00077±0,00011	0,020±0,003	56,31±0,7	0,017±0,001
2	20,4	0,0036±0,0003	21,92	0,0050±0,0008	0,147±0,019	21,97±0,2	0,130±0,001
3	5,0	0,0050±0,0006	5,20	0,0062±0,0009	0,177±0,016	6,00±0,2	0,127±0,006
4	2,00	0,0077	2,27	0,0062±0,0009	0,364±0,032	2,28±0,04	0,406±0,004
5	0,50	0,0040	—	—	0,168±0,076	0,60±0,02	0,196±0,004
6	0,15	0,0018	—	—	(0,124)	0,202±0,005	0,124±0,006

*Yields from [94], errors from [93].

e) ^{239}Pu (East et al. [98])

Group i	$T_{1/2}$, sec	Relative group yield
1	57,4±1,9	0,057±0,004
2	20,8±0,6	0,182±0,003
3	5,5±0,4	0,195±0,020
4	2,3±0,1	0,382±0,014
5	0,67±0,9	0,111±0,008
6	0,23±0,02	0,073±0,011

f) ^{242}Pu (East et al. [98])

Group i	$T_{1/2}$, sec	Relative group yield
1	55,1±4,7	0,022±0,004
2	21,8±0,6	0,168±0,002
3	5,5±0,3	0,152±0,015
4	2,2±0,1	0,367±0,009
5	0,75±0,06	0,160±0,009
6	0,24±0,01	0,131±0,009

Later experiments [103, 110–113, 120–22, 127, 128] were done with much improved techniques, so that the energy resolution was very high (continuous chemical separation together with the neutron time-of-flight method or with the use of ^{3}He spectrometer). Consequently it became possible to observe in the group spectra the structure caused by discrete neutron lines, and also to evaluate the role of individual precursors for different nuclei undergoing fission.

Spectra of delayed neutrons for a number of fissioning nuclei were studied in ref. [103]. Figure 8.10 shows examples of distributions for fission of ^{233}U, ^{235}U, ^{239}Pu,

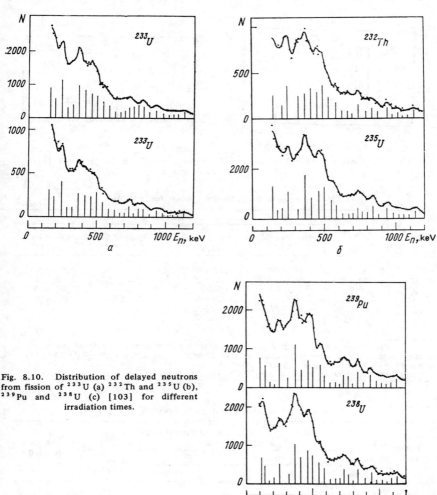

Fig. 8.10. Distribution of delayed neutrons from fission of ^{233}U (a) ^{232}Th and ^{235}U (b), ^{239}Pu and ^{238}U (c) [103] for different irradiation times.

^{238}U and ^{232}Th corresponding to different counting times of the delayed neutrons. In fig. 8.11a is shown the energy spectrum of the first group of delayed neutrons from fission of ^{233}U. The spectrum of the 2nd group from fission of ^{239}Pu is shown in fig. 8.11b. The upper energy limit of the spectra is about 1.2 MeV. A linear structure is

447

observed which is explained by the radiation of individual precursors. Spectra of groups of delayed neutrons for fission of ^{233}U, ^{235}U, ^{239}Pu, by thermal neutrons and of ^{232}Th, ^{238}U by fast neutrons are given in table 8.27.

Discrete neutron lines caused by ^{87}Br, ^{88}Br and ^{137}I were also observed in ref. [111, 120] (fig. 8.12).

In reference [112] individual neutron lines were found in the low-energy region of the 4th group of delayed neutrons from spontaneous fission of ^{252}Cf.

Several discrete lines in the delayed neutron spectrum of ^{85}As were found in refer-

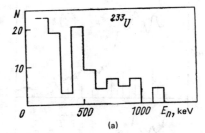 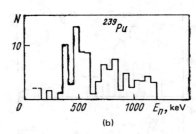

Fig. 8.11. Spectra of delayed neutrons: ^{233}U, 1st group (a); ^{239}Pu, 2nd group (b) [103] (fission by thermal neutrons).

Table 8.25
Mean energies of delayed neutron groups for ^{235}U, keV.

Group i	$T_{1/2}$, sec	Reference			
		Hughes et al. [22]*	Burgy et al. [23]²*	Bonner et al. [24]²*	Batchelor et al. [25]³*
1	55,7	250±60	300±60	—	250±20
2	22,7	560±60	670±60	—	460±10
3	6,2	430±60	650±100	—	405±20
4	2,3	620±60	910±90	400—550	450±20
5	0,61	420±60	400±70	—	—
6	0,23	—	—	—	—

* Measurements by the method of comparing slowing-down curves for different groups of delayed neutrons with standard curves for monoenergetic neutrons (Na — Be, 920 keV; Na–D$_2$O, 280 keV).
2* Measurements using hydrogen chamber.
3* Measurements using fast neutron ³He(n,p) spectrometer.

Table 8.26
Energy spectra of delayed neutrons for fission of ^{235}U [1,101]

Energy interval, MeV	Group spectra from data by Batchelor [25] and Bonner et al. [24]					Spectrum from data by Burgy e. a. [23]
	Group number				Mean over all groups*	
	1st	2nd	3rd	4th		
0—0,1	0,17	0,06	0,10	0,06	0,07	0,01
0,1—0,4	0,53	0,38	0,42	0,41	0,39	0,30
0,4—0,9	0,22	0,43	0,40	0,39	0,38	0,46
0,9—1,4	0,06	0,09	0,06	0,09	0,12	0,16
1,4—3,0	0,02	0,04	0,02	0,05	0,04	0,07
>3,0	0,00	0,00	0,00	0,00	0,00	0,00

* Spectrum obtained by averaging over all groups of delayed neutrons with weighting according to relative yields of groups.

ence [113]. In reference [112, 121, 128] up to 15 discrete lines were observed (fission of ^{235}U).

Delayed neutrons from photofission caused by γ-rays emitted by fragments. Kunstadter et al. [87] and Tomlinson and Hurdus [88] observed in their experiments groups of delayed neutrons with low intensities and long lives (~3, 15 and 120 minutes). These neutrons are in fact prompt neutrons released in photo-fission of uranium by γ-rays of corresponding energies which are emitted by fragments.

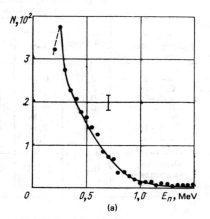

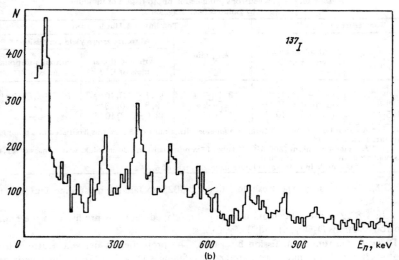

Fig. 8.12. Spectra of delayed neutrons for a known mixture of precursors.
a—spectrum of delayed neutrons from the mixture ^{93}Kr (~60%), ^{93}Rb (~30%), ^{87}Br + ^{89}Br (~10%); the range of statistical errors is shown by a vertical line; fission of ^{235}U; ^{3}He spectrometer.
b—spectrum of delayed neutrons from ^{137}I; values of N(E) in arbitrary units.

Table 8.28 contains experimental data on delayed neutrons produced by photo-fission. The intensity of such groups of neutrons depends on the mass of the fissile material which is the target for the γ-rays.

If the irradiated sample is surrounded by an additional mass of uranium, the yield of delayed neutrons from photo-fission is increased (see columns 4 and 5 of the table). The ratio of the relative yields of delayed neutrons from photo-fission of ^{238}U, ^{235}U, ^{239}Pu is 1.0 : 1.4 : 10.8 [88].

Photoneutrons from the reactions D_2O (γ, n) and $^9Be(\gamma$, n) induced by fission product gammas. γ-rays from fission products produce photoneutrons in reactors where heavy water or beryllium are used as the moderator. The periods of emission of the photoneutrons are determined by the pattern of β-decay of the precursors and are usually longer than those of the delayed neutrons. The reactions $D_2O(\gamma$, n) (threshold 2.226 ±

Table 8.27
Energy spectra of 1st and 2nd delayed neutron groups (data of Cuttler & Shalev [102])

Energy interval, MeV	1st group	2nd group					Error,%
		^{232}Th	^{233}U	^{235}U	^{238}U	^{239}Pu	
0—0,2	0,35	0,09	0,14	0,10	0,07	0,08	±50
0,2—0,4	0,30	0,15	0,21	0,16	0,15	0,13	±40
0,4—0,6	0,27	0,26	0,25	0,28	0,31	0,28	±30
0,6—0,8	0,08	0,17	0,14	0,16	0,16	0,16	±25
0,8—1,0	0	0,18	0,13	0,17	0,16	0,18	±20
1,0—1,2	0	0,14	0,10	0,11	0,12	0,13	±20
1,2—∞	0	0,03	0,03	0,02	0,03	0,04	±25
Mean energy of neutron in group, MeV	0,266	0,691	0,566	0,610	0,634	0,656	

Table 8.28
Data on delayed neutrons produced in photo-fission of uranium by gammas from fragments.

Kunstadter et al. [87]		Tomlinson & Hurdes [88]		
$T_{1/2}$, min	Absolute group yield per fiss.[*]	$T_{1/2}$, min	Absolute group yield per fission[2][*]	
			with additional mass of U^3 [*]	without additional mass of U
3,0±0,5	(5,8±0,6) 10^{-8}	3,1±0,1	(1,1±0,3) 10^{-8}	(5,2±2,C) 10^{-10}
12±3	(5,6±0,6) 10^{-10}	17±2	(9,6±4,0) 10^{-12}	—
125±15	(2,9±0,6) 10^{-10}	111±11	(2,0±0,3) 10^{-12}	—

[*] A natural uranium rod 25mm in diameter with a mass of 3.5 kg was irradiated in a graphite moderated reactor.
2[*] A metallic uranium (80% U^{235}) tube, 17mm in diam. and 3mm thick, with a mass of 21.4g was irradiated with thermal neutrons.
3[*] ^{235}U sample in uranium cylinder having a mass of 6.2 kg.

0.003 MeV) and $^9Be(\gamma$, n) (threshold 1.666 ± 0.002 MeV) are the most important ones for reactor kinetics.

Tables 8.29 and 8.30 contain data [1] for delayed neutrons produced in the photoneutron reactions $D_2O(\gamma$, n) and $^9Be(\gamma$, n).

Delayed neutrons from fission by γ-rays. The properties of delayed neutrons from photo-fission of heavy nuclei were studied in references [14–17, 115]. In the experiments the maximum energy of Bremsstrahlung varied between 11.4–20 MeV. For this energy interval no change was observed in the yield of delayed neutrons from photo-fission of ^{232}Th and ^{238}U. Data on delayed neutrons from photo-fission of ^{232}Th, ^{235}U, ^{238}U, ^{239}Pu are given in table 8.31, and delayed neutron yields from photo-fission of a number of nuclei in table 8.32.

Table 8.29

Data on the photoneutron reaction D_2O (γ, n) caused by γ-rays from fission products of ^{235}U [1,99]

Group number i	$T^*_{1/2}$	Decay constant λ_i, sec^{-1}	Relative group yield[2]* β_i, 10^{-5}	Normalised yield of photo-neutrons[3]*	Normalised absolute yield of photo-neutrons per fission[4]*. 10^{-5}
1	12,8 day	$6,26 \cdot 10^{-7}$	0,05	—	—
2	53 hr	$3,63 \cdot 10^{-6}$	0,103	0,00074	0,25
3	4,4 hr	$4,37 \cdot 10^{-5}$	0,323	0,000232	0,78
4	1,65 hr	$1,17 \cdot 10^{-4}$	2,34	0,0168	5,65
5	27 min	$4,28 \cdot 10^{-4}$	2,07	0,0149	5,01
6	7,7 min	$1,50 \cdot 10^{-3}$	3,36	0,0242	8,14
7	2,4 min	$4,81 \cdot 10^{-3}$	7,00	0,0504	17,0
8	41 sec	$1,69 \cdot 10^{-2}$	20,4	0,147	49,5
9	2,5 sec	$2,77 \cdot 10^{-1}$	65,1	0,469	158,0

Total yield 100,75

* The mean value of the half-life for the photoneutron reaction $D_2O(\gamma$ n) equal to ln $2\Sigma (\beta_i/\lambda_i)/\Sigma \beta_i$ = 16.7 min. (for irradiation to saturation).
2* β_i – ratio of photoneutron yield per fission to the total number of neutrons $\overline{\nu}$ emitted in thermal neutron fission of ^{235}U.
3* Photoneutron yield in relation to yield of delayed neutron group with a period of 22 sec.
4* Absolute yield of i–th group of photoneutrons per fission obtained by normalising to the absolute yield of the delayed neutron group with a period of 22 sec from ^{235}U fission (a(22 sec) n/F = 0.00337).

Table 8.30

Data on the photoneutron reaction ^9Be (γ, n) caused by γ-rays from fission products of ^{235}U [1, 100]

Group i	Half-life*	Decay constant λ_i, sec^{-1}	Relative group yield β_i, 10^{-5} [2]*
1	12,8 day	$6,24 \cdot 10^{-7}$	0,057
2	77,7 hr	$2,48 \cdot 10^{-6}$	0,038
3	12,1 hr	$1,59 \cdot 10^{-5}$	0,260
4	3,11 hr	$6,20 \cdot 10^{-5}$	3,20
5	43,2 min	$2,67 \cdot 10^{-4}$	0,36
6	15,5 min	$7,42 \cdot 10^{-4}$	3,68
7	3,2 min	$3,60 \cdot 10^{-3}$	1,85
8	1,3 min	$8,85 \cdot 10^{-3}$	3,66
9	0,51 min	$2,26 \cdot 10^{-2}$	2,07

Total yield 15,175

* Mean half-life of neutrons from ^9Be (γ, n) reaction equal to ln2 $\Sigma (\beta_i/\lambda_i)/\Sigma \beta_i$ = 2,31h for irradiation to saturation.
2* β_i – ratio of photoneutron yield per fission to total neutron number $\overline{\nu}$ emitted in thermal neutron fission of ^{235}U.

Table 8.31

Data on delayed neutrons from photofission of ^{232}Th, ^{235}U, ^{238}U, ^{239}Pu ($E_{\gamma\,max}$ = 15 MeV) (O.P. Nikotin [17])

Group number	$T_{1/2}$, sec	Relative yield $a_i = \beta_i/\beta$	Absolute group yield a_i ($\times 100$)
\multicolumn{4}{c}{^{232}Th; $n/F = 0,038 \pm 0,006$}
1	$55,6 \pm 1,5$	$0,0440 \pm 0,0020$	$0,17 \pm 0,03$
2	$20,3 \pm 0,8$	$0,163 \pm 0,010$	$0,62 \pm 0,10$
3	$5,45 \pm 0,50$	$0,159 \pm 0,015$	$0,60 \pm 0,10$
4	$1,98 \pm 0,20$	$0,375 \pm 0,030$	$1,43 \pm 0,30$
5	$0,43 \pm 0,10$	$0,172 \pm 0,020$	$0,66 \pm 0,10$
6	$0,18 \pm 0,03$	$0,087 ^{+0,020}_{-0,040}$	$0,33 ^{+0,10}_{-0,20}$

Table 8.31 contd.

Group number	$T_{1/2}$, sec	Relative yield $a_i=\beta_i/\beta$	Absolute group yield a_i (×100)
\multicolumn{4}{c}{^{235}U; $n/F=0,0096\pm0,0013$}			
1	54,7±2,5	0,054±0,005	0,052±0,010
2	20,3±1,0	0,200±0,020	0,193±0,040
3	5,45±0,60	0,152±0,020	0,146±0,030
4	2,01±0,25	0,369±0,040	0,354±0,070
5	0,50±0,10	0,139±0,020	0,134±0,030
6	0,19±0,04	$0,086^{+0,020}_{-0,050}$	$0,083^{+0,025}_{-0,050}$
\multicolumn{4}{c}{^{238}U; $n/F=0,031\pm0,004$}			
1	56,2±0,8	0,0198±0,0008	0,061±0,010
2	21,3±0,3	0,157±0,005	0,489±0,070
3	5,50±0,20	0,175±0,007	0,545±0,070
4	2,15±0,10	0,311±0,008	0,970±0,150
5	0,70±0,06	0,177±0,009	0,552±0,080
6	0,19±0,02	$0,161^{+0,020}_{-0,050}$	$0,502^{+0,120}_{-0,200}$
\multicolumn{4}{c}{^{239}Pu; $n/F=0,0036\pm0,0006$}			
1	54,0±3,0	0,0605±0,0060	0,022±0,004
2	20,6±1,0	0,206±0,020	0,075±0,018
3	5,7±0,7	0,183±0,030	0,066±0,015
4	1,94±0,30	0,295±0,040	0,105±0,020
5	0,58±0,10	0,149±0,030	0,054±0,012
6	0,20±0,04	$0,106^{+0,020}_{-0,050}$	$0,038^{+0,012}_{-0,025}$

Table 8.32

Delayed neutron yields from photofission

Fissioning nucleus	Reference, year	$\langle E_\gamma \rangle$, MeV	Absolute delayed neutron yield per fission
^{232}Th	Caldwell & Dowdy [115], 1975	6,44	0,0310±0,0028
		7,02	0,0306±0,0031
		7,10	0,0267±0,0021
		8,06	0,0259±0,0031
			Mean: 0,0280±0,0028
	Moscaty & Goldemberg [14], 1962	12	$0,027^{+0,008}_{-0,007}$
		20	$0,030^{+0,012}_{-0,006}$
	Nikotin, O.P. & Petrzhak, K.A. [17], 1966	15	0,038±0,006
^{233}U	Caldwell & Dowdy [115], 1975	6,68	0,00455±0,00045
		7,90	0,00518±0,00040
		9,55	0,00640±0,00044
		10,27	0,00598±0,00051
			Mean: 0,00553±0,00044
^{234}U	Caldwell & Dowdy [115], 1975	8,69	0,0092±0,0006
		9,54	0,0097±0,0012
			Mean: 0,0094±0,00094
^{235}U	Caldwell & Dowdy [115], 1975	6,67	0,0090±0,0008
		7,70	0,0088±0,0008
		7,81	0,0113±0,0007
		8,86	0,0112±0,0008
			Mean: 0,0102±0,0008
	Nikotin, O.P. & Petrzhak, K.A. [17], 1966	15	0,0096±0,0013

Table 8.32 contd.

Fissioning nucleus	Reference, Year	$\langle E_\gamma \rangle$, MeV	Absolute delayed neutron yield per fission
^{236}U	Caldwell & Dowdy [115], 1975	6,66	0,0143±0,0014
		7,63	0 0173±0,0012
		8,86	0,0164±0,0010
			Mean: 0,0160±0,0013
^{238}U	Caldwell & Dowdy [115], 1975	6,53	0,0306±0,0024
		7,54	0,0276±0,0017
		7,66	0,0306±0,0014
		8,88	0,0275±0,0019
			Mean: 0,0291±0,0020
	Moscaty & Goldemberg [14], 1962	12	$0,036^{+0,008}_{-0,007}$
		20	$0,036^{+0,010}_{-0,009}$
	Nikotin, O.P. & Petrzhak, K.A. [17], 1966	15	0,031±0,004
^{237}Np	Caldwell & Dowdy [115], 1975	7,68	0,0038±0,0004
		9,31	0,0050±0,0004
		9,92	0,0054±0,0004
			Mean: 0,0047±0,0004
^{239}Pu	Caldwell & Dowdy [115], 1975	7,84	0,0037±0,0004
		9,65	0,0037±0,0004
			Mean: 0,0037±0,0004
	Nikotin, O.P. & Petrzhak, K.A. [17], 1966	20	0,0036±0,0006

REFERENCES FOR §8.4

1. Keepin G. R. Physics of Nuclear Kinetics, Addison-Wesley Inc., Reading, Mass. 1965.
2. Keepin G. R., Wimett T. F., Zeigler R. K.—*Phys. Rev.*, 1957, v. 107, p. 1044.
3. *Phys. Rev.*, 1958, v. 112, p. 960; Proc. of 2nd Geneva Conference. V. 15, 1958, p. 392. Auth.: S. A. Cox et al.
4. Cox S. A.—*Phys. Rev.*, 1961, v. 123, p. 1735.
5. Maksyutenko B. P.—*Zhurn. eksperim. i teor. fiz.*, 1958, v. 35, p. 815.
6. Maksyutenko B. P.—*Atomnaya energiya*, 1959, v. 7, p. 474.
7. Maksyutenko B. P.—*Atomnaya energiya*, 1963, v. 15, p. 321.
8. Maksyutenko B. P.—*Atomnaya energiya*, 1963, v. 15, p. 157.
9. Maksyutenko B. P.—*Atomnaya energiya*, 1965, v. 19, p. 46.
10. Maksyutenko B. P.—*Byulleten informatsionnogo tsentra po yadernym dannym*. No. 2, Moscow, Atomizdat, 1965, p. 161.
11. Maksyutenko B. P.—*Byulleten informatsionnogo tsentra po yadernym dannym*. No. 2. Moscow, Atomiadat, 1965, p. 161.
12. Maksyutenko B. P. Phys. and Chem. Fission. Vienna, IAEA. V. II, 1965, p. 215.
13. Maksyutenko B. P. Compt. rend. Congr. Intern. Phys. Nucl. V. 2. Paris, 1964, p. 1138.
14. Moscaty G., Goldemberg J.—*Phys. Rev.*, 1962, v. 126, p. 1098.
15. *Atomnaya energiya*, 1963, v. 15, p. 157. Auth.: K. A. Petrzhak et al.
16. Nikotin O. P., Petrzhak K. A.—*Atomnaya energiya*, 1965, v. 19, No. 2, p. 185.
17. Nikotin O. P., Petrzhak K. A.—*Atomnaya energiya*, 1966, v. 20, No. 3, p. 268.
18. Butsko M.—*Atomnaya energiya*, 1966, V. 20, No. 2, p. 153.
19. *Atomnaya energiya*, 1961, v. 11, No. 6, p. 539. Auth.: V. I. Shpakov et al.
20. Hansen G.—*Proc. Second Geneva Conf.*, v. 12, p. 84, P/592, 1958.
21. Roberts R., Meyer R., Wang P.—*Phys. Rev.*, 1939, v. 55, p. 510.
22. *Phys. Rev.*, 1948, v. 73, p. 111. Auth.: D. J. Hughes, J. Dabbs, A. Cahn, D. Hall.
23. *Phys. Rev.*, 1946, v. 70, p. 104. Auth.: M. Burgy, L. A. Pardue, H. B. Willard, E. O. Wollan.
24. Bonner T. W., Bame S. J., Evans J. E.—*Phys. Rev.*, 1956, v. 101, p. 1514.
25. Batchelor R., Hyder H. R.—*J. Nucl. Energy*, 1956, v. 3, p. 7.
26. *J. Nucl. Energy*, 1957, v. 1, p. 133. Auth.: Smith, Rose McVicar, Thorne.

27. McGarry W. I., Omohundro R. J., Holloway G. E.—*Bull. Amer. Phys. Soc.*, Ser. II, 1966, v. 5, No. 1, p. 33; see also [1].
28. Delayed Fission Neutrons. Vienna, 1958, p. 115. Auth.: S. Amiel, J. Gilat, A. Notea, E. Yellin.
29. Amiel S. Physics and Chemistry of Fission. Vienna, IAEA, 1969, p. 569.
30. Tomlinson L., Hurdus M. H.—*J. Inorg. and Nucl. Chem.*, 1968, v. 30, p. 1649.
31. Marmol P. del, de Mevergnies N.—*J. Inorg. and Nucl. Chem.*, 1967, v. 29, p. 273.
32. Folger H. *et al.*, 1969. Data given in [29].
33. Tomlinson L., Hurdus M. H. *J. Inorg. and Nucl. Chem.*, 1968, v. 30, p. 1995.
34. Tomlinson L., Hurdus M. H.—*Phys. Lett.*, 1967, v. 25B, p. 545.
35. Perlow G. J., Stehney A. F.—*Phys. Rev.*, 1959, v. 113, p. 1269.
36. *Atomnaya energiya*, 1965, v. 16, p. 447. Auth.: P. M. Aron *et al.*
37. Williams E. T., Coryell C. D.—*Nuclear Applications*, 1966, v. 2, p. 256.
38. Silbert M. D., Tomlinson R. H.—*Radiochimica Acta*, 1966, Bd 5, S. 217, 223.
39. Patzelt P., Schüssler H. D., Herrmann G.—*Arkiv. fys.*, 1967, Bd 36, S. 456.
40. Schüssler H. D. 1967. Data given in [29].
41. Ibid.
42. Talbert W. L., Tucker A. B., Day G. M.—*Phys. Rev.*, 1969, v. 177, p. 1805.
43. Feldstein H., Ehrenberg B., Amiel S. 1969. Data given in [29].
44. Amarel I., Gauvin H., Johnson A.—*J. Inorg. and Nucl. Chem.*, 1969, v. 31, p. 577.
45. *Phys. Lett.*, 1967, v. 24B, p. 402. Auth.: I. Amarel *et al.*
46. *Bull. Amer. Phys. Soc.*, 1969, v. 14, p. 190. Auth.: E. T. Chulick, P. L. Reeder, E. Eichler, C. E. Bemis, Jr.
47. Wahl A. C. 1960. Data given in [29].
48. Hyde E. K. *et al.* The Nuclear Properties of the Heavy Elements. V. III. Ch. 4. N. Y., Prentize Hall, 1964.
49. Fergusson R. L., O'Kelley G. D. USAEC Rep. ORNL-3305, 1962. Data given in [29].
50. Coryell C. D., Kaplan M., Fink R. D.—*Canad. J. Chem.*, 1961, v. 39, p. 646.
51. Physics and Chemistry of Fission. Vienna, IAEA, 1969, p. 591. Auth.: H. D. Schüssler *et al.*
52. Marmol del P.—*J. Inorg. and Nucl. Chem.*, 1968, v. 30, p. 2873.
53. Proc. Radioanalytical Conference, Stary Smokevec, 1968. Data given in [51]. Auth.: P. Patzelt *et al.*
54. Fritze K., Kennet T. J.—*Canad. J. Phys.*, 1968, v. 38, p. 1614.
55. Wahl A. C., Norris A. E., Ferguson R. L.—*Phys. Rev.*, 1966, v. 146, p. 931.
56. Denschlag H. O.—*J. Inorg. and Nucl. Chem.*, 1969 v. 31, p. 1973.
57. Wunderlich F.—*Radiochim. Acta*, 1967, Bd 7, S. 105.
58. Tomlinson L. 1969. See [51], p. 604, discussion.
59. Herrmann G. Delayed Fission Neutrons. Vienna, 1968, p. 147.
60. Patzelt P., Herrmann G. Phys. and Chem. Fission. Salzburg, 22–26 March, 1965. V. 2. Vienna, IAEA, 1965, p. 243.
61. Day G. M., Tucker A. B., Talbert W. L., Jr. Delayed Fission Neutrons. Vienna, 1968, p. 103.
62. Fritze K.—*Canad. J. Chem.*, 1962, v. 40, p. 1344. A. E. Norris, R. A. Rouse, J. C. Williams.
63. Phys. and Chem. Fission. Vienna, IAEA, 1969, p. 813. Auth.: A. C. Wahl.
64. Herrmann G. 1969. Data given in [63].
65. *Z. Phys.*, 1968, Bd. 220. S. 101. Auth.: Roeckl *et al.*
66. Marmol del P., Perricos D. C.—*J. Inorg. and Nucl. Chem.*, 1970, v. 32, p. 705.
67. East L. V., Keepin G. R. Phys. and Chemistry Fission. Vienna, IAEA, 1969, p. 647.
68. Masters C. F., Thorpe M. M., Smith D. B.—*Nucl. Sci. Engng*, 1969, v. 36, p. 202.
69. Auguston R. H., Menlove H. O. Data given in [67].
70. Brunson G. S., Pettitt E. N., McCurdy R. D. *Nucl. Sci. Engng*, 1956, v. 1, p. 174. (See also Rep. ANL-5480, 1955. Data given in [1]).
71. Maksyutenko B. P. Delayed Fission Neutrons. Vienna, IAEA, 1968, p. 191.
72. Tomlinson L. Delayed Neutrons from Fission. A compilation and evaluation of experimental data. Rep. AERE-R 6993, 1972.
73. Kratz J. V. Herrmann G. 1971. Data given in [72].
74. Kratz J. V., Herrmann G.—*J. Inorg. and Nucl. Chem.*, 1970, v. 32, p. 3713.
75. Tomlinson L., Hurdus M. H.—*J. Inorg. and Nucl. Chem.*, 1971, v. 33, p. 3609.
76. Sugarman N.—*J. Chem. Phys.*, 1949, v. 17, p. 11.
77. Marmol del P., Fettweis P., Perricos D. C.—*Radiochim. Acta*, 1971, Bd. 16, S. 4.
78. Perlow G. J., Stehney A. F.—*Phys. Rev.*, 1957, v. 107, p. 776.
79. The OSIRIS Collaboration, Report N CERN 70-30, 1970, p. 1093.

80. See [79], p. 985. Auth.: G. Hermann et al.
81. *Nucl. Phys.*, 1969, v. A125, p. 267. Auth.: G. C. Carlson, W. C. Schick, W. L. Talbert, F. K. Wohn.
82. *Phys. Lett.*, 1971, v. 34B, p. 277. Auth.: B. L. Tracy et al.
83. Delucchi A. A., Greendale A. E., Strom P. O.—*Phys. Rev.*, 1968, v. 173, p. 1159.
84. Bemis C. E., Gordon G. E., Coryell C. D.—*J. Inorg. and Nucl. Chem.*, 1964, v. 26, p. 213.
85. *Phys. Rev.*, 1968, v. 167, p. 1105. Auth.: T. Alväger et al.
86. Cordes O. L., Cline J. E., Reich C. W.—*Nucl. Instrum. and Methods*, 1967, v. 48, p. 125.
87. Kunstadter J. W., Floyd J. J., Borst L. B.—*Phys. Rev.*, 1953, v. 91, p. 594.
88. Tomlinson L., Hurdus M. H.—Data given in [72].
89. Conant J. F., Palmedo P. F.—*Nucl. Sci. Engng*, 1971, v. 44, p. 173.
90. Krick M. S., Evans A. E.—*Trans. Amer. Nucl. Soc.*, 1970, v. 13, p. 746; *Nucl. Sci. Engng*, 1972, v. 47, p. 311.
91. Clifford D. A., McTaggart H. N. Data given in [72].
92. Evans A. E., Thorpe M. M., Krick M. S.—*Nucl. Sci. Engng*, 1973, v. 50, p. 80.
93. Herrmann G. Delayed Fission Neutrons. Proc. Panel. Vienna, IAEA, 1968, p. 147.
94. Benedict G., Luthardt G., Herrmann G.—*Radiochim. Acta*, 1972, Bd 17, No. 1, S. 61.
95. Notea A. Israel Atomic Energy Comm. Rep. IA-1190, 1969, p. 95. Data given [72, 116].
96. Brown M. G., Lyle S. J., Martin E. B. M.—*Radiochim. Acta*, 1971, Bd 15, S. 109.
97. Bohn E. M. Rep. ANL-7610, 1970, p. 45. Data given in [72].
98. *Trans. Amer. Nucl. Soc.*, 1970, v. 13, p. 760; Rep. LA-4605-MS, 1971; data given also in [72]. Auth.: L. V. East, R. H. Auguston, H. O. Menlove, C. F. Masters.
99. *Phys. Rev.*, 1947, v. 71, p. 573. Auth.: S. Bernstein et al.
100. Keepin G. R.—*Nucleonics*, 1962, v. 20, No. 8, p. 150.
101. Keepin G. R. Delayed Fission Neutrons. Proc. Panel. Vienna, IAEA, 1968, p. 3.
102. Cuttler J. M., Shalev S. Israel Rep. TNSD-P/228, 1971; *Trans. Amer. Nucl. Soc.*, 1971, v. 14, p. 373.
103. Shalev S., Cuttler J. M.—*Nucl. Sci. Engng*, 1973, v. 51, p. 52.
104. Marmol P. del.—*Nucl. Data Tables*, 1969, v. A6, p. 141.
105. Tomlinson L. AERE-R 6596, 1970.
106. Bohr N., Wheeler J. A.—*Phys. Rev.*, 1939, v. 56, p. 426.
107. Maksyutenko B. P., Ramazanov R., Tarasko M. A.—*Yadernaya fizika*, 1971, v. 13, p. 293.
108. Zel'dovich Y. B., Khariton Y. B., *Uspekhi fiz. nauk*, 1940, v. 56, p. 426.
109. Gorbachev V. M., Zamyatnin Y. S., Lbov A. A. Osnovnye kharakteristiki isotopov tyazholykh elementov. Moscow, Atomizdat, 1970.
110. *J. Nucl. Energy*, 1971, v. 25, p. 551. Auth.: N. G. Chrysochoides et al.
111. Shalev S., Rudstam G.—*Trans. Amer. Nucl. Soc.*, 1971, v. 14, p. 373.
112. *Nucl. Phys.*, 1971, v. A168, p. 250. Auth.: E. T. Chulick et al.
113. *Angew. Chem.*, 1971, Bd 93, S. 902. Auth.: H. Franz et al.
114. USAEC Rep. USNRDL-TR-63, 1963. Data given in [105]. Auth.: L. E. Weaver et al.
115. Caldwell J. T., Dowdy E. J.—*Nucl. Sci. Engng*, 1975, v. 56, p. 179.
116. Manero F., Konshin V. A. *Atomic Energy Rev.*, 1972, v. 10, N 4, p. 657.
117. Rep. LA-4227-MS, 1969, p. 17; LA-4320-MC, 1969. Data given in [116, 119].
118. Cox S. A., Whiting D. E. E. Rep. ANL-7610, 1970, p. 45. Data given in [116, 119].
119. Tuttle R. J.—*Nucl. Sci. Engng*, 1975, v. 56, p. 37.
120. Rudstam G., Shalev S., Jonsson O. C.—*Nucl. Instrum. and Methods*, 1974, v. 120, p. 333.
121. Sloan W. R., Woodruft G. L.—*Nucl. Sci. Engng*, 1974, v. 55, p. 29.
122. Fieg G.—*J. Nucl. Energy*, 1972, v. 26, p. 585.
123. Sangiust V., Terrani M., Terrani S.—*Energia Nucleare*, 1973, v. 20, No. 2, p. 111.
124. *Nucl. Phys.*, 1974, v. A222, No. 3, p. 621. Auth.: E. Roeckl et al.
125. *Phys. Rev.*, 1950, v. 79, p. 3. Auth.: K. H. Sun, R. A. Charpie, F. A. Pecjak et al.
126. Rose H., Smith R. D.—*J. Nucl. Energy*, 1957, v. 1, p. 133.
127. East L. V., Walton R. B.—*Nucl. Instrum. and Methods*, 1969, v. 72, p. 161.
128. Evans A. E., East L. V.—*Trans. Amer. Nucl. Soc.*, 1974, v. 19, p. 396.

CHAPTER 9

ELECTROMAGNETIC RADIATION IN NUCLEAR FISSION

The remaining excitation of the fission fragment nuclei after neutron emission is released by γ-radiation. This sequence of neutron and γ-emission follows from the much lower probability of γ-decay and correspondingly longer life of the fragments as regards γ emission in comparison with neutron emission. However, the presence of a large angular momentum of the fragments affects this sequence to some extent and leads to an increase of the total energy of γ-radiation, almost by a factor of two [1, 2].

The total γ energy produced in one fission amounts to 7–9 MeV. 8–10 γ-quanta are emitted, each with a mean energy around 1 MeV. Experimental values of the energy of the prompt γ radiation, the number of γ-quanta and their mean energy are given in table 9.1.

Table 9.1
Total energy of prompt fission gammas, number of gammas per fission and their mean energy.

Fissioning isotope	Total gamma energy, MeV/fission	Number of gammas per fission	$\bar{E}_\gamma$, MeV/gamma	Range of measurement
^{235}U + n (thermal) [3]	9,51±0,23	7,93±0,48	1,20±0,03	0,1—2,5 MeV; <2,2·10^{-7} sec
^{235}U + n (thermal) [4]	7,2±0,8	7,4±0,8	0,97	0,3—10 MeV; <5·10^{-8} sec
^{235}U + n (thermal) [5]	7,46	7,51	0,99	<8 MeV
^{235}U + n (thermal) [34]	7,25±0,26	8,13±0,35	0,89	0,01—10,5 MeV; <7·10^{3-} sec
^{235}U + n (thermal) [37]	6,51±0,3	6,69	0,97	0,14—10 MeV; <10^{-8} sec
^{235}U + n (thermal) [40]	6,43±0,3	6,51±0,3	0,99±0,07	0,09—10 MeV; <5·10^{-9} sec
^{235}U + n (2,8 MeV) [6] ^{235}U + n (14,7 MeV) [6] ^{238}U + n (2,8 MeV) [7] ^{238}U + n (14,7 MeV) [7]				Within a 15% range corresponds to ^{235}U + n (thermal)
^{239}Pu + n (thermal) [37]	6,82±0,3	7,25	0,94	0,14—10 MeV; <10^{-8} sec
^{252}Cf (spont.) [37]	6,84±0,3	7,75	0,88	0,14—10 MeV; <10^{-8} sec
^{252}Cf (spont.) [8]	8,2	10,3	0,8	<3·10^{-9} sec
^{252}Cf (spont.) [9]	9	10	0,9	—
^{252}Cf (spont.) [33]	—	11,6±1,0	—	>0,1 MeV; <1,2·10^{-7} sec

In fig. 9.1 is shown the spectrum of γ-radiation for the most explored case of thermal fission of ^{235}U. A characteristic feature of the spectrum (in comparison with the γ-spectrum resulting from neutron capture) is the large number of γ-quanta with relatively low energy. This is due to the large initial angular momentum of the fragments and to cascade transitions.

The main part of γ-rays is emitted within 10^{-12}–10^{-9} seconds, and is usually called *prompt γ-radiation*. However, due to isomeric transitions some of the γ-rays are emitted more slowly and these form the delayed γ-radiation. Experimental data on the emission time of fission γ-quanta and on the fractions of γ-radiation emitted in different time intervals up to 10^{-6} sec after fission, are given in table 9.2. The time dependence of the number of γ-quanta emitted per fission event, in the time interval beginning 10^{-6} sec

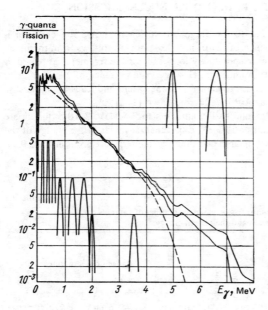

Fig. 9.1. Spectrum of prompt ($< 7 \times 10^{-8}$) γ-radiation from fission of ^{235}U by thermal neutrons [34]. Two full lines show the experimental error. The dashed line indicates values calculated from statistical theory [10]. Left below and right above the lines is shown the energy resolution.

after fission, is shown in fig. 9.2. It is seen from these curves [14, 15] that most of the isomeric transitions take place in times shorter than 10^{-3} seconds. At later times (beginning from 0.1 sec after fission) the γ-radiation is the radiation which accompanies β-decay of the fission fragments [4, 11, 16].

Apart from γ-radiation, fission leads also to the emission of X-rays, which are connected with changes in the electron shells of the fragments. Measurements of the emanation time of X-rays (10^{-10}–10^{-8} sec) have shown that their basic cause is the process of internal conversion of γ-radiation in low energy transitions of the excited fragment [17–19].

The energy distribution of K-shell X-rays is shown in fig. 9.3 for fission of ^{235}U and ^{239}Pu by thermal neutrons [19] and for spontaneous fission of ^{252}Cf [20]. When the energy resolution is higher, these spectra exhibit a fine structure depending on the charge of the fragment nucleus [21, 36].

The yield of K-radiation per fission event, averaged over the group of light and heavy fragments, together with the energy in the maximum of the spectrum are given in table 9.3.

The energy of the X-ray radiation from fragments is of considerable interest since from it the charge of the fragment nuclei can be directly determined. The dependence of the most probable charge of primary fragments on the mass of the fragments, as found from X-ray spectra [17], is shown in fig. 9.4.

As a result of internal conversion of γ-radiation in the fragments, conversion electrons are produced together with the X-ray radiation. The number of electrons with an energy of 50–300 keV per fission of ^{252}Cf is 1.0 ± 0.2 electron/fission [17]. The electron spectrum from spontaneous fission of ^{252}Cf was investigated in ref. [24, 25] and is in agreement with the spectrum of fission γ-quanta in the low-energy region.

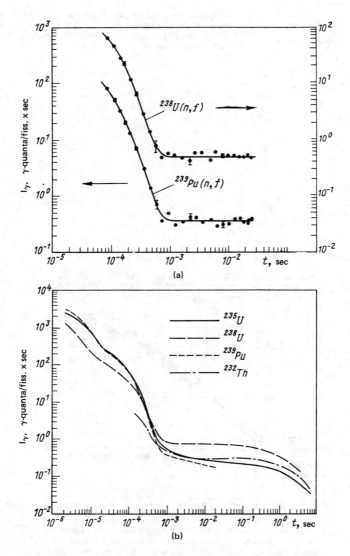

Fig. 9.2. Absolute intensity of γ-radiation (E >510 keV) vs time after fission [14, 15] for thermal neutron fission of ^{238}U and ^{139}Pu (a), and for photo-fission (b).

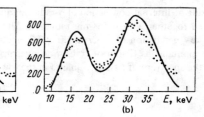
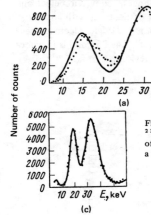

Fig. 9.3. Spectra of K-shell X-rays from fission of ^{235}U (a) and ^{239}Pu (b) by thermal neutrons [19] and from spontaneous fission of ^{252}Cf (c) [20]. Detector-crystal NaI(T1). Full lines in diagrams a and b—calculated values.

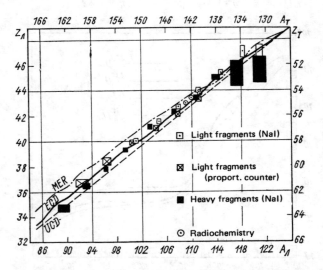

Fig. 9.4. Mean charge of nucleus vs mass of primary fragments from spontaneous fission of ^{252}Cf [17]. The dimensions of the rectangle indicate the errors in the determination of Z and A. Curves MER and ECD, UCD are calculated for different modes of charge distribution between the fragments [17].

Table 9.2

Time of γ-emission in nuclear fission

Type of radiation	Time interval after fission, sec	Part of γ-radiation, %	Fissioning isotope
Prompt radiation (10^{-12}–10^{-9} sec)	$>10^{-12}$	~100	^{235}U+n [12]
	$<10^{-11}$	15—25	
	~10^{-11}	60—70	^{252}Cf [1]
	10^{-10}—10^{-9}	~15	
	$<5\cdot 10^{-11}$	90—95	^{235}U+n [13]
Delayed radiation (10^{-9}–10^{-3} sec)	$3\cdot 10^{-10}$—$2\cdot 10^{-8}$	5—10	^{235}U+n [13]
	10^{-9}—$1,2\cdot 10^{-7}$	9	^{252}Cf [33]
	10^{-8}—10^{-7}	6,5	^{252}Cf [2]
	$5\cdot 10^{-8}$—10^{-6}	$5,7\pm 0,3$	^{235}U+n; $E_\gamma<2$ MeV [4]

Table 9.3

Yield and energy of K X-rays for light and heavy fission fragments

Fissioning isotope	Light fragments		Heavy fragments		Total yield per fission
	Yield per fission event	Energy in maximum, KeV	Yield per fission event	Energy in maximum KeV	
^{233}U+n [29]	$0,17\pm 0,06$	—	$0,33\pm 0,08$	—	$0,50\pm 0,14$
^{233}U+n [30]	$0,11\pm 0,02$	—	$0,19\pm 0,03$	—	$0,30\pm 0,05$
^{235}U+n [19]	$0,17\pm 0,02$	16 ± 1	$0,43\pm 0,04$	$31,5\pm 1$	$0,60\pm 0,06$
^{235}U+n [26]	$0,10\pm 0,03$	16 ± 1	$0,42\pm 0,12$	$31\pm 1,5$	$0,52\pm 0,15$
^{235}U+n [22]	0,08	16 ± 1	0,12	$30,5\pm 1$	$0,20\pm 0,06$
^{235}U+n [23]	$0,14\pm 0,06$	—	$0,17\pm 0,06$	—	$0,31\pm 0,08$
^{235}U+n [27]	$0,12\pm 0,03$	—	$0,20\pm 0,05$	—	$0,32\pm 0,08$
^{235}U+n [28, 29]	$0,18\pm 0,04$	16 ± 1	$0,34\pm 0,06$	31 ± 1	$0,52\pm 0,10$
^{235}U+n [30]	$0,13\pm 0,02$	—	$0,21\pm 0,03$	—	$0,34\pm 0,05$
^{235}U+n [31]	$0,08\pm 0,01$	15,5	$0,30\pm 0,02$	31,6	$0,38\pm 0,03$
^{235}U+n [34]	$0,08\pm 0,02$	—	$0,23\pm 0,02$	—	0,31
^{235}U+n [38]	$0,14\pm 0,02$	—	$0,34\pm 0,03$	—	0,48
^{239}Pu+n [19]	$0,15\pm 0,02$	17 ± 1	$0,26\pm 0,03$	$31,5\pm 1,5$	$0,41\pm 0,05$
^{239}Pu+n [30]	$0,18\pm 0,03$	—	$0,21\pm 0,03$	—	$0,39\pm 0,06$
^{239}Pu+n [21]	$0,205\pm 0,005$	—	$0,375\pm 0,008$	—	$0,58\pm 0,01$
^{239}Pu+n [24]	0,19	—	0,45	—	0,64
^{252}Cf(spont.)[18]	$0,145\pm 0,002$	—	$0,423\pm 0,005$	—	$0,568\pm 0,006$
^{252}Cf(spont.)[20]	$0,17\pm 0,02$	18	$0,40\pm 0,04$	32	$0,57\pm 0,06$
^{252}Cf(spont.)[32]	0,144	—	0,413	—	0,557

REFERENCES FOR CHAPTER 9

1. Johansson S. A. E.—*Nucl. Phys.*, 1964, v. 60, p. 378.
2. Johansson S. A. E.—*Nucl. Phys.*, 1965, v. 64, p. 147.
3. Rau F. E. W.—*Ann. Phys.*, 1963, v. 10, p. 252.
4. Proc. of the Second United Nations Intern. Conf. on the Peaceful Uses of Atomic Energy. Geneva, 1958. V. 15, p. 366. Auth.: F. C. Maienschein et al.
5. Francis J. E., Gamble R. L. ORNL-1879, 1955; J. S. Fraser. Proc. of the Sympos. on the Physics of Fission held at Chalk River, Ontario, 1956.
6. Protopopov A. N., Shiryayev B. M.—*Zhurn. eksperim. i teor. fiz.*, 1958, v. 34, p. 331.
7. Protopopov A. N., Shiryayev B. M.—*Zhurn. eksperim. i teor. fiz.*, 1959, v. 36, p. 954.

8. Proc. of the Second United Nations Intern. Conf. on the Peaceful Uses of Atomic Energy. Geneva, 1958. V. 15, p. 392. Auth.: A. Smith et al.
9. Bowman H. R., Thompson S. G. Ibid., p. 212.
10. Zommer V. P., Savel'ev A. E., Prokof'ev A. I.—*Atomnaya energiya*, 1965, v. 19, No. 2, p. 116.
11. Proc. of the Sympos. on Pile Neutron Research in Physics. Vienna, IAEA, 1962, p. 273. Auth.: R. W. Peele et al.
12. Skarsvag K.—*Nucl. Phys.*, 1967, v. A96, p. 385.
13. *Atomnaya energiya*, 1965, v. 18, p. 223. Auth.: G. V. Val'sky et al.
14. Sund R. E., Walton R. B.—*Phys. Rev.*, 1966, v. 146, p. 824.
15. *Phys. Rev.*, 1964, v. 134, p. 824. Auth.: R. B. Walton et al.
16. Fisher P. C., Engle L. B.—*Phys. Rev.*, 1964, v. 134, p. 796.
17. Proc. of the Sympos. on the Physics and Chemistry of Fission. Salzburg, 1965. Vienna, IAEA. V. 1. 1965, p. 369. Auth.: L. E. Glendenin et al.
18. Kapoor S. S., Bowman H. R., Thompson S. G.—*Phys. Rev.*, 1965, v. 140, p. B1310.
19. Bridwell L., Wyman M. E., Wehring B. W.—*Phys. Rev.*, 1966, v. 145, p. 963.
20. Glendenin L. E., Unik J. P.—*Phys. Rev.*, 1965, v. 140, p. B1301.
21. Watson R. L., Bowman H. R., Thompson S. G.—*Phys. Rev.*, 1967, v. 162, p. 1169.
22. Hohmann H.—*Z. Phys.*, 1963, Bd 172, S. 143.
23. Seyfarth H.—*Nukleonik*, 1967, v. 10, p. 193.
24. *Phys. Rev.*, 1966, v. 148, p. 1206. Auth.: R. A. Atneosen, T. D. Thomas, W. M. Gibson, M. L. Perlman.
25. Proc. of the Sympos. on the Physics and Chemistry of Fission. Salzburg, 1965, p. 125. Auth.: H. R. Bowman et al.
26. *Zhurn. eksperim. i teor. fiz.*, 2957, v. 32, p. 256; 1959, v. 36, p. 326. Auth.: V. V. Sklyarevsky et al.
27. Wehring B. W., Wyman M. E.—*Phys. Rev.*, 1967, v. 157, p. 1083.
28. Eismont V. P., Yurgenson V. A.—*Yadernaya fizika*, 1967, v. 5, p. 1192.
29. Solov'ev S. M., Eismont V. P.—*Yadernay fizika*, 1969, v. 9, p. 29.
30. Le Fleur P. D., Griffin H. C.—*J. Inorg. and Nucl. Chem. Lett.*, 1969, v. 5, p. 845.
31. Kapoor S. S., Ramamurthy V. S., Zaghloul R.—*Phys. Rev.*, 1969, v. 177, p. 1766.
32. Dolce S. R., Gibson W. M., Thomas T. D.—*Phys. Rev.*, 1969, v. 180, p. 1177.
33. Skarsvag K.—*Nucl. Pnys.*, 1970, v. A153, p. 82.
34. Peelle R. W., Maienschein F. C.—*Phys. Rev.*, 1971, v. C3, p. 373; *Nucl. Sci. Engng*, 1970, v. 40, p. 485.
35. Berick A. C., Evans A. E., Meissner J. A.—*Phys. Rev.*, 1969, v. 187, p. 1506.
36. Proc. of Symp. on Physics and Chemistry. Vienna, 28 July-1 August 1969. Vienna, IAEA, 1969, p. 781. Auth.: L. E. Glendenin et al.
37. Verbinski V. V., Weber H., Sund R. E. Ibid., p. 929.
38. *Nucl. Phys.*, 1970, v. A154, p. 458. Auth.: S. K. Kataria, S. S. Kapoor, S. R. S. Murthy, R. N. Rama Rao.
39. Ajitanand N. N. —*Nucl. Phys.*, 1971, v. A164, p. 300.
40. Pleasonton F., Ferguson R. L., Schmitt H. W.—*Phys. Rev.*, 1972, v. C6, p. 1023.